中国电力教育协会
高校电气类专业精品教材

“十三五”普通高等教育本科重点系列教材

# 电路理论基础（第四版）

DIANLU LILUN JICHU

梁贵书　董华英　王　涛　编
江缉光　颜湘武　主审



中国电力出版社
CHINA ELECTRIC POWER PRESS

## 内 容 提 要

本书为中国电力教育协会高校电气类专业精品教材。

全书分为16章，主要内容包括电路模型及其基本规律、简单电路和等效变换、复杂电阻电路的分析、电路定理、双口网络、储能元件、线性动态电路的时域经典分析、正弦稳态电路的相量模型、正弦稳态电路的相量分析、含耦合电感电路的分析、三相电路、非正弦周期信号线性电路的稳态分析、简单非线性电路、线性动态电路的复频域分析、电路代数方程的矩阵形式、分布参数电路。为方便教师教学和学生自学，本书对重难知识点配置了视频讲解。每章后附有习题，并在书后附有部分习题答案。

本书可作为普通高等院校电气类专业基础课教材，也可作为高职高专和函授教材，还可作为相关工程技术人员的参考用书。

**图书在版编目（CIP）数据**

电路理论基础／梁贵书，董华英，王涛编. —4版. —北京：中国电力出版社，2020.1（2025.5重印）
“十三五”普通高等教育本科重点规划教材
ISBN 978-7-5198-2586-7

Ⅰ.①电… Ⅱ.①梁… ②董… ③王… Ⅲ.①电路理论—高等学校—教材 Ⅳ.①TM13

中国版本图书馆CIP数据核字（2018）第250062号

---

出版发行：中国电力出版社
地　　址：北京市东城区北京站西街19号（邮政编码100005）
网　　址：http://www.cepp.sgcc.com.cn
责任编辑：乔　莉（010-63412535）
责任校对：王小鹏
装帧设计：赵姗姗　王红柳
责任印制：吴　迪

---

印　　刷：北京锦鸿盛世印刷科技有限公司
版　　次：2005年8月第一版　2020年1月第四版
印　　次：2025年5月北京第十九次印刷
开　　本：787毫米×1092毫米　16开本
印　　张：25.5
字　　数：621千字
定　　价：59.00元

---

# 前 言

本次修订保持了第三版的特色，并根据当前电路教学改革的要求和“互联网+”教学辅助方式的兴起，主要进行了下列修订工作：

（1）将电容元件和电感元件的内容后移，并单独作为一章。

（2）将含耦合电感（理想变压器）的电路单独作为一章。

（3）重新选编了各章的习题。

（4）考虑到用通用电路软件分析电路已成为学生的必备技能，且容易获得软件的使用说明，因此本版删去了相关内容。

（5）将有关实用电路的内容放到配套的学习指导中。

（6）加入了部分数字化资源，内容涉及 KCL、KVL 的推广，时间常数对暂态过程的影响，无损线的波过程等 21 个知识点，扫描书中相应二维码即可进行线上视频学习。

本书由华北电力大学梁贵书主编，华北电力大学董华英和王涛参加了修订工作。

限于编者的水平和工作中的疏忽，书中可能留有错误和不妥之处，恳请读者批评指正，以便加以完善。

通信地址：河北省保定市华北电力大学 19 号信箱（071003）

E-mail 地址：gshliang@263. net

编 者

2019 年 5 月于华北电力大学

# 第二版前言

为贯彻落实教育部《关于进一步加强高等学校本科教学工作的若干意见》和《教育部关于以就业为导向深化高等职业教育改革的若干意见》的精神，加强教材建设，确保教材质量，中国电力教育协会组织制订了普通高等教育“十一五”教材规划。该规划强调适应不同层次、不同类型院校，满足学科发展和人才培养的需求，坚持专业基础课教材与教学急需的专业教材并重、新编与修订相结合。本书为修订教材。

本书是根据国家教育部审定的“电路理论基础”和“电路分析基础”两门课程的教学基本要求，并结合目前实际，为强电和弱电两类专业“电路”和“电路分析”两门课程编写的通用教材。

本书共分 15 章。在教材内容的选取上，以电路的基本概念、基本理论和基本分析方法为主。在对基本内容、传统内容和新内容的处理上，本着删繁就简、三者兼顾、以前两者为主和适应大众化高等教育教改需要的原则，力求比例恰当。在介绍传统理论和方法的基础上，适当引入现代电路理论的一些概念和方法，体现基础性、时代性和先进性，如介绍了改进节点法和稀疏表格法等新内容。教材不仅是人类知识的载体，也是人类思维方法和认知过程的载体，所以在编写本书时，力求做到循序渐进、深入浅出，符合大多数学生的认知规律，便于其自学；注意正文、例题和习题的密切配合，突出理论和方法中所蕴涵的数学概念、物理概念和工程概念，实现原理、方法和应用的有机结合，努力使学生在学习教材的过程中，既能够获取有效的知识，又能够锻炼和提高自主学习能力。

本书选编了较多的例题和习题，以便使学生较好地掌握基本内容，培养分析问题和解决问题的能力。本书适当选用了一些与专业有关的习题和计算机仿真分析习题，以利于学生今后专业课程的学习和提高学生结合实际以及培养运用通用电路分析软件分析电路的能力。

书中标有星号（*）的章节和习题以及小字排印的部分为一些加深加宽内容，可根据实际需要进行取舍。

本版根据读者意见，在第一版基础上做了一些修改和更正，使本书更加完善。

本书由华北电力大学梁贵书和董华英共同编写，吉长袺参加了部分编写工作。

本书承清华大学江缉光教授仔细审阅，提出的宝贵修改意见进一步提高了本书的质量，在此表示衷心的感谢。在本书的编写过程中，教研室的同事们对本书内容的深度、广度和体系的安排进行过充分的讨论，并提出了不少宝贵的建议，对此深表谢意。

限于编者的水平和工作中的疏忽，书中可能留有错误和不妥之处，恳请读者批评指正，以便加以改进。

通信地址：河北省保定市华北电力大学 19 号信箱　邮编 071003

E-mail 地址：gshliang@263.net

**编　者**

2007 年 6 月于华北电力大学

# 第三版前言

为了适应教学改革的发展，培养高素质的人才，本次修订的《电路理论基础》（第三版）教材以国家教育部新颁布的“电路理论基础”和“电路分析基础”两门课程的教学基本要求为指导，根据国家“十一五”规划教材建设的要求，对第二版教材的内容进行了凝练和补充。新版除了保持过去重视基本内容、基本概念和慎重处理传统内容等特色外，着重完成了以下三个方面的修订工作：

（1）加强电路模型的概念。新版教材中适当增加了有关电路模型的内容，引入了黑箱建模方法。

（2）联系实际，加强应用。新版教材进一步增加了实际工程中应用的简单而典型的代表性实例。通过这些实例学生可学会电路分析方法如何用来解决实际问题，达到提高学生学习兴趣和解决实际问题能力的目的。

（3）物理概念、数学方法和计算工具有机结合。当今的电路教学应做到物理概念、数学方法和计算工具有机结合，因此，在教材中适当介绍这方面的知识是十分必要的。这不仅有利于调动学生的学习兴趣，而且可提高学生解决实际工程问题的能力。为此，新版教材在适当的章节介绍了用国际电路通用分析软件 PSpice 分析电路的方法，并在习题中提供了相应的题目。教学条件不具备时，跳过这些内容不影响对其他内容的理解。

配合新版教材，另外还编写有《电路理论基础学习指导》教学参考书。

本书承清华大学江缉光教授和华北电力大学颜湘武教授仔细审阅并提出宝贵修改意见，编者表示衷心的感谢。在本书的修订过程中，教研室的同事们提出了不少宝贵的建议，对此深表谢意。同时感谢本教材所引参考文献的作者们。

本书由华北电力大学梁贵书和董华英共同编写，王涛参加了部分工作。

限于编者的水平和工作中的疏忽，书中可能留有错误和不妥之处，恳请读者批评指正，以便加以改进。

通信地址：河北省保定市华北电力大学 19 号信箱　邮编 071003

E-mail 地址：gshliang@263. net

编　者

2008 年 12 月于华北电力大学

# 目　录

## 微课目录

# 绪　论

## 一、本课程的地位、作用和任务

本课程是高等学校电子与电气信息类等专业的一门重要技术基础课，是研究电路理论的入门课程，是学习后续专业基础课和专业课的桥梁。本课程以分析电路中的电磁现象，研究电路的基本规律及电路的分析方法为主要内容，已成为培养工程技术人员，特别是电气工程师的重要基础课。通过本课程的学习，可以使学生掌握电路的基本理论、分析计算电路的基本方法，为进一步学习电路理论打下初步基础，并为后续课程准备必要的电路知识。本课程理论严密、逻辑性强，在培养学生的辩证抽象思维能力和严肃认真的科学作风，树立理论联系实际的工程观点和提高学生分析问题、解决问题的能力，以及加强基本技能训练等方面起着重要的作用。

## 二、电路理论的发展简史和现状

电路理论是当代电工科学技术的重要理论基础之一，在经历了一个多世纪的漫长道路之后，已发展成为一门体系完整、逻辑严密、具有强大生命力的学科领域。20 世纪 30 年代，电路理论形成了一门独立的学科。在此之前，它仅仅被看成是电磁学的一个分支。从 19 世纪 20 年代到 20 世纪 30 年代这一时期，最主要的成果有欧姆定律（1827 年）、基尔霍夫定律（1845 年）、阻抗概念（1911 年）、Foster 的电抗定律（1924 年）、暂态响应概念（1926 年）、等效电路概念、多口网络概念和长线理论等，并形成了电路模型的概念。所有这一切都是为了满足当时电力工程和通信工程的需要。

20 世纪三四十年代，电路理论在理论上进一步成熟。在此期间的重要成果有网络综合逼近理论（1930 年）、正实函数的概念（1931 年）、网络函数概念（1936 年）、Nyquist 稳定判据（1932 年）和电路的综合实现等。到了 20 世纪 40 年代，这门学科的体系在分析方面主要包括直流、交流和暂态几个组成部分；在综合方面主要包括实现、逼近和等值几方面问题。

20 世纪 40 年代以后，随着通信技术和控制技术的飞速发展，电路理论经历了一次重大变革。这一发展阶段大体上延伸到 20 世纪 50 年代末和 60 年代初。在此期间的主要成果有特勒根定理（1952 年）、状态变量分析（20 世纪 60 年代初）和拓扑分析等。这一次重大变革标志着电路理论在学术体系上进一步完备，在学术思想上进一步成熟。通常把 20 世纪 60 年代以前的发展阶段称为传统电路理论或经典电路理论阶段。

20 世纪 50 年代中期以来，由于各种新型非线性器件的出现，使电路元件由线性向着非线性发展、由时不变向着时变发展、由无源向着有源发展。这使原来为线性、时不变、无源和双向元件的 RLC 电路理论发展成为非线性、时变、有源、非互易、大规模的电路理论。同时，计算机的广泛使用不仅为电路理论研究提供了崭新的分析工具，而且变革了电路的分析和设计方法，这导致了 20 世纪 60 年代以后电路理论的又一次重大变革。在这一发展过程中，现代数学为电路理论提供了锐利的武器，使这一学科在理论上的完备性和逻辑上的严密性达到了一个优美的高峰。通常，20 世纪 60 年代以后的电路理论被称为现代电路理论。

目前，电路理论有了较大的发展，而且还在不断发展。

**三、电路理论的研究方法**

电路理论公认有两个组成部分，即电路分析和电路综合。电路分析就是在特定的激励下求一个给定电路的响应；电路综合则是在特定的激励下为了实现预期的响应而来构建一个电路。二者之中电路分析是基础。也有人将模拟电路故障诊断看作是电路理论的第三个组成部分。就电路分析而言，经典分析法往往要借助一些解题技巧，所能分析计算的电路远不及现代分析方法分析计算的电路范围广、规模大、速度快。但是，经典分析法能提供清楚的物理概念和阐明电路中物理现象的本质；而现代分析方法是借助计算机迅速地求得电路的解答。因此，两者相辅相成，缺一不可。

电路分析研究的直接对象是电路模型，而不是能看得见、摸得着的实际电路。由实际电路抽象出电路模型，然后根据电路的一些基本定律和定理建立起电路的数学模型（即数学方程），并对其进行定性分析或定量分析以取得分析结果，这是分析电路问题采用的方法之一。

分析电路的目的是要了解电路的特性。常用的另一种方法是在电路的输入端施加一种激励信号（电压或电流），观察电路中某一部分的响应（电压或电流），当得知电路对特定激励所产生的响应时，也就掌握了这一电路的特性。但是，可施加的激励是多种多样的，这就引起了电路工作者对各种电信号的分析和研究。研究结果表明：如同一个复杂运动可以分解成一系列简单运动的合成一样，一个复杂的电信号也可以分解成一系列简单信号。因此，只要了解电路对简单信号激励的响应也就足以了解电路的特性了，这种观点就导致了时域分析和频域分析两种方法。在电路理论的发展史中，20 世纪 40 年代之前注重于时域分析，之后（特别是到 20 世纪 50 年代之后），频域分析也得到了应有的重视。这两种分析方法是电路理论中两个同等重要、相辅相成的部分；而且在现代电路理论中，频域分析越来越显示出它的特殊重要性。

**四、本书的主要内容及其内在关系**

像其他学科那样，电路理论也是以电荷守恒和能量守恒为基础建立的基本原理；同时还有一条电路的集中化假设。基尔霍夫电压定律和电流定律分别是集中化假设下能量守恒和电荷守恒的逻辑推论。电路的集中化假设认为集中参数元件是不占空间尺寸的。电路理论所研究的是电路的基本规律及其计算方法，因此掌握电路的基本规律首先在于掌握元件的互连规律性（称为结构约束或拓扑约束）和元件自身的规律性（称为元件约束）。为了认识电路，还必须研究电路中信号（电压、电流、电荷或磁链等电路的物理量）的变化规律性和相互之间的关系，这正是电路分析和计算的目的所在。

根据教学基本要求对电路基本理论课程内容的规定，本书只涉及电路分析的基本内容，并突出了工科专业基础课程和专业课程中通用的“模型”“等效和替代”“线性叠加”“选择合适变量建立方程”等方法，核心内容包括电路模型及其两类约束以及等效和替代、线性叠加、选择合适电路变量建立电路方程等。两类约束指拓扑约束和元件约束。拓扑约束的核心是基尔霍夫定律，另外还介绍了特勒根定理；元件约束是指元件的特性方程，本书只涉及基本元件，其中包括电阻、电感、电容、独立电源、受控源、运算放大器、回转器、耦合电感和理想变压器等。两类约束是电路分析的基本依据。等效和替代、线性叠加、选择合适电路变量建立电路方程等方法是两类约束的具体体现。等效和替代是电路经典分析法中的一种重要方法，等效变换、等效电源定理和替代定理等是其中心内容；线性叠加是线性电路所特有的一种性质，其主要内容有叠加定理和齐性定理等；选择合适电路变量建立电路方程涉及的内容有：节点分析法、网孔分析法、回路分析法、割集分析法、支路分析法、改进节点法、稀疏表格法、状态变量分析法、输入/输出方程以及双口网络等。等效和替代以及选择合适电路变量建立电路方程是电路中的通用方法，它们不仅适用于线性电路，也适用于非线性电路；而线性叠加只适用于线性电路，对非线性电路不适用。

下面逐章作一内容简介。

第 1 章为电路理论的基础，首先介绍了电路模型的概念，引入了电路的物理量和参考方向。接着给出了基尔霍夫定律并指明了其适用范围，介绍了电阻、电压源和电流源以及受控源。本章结尾介绍了 2b 分析法和电路的分类。第 2～5 章研究电阻电路，电阻电路是其他类型电路分析的基础。第 2 章的中心内容是介绍电路中的等效概念及简单电路的等效变换分析法。内容包括简单电路的分析法、常用的等效二端网络、星形—三角形变换和电源位移，并引入了输入电阻的概念。本章介绍的等效概念将贯穿全书。第 3 章为复杂电阻电路的一般分析方法，主要有支路分析法、节点分析法、网孔分析法和回路分析法等。为了列写方程的方便等，介绍了图论的基础知识；另外，还简要阐述了为适应计算机分析需要提出的一种一般性分析方法——改进节点分析法；最后，扼要介绍了线性电阻电路解的存在性和唯一性概念。第 4 章重点讨论电路的一些性质，包括叠加定理、齐性定理、等效电源定理、替代定理、特勒根定理、互易定理和对偶原理。第 5 章是网络的参数表示法，介绍了双口网络的参数方程以及它们的应用，讨论了双口网络的互易性和对称性以及双口网络的连接。作为本章的结束，引入了两种双口元件——运算放大器和回转器。前者已在电路中用作标准的积木块，在实际中获得了广泛的应用；后者是一典型的非互易元件，它的引入曾使非互易电路得到了深入研究。第 6 章介绍电容和电感元件，并讨论了简单电容电路和电感电路的分析方法。第 7 章介绍动态电路的时域经典分析法，重点讨论一阶和二阶线性电路，内容包括动态电路输入—输出方程的建立及其求解方法，并建立了全响应、零输入响应、零状态响应、暂态响应和稳态响应等概念，讨论了电路固有频率与时域响应的对应关系。为简化直流一阶电路的分析，归纳出“三要素法”。这一方法与其说是一阶电路响应的求法之一，还不如说是复习电阻电路的内容，起到了后次复习前次的作用。为了对时域分析法有个完整的概念，本章还介绍了单位阶跃响应和冲激响应的概念以及零状态响应的卷积积分计算法。章节的最后讨论了近代分析动态电路的一种重要的时域方法—状态变量分析法，重点是线性动态电路状态方程的建立方法。第 8～10 章主要介绍正弦稳态电路。第 8 章和第 9 章讨论了正弦稳态电路的相量分析法，它是频域分析法的基础。在第 8 章中首先介绍相量〔变换〕，突出数学变换在电路中的应用，并与第 14 章的拉普拉斯变换相呼应。然后讨论了两类约束方程的相量形式，进而引出了相量模型，这一章与第 1 章相呼应。第 9 章引入阻抗和导纳的概念，这就使得电阻电路的分析方法可推广到相量模型中去。另外着重讨论了正弦稳态电路的功率、相量图分析法和谐振现象。第 10 章介绍了貌似相同而实质不同的两个双口元件——耦合电感和理想变压器，以及含有这两种元件的电路的分析方法。第 11 章研究三相电路，重点是对称三相电路的计算及三相电路的功率。第 12 章为非正弦周期信号电路的稳态分析，介绍了非正弦周期信号的傅里叶级数展开及其有效值，非正弦周期信号电路的功率和稳态分析；另外还讨论了对称三相电路的高次谐波及其特点。第 13 章为简单非线性电路，介绍了非线性电阻电路的几个基本概念以及非线性动态电路中诸如跳跃现象、振荡现象等的一些特殊现象。在分析方法上着重介绍了图解法、小信号分析法和分段线性化法的基本原理。第14章讨论线性动态电路的复频域分析。首先复习了拉普拉斯变换的定义和性质，接着讨论了两类约束方程的复频域形式，进而引出运算电路，并介绍了复频域分析方法。为了抓住复频域分析的要点，通过复频域分析认识电路的特征，还介绍了网络函数，包括正弦稳态下的网络函数的内容。第15章为电路代数方程的矩阵形式。重点介绍线性电路矩阵代数方程的系统列写法。另外还介绍了为适应计算机分析需要提出的一种最一般性的分析方法——稀疏表格法。作为最后一章，第16章介绍了分布参数电路的一些基本概念和基本分析方法。

**五、习题的作用**

解答习题，是学习过程中一个重要的实践性环节。任何一门自然科学课程，每当学习告一段落，都要做习题。只有通过解题的训练，才可以加深理解、深刻领会已学到的理论，并掌握灵活运用的方法。电路课程更是如此，解题的目的主要不是为了获得结果，而是为了训练正确运用理论分析问题、解决问题的能力，因而解题时就必须把主要精力放在思考问题与分析问题上，随时注意严密的逻辑思维与严格的科学论证。

做习题要做到举一反三，触类旁通，力争一题多解，达到灵活运用所学知识、开拓创新的目的。本书的习题大体上是按照这一考虑编排的。除了选编了供学生系统学习该课程的基本习题外，还选编了一些难度较大的习题，用以考查学生对本课程基本理论的掌握程度及灵活运用能力。这方面的习题求解一般需要一定的技巧，有利于培养学生进行创新的能力。分析问题与解决问题的能力包括正确的逻辑思维及把这一思维完整地表达出来两个方面，因此还必须注意表达分析过程的逻辑性、完整性和条理性。毫无疑问，解题能力的提高，主要应当靠自己的实践，靠自己多做多练。但解题如同其他工作一样，前人的实践、他人的经验体会，总是可以借鉴的，对自己总是可以起到启迪作用的。因此，读者可参阅一些电路题解方面的书籍，以便提高解题能力。

**六、电路学科能力的培养**

学科能力的发展要靠知识结构和方法结构。电路理论研究的是电气工程中最基本、最普遍的基本规律及其计算方法。因此，电路知识之间的逻辑关系也最为明显和清晰，能形成非常严密的结构体系。知识形成体系，知识在体系中的位置、地位以及与其他知识的联系一旦被明显地揭示出来，就更便于理解、掌握，更有利于知识的存储、记忆和提取。特别是综合能力的培养，在很大程度上依赖于认知结构体系建立的好坏。相同的学习，不同的人在知识的掌握上差异不大，但在能力差异上表现得比较突出，究其原因在于知识结构建立上的差异。一些人学到的知识彼此是分散的，看不到它们之间的联系，不能应用，更不能综合。可以说，能力在很大程度上依赖于知识，本质上不依赖于知识的多少，而是依赖于对知识的理解，依赖于知识的建立和掌握，依赖于利用各种知识指导实践的经验。因此，在学习的过程中，要掌握科学的学习方法，要学会自觉地对知识结构化、程序化处理。教材中是一个个教材中的知识在不同的情景下讲解的深度和广度不同，不断地总结知识体系、总结方法体系是必不可少的环节。进行总结整理有两个功效：程序化知识，形成结构，使杂乱的知识变为系统的、有用的知识；整理的本身就是在学习，是思维抽象和概括的过程，不但形成知识结构，更重要的是提高理解能力，形成能力结构。不断地总结，不断地完善和提高，不断地扩展和挖掘，逐步揭示各个知识的内在联系和规律，使知识之间形成一个有机整体。构建结构体系的程度和范围是多种多样的，可以是一章的，也可以是某一部分的，还可以是一个专题的。

知识能形成结构，方法也能形成结构。电路分析方法是形成知识和应用知识解决问题的途径，对形成综合能力来说比知识更重要。在学习中要不断总结电路的分析方法，同样形成体系。明确哪些是一般的、普遍使用的方法，哪些是特殊的方法，都在什么条件下才能使用，如何运用它们。形成了结构化的方法体系，就如同摆放有序的武器库，能随时针对不同的问题，灵活地提取不同的武器加以解决。经常出现的问题是，感觉某方法掌握了，但在解决相关问题时并不顺利，其原因是对方法理解不透，没有建立起方法的结构体系，不知道什么时候用，用哪一种，怎么用。有的人知识会背，就是不会解题，别人解出后，他也感到不难，可自己就是想不到；还有些人对于不会解的题，不会想，不知道如何下手、如何分析。这些都与没有掌握方法有关。因此，学习过程不但要建立知识体系，更重要的是还要建立方法体系。

综上所述，只有在学习的过程中建构合理的电路知识体系和方法体系，才能达到培养电路学科能力的目的。

# 第1章 电路模型及其基本规律

## 1.1 集中参数电路

为了实现某种目的，把电器件或者设备按照一定的方式连接起来构成的整体称为实际电路。读者熟悉的电器件和设备有电阻器、线圈、电容器、二极管、三极管、电动机、变压器和发电机等。在日常生活中，实际电路到处可见，例如，用来实现电能传输和分配的电力系统，处理和加工电信号的通信系统，存储信息的计算机电路等。虽然实际电路的种类繁多，功能也各不相同，但是它们都有着最基本的共性，遵循着相同的基本规律。

电路理论是研究电路的基本规律及其计算方法的学科。通常将电路中提供电能的电器件和设备称为电源，而将消耗电能的电器件和设备称为负载。直接对实际电路进行分析和研究是很复杂、很困难，甚至是不可能的，像其他成熟完备的学科那样，电路理论也采用科学研究中总结出来的科学抽象分析方法，即模型分析法。这种分析方法的基本思想是先为所研究的实际电路建立合适的理想化模型，再以这些模型作为研究对象进行定性或定量的分析，然后对分析结果做出符合实际电路情况的科学解释。这一过程如图1-1所示。

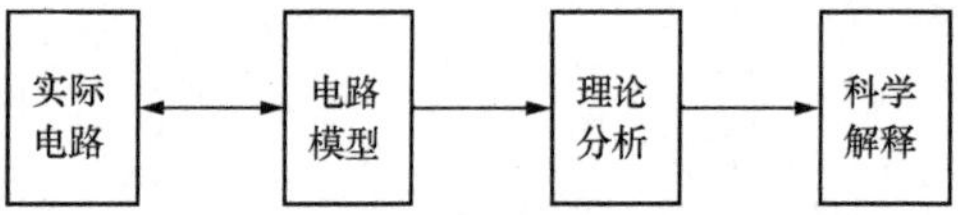

图1-1　模型分析法的一般过程

只要模型选取得足够准确，分析所得结论就能准确地反映实际电路的性能，而且还可以预测实际电路可能具有而尚未发现的性能。因此，模型分析法对我们认识实际电路的规律性具有极其重要的指导意义。模型分析法的优点还在于我们可以将实际电路中共同的、本质的东西抽象出来，用统一的、普遍的方法进行处理和研究。

模型的概念对于读者来说并不陌生，化学中的元素、力学中的质点和刚体、电磁学中的点电荷等都是这方面的典型例子。模型是实际研究对象的科学抽象，是由相应学科的一些特定基本构造单元按照一定方式相互连接起来的整体，它是对研究对象的一种科学逼近。在电路理论中，实际电路的模型称为电路模型，相应的基本构造单元称为电路元件。应该特别指出，电路元件是一种元件模型，它具有严格的科学定义，仅存在于概念之上，而电器件和设备则是实物。

从实际电路抽象出电路模型，本质上是将构成实际电路的电器件和设备抽象成电路元件的组合体，这一过程称为器件的造型或建模。对于同一个电器件或设备，根据不同的应用和要求，可以用不同的模型来表示。例如，一个电阻器在低频应用时，可用一个电阻元件作为其模型；但在高频应用时，通常必须考虑电阻器引线电感和寄生电容的影响。模型越精确其结构就越复杂，分析和计算的工作量就越大。一般在模型精确度和计算量之间采取折中的办法。器件建模的原理和方法本书不进行讨论，但请记住，电路理论是建立在模型概念基础之上的，它的直接研究对象是电路模型，而不是实际电路。本书所采用的电路模型有些是实际电路的模型，有些却是人为想象出来的。采用后者的目的是使读者对电路理论这一学科有更深刻的理解。

电路模型是实际电路的科学抽象，它是由电路元件按照一定方式用理想导线连接而成的整体，在这个整体中存在着电流的路径。电路模型分为集中参数电路模型和分布参数电路模型两种。当实际电路的几何尺寸 $d$ 远小于电路工作时电磁波的波长 $\lambda$ 时，即 $d \ll \lambda$，便认为它满足集中化条件。此时，电信号在电路中的传输时间可以忽略不计，即忽略不计空间因素，而将电路中的电信号仅当作时间的函数。对于这种电路，可用端钮电流和端钮间电压在任一时刻都是完全确定值的电路元件来构成其电路模型，并称之为集中参数电路模型，本书简称为电路。构成集中参数电路模型的元件称为集中参数元件，简称电路元件或者元件。只有满足集中化条件的实际电路才能用集中参数电路作为其模型，否则需要用分布参数电路作为其模型。本书除了第 16 章讨论分布参数电路外，其余内容都是讨论集中参数电路的。因此，集中化假设是本书的一个重要假设。

微课 01
实际电路和电路模型

集中参数电路是将实际电路中交织在一起的电磁能量的损耗、储存和其他效应分别集中在不同的元件上，每一种元件通常只体现一种物理效应。例如，通常所说的电阻只体现电路的能量损耗，而电场和磁场储能则分别集中于电容和电感内部。

电器件按照其可触及的端钮分为二端电器件和多端电器件。与此相类似，电路元件根据其外接端钮的数目也分为二端元件和多端元件。图 1-2 所示为二端元件和多端元件的一般图形符号。这种将电路元件用图形符号表示的图称为元件图或者元件的电路符号。表示元件互连关系的图称为电路图。

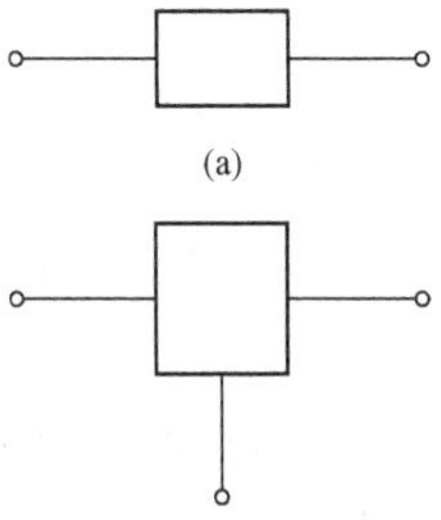


图 1-2　元件的电路图形符号
(a) 二端元件；(b) 多端元件

## 1.2　电路的基本物理量和参考方向

电路的特性是由电路的物理量来描述的。电路中涉及的物理量主要有电流、电压、电荷和磁链（即磁通链），本书称它们为基本变量。另外，〔电〕[1] 功率和〔电〕能量也是重要的物理量，本书称它们为基本复合量。这六个电量读者已在电磁学中学习过，为了便于使用，在此对本书用得较多的电流、电压和功率三个电量进行简单复习。

### 1.2.1　电流

电荷的定向运动形成电流。电荷用 $q$ 或 $Q$ 表示，它的单位为 C（库〔仑〕）。单位时间内通过导体截面的电荷量定义为电流〔强度〕，用以衡量电流的大小，用 $i$ 或 $I$ 表示，其数学表达式为

$$i=\frac{\mathrm{d}q}{\mathrm{d}t} \tag{1-1}$$

当电荷以库仑为单位，时间以 s（秒）为单位时，电流的单位为 A（安〔培〕）。

习惯上把正电荷移动的方向规定为电流方向（实际方向）。事实上，电流是电子定向移

[1] 去掉方括号为全称，去掉方括号和其中的字为简称。本书采用以国际单位制（SI）为基础的我国法定计量单位。

动而形成的，恰好与人为规定的方向相反。电流的大小可用电流表测量。由此可知，电流可代表物理量，也可代表其物理量的大小，应该注意区分两者关系。

大小和方向都不随时间而变化的电流称为恒定电流或直流电流（dc或DC），一般用大写字母 $I$ 表示，否则称为时变电流，用小写字母 $i$[1] 表示。大小和方向随时间作周期性变化且平均值为零的时变电流，称为交流电流（ac或AC）。

### 1.2.2 电压

单位正电荷由电路中一点移动到另一点所获得或失去的能量，称为这两点之间的电压，用符号 $u$ 表示，则

$$u=\frac{\mathrm{d}W}{\mathrm{d}q} \tag{1-2}$$

式中：$\mathrm{d}q$ 为从一点移动到另一点的电荷量，单位为C（库）；$\mathrm{d}W$ 为电荷移动过程中所获得或失去的能量，单位为J（焦〔耳〕），电压的单位为V（伏〔特〕）。

如果在电路中选定一点作为参考点，那么，电路中任一点p到该参考点的电压称为p点的电位，也称为p点的电压，用 $u_{\mathrm{p}}$ 表示。显然，参考点的电位为零。电路中各点的电位值与参考点的选择有关，参考点不同，该点的电位值也就不同。电路中任意两点a和b之间的电压 $u_{\mathrm{ab}}$ 等于a点的电位 $u_{\mathrm{a}}$ 与b点的电位 $u_{\mathrm{b}}$ 之差，即

$$u_{\mathrm{ab}}=u_{\mathrm{a}}-u_{\mathrm{b}} \tag{1-3}$$

电压值与参考点的选择无关。

如果正电荷由a点移到b点获得能量，则a点电位比b点低，由a到b为电压升的方向；如果正电荷由a点移到b点失去能量，则a点为高电位，b点为低电位，由a到b为电压降的方向。习惯上把电压降的方向规定为电压的方向。电压的大小可用电压表来测量。

与电流类似，电压可分为恒定电压和时变电压两种。凡是大小和方向都不随时间而变化的电压称为恒定电压，又称为直流电压，常用大写字母 $U$ 表示，否则称为时变电压，一般用小写字母 $u$ 表示。大小和方向随时间作周期性变化且平均值为零的时变电压，称为交流电压。

根据法拉第电磁感应定律，电压与磁〔通〕链（即线圈的磁通和）$\Psi$ 满足下列关系

$$u=\frac{\mathrm{d}\Psi}{\mathrm{d}t} \tag{1-4}$$

磁链的主单位为Wb（韦〔伯〕）。

### 1.2.3 参考方向

电压不仅有大小，而且有极性。同样，电流不仅有强度，而且也有方向。要完整地表示出电压和电流，除了给出其大小外，还应该给出其方向。但是，在对电路分析之前，电路中电压和电流的实际方向往往是未知的，也可能是随时间变动的。因此，有必要引入它们的参考方向。电路中电压和电流的实际方向在任一时刻只有两种可能，可以给电流任意指定一个方向作为其参考方向，并用箭头表示，如图1-3（a）所示；给电压任意指定一个参考极性，并用图1-3（b）所示的一对“+”“-”符号表示。标有“+”的端假定为高电位，“-”的端为低电位。

---

[1] $i(t)$ 通常简记为 $i$，其他物理量也类似。

在指定的参考方向下，当计算出的数值大于零时，则表明参考方向与实际方向一致；而当计算出的数值小于零时，表明参考方向与实际方向相反。例如，对于图 1-3（a)，如果在时刻 $t_0$，$i(t_0)=+4\text{A}$，则意味着在时刻 $t_0$，有一大小为 4A 的电流由 a 端流向 b 端；若在另一时刻 $t_1$，$i(t_1)=-5\text{A}$，这意味着在时刻 $t_1$，有一大小为 5A 的电流由 b 端流向 a 端。同样，对于图 1-3（b)，若在时刻 $t_0$，$u(t_0)=2\text{V}$，这说明 a 端的电位比 b 端的电位高 2V；如果在另一时刻 $t_1$，$u(t_1)=-3\text{V}$，则说明 a 端的电位比 b 端的电位低 3V。因此，参考方向和数值的符号共同决定了电流、电压的实际方向。

电压和电流参考方向的选取是任意的，二者之间没有任何相互依赖和相互约束的关系。不论如何选取电压和电流的参考方向，不外乎图 1-4 所示的两种选取方式。图 1-4（a）所示的选取方式称为关联参考方向；图 1-4（b）所示的选取方式称为非关联参考方向。所谓关联参考方向是指电流的参考方向从电压参考极性中标有“＋”号的一端流入，而从标有“－”号的另一端流出。当采用关联参考方向时，可以只标出电压或者电流的参考方向即可。

图 1-3　参考方向

（a）电流参考方向；（b）电压参考方向

图 1-4　电压和电流参考方向的选取方式

（a）关联参考方向；（b）非关联参考方向

参考方向又称为正方向，关联参考方向又称为一致的参考方向或者一致正方向。除了上述标注参考方向的方法外，本书有时也采用双下标标注的方法。例如，图 1-3 中，若在表达式中使用 $i_{ab}$，则表示电流的参考方向是由 a 端指向 b 端，即为图 1-3（a）所示的参考方向。类似地，若使用 $u_{ab}$，则表示 a 端为“＋”极性，b 端为“－”极性，即为图 1-3（b）所示的参考方向。

参考方向在电路理论中起着十分重要的作用。电压和电流只有在指定参考方向的情况下，计算出的正或者负的符号才有确切的含义；描述电路元件或者整个电路的电压与电流之间关系的任何方程，也只在选定的参考方向下才能成立。

### 1.2.4　功率

单位时间内一段电路吸收或者提供的能量称为该段电路的功率，用字母 $p$ 表示，即

$$p=\frac{\mathrm{d}W}{\mathrm{d}t} \tag{1-5}$$

功率的主单位为 W（瓦〔特〕）。

式（1-5）可以改写成

$$p=\frac{\mathrm{d}W}{\mathrm{d}q}\times\frac{\mathrm{d}q}{\mathrm{d}t} \tag{1-6}$$

利用式（1-1）和式（1-2），由式（1-6）可得

$$p(t)=u(t)i(t) \tag{1-7}$$

式（1-7）表明：电路中一段电路的功率等于该段电路的电压与流过该段电路电流的乘积。

在直流电压和直流电流的情况下，功率常用大写字母 $P$ 表示，则

$$P=UI$$

下面讨论使用功率公式（1-7）计算所得结果的物理含义。

当正电荷在电场力作用下从高电位经过一段电路移向低电位时，电场力做功，电荷失去电能，该段电路吸收电能。所以，在关联参考方向下，一段电路的端电压与流过其电流的乘积表示该段电路吸收的功率。因此，在关联参考方向下，功率公式 $p=ui$ 是按吸收功率来计算的。如果计算所得的功率值为正，则表示实际为吸收功率；如果计算所得的功率为负值，则表示实际为发出功率。而在非关联参考方向下，电压和电流之一是关联参考方向下的负值。因此，在非关联参考方向下，功率公式 $p=ui$ 是按提供功率计算的。如果计算所得的功率为正值，则表示实际为提供功率；如果计算所得的功率为负值，则表示实际为吸收功率。

如果在非关联参考方向下计算吸收的功率或在关联参考方向下计算提供的功率，则应采用下列功率公式进行计算。

$$p=-ui \tag{1-8}$$

**【例 1-1】** 各元件的情况如图 1-5 所示。

(1) 求元件 A 和 B 吸收的功率；

(2) 求元件 C 和 D 发出的功率；

(3) 若元件 E 和 F 吸收的功率均为 10W，求 $U_e$ 和 $U_f$；

(4) 若元件 G 和 H 发出的功率均为 10W，求 $I_g$ 和 $I_h$。

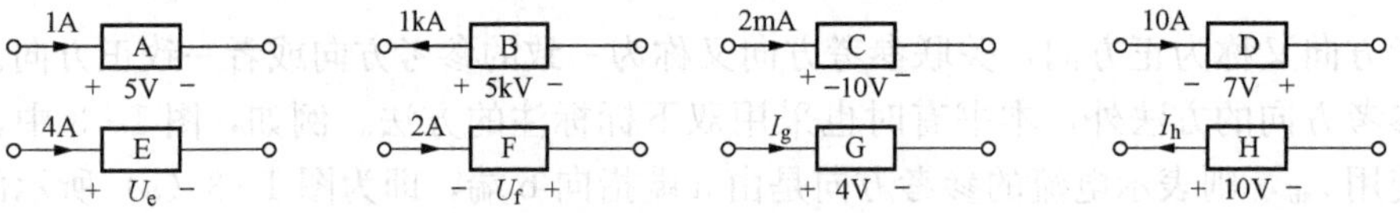


图 1-5 ［例 1-1］图

**解** (1) 对于元件 A，电压和电流采用关联参考方向，故可用式（1-7）计算吸收的功率

$$P=UI=5\times1=5\text{（W）}$$

对于元件 B，电压和电流采用非关联参考方向，故应用式（1-8）来计算吸收的功率

$$P=-UI=-5\times10^3\times1\times10^3=-5\times10^6=-5\text{（MW）}$$

式中负号表示该元件实际为提供功率。

(2) 因为元件 C 的电压和电流采用关联参考方向，所以应该使用式（1-8）计算发出的功率

$$P=-UI=-(-10)\times2\times10^{-3}=20\times10^{-3}=20\text{（mW）}$$

对于元件 D，发出的功率为

$$P=UI=7\times10=70\text{（W）}$$

(3) 由式（1-7）得

$$U_e=\frac{P}{I_e}=\frac{10}{4}=2.5\text{（V）}$$

对于元件 F，由式（1-8）得

$$U_f=-\frac{P}{I_f}=-\frac{10}{2}=-5\ (V)$$

(4) 由式 (1-8) 可得元件 G 的电流为

$$I_g=-\frac{P}{U_g}=-\frac{10}{4}=-2.5\ (A)$$

对于元件 H，由式 (1-7) 可得

$$I_h=\frac{P}{U_h}=\frac{10}{10}=1\ (A)$$

在本书的第 4 章中将证明：任何一个电路中的功率都是守恒的，即在任一时刻，电路中吸收的功率与发出的功率相等。这一结论有时称为功率平衡关系，运用它可对计算结果进行检查验证。

为了便于使用，现将六个基本物理量之间的普遍规律进行归纳，见表 1-1。

**表 1-1　基本物理量之间的普遍规律**

| 微分形式 | 积分形式 |
|---|---|
| $i=\frac{dq}{dt}$ | $q=\int_{-\infty}^{t}i(\tau)d\tau$ |
| $u=\frac{d\Psi}{dt}$ | $\Psi=\int_{-\infty}^{t}u(\tau)d\tau$ |
| $p=\frac{dW}{dt}=ui$ | $W=\int_{-\infty}^{t}p(\tau)d\tau=\int_{-\infty}^{t}u(\tau)i(\tau)d\tau$ |

前面已经指出了基本物理量的主单位。但在实际中，基本物理量的变化范围很大，有时会感到这些主单位太大或者太小，使用不便，为此常采用辅助单位。辅助单位由主单位前面加一个词头构成。部分常用的国际制词头见表 1-2。

**表 1-2　部分常用国际制词头**

| 中文名称 | 原文 | 符号 | 因数 | 中文名称 | 原文 | 符号 | 因数 |
|---|---|---|---|---|---|---|---|
| 毫 | milli | m | $10^{-3}$ | 千 | kilo | k | $10^{3}$ |
| 微 | micro | $\mu$ | $10^{-6}$ | 兆 | mega | M | $10^{6}$ |
| 纳 | nano | n | $10^{-9}$ | 吉 | giga | G | $10^{9}$ |
| 皮 | pico | p | $10^{-12}$ | | | | |

## 1.3 基尔霍夫定律

电路分析的目的是对电路的电性能进行定性或定量的预测，其分析工具是数学。电路的概念和结论是由电路变量和电路方程来表示的，用以建立电路方程的基本依据是电路的基本规律。电路的基本规律分为两类：一类是电路的总体规律，即电路元件连接起来后，电路结构加给各元件电压和电流的约束规律，这类只取决于元件互连形式的约束称为拓扑约束，又称为结构约束；另一类是电路的局部规律，即电压和电流所遵循的电路元件自身的约束规律，这类只取决于元件自身性质的约束称为元件约束。拓扑约束和元件约束是分析电路的基本依据，任一合理的电路模型都必须同时满足这两类约束。本节讨论拓扑约束，其核心是基尔霍夫定律❶。值得一提的是，基尔霍夫于 1845 年提出该定律时还是一个 20 岁刚出头的大学生。

### 1.3.1 电路的几个常用术语

在讨论基尔霍夫定律之前，先介绍几个电路中的常用术语。

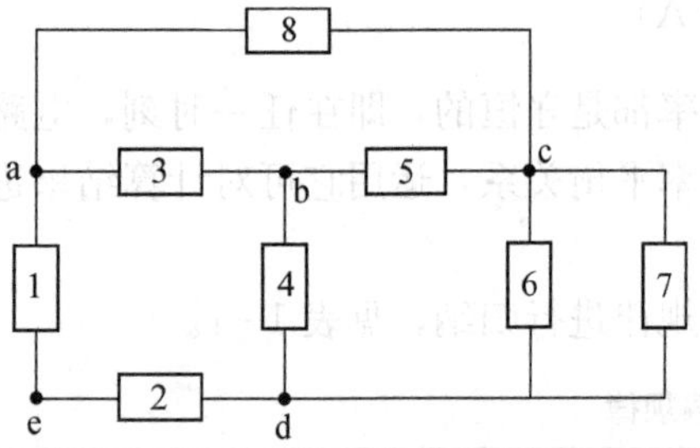


图 1-6 电路图示例

电路中的每一个二端元件或者元件的串并联组合称为一条**支路**，支路与支路的连结点称为**节点**。在图 1-6 所示的电路中，每个元件均可以当作一条支路，这样，该电路共有八条支路，a、b、c、d 和 e 五个节点。若把元件 1 和 2 的串联组合及元件 6 和 7 的并联组合分别当作一条支路，则电路共有六条支路和 a、b、c、d 四个节点，此时 e 点不能再当作一个节点。所以，当用不同的结构和内容来定义电路的支路时，电路的支路数和节点数将随之而变。究竟如何规定支路，一般要由所选择的具体分析方法来决定。图 1-6 中，d 点是元件 2、4、6 和 7 的连接点，在图中虽然被分成两个点，但这两个点之间并无元件存在，所以，只能作为一个节点。电路中的闭合路径称为**回路**，其中每一个节点与且只与回路中的两条支路相连。内部不另含支路的回路称为**网孔**。在图 1-6 中，当把每一个元件看作一条支路时，元件 1、2、3、4，元件 4、5、6，元件 6、7，元件 3、5、8 分别构成回路，并且都是网孔。元件 1、2、3、5、6，元件 1、2、4、5、8 等都构成回路，但不是网孔。而当元件 6、7 当作一条支路时，元件 6、7 不再构成回路。注意，电路的网孔与电路图的画法有关，但网孔数与电路图的画法无关。通常把电路图中外围元件构成的回路称为外围网孔，例如，图 1-6 中元件 1、2、7、8 构成外围网孔。以后提到的网孔除了特别指明外，均指内网孔而言。流经支路的电流简称**支路电流**，支路两端之间的电压简称支路电压。支路电流和支路电压是电路中分析和研究的主要对象，电路的基本规律也将用其表达。

### 1.3.2 基尔霍夫电流定律

基尔霍夫定律分为基尔霍夫电流定律和电压定律，下面分别对其进行介绍。

基尔霍夫电流定律（KCL）是电荷守恒定律在集中参数电路中的体现，其内容如下：

对于任一集中参数电路中的任一节点，在任一时刻，流出（或流入）该节点的所有支路电流的代数和等于零。KCL 的数学表达式为

$$\sum i_k = 0$$

根据 KCL 列写的支路电流方程称为 KCL 方程。由于涉及代数和，在应用 KCL 时，除了规定各支路电流的参考方向外，还应规定是流出节点的电流前面取正号，还是流入节点的

❶ 基尔霍夫在 1845 年发表的第一篇论文中，用注的形式提出了他的定律；1847 年在另一篇论文中比较详细地论述了他的定律。所以一般认为，基尔霍夫定律是 1847 年确立的。这两个定律当初是建立在观察基础上的，有些像欧姆定律的推广，其理论意义是后人不断加以阐明的。

电流前面取正号。当规定某一方向的电流取正号时，另一方向的电流则取负号。注意，这里所指的正、负号是由规定某一方向的电流取正号后而引起的，与参考方向下计算出来的电流值的正负号无关。对于图 1-7 所示的电路，各支路电流的参考方向如图 1-7 所示。假定流出节点的电流取正号，则将 KCL 应用于各节点可得如下的 KCL 方程：

节点①　$i_1+i_2-i_3=0$

节点②　$-i_2+i_4+i_5=0$

节点③　$i_3-i_5+i_6=0$

节点④　$-i_1-i_4-i_6=0$

上述四个 KCL 方程中只有三个方程是彼此独立的，因为四个 KCL 方程中任何一个方程都可以从其他三个方程推导出来。例如，节点④的 KCL 方程可由前面三个 KCL 方程相加后乘以 −1 得到。可以证明，对于 $n$ 个节点的电路，有且仅有（$n-1$）个独立的 KCL 方程。为了保证列出的 KCL 方程彼此独立，应只对任意的（$n-1$）个节点列写 KCL 方程。

KCL 不仅适用于节点，还可以推广到电路中的任一闭合面，即集中参数电路中任一闭合面相交的所有支路电流的代数和等于零。

闭合面又称为广义节点。电流由面内穿出闭合面流向面外称为流出，反之称为流入。对于图 1-8 所示电路中的闭合面有

$$i_1-i_2+i_3=0$$

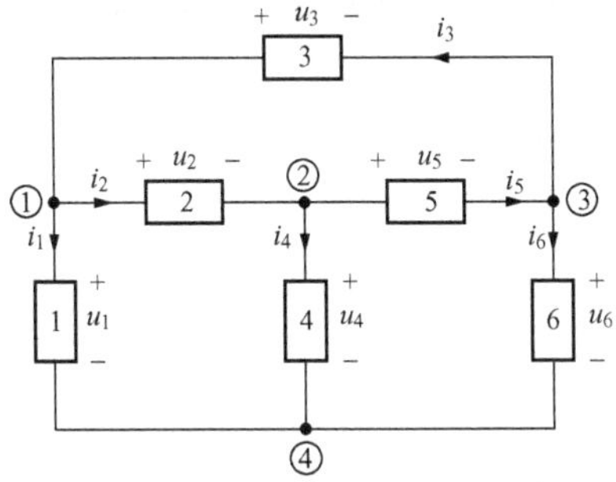


图 1-7　基尔霍夫定律示例图

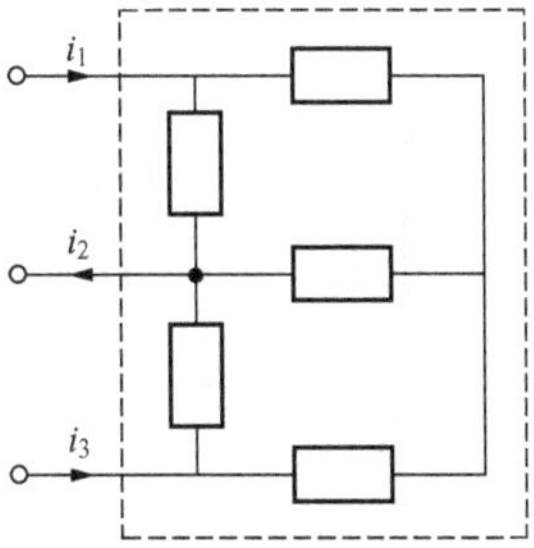


图 1-8　电路中的一个闭合面

KCL 除了上述两种陈述外，还有一种对割集的陈述方式，这将在本书第 3 章中予以讨论。容易证明，KCL 的各种陈述是彼此等价的。

### 1.3.3　基尔霍夫电压定律

基尔霍夫电压定律（KVL）是能量守恒原理在集中参数电路中的体现。KVL 的内容如下：

对于集中参数电路中的任一回路，在任一时刻，该回路中所有支路电压的代数和等于零。其数学表达式为

$$\sum u_k=0$$

根据 KVL 列写的支路电压方程称为 KVL 方程。为了列写出电路的 KVL 方程，除了规定各支路电压的参考方向外，还应选取顺时针方向或者逆时针方向作为回路的绕行方向。沿

回路绕行方向，支路电压为电压降的取正号，否则取负号。对于图 1-7 所示的电路，选取顺时针方向为回路的绕行方向，在图 1-7 所示电压参考方向下，对元件 1、2 和 4 形成的回路应用 KVL 得

$$-u_1+u_2+u_4=0$$

同样，对于元件 4、5 和 6 形成的回路

$$-u_4+u_5+u_6=0$$

元件 2、3 和 5 形成的回路

$$-u_2+u_3-u_5=0$$

元件 1、2、5 和 6 形成的回路

$$-u_1+u_2+u_5+u_6=0$$

显然，上述四个 KVL 方程只有三个是彼此独立的。可以证明，对于 $n$ 个节点、$b$ 条支路的电路，有且仅有 $(b-n+1)$ 个独立的 KVL 方程。为了保证列出的 KVL 方程彼此独立，需要对电路中的独立回路列写 KVL 方程。所谓独立回路是指能提供独立的 KVL 方程的回路。如果所选回路包含前面已选回路不含有的新支路，那么，这一回路相对前面已选回路是一个独立回路。对于 $n$ 个节点、$b$ 条支路的电路，有且仅有 $(b-n+1)$ 个独立回路。图 1-7 所示的电路只有三个独立回路，因此，只能列写出三个彼此独立的 KVL 方程，其他回路的 KVL 方程都能从这三个方程推导出来。画在同一平面上除连接点外不出现支路交叉的电路称为平面电路。对于平面电路，全部内网孔是一组独立回路。系统地找出独立回路的方法将在本书 3.5 中介绍。

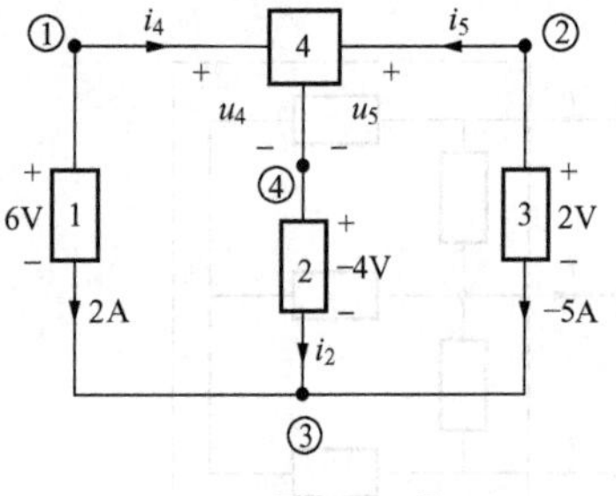


图 1-9 ［例 1-2］图

**【例 1-2】** 试求图 1-9 所示电路中的未知电流 $i_2$、$i_4$、$i_5$ 和未知电压 $u_4$、$u_5$。

**解** 以节点④为参考点。对于节点①

$$i_4+2=0$$

所以

$$i_4=-2\text{A}$$

对于节点②

$$i_5+(-5)=0$$

所以

$$i_5=5\text{A}$$

由节点③得

$$i_2+2+(-5)=0$$

则

$$i_2=3\text{A}$$

根据 KVL 得

$$u_4+(-4)-6=0$$

所以

$$u_4=10\text{V}$$

又

$$-u_5+2-(-4)=0$$

则

$$u_5=6\text{V}$$

KVL 不仅适用于由若干支路形成的实际回路，而且也适用于不完全由支路形成的假想回路。例如，图 1-10 表示某电路中的一个回路，对于图中虚线规定的假想回路，应用 KVL 可得

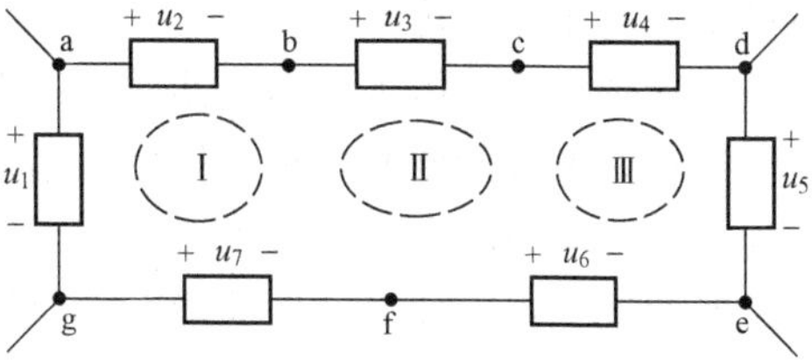


图 1-10　假想回路示例

假想回路Ⅰ

$$-u_1+u_2+u_{bf}-u_7=0$$

假想回路Ⅱ

$$-u_{bf}+u_3+u_{cf}=0$$

假想回路Ⅲ

$$u_4+u_5-u_6-u_{cf}=0$$

这表明电路中任意两个节点之间的电压都可以用一些支路电压来表示，即支路电压一经选定，那么根据 KVL，节点电压也就唯一地被确定了。

微课 02　KCL、KVL 的推广

应该指出，式（1-3）也是 KVL 的一种陈述形式，它表明了支路电压与节点电压之间的关系，即集中参数电路中任一支路电压等于相连两个节点的节点电压之差。同样，KVL 的各种陈述也是彼此等价的。

KCL 和 KVL 表达了极其丰富的内容，需要读者去深入地思考和领悟。他们最本质的要点如下：

（1）KCL 和 KVL 适用于任何集中参数电路，它们体现了电路的互连规律性。

（2）KCL 和 KVL 只取决于电路的连接方式，而与电路元件的性质无关。正是基于这一点，KCL 和 KVL 可用电路的［拓扑］图进行研究。具体参见本书 3.5 节和 15.1 节。

（3）KCL 方程和 KVL 方程都是系数为 1、0 和 −1 的常系数线性齐次代数方程。KCL 对电路中的支路电流施加以线性约束，KVL 对电路中的支路电压施加以线性约束。

## 1.4　电阻和独立电源

前面讨论了电路的总体规律——基尔霍夫定律，下面将研究元件的自身规律。

传统的基本电路元件是从实际的电器件中抽象出来的，可以用基本变量来表征。

基本的电路元件是按其端钮所测得的基本变量之间不同的代数关系分类的。四个基本变量共有六种成对组合。两种组合（$q$，$i$）和（$\Psi$，$u$）存在普遍关系，见式（1-1）和式（1-4）。剩下的四种组合（$u$，$i$）、（$\Psi$，$i$）、（$q$，$u$）和（$\Psi$，$q$）中的每一种组合就定义了一种基本电路元件。

电压 $u$ 和电流 $i$ 之间的代数关系定义了基本的电阻元件；电压 $u$ 和电荷 $q$ 之间的代数关系定义了基本的电容元件；电流 $i$ 和磁链 $\Psi$ 之间的代数关系定义了基本的电感元件；电荷 $q$

和磁链 $\Psi$ 之间的代数关系定义了基本的忆阻元件[1]。由于这四种基本元件都是用两个基本变量之间的代数关系定义的，所以统称为基本代数元件。

本节讨论最常见二端元件中的电阻和独立电源，电容和电感元件将在第 6 章中介绍，本书对忆阻元件不作讨论。

电路元件通常只体现实际电器件某一方面的电磁特性。例如，电阻元件用来反映电器件的能量损耗，电容元件和电感元件分别用以反映电场储能性质和磁场储能性质等。

为了叙述问题的方便，将表征电路元件端钮基本变量之间的数学表达式称为元件的特性方程或者约束方程。如果元件的特性方程是线性齐次方程，则称之为线性元件，否则称之为非线性元件。线性元件端钮变量之间相互联系的系数称为元件的电气参数。

一个二端元件，若在关联参考方向下吸收的能量

$$W(t)=\int_{-\infty}^{t}u(\tau)i(\tau)\mathrm{d}\tau=W(t_0)+\int_{t_0}^{t}u(\tau)i(\tau)\mathrm{d}\tau\geqslant 0$$

成立，即到任一时刻为止，送入元件的能量总是非负的，则这类元件称为无源元件；否则称为有源元件。其中，$W(t_0)=\int_{-\infty}^{t_0}u(\tau)i(\tau)\mathrm{d}\tau$ 。

由于能量 $W(t)$ 是功率 $p(t)$ 的积分，若功率恒不小于零，则有 $W(t)\geqslant 0$。因此，功率恒不小于零的元件一定为无源元件。

### 1.4.1 电阻元件

1. 二端电阻的一般定义

电阻元件最初是从实际电阻器中抽象出来的模型，其概念是由德国物理学家欧姆[2]提出的。在恒温，并且电压和电流限制在一定范围内的条件下，实际电阻器在低频应用时可用电阻元件作为其模型。

任何一个二端元件，如果它的端电压和流过它的电流之间的关系可用代数关系表征，则该元件称为〔二端〕电阻元件，简称电阻。通常把电压和电流之间的关系式称为电压电流关系（VCR）或伏安关系（VAR）。

二端电阻元件的定义也可等价地表述为：任何一个二端元件，如果在任一时刻 $t$，它的端电压 $u(t)$ 和流过它的电流 $i(t)$ 之间的关系可由 $u\sim i$ 平面上一条确定的曲线所决定，则该元件称为〔二端〕电阻元件。这条 $u\sim i$ 平面上的曲线称为电阻元件的伏安特性曲线，它通常是在关联参考方向下测试得到的。

任何一个二端元器件，不论其内部结构和物理过程如何，只要从端钮上看能符合上述电阻元件的定义，都可看成是电阻元件。应该强调指出，定义中的伏安特性曲线与所加电压或者电流的波形无关。电阻元件的基本概念在于电压的瞬时值和电流的瞬时值之间存在着一种代数关系，即电压不能记忆电流在过去所起的作用；同样，电流也不能记忆电压在过去所起

[1] 忆阻的概念是由美籍华人蔡少棠（Leon O. Chua，1936— ）于 1971 年提出的。2008 年惠普实验室的研究人员发现忆阻现象在纳米尺度系统中是自然出现的，并用一片双层的二氧化钛薄膜形成了首个忆阻器。忆阻元件（memristor）是一个具有记忆功能的非线性电阻，其阻值大小与流过的电荷量有关。

[2] 乔治·西蒙·欧姆（Georg Simon Ohm，1787—1854）在 1826 年由实验发现欧姆定律。这个定律在我们今天看来很简单，然而它的发现过程却并非如一般人想象的那么简单。欧姆为此付出了十分艰巨的劳动。欧姆的研究成果最初公布时，没有引起科学界的重视，并受到一些人的攻击，直到 1841 年，英国皇家学会授予欧姆科普勒奖章，欧姆的工作才得到了普遍的承认。为了纪念他，人们把电阻的单位命名为欧姆。

的作用。具有这种无记忆性质的元件又称为无记忆元件。

依照表征电阻元件的 VAR 或者伏安特性曲线，电阻元件可分为线性电阻和非线性电阻、时变电阻和时不变电阻。

如果电阻的伏安特性曲线在任一时刻都是过原点的直线，即其特性方程是线性齐次的，那么，这种电阻称为线性电阻；否则称为非线性电阻。

如果电阻的伏安特性曲线不随时间而变化，即在所有时刻都是同一条曲线，则称这种电阻为时不变电阻；否则称为时变电阻。时不变又称非时变或者定常，时不变元件的特性方程中不显含时间变量 $t$。本书只讨论时不变的情况。这里讨论线性电阻，非线性电阻将在本书 13.1 节中予以讨论。

2. 线性电阻

满足欧姆定律的电阻称为线性电阻，简称电阻，其伏安特性曲线如图 1-11 所示。由图 1-11 可知，在电压和电流采用关联参考方向时，电阻的 VAR 可表示为

$$u=Ri \tag{1-9}$$

或者

$$i=Gu \tag{1-10}$$

式中：$R$ 和 $G$ 为常数，分别称为线性电阻的电阻和电导。

当电压和电流分别以伏和安为单位时，电阻的单位为 Ω（欧〔姆〕），电导的单位为 S（西门子）。应该指出，术语“电阻”以及其相应的符号 $R$ 一方面表示元件，另一方面也表示此元件的电气参数。线性电阻的符号如图 1-12 所示。

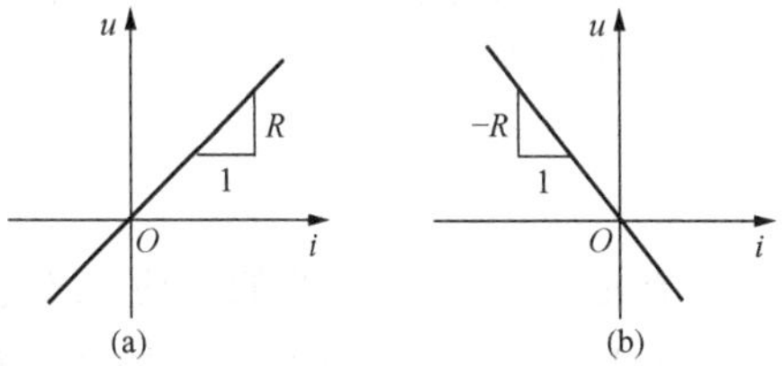


图 1-11　线性电阻的典型伏安特性曲线

(a) $R>0$；(b) $R<0$

图 1-12　线性电阻的符号

显然，对于同一电阻有

$$R=\frac{1}{G}$$

当电阻的电压和电流采用非关联参考方向时，电压和电流中有且仅有一个量的方向与采用关联参考方向时相反，故电阻的特性方程变为

$$u=-Ri \tag{1-11}$$

或

$$i=-Gu \tag{1-12}$$

显然，电压 $Ri$ 与电流 $i$ 的参考方向是关联的。

下面讨论线性电阻的功率。

将式（1-9）或者式（1-10）代入功率公式（1-7）可得电阻吸收的功率为

$$p=ui=Ri^2=\frac{u^2}{R} \tag{1-13}$$

或

$$p=ui=Gu^2=\frac{i^2}{G} \tag{1-14}$$

由功率公式（1-13）和公式（1-14）可知，要计算电阻的功率，已知 $u$、$i$ 和 $R$（$G$）中的任意两个量即可。式（1-13）和式（1-14）是计算电阻功率问题经常使用的重要公式，但在使用这两个公式时应注意：$u$ 必须是电阻 $R$ 两端的电压；$i$ 必须是流过电阻 $R$ 的电流。

由式（1-13）和式（1-14）可以看出，正值线性电阻（$R>0$）总是消耗功率的，而负值线性电阻（$R<0$）总是提供功率的。所以，正值线性电阻是无源的，而负值线性电阻是有源的。通常所说的电阻消耗功率就是指正值电阻而言的。若无特殊说明，以后提到的电阻均指正值线性电阻。

3. 短路与开路

当 $R=0$ 时，电阻的伏安特性曲线与电流轴重合，这种情形称为短路。在短路情况下，不管其电流如何，电压恒为零。短路的特性方程为

$$u\equiv 0,\ i=\text{任意值}$$

短路的符号如图 1-13（a）所示。电路图中元件之间的连接线就是这种短路线。

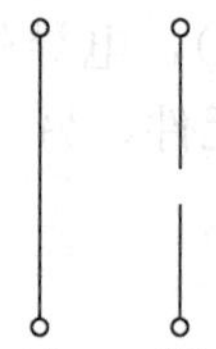


图 1-13 短路和开路示意图

（a）短路；（b）开路

当 $G=0$，即 $R\to\infty$ 时，电阻的伏安特性曲线与电压轴重合，这种情形称为开路。在开路的情况下，不管电压如何，电流恒为零。开路的特性方程为

$$i\equiv 0,\ u=\text{任意值}$$

开路的符号如图 1-13（b）所示。

最后指出，衡量一个元件是否是线性的，应该看它的特性方程是否为线性函数。对于一个线性函数，它必须同时满足叠加性（又称可加性）和齐次性，即：

（1）叠加性 $f(x_1+x_2)=f(x_1)+f(x_2)$

（2）齐次性 $f(\alpha x)=\alpha f(x)$，（$\alpha$ 为实数）

这两条性质是用来判别一个元件是否为线性元件的判据。例如，一电阻的 VAR 为 $u=f(i)=3i$，显然，对此电阻有

$$f(i_1+i_2)=3(i_1+i_2)=3i_1+3i_2=f(i_1)+f(i_2)$$

及

$$f(\alpha i)=3(\alpha i)=\alpha(3i)=\alpha f(i)$$

这表明该电阻的 VAR 既满足叠加性又满足齐次性，是一个线性函数，所以，该电阻是线性的。但对于 VAR 为 $u=Ri+u_s$ 和 $i=Gu+i_s$ 的电阻，只要 $u_s\neq 0$ 和 $i_s\neq 0$，就不是线性电阻。容易验证其 VAR 既不满足叠加性，也不满足齐次性。

**1.4.2 独立电源**

独立〔电〕源是从实际电源抽象出来的模型，是电路中能独立提供能量的电路元件。独立电源分为〔独立〕电压源和〔独立〕电流源两种。

1. 电压源

任何一个二端元件，如果其端电压既与流过它的电流无关，又独立于其他支路的电压和电流，则称该元件为电压源。电压源的一般符号如图 1-14（a）所示，图 1-14（b）所示为电池符号，只适用于直流电压源。

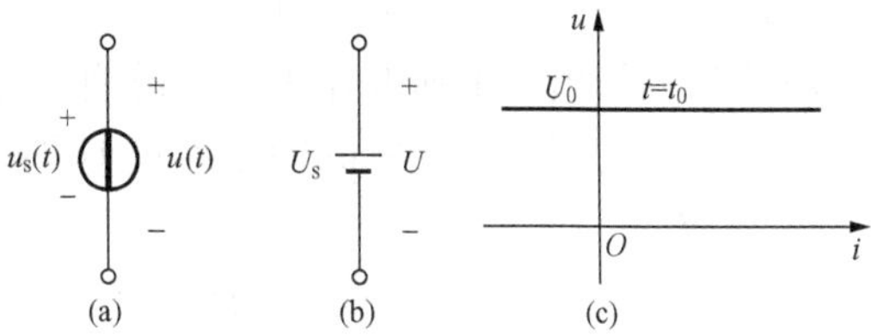


图 1-14　电压源的符号及其伏安特性曲线
（a）电压源符号；（b）电池符号；（c）伏安特性

对于图 1-14 所示的电压参考方向，根据 KVL，由图 1-14（a）得

$$u=u_s(t)$$

或者由图 1-14（b）得

$$U=U_s$$

当电压源电压 $u_s(t)$ 为常量时，该电压源称为直流电压源，否则称为时变电压源。

电压源的 VAR 也可以用 $u\sim i$ 平面上平行于 $i$ 轴的直线表示，如图 1-14（c）所示。直流电压源的特性曲线在所有时刻都是同一条直线，而时变电压源的特性曲线则随时间的不同而异。显然，电压源也是一种电阻元件。当 $u_s(t)\neq 0$ 时，其为非线性电阻元件；当 $u_s(t)=0$ 时，其相当于短路。

电压源有两条基本性质：① 它的端电压是定值或者是确定的时间函数，与流过它的电流无关；② 电压源的电压是由它本身确定的。至于流过它的电流则是任意的，由外接电路和该电压源共同决定。因此，在列写 KCL 方程时，必须考虑流过电压源的电流，而不能假定为零。

由于流过电压源的电流不是仅由它本身所决定的，所以电流可以在不同的方向流过电压源。因而，电压源在电路中，可能对外电路提供功率，也可能从外电路吸收功率，视电流的方向而定。因此，电压源是有源元件。

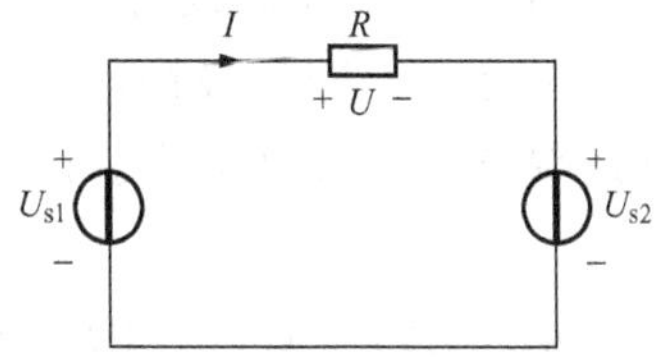


图 1-15 ［例 1-3］图

**【例 1-3】** 试求图 1-15 所示电路中各元件的功率。图中，$U_{s1}=10\text{V}$，$U_{s2}=5\text{V}$，$R=5\Omega$。

**解** 设流过电阻 $R$ 的电流和电阻两端的电压分别为 $I$ 和 $U$，方向如图 1-15 所示。

根据 KCL 可知，流过两个电压源的电流也是 $I$。由 KVL 得

$$U+5-10=0$$

由电阻的 VAR 得

$$U=5I$$

由以上两式求解得

$$I=1\ (\text{A})$$

所以，电压源 $U_{s1}$ 提供的功率为

$$P_{s1}=U_{s1}I=10\times 1=10\ (\text{W})$$

电压源 $U_{s2}$ 提供的功率为

$$P_{s2}=-U_{s2}I=-5\times 1=-5\ (\text{W})$$

电阻 $R$ 消耗的功率为

$$P_R=RI^2=5\times 1^2=5\ (\text{W})$$

由上面的计算结果可知，电压源 $U_{s1}$ 对外电路提供功率，而电压源 $U_{s2}$ 从外电路吸收功率。显然，$P_{s1}+P_{s2}=P_R$，功率守恒。

应该强调指出，电压源作为一种模型，可流过任意数值的电流，当流过无限大电流时，可提供无限大功率，这在实际中是绝对不可能的。

2. 电流源

任何一个二端元件，如果流过的电流既与其端电压无关，又独立于其他支路的电压和电流，则称该元件为电流源。电流源的符号如图 1 - 16 所示。

在图 1 - 16 所示参考方向下，电流源的 VAR 为

$$i=i_s(t)$$

当 $i_s(t)$ 为常量时，该电流源称为直流电流源，否则称为时变电流源。电流源的伏安特性曲线在任一时刻都是平行于 $u$ 轴的一条直线，如图 1 - 17 所示。直流电流源的伏安特性曲线在所有时刻都是同一条直线，而时变电流源的伏安特性曲线则随时间变化。显然，电流源也可以看成是电阻元件。当 $i_s(t)\neq 0$ 时，它为一非线性电阻；而当 $i_s(t)=0$ 时，它相当于开路。

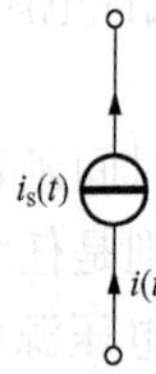


图 1 - 16 电流源的符号

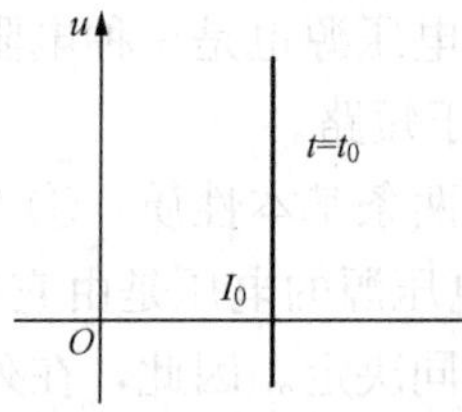


图 1 - 17 电流源的伏安特性曲线

电流源也有两条基本性质：① 它所提供的电流是定值或者是确定的时间函数，与其端电压无关；② 电流源的电流是由它本身确定的。至于它两端的电压则是任意的，由外电路和该电流源共同决定。因此，在列写 KVL 方程时，必须计及这一电压，不能假设为零。

由于电流源的端电压不是仅由它本身决定的，所以，其端电压可有不同的极性，因而，电流源在电路中可能是提供功率的，也可能是吸收功率的，视其端电压的极性而定。因此，电流源也是一种有源元件。

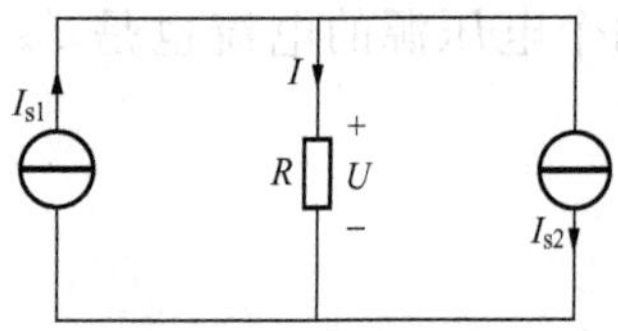


图 1 - 18 ［例 1 - 4］图

**【例 1 - 4】** 试求图 1 - 18 所示电路中各元件的功率。其中，$I_{s1}=10A$，$I_{s2}=5A$，$R=2\Omega$。

**解** 设电阻的电压 $U$ 和电流 $I$ 的参考方向分别如图 1 - 18 所示。由 KCL 得

$$I-I_{s1}+I_{s2}=0$$

将已知数据代入上式可得 $I=5$ (A)

由电阻的 VAR 得

$$U=RI=2\times 5=10\ (V)$$

则电阻消耗的功率为

$$P_R=UI=10\times 5=50\ (W)$$

电流源 $I_{s1}$ 提供的功率为

$$P_{s1}=UI_{s1}=10\times 10=100\ (W)$$

电流源 $I_{s2}$ 提供的功率为

$$P_{s2}=-UI_{s2}=-10\times5=-50\ (\mathrm{W})$$

由上述计算结果可知，电流源 $I_{s1}$ 提供功率，而电流源 $I_{s2}$ 吸收功率。

应该强调指出，电流源作为一种元件模型，其端电压可取任意值，当其端电压为无限大时，可提供无限大功率，这在实际中也是绝对不可能的。

独立电源，常称为信号源，对电路起着激励的作用，故而又称为电路的激励或输入。其他支路电压和支路电流以及节点电压只是激励引起的响应，即电路的输出。

3. 实际电源的两种模型

前面定义的电压源和电流源实际上是不存在的，它们都是实际电源的理想化。实际电源总是有内阻的，这主要表现为实际电源的端电压（输出电流）随着输出电流（端电压）的增加而下降。实际直流电源在一定的电流范围或者一定的电压范围内，其伏安特性曲线如图 1-19 所示。

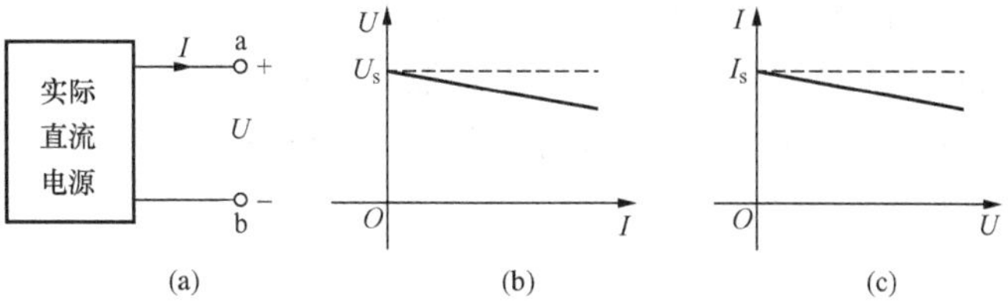


图 1-19　实际直流电源及其伏安特性曲线

（a）实际直流电源示意图；（b）由电压源和内阻来表征实际电源的伏安特性；

（c）由电流源和内阻来表征实际电源的伏安特性

对于图 1-19（b）所示的伏安特性曲线，可用一个电压源 $U_s$ 和内阻 $R_s$ 相串联的模型来表征实际电源，如图 1-20（a）所示。由该模型可得

$$U=U_s-R_sI$$

这一方程正是图 1-19（b）所示的伏安特性曲线所对应的特性方程。图 1-20（a）所示的模型称为电压源模型。其中，$U_s$ 是实际电源的开路（$I=0$）电压，内阻 $R_s$ 表明了电源内部的分压效应。显然，实际电源的内阻越小，就越接近于电压源。

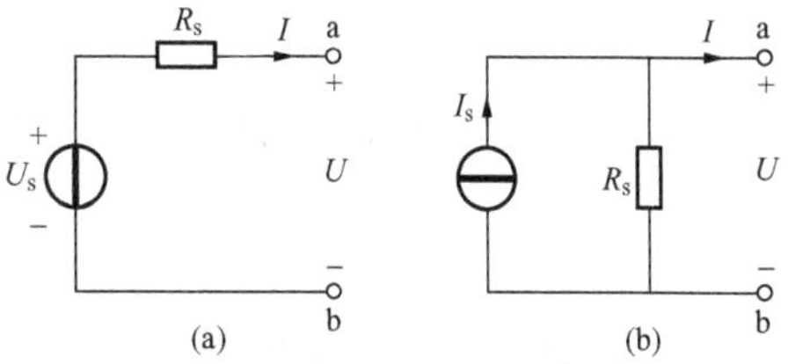


图 1-20　实际电源的两种模型

（a）电压源模型；（b）电流源模型

对于图 1-19（c）所示的伏安特性，可用一个电流源 $I_s$ 和内阻 $R_s$ 相并联的模型来表征实际电源，如图 1-20（b）所示。由该模型可得

$$I=I_s-\frac{U}{R_s}$$

这一方程正是图 1-19（c）所示伏安特性曲线所对应的特性方程。图 1-20（b）中的模型称为电流源模型。其中，$I_s$ 是实际电源的短路（$U=0$）电流，内阻 $R_s$ 表明了电源内部的分流效应。实际电源的内阻越大就越接近于电流源。

一个实际电源能否抽象为独立电源来进行分析和计算，不仅取决于它的内阻，而且也与外接电路的电阻有关。当电源的内阻与外接电路的电阻相比小得多时，可把这一实际电源抽象成电压源来进行分析；当电源的内阻远远大于外接电路的电阻时，可用电流源作为该实际电源的模型。

## 1.5 受　控　源

1.4 节讨论了典型二端元件中的电阻和独立电源，本节将介绍一种多端元件——受控源。受控源是为了建立电子电路的电路模型而从电子器件中抽象出来的一种元件模型，又被称为非独立电源。例如，在低频情况下，NPN 型双极型晶体管（BJT）的集电极（C）和发射极（E）之间的输出电压 $u_{CE}$与集电极电流 $i_C$ 之间的关系曲线如图 1-21（a）所示。由图可以看出，集电极电流不仅与 $u_{CE}$有关，而且还与基极（B）电流 $i_B$ 有关；N 沟道增强型金属—氧化物—半导体场效应管（MOSFET）漏极（D）与源极（S）之间的输出电压 $u_{DS}$与漏极电流 $i_D$ 之间的关系曲线如图 1-21（b）所示。由图可以看出，漏极电流不仅与 $u_{DS}$有关，而且还与栅极（G）和源极之间的电压 $u_{GS}$有关；运算放大器的输出电压 $u_o$受控于输入电压 $u_d$，其转移特性曲线如图 1-21（c）所示。受控源与独立电源不同，受控电压源的电压受其他支路的电压或电流控制；受控电流源的电流受其他支路的电压或电流控制。根据受控源的控制量是电压还是电流，受控源是受控电压源还是受控电流源，受控源的基本形式可分为以下四种类型。

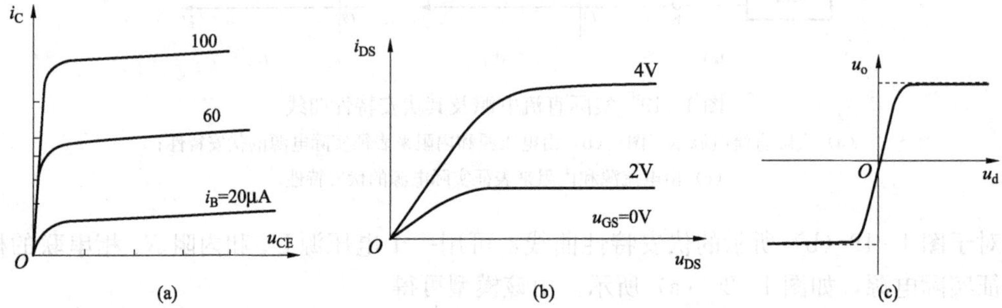


图 1-21　三种电子器件的低频特性曲线

（a）NPN 型 BJT；（b）N 沟道增强型 MOSFET 的特性曲线；（c）运算放大器

（1）电压控制电压源（VCVS），电路符号如图 1-22（a）所示。VCVS 的 VAR 为

$$\left.\begin{array}{l} i_1=0 \\ u_2=\alpha u_1 \end{array}\right\} \tag{1-15}$$

式中：$\alpha$ 为常数，称为电压传输比。

（2）电压控制电流源（VCCS），电路符号如图 1-22（b）所示。VCCS 的 VAR 为

$$\left.\begin{array}{l} i_1=0 \\ i_2=g u_1 \end{array}\right\} \tag{1-16}$$

式中：$g$ 为常数，称为传输电导。

（3）电流控制电压源（CCVS），电路符号如图 1-22（c）所示。CCVS 的 VAR 为

$$\left.\begin{array}{l} u_1=0 \\ u_2=r i_1 \end{array}\right\} \tag{1-17}$$

式中：$r$ 为常数，称为传输电阻。

（4）电流控制电流源（CCCS），电路符号如图 1-22（d）所示。CCCS 的 VAR 为

$$\left.\begin{array}{l} u_1=0 \\ i_2=\beta i_1 \end{array}\right\} \tag{1-18}$$

式中：$\beta$ 为常数，称为电流传输比。

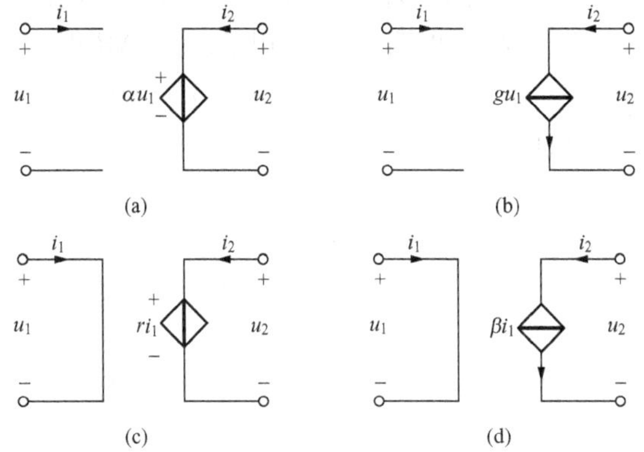


图 1-22　四种基本受控源的电路符号

(a) 电压控制电压源；(b) 电压控制电流源；(c) 电流控制电压源；(d) 电流控制电流源

受控源与独立源在电路中所起的作用不同，故用不同的符号表示，前者用菱形符号，后者用圆圈符号，以示区别。独立源作为电路的输入，代表着外界对电路的作用，而受控源是用来表示在电子器件中所发生的物理现象的一种元件模型，它反映了电路中某处的电压或电流受控于另一处的电压或电流的关系，它本身不起激励作用。由于受控源的 VAR 是一种电压和电流之间的线性代数关系，所以它属于线性电阻元件。

由于受控源的输出是由控制量决定的，因此受控源的输出是否为零，完全取决于控制量是否为零。

在电压和电流采用关联参考方向的情况下，受控源吸收的功率为

$$p(t)=u_1(t)i_1(t)+u_2(t)i_2(t)=u_2(t)i_2(t)$$

由此可知，受控源的功率等于受控源受控支路的功率。同独立电源一样，受控源也是有源元件，在电路中可能是吸收功率的，也可能是发出功率的，视受控源的电压和电流的实际方向而定。

**【例 1-5】**　试求图 1-23 所示电路中各元件的功率。

**解**　根据 KVL 得

$$4U+U=50$$

所以

$$U=10\ (\text{V})$$

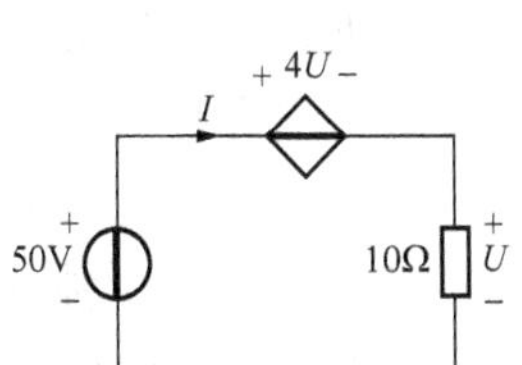


图 1-23 ［例 1-5］图

设回路电流为 $I$，方向如图 1-23 所示，则由电阻的 VAR 得

$$I=\frac{U}{10}=\frac{10}{10}=1\ (\text{A})$$

电压源发出的功率为

$$P_s=50I=50\times1=50\ (\text{W})$$

VCVS 吸收的功率为

$$P_{4U}=4UI=4\times10\times1=40\ (\text{W})$$

电阻吸收的功率为

$$P_R=UI=10\times1=10\ (\text{W})$$

计算结果表明：本例中的受控源在电路中吸收功率，相当于一个正值电阻。

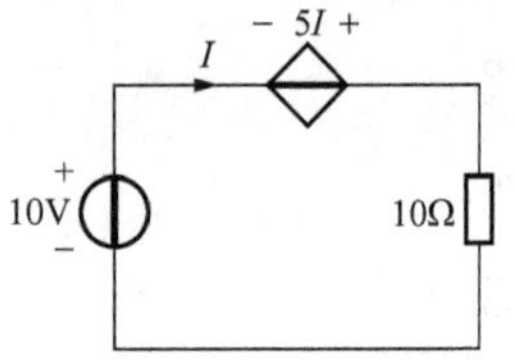

图 1-24 ［例 1-6］图

【例 1-6】 试求图 1-24 所示电路中各元件的功率。

**解** 根据 KVL 和电阻的 VAR 得

$$-5I+10I=10$$

所以

$$I=2\ (\text{A})$$

电压源发出的功率为

$$P_s=10I=10\times2=20\ (\text{W})$$

受控源吸收的功率为

$$P_{5I}=-5I^2=-5\times2^2=-20\ (\text{W})$$

电阻消耗的功率为

$$P_R=10I^2=10\times2^2=40\ (\text{W})$$

由上面的计算结果可知，本例中的受控源不吸收功率，而是提供功率，相当于一个负电阻。这实际上是独立电源通过受控源间接对电路产生作用。另外可以看出，在含有受控源的电路中，电阻消耗的功率可能比独立源提供的功率要大。

有些情况下，受控源的控制量所在支路不需要单独标出，如［例 1-5］和［例 1-6］，可把受控源当作一个二端元件处理。

在现代电路分析中经常使用端口的概念。所谓端口是指这样的两个端钮：在任何时刻，流入其中一个端钮的电流恒等于流出另一个端钮的电流。根据端口的定义，二端元件拥有一个端口，故又称为单口元件。本节介绍的受控源具有两个端口，因而是一种双口元件。

## 1.6 直接用两类约束分析电路

### 1.6.1 2b 分析法

分析任何一个电路的基本依据都是拓扑约束和元件约束。对于具有 $n$ 个节点、$b$ 条支路的电路，依据这两类约束直接列写的以支路电压和支路电流为电路变量的独立方程可概括为如下形式的三组方程：

（1）$(n-1)$ 个独立的 KCL 方程。

（2）$(b-n+1)$ 个独立的 KVL 方程。

（3）$b$ 个独立的元件特性方程。

电路共有 $2b$ 个方程和 $2b$ 个变量（$b$ 个支路电压和 $b$ 个支路电流），是一组完备的独立方程组。本书称这组方程为电路的基本方程。通过求解电路的基本方程可求出所有的支路电压和支路电流。这种以 $b$ 个支路电流和 $b$ 个支路电压为电路变量，直接应用电路的两类约束建立电路方程进行分析计算的方法称为 2b〔分析〕法。

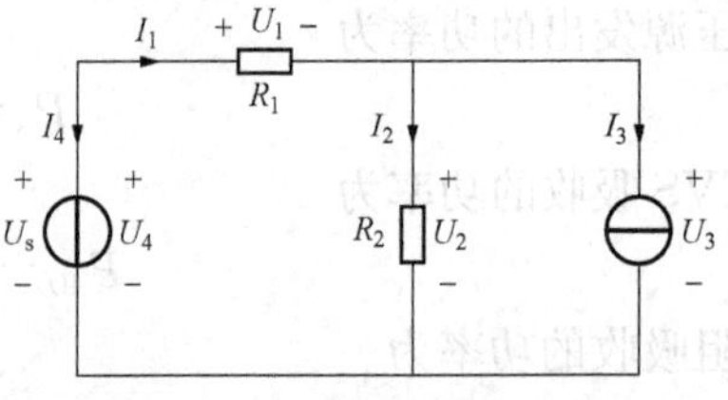

图 1-25 基本方程示例

仅由独立电源和线性电阻元件组成的电路称为**线性电阻电路**。由于 KCL 方程和 KVL 方程以及电阻元件的方程都是代数方程，因此电阻电路的方程为代数方程，且线性电阻电路的方程为线性代数方程。例如，对于图 1-25 所示的线性电阻电路，在指定的支路电流和支路电压参考方向下，该电路的基本方程如下：

独立的 KCL 方程

$$\begin{cases} I_1+I_4=0 \\ -I_1+I_2+I_3=0 \end{cases}$$

独立的 KVL 方程

$$\begin{cases} U_1+U_2-U_4=0 \\ U_2-U_3=0 \end{cases}$$

元件的特性方程

$$\begin{cases} U_1-R_1I_1=0 \\ U_2-R_2I_2=0 \\ I_3=I_s \\ U_4=U_s \end{cases}$$

显然，上述方程为一组线性代数方程。如果将独立电流源的 VAR 代入 KCL 方程，独立电压源的 VAR 代入 KVL 方程，可将电路基本方程的数目由 $2b$ 个减少到（$2b-b_s$）个，其中 $b_s$ 为电路中独立电源的数目。

由上面的实例可以看出：$2b$ 法的电路变量个数较多，导致所建立的电路方程的数目较多，给手工求解带来不便。通常并不需要确定电路中所有的支路电压和支路电流，即不需要对电路进行完全分析，感兴趣的只是部分支路甚至是一条支路的电压或电流，因此，如何减少电路变量的个数（也就是减少电路方程的数目），就成为电路分析要解决的主要问题之一。这一问题将在本书后续章节通过不同的方法加以解决。

直接利用两类约束求解电路时，往往需要将所求电压或电流转化为求其他电压、电流，通常采用下列的表示方法：

（1）表示电压的两种途径：① 根据元件的 VAR，将电压用电流表示；② 根据 KVL，将电压用其他电压表示。

（2）表示电流的两种途径：① 根据元件的 VAR，将电流用电压表示；② 根据 KCL，将电流用其他电流表示。

特别注意：（1）由于流过（独立或受控）电压源（包括短路）的电流不能由其自身的电压直接用 VAR 求得，故确定流过电压源的电流必须借助与电压源相串联元件的 VAR 或 KCL 来求得。（2）由于（独立或受控）电流源（包括开路）两端的电压不能由其自身的电流直接用 VAR 求得，故确定这一电压时，必须借助与电流源相并联元件的 VAR 或 KVL 来求得。

**【例 1-7】**　试求图 1-26（a）所示电路中 10V 电压源提供的功率。

**解**　设所需支路电流的参考方向如图 1-26（b）所示。由图 1-26（b）得

$$I_2=\frac{10-6}{8}=0.5\ (\text{A}),\quad I_3=\frac{10}{10}=1\ (\text{A})$$

由 KCL 得

$$I_1=I_2+I_3-1-4=0.5+1-1-4=-3.5\ (\text{A})$$

所以，10V 电压源提供的功率为

$$P=10I_1=10\times(-3.5)=-35\ (\text{W})$$

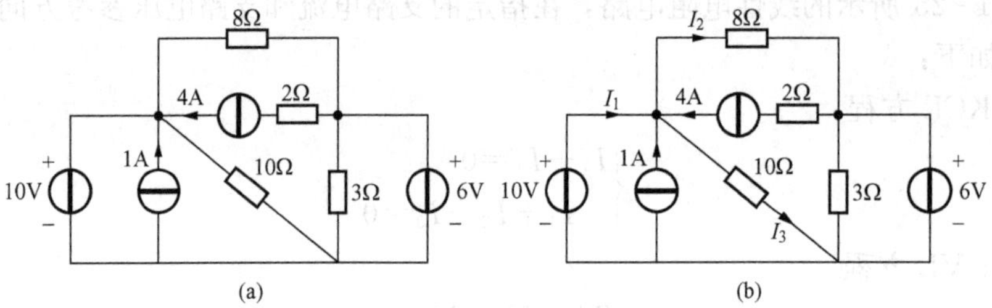


图 1-26 ［例 1-7］图

### 1.6.2 电路的分类

在本书中，电路又称为〔电〕网络。下面介绍电路的分类。

1. 线性电路和非线性电路

任何一个电路，如果其所含元件除了独立电源外都是线性元件，则该电路称为线性电路；否则称为非线性电路。描述线性电路的方程是线性方程，而非线性电路则需要用非线性方程来描述。

2. 时不变电路和时变电路

仅含有独立电源和时不变电路元件的电路称为时不变电路，又称为定常电路或非时变电路。除了独立电源外，至少含有一个时变元件的电路称为时变电路。

3. 电阻电路和动态电路

仅由独立电源和电阻元件组成的电路称为电阻电路，否则称为动态电路。电阻电路可用代数方程描述，动态电路则需要用微分方程来描述。

4. 直流电路和交流电路

任何一个电路，如果其所含独立电源都是直流电源，则称之为直流电路；若其所含独立电源均为交流电源，则称之为交流电路。

5. 平面电路和非平面电路

画在同一平面上除连接点外不出现支路交叉的电路称为平面电路；不属于平面电路的电路统称为非平面电路。例如，图 1-27（a）所示电路为非平面电路。但应注意，有时电路图中支路交叉是由于所采用的作图方法造成的，对于这样的电路采用另一种作图方法便可消除图中支路交叉的情况。例如，图 1-27（b）所示的电路可改画为图 1-27（c）所示画法，因此，它是平面电路。应该指出，前面介绍的网孔概念只适用于平面电路。

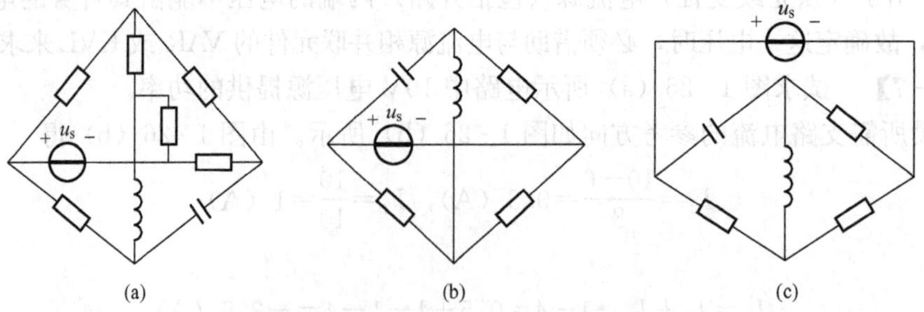


图 1-27 非平面电路和平面电路

（a）非平面画图；（b）平面图；（c）平面图的另一种画法

电路的分类除了上面介绍的几种以外，还有其他的划分方法，在此不再一一介绍。本书只讨论时不变电路，并且将重点放在线性时不变电路。

## 习　题

### 基本概念

1 - 1　试分别求出图 1 - 28 所示各二端元件吸收和发出的功率。

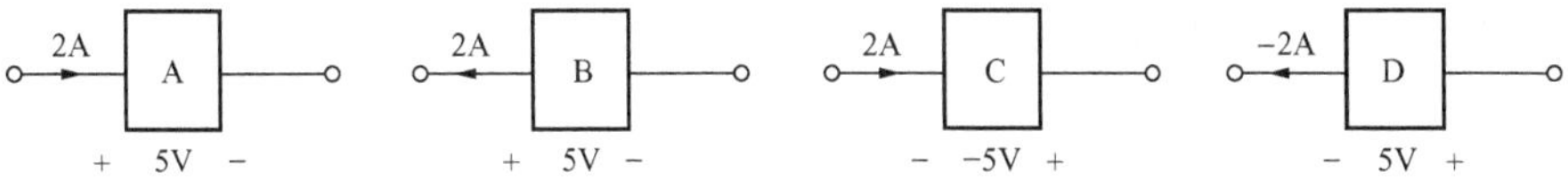


图 1 - 28　题 1 - 1 图

1 - 2　如图 1 - 29 所示各电路中，试分别求出 A、B、C、D 中的电流。其中：A 吸收的功率为 72W；B 发出的功率为 100W；C 吸收的功率为 60W；D 发出的功率为 30W。

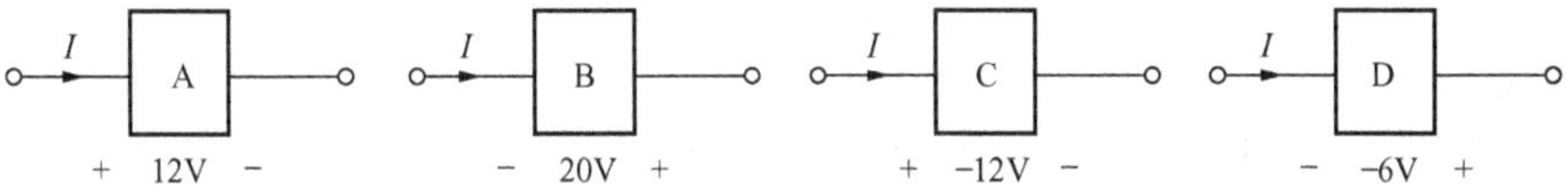


图 1 - 29　题 1 - 2 图

### 基尔霍夫定律

1 - 3　试求图 1 - 30 所示电路中的电流 $I_1$ 和 $I_2$。

1 - 4　图 1 - 31 所示电路中，已知 $I_3=4\text{A}$。试求 $I_1$ 和 $I_2$。

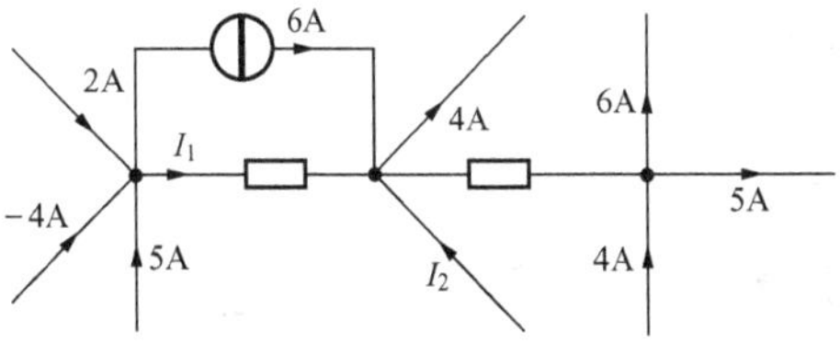


图 1 - 30　题 1 - 3 图

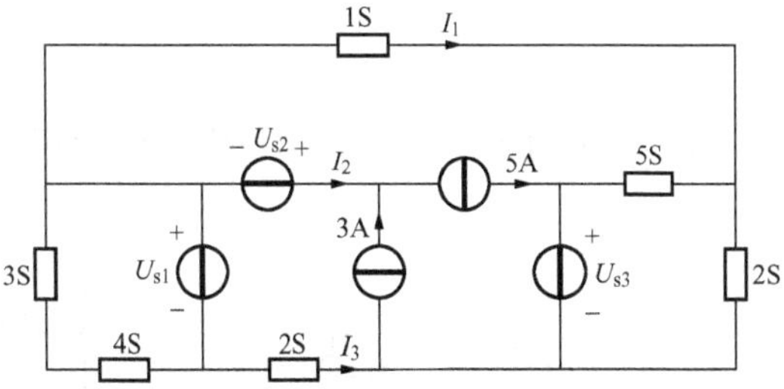


图 1 - 31　题 1 - 4 图

1 - 5　试求图 1 - 32 所示电路中的未知电压。

1 - 6　图 1 - 33 所示电路中 $u_3$ 的参考方向已选定，若该电路的两个 KVL 方程分别为

$$u_1-u_2-u_3=0,\quad -u_2-u_3+u_5-u_6=0$$

（1）试确定 $u_1$、$u_2$、$u_5$ 和 $u_6$ 的参考极性；

（2）能否确定 $u_4$ 的参考极性？

（3）若给定 $u_2=10\text{V}$，$u_3=5\text{V}$，$u_6=-4\text{V}$，试确定其余各电压。

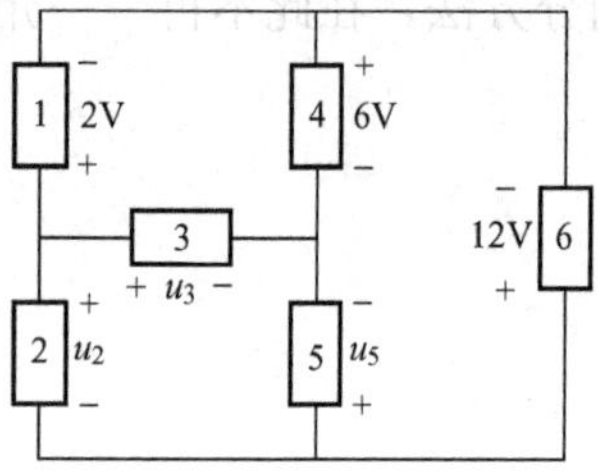


图 1 - 32 题 1 - 5 图

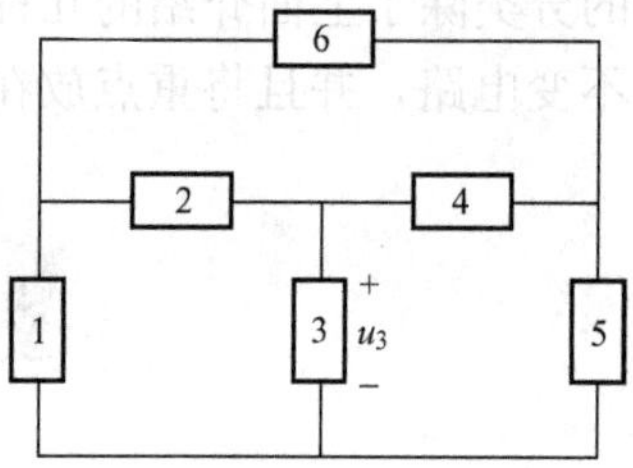


图 1 - 33 题 1 - 6 图

1 - 7 图 1 - 34 所示电路中，已知 $I_1 = 2\text{A}$，$I_3 = -3\text{A}$，$U_1 = 10\text{V}$，$U_4 = -5\text{V}$。试计算各元件吸收的功率，并验证功率守恒。

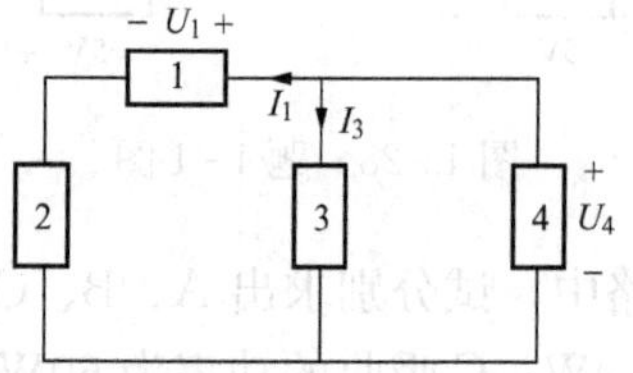


图 1 - 34 题 1 - 7 图

**两类约束**

1 - 8 试求图 1 - 35 所示各电路中的电压 $u$ 和电流 $i$。

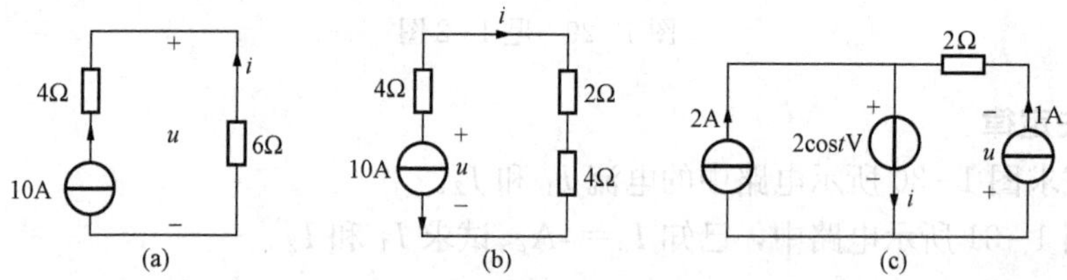


图 1 - 35 题 1 - 8 图

1 - 9 试求图 1 - 36 所示各电路中指定的电压和电流。

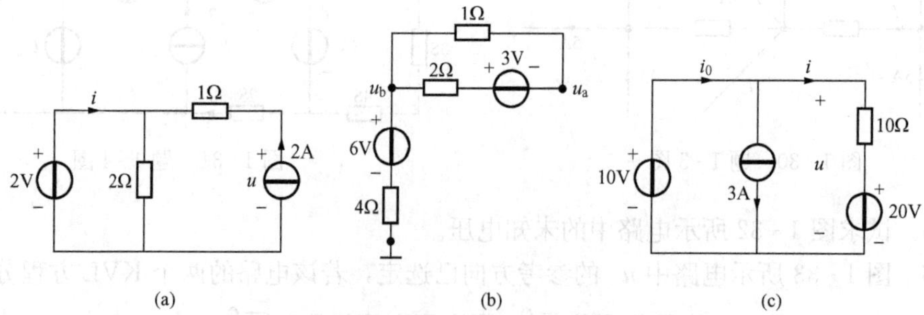


图 1 - 36 题 1 - 9 图

1 - 10 试求图 1 - 37 所示电路中元件 B 吸收的功率。

1 - 11 试求图 1 - 38 所示电路中 4A 电流源吸收的功率和 5V 电压源提供的功率。

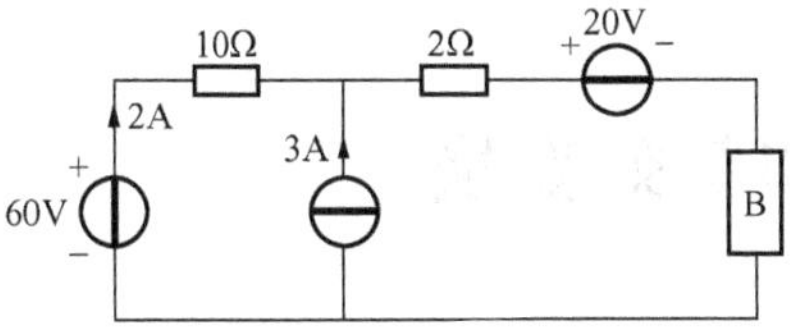


图 1 - 37　题 1 - 10 图

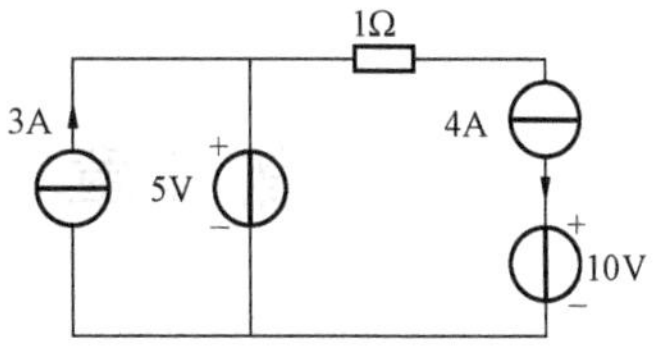


图 1 - 38　题 1 - 11 图

1 - 12　试求图 1 - 39 所示电路中 4V 电压源吸收的功率。

1 - 13　试求图 1 - 40 所示电路中的电压 $U$ 和电流 $I$，并确定元件 A 可能是什么元件。

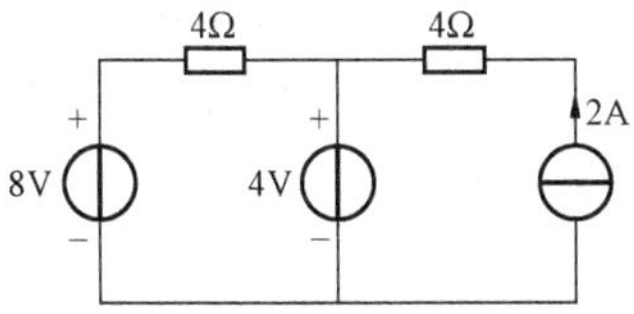


图 1 - 39　题 1 - 12 图

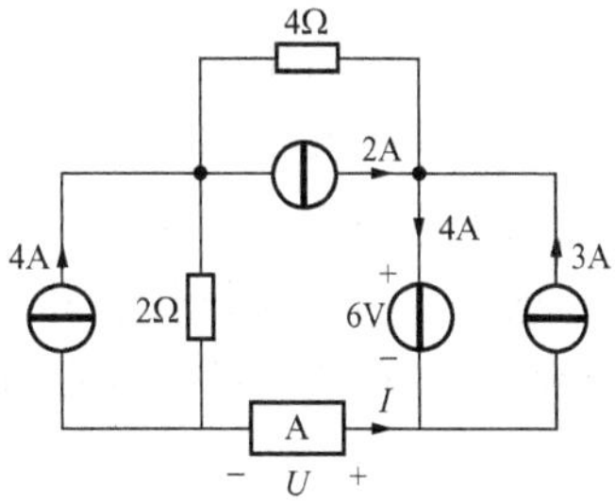


图 1 - 40　题 1 - 13 图

1 - 14　试求图 1 - 41 所示各电路中指定的电压和电流。

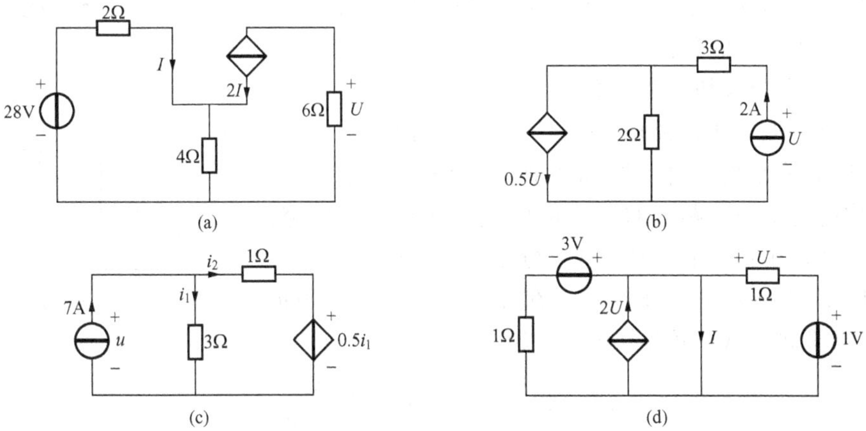


图 1 - 41　题 1 - 14 图

1 - 15　试求图 1 - 42 所示电路中受控电流源发出的功率和 2V 电压源吸收的功率。

1 - 16　试求图 1 - 43 所示电路中的电流 $I$ 和电压 $U$，并计算 2Ω 电阻消耗的功率。

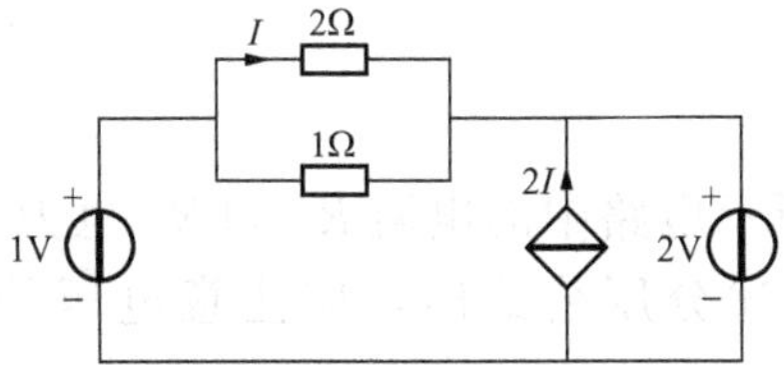


图 1 - 42　题 1 - 15 图

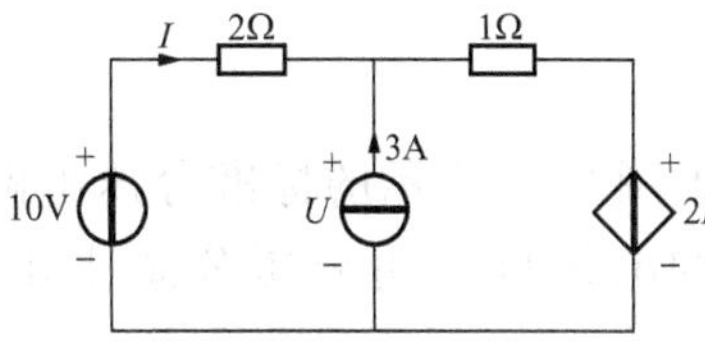


图 1 - 43　题 1 - 16 图

# 第2章　简单电路和等效变换

由于依据两类约束直接列写的基本方程未知量数目多，方程规模大，常给求解方程带来困难，因此，通常情况下并不直接使用基本方程。在电路分析中，常用等效电路、选择合适的变量建立方程以及运用电路的性质等方法减少方程数目。本章讨论等效电路分析方法。这一方法特别适用于求解某条支路的电压、电流和功率。等效电路的概念是电路理论中的一个一般性概念，它不仅适用于线性电路，而且也适用于非线性电路。

运用等效电路的概念解决电路问题的方法称为等效变换法。这一方法适用于只对部分电路中的电量感兴趣的情况，其基本思想是把感兴趣的部分电路和不感兴趣的部分电路分解开来，并把不感兴趣的一部分电路用一简单的等效电路代替，使分析得到简化，其实质是把数学上解方程减少方程数目的过程在电路上通过电路的等效变换来实现。

## 2.1　单回路电路和双节点电路的分析

单回路电路和双节点电路是两种最基本的简单电路。所谓单回路电路和双节点电路分别是指仅有单一回路的电路和仅有两个节点的电路。本节将介绍分压公式和分流公式以及单回路电路和双节点电路的分析方法。

### 2.1.1　分压公式和分流公式

简单电路一般指单回路电路、双节点电路以及那些可以通过电阻的串并联等效化简（见2.3节）和Y—△变换（见2.5节）方法化简为单一回路或双节点的电路。在对简单电路的分析计算中，经常用到两个重要公式：分压公式和分流公式。

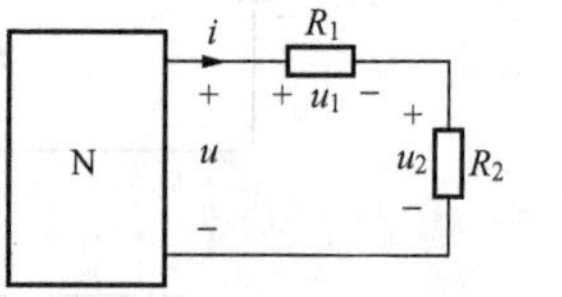


图2-1　分压电路

对于图2-1所示的分压电路，在图示的电压参考方向下，由KVL和电阻的VAR可得分压公式为

$$u_1=\frac{R_1}{R_1+R_2}u,\quad u_2=\frac{R_2}{R_1+R_2}u \tag{2-1}$$

分压公式表明：串联电阻中任一电阻的端电压等于总电压乘以该电阻对总电阻的比值。电阻越大，其分压也越大。

对于 $n$ 个电阻的串联，第 $k$ 个电阻上的电压为

$$u_k=\frac{R_k}{\sum_{i=1}^{n}R_i}u \tag{2-2}$$

除了图2-1所示的标准分压电路外，图2-2所示电路中的电阻 $R_1$ 和 $R_2$ 也为串联，故它们的电压也可用分压公式来求。但在使用上述分压公式时，应注意电压的参考方向。

对于图 2-3 所示的分流电路，在图示电流的参考方向下，根据 KCL 和电阻的 VAR 可得分流公式为

$$\left.\begin{aligned} i_1&=\frac{G_1}{G_1+G_2}i=\frac{R_2}{R_1+R_2}i \\ i_2&=\frac{G_2}{G_1+G_2}i=\frac{R_1}{R_1+R_2}i \end{aligned}\right\} \tag{2-3}$$

其中，$R_1=\dfrac{1}{G_1}$，$R_2=\dfrac{1}{G_2}$。两个电阻并联的分流公式通常用电阻来表示。

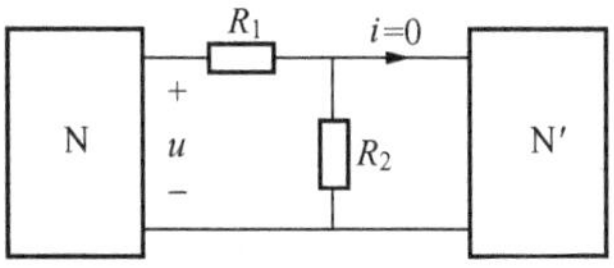


图 2-2　扩展的分压电路

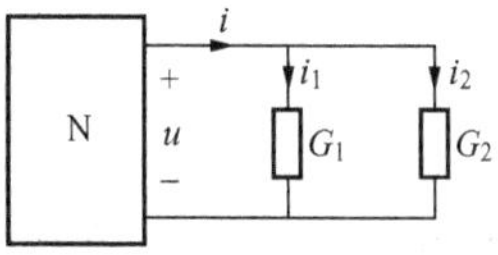


图 2-3　分流电路

分流公式表明：并联电导中任一电导的电流等于总电流乘以该电导对总电导的比值。电导越大，即电阻越小，分流越大。

对于 $n$ 个电导的并联，第 $k$ 个电导的电流为

$$i_k=\frac{G_k}{\sum_{i=1}^{n}G_i}i \tag{2-4}$$

同样，在使用分流公式时，应注意电流的参考方向。

**【例 2-1】**　惠斯顿电桥电路如图 2-4（a）所示。当电流 $i_g=0$ 时，称为电桥平衡。试求电桥平衡的条件。

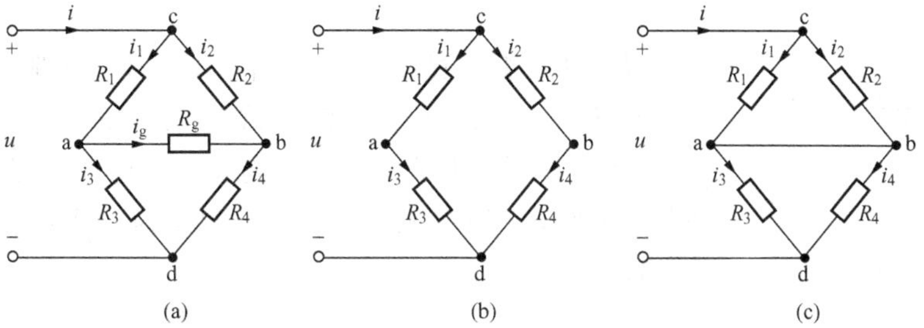


图 2-4　［例 2-1］的惠斯顿电桥电路

（a）电桥电路；（b）平衡时电路；（c）平衡时另一种等效电路

**解**　［方法 1］由于电桥平衡时 $i_g=0$，所以，$i_1=i_3$、$i_2=i_4$，则由分压公式得

$$u_{ad}=\frac{R_3}{R_1+R_3}u,\quad u_{bd}=\frac{R_4}{R_2+R_4}u$$

又由于电桥平衡时，$u_{ab}=R_g i_g=0$，所以，$u_{ad}=u_{bd}$，因此

$$\frac{R_3}{R_1+R_3}=\frac{R_4}{R_2+R_4}$$

由此可得

$$\frac{R_1}{R_3}=\frac{R_2}{R_4}\text{或者 }R_1R_4=R_2R_3$$

这一条件就是所求的电桥平衡条件。当满足这一条件时，$i_g=0$，$u_{ab}=0$。

［方法 2］当电桥平衡时，$u_{ab}=R_g i_g=0$，所以 $R_1$ 和 $R_2$ 相当于并联，$R_3$ 和 $R_4$ 相当于并联。由分流公式得

$$i_1=\frac{R_2}{R_1+R_2}i,\quad i_3=\frac{R_4}{R_3+R_4}i$$

又因为 $i_1=i_3$，所以

$$\frac{R_2}{R_1+R_2}=\frac{R_4}{R_3+R_4}$$

即

$$\frac{R_1}{R_2}=\frac{R_3}{R_4}\ \text{或者}\ R_1R_4=R_2R_3$$

对于平衡的电桥电路，对角线支路电阻 $R_g$ 中没有电流流过，所以该条支路可以断开，而不会影响其他支路的电流和电压，则其相应的电路如图 2-4（b）所示。又因为电桥平衡时，节点 a 和 b 是等电位点，所以这两个节点可以短接，如图 2-4（c）所示。这样，平衡的电桥电路可看成是电阻串并联组成的简单电路。

［例 2-1］中用到的下述两个原则，在电路分析和计算中是非常有用的。

(1) 电路中电流为零的支路可以断开。

(2) 电路中电位相等的点（即等电位点）可以短接。

### 2.1.2 单回路电路的分析

单回路电路仅有一个回路，根据 KCL 可知，回路中的各元件流过同一个电流。一旦求得这一电流，则由元件的 VAR，就可确定出各元件的电压。因此，对于单回路电路，可先求出元件的未知电流（称为回路电流），然后再求未知电压。下面通过具体实例来阐明这一方法。

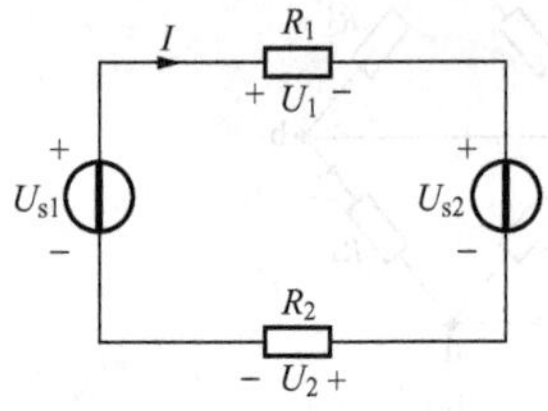


图 2-5 ［例 2-2］图

**【例 2-2】** 试求图 2-5 所示电路中各电阻的电压和功率。其中，$U_{s1}=25\text{V}$，$U_{s2}=10\text{V}$，$R_1=2\Omega$，$R_2=1\Omega$。

**解** 设回路电流的参考方向和电阻电压的参考极性分别如图 2-5 所示。取电流 $I$ 的参考方向作为回路的绕行方向，根据 KVL 得

$$U_1+U_{s2}+U_2-U_{s1}=0$$

将各电阻的 VAR 代入上述 KVL 方程，得

$$R_1I+U_{s2}+R_2I-U_{s1}=0$$

将上式合并同类项，并将已知项移到等号的右边，得

$$(R_1+R_2)I=U_{s1}-U_{s2}$$

显然，$(R_1+R_2)$为回路中所有的电阻之和，$(U_{s1}-U_{s2})$为沿电流的参考方向回路中所有电压源电压升的代数和，即沿电流的参考方向电压源电压为电压降者取负号，电压升者取正号。这一方程本书称为单回路电流方程，其实质上体现的是 KVL。

由单回路电流方程可解得

$$I=\frac{U_{s1}-U_{s2}}{R_1+R_2}=\frac{25-10}{2+1}=5\ \text{(A)}$$

根据欧姆定律可得各电阻的电压分别为

$$U_1=R_1I=2\times5=10\ (\text{V}),\ U_2=R_2I=1\times5=5\ (\text{V})$$

各电阻消耗的功率分别为

$$P_1=R_1I^2=2\times5^2=50\ (\text{W}),\ P_2=R_2I^2=1\times5^2=25\ (\text{W})$$

当单回路电路中含有受控电压源时，可先把受控电压源看作独立电压源列写“单回路电流方程”，然后再把控制量用回路电流表示，并代入“单回路电流方程”中消去控制量，便可求得回路电流。

**【例 2-3】** 试分别求出图 2-6 所示电路中两个独立电压源提供的功率。

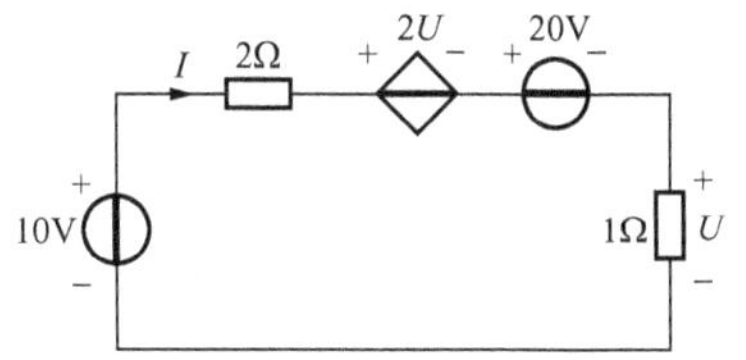

图 2-6 [例 2-3] 图

**解** 设回路电流的参考方向如图 2-6 所示，则

$$(2+1)\ I=10-2U-20$$

将 $U=I$ 代入上式整理得

$$5I=-10$$

故

$$I=-2\ (\text{A})$$

因此，各独立电源提供的功率分别为

$$P_{10\text{V}}=10I=10\times(-2)=-20\ (\text{W})$$

$$P_{20\text{V}}=-20I=-20\times(-2)=40\ (\text{W})$$

综上所述，分析单回路电路的一般步骤如下：

(1) 假设回路电流的参考方向。

(2) 先把受控电压源视为独立电压源，列写“单回路电流方程”。

(3) 把控制量用回路电流表示。

(4) 消去“单回路电流方程”中的非回路电流控制量，整理得电路的单回路电流方程。

(5) 由单回路电流方程解出回路电流。

(6) 依据元件的 VAR 求出感兴趣的电压等。

### 2.1.3 双节点电路的分析

双节点电路中各元件都连接在同一对节点之间，根据 KVL 可知，各元件的电压相同。一旦求出这一电压，则由元件的 VAR 就可确定出各元件的电流。因此，对于双节点电路，可先求出元件的未知电压（称为节点电压），然后再求未知电流。

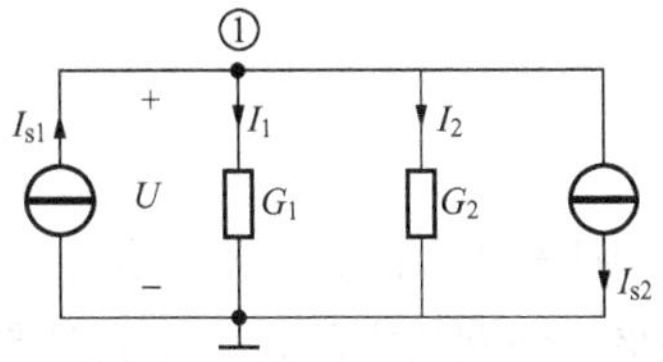

图 2-7 [例 2-4] 图

**【例 2-4】** 试求图 2-7 所示电路中的电流 $I_2$。其中，$I_{s1}=8\text{A}$，$I_{s2}=3\text{A}$，$G_1=2\text{S}$，$G_2=3\text{S}$。

**解** 节点电压的参考极性及各电阻电流的参考方向如图 2-7 所示。对节点①应用 KCL 得

$$I_1+I_2=I_{s1}-I_{s2}$$

将电阻的 VAR $I_1=G_1U$ 和 $I_2=G_2U$ 代入上式有

$$(G_1+G_2)U=I_{s1}-I_{s2}$$

显然，系数$(G_1+G_2)$为连接在节点①的所有支路电导之和；$(I_{s1}-I_{s2})$为注入节点①独立电流源电流的代数和，即电流源方向指向该节点者取正号，否则取负号。上述方程本书称为双节点电压方程，其实质是节点 KCL 的体现。

由双节点电压方程可解得

$$U=\frac{I_{s1}-I_{s2}}{G_1+G_2}=\frac{8-3}{2+3}=1\ (\mathrm{V})$$

由欧姆定律得

$$I_2=G_2U=3\times1=3\ (\mathrm{A})$$

当双节点电路中含有受控电流源时，可先将受控电流源看作独立电流源，列写出“双节点电压方程”，然后再将控制量用节点电压表示，并代入“双节点电压方程”中消去控制量，便可求得节点电压。

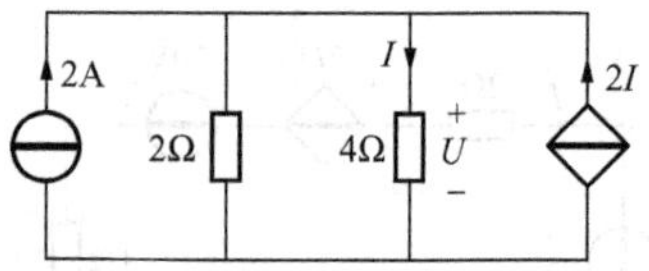

图 2-8 ［例 2-5］图

**【例 2-5】** 试求图 2-8 所示电路中受控源的功率。

**解** 设未知电压的参考极性如图 2-8 所示，电路的“双节点电压方程”为

$$\left(\frac{1}{2}+\frac{1}{4}\right)U=2+2I$$

将 $I=\frac{1}{4}U$ 代入上式得

$$\frac{3}{4}U-\frac{1}{2}U=2$$

所以

$$U=8\ (\mathrm{V})$$

由欧姆定律得

$$I=\frac{U}{4}=\frac{8}{4}=2\ (\mathrm{A})$$

则受控源提供的功率为

$$P_{2I}=2IU=2\times2\times8=32\ (\mathrm{W})$$

综上所述，分析双节点电路的一般步骤如下：

（1）指定双节点电路中节点电压的参考极性。

（2）先将受控电流源当作独立电流源看待，列写“双节点电压方程”。

（3）再将控制量用节点电压表示。

（4）消去“双节点电压方程”中的非节点电压控制量，整理得电路的双节点电压方程。

（5）由双节点电压方程解出节点电压。

（6）依据元件的 VAR 求出感兴趣的电流等。

## 2.2 等效二端网络

### 2.2.1 二端网络

一个电路（网络）如果其只有两个与外部电路连接的端钮，则该网络称为二端网络。特别指出，本书中所说的二端网络均是指与外接电路不存在耦合的网络，即网络中的每一个元件都是完整的元件。内部含有独立电源的网络称为含源网络。图 2-9 所示的电路就是几个二端网络。

根据二端网络和端口的定义可知，二端网络的两个端钮构成了端口，故二端网络又称为单端口〔网络〕，简称单口〔网络〕。端口的电压和电流分别简称为端口电压和端口电流。二端网络常用图 2-10 所示的符号表示。显然，单一二端元件是最简单的二端网络。

一个二端元件有它的外部特性，如电阻的 VAR 等，并且这种外特性是由该元件本身所确定的，与外接电路无关。同样，一个二端网络也有它的外部特性，也是由该二端网络本身

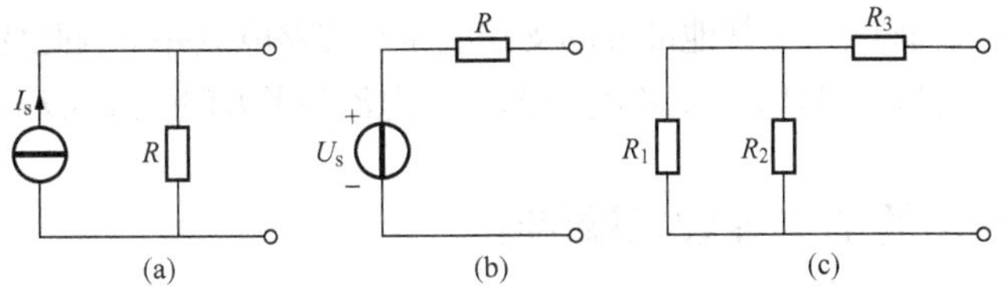


图 2-9　二端网络示例

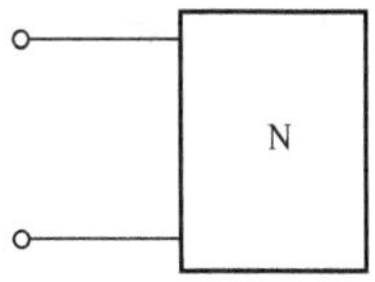


图 2-10　二端网络

所确定的，与外接电路无关。这些外部特性常用它的端口电压和端口电流之间的 VAR 来表示。例如，对于图 2-11 所示的两个电阻串联的二端网络，根据 KVL 和电阻的 VAR 有

$$u=u_1+u_2=R_1i+R_2i=(R_1+R_2)i$$

### 2.2.2　等效二端网络

在相同的端口电压和端口电流的参考方向下，如果两个二端网络的外部特性完全相同，则称这两个二端网络是等效的。对于电阻二端网络，其外部特性就是指端口的 VAR。

根据等效二端网络的定义，图 2-11 所示的二端网络与一个阻值 $R=R_1+R_2$ 的电阻等效。其中，电阻 $R$ 称为图 2-11 二端网络的等效电阻。

**【例 2-6】**　试说明图 2-12 所示的两个二端网络是等效的。其中 $R=\dfrac{1}{G}$，$u_s=\dfrac{i_s}{G}$。

**解**　要说明两个网络是等效的，可先写出二者的端口 VAR 进行比较。为此，假定端口电压和端口电流的参考方向分别如图 2-12 所示。

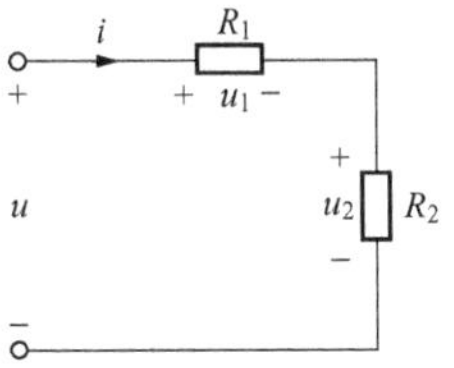


图 2-11　两个电阻的串联

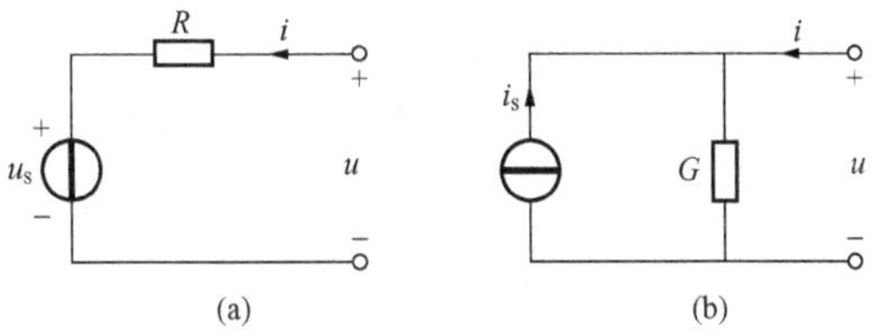


图 2-12　[例 2-6] 图

(a) 电压源模型；(b) 电流源模型

对于图 2-12 (a) 所示的二端网络，由 KVL 得

$$u=Ri+u_s \tag{2-5}$$

对于图 2-12 (b) 所示的二端网络，由 KCL 得

$$i=Gu-i_s \tag{2-6}$$

式 (2-6) 可改写为

$$u=\frac{1}{G}i+\frac{1}{G}i_s \tag{2-7}$$

比较式 (2-5) 和式 (2-7) 可知，当 $R=\dfrac{1}{G}$，$u_s=\dfrac{i_s}{G}$时，两个二端网络的端口 VAR 完全相同，所以两者是等效的。

通常把两个二端网络外部特性完全相同的条件称为两个二端网络的等效条件。例如，[例 2-6] 中的条件 $R=\dfrac{1}{G}$和 $u_s=\dfrac{i_s}{G}$就是图 2-12 所示两个二端网络的等效条件。推导两个网络的等效条件一般可由两个网络对应的端口特性相同得出。

应该强调指出：① 两个二端网络等效是指对任意的外部电路而言的，对内部电路并不等效。

② 当任一电路的任一部分被等效代换后，该电路中其他部分的支路电压和支路电流并不因此变换而有所改变。③ 两个二端网络等效是一种固有性质，与端口电压和端口电流参考方向的选取无关。

## 2.3 常用的基本等效二端网络

运用等效变换法分析电路，就是运用一些基本的等效网络对之间的等效变换把电路的结构形式加以化简，进而达到减少需要求解的电路方程数目的目的。本节将讨论几种常用的基本等效二端网络对及其应用，其中包括电阻的串并联等效化简、电源的串并联等效化简、电源模型之间的等效变换以及含受控源网络的等效变换等。

### 2.3.1 电阻的串并联等效化简

电阻在电路中的基本连接方式是串联和并联。这两种形式的电路均可等效化简成一个电阻。两个电阻的串联［见图 2-13（a）］可等效为一个电阻［见图 2-13（b）］，其等效条件为

$$R=R_1+R_2 \tag{2-8}$$

其中，$R$ 称为等效电阻。该等效条件表明：等效电阻等于各串联电阻值之和。

将式（2-8）给出的结论推广可得 $n$ 个电阻串联与一个电阻等效的条件为

$$R=R_1+R_2+\cdots+R_n=\sum_{k=1}^{n}R_k$$

显然，正值电阻串联的等效电阻大于其中的任一电阻阻值。

两个电导的并联如图 2-14（a）所示，其特点是各电导的端电压相同。下面来推导图 2-14 中的两个二端网络的等效条件。

对于图 2-14（a）的二端网络，根据 KCL 和电阻的 VAR 得

$$i=i_1+i_2=G_1u+G_2u=(G_1+G_2)u \tag{2-9}$$

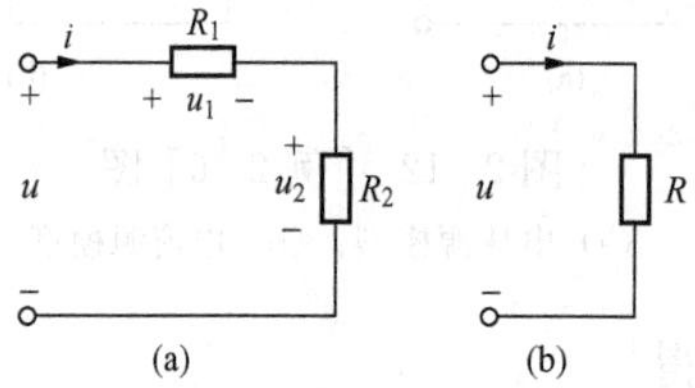


图 2-13 串联电阻的等效

（a）电阻的串联；（b）等效电阻

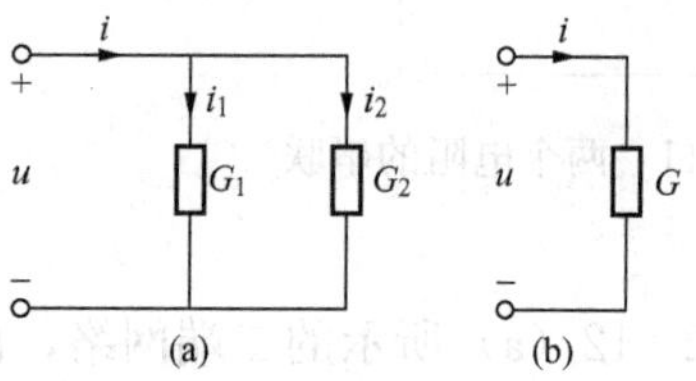


图 2-14 并联电阻的等效

（a）电导的并联；（b）等效电导

由图 2-14（b）可得

$$i=Gu \tag{2-10}$$

由式（2-9）和式（2-10）可得两个二端网络的等效条件为

$$G=G_1+G_2 \tag{2-11}$$

其中，$G$ 称为等效电导。这一等效条件是用电导表示的，也可以根据电阻与电导互为倒数的关系推导出用电阻表示的等效条件

$$\frac{1}{R}=\frac{1}{R_1}+\frac{1}{R_2} \tag{2-12}$$

即

$$R=\frac{R_1R_2}{R_1+R_2} \tag{2-13}$$

其中，$R=\frac{1}{G}$，$R_1=\frac{1}{G_1}$，$R_2=\frac{1}{G_2}$。式（2-13）常简记为 $R=R_1//R_2$。

将式（2-11）给出的结论推广可得 $n$ 个电导并联的网络与一个电导等效的条件为

$$G=G_1+G_2+\cdots+G_n=\sum_{k=1}^{n}G_k$$

或者

$$\frac{1}{R}=\frac{1}{R_1}+\frac{1}{R_2}+\cdots+\frac{1}{R_n}=\sum_{k=1}^{n}\frac{1}{R_k}$$

显然，正值电阻并联的等效电阻小于其中任一电阻的阻值。

**【例 2-7】** 在图 2-15（a）所示的电路中，$R_1=4\Omega$，$R_2=6\Omega$，$R_3=3\Omega$，试求该二端网络的等效电阻。

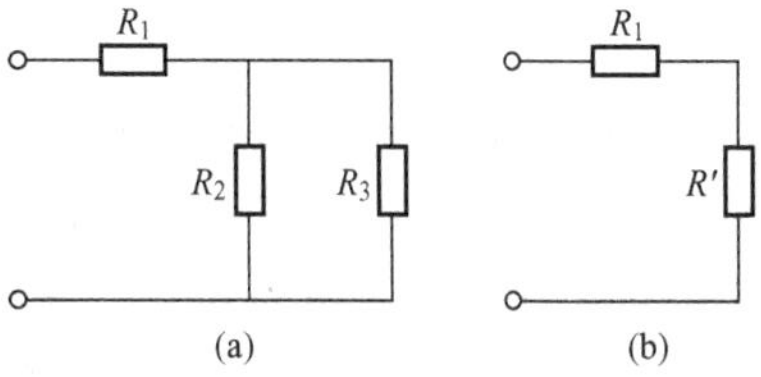


图 2-15 ［例 2-7］图

（a）原电路；（b）等效电路

**解** 为了能够正确而迅速地求出等效电阻，首先要善于识别各电阻之间的串联或并联连接关系。例如，图 2-15（a）所示的电路中，电阻 $R_2$ 和 $R_3$ 并联后与电阻 $R_1$ 相串联。然后是逐步地进行等效化简。等效化简的方法是从离端口的最远侧开始，对网络中的支路进行合并，逐步向端口化简的过程。［例 2-7］中最远侧的子网络为电阻 $R_2$ 和 $R_3$ 并联，先将它们用等效电阻代替，如图 2-15（b）所示。等效电阻 $R'$ 可由式（2-13）求得

$$R'=R_2//R_3=\frac{6\times3}{6+3}=2\ (\Omega)$$

由图 2-15（b），根据式（2-8）可得所求的等效电阻为

$$R=R_1+R'=4+2=6\ (\Omega)$$

由以上分析可知，对于仅由电阻的串并联组成的二端网络，利用串、并联等效电阻的概念，可将它化简为一个等效电阻，从而使计算得到简化。

**【例 2-8】** 图 2-16（a）所示网络称为半无限梯形网络。其中，$R_s$ 称为串臂电阻，$R_p$ 称为并臂电阻。若已知 $R_s=4\Omega$，$R_p=8\Omega$，试求该网络的等效电阻。

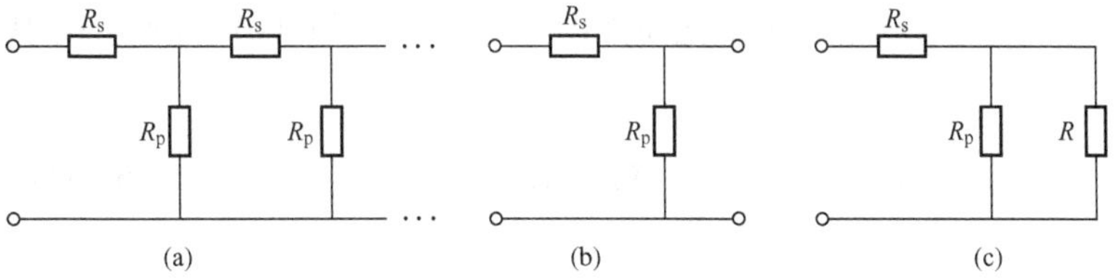


图 2-16 半无限的梯形网络

（a）原电路；（b）左 Γ 形网络；（c）等效电路

**解** 设所求等效电阻为 $R$。显然，图 2-16（a）所示网络可看成是由无限多个图 2-16（b）所示的所谓左 Γ 形网络连接而成的。由于网络是无限的，所以，从左端切除一节左 Γ 形网络，剩下的网络仍然是一个无限的梯形网络，而且这个网络的等效电阻仍是 $R$。因此，图 2-16（a）所示网络可看成是一个左 Γ 形网络右端接了一个电阻值为 $R$ 的电阻［见图 2-16（c）］。由图 2-16（c）所示网络可得

$$R=R_s+\frac{R_pR}{R_p+R}$$

求解得

$$R=\frac{R_s\pm\sqrt{R_s^2+4R_sR_p}}{2}$$

式中取“－”号时，$R$ 值不合题意，故略去。则

$$R=\frac{R_s+\sqrt{R_s^2+4R_sR_p}}{2}$$

将 $R_s=4\Omega$，$R_p=8\Omega$ 代入上式得

$$R=8\ (\Omega)$$

电阻的混联电路，又称为梯形电路，是常用的一种简单电路。所谓混联电路是指仅含有串联和并联关系的电路。这种电路不仅具有串联电路的特点，而且也具有并联电路的特点。运用等效电阻以及分压公式和分流公式，可以解决混联电路的计算问题。

**【例 2 - 9】** 如图 2 - 17（a）所示的电路中，$R_1=5\Omega$，$R_2=18\Omega$，$R_3=6\Omega$，$R_4=3\Omega$，$U_s=330\text{V}$。试求图中标出的电压和电流。

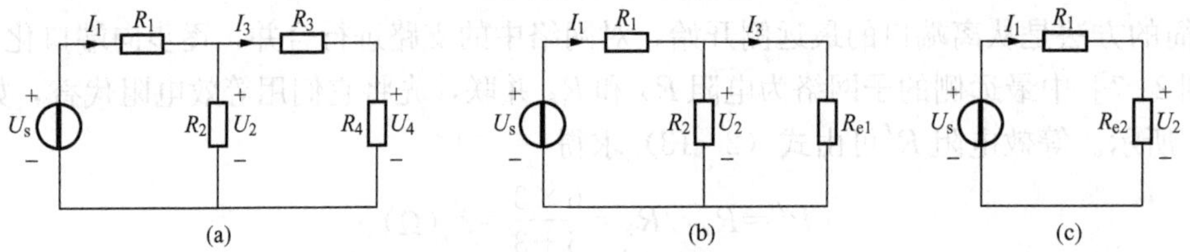


图 2 - 17 ［例 2 - 9］图

(a) 原电路；(b)、(c) 等效电路

**解** 对于混联电路，分析时首先从距离电源最远侧开始，利用等效电阻的概念自最远侧向电源端逐步把电路化简成单回路电路或者双节点电路。由此计算出电压源支路的电流或电流源支路的电压。然后利用分压公式和分流公式自电源端向最远侧逐步求出原电路各支路的电流和电压。

对图 2 - 17（a）所示电路的逐步化简如图 2 - 17（b）和（c）所示。图中各等效电阻的数值分别为

$$R_{e1}=R_3+R_4=6+3=9\ (\Omega),\ R_{e2}=R_2//R_{e1}=\frac{18\times9}{18+9}=6\ (\Omega)$$

由图 2 - 17（c）得

$$I_1=\frac{U_s}{R_1+R_{e2}}=\frac{330}{5+6}=30\ (\text{A})$$

$$U_2=R_{e2}I_1=6\times30=180\ (\text{V})\quad 或者\quad U_2=\frac{R_{e2}U_s}{R_1+R_{e2}}=\frac{6\times330}{5+6}=180\ (\text{V})$$

由图 2 - 17（b）根据分流公式得

$$I_3=\frac{R_2}{R_2+R_{e1}}I_1=\frac{18}{18+9}\times30=20\ (\text{A})\quad 或者\quad I_3=\frac{U_2}{R_{e1}}=\frac{180}{9}=20\ (\text{A})$$

最后，由图 2 - 17（a）可求得

$$U_4=\frac{R_4U_2}{R_3+R_4}=\frac{3\times180}{6+3}=60\ (\text{V})\quad 或者\quad U_4=R_4I_3=3\times20=60\ (\text{V})$$

从上述的计算过程可见，画出逐步化简的等效电路图，按部就班地算出各等效电阻值是很有必要的。因为算出总电压或总电流后，还需要反推一次。有图对照看得清楚，不仅可以避免发生错误，而且中间等效电阻在反推过程中还要加以利用。

顺便指出，对于混联电路，采用本书 4.1 节中的齐性定理进行求解会更加简便。

### 2.3.2　独立电源的串并联等效化简

前面研究了电阻的串并联等效化简，下面讨论独立电源的串并联等效化简问题。

两个电压源的串联连接如图 2-18（a）所示。根据 KVL 和电压源的 VAR 可得

$$u=u_{s1}+u_{s2}$$

电流 $i$ 是任意的，它取决于外接电路。因此，图 2-18（a）所示的两个电压源串联的网络可等效成图 2-18（b）所示的单一电压源，二者的等效条件为

$$u_s=u_{s1}+u_{s2} \tag{2-14}$$

式（2-14）给出的等效条件是针对图 2-18 所示的电压源电压参考极性而言的。如果任一电压源的参考极性与图 2-18 中相反，则式（2-14）中相应电压前就要加负号，这一点初学者必须注意。

同样，$n$ 个电压源串联的二端网络也可等效为单一电压源。

对于图 2-19（a）所示的两个电流源并联形成的二端网络，由 KCL 和元件的 VAR 可得该网络的 VAR 为

$$i=i_{s1}+i_{s2}$$

显然，该二端网络与图 2-19（b）所示的单一电流源等效的条件为

$$i_s=i_{s1}+i_{s2}$$

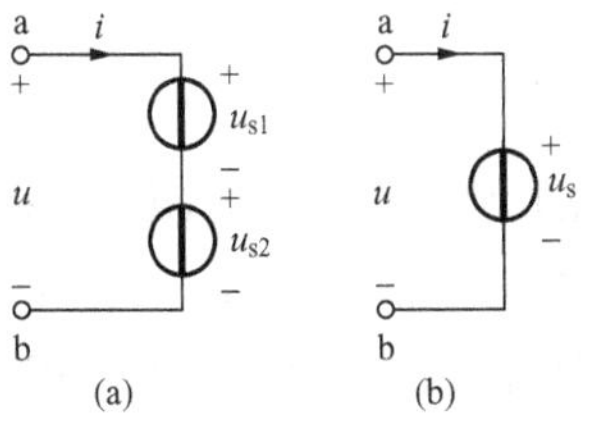


图 2-18　电压源的串联化简

（a）电压源的串联；（b）等效电压源

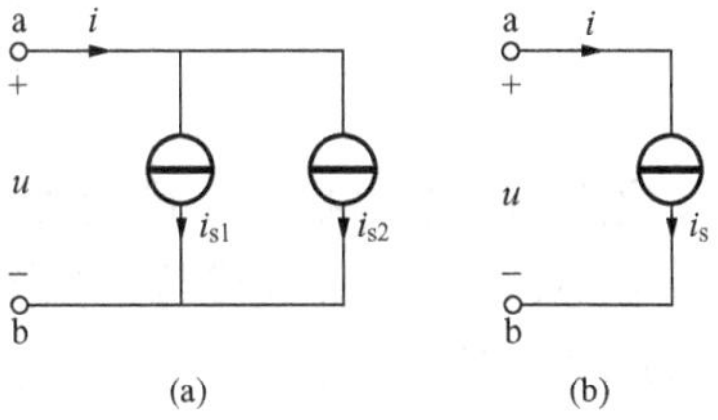


图 2-19　电流源的并联化简

（a）电流源的并联；（b）等效电流源

同样，$n$ 个电流源并联的二端网络也可等效为单一电流源。

### 2.3.3　多余元件的处理

在电路分析中，有时会遇到一个元件与电压源并联或者一个元件与电流源串联的情形。它们的等效电路是什么呢？下面将讨论这一问题。

与电压源并联的元件或者与电流源串联的元件称为多余元件或虚元件。多余元件可以是任一二端元件（包括电压源和电流源），也可以是受控源的受控支路，但不能是受控源的控制支路，并且不违背 KVL 和 KCL 以及元件的 VAR。下面首先讨论与电压源并联的多余元件的处理方法。

图 2-20 所示为电压源与多余元件相并联形成的二端网络，其 VAR 为

$$u=u_s$$

且端口电流 $i$ 是任意的，由电压源 $u_s$ 和外电路共同决定。由此可知，图 2-20 所示二端网络

就可等效为图中的电压源。这表明：对外等效时，与电压源并联的多余元件可以作为开路处理。

图 2-21 所示为电流源与多余元件相串联形成的二端网络，其 VAR 为

$$i=i_s$$

且端口电压 $u$ 是任意的，由电流源 $i_s$ 和外电路共同决定。由此可知，图 2-21 所示的二端网络就可等效为图中的电流源。这表明：对外等效时，与电流源串联的多余元件可以作为短路处理。

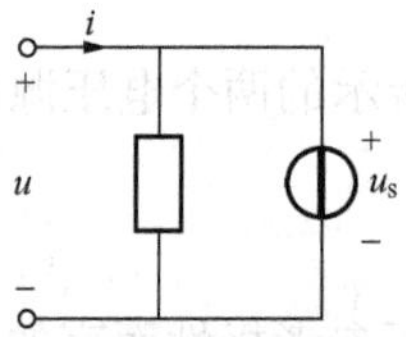


图 2-20　与电压源并联的多余元件

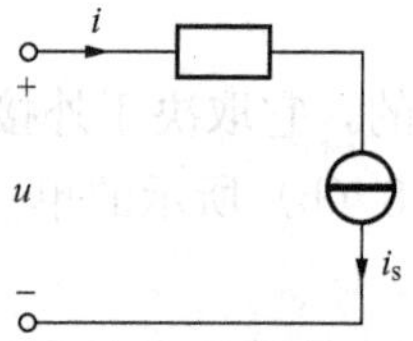


图 2-21　与电流源串联的多余元件

**【例 2-10】**　试化简图 2-22（a）所示的电路。

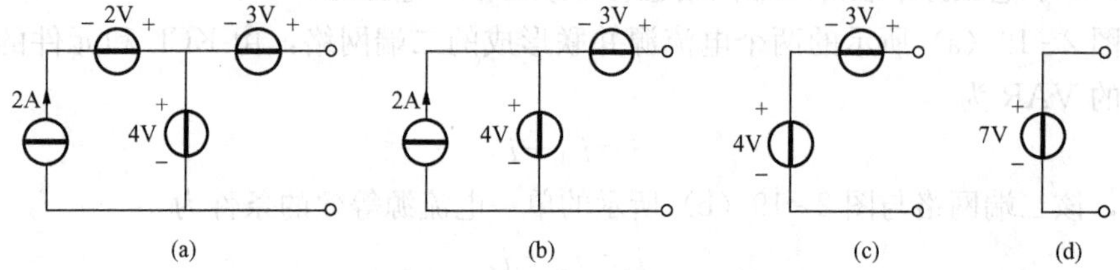


图 2-22 ［例 2-10］图
（a）原电路；（b）～（d）等效电路

**解**　化简即是要寻找一个最简等效电路。图 2-22（a）中，2A 电流源与 2V 电压源相串联，可用 2A 电流源等效代替，如图 2-22（b）所示；图 2-22（b）中，2A 电流源与 4V 电压源相并联，对外等效为 4V 电压源，如图 2-22（c）所示。合并图 2-22（c）中两个相串联的电压源，可得图 2-22（d）所示的最简等效电路。实际上，2A 电流源与 2V 电压源的串联支路，对于 4V 电压源是多余元件，故可由图 2-22（a）直接得图 2-22（c）。

### 2.3.4　电源模型的等效变换

对于图 2-12 所示的两种电源模型，由［例 2-6］可知，这两个电路的等效条件为

$$R=\frac{1}{G},\ u_s=\frac{i_s}{G}$$

从等效条件可知，两个电路中的电阻在数值上是相等的。但应注意，这两个电阻不是同一个电阻。在应用电源模型的等效变换时，电流源的参考方向应从电压源的负极性指向正极性；电压源的正极性应位于电流源参考方向箭头所指的一端。

运用等效变换法化简二端网络一般从离端口的最远侧开始。把电源模型看作是一条支路。如果最远侧是支路的串联，则为了把这几条串联的支路化简成一条支路，应先将这几条串联支路中的电流源模型转化成电压源模型，然后将同类元件合并归一；如果最远侧是支路的并联，则应先将这几条并联支路中的电压源模型转化为电流源模型，然后将同类元件合并归一。据此对电路进行逐步化简，就可把只含串、并联连接的二端网络化简成最简形式。

**【例 2-11】**　试用等效变换法求图 2-23（a）所示电路中的电流 $I_0$。

**解**　为了求电流 $I_0$，将电流 $I_0$ 所在支路抽出，则剩余的电路形成一个二端网络［如图 2-23（a）所示端口 ab 左侧］。先应用等效变换法求出该二端网络的最简等效电路，然后再将等效电路与 5Ω 电阻（电流 $I_0$ 所在支路）连接起来，由此电路可求出电流 $I_0$。

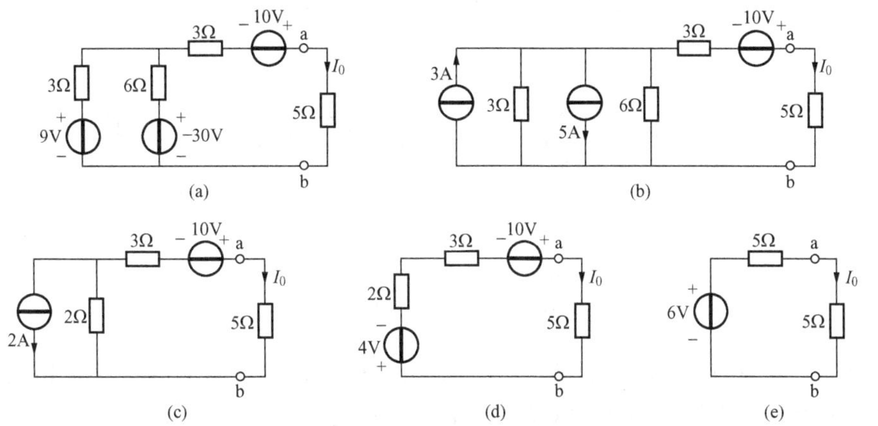


图 2-23　［例 2-11］图

（a）原电路；（b）～（e）等效电路

本例离端口最远侧是两条支路相并联，因此首先将它们等效变换为电流源模型，如图 2-23（b）所示；分别将图 2-23（b）中相并联的电流源和电阻合并归一，可得图 2-23（c）所示电路；再将图 2-23（c）中 2A 电流源和 2Ω 电阻组成的电流源模型转化成电压源模型，则得图 2-23（d）所示的电路。将图 2-23（d）化简后可得图 2-23（e）所示的等效电路。由图 2-23（e）可求得电流 $I_0$ 为

$$I_0=\frac{6}{5+5}=0.6\ (\text{A})$$

**【例 2-12】**　试求图 2-24（a）所示电路中 4Ω 电阻消耗的功率。



**解**　本题要求 4Ω 电阻消耗的功率，而电阻消耗的功率可由公式 $P=RI^2$ 或 $P=\frac{U^2}{R}$ 求得。因此，只要求出流过 4Ω 电阻的电流或其端电压就可以求出它所消耗的功率。这样，求 4Ω 电阻消耗功率的问题就转化为求 4Ω 电阻的电流或电压。电路比较复杂，可先把 4Ω 电阻抽出后剩下的二端网络化简，化简过程如图 2-24（b）～（e）所示。由图 2-24（e）得

$$U=(2//4)\times 3=4\ (\text{V})$$

则 4Ω 电阻消耗的功率为

$$P=\frac{U^2}{4}=\frac{4^2}{4}=4\ (\text{W})$$

### 2.3.5　含受控源网络的等效化简

在列写电路方程和进行等效变换时，可将受控源作为二端元件像独立源那样对待。唯一需要注意的是在等效变换的过程中，当受控源的受控支路还存在时，不能把受控源的控制支路化简消除掉。

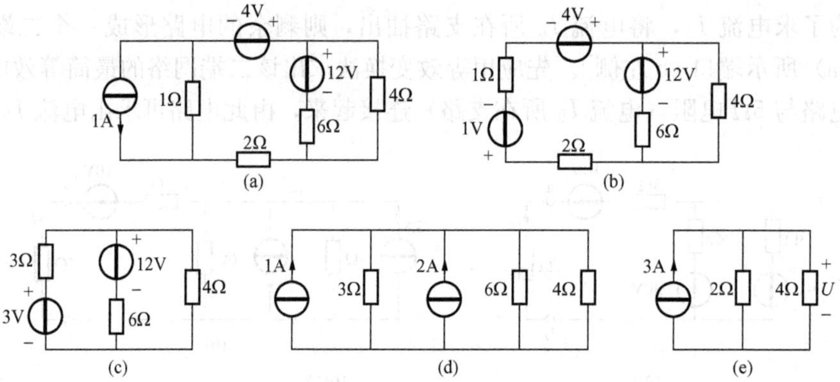


图 2-24 ［例 2-12］图

（a）原电路；（b）～（e）等效电路

常用的含受控源的等效网络见表 2-1。证明过程与含独立源的网络完全相同，此处从略。表 2-1 中的 $u_x$ 和 $i_x$ 分别表示受控电压源和受控电流源的输出幅值。

**表 2-1** **含受控源的等效网络**

| 等效网络 | 等效条件 | 备　注 |
|---|---|---|
| 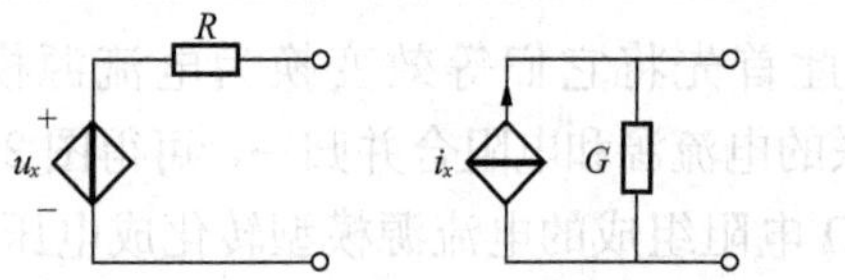 | $u_x=Ri_x$<br>$R=\frac{1}{G}$ | R 的端电压、流过 G 的电流不能是控制量 |
| 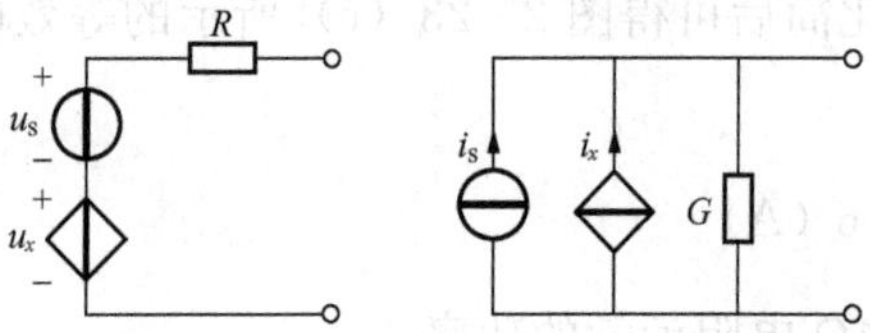 | $u_s=Ri_s$<br>$u_x=Ri_x$<br>$R=\frac{1}{G}$ | R 的端电压、流过 G 的电流不能是控制量 |
| 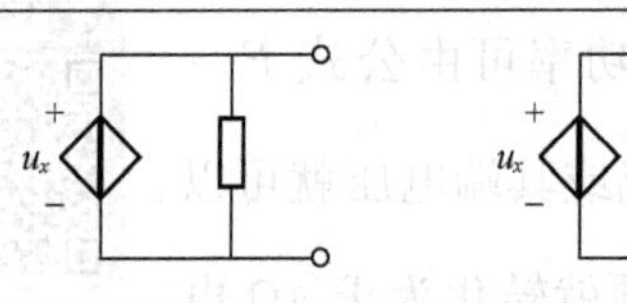 | | 流过多余元件的电流不能是控制量 |
| 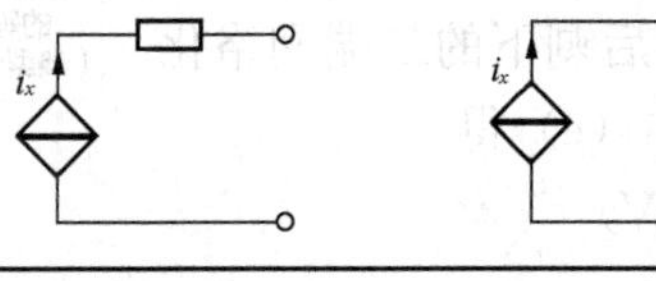 | | 多余元件的端电压不能是控制量 |

**【例 2-13】** 试化简图 2-25（a）所示的网络。图中，$U_s=3V$，$I_s=2A$，$R_s=1\Omega$，$R_1=2\Omega$，$\alpha=0.5$。

**解** 首先将图 2-25（a）中受控电流源与电阻的并联等效变换为受控电压源与电阻的串联，如图 2-25（b）所示。合并图 2-25（b）中的串联电阻后转化成电流源与电阻的并联，如图 2-25（c）所示。合并图 2-25（c）中的两个独立电流源得图 2-25（d）所示网络。由图 2-25（d）得

$$i=\frac{u}{3}+\frac{i}{3}-3$$

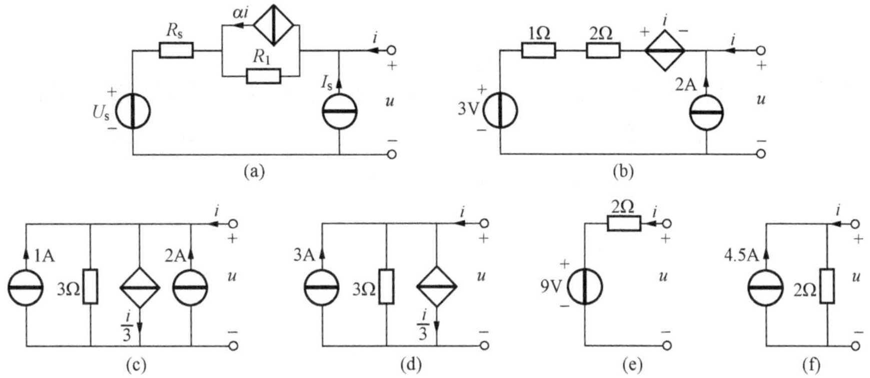


图 2 - 25 [例 2 - 13] 图

(a) 原电路；(b) ～ (f) 等效电路

整理得

$$u=2i+9 \quad \text{或者} \quad i=0.5u-4.5$$

由上两式可分别得图 2 - 25 (e) 和图 2 - 25 (f) 所示的最简等效电路。

对于含受控源的电路，在等效变换过程中，当化简成单一（假想）回路或两个节点时，一般要写出其端口伏安关系，再由此伏安关系画出对应的等效电路。

**【例 2 - 14】** 试求图 2 - 26 (a) 所示电路中的电压 $U_0$。

**解** 为了求电压 $U_0$，先对电路中 ab 左侧的二端网络进行化简。将图 2 - 26 (a) 中与受控电流源相串联的 15Ω 电阻短路处理，并将最左侧的电压源模型变换成电流源模型，如图 2 - 26 (b) 所示。如果再对图 2 - 26 (b) 直接进行化简，就会消去控制电流 $I_1$ 所在支路，为此可先把控制量向端口侧外移，然后再进一步化简。

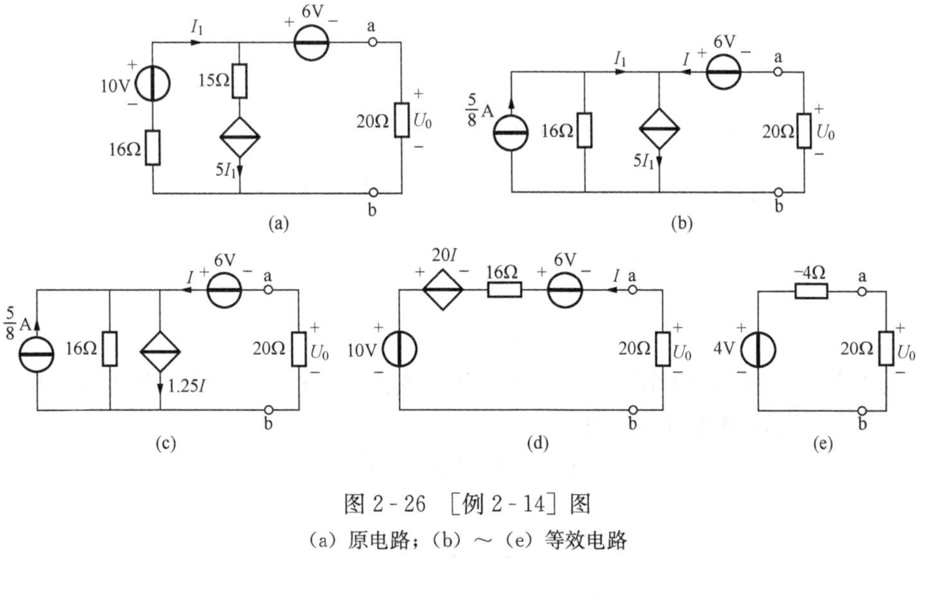


图 2 - 26 [例 2 - 14] 图

(a) 原电路；(b) ～ (e) 等效电路

根据 KCL，由图 2 - 26（b）得

$$I=5I_1-I_1=4I_1$$

所以

$$I_1=0.25I$$

利用这一关系式可把控制量由电流 $I_1$ 变为电流 $I$（这种方法称为控制量转移），如图 2 - 26（c）所示。对图 2 - 26（c）进行等效变换得图 2 - 26（d）。由图 2 - 26（d）可得

$$20I+16I-20I=6-10$$

由此得

$$I=-0.25\ (\mathrm{A})$$

所以

$$U_0=-20I=-20\times(-0.25)=5\ (\mathrm{V})$$

对于本题也可直接对图 2 - 26（a）写出 ab 端口的伏安关系，然后据此画出等效电路［见图 2 - 26（e）］，求出电压 $U_0$。这样可省去中间的变换过程，请读者自行完成。

## 2.4 输 入 电 阻

对于不含独立源的二端电阻网络，在关联参考方向下，其端口电压与端口电流的比值定义为该二端网络的输入电阻。显然，输入电阻和等效电阻在数值上是相等的。因此，二端网络的等效电阻可通过计算输入电阻求得。输入电阻和等效电阻的含义有区别，在本书中，这两个电路术语往往混用。应该指出，由于受控源的有源性，有些由电阻和受控源组成的二端网络，其输入电阻可能出现负值。

**【例 2 - 15】** 试求图 2 - 27（a）所示二端网络的输入电阻 $R_i$。

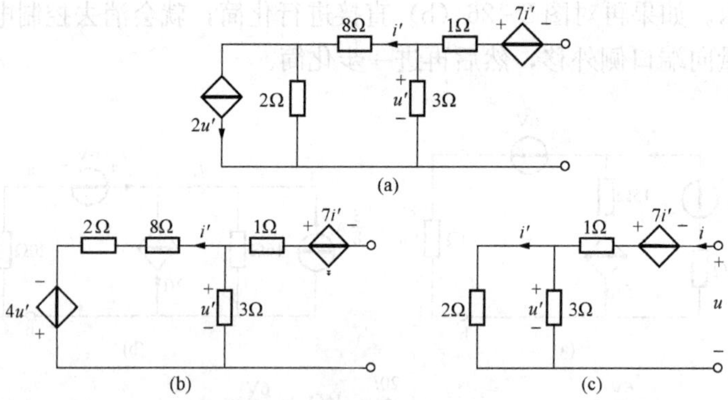


图 2 - 27 ［例 2 - 15］图

（a）原电路；（b）、（c）等效电路

**解** 将受控电流源和 2Ω 电阻的并联组合等效变换为受控电压源和 2Ω 电阻的串联组合，如图 2 - 27（b）所示，根据 KVL 得

$$u'=(8+2)i'-4u'$$

由此得

$$u'=2i'$$

即图 2-27（b）最左侧的支路等效为一个 2Ω 的电阻，则图 2-27（b）可等效为图 2 - 27（c）。对于图 2-27（c），应用 KCL 得

$$i=i'+\frac{2}{3}i'=\frac{5}{3}i'$$

由 KVL 得

$$u=-7i'+\frac{5}{3}i'+2i'=-\frac{10}{3}i'$$

根据输入电阻的定义，得

$$R_{\mathrm{i}}=\frac{u}{i}=\frac{-\frac{10}{3}i'}{\frac{5}{3}i'}=-2\ (\Omega)$$

**【例 2-16】**　图 2-28 所示的二端网络中，各电阻均为 $R$，试求该网络的输入电阻。

**解**　图 2-28 所示的二端网络在结构和电气上具有对称性，正确利用电路的对称性，可以使电路的分析得到简化，给解题带来较大的方便。

显然，a、b、c 三点为等电位点，可以短接。则该网络的输入电阻为

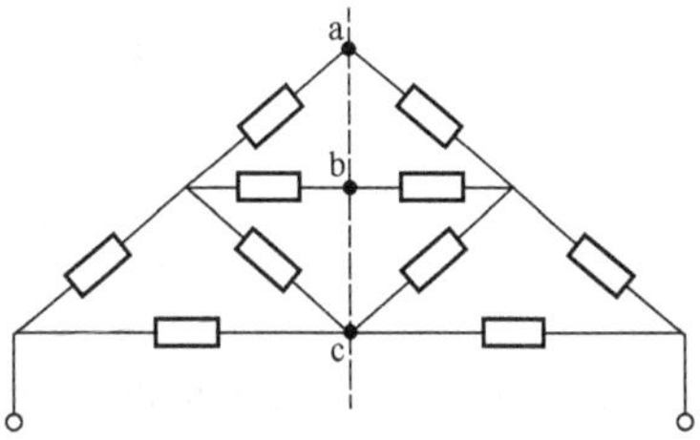

图 2-28 ［例 2-16］图

$$R_{\mathrm{i}}=2\times\frac{R\left(R+\frac{R}{3}\right)}{R+\left(R+\frac{R}{3}\right)}=\frac{8}{7}R$$

## 2.5　星形网络和三角形网络的等效变换

在电路分析中，除了前几节介绍的常用等效二端网络外，还常用到星形网络和三角形网络之间的等效变换。三个电阻首尾相接，连接成一个三角形，三角形的三个顶点引出的三条线与外部电路相连，这样的网络称为三角形网络或者△网络，又称为 Π 形网络，如图 2-29 所示。三个电阻的这种连接方式称为三角形连接或△连接。三个电阻的一端连接在一起，另外三端与外部电路相连，这样的网络称为星形网络或者Y网络，又称为 T 形网络，如图 2-30 所示。三个电阻的这种连接方式称为星形连接或Y连接。

星形网络和三角形网络是两种最简单的三端网络，它们是电力系统中最常见的连接方式。类似于等效二端网络，两个三端网络如果具有完全相同的外部特性，则这两个网络是等效的，二者可以等效互换。

下面推导三角形网络与星形网络之间的等效条件。

推导两个网络的等效条件，一般可写出两个网络的外部特性进行对比获得。这里给出推导三角形网络与星形网络之间等效条件的一种特殊方法。

等效是对任意的外部电路而言的，因此，等效的两个三端网络，一端开路时，另外两端的输入电阻必相等。由此可得如下关系

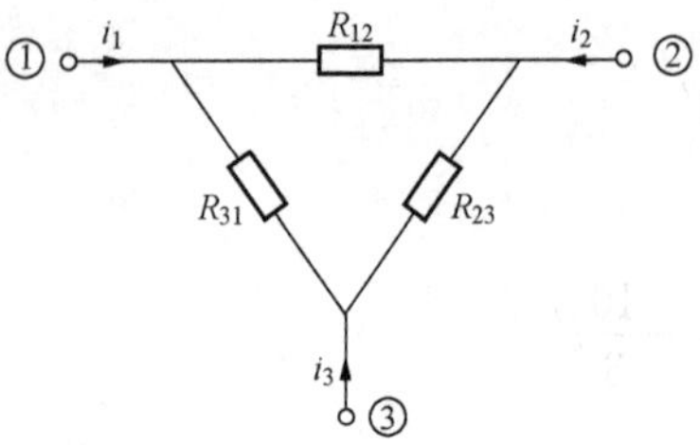


图 2-29 三角形网络

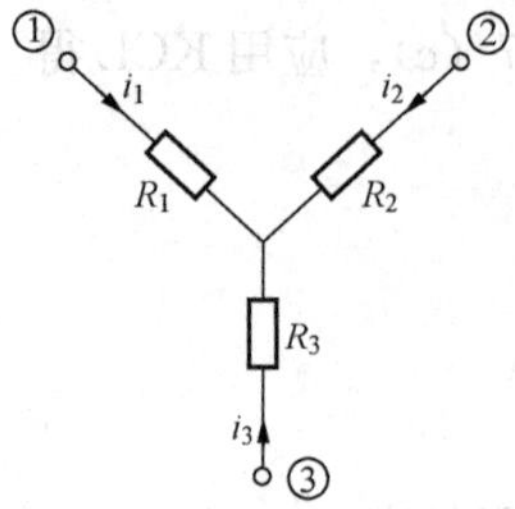


图 2-30 星形网络

$$R_1+R_2=\frac{R_{12}(R_{23}+R_{31})}{R_{12}+R_{23}+R_{31}} \quad (③端开路)$$

$$R_3+R_1=\frac{R_{31}(R_{12}+R_{23})}{R_{12}+R_{23}+R_{31}} \quad (②端开路)$$

$$R_2+R_3=\frac{R_{23}(R_{31}+R_{12})}{R_{12}+R_{23}+R_{31}} \quad (①端开路)$$

由上述 3 个方程可求得星形网络变为三角形网络的等效条件为

$$R_{12}=R_1+R_2+\frac{R_1R_2}{R_3}=\frac{R_1R_2+R_2R_3+R_3R_1}{R_3}$$

$$R_{23}=R_2+R_3+\frac{R_2R_3}{R_1}=\frac{R_1R_2+R_2R_3+R_3R_1}{R_1}$$

$$R_{31}=R_3+R_1+\frac{R_3R_1}{R_2}=\frac{R_1R_2+R_2R_3+R_3R_1}{R_2}$$

上述公式可概括为

$$R_{ij}=\frac{\text{星形网络中电阻两两相乘之和}}{\text{星形网络中接在 } R_{ij} \text{ 相对端钮的电阻}}$$

三角形网络变为星形网络的等效条件为

$$R_1=\frac{R_{12}R_{31}}{R_{12}+R_{23}+R_{31}},\ R_2=\frac{R_{23}R_{12}}{R_{12}+R_{23}+R_{31}},\ R_3=\frac{R_{31}R_{23}}{R_{12}+R_{23}+R_{31}}$$

该公式可概括为

$$R_i=\frac{\text{三角形网络中接在端钮 } i \text{ 的两个电阻之积}}{\text{星形网络中三个电阻之和}}$$

在对称的情况下，即 $R_1=R_2=R_3\triangleq R_{\curlyvee}$ 和 $R_{12}=R_{23}=R_{31}\triangleq R_{\triangle}$ 时，上述等效条件变为

$$R_{\triangle}=3R_{\curlyvee}\text{或者 } R_{\curlyvee}=\frac{1}{3}R_{\triangle}$$

**【例 2-17】** 试求图 2-31（a）所示电路中电源提供的功率。

**解** 为了将桥式电路化简成一个电阻，首先将 a、c、d 三个节点上的三角形网络等效变换为星形网络，如图 2-31（b）所示，其中

$$R_a=\frac{6\times16}{6+6+16}=\frac{24}{7}\ (\Omega)$$

$$R_b=\frac{6\times6}{6+6+16}=\frac{9}{7}\ (\Omega)$$

$$R_c=\frac{6\times16}{6+6+16}=\frac{24}{7}\ (\Omega)$$

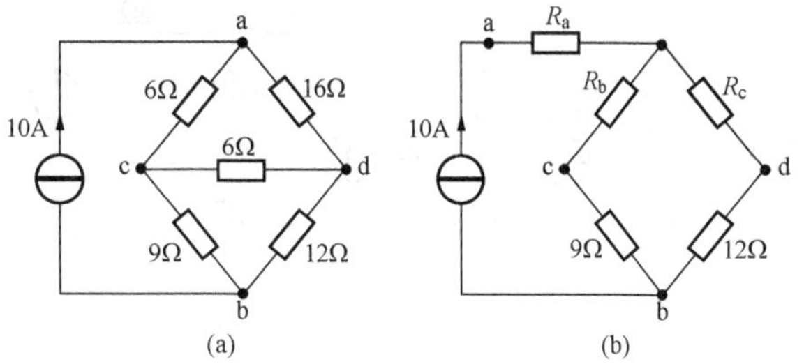


图 2 - 31 ［例 2 - 17］图
(a) 原电路；(b) 等效电路

由图 2 - 31 (b) 可求得电路的输入电阻 $R_i=9.6\Omega$，则电源提供的功率为

$$P_s=R_iI_s^2=9.6\times10^2=960\ (\mathrm{W})$$

## 2.6 电 源 位 移

凡是与电阻串联的电压源称为有伴电压源，与电阻并联的电流源称为有伴电流源；而无串联电阻的电压源称为无伴电压源，无并联电阻的电流源称为无伴电流源。本节讨论无伴电源的位移问题。

### 2.6.1 电压源位移

对于图 2 - 32 (a) 所示的电路，设 $u_a$、$u_b$、$u_c$ 分别表示各端钮相对端钮 o 的电压，则图 2 - 32 (a) 中网络的端钮 VAR 为

$$\left.\begin{aligned}u_a&=u_s\\u_b&=u_s\\u_c&=u_s\end{aligned}\right\}\qquad(2-15)$$

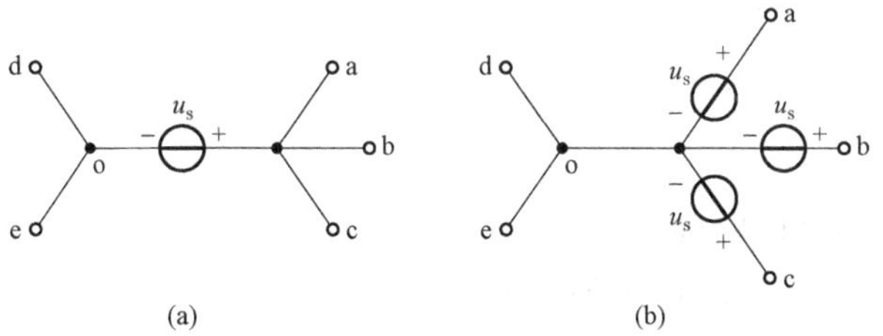


图 2 - 32 电压源的位移
(a) 位移前；(b) 位移后

对于图 2 - 32 (b) 所示的网络，其端钮的 VAR 为

$$\left.\begin{aligned}u_a&=u_s\\u_b&=u_s\\u_c&=u_s\end{aligned}\right\}\qquad(2-16)$$

而且两个网络的端钮电流都是任意的，均由外电路确定。比较式 (2 - 15) 和式 (2 - 16) 可知，图 2 - 32 (a) 和图 2 - 32 (b) 所示两网络的端钮外部特性完全相同，所以两个网络是等效的，可以等效互换。

由上可知，在电路中，位于任何一对节点之间的无伴电压源可位移到与其中一节点相连的其他支路中而消去该节点，且只需要满足位移后的各个电压源与原来的电压源具有相同的极性和数值。这就是电压源位移。

对于无伴受控电压源也有类似结论。

**【例 2 - 18】** 试求图 2 - 33 (a) 所示电路中的电流 $I$。

**解** 首先将图 2 - 33 (a) 中 12V 电压源进行位移，如图 2 - 33 (b) 所示。对图 2 - 33 (b) 进一步化简可得图 2 - 33 (c) 所示电路。由图 2 - 33 (c) 可得图 2 - 33 (d) 所示电路。由图 2 - 33 (d) 得

$$I=\frac{18-2}{4}=4\ (\mathrm{A})$$

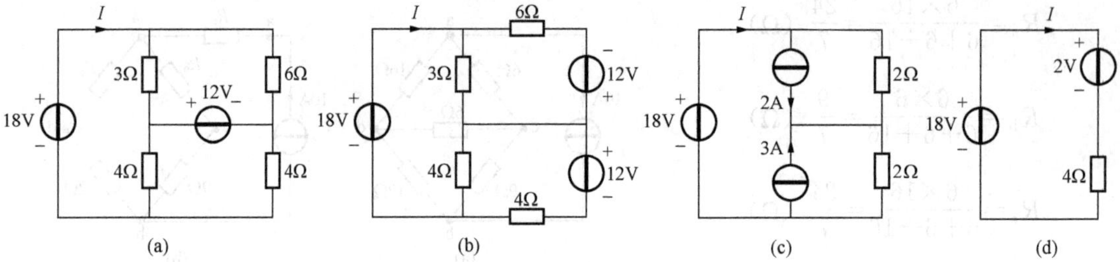


图 2-33 ［例 2-18］图

（a）原电路；（b）电压源位移后；（c）、（d）等效化简

### 2.6.2 电流源位移

对于图 2-34（a）虚线框内的网络 N，其端钮的 VAR 为

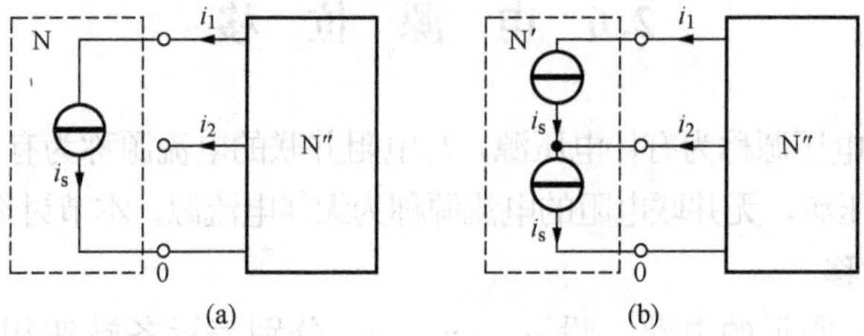


图 2-34 电流源的位移

（a）位移前；（b）位移后

$$\left.\begin{aligned} i_1 &= i_s \\ i_2 &= 0 \end{aligned}\right\} \tag{2-17}$$

各端钮相对节点 0 的电压都是任意的，由外电路确定。

对于图 2-34（b）虚线框内的网络 N′，其端钮 VAR 为

$$\left.\begin{aligned} i_1 &= i_s \\ i_2 &= i_s - i_s = 0 \end{aligned}\right\} \tag{2-18}$$

同样，各端钮相对节点 0 的电压也都是任意的，由外电路确定。

比较式（2-17）和式（2-18）可知，图 2-34 中虚线框内两个网络 N 和 N′具有完全相同的外部特性，所以二者是等效的，可以等效互换。这一结果可以陈述为：在电路中，位于任一对节点 a 和 b 之间的无伴电流源可以位移到任一含支路 ab 的闭合回路中与其他所有支路相并联。这就是电流源位移。电流源位移的一个具体应用如图 2-35 所示。

同样，对于无伴受控电流源亦有类似结论。

**【例 2-19】** 试求图 2-36（a）所示电路中电压源发出的功率。

**解** 将图 2-36（a）中的电流源进行位移可得图 2-36（b）所示电路。对图 2-36（b）再逐步化简（化简过程从略）可得图 2-36（c）。由图 2-36（c）得

$$I = \frac{10 + 2.4}{5 + 3.2} = 1.51\ \text{(A)}$$

电压源发出的功率为

$$P_s = U_s I = 10 \times 1.51 = 15.1\ \text{(W)}$$

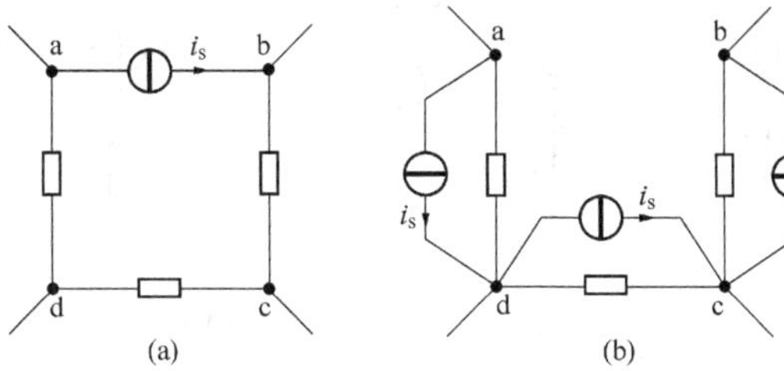


图 2 - 35　电流源位移的一种具体应用

（a）原网络；（b）电流源位移后的网络

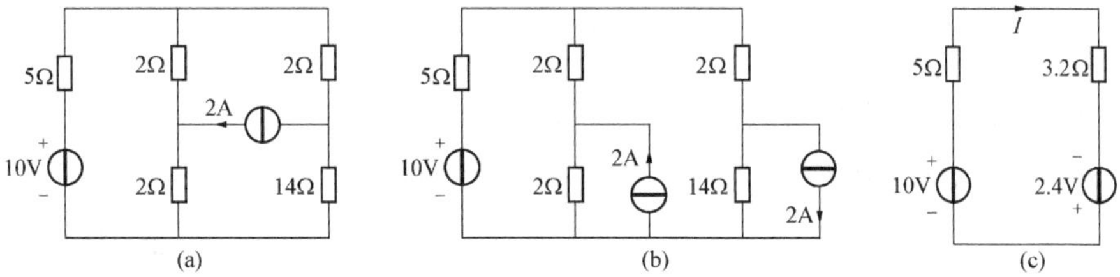


图 2 - 36　［例 2 - 19］图

（a）原电路；（b）电流源位移后电路；（c）等效电路

由前面的实例可以看出：① 通过电源位移，可以使一些原来非串、并联连接的网络变成新的、便于化简的串并联网络；② 应用电源位移能够修改任一给定网络，使电路中的电源都成为有伴电源。

至此，对于独立电源置零（电压源用短路线代替，电流源用开路线代替）后变为简单电路的电路，原则上讲，通过本章所述的方法均可以进行分析计算。

## 习　题

**单回路分析法**

2 - 1　试求图 2 - 37 所示电路中的电流 $I$ 及各元件吸收的功率。

**双节点分析法**

2 - 2　试求图 2 - 38 所示电路中的电压 $U$ 及各元件吸收的功率。

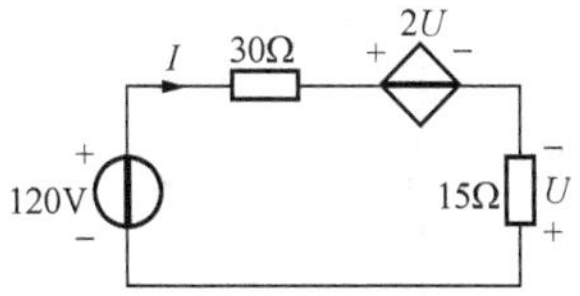


图 2 - 37　题 2 - 1 图

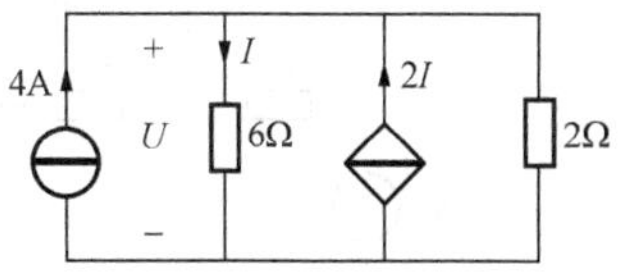


图 2 - 38　题 2 - 2 图

**等效变换分析法**

2 - 3　试化简图 2 - 39 所示各二端网络。

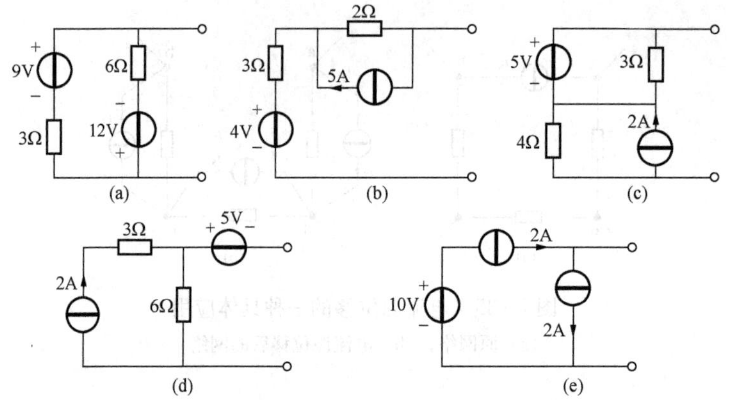


图 2-39 题 2-3 图

2-4 试用等效变换分析法求图 2-40 所示电路中的电流 $I$。

2-5 试用等效变换分析法求图 2-41 所示电路中的 $i$。

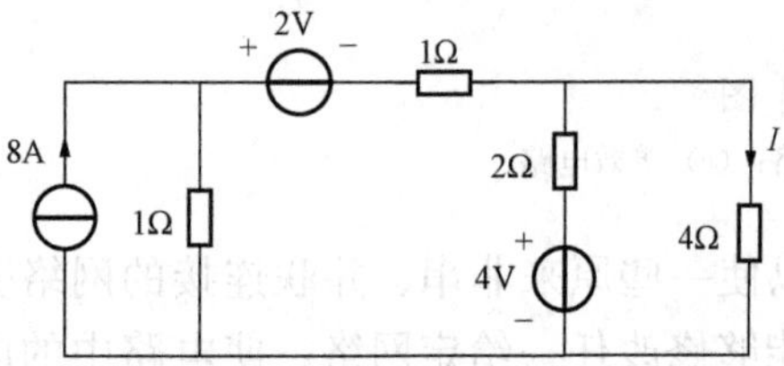


图 2-40 题 2-4 图

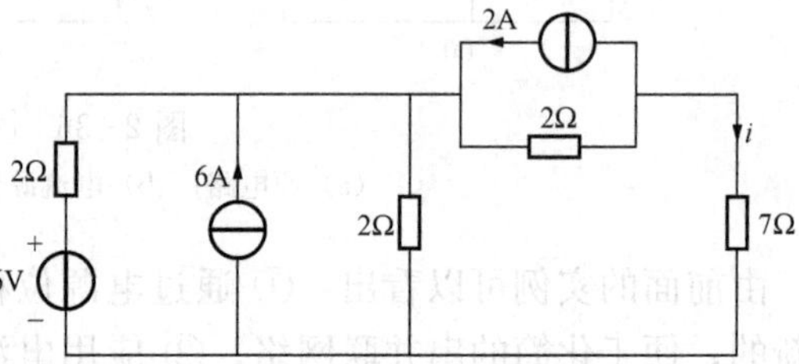


图 2-41 题 2-5 图

2-6 试用等效化简的方法分别求图 2-42 所示各电路中的电流 $I$。

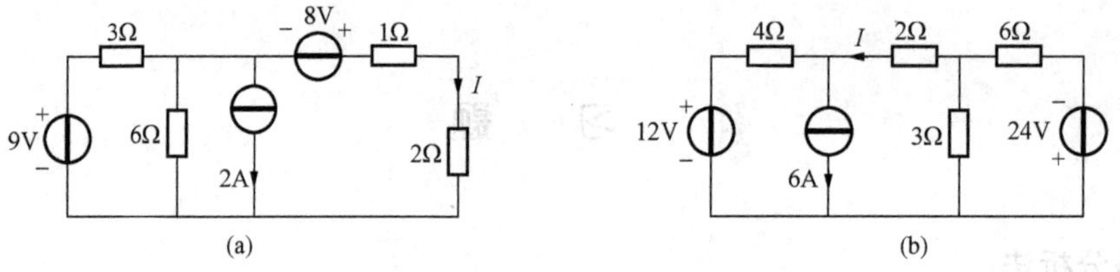


图 2-42 题 2-6 图

2-7 试求图 2-43 所示各二端网络的 VAR，并画出最简等效电路。

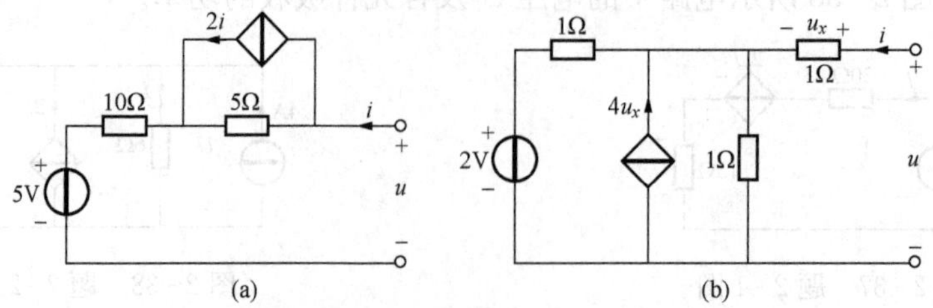


图 2-43 题 2-7 图

2-8 如图 2-44 所示电路中，试用等效变换分析法分别求 $R=1\Omega$ 和 $2\Omega$ 时的电流 $I$。

2-9　试用等效变换分析法求图 2-45 所示电路中 4Ω 电阻吸收的功率。

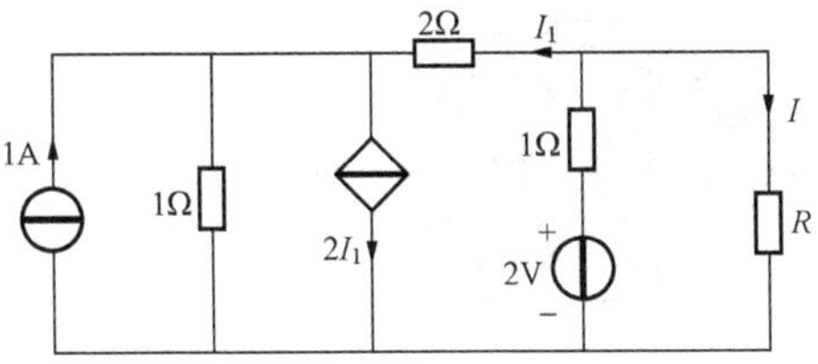


图 2-44　题 2-8 图

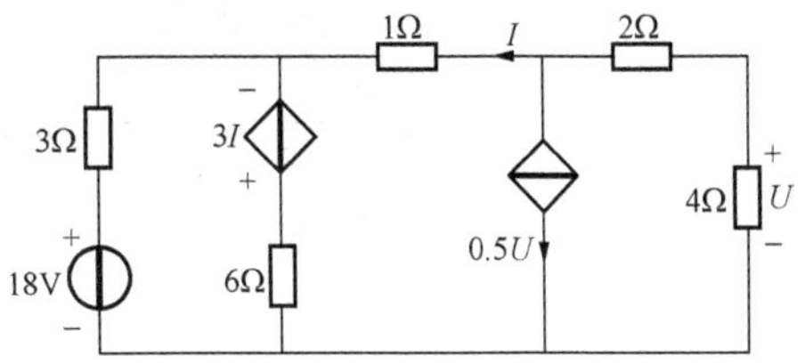


图 2-45　题 2-9 图

2-10　如图 2-46 所示电路中，试用等效化简法求电路中的电压 $U$。

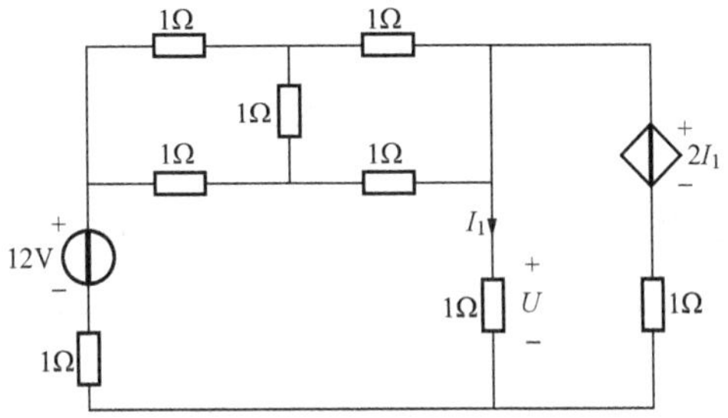


图 2-46　题 2-10 图

**输入电阻**

2-11　试求图 2-47 所示各电路 a、b 两端的输入电阻 $R_{ab}$。

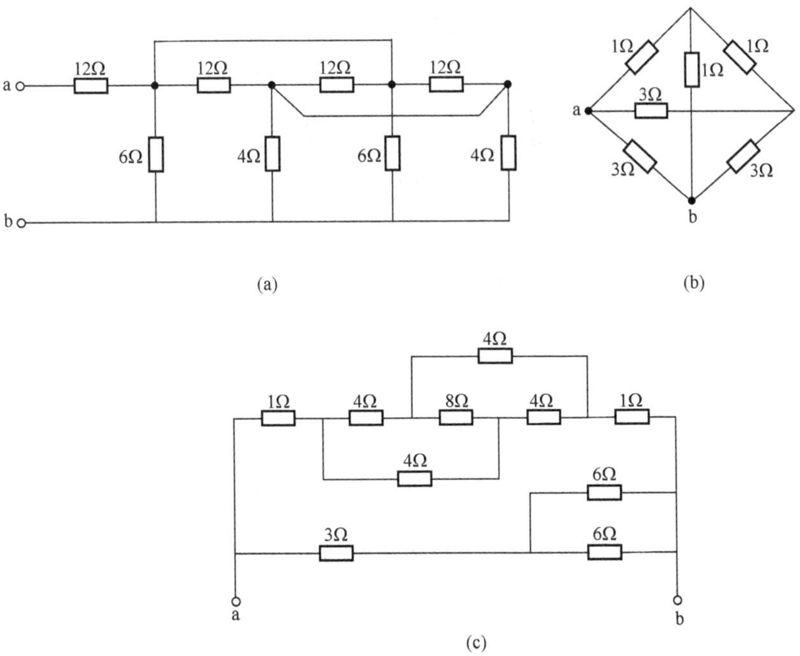


图 2-47　题 2-11 图

2-12　试求图 2-48 所示电路中 a、b 两个端钮之间的等效电阻（图中电阻均为 $R$）。

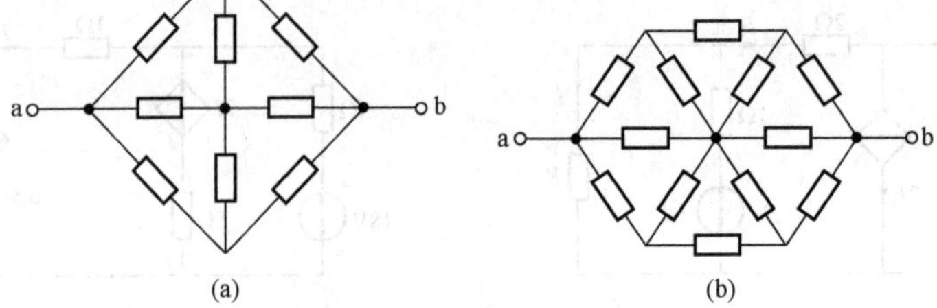


图 2-48　题 2-12 图

2-13　试分别求图 2-49 所示各二端网络的输入电阻 $R_i$。

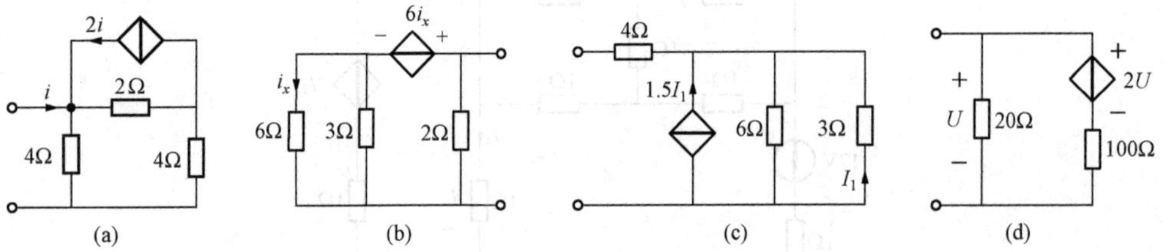


图 2-49　题 2-13 图

### Y一　变换

2-14　如图 2-50 所示电路中，$R_s=5\Omega$，$R_1=36\Omega$，$R_2=20\Omega$，$R_3=10\Omega$，$R_4=50\Omega$，$R_0=40\Omega$，$U_s=30\text{V}$。试求电流 $I$ 和 $I_1$。

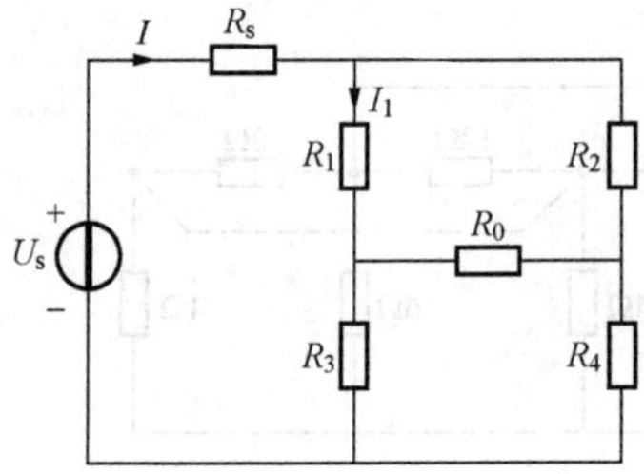


图 2-50　题 2-14 图

# 第 3 章　复杂电阻电路的分析

## 3.1　概　　述

第 2 章介绍的等效变换分析法对于分析简单电路是行之有效的，但其只局限于一定结构形式的电路，并且不便于对电路作一般性研究以及应用计算机进行辅助分析。最基础也是最重要的求解电路的方法是先列出电路方程，再通过数学方法从方程中解出电路变量，然后依据 KCL 或 KVL 和元件的伏安关系进一步求得待求量。

建立电路的方程，必须先选择一组合适的电路变量。电路变量的选择不仅与电路的拓扑结构和元件的性质有关，也与选用的计算手段和工具有关。对于笔算而言，所建立的电路方程数目越少越好，但这将导致分析方法只能对一类电路进行分析，不具有通用性。当采用计算机进行电路的辅助分析时，具有通用性的分析方法显得尤为重要，而方程数目的多少不再是关键因素。因此，目前电路分析中有两种不同的选择电路变量的思路：一种是选择合适的电路变量以减少电路方程数目；另一种是选择合适的电路变量，使分析方法具有通用性。本章主要讨论前一种。

电路方程的数目取决于电路变量的数目。因此，要减少电路方程的数目，实质上是要减少电路变量的数目。这就要求选择合适的一组电压（电流）变量。所谓“合适”是指由这些电压（电流）变量能够容易地根据 KVL（KCL）进一步求出全部支路电压（支路电流），而不需要再求解联立的 KVL 方程（KCL 方程）。一旦求出了全部支路电压（支路电流），就可由元件的 VAR 直接求出全部的支路电流（支路电压）。显然，除了多口元件和多端元件的电流（电压）需用该元件 VAR 局部联立求解外，其他电流（电压）都不需要求解联立方程。因此，电路分析可以分为两步进行：即先求出各支路电流（支路电压）；然后再利用支路的 VAR 求得各支路电压（支路电流）。因此，可以选择支路电流作为电路变量，也可选择支路电压作为电路变量，使电路方程由 $2b$ 个减少为 $b$ 个，这就产生了支路分析法。

电路变量的数目能否再进一步减少呢？我们知道，$b$ 个支路电流和 $b$ 个支路电压分别是受 KCL 和 KVL 约束的，因此 $b$ 个支路电流（支路电压）不是彼此独立的，可进一步减少。如何选取合适的一组电流或一组电压呢？应用完备独立电压变量和电流变量可解决这一问题。完备独立的电压（电流）变量是指满足下列两条性质的一组电压（电流）变量：

(1) 独立性：对 KVL（KCL）而言，这组电压（电流）是彼此线性无关的，即它们之中的任意一个电压（电流）变量不能用它们之中的其他电压（电流）变量和电压源电压（电流源电流）的代数和表示。

(2) 完备性：求得这组电压（电流）变量后，电路中的全部支路电压（电流）可由 KVL（KCL）直接求出，而不需要求解联立方程。

由于对于 $n$ 个节点、$b$ 条支路的电路，$b$ 个支路电流受 $(n-1)$ 个独立的 KCL 方程约束，所以，$(n-1)$ 个支路电流可由其他的 $(b-n+1)$ 个支路电流来表示。因此，只需选取（$b-n+1$）个电流作为电路的变量。类似地，对于 $b$ 个支路电压也只需选取（$n-1$）个电压作为电路的变量。

需要指出，电路变量可以是支路电压和支路电流，也可以是假想的电量。选择不同的电路变量将导致分析方法的不同。本章将对几种常用的分析方法予以讨论，另外一些方法将在本书第 15 章中介绍。

## 3.2 支路分析法

以支路电流（支路电压）为电路变量建立电路方程进行分析的方法称为支路电流法（支路电压法），相应的电路方程称为支路电流方程（支路电压方程）。支路电流法和支路电压法统称为支路〔分析〕法。对于具有 $n$ 个节点，$b$ 条支路的电路，支路分析法的电路变量只有 $b$ 个，因此，仅需列出 $b$ 个彼此独立的方程就可求解出相应的 $b$ 个电路变量。本节研究如何列写这 $b$ 个独立的方程。首先讨论支路电流法。

对于 $n$ 个节点，$b$ 条支路的电路，电路的基本方程是以支路电压和支路电流为电路变量的 $2b$ 个独立的方程。其中（$n-1$）个独立的 KCL 方程是以支路电流为变量的，这样另外的（$b-n+1$）个以支路电流为变量的独立方程，只能由独立的 KVL 方程和支路方程消去支路电压导出。

现以图 3 - 1 所示的电路为例予以说明。指定各支路的电压和电流的参考方向如图 3 - 1 所示。将电压源 $u_{s1}$ 与电阻 $R_1$ 的串联和电流源 $i_{s2}$ 与电阻 $R_2$ 的并联分别作为一条支路，则该电路共有两个节点和三条支路。对节点①应用 KCL 得如下独立的 KCL 方程

$$-i_1-i_2+i_3=0 \tag{3-1}$$

由于该电路只有一个独立节点，因此，只有上述一个独立的 KCL 方程。该电路为一平面电路，取其网孔作为独立回路列写独立的 KVL 方程，得

$$\left.\begin{aligned}u_1+u_3=0\\u_2+u_3=0\end{aligned}\right\} \tag{3-2}$$

该电路的网孔数目为 2，故只能列写出两个独立的 KVL 方程。

该电路的支路流控方程为

$$\left.\begin{aligned}u_1&=R_1i_1-u_{s1}\\u_2&=R_2i_2-R_2i_{s2}\\u_3&=R_3i_3\end{aligned}\right\} \tag{3-3}$$

将式（3 - 3）代入式（3 - 2）消去支路电压，整理得

$$\left.\begin{aligned}R_1i_1+R_3i_3=u_{s1}\\R_2i_2+R_3i_3=R_2i_{s2}\end{aligned}\right\} \tag{3-4}$$

其中，$R_2i_{s2}$ 项相当于把支路 2 的并联组合等效变换为串联组合后的等效电压源的电压。式（3 - 4）就是所要寻找的另外两个独立的支路电流方程。它是元件 VAR 和 KVL 结合在一起的结果，可以看作是 KVL 的另一种表达式，即对于电阻电路的任一回路，有

$$\sum R_ki_k=\sum u_{sk} \tag{3-5}$$

式（3 - 5）表明：线性电阻电路中任一回路中所有电阻上电压降的代数和等于该回路中所有

电压源与等效电压源电压升的代数和。当支路电流参考方向与回路绕行方向一致时，$R_k i_k$ 项的前面取“+”，否则取“−”；电压源或等效电压源的参考方向沿回路绕行方向为电压升时，$u_{sk}$ 的前面取“+”，否则取“−”。式（3 - 1）和式（3 - 4）构成了图 3 - 1 所示电路的支路电流方程。

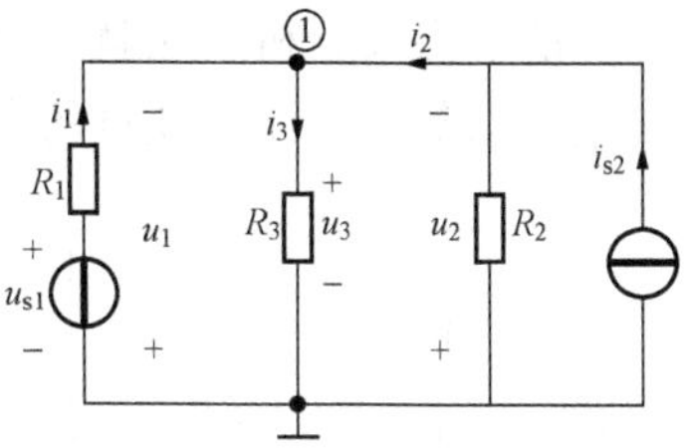

图 3 - 1　支路分析法应用图

由于式（3 - 5）是 KVL 的体现，因此，当电路中含有无伴电流源支路时，因该支路的方程无法表示成流控表达式，需要另行处理。例如，引入相应的未知电压项，在求解支路电流时将其一并求出。

一般而言，对于平面电路常选网孔作为独立回路；而对于非平面电路，可选基本回路（见 3.5 节）作为独立回路。这样就能保证列写出的 KVL 方程是彼此独立的。

**【例 3 - 1】**　如图 3 - 1 所示电路中，$u_{s1}=16\text{V}$，$i_{s2}=5\text{A}$，$R_1=R_2=R_3=4\Omega$。试用支路电流法求各支路电流和电压 $u_3$。

**解**　将已知数据代入式（3 - 1）和式（3 - 4）可得如下支路电流方程

$$-i_1-i_2+i_3=0$$

$$4i_1+4i_3=16$$

$$4i_2+4i_3=20$$

解之得

$$i_1=1\text{A},\ i_2=2\text{A},\ i_3=3\text{A}$$

根据电阻 $R_3$ 的 VAR 得

$$u_3=R_3 i_3=4\times3=12\ (\text{V})$$

综上所述，列写支路电流方程的步骤如下：

（1）指定各支路电流的参考方向。

（2）根据 KCL，对（$n-1$）个独立节点列写 KCL 方程。

（3）选取（$b-n+1$）个独立回路，规定各独立回路绕行方向。

（4）应用 KVL，并结合元件的流控型 VAR，对独立回路列写以支路电流为变量的方程。

应用 KVL 对独立回路列写出（$b-n+1$）个仅以支路电压为变量的独立 KVL 方程，将支路压控型方程代入独立的 KCL 方程消去支路电流，可列写出另外（$n-1$）个以支路电压为变量的独立方程。因此，列写支路电压方程的步骤可归纳如下：

（1）指定各支路电压的参考极性。

（2）选取（$b-n+1$）个独立回路，列写独立的 KVL 方程。

（3）应用 KCL，并结合元件的压控型 VAR，对（$n-1$）个独立节点列写以支路电压为变量的方程。

## 3.3　节点分析法

电路的节点数一般少于支路数。对于具有 $n$ 个节点的电路，选择电路中的一个节点作为参考点，共有（$n-1$）个节点电压。电路中各支路电压均可通过 KVL 用节点电压表示，因此，节点电压可选作电路变量来列写电路的方程。

所谓节点〔分析〕法就是以节点电压为电路变量建立电路方程进行分析计算的一种方法。这组以节点电压为变量的方程称为节点电压方程。节点分析法是双节点电路分析方法的一般化。由节点电压方程求得节点电压后，便可根据 KVL 求出电路中各支路电压，进而根据支路的 VAR 求出各支路电流。节点法应用广泛，且便于计算机编程序计算，这是本章的一个学习重点，读者应熟练掌握。

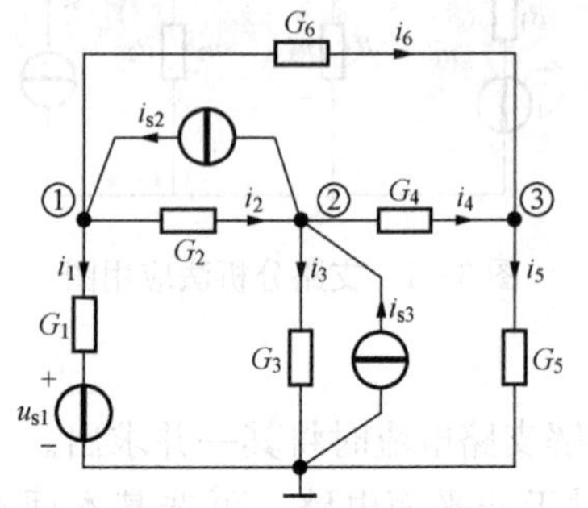


图 3 - 2　节点法示意图

下面分三种情况介绍节点分析法。

### 3.3.1　仅含有电阻、电流源和有伴电压源的电路

本小节讨论仅由电阻、电流源和有伴电压源组成的电路。对于图 3 - 2 所示的电路，参考点的选择如图 3 - 2 所示。设节点①、②、③的节点电压分别为 $u_{n1}$、$u_{n2}$ 和 $u_{n3}$，则对独立节点①、②、③分别列写 KCL 方程，得

$$\left.\begin{aligned}i_1+i_2+i_6&=i_{s2}\\-i_2+i_3+i_4&=i_{s3}-i_{s2}\\-i_4+i_5-i_6&=0\end{aligned}\right\}\tag{3 - 6}$$

由电阻和电压源的 VAR 与 KVL 得

$$\left.\begin{aligned}i_1&=G_1(u_{n1}-u_{s1})\\i_2&=G_2(u_{n1}-u_{n2})\\i_3&=G_3u_{n2}\\i_4&=G_4(u_{n2}-u_{n3})\\i_5&=G_5u_{n3}\\i_6&=G_6(u_{n1}-u_{n3})\end{aligned}\right\}\tag{3 - 7}$$

将式（3 - 7）代入式（3 - 6），整理得

$$\left.\begin{aligned}(G_1+G_2+G_6)u_{n1}-G_2u_{n2}-G_6u_{n3}&=G_1u_{s1}+i_{s2}\\-G_2u_{n1}+(G_2+G_3+G_4)u_{n2}-G_4u_{n3}&=i_{s3}-i_{s2}\\-G_6u_{n1}-G_4u_{n2}+(G_4+G_5+G_6)u_{n3}&=0\end{aligned}\right\}\tag{3 - 8}$$

式（3 - 8）就是图 3 - 2 中电路的节点电压方程，这三个方程依次是节点①、②和③的节点电压方程。其中，$G_1u_{s1}$ 项为注入节点①的有伴电压源 $u_{s1}$ 的等效电流源电流值。由于节点电压方程是从独立的 KCL 方程导出的，因而也是彼此独立的。

节点电压方程本质上体现的是节点的 KCL 方程，因此，与电流源串联的电阻不影响节点电压方程。即在列写节点电压方程时，可把这一电阻用短路线代替。由于假定各节点电压的参考极性总是由独立节点指向参考节点，所以各节点电压在相连电阻中引起的电流总是流出该节点的。因此，节点电压方程的等式左边是各节点电压引起的流出相应节点的电流，而右边则是电流源和等效电流源注入节点的电流。

式（3 - 8）可概括为如下的形式

$$\left.\begin{aligned}G_{11}u_{n1}+G_{12}u_{n2}+G_{13}u_{n3}&=i_{s11}\\G_{21}u_{n1}+G_{22}u_{n2}+G_{23}u_{n3}&=i_{s22}\\G_{31}u_{n1}+G_{32}u_{n2}+G_{33}u_{n3}&=i_{s33}\end{aligned}\right\}\tag{3 - 9}$$

式（3-9）是具有三个独立节点，即四个节点的电路的节点电压方程的一般形式。通过仔细分析上述节点电压方程，可发现如下一般规律：

(1) $G_{ii}$（$i=1, 2, 3$）称为节点 $i$ 的自电导，其值等于连接于第 $i$ 个节点的所有支路的电导（与电流源串联者除外）之和。例如，$G_{11}=G_1+G_2+G_6$。如果电路中的电阻均为正值电阻，则自电导恒为正。

(2) $G_{ij}$（$i\neq j$，$i$，$j=1, 2, 3$）称为节点 $i$ 和节点 $j$ 之间的互电导。其值等于节点 $i$ 和节点 $j$ 之间所有直接相连支路的电导（与电流源串联者除外）之和的负值。例如，$G_{12}=G_{21}=-G_2$。对于仅由二端电阻、电流源和有伴电压源组成的电路 $G_{ij}=G_{ji}$。当两个节点之间不存在直接相连的电导支路时，$G_{ij}=0$。若电路中电阻均为二端正值电阻，则 $G_{ij}\leqslant 0$。

(3) $i_{sii}$（$i=1, 2, 3$）表示连接于节点 $i$ 的所有电流源和等效电流源注入该节点的电流的代数和。对电流源的电流来说，当电流源电流的参考方向指向节点 $i$ 时，该项电流取"+"，否则取"−"；对电压源引起的电流项来说，当电压源的参考正极性连接到节点 $i$ 时，该项前面取"+"，否则取"−"，其值等于电压源的电压乘以相串联电阻的电导值。例如，$i_{s11}=i_{s2}+G_1u_{s1}$，$i_{s22}=i_{s3}-i_{s2}$。当节点 $i$ 没有独立源相连时，$i_{sii}=0$。例如，$i_{s33}=0$。

将式（3-9）加以推广，可得 $n$ 个独立节点电路的节点电压方程的一般形式为

$$\left.\begin{array}{c} G_{11}u_{n1}+G_{12}u_{n2}+\cdots+G_{1n}u_{nn}=i_{s11} \\ G_{21}u_{n1}+G_{22}u_{n2}+\cdots+G_{2n}u_{nn}=i_{s22} \\ \cdots \\ G_{n1}u_{n1}+G_{n2}u_{n2}+\cdots+G_{nn}u_{nn}=i_{snn} \end{array}\right\} \tag{3-10}$$

式（3-10）写成矩阵形式为

$$\begin{bmatrix} G_{11} & G_{12} & \cdots & G_{1n} \\ G_{21} & G_{22} & \cdots & G_{2n} \\ \vdots & \vdots & \ddots & \vdots \\ G_{n1} & G_{n2} & \cdots & G_{nn} \end{bmatrix} \begin{bmatrix} u_{n1} \\ u_{n2} \\ \vdots \\ u_{nn} \end{bmatrix} = \begin{bmatrix} i_{s11} \\ i_{s22} \\ \vdots \\ i_{snn} \end{bmatrix}$$

简记为

$$\boldsymbol{G}_n\boldsymbol{u}_n=\boldsymbol{J}_n$$

式中：系数矩阵 $\boldsymbol{G}_n$ 为节点电导矩阵；$\boldsymbol{u}_n$ 为节点电压列向量；$\boldsymbol{J}_n$ 为节点电流源列向量。对于仅含有电阻、电流源和有伴电压源的电路，$\boldsymbol{G}_n$ 为对称矩阵。

应用上述一般列写规律，节点电压方程可以直接通过观察电路写出。

**【例 3-2】** 试用节点法求图 3-3 所示电路中的电流 $I$。

**解** 指定参考点并标注接地符号，对其他节点（独立节点）编号。

节点①的自电导为

$$G_{11}=\frac{1}{2}+1=1.5\ (\text{S})$$

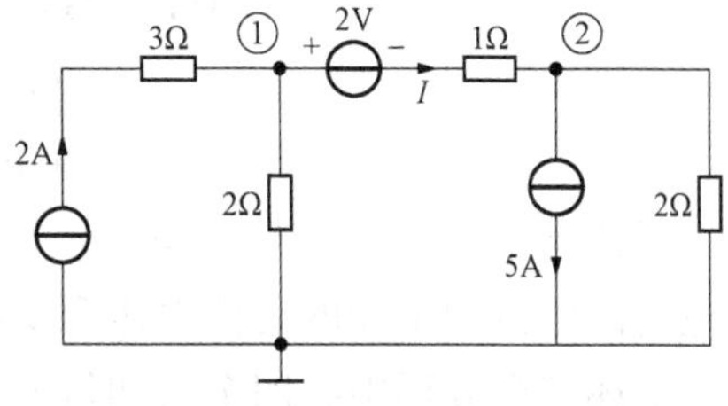

图 3-3　[例 3-2] 图

注意，由于 3Ω 电阻与电流源串联，故这一电阻对 $G_{11}$ 无贡献。

节点①和节点②之间直接相连支路只有一个 1Ω 电阻，故 $G_{12}=-1\text{S}$；节点①连接有一个 2A 电流源和一个有伴电压源，而且电流源的电流是流入节点①，电压源的参考正极性连

接到节点①，故 $I_{s11}=2+\frac{2}{1}=4$（A）。同理，$G_{21}=G_{12}=-1\text{S}$，$G_{22}=1+\frac{1}{2}=1.5$（S），$I_{s22}=-5-\frac{2}{1}=-7$（A）。则电路的节点电压方程为

$$1.5U_{n1}-U_{n2}=4$$
$$-U_{n1}+1.5U_{n2}=-7$$

联立求解得 $U_{n1}=-0.8\text{V}$，$U_{n2}=-5.2\text{V}$

则所求电流为

$$I=\frac{U_{n1}-U_{n2}-2}{1}=\frac{-0.8-(-5.2)-2}{1}=2.4\ (\text{A})$$

### 3.3.2 含有无伴电压源的电路

上面讨论的电路中，各支路的 VAR 都可以写成压控形式。当电路中含有无伴电压源支路时，该支路的 VAR 无法写成压控形式，这将给应用节点分析法带来困难。下面说明如何直接列写这种电路的节点电压方程。

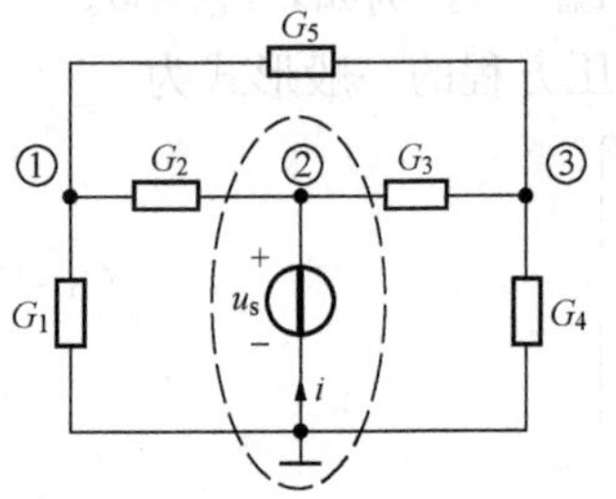

图 3-4 含有无伴电压源的电路

首先讨论所有无伴电压源都有一端接参考点的情形。对于这种情形，无伴电压源连接的节点的电压是已知的。例如，在图 3-4 所示的电路中，共有四个节点。若选取节点⓪为参考点，则节点②的节点电压是已知的，即

$$u_{n2}=u_s$$

这一方程可作为节点②的节点电压方程。由于 $u_{n2}$ 是已知的，所以，实际上只有两个未知的节点电压 $u_{n1}$ 和 $u_{n3}$。对节点①和③按通常方法列写节点电压方程为

$$(G_1+G_2+G_5)u_{n1}-G_2u_{n2}-G_5u_{n3}=0$$
$$-G_5u_{n1}-G_3u_{n2}+(G_3+G_4+G_5)u_{n3}=0$$

以上三个方程可作为图 3-4 电路的节点电压方程。

现在说明无伴电压源位于两个节点之间的情况。例如，图 3-4 中电路的参考点改选为节点③。这种情况下，列写节点②和节点⓪的方程时，必须把电压源支路的电流 $i$ 考虑在内。初学者容易疏忽这一点。为此把无伴电压源所在支路当作电流为 $i$ 的电流源，三个独立节点①、②、⓪的方程分别为

$$\left.\begin{aligned}(G_1+G_2+G_5)u_{n1}-G_2u_{n2}-G_1u_{n0}&=0\\-G_2u_{n1}+(G_2+G_3)u_{n2}&=i\\-G_1u_{n1}+(G_1+G_4)u_{n0}&=-i\end{aligned}\right\}\qquad(3-11)$$

在一般情况下，节点电压方程等号右边的项 $i_{sii}$ 可理解为注入节点ⓘ的所有电流源电流、等效电流源电流和未知的无伴电压源支路电流的代数和。

上述三个方程中有四个未知量 $u_{n1}$、$u_{n2}$、$u_{n0}$ 和 $i$，必须再增添一个以节点电压为变量的方程。列写电路方程的基本依据是 KCL、KVL 和元件的 VAR，而节点电压方程已体现了 KCL，且在列写上述方程时，已利用了各电阻的 VAR 和 KVL，因此增添的方程只能由未利用的 VAR 给出。对于本例来说，未利用的元件 VAR 是电压源的 VAR，故由电压源的 VAR 和 KVL 得

$$u_{n2}-u_{n0}=u_s$$

这样，四个方程式正好解出四个未知量：$u_{n1}$、$u_{n2}$、$u_{n0}$和 $i$。这种把电流选作附加变量建立方程进行分析的方法称为改进节点〔分析〕法，相应的方程称为改进节点电压方程，有关改进节点法的具体原理见 3.7 节。

将式（3 - 11）中含有电流 $i$ 的两个方程左右分别相加，得

$$-(G_1+G_2)u_{n1}+(G_2+G_3)u_{n2}+(G_1+G_4)u_{n0}=0$$

这一方程对应于图 3 - 4 中虚线所示广义节点的节点电压方程，它实质上体现的是该广义节点的 KCL 方程。这表明借助广义节点的概念可进一步减少含有无伴电压源电路的方程数目。运用这种方法时，必须注意广义节点的自电导与广义节点电压的乘积项，应为广义节点中各节点的自电导与对应节点电压的乘积之和；互电导与相关节点电压的乘积项，应为广义节点中各节点同相关节点的互电导与相关节点电压的乘积之和。

由上面的讨论可知，当无伴电压源连接在两个节点之间时，需将流过该电压源的电流也作为电路变量，这将增加方程的个数。因此，当参考点可以自由选择时，为了减少方程的数目，可将无伴电压源的一端选作参考点。

**【例 3 - 3】**　试用节点分析法分别求图 3 - 5 所示电路中各电源提供的功率。

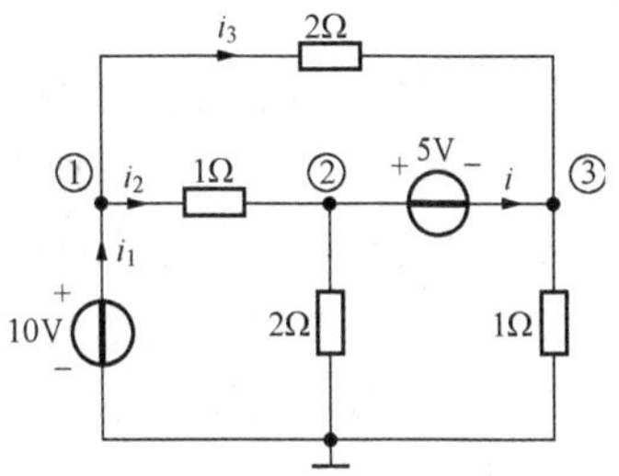


图 3 - 5　[例 3 - 3] 图

**解**　参考点的选取如图 3 - 5 所示，则

$$u_{n1}=10$$

考虑到 5V 电压源支路的电流 $i$，节点②和节点③的节点电压方程为

$$-u_{n1}+1.5u_{n2}+i=0$$
$$-0.5u_{n1}+1.5u_{n3}-i=0$$

由 5V 电压源的 VAR 得

$$u_{n2}-u_{n3}=5$$

上述方程联立求解得

$$u_{n1}=10\text{V},\ u_{n2}=7.5\text{V}$$
$$u_{n3}=2.5\text{V},\ i=-1.25\text{A}$$

所需支路电流的参考方向如图 3 - 5 所示，则

$$i_2=\frac{u_{n1}-u_{n2}}{1}=\frac{10-7.5}{1}=2.5\ (\text{A}),\ i_3=\frac{u_{n1}-u_{n3}}{2}=\frac{10-2.5}{2}=3.75\ (\text{A})$$

$$i_1=i_2+i_3=2.5+3.75=6.25\ (\text{A})$$

电源提供的功率分别为

$$P_{10\text{V}}=10i_1=10\times6.25=62.5\ (\text{W}),\ P_{5\text{V}}=-5i=-5\times(-1.25)=6.25\ (\text{W})$$

顺便指出，对于含有无伴电压源的电路，亦可先将这种无伴电压源位移，然后再用节点分析法进行求解。

### 3.3.3　含有受控源的电路

当电路中含有受控源时，可以先把受控源视作独立电源，列写电路的“节点电压方程”。然后将控制量用节点电压表示，消去“节点电压方程”中的非节点电压变量，整理可得电路的节点电压方程。

**【例 3 - 4】**　试列写图 3 - 6 所示电路的节点电压方程。

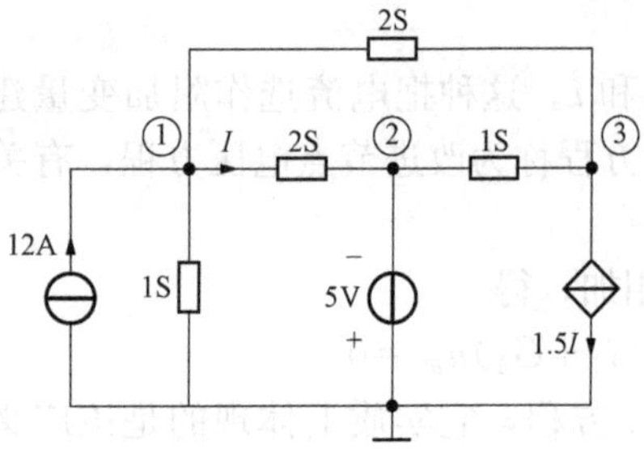


图 3-6 ［例 3—4］图

**解** 指定参考点如图 3-6 所示。将图中 CCCS 当作独立的电流源看待，可得如下“节点电压方程”

$$5U_{n1}-2U_{n2}-2U_{n3}=12$$
$$U_{n2}=-5$$
$$-2U_{n1}-U_{n2}+3U_{n3}=-1.5I$$

根据欧姆定律和 KVL，得

$$I=2\ (U_{n1}-U_{n2})$$

将上式代入上述“节点电压方程”，整理可得电路的节点电压方程为

微课 04
节点电压方程
（典型例题讲解）

$$5U_{n1}-2U_{n2}-2U_{n3}=12$$
$$U_{n2}=-5$$
$$U_{n1}-4U_{n2}+3U_{n3}=0$$

显然，对于含受控源的电路，$G_{ij}=G_{ji}$ 一般不成立，即节点电导矩阵 $\boldsymbol{G}_n$ 一般为非对称矩阵。

综上所述，节点分析法的一般步骤如下：

(1) 选定参考点，并对独立节点进行编号。

(2) 短接与电流源相串联的电阻。

(3) 将受控源当作独立电源看待，列写“节点电压方程”。

(4) 将非节点电压控制量用节点电压表示。如果控制量是支路电压，可根据 KVL 将支路电压用该支路两端的节点电压表示；如果控制量是支路电流，则先根据该支路的 VAR 把控制量用支路电压表示，然后再把支路电压用同一支路两端的节点电压表示。

(5) 消去“节点电压方程”中的非节点电压控制量，整理可得节点电压方程。

(6) 由节点电压方程解出各节点电压。

(7) 依据元件的 VAR 和 KVL 等求出感兴趣的电量。

## 3.4 网孔分析法

对于图 3-7 所示的平面电路，根据 KCL 有 $-i_1+i_2+i_3=0$，所以 $i_3$ 可用 $i_1$ 和 $i_2$ 表示，即 $i_3=i_1-i_2$。这可以看成是支路 3 同时流过了两个电流 $i_1$ 和 $i_2$。这样，电流 $i_1$ 流过网孔Ⅰ中的所有支路，电流 $i_2$ 流过网孔Ⅱ中的所有支路。因而可把电流 $i_1$ 和 $i_2$ 分别看成是沿此平面电路的两个网孔边界连续流动的电流。这种沿网孔边界连续流动的假想电流称为**网孔电流**，分别记作 $i_{m1}$ 和 $i_{m2}$。支路电流都可以用流过该支路的网孔电流的代数和表示。这是 KCL 的另一种表达形式。取代数和时，方向与支路电流方向一致的网孔电流取正号，相反取负号。对于图 3-7 所示电路，由于支路 1 和 2 分别只流过网孔电流 $i_{m1}$ 和 $i_{m2}$，所以，$i_1=i_{m1}$，$i_2=i_{m2}$，而支路 3 同时流过两个网孔电流，故 $i_3=i_{m1}-i_{m2}$。利用这些关系，得

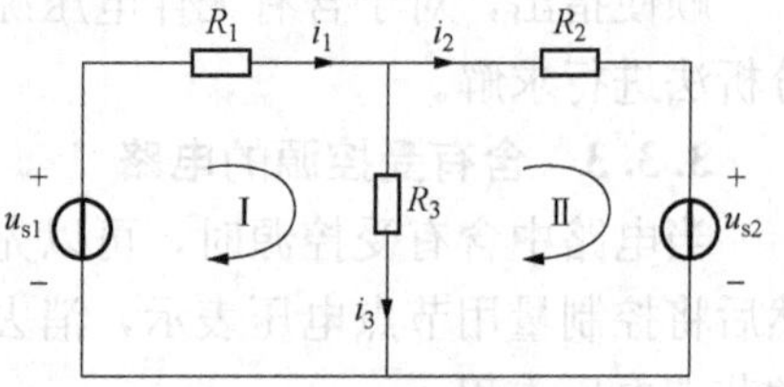


图 3-7 网孔电流示例

$$-i_1+i_2+i_3=-i_{m1}+i_{m2}+(i_{m1}-i_{m2})=0$$

这表明将支路电流用网孔电流表示后，KCL 方程自动满足。

由于网孔电流是沿着网孔边界连续流动的，当它流经某一节点时，既流入该节点，又流出该节点，因而，用网孔电流表示的 KCL 方程中将出现同一网孔电流的“+”和“−”，二者互相抵消，不论网孔电流取何值均恒等于零，所以网孔电流不能通过 KCL 方程表示，彼此是相互独立的。另外，电路中各支路电流均可以用网孔电流线性表示，一旦求得了网孔电流，所有的支路电流就可根据 KCL 确定。所以，网孔电流是完备的。因此，网孔电流是一组完备独立的电流变量。而电路的独立网孔数总是小于支路数，可达到减少方程数目的目的。

所谓网孔（分析）法就是以网孔电流为电路变量建立电路方程进行分析计算的一种方法。这组以网孔电流为变量的电路方程称为网孔电流方程。由于网孔的概念只适用于平面电路，所以，网孔分析法也只适用于平面电路。网孔分析法是单回路电路分析法的推广。为了规律起见，习惯上网孔电流都取顺时针方向或都取逆时针方向。下面分三种情况说明如何列写电路的网孔电流方程。

### 3.4.1　仅含有电阻、电压源和有伴电流源的电路

对于图 3 - 8 所示的电路，共有三个网孔。设支路电压与支路电流取关联参考方向，则相应的独立 KVL 方程为

$$\left.\begin{aligned}-u_1+u_2+u_3=0\\-u_3+u_4+u_5=0\\-u_2-u_4+u_6=0\end{aligned}\right\}\qquad(3-12)$$

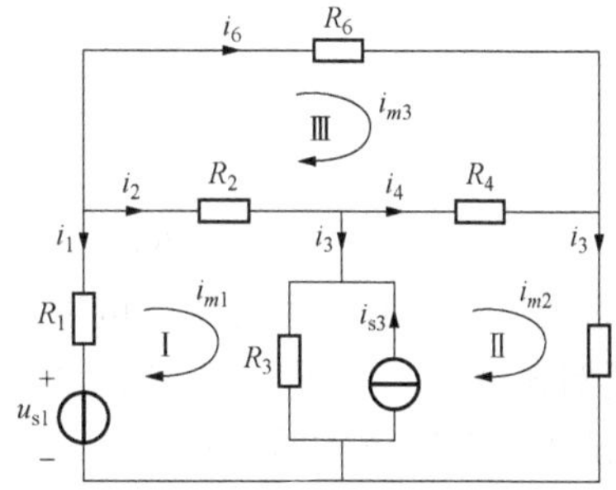


图 3 - 8　网孔分析法用图

根据元件 VAR 和 KCL，将支路电压分别用网孔电流表示，即

$$\left.\begin{aligned}u_1=R_1i_1+u_{s1}=-R_1i_{m1}+u_{s1}\\u_2=R_2i_2=R_2(i_{m1}-i_{m3})\\u_3=R_3(i_3+i_{s3})=R_3(i_{m1}-i_{m2}+i_{s3})\\u_4=R_4i_4=R_4(i_{m2}-i_{m3})\\u_5=R_5i_5=R_5i_{m2}\\u_6=R_6i_6=R_6i_{m3}\end{aligned}\right\}\qquad(3-13)$$

将式（3 - 13）代入式（3 - 12），整理得

$$\left.\begin{aligned}(R_1+R_2+R_3)i_{m1}-R_3i_{m2}-R_2i_{m3}=u_{s1}-R_3i_{s3}\\-R_3i_{m1}+(R_3+R_4+R_5)i_{m2}-R_4i_{m3}=R_3i_{s3}\\-R_2i_{m1}-R_4i_{m2}+(R_2+R_4+R_6)i_{m3}=0\end{aligned}\right\}\qquad(3-14)$$

式（3 - 14）是图 3 - 8 所示电路的网孔电流方程，依次对应于网孔Ⅰ、Ⅱ和Ⅲ。网孔电流方程实质上是 KVL 的体现，因此，当电阻与电压源并联作为一条支路时，这个电阻不影响网孔电流方程。方程的左边是网孔电流引起的沿网孔电流方向的电压降，右边则是独立电源引起的电压升。

式（3 - 14）可以概括为如下形式

$$\left.\begin{aligned}R_{11}i_{m1}+R_{12}i_{m2}+R_{13}i_{m3}=u_{s11}\\R_{21}i_{m1}+R_{22}i_{m2}+R_{23}i_{m3}=u_{s22}\\R_{31}i_{m1}+R_{32}i_{m2}+R_{33}i_{m3}=u_{s33}\end{aligned}\right\}\qquad(3-15)$$

式（3-15）是具有三个网孔电路的网孔电流方程的一般形式，其列写规律如下：

（1）$R_{ii}$（$i=1, 2, 3$）称为第 $i$ 个网孔的自电阻，其值等于该网孔中所有支路的电阻（与电压源并联者除外）之和。例如，$R_{11}=R_1+R_2+R_3$。

（2）$R_{ij}$（$i\neq j$，$i$，$j=1, 2, 3$）称为第 $i$ 个网孔与第 $j$ 个网孔之间的互电阻，其值等于这两个网孔公共支路的电阻（与电压源并联者除外）之和的负值。这是因为所有网孔电流都取顺时针方向或逆时针方向时，两个网孔电流将以相反的方向流过公共支路，产生极性相反的电压。例如，$R_{12}=-R_3$，$R_{23}=-R_4$。对于仅由电阻、电压源和有伴电流源组成的电路，$R_{ij}=R_{ji}$。

（3）$u_{sii}$（$i=1, 2, 3$）为第 $i$ 个网孔中所有电压源和等效电压源电压的代数和。当电压源的参考极性沿网孔电流方向为电压降时，取“－”，反之取“＋”。当电流源的方向与所在网孔的网孔电流方向一致时，等效电压源的电压取“＋”，反之取“－”，等效电压源的电压等于电流源的电流与其相并联电阻的乘积。例如，$u_{s11}=u_{s1}-R_3 i_{s3}$。

将式（3-15）推广，具有 $m$ 个网孔的电路的网孔电流方程的一般形式为

$$
\begin{aligned}
&R_{11}i_{m1}+R_{12}i_{m2}+\cdots+R_{1m}i_{mm}=u_{s11}\\
&R_{21}i_{m1}+R_{22}i_{m2}+\cdots+R_{2m}i_{mm}=u_{s22}\\
&\vdots\\
&R_{m1}i_{m1}+R_{m2}i_{m2}+\cdots+R_{mm}i_{mm}=u_{smm}
\end{aligned}
$$

运用上述一般列写规律，可以凭观察直接写出网孔电流方程。

**【例 3-5】** 在图 3-7 所示的电路中，$R_1=R_2=10\Omega$，$R_3=20\Omega$，$u_{s1}=20$（V），$u_{s2}=5V$，试用网孔法求支路电流 $i_3$。

**解** 该电路共有两个网孔，选取网孔电流 $i_{m1}$ 和 $i_{m2}$，如图 3-7 所示。由电路和列写规律可得

$$R_{11}=R_1+R_3=10+20=30\ (\Omega),\ R_{22}=R_2+R_3=10+20=30\ (\Omega)$$

$$R_{12}=R_{21}=-R_3=-20\ (\Omega),\ u_{s11}=u_{s1}=20\ (V),\ u_{s22}=-u_{s2}=-5\ (V)$$

故网孔电流方程为

$$
\begin{aligned}
30i_{m1}-20i_{m2}&=20\\
-20i_{m1}+30i_{m2}&=-5
\end{aligned}
$$

解之得

$$i_{m1}=1\ (A),\ i_{m2}=0.5\ (A)$$

则

$$i_3=i_{m1}-i_{m2}=1-0.5=0.5\ (A)$$

### 3.4.2 含有无伴电流源的电路

前面讨论的电路中各支路的 VAR 都可以表示成流控形式。当电路中含有无伴电流源支路时，该支路的 VAR 无法表示成流控表达式，这将给应用网孔法带来困难。下面说明如何直观列写这种电路的网孔电流方程。

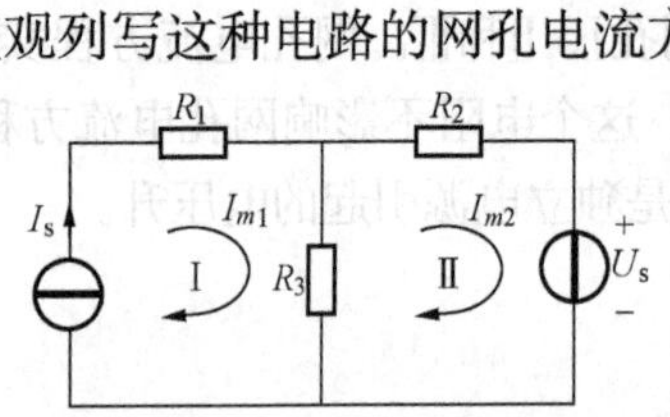


图 3-9 含有无伴电流源的电路

首先讨论所有无伴电流源都位于外围网孔的电路。显然，对于这种电路，无伴电流源所在网孔的网孔电流是已知的。例如，在图 3-9 所示电路中，共有两个网孔。由于网孔电流 $I_{m1}$ 是唯一流过电流源所在支路的网孔电流，且所选方向与电流源电流方向一致，所以

$$I_{m1}=I_s$$

这一方程可作为网孔Ⅰ的网孔电流方程。由于 $I_{m1}$ 是已知的，所以，只有 $I_{m2}$ 是待求量。对网孔Ⅱ按前述方法列写网孔电流方程，得

$$-R_3I_{m1}+(R_2+R_3)I_{m2}=-U_s$$

由这一方程可求出 $I_{m2}$。

对于图 3 - 10 所示的电路，无伴电流源位于两个网孔的公共支路。由于网孔电流方程实质上体现的是 KVL 方程，所以，在列写网孔电流方程时，必须把电流源的端电压考虑在内。为此，假设 2A 电流源的端电压为 $U$，如图 3 - 10 所示。在列写方程时，可先把这一电流源设想成一个电压为 $U$ 的电压源来列写方程。这样，三个网孔的网孔电流方程为

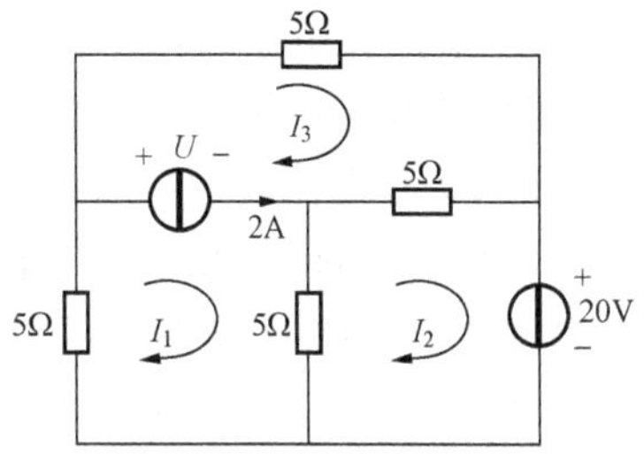


图 3 - 10　无伴电流源位于公共支路的电路

$$10I_1-5I_2=-U$$
$$-5I_1+10I_2-5I_3=-20$$
$$-5I_2+10I_3=U$$

上述三个方程中有四个未知量 $I_1$、$I_2$、$I_3$ 和 $U$，因此，必须再增列一个方程。电流源的 VAR 尚未利用，将其用网孔电流表示可得所需的另一个方程为

$$I_1-I_3=2$$

联立求解以上四个方程就可求出网孔电流和电压 $U$。

将上述方程中含有未知量 $U$ 的两个方程相加可得如下方程

$$10I_1-10I_2+10I_3=0$$

这一方程实际上是以网孔电流表示的由电路中四个 5Ω 电阻构成的回路的回路方程。

### 3.4.3　含有受控源的电路

当电路中含有受控源时，可以先把受控源当作独立电源看待，列写电路的“网孔电流方程”，然后将控制量用网孔电流表示，并消去“网孔电流方程”中的非网孔电流变量，整理可得电路的网孔电流方程。对于含有受控源的电路，一般而言，$R_{ij}\neq R_{ji}$。下面通过实例予以说明。

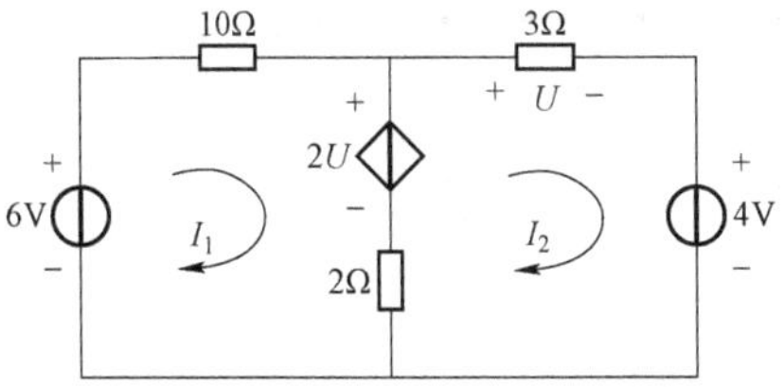


图 3 - 11 ［例 3 - 6］图

**【例 3 - 6】**　试写出图 3 - 11 所示电路的网孔电流方程。

**解**　先把 VCVS 看作一独立电压源，可得如下“网孔电流方程”

$$12I_1-2I_2=6-2U$$
$$-2I_1+5I_2=2U-4$$

将控制量 $U$ 用网孔电流表示，得

$$U=3I_2$$

将上式代入“网孔电流方程”，整理得

$$12I_1+4I_2=6$$
$$-2I_1-I_2=-4$$

这两个方程就是所求的网孔电流方程。显然，$R_{12}\neq R_{21}$。

综上所述，网孔分析法的一般步骤如下：

(1) 指定各网孔电流的参考方向和位于两网孔公共支路上无伴电流源端电压的参考极性。

(2) 将与电压源并联的电阻开路。

(3) 先把受控源当作独立源看待，列写电路的“网孔电流方程”。

(4) 把非网孔电流的控制量用网孔电流表示。如果控制量是支路电流，可根据 KCL 将该支路电流用相关的网孔电流表示；如果控制量是支路电压，则根据该支路的 VAR，先把支路电压用支路电流表示，然后再用相关的网孔电流表示。

(5) 消去“网孔电流方程”中的非网孔电流控制量，整理得电路的网孔电流方程。

(6) 由网孔电流方程解出各网孔电流等。

(7) 依据 KCL 和元件的 VAR 求出感兴趣的电量。

## 3.5 图论的基本知识

### 3.5.1 基本概念

在本书第 1 章中已经指出，基尔霍夫定律只与元件的连接方式有关，而不涉及元件的性质。因此，在研究 KCL 和 KVL 时，可不考虑支路的性质，把电路中的每条支路都抽象为一根具有两个端点的线段（把它画成直线或曲线，或长或短都无关紧要）。这根线段仍称为支路，而其两个端点仍称为节点。把电路中所有支路都用线段替换可得一个几何结构图，这种图描述了原电路的结构及其连接性质，即拓扑性质，称为**拓扑图**，简称“图”，通常用 G 表示。更准确地说，图是节点和支路的集合。图 3 - 12 (b) 就是图 3 - 12 (a) 所示电路的图。图中，每一条支路代表一个二端元件。如果图中每条支路都标有方向，则称其为**有向图**，如图 3 - 12 (c) 所示。由于有向图中的每条支路只能标注一个方向，为了使其既代表电路中支路电压的参考极性又代表支路电流的参考方向，习惯上取支路的电压和电流为关联参考方向。相应地，把未赋以方向的图称为**无向图**。显然，图 3 - 12 (b) 所示为无向图。

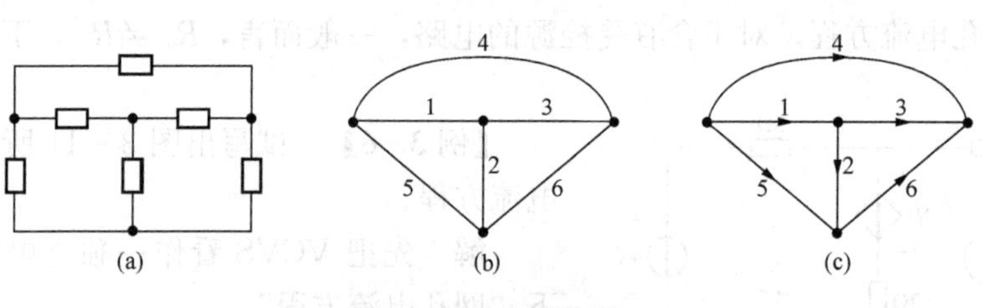


图 3 - 12　电路的图

(a) 电路示意图；(b) 无向图；(c) 有向图

需要注意的是，图只反映电路的连接方式，而不反映元件的性质。因此，图并不反映支路之间的耦合关系。

作为一条支路的二端元件用一根线段表示，如图 3 - 13 所示；多端元件则需用多根线段表示，其线段的个数与元件独立电流数目相同。例如，对于图 3 - 14 (a) 所示的三端元件的有向图如图 3 - 14 (b) 所示；对于 $n$ 口元件，需要用 $n$ 根线段来表示，例如，双口元件的有向图如图 3 - 15 所示。

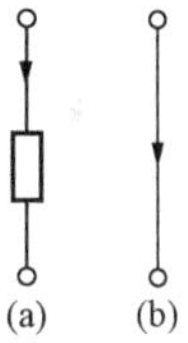


图 3 - 13　二端元件的图

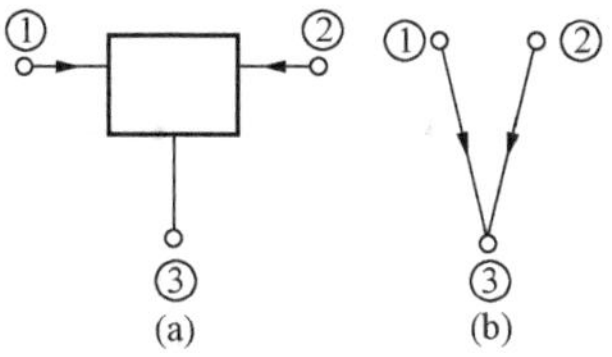


图 3 - 14　三端元件的图

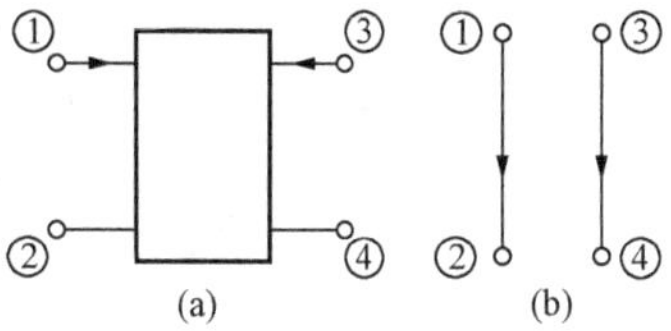


图 3 - 15　双口元件的图

从图 G 的某一节点出发，沿着一些支路连续移动，可到达另一指定的节点，这样的一系列支路构成了图 G 的一条**路径**。如果图 G 中的任何两个节点之间都至少存在一条路径，则图 G 称为**连通图**，否则称为**非连通图**。对于图 3 - 12（b）所示的图中，任何两个节点之间都至少存在一条路径，因此它是连通图；而图 3 - 16（a）所示图中，由于节点①、②和③中的任一节点到节点④和⑤中任一节点之间都不存在路径，因而它是非连通图。显然，非连通图是由彼此分离的几部分组成的。

在电路分析中，非连通图一般是由电路中的多口元件（例如受控源等）造成的。对于这样的非连通图，每一部分任取一节点（一部分只能取一个节点），假想用短路线相连（由于这些短路线在电路中电流恒为零，因此，它们对电路并没有任何影响）。把这些短路线相连的节点合并成一个节点，这样所得的图称为**铰链图**。显然，铰链图是连通图。对于图 3 - 16（a）所示的非连通图，节点③和⑤两个节点合并成一个节点，可得图 3 - 16（b）所示的铰链图。

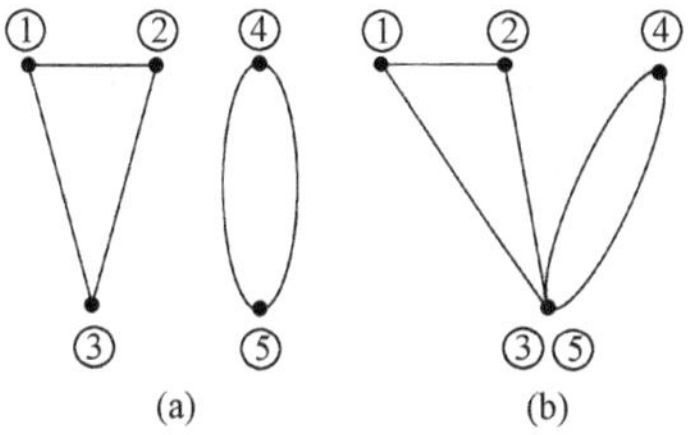


图 3 - 16　非连通图及铰链图
（a）非连通图；（b）铰链图

从铰链图建立的 KCL 方程和 KVL 方程与从原电路图建立的 KCL 方程和 KVL 方程是等价的。因此，为不失一般性，今后假设图都是连通的。

### 3.5.2　子图

如果图 $G_1$ 中的每个节点和每条支路都是图 G 中的一部分，则 $G_1$ 称为 G 的子图。显然，路径是图 G 的一种子图。注意，孤立节点也是一种子图。图 3 - 17 所示中的三个图都是图 3 - 12（b）所示图的子图。

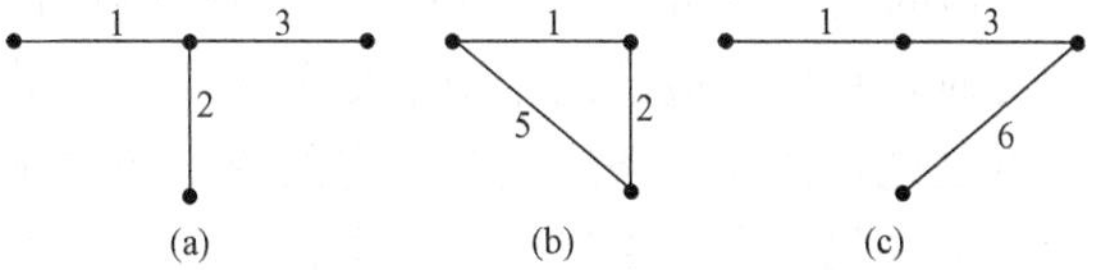


图 3 - 17　子图示例

下面介绍在电路分析中经常使用的几个子图：回路、树和割集。

图 G 的一个子图 $G_1$ 如果满足下列两个条件，则称子图 $G_1$ 为**回路**。

(1) $G_1$ 是连通的；

(2) $G_1$ 的每个节点都连接着 $G_1$ 中的两条支路。

显然，回路这一子图是一种特定的闭合路径。在回路中，节点数等于支路数。图 3 - 18 给出了图 3 - 12（b）中图 G 的四个回路。

连通图 G 的一个子图 $G_1$ 如果满足下列三个条件，则称 $G_1$ 为 G 的一个**树**。

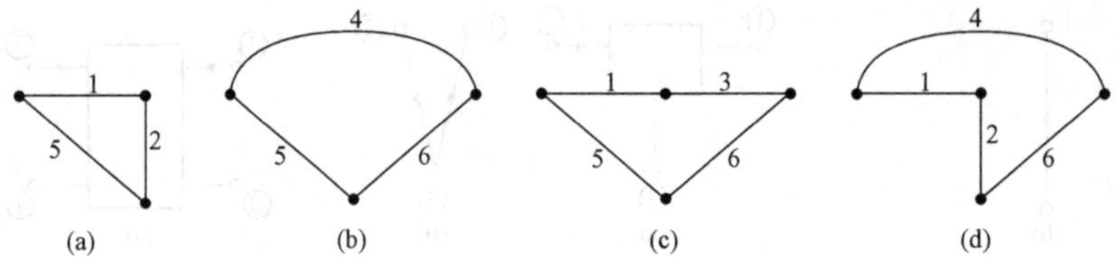


图 3-18　图 3-12（b）中图 G 的四个回路

（1）$G_1$ 是连通的；

（2）$G_1$ 包含 G 的所有节点；

（3）$G_1$ 不包含回路。

图 3-19 给出了图 3-12（b）中图 G 的三个不同的树（如图 3-19 中实线所示）。

构成树的支路称为**树支**，其余的支路称为**连支**。图 3-19 中，虚线表示的支路就是连支。显然，一条支路属于树支还是连支是对特定的树而言的，选择的树不同，支路的划分也就不同。由树的定义可知，树中任意两个节点之间存在且只存在由树支构成的唯一的一条路径。

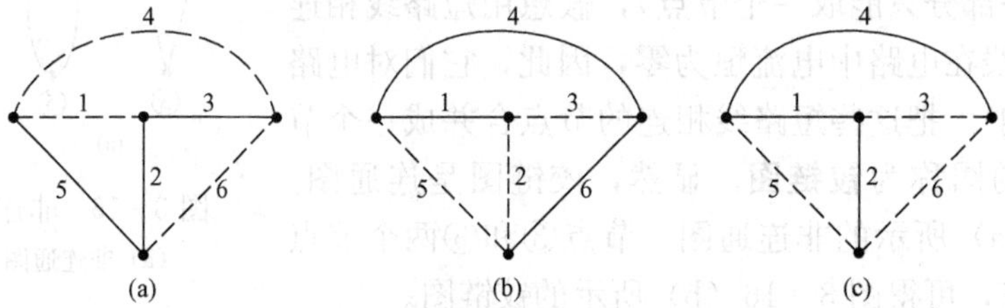


图 3-19　图 3-12（b）中图 G 的三个树

一个图有多种多样的树，通常可以按照分析需要选择恰当的树。但是，无论如何选择树，其树支的数目却是一定的。这是因为为了构成图 G 的一个树，必先用一条支路把两个节点连接起来，之后，每连接一个新节点，只需要一条新的支路，否则就形成了回路。因此，树支的数目总是比节点的数目少 1。一个图的支路是由树支和连支组成的，因此，对于一个具有 $n$ 个节点、$b$ 条支路的图，其树支数为（$n-1$），连支数为（$b-n+1$）。

每当在树上加一条连支时，将使相应的两个节点之间增加一条由所加连支构成的路径，则必然形成一个回路。这就是说，任何一条连支与一定的树支必构成一个回路。树是不含回路的，因此，任何一个回路至少包含有一条连支。通常将只含有一条连支的回路称为**基本回路**或**单连支回路**。图 3-19（a）中的连支 1 与树支 2 和 5、连支 4 与树支 3、2 和 5 及连支 6 与树支 2 和 3 分别形成了一个基本回路。由于各基本回路之间彼此包含有不同的连支，因此它们是相互独立的回路。显然，图 G 的基本回路数就等于图 G 的连支数（$b-n+1$）。

每条连支组成的基本回路是唯一的。这是因为如果一条连支可以通过两组不同的树支构成两个基本回路的话，则这两组树支在未添加连支之前就已经构成了回路。这与树的定义相矛盾。因此，树的任一连支的基本回路是唯一的。

在实际应用中，经常需要规定回路的方向。习惯上取基本回路的方向与该基本回路中的连支方向一致。

图 G 中满足下列两个条件的一组支路称为图 G 的一个**割集**：

(1) 移去这组支路后，图 G 被分成**两个**分别连通的子图；

(2) 留下这组支路中的任意一条支路，图 G 仍然是连通的。

所谓把一条支路移去是指把该支路移去，但与该支路关联的两个节点保留。而移去一个节点，不仅要移去该节点，而且还应当把连接在该节点的全部支路同时移去。

上述定义表明：割集中的支路数是把一个连通图分成两个连通的子图所需的最少支路数。

确定一割集通常可先做出一个闭合面，然后再检验闭合面切割的一组支路是否符合上述的两个条件。如果符合，则这组支路的集合即为一个割集。例如，图 3 - 20 (a) 中，支路集 {1，4，5} 以及图 3 - 20 (b) 中的支路集 {1，3，5，6} 都是割集。但图 3 - 20 (c) 中的支路集 {1，2，3，5，6} 不是割集，因为移去这些支路后，图将被分割成三个子图而不是两个，不符合条件 (1)。

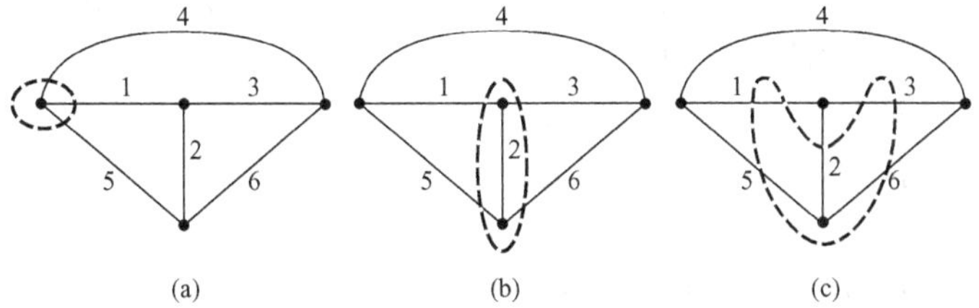


图 3 - 20　割集用图

(a) 支路集 {1，4，5} 构成的割集；(b) 支路集 {1，3，5，6} 构成的割集；(c) 支路集 {1，2，3，5，6} 不构成割集

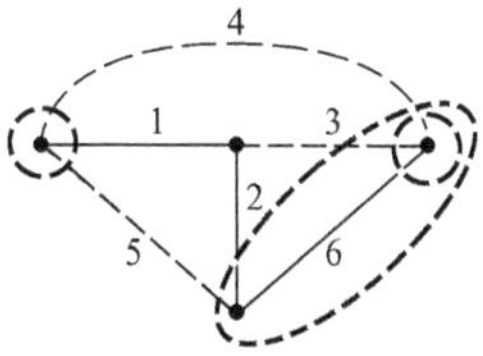


图 3 - 21　基本割集

由于移去所有连支后所剩树仍是连通的，所以图 G 的任何割集至少包含一条树支。只包含有一条树支的割集称为**基本割集**或**单树支割集**。例如，图 3 - 21 所示的三个割集都是基本割集（其中实线表示树支，虚线表示连支）。

由于树是连接全部节点所需的最少支路的集合，因此移去任一树支将把树分离成两个子图。于是，连接这两个子图的那些连支和该树支将构成一个割集。也就是说，树中的任一树支必与一些连支构成一个基本割集。由于 $n$ 个节点的图，有 $(n-1)$ 条树支，因而有 $(n-1)$ 个基本割集。树的任一树支的基本割集是唯一的。

虽然有些特殊节点相关联的支路不构成割集，但在确定基本割集时，应首先考虑单树支节点相连的一组支路。

在实际应用中，经常需要规定割集的方向，用箭头表示。习惯上，基本割集的方向选定为与该割集中的树支方向一致。

前面有关子图的讨论对有向图同样适用。

## 3.6 回路分析法

回路〔分析〕法是一种以独立回路电流为电路变量建立电路方程进行分析计算的方法。相应的电路方程称为回路电流方程。回路电流也是一种假想电流，它是沿独立回路边界连续流动的电流。回路〔分析〕法是网孔法的推广，不仅适用于平面电路，也适用于非平面电路。运用回路法时，需要首先选取一组独立回路。对于复杂电路，如果采用直观方法判断独立回路，有时容易导致错误。故而通常借助树的概念，选取基本回路作为独立回路。此时，回路电流就是相应的连支电流。

下面说明独立回路电流是一组完备独立的电流变量。在此只对基本回路电流即连支电流予以说明，其他情况与网孔法类似，请读者自行分析。

对于割集，KCL 仍然成立，并可陈述为：对于集中参数电路中的任一割集，在任一时刻，该割集中所有支路电流的代数和为零。

由于任一割集中必包含有树支，这表明连支电流不能用 KCL 相联系，彼此是独立的。而每个基本割集中只包含唯一的一条树支，因此，树支电流可以用连支电流的代数和表示，即一旦求出连支电流，所有支路电流均可根据 KCL 确定。故连支电流是一组完备独立的电流变量。

对于具有 $n$ 个节点，$b$ 条支路的电路，其基本回路数为 $l=b-n+1$，故基本回路电流共有 $l$ 个。类似网孔法，回路电流方程的一般形式为

$$\begin{aligned}
&R_{11}i_{l1}+R_{12}i_{l2}+\cdots+R_{1l}i_{ll}=u_{s11}\\
&R_{21}i_{l1}+R_{22}i_{l2}+\cdots+R_{2l}i_{ll}=u_{s22}\\
&\cdots\\
&R_{l1}i_{l1}+R_{l2}i_{l2}+\cdots+R_{ll}i_{ll}=u_{sll}
\end{aligned}$$

方程中，$R_{ii}$（$i=1, 2, \cdots, l$）称为第 $i$ 个回路的自电阻；$R_{ij}$（$i\neq j, i=1, 2, \cdots, l$）称为第 $i$ 个回路和第 $j$ 个回路的互电阻；$u_{sii}$（$i=1, 2, \cdots, l$）为第 $i$ 个回路中独立电源的贡献。

$R_{ii}$ 和 $u_{sii}$ 的列写规律与网孔法相似；互电阻 $R_{ij}$ 的绝对值等于这两个回路的公共支路的电阻（与电压源并联者除外）之和。当两个回路电流流过公共支路的方向相同时，互电阻取正，否则取负。对于仅由电阻、电压源和有伴电流源组成的电路，$R_{ij}=R_{ji}$。

**【例 3-7】** 图 3-22（a）所示的电路中，$R_1=R_4=R_5=1\Omega$，$R_2=R_3=2\Omega$，$\mu=5$，$U_s=6$V。试列写该电路的回路电流方程。

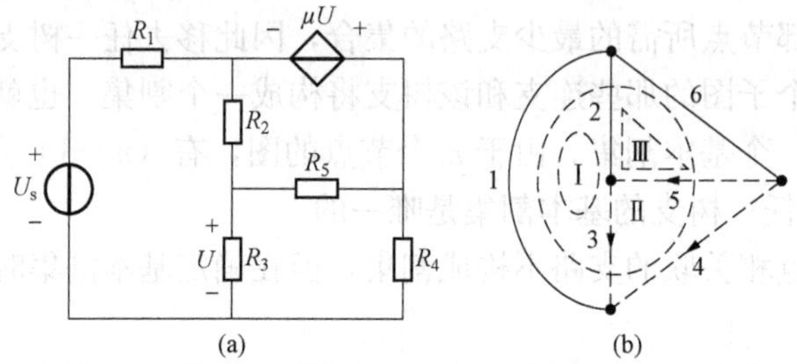


图 3-22 ［例 3-7］图

（a）例题电路；（b）有向图

**解** 各连支电流的参考方向和电路的图如图 3-22（b）所示，其中，实线表示所选择的树，由支路 1、2 和 6 构成；虚线代表连支。对应的三个基本回路如图 3-22（b）所示。设三个基本回路电流分别为 $I_1$、$I_2$ 和 $I_3$。将图 3-22（a）中的 VCVS 当作独立电源看待，则“回路电流方程”为

$$\begin{aligned}
&(1+2+2)\ I_1+I_2-2I_3=6\\
&I_1+\ (1+1)\ I_2=6+5U\\
&-2I_1+\ (2+1)\ I_3=5U
\end{aligned}$$

将 $U=2I_1$ 代入上述方程消去 $U$，整理得如下回路电流方程

$$5I_1+I_2-2I_3=6$$
$$-9I_1+2I_2=6$$
$$-12I_1+3I_3=0$$

基本回路的选取是多种多样的，因此，回路法较网孔法具有更大的灵活性。由于当一些电路变量已知时，只需要列写出求未知电路变量的方程，因此，应用回路法时，应尽可能多地把独立电流源、受控电流源和控制支路选作连支，把感兴趣的支路也选作连支。这样就使得电流源支路只属于一个基本回路，该基本回路电流已知或不独立，该回路的方程不需再列写，从而减少了电路方程的数目。

**【例3-8】** 电路如图3-23（a）所示，试求电流 $I$。

**解** 电路的有向图如图3-23（b）所示，其中实线为树。连支对应于两个独立电流源及所求电流 $I$ 所在支路。这样，三个连支电流中只有一个是未知的，故只需要列写出所求连支电流 $I$ 的方程。对电流 $I$ 所在的基本回路列写回路电流方程，得

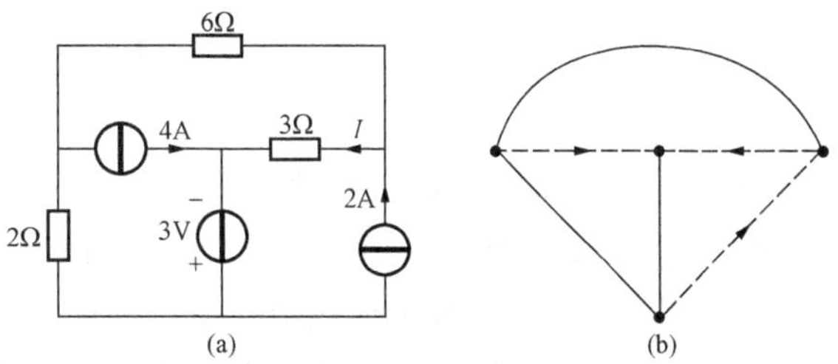


图3-23 ［例3-8］图

（a）原电路；（b）电路的有向图

$$(2+3+6)I+2\times4-(2+6)\times2=3$$

即 $11I=11$，所以 $I=1\text{A}$。

## 3.7 改进节点分析法

从前几节的讨论可以看出，节点法、网孔法、回路法等的应用范围都有一定的限制。节点法要求支路VAR写成压控形式，而网孔法和回路法要求支路VAR写成流控形式，因而缺乏通用性。针对几种建立电路方程的方法所存在的问题，人们提出了改进节点〔分析〕法，它已成为电路分析的第二种一般分析方法。

改进节点法以节点分析法为基础，除了保留节点电压作为变量外，还将电压源的电流、元件的控制电流和输出电流等作为附加变量引入方程中，并将电流作为变量的支路的特性方程作为附加方程。下面举例说明改进节点法的原理。

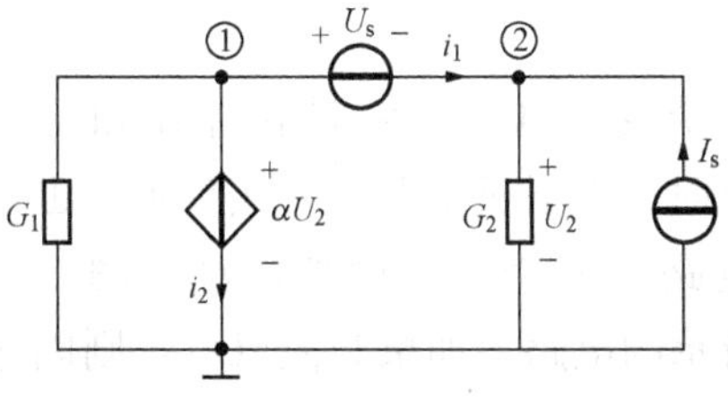


图3-24　改进节点法用图

对于图3-24所示的电路，由于电压源和受控电压源的VAR不是压控的，因此引入相应的支路电流 $i_1$ 和 $i_2$ 作为附加变量。分别对节点①和②列写KCL方程，并考虑到电阻元件的VAR，得

$$G_1u_{n1}+i_1+i_2=0$$
$$G_2u_{n2}-i_1=I_s$$

相应的附加方程为

$$u_{n1}-u_{n2}=U_s$$

$$u_{n1}-\alpha u_{n2}=0$$

将上述方程写成矩阵形式

$$\begin{bmatrix} G_1 & 0 & 1 & 1 \\ 0 & G_2 & -1 & 0 \\ 1 & -1 & 0 & 0 \\ 1 & -\alpha & 0 & 0 \end{bmatrix}\begin{bmatrix} u_{n1} \\ u_{n2} \\ i_1 \\ i_2 \end{bmatrix}=\begin{bmatrix} 0 \\ I_s \\ U_s \\ 0 \end{bmatrix}$$

这一方程称为图 3 - 24 所示电路的改进节点电压方程。

对于一般的线性电阻电路，改进节点电压方程可写成下列一般形式

$$\begin{bmatrix} \boldsymbol{G}_n & \boldsymbol{B} \\ \boldsymbol{C} & \boldsymbol{D} \end{bmatrix}\begin{bmatrix} \boldsymbol{u}_n \\ \boldsymbol{i} \end{bmatrix}=\begin{bmatrix} \boldsymbol{J}_s \\ \boldsymbol{E}_s \end{bmatrix}$$

式中：$\boldsymbol{G}_n$ 是把电流作为附加变量的支路移去后所得电路的节点电导矩阵；$\boldsymbol{B}$、$\boldsymbol{C}$ 和 $\boldsymbol{D}$ 分别是电流变量关系式矩阵；$\boldsymbol{J}_s$ 和$\boldsymbol{E}_s$ 分别是已知电流源列向量和电压源列向量，$\boldsymbol{J}_s$ 的形成方法与节点法相同；$\boldsymbol{u}_n$ 和$\boldsymbol{i}$ 分别代表节点电压列向量和附加支路电流列向量。

改进节点电压方程的上面部分方程体现的是节点 KCL 方程，下面部分的方程代表附加的元件特性方程（用节点电压和附加电流表示）。前者的方程数目等于电路的独立节点数（$n-1$），后者的方程数目等于附加电流变量的数目 $m$。因此，改进节点电压方程共有（$n+m-1$）个方程。

改进节点法同样也适用于动态电路和非线性电路。

## 3.8 线性电阻电路解的存在性和唯一性

如果对于任一时刻 $t$，电路均存在唯一的一组支路电压和唯一的一组支路电流同时满足 KCL、KVL 和元件的特性方程，则称该电路是唯一可解的，即该电路的解存在并且唯一。

我们知道，实际电路总是有解的，并且在任一时刻都是唯一的。但是，对于电路模型，其解可能存在也可能不存在（即无解）。即使解存在也可能是唯一的，也可能不是唯一的。电路无解说明电路模型是不合理的，为了使电路模型能表示实际电路的性状，就需要对模型进行修正。显然，若能预先知道某一特定电路模型是否有解，以及在什么条件下此解是唯一的，将是十分有益的。

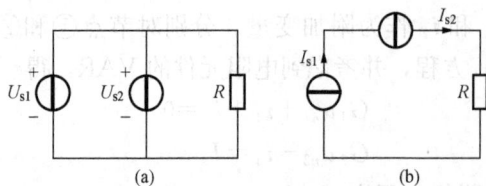

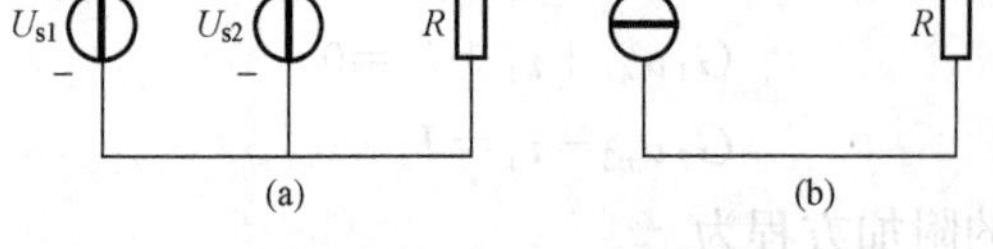


图 3 - 25 多解或无解电路

(a) 电压源电路；(b) 电流源电路

一个线性电路的解是否存在和是否唯一，有时可以通过电路图直接判定，也可以通过电路方程判定。例如，对于图 3 - 25 (a) 所示的电路，如果 $U_{s1}\neq U_{s2}$，则因违背 KVL，电路无解；而当 $U_{s1}=U_{s2}$ 时，因两个电压源支路的电流是任意的，所以，电路有无穷多个解。对于图 3 - 25 (b) 所示的电

路，当$I_{s1}\neq I_{s2}$时，电路无解；而当$I_{s1}=I_{s2}$时，电路有无穷多个解。

对于仅由正值电阻和独立源组成的电路，判定其解存在和唯一的方法是：如果电路不含纯电压源回路和纯电流源割集，则该电路的解存在并且唯一。因图 3－25 中的电路包含纯电压源回路或纯电流源割集，所以出现无解或者无穷多解的情况。

应该指出，上面给出的条件只是充分条件而非必要条件。下面给出判断解存在性和唯一性的电路方程判定法。这一方法给出了线性电阻电路解的存在性和唯一性的充分必要条件。

**线性电阻电路解的存在性和唯一性定理：**

设线性电阻电路由电路方程 $\boldsymbol{TX}=\boldsymbol{b}$ 描述，则当且仅当 $\det\boldsymbol{T}\neq 0$（$\det\boldsymbol{T}$ 为矩阵 $\boldsymbol{T}$ 的行列式）时，该电路具有唯一解。

**证明**　由于 $\det\boldsymbol{T}\neq 0$，所以 $\boldsymbol{T}$ 的逆$\boldsymbol{T}^{-1}$存在。因此，该电路的解可由下式唯一地给出

$$\boldsymbol{X}=\boldsymbol{T}^{-1}\boldsymbol{b}$$

特别指出，$\boldsymbol{TX}=\boldsymbol{b}$ 可代表用任何一种分析方法建立的电路方程。

例如，对于如图 3－26 所示的受控源电路，其节点电压方程为

$$\begin{bmatrix}\frac{5}{6} & -\frac{1}{3}\\ -\frac{1}{3}-g & \frac{4}{3}\end{bmatrix}\begin{bmatrix}U_1\\ U_2\end{bmatrix}=\begin{bmatrix}I_s\\ 0\end{bmatrix}$$

$$\det\boldsymbol{G}_n=\begin{vmatrix}\frac{5}{6} & -\frac{1}{3}\\ -\frac{1}{3}-g & \frac{4}{3}\end{vmatrix}=1-\frac{1}{3}g$$

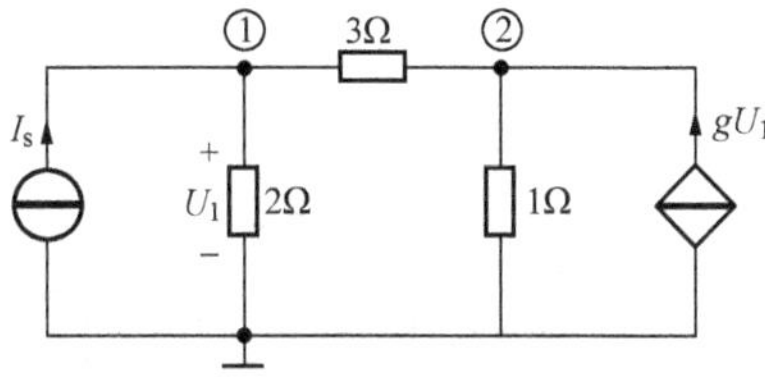


图 3－26　含受控源电路解的存在性与唯一性用图

由此可知，当 $g=3$ 时，$\det\boldsymbol{G}_n=0$。此时，如果 $I_s\neq 0$，则电路无解；如果 $I_s=0$，那么，电路有无穷多个解。而 $g\neq 3$ 时，$\det\boldsymbol{G}_n\neq 0$，电路具有唯一解。

## 习　题

**支路分析法**

3－1　试用支路电流法求图 3－27 所示电路中的各支路电流。

3－2　试用支路电压法求图 3－27 所示电路中的支路电压。

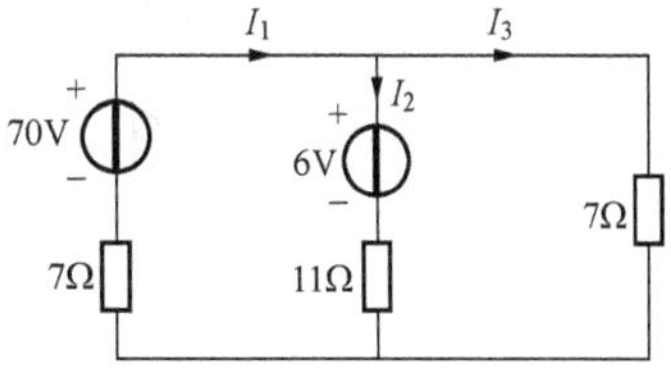


图 3－27　题 3－1、题 3－2 图

**节点电压分析法**

3－3　试列写图 3－28 所示各电路的节点电压方程（仅用节点电压表示）。

3－4　试列写图 3－29 所示电路节点②的节点电压方程，并求电流 $I_1$。

3－5　试用节点分析法求图 3－30 所示电路中的电压 $U$ 和电流 $I$。

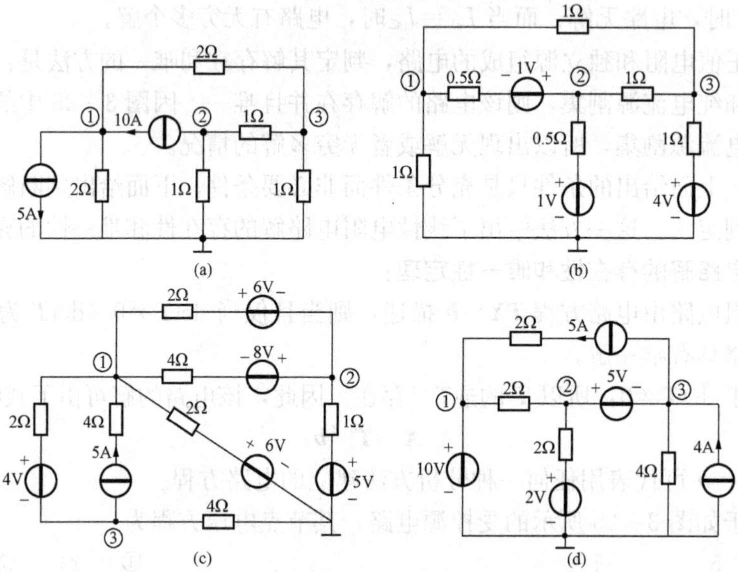


图 3-28 题 3-3 图

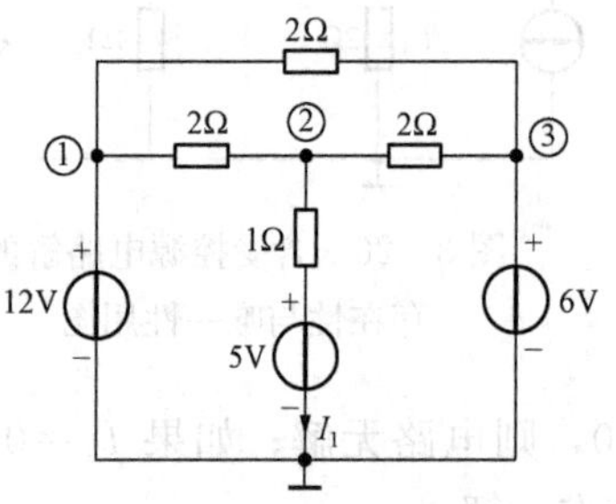


图 3-29 题 3-4 图

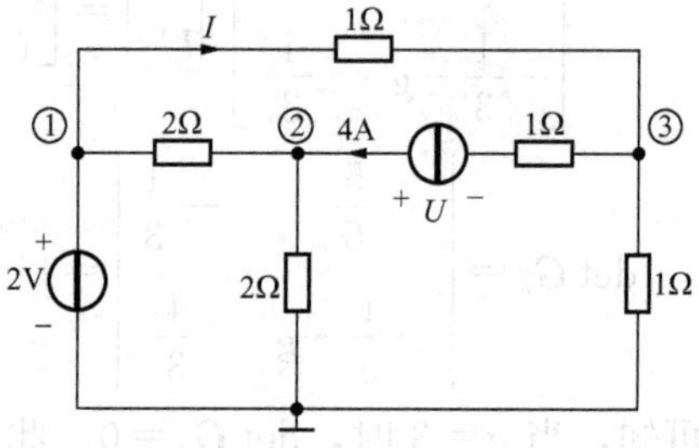


图 3-30 题 3-5 图

3-6 试列写图 3-31 所示各电路的节点电压方程（仅用节点电压表示）。

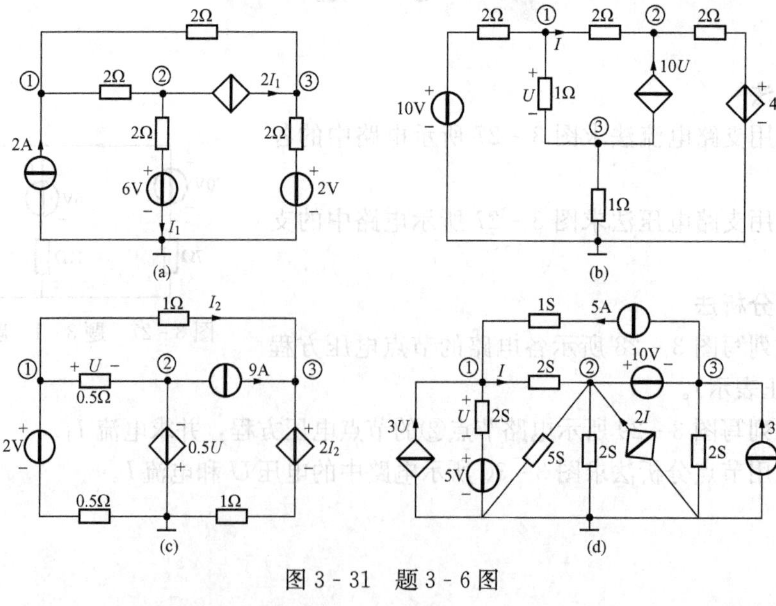


图 3-31 题 3-6 图

3 - 7　试用节点电压分析法求图 3 - 32 所示电路中的电压 $U$。

3 - 8　试用节点电压分析法求图 3 - 33 所示电路中受控源吸收的功率。

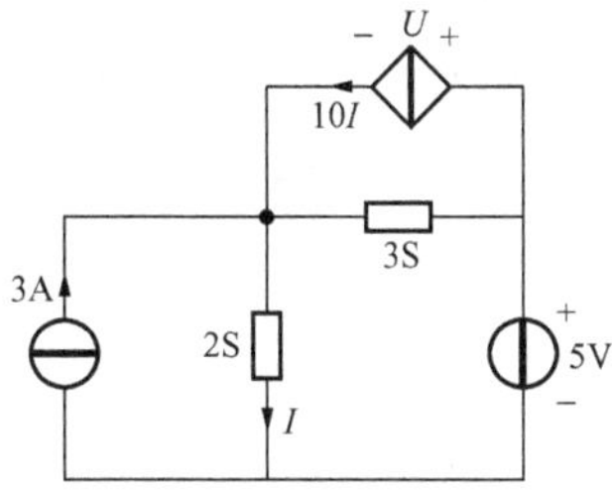


图 3 - 32　题 3 - 7 图

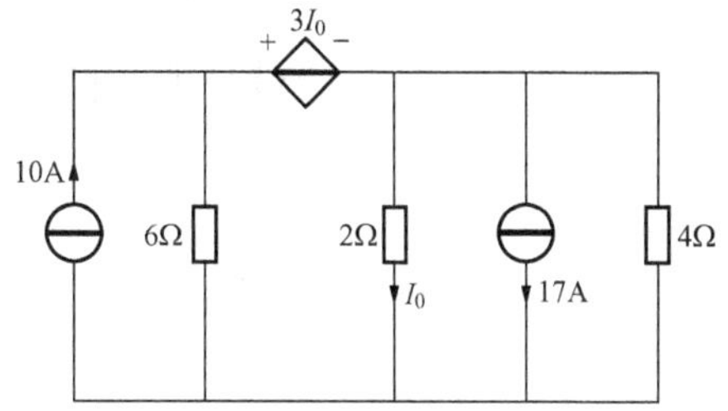


图 3 - 33　题 3 - 8 图

3 - 9　试绘出对应下列各节点电压方程的最简电路。

(1) $\begin{cases} 1.6U_{n1}-0.5U_{n2}-U_{n3}=1 \\ -0.5U_{n1}+1.6U_{n2}-0.1U_{n3}=0 \\ -U_{n1}-0.1U_{n2}+3.1U_{n3}=-1 \end{cases}$；

(2) $\begin{cases} 2U_{n1}-0.5U_{n2}-0.5U_{n3}=0 \\ U_{n2}=5 \\ 2.5U_{n1}-4U_{n2}+1.5U_{n3}=0 \end{cases}$。

3 - 10　某电路的节点电压方程为

$$\begin{cases} 6U_{n1}-2U_{n2}-U_{n3}-2U_{n4}=2 \\ -2U_{n1}+4U_{n2}-2U_{n3}=3 \\ U_{n1}-2U_{n2}+5U_{n3}-U_{n4}=0 \\ -2U_{n1}-U_{n3}+5U_{n4}=-1 \end{cases}$$

试列写下列情形的节点电压方程：

(1) 在节点③和节点④之间接入一个 1Ω 电阻。

(2) 在节点①和节点②之间接入一个 2A 的电流源，方向由节点①指向节点②。

(3) 在节点③和参考节点之间接入一个 VCCS，方向由节点③指向参考节点。其受控支路的方程为 $I=2(U_{n1}-U_{n2})$。

(4) 同时接入上述三种元件。

**网孔电流分析法**

3 - 11　试列写图 3 - 34 所示各电路的网孔电流方程（仅用网孔电流表示）。

3 - 12　试列写图 3 - 35 所示电路的网孔电流方程，并求电流 $I_1$。

3 - 13　试用网孔电流分析法求图 3 - 36 所示电路的电压 $U$。

3 - 14　试列写图 3 - 37 所示各电路的网孔电流方程（仅用网孔电流表示）。

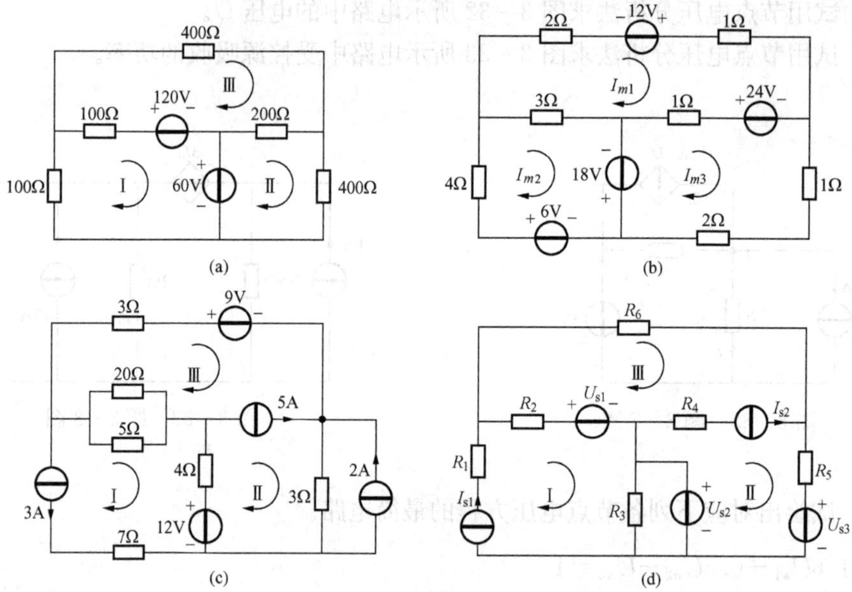


图 3-34 题 3-11 图

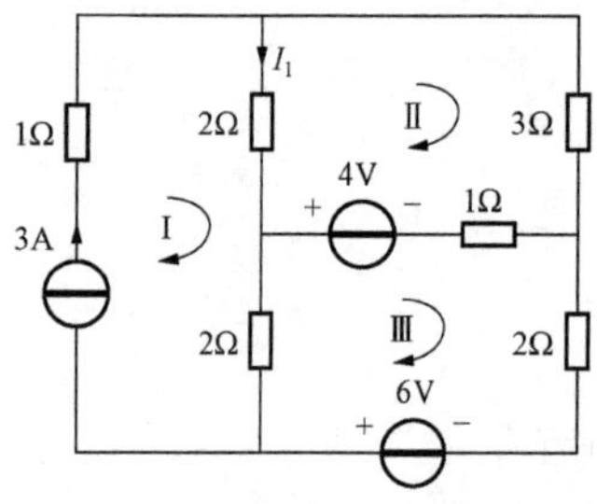


图 3-35 题 3-12 图

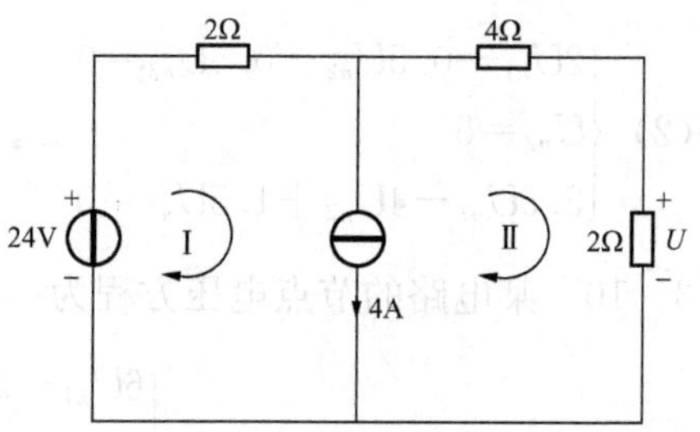


图 3-36 题 3-13 图

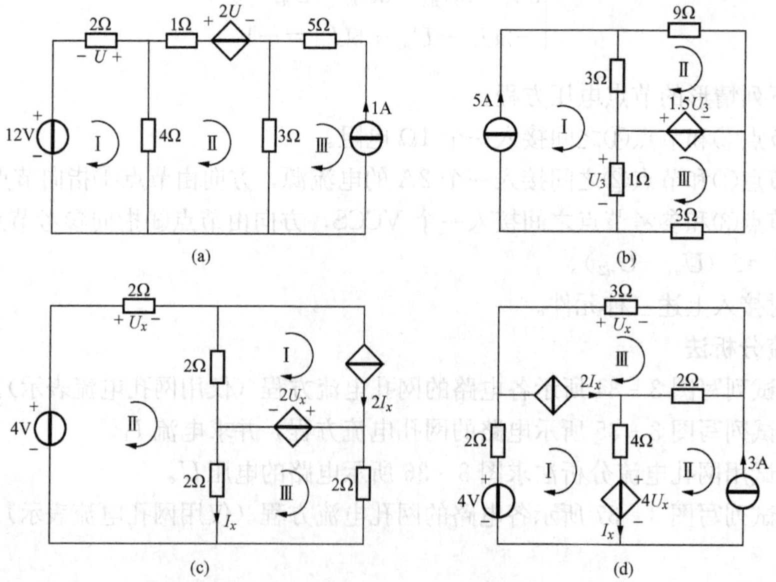


图 3-37 题 3-14 图

**图论及回路分析法**

3 - 15　试画出图 3 - 38 所示拓扑图的三个树。

3 - 16　选定图 3 - 39 所示非平面图中支路 5、6、7、8、9 为树支，试写出与所选树对应的各基本回路和各基本割集。

3 - 17　在图 3 - 40 所示的有向图中，试求：① 支路集 {3，4，5，8，9} 和 {2，5，6，7，8} 中哪个支路集中的支路电压是一组独立完备的电压变量。② 支路集 {2，3，4，9} 和 {3，4，5，7} 中哪个支路集中的支路电流是一组独立完备的电流变量。

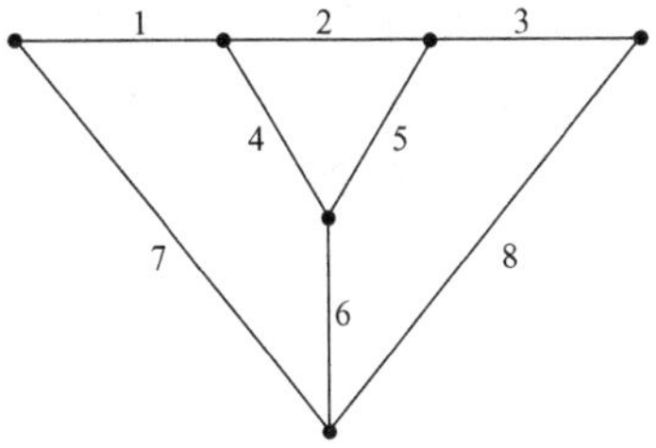


图 3 - 38　题 3 - 15 图

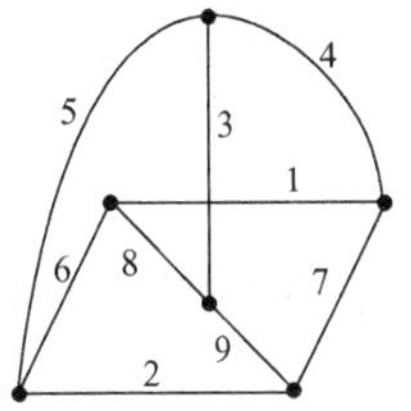


图 3 - 39　题 3 - 16 图

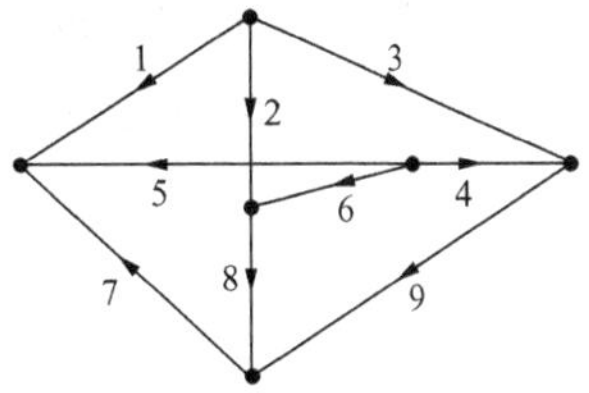


图 3 - 40　题 3 - 17 图

3 - 18　电路及其有向图分别如图 3 - 41（a）和（b）所示，图 3 - 41（a）中所有电阻均为 1Ω，图 3 - 41（b）中实线为指定的树。试列写该电路的回路电流方程。

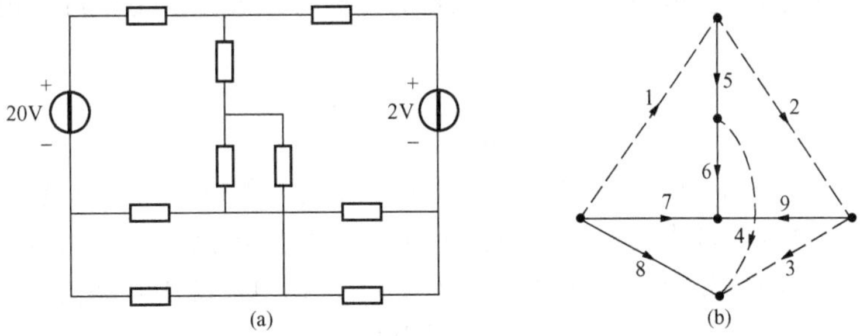


图 3 - 41　题 3 - 18 图

3 - 19　试用回路分析法求图 3 - 42 所示电路中的电流 $I$。

3 - 20　试用回路分析法求图 3 - 43 所示电路中的电流 $I_x$。

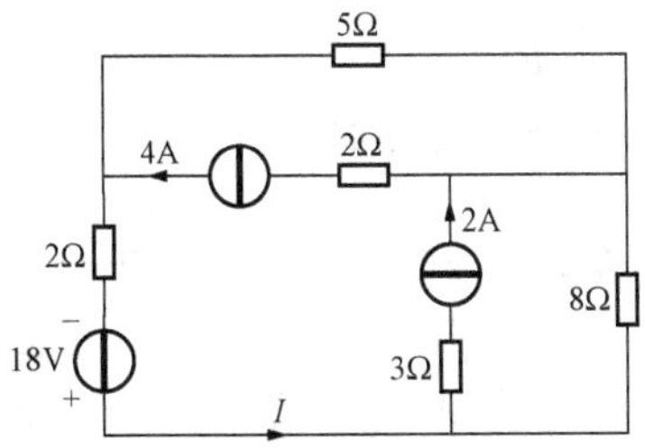


图 3 - 42　题 3 - 19 图

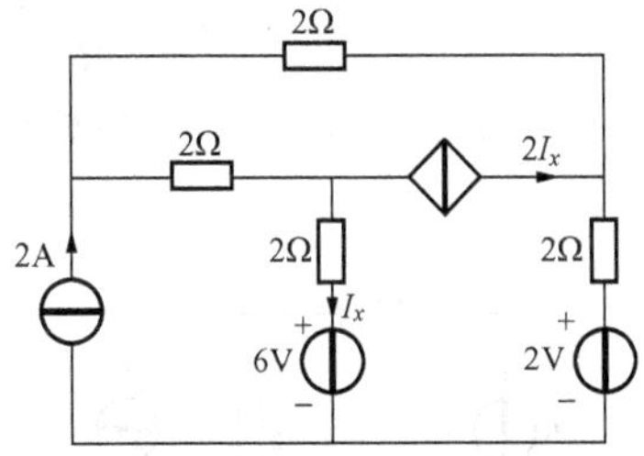


图 3 - 43　题 3 - 20 图

# 第4章　电　路　定　理

本章讨论电路的几个重要的一般性性质，并以定理的形式加以陈述。其目的是使读者对电路的性质有更深入的理解，并从中引出新的分析方法。利用这些性质可使一些复杂问题的求解得到简化。另外，它们也是本书后续章节中用以导出许多重要结论的工具。其中，涉及线性电路特有性质的定理有叠加定理、等效电源定理、最大功率传递定理和互易定理等；既适用于线性电路，又适用于非线性电路的性质有替代定理、特勒根定理和对偶原理等。

## 4.1　叠加定理和齐性定理

叠加定理和齐性定理是体现线性电路根本属性的最重要的定理。这种根本属性在线性电阻电路中表现为电路的激励和响应之间具有线性关系。叠加定理在线性电路分析中起着重要的作用，它不仅是分析线性电路的基础，而且由它可以推导出许多线性电路的定理。下面先看一个具体实例。

对于图4-1所示的电路，将电流源与电阻的并联等效变换成电压源与电阻的串联可求得电流 $i$ 为

$$i=\frac{1}{R_1+R_2}u_s-\frac{R_2}{R_1+R_2}i_s \tag{4-1}$$

由式（4-1）可以看出，$i$ 由两项组成。第一项只与独立电源中的电压源电压 $u_s$ 有关，且成正比；第二项只与独立电源中的电流源电流 $i_s$ 有关，且成正比。于是就提出一个问题：能否认为组成电流 $i$ 的两项分别是 $u_s$ 单独作用（$i_s=0$，即电流源用开路代替）和 $i_s$ 单独作用（$u_s=0$，即电压源用短路代替）时产生的响应呢？

为了回答上述问题，分别画出两个电源单独作用时的电路，如图4-2（a）和（b）所示。

由图4-2（a）和图4-2（b）分别可得

$$i_1=\frac{1}{R_1+R_2}u_s,\quad i_2=-\frac{R_2}{R_1+R_2}i_s$$

显然，$i=i_1+i_2$，即电流 $i$ 等于两个电源单独作用时产生响应的叠加。

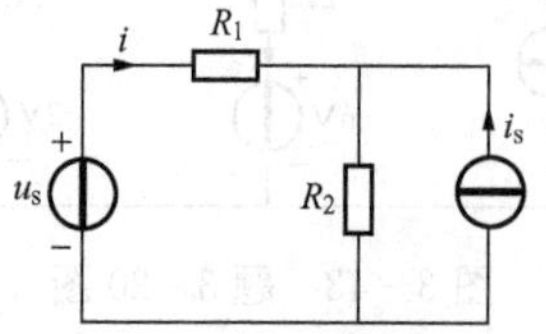


图4-1　叠加定理

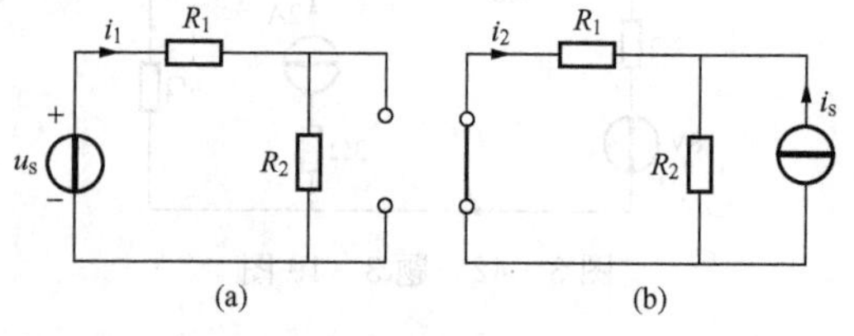


图4-2　独立电源的单独作用

（a）电压源单独作用；（b）电流源单独作用

将上述结论推广到一般线性电阻电路可得出相同的结论，即为线性电阻电路的叠加定理。其内容为：线性电阻电路中所有独立电源共同作用产生的响应（支路电压、支路电流或节点电压）等于各独立电源单独作用所产生响应的叠加。

设线性电阻电路中有 $\alpha$ 个独立电压源和 $\beta$ 个独立电流源，则任一响应 $y$ 可表示为

$$y=K_1u_{s1}+K_2u_{s2}+\cdots+K_\alpha u_{s\alpha}+H_1i_{s1}+H_2i_{s2}+\cdots+H_\beta i_{s\beta} \tag{4-2}$$

式中：$K_j(j=1,2,\cdots,\alpha)$和 $H_l(l=1,2,\cdots,\beta)$为与独立电源无关的常数，它们仅取决于电路的参数以及响应的类别和位置；$u_{sj}$ 和 $i_{sl}$ 分别为电路中的第 $j$ 个独立电压源和第 $l$ 个独立电流源。对于不同的响应，式（4-2）中的系数 $K_j$ 和 $H_l$ 是不同的。

叠加定理可从电路的基本方程、节点电压方程或者网孔电流方程等出发，用求解线性代数方程的克莱姆定则进行一般性证明。使用叠加定理时，应注意下列几点：

（1）叠加定理仅适用于线性电路，对非线性电路不适用。

（2）某一独立电源单独作用时，其他独立电源不作用——即置零值。电压源置零值，用短路线代替；电流源置零值，用开路线代替。

（3）使用叠加定理时，除独立电源外，电路的连接方式和电路参数及所有受控源应保留不动，但受控源的控制量将随独立电源的不同而做相应的改变。

（4）叠加定理只能用来直接计算支路的电压、电流和节点电压，一般不能用来直接计算功率，这是因为功率一般不是电压或电流的一次函数。

（5）叠加时要注意响应的各个分量和总响应的参考方向。

应用叠加定理时，可以分别计算各个独立电源单独作用下的响应，然后把它们叠加起来，也可以把电路中的独立电源分成几组，按组计算响应后再叠加。

顺便指出，并不是所有的线性电路都可以应用叠加定理。只有具有唯一解的线性电路才能直接应用叠加定理。例如，图3-25所示的电路不具有唯一解，故不能使用叠加定理。

下面举例说明如何使用叠加定理来分析电路。

**【例4-1】**　试用叠加定理求图4-3（a）所示电路中的电压 $U_0$。

微课05

叠加定理（理论部分）

**解**（1）$U_s$ 单独作用，电路如图4-3（b）所示。

$$U_0'=\frac{R_4}{R_4+R_2}U_s$$

（2）$I_s$ 单独作用，电路如图4-3（c）所示。

$$U_0''=\frac{R_2R_4}{R_2+R_4}I_s$$

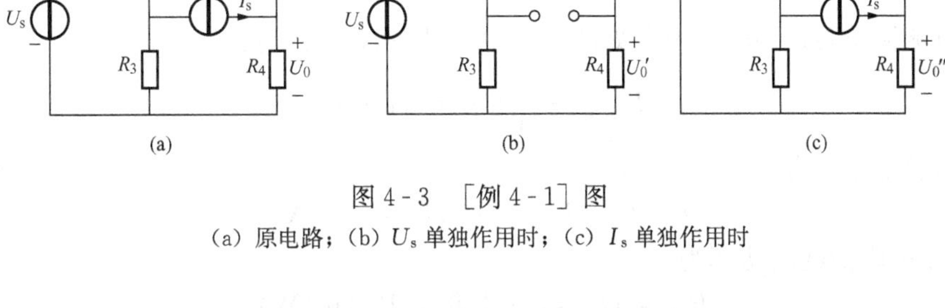


(a)　(b)　(c)

图4-3　［例4-1］图

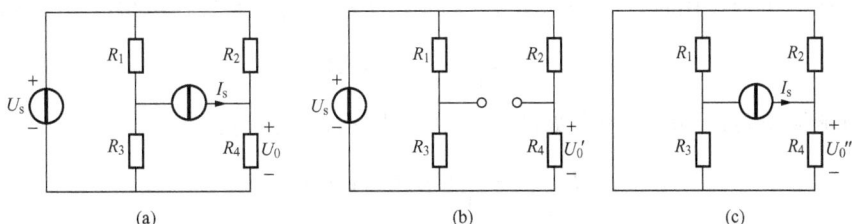

（a）原电路；（b）$U_s$ 单独作用时；（c）$I_s$ 单独作用时

（3）由叠加定理得

$$U_0=U'_0+U''_0=\frac{R_4}{R_4+R_2}U_s+\frac{R_2R_4}{R_2+R_4}I_s$$

【例 4-2】 试求图 4-4（a）所示电路中的电压 $U_0$ 及电流源提供的功率。

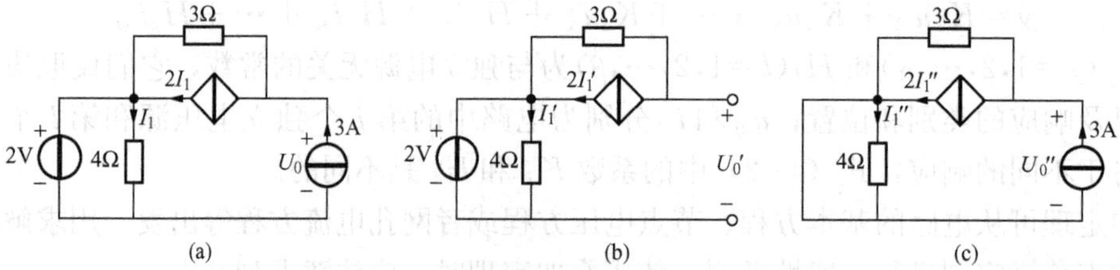


图 4-4 ［例 4-2］图

（a）原电路；（b）电压源单独作用时；（c）电流源单独作用时

**解** 应用叠加定理分析含受控源的电路时，受控源可看作电阻元件。当电路中每个独立电源单独作用时，所有受控源均应保留，而受控源的控制量应是相应的电流分量或电压分量。

（1）2V 电压源单独作用时，电路如图 4-4（b）所示，由图可得

$$I'_1=\frac{2}{4}=0.5\ (\text{A})$$

$$U'_0=-2I'_1\times 3+4I'_1=-2I'_1=-1\ (\text{V})$$

（2）3A 电流源单独作用时，电路如图 4-4（c）所示，由图可得

$$I''_1=0$$

故受控源处于开路状态。所以

$$U''_0=3\times 3=9\ (\text{V})$$

（3）由叠加定理得

$$U_0=U'_0+U''_0=-1+9=8\ (\text{V})$$

（4）电流源提供的功率为

$$P=3U_0=3\times 8=24\ (\text{W})$$

【例 4-3】 试用叠加定理求图 4-5（a）所示电路中的电流 $I$ 及 4Ω 电阻消耗的功率。

微课 06 抽象电路叠加定理（典型例题讲解）

**解** 本题将电压源和电流源分别当作一组使用叠加定理求解较为方便。

（1）电压源单独作用时，电路如图 4-5（b）所示，由分流公式可得

$$I'=\frac{7-2}{1+4}=1\ (\text{A})$$

（2）电流源单独作用时，电路如图 4-5（c）所示，由图可得

$$I''=\frac{1}{1+4}\times 4=0.8\ (\text{A})$$

（3）由叠加定理得

$$I=I'+I''=1+0.8=1.8\ (\text{A})$$

（4）4Ω 电阻消耗的功率为

$$P_{4\Omega}=4I^2=4\times 1.8^2=12.96\ (\text{W})$$

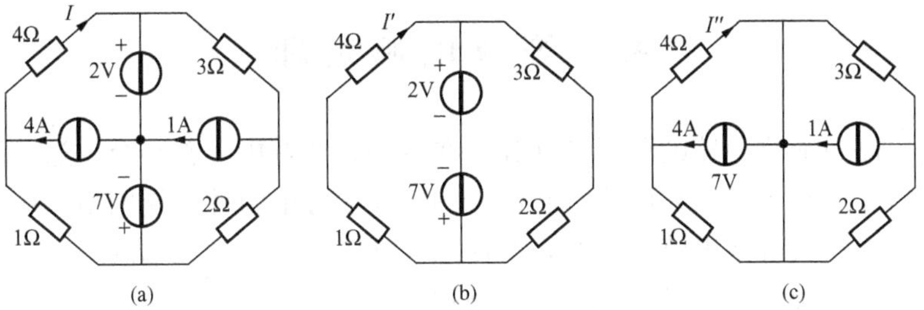


图 4-5　[例 4-3] 图

(a) 原电路；(b) 电压源单独作用时；(c) 电流源单独作用时

由式 (4-2) 可以看出，在线性电阻电路中，当所有激励都增大或都缩小 $K$ 倍（$K$ 为实常数）时，响应也将同样增大或同样缩小 $K$ 倍，这一结论称为齐〔次〕性定理。显然，当电路中只有一个激励时，响应将与激励成正比。

利用齐性定理分析梯形电路特别有效。

**【例 4-4】**　试求图 4-6 所示梯形电路中各支路的电流。已知 $R_1=R_3=R_5=2\Omega$，$R_2=R_4=R_6=10\Omega$，$U_s=240.8V$。

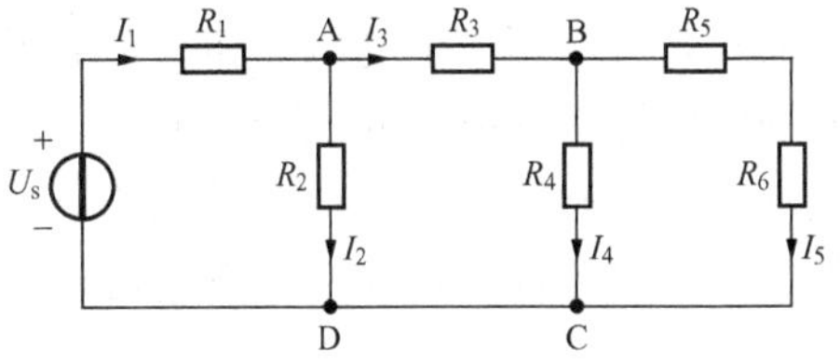


图 4-6　[例 4-4] 图

**解**　为了求得各支路电流，可设支路电流 $I_5$ 为 1A（本题取 1A 能方便地求出各支路电流及相应的电源电压），即

$$\hat{I}_5=1A$$

应用两类约束得

$$\hat{U}_{BC}=(R_5+R_6)\hat{I}_5=12V$$

$$\hat{I}_4=\frac{\hat{U}_{BC}}{R_4}=1.2A$$

$$\hat{I}_3=\hat{I}_4+\hat{I}_5=2.2A$$

$$\hat{U}_{AB}=R_3\hat{I}_3=4.4V$$

$$\hat{U}_{AD}=\hat{U}_{AB}+\hat{U}_{BC}=16.4V$$

$$\hat{I}_2=\frac{\hat{U}_{AD}}{R_2}=1.64A$$

$$\hat{I}_1=\hat{I}_2+\hat{I}_3=3.84A$$

$$\hat{U}_s=R_1\hat{I}_1+\hat{U}_{AD}=2\times3.84+16.4=24.08V$$

给定的 $U_s=240.8V$，这相当于将激励扩大了 $\frac{240.8}{24.08}$ 倍（即 $K=10$），故各支路电流也同样扩大 10 倍，即

$$I_1=K\hat{I}_1=38.4A，I_2=K\hat{I}_2=16.4A，I_3=K\hat{I}_3=22A$$

$$I_4=K\hat{I}_4=12A，I_5=K\hat{I}_5=10A$$

## 4.2 等效电源定理

运用等效电路可简化电路的分析和计算。在本书第 2 章中，曾经介绍过二端网络的等效问题。对于由若干支路串联、并联或混联组成的线性含源电阻性二端网络，用本书 2.3 节所述的方法可直接求得其等效电路。那么，对任意线性含源电阻性二端网络如何求得其等效电路呢？等效电源定理提供了一种解决此类问题的方法。

等效电源定理是一个非常有用的定理，可根据等效概念和叠加定理推出。它也是本章学习的一个重点。

等效电源定理分为戴维南定理和诺顿定理两种形式，下面分别介绍。

### 4.2.1 戴维南定理

戴维南定理❶是关于线性含源电阻性二端网络的串联型等效电路的定理。所谓线性含源电阻性二端网络是指由二端或多端线性电阻元件及独立电源组成的二端网络。戴维南定理可叙述为：一个与外部电路无耦合关系的线性含源电阻性二端网络 N［见图 4-7（a）］，对外电路而言，可以用一个电压源和一个电阻相串联的支路来等效，如图 4-7（b）所示。此电压源的电压等于网络 N 的开路电压 $u_{oc}$，如图 4-7（c）所示，串联电阻 $R_{eq}$ 等于网络 N 中的全部独立电源置零后所得二端网络 $N_0$ 的输入电阻，如图 4-7（d）所示。这一电压源和电阻的串联组合称为戴维南等效电路，其中的电阻 $R_{eq}$ 称为戴维南等效电阻。

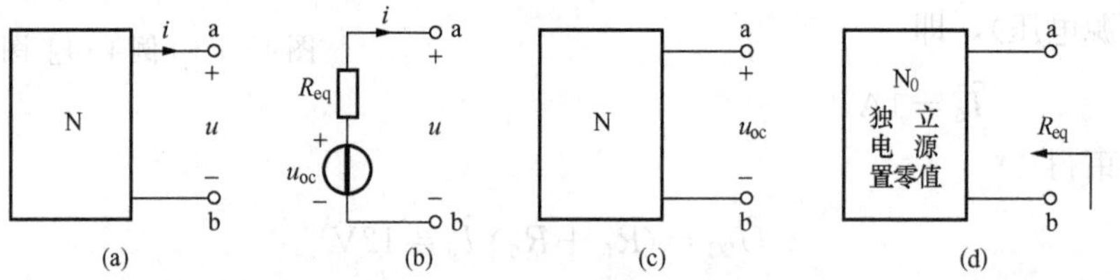


图 4-7 戴维南定理示意图

（a）线性含源电阻性二端网络；（b）等效电路；（c）二端网络开路电压；（d）二端网络的输入电阻

要证明戴维南定理，根据等效的定义，只要证明二者的端口 VAR 完全相同即可。

由于线性含源电阻性二端网络 N 的端口 VAR 与外电路无关，为了写出网络 N 的流控型端口 VAR，设其由独立电流源 $i$（$i$ 取任意值）激励，如图 4-8（a）所示。下面用叠加定理求端口电压 $u$。

网络 N 内部的独立电源单独作用时，外部电流源 $i_s$ 不作用，用开路线代替，线性含源电阻性二端网络 N 的端口电压为开路电压 $u_{oc}$，即 $u'=u_{oc}$，如图 4-8（b）所示。外部独立电流源 $i_s$ 单独作用时，网络 N 的内部独立电源均置零值，这就使得原网络 N 变成了一个不含独立电源的二端网络 $N_0$，如图 4-8（c）所示。该二端网络可以用其输入电阻 $R_{eq}$ 来等效，所以，$u''=-R_{eq}i$。

---

❶ 早在 1853 年，德国物理学家、生理学家赫尔曼·冯·亥姆霍兹（Hermann von Helmholtz，1821－1894）就在他的著作中提出了类似的内容。但由于当时的历史条件，人们并没有重视他的这个贡献，直到 1883 年法国学者戴维南（L C Thevenin，1857－1926）又独立地提出了该定理。

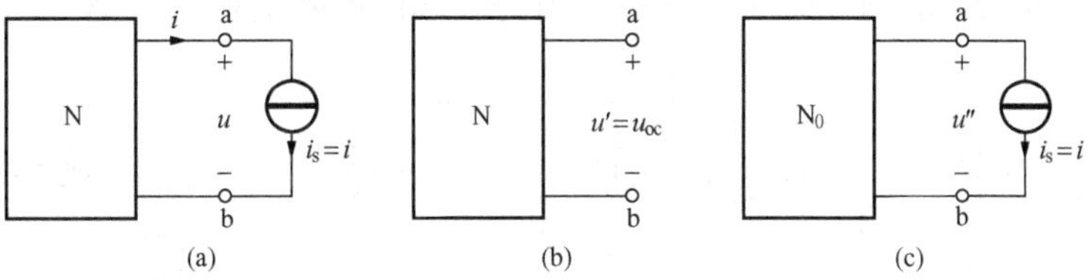


图 4-8 戴维南定理的证明

（a）原电路；（b）求开路电压；（c）求等效电阻

根据叠加定理，网络 N 的端口电压 $u$ 可表示为

$$u=u'+u''=u_{oc}-R_{eq}i \tag{4-3}$$

式（4-3）对应的电路正好是图 4-7（b）所示的戴维南等效电路。这就证明了戴维南定理。

顺便指出，由于在证明戴维南定理的过程中使用了叠加定理，这就要求图 4-8（a）中的电路具有唯一解。否则，戴维南等效电路有可能不存在。

戴维南定理是一个十分有用的定理。它的特点在于可将电路中某一部分电路简化，以利于分析剩下来的那部分电路。由于戴维南定理只要求被等效的含源电阻性二端网络是线性的，对外电路并无要求，因此，外部电路可以是线性的，也可以是非线性的。下面举例说明戴维南定理在电路分析中的应用。

**【例 4-5】** 试用戴维南定理求图 4-9（a）所示电路中的电流 $I$ 。

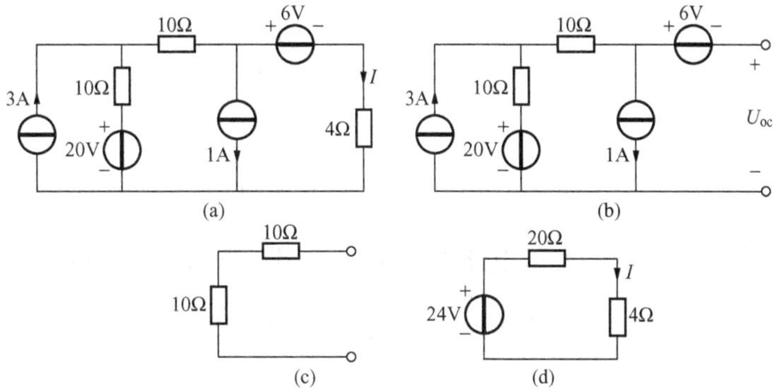


图 4-9 ［例 4-5］图

（a）原电路；（b）求开路电压；（c）求等效电阻；（d）求电流

**解** （1）求开路电压 $U_{oc}$ 。将 4Ω 电阻移去，所得端口开路的线性含源电阻性二端网络如图 4-9（b）所示，则由 KVL、元件的 VAR 和 KCL 得开路电压为

$$U_{oc}=-6-10\times1+10\times(3-1)+20=24\text{（V）}$$

（2）求等效电阻 $R_{eq}$。将线性含源电阻性二端网络中的电压源短路，电流源开路，可得如图 4-9（c）所示网络，则等效电阻为

$$R_{eq}=10+10=20\text{（Ω）}$$

（3）求电流 $I$ 。将移去的 4Ω 电阻与戴维南等效电路相连接，如图 4-9（d）所示，则

$$I=\frac{24}{20+4}=1\text{（A）}$$

【例 4-6】 电路如图 4-10（a）所示，试求 3.6Ω 电阻消耗的功率。

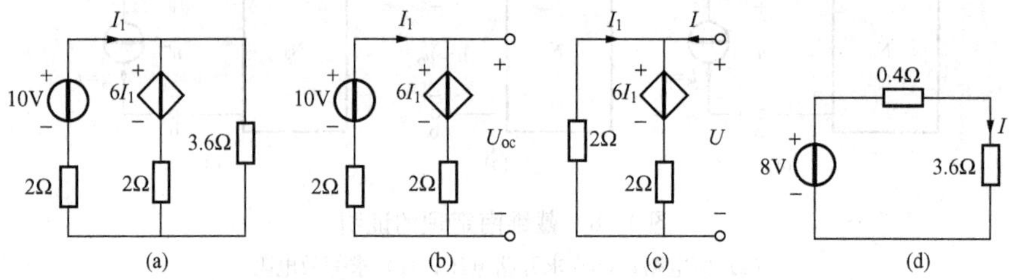


图 4-10 ［例 4-6］图

（a）原电路；（b）求开路电压；（c）求等效电阻；（d）求电阻消耗的功率

**解** （1）求开路电压 $U_{oc}$。电路如图 4-10（b）所示，由 KVL 和元件的 VAR 得

$$6I_1+2I_1+2I_1=10$$

$$10I_1=10$$

$$I_1=1\,(\text{A})$$

则

$$U_{oc}=6I_1+2I_1=8I_1=8\,(\text{V})$$

（2）求等效电阻 $R_{eq}$。电路如图 4-10（c）所示，由 KVL 和元件的 VAR 得

$$U=-2I_1$$

由 KCL 和元件的 VAR 得

$$I=-I_1+\frac{U-6I_1}{2}=-I_1+\frac{-2I_1-6I_1}{2}=-5I_1$$

则

$$R_{eq}=\frac{U}{I}=\frac{-2I_1}{-5I_1}=0.4\,(\Omega)$$

（3）求 3.6Ω 电阻消耗的功率。电路如图 4-10（d）所示，由图可得

$$I=\frac{8}{0.4+3.6}=2\,(\text{A})$$

则 3.6Ω 电阻消耗的功率为

$$P=3.6I^2=3.6\times 2^2=14.4\,(\text{W})$$

### 4.2.2 诺顿定理

诺顿定理[1]是关于线性含源电阻性二端网络的并联型等效电路的定理。诺顿定理可叙述为：一个与外部电路无耦合关系的线性含源电阻性二端网络 N［见图 4-11（a）］，可用一个电流源和一个电导的并联组合等效，如图 4-11（b）所示。此电流源的电流等于该网络 N 的短路电流 $i_{sc}$，如图 4-11（c）所示，并联电导 $G_{eq}$ 等于网络 N 中全部独立电源置零值后所得二端网络的输入电导，如图 4-11（d）所示。这样的电流源和电导的并联组合称为诺顿等效电路，其中的电导 $G_{eq}$ 称为诺顿等效电导。

[1] 美国贝尔实验室的工程师爱德华·罗里·诺顿（E L Norton，1898—1983）于 1926 年在贝尔实验室内部的一份技术报告中提出该定理。同年，Hause—Siemens 研究员汉斯·费迪南·梅耶尔（1895—1980）也提出了类似内容，并发表了论文。

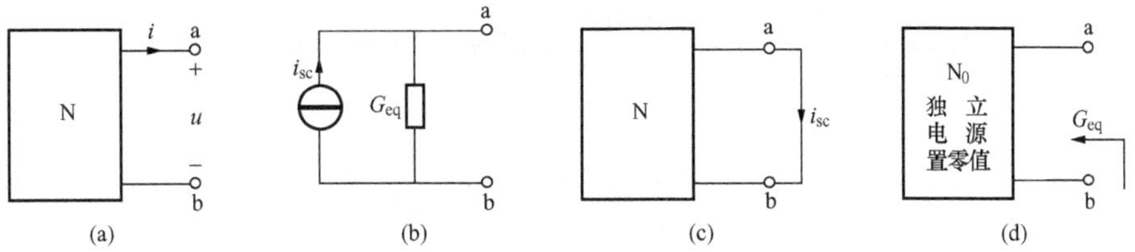


图 4-11 诺顿定理示意图

(a) 线性含源电阻性二端网络；(b) 等效电路；(c) 短路电流；(d) 输入电导

设网络 N 由任意电压值的独立电压源激励（要求所得电路具有唯一解），应用叠加定理便可证明诺顿定理。这一点留给读者自行完成。应用电阻和电压源串联组合与电阻和电流源并联组合之间的等效变换可由戴维南定理直观地推出诺顿定理。

对于同一网络，若戴维南等效电阻 $R_{eq}$ 和诺顿等效电导同时存在，则 $R_{eq}G_{eq}=1$。$u_{oc}$、$i_{sc}$ 和 $R_{eq}$ 三者之间具有下列关系

$$R_{eq}=\frac{u_{oc}}{i_{sc}} \tag{4-4}$$

显然，利用式（4-4）也可求 $R_{eq}$ 。

**【例 4-7】** 试用诺顿定理求图 4-12（a）所示电路中的电流 $I$。

**解** （1）求短路电流 $I_{sc}$ 。电路如图 4-12（b）所示，由分压公式得

$$U=\frac{1//1}{1+1//1}\times 30=\frac{0.5}{1+0.5}\times 30=10\ (\text{V})$$

由 KCL 和 VAR 得

$$I_{sc}=\frac{0.5U}{1}+\frac{U}{1}=1.5U=1.5\times 10=15\ (\text{A})$$

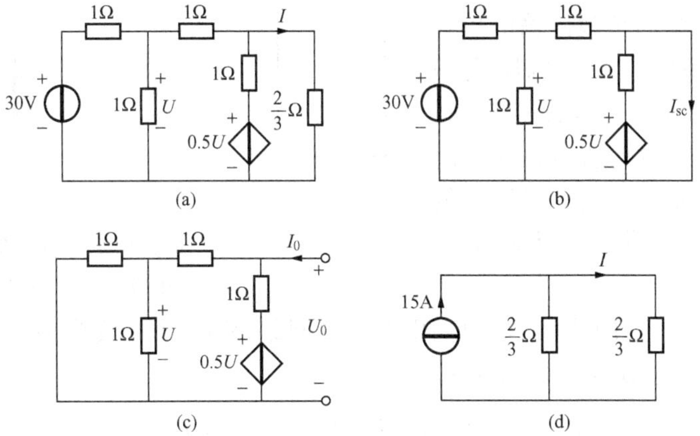


图 4-12 ［例 4-7］图

(a) 原电路；(b) 求短路电流；(c) 求等效电阻；(d) 求电流

（2）求等效电阻 $R_{eq}$ 。电路如图 4-12（c）所示，由 KCL、KVL 和 VAR 得

$$U_0=\left(\frac{U}{1}+\frac{U}{1}\right)\times 1+U=3U$$

$$I_0=\frac{U}{1}+\frac{U}{1}+\frac{U_0-0.5U}{1}=2U+3U-0.5U=4.5U$$

所以

$$R_{eq}=\frac{U_0}{I_0}=\frac{3U}{4.5U}=\frac{2}{3}\ (\Omega)$$

（3）求电流 $I$。电路如图 4-12（d）所示。由分流公式得

$$I=\frac{1}{2}\times 15=7.5\ (\text{A})$$

应该指出，并不是所有的线性二端网络都同时存在戴维南等效电路和诺顿等效电路。当一个线性含源电阻性二端网络相应的等效电阻为无穷大时，它的等效电路为一个电流源。因为没有一个电压源可与电流源相等效，所以它只存在诺顿等效电路而无戴维南等效电路。同理，若等效电阻为零，则它只存在戴维南等效电路而无诺顿等效电路。

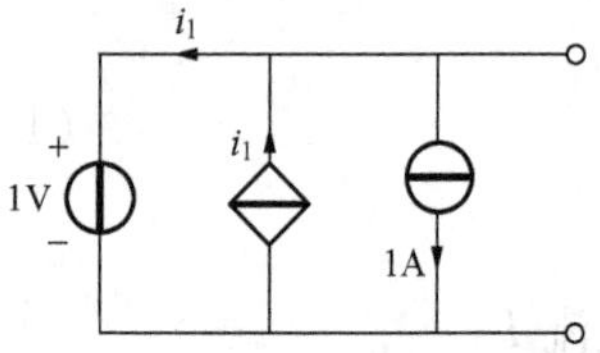


图 4-13 戴维南等效电路和诺顿等效电路都不存在的电路

最后说明一点，并不是所有的线性含源电阻性二端网络都能用等效电源定理来简化。这是因为，在证明等效电源定理时，应用了叠加定理，而能够应用叠加定理的电路一定要存在唯一解。因而一个线性含源电阻性二端网络和其外部负载（或外部电路）所构成的电路无唯一解时，此二端网络就可能无等效电源电路。例如，对于图 4-13 所示二端网络，若在端口处接入 1A 的电流源，则整个电路有无穷多个解。这是因为此时 $i_1$ 可以是任意的。而若在端口处短路，则在这种情况下，因为违背了 KVL，整个电路将无解。因此该电路不存在唯一解，故该二端网络不存在等效电源电路。

### 4.2.3 最大功率传输

图 4-14（a）所示为一个直流线性含源电阻性二端网络向负载传输电功率的情况。线性含源电阻性二端网络 N 是给定的，而负载 $R_L$ 可以任意变动。现在来研究负载 $R_L$ 取何值时，才能使它获得的功率达到最大，也就是讨论负载从给定的二端网络获得最大功率的条件。

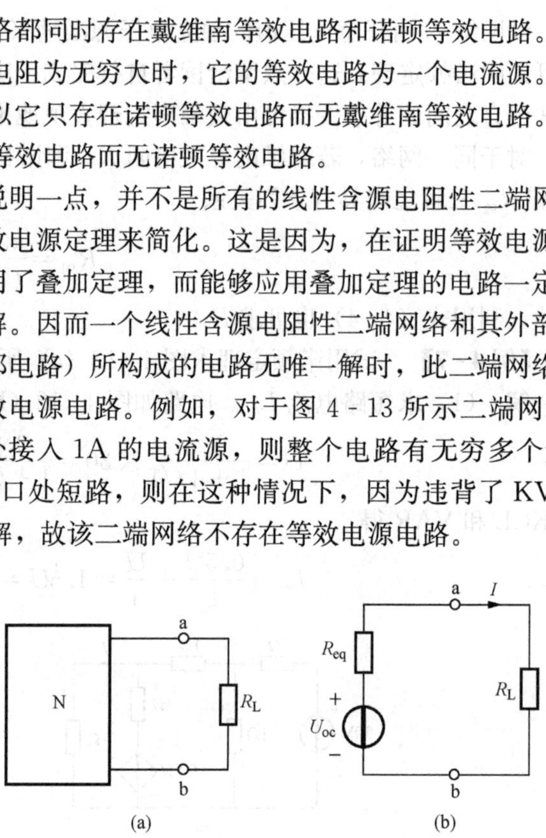


图 4-14 最大功率传递定理示意图

（a）原电路；（b）等效电路

设图 4-14（a）中的线性含源电阻性二端网络 N 可以用戴维南等效电路代替，如图 4-14（b）所示。负载获得的功率为

$$P_L=R_LI^2=R_L\left(\frac{U_{oc}}{R_{eq}+R_L}\right)^2=f(R_L)$$

要使 $P_L$ 为最大，应使 $\frac{dP_L}{dR_L}=0$，即

$$\frac{R_{eq}-R_L}{(R_{eq}+R_L)^3}U_{oc}^2=0$$

由此得

$$R_L=R_{eq} \tag{4-5}$$

且有

$$\left.\frac{d^2P_L}{dR_L^2}\right|_{R_L=R_{eq}}=-\frac{U_{oc}^2}{8R_{eq}^3}<0$$

所以，式（4-5）即为负载获得最大功率的条件。这就是说，负载电阻与电源内阻相等时，负载电阻获得最大功率。这就是最大功率传递定理。条件 $R_L=R_{eq}$ 称为负载与电源最大功率匹配。此时，负载获得的最大功率为

$$P_{Lmax}=\frac{U_{oc}^2}{4R_{eq}} \tag{4-6}$$

对于图 4-14（b）中的简单电路，当负载获得最大功率时，传输效率

$$\eta=\frac{P_{Lmax}}{P_s}=\frac{R_{eq}I^2}{2R_{eq}I^2}\times100\%=50\%$$

对于其他的二端网络，负载获得最大功率时，传输效率≤50%。

上述关于负载获得最大功率的匹配概念在通信网络中是十分重要的。负载经常被要求与电源匹配，以便获得最大功率。而在电力系统中，由于电力系统本身的功率很大，因而有效地利用能量的观点占据了首要地位，不允许“匹配”所造成的浪费。所以，在电力系统中，不允许工作在匹配状态下。

**【例 4-8】** 电路如图 4-15（a）所示，负载 $R_L$ 可调，试求：$R_L$ 为多大时，负载可获得最大功率？此最大功率为多少？

**解** 求最大功率问题，一般先将负载 $R_L$ 移去，应用戴维南定理求出所得线性含源电阻性二端网络的等效电路，然后再根据最大功率传递定理进行求解。

微课 07
最大功率传输
（典型例题讲解）

（1）求 $U_{oc}$ 。开路 $R_L$ ，将 2A 电流源和 10Ω 电阻的并联组合等效为电压源与电阻的串联形式，如图 4-13（b）所示。由分压公式得

$$U_{oc}=\frac{10-20}{10+10}\times10=-5\ (V)$$

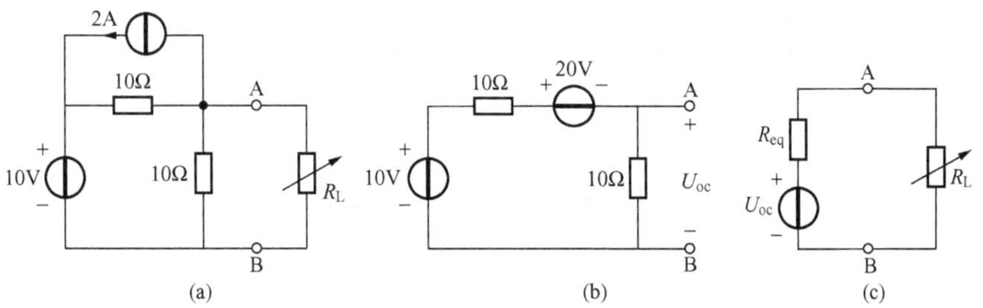


图 4-15 ［例 4-8］图

（a）原电路；（b）求开路电压；（c）求最大功率

（2）求等效电阻 $R_{eq}$ 。由电源置零后的电路得

$$R_{eq}=\frac{10\times10}{10+10}=5\ (\Omega)$$

（3）求 $P_{Lmax}$ 。等效电路如图 4-13（c）所示。当 $R_L=R_{eq}=5\Omega$ 时，负载获得最大功率，此功率为

$$P_{\text{Lmax}}=\frac{U_{\text{oc}}^2}{4R_{\text{eq}}}=\frac{(-5)^2}{4\times5}=1.25\ (\text{W})$$

## 4.3 替代定理

替代定理又称置换定理，是一个适用范围和用途较广的定理。该定理的内容为：在线性或非线性电路中，若某支路的电压和电流分别为 $u_k$ 和 $i_k$，则不论该支路由什么元件组成，只要该支路与其他支路无耦合关系，该支路就可以用一个端电压为 $u_s=u_k$ 的独立电压源或电流为 $i_s=i_k$ 的独立电流源替代，而不影响电路中其他部分的工作状态（替代前后的电路都应具有唯一解）。

下面以一个简单例子来说明替代定理。对于图 4-16（a）所示的电路，由节点分析法可求得

$$U_{\text{AB}}=\frac{16+4}{0.5+0.5+1}=10\ (\text{V})$$

所以

$$I_1=\frac{32-10}{2}=11\ (\text{A}),\ I_2=\frac{10-8}{2}=1\ (\text{A}),\ I_3=\frac{10}{1}=10\ (\text{A})$$

现将支路 2 用一个 1A 电流源替代，如图 4-16（b）所示。对该电路仍采用节点分析法来求解，得

$$U_{\text{AB}}=\frac{16-1}{0.5+1}=10\ (\text{V}),\ I_1=\frac{32-10}{2}=11\ (\text{A}),\ I_3=\frac{10}{1}=10\ (\text{A})$$

显然，替代后电路中各电压、电流仍保持原值。

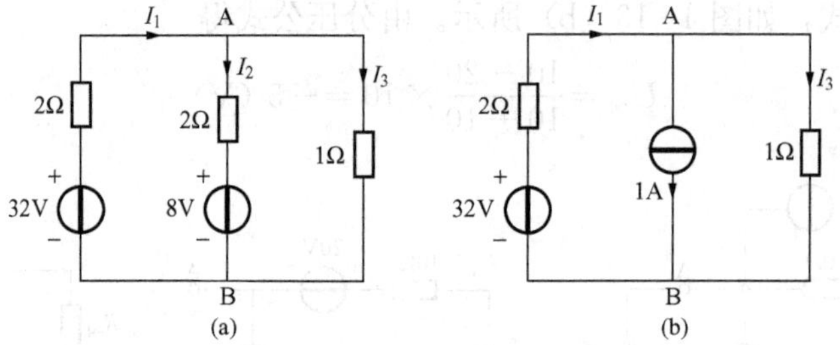


图 4-16 替代定理示意电路

（a）原电路；（b）替代后的电路

下面给出替代定理的一般性论证。

设 $u_1$、$u_2$、…、$u_b$ 和 $i_1$、$i_2$、…、$i_b$ 是原电路中的各支路电压和支路电流，它们是满足电路基尔霍夫定律方程和支路伏安关系的唯一解。当用电流值为 $i_k$ 的电流源替代第 $k$ 条支路后，由于给定电路的拓扑结构和替代后电路的拓扑结构是相同的，所以基尔霍夫定律方程保持不变；除了第 $k$ 条支路外，其他支路的伏安关系也是完全相同的，唯一改变的是第 $k$ 条支路。在替代后的电路中，第 $k$ 条支路为一电流源，并被规定为 $i_s=i_k$，其电压则可取任意值（这是电流源的特点）。因此，原电路的解仍满足替代后电路的基本方程。由于替代后电路具有唯一解，所以根据 KVL 可确定替代部分的支路电压仍为 $u_k$。因此，原电路中的

各支路电压和支路电流完全满足替代后电路的所有条件，这些电压和电流也就是替代后电路的唯一解。亦即替代前后电路的各支路电压和电流是相同的。

对于第 $k$ 条支路用电压源替代，也可作类似的论证，读者可自行考虑。

替代定理中的支路可推广为二端网络，不论这一网络是线性的还是非线性的，含源的还是非含源的，只要与外部电路无耦合即可。

## 4.4 特勒根定理

特勒根定理❶是在距基尔霍夫定律提出 100 多年后才提出的。它可直接由 KCL、KVL 导出，故它也是一条普遍适用而又能揭示电路本身基本规律的定理。该定理与电路元件的性质无关，只涉及电路的拓扑结构，所以，也适用于任何集中参数电路。因此，其具有较高的理论意义和实用价值。

对于图 4-17 所示的电路有向图，令节点①和②的节点电压分别为 $u_{n1}$ 和 $u_{n2}$，则根据 KVL，可得各支路电压为

$$\left.\begin{aligned} u_1 &= u_{n1} - u_{n2} \\ u_2 &= u_{n1} \\ u_3 &= u_{n2} \end{aligned}\right\} \tag{4-7}$$

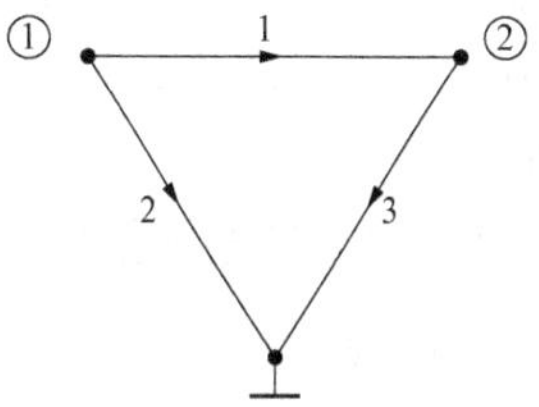


图 4-17　特勒根定理的示例图

对独立节点①和②应用 KCL，得

$$\left.\begin{aligned} i_1 + i_2 &= 0 \\ -i_1 + i_3 &= 0 \end{aligned}\right\}$$

所有支路吸收的功率之和为

$$\sum_{k=1}^{3} u_k i_k = u_1 i_1 + u_2 i_2 + u_3 i_3 \tag{4-8}$$

利用式（4-7），将式（4-8）中的支路电压用节点电压表示，得

$$\sum_{k=1}^{3} u_k i_k = (u_{n1} - u_{n2}) i_1 + u_{n1} i_2 + u_{n2} i_3 = u_{n1}(i_1 + i_2) + u_{n2}(i_3 - i_1)$$

利用上述的 KCL 方程得

$$\sum_{k=1}^{3} u_k i_k = 0 \tag{4-9}$$

例如，任意选择电流 $i_1$（这个电流可当作连支电流），并计算 $i_2$ 和 $i_3$，使其满足 KCL。设 $i_1 = 1\text{A}$，则

$$i_2 = -1\ (\text{A}),\ i_3 = 1\ (\text{A})$$

任意选择电压 $u_2$ 和 $u_3$（这两个电压可看作树支电压），并计算 $u_1$，使其满足 KVL。设 $u_2 = 2\text{V}$，$u_3 = 3\text{V}$，则

$$u_1 = -1\ (\text{V})$$

显然

---

❶ 该定理的内容自 1883 年以来，便陆续为人们所认识。荷兰学者特勒根对该定理的普遍意义的认识先于他人，于 1952 年发表论文阐述了它的一般性。

$$\sum_{k=1}^{3} u_k i_k = (-1)\times 1 + 2\times(-1) + 3\times 1 = 0$$

将式（4-9）推广到一般电路，即为特勒根定理的第一种形式。

### 4.4.1 特勒根第一定理

特勒根第一定理：对于任一具有 $b$ 条支路、$n$ 个节点的集中参数电路，假设各支路电流和电压取关联参考方向，则电路中各支路电压和对应支路电流乘积的代数和等于零，即

$$\sum_{k=1}^{b} u_k i_k = 0$$

该定理的物理意义是指同一电路中各支路消耗的瞬时功率的代数和恒等于零，即电路中一部分元件所提供的功率之和等于电路中其他部分元件吸收的功率之和。这正是功率守恒定律，它反映了电路中的能量守恒定律。

该定理表明：对于给定的任意支路电压的集合，只要满足 KVL，对于给定的任意支路电流的集合，只要满足 KCL，那么它们的乘积之和等于零。显然，如果两个电路具有相同的拓扑结构，那么，当支路电流集合取自一个电路，支路电压集合取自另一个电路时，亦有类似结论。

### 4.4.2 特勒根第二定理

特勒根第二定理：两个拓扑结构完全相同的集中参数电路 N 和 $\hat{\mathrm{N}}$，设各支路电压和电流取关联参考方向，则

$$\sum_{k=1}^{b} u_k \hat{i}_k = 0 \text{ 和 } \sum_{k=1}^{b} \hat{u}_k i_k = 0$$

特勒根第二定理揭示了两个具有相同拓扑结构的电路，一个电路的支路电压（电流）和另一个电路的对应支路电流（电压）乘积的代数和恒等于零的普遍规律。特勒根第二定理中，相乘的电压和电流并非属于同一支路，所以它们的乘积并不表示支路的功率，但它们具有功率的量纲，因而把此定理称为“拟功率守恒定理”。

显然，上述两个电路也可以是同一电路的两个状态。应当指出，特勒根第二定理同样对支路的元件性质没有任何限制，这也是此定理普遍适用的特点。

下面以图 4-18（a）和图 4-18（b）所示的两个电路 N 和 $\hat{\mathrm{N}}$ 为例，来验证特勒根第二定理。

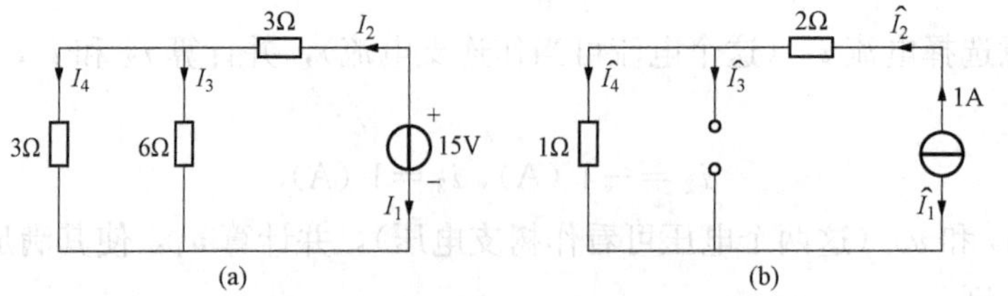


图 4-18 验证特勒根第二定理的电路

（a）电路 N；（b）电路 $\hat{\mathrm{N}}$

电路 N 和 $\hat{\mathrm{N}}$ 的支路特性不同，但具有相同的拓扑结构。分析这两个电路可知，它们的支路电流、电压分别为

$$I_1=-3\text{A}\ ,\ I_2=3\text{A}\ ,\ I_3=1\text{A}\ ,\ I_4=2\text{A}$$
$$U_1=15\text{V}\ ,\ U_2=9\text{V}\ ,\ U_3=6\text{V}\ ,\ U_4=6\text{V}$$
$$\hat{I}_1=-1\text{A}\ ,\ \hat{I}_2=1\text{A}\ ,\ \hat{I}_3=0\ ,\ \hat{I}_4=1\text{A}$$
$$\hat{U}_1=3\text{V}\ ,\ \hat{U}_2=2\text{V}\ ,\ \hat{U}_3=1\text{V}\ ,\ \hat{U}_4=1\text{V}$$

显然

$$\sum_{k=1}^{4}U_k\hat{I}_k=\sum_{k=1}^{4}\hat{U}_kI_k=0$$

**【例 4-9】** 图 4-19 所示的网络 N 仅由二端线性电阻组成。已知，当 $u_s=10\text{V}$，$i_s=0$ 时，$i_2=2\text{A}$，试求 $u_s=0$，$i_s=5\text{A}$ 时的电压 $\hat{u}_1$。

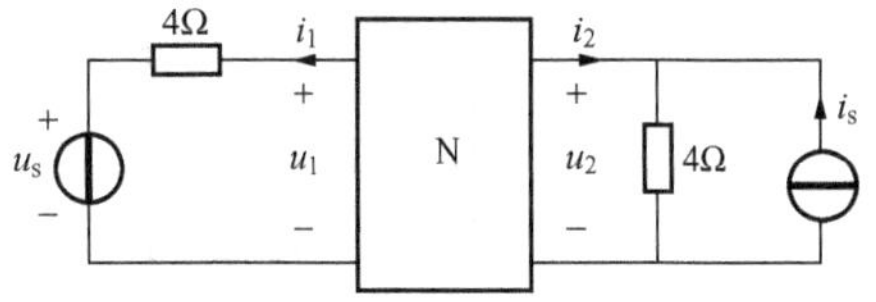


图 4-19 [例 4-9] 图

**解** 将电压源单独作用时的电路和电流源单独作用时的电路分别看成两个电路，由特勒根第二定理得

$$\sum_{k=1}^{b}u_k\hat{i}_k=u_1\hat{i}_1+u_2\hat{i}_2+\sum_{k=3}^{b}u_k\hat{i}_k=0 \tag{4-10}$$

$$\sum_{k=1}^{b}\hat{u}_ki_k=\hat{u}_1i_1+\hat{u}_2i_2+\sum_{k=3}^{b}\hat{u}_ki_k=0 \tag{4-11}$$

对于网络 N 内的第 $k$ 条支路（即二端线性电阻），由欧姆定律得

$$u_k=R_ki_k\ ,\ \hat{u}_k=R_k\hat{i}_k$$

则

$$u_k\hat{i}_k=R_ki_k\hat{i}_k=\hat{u}_ki_k$$

所以

$$\sum_{k=3}^{b}u_k\hat{i}_k=\sum_{k=3}^{b}\hat{u}_ki_k \tag{4-12}$$

则由式（4-10）～式（4-12）得

$$u_1\hat{i}_1+u_2\hat{i}_2=\hat{u}_1i_1+\hat{u}_2i_2 \tag{4-13}$$

由已知条件和电路可得

$$u_1=4i_1+10\ ,\ i_2=2\ ,\ u_2=4i_2=8\ ,\ \hat{i}_1=\frac{\hat{u}_1}{4}\ ,\ \hat{u}_2=4\times(5+\hat{i}_2)=4\hat{i}_2+20$$

将上述结果代入式（4-13），得

$$(4i_1+10)\times\frac{1}{4}\hat{u}_1+8\hat{i}_2=\hat{u}_1i_1+(4\hat{i}_2+20)\times 2$$

因此

$$\hat{u}_1=16\ (\text{V})$$

## 4.5 互 易 定 理

本节介绍线性电路的另一个定理——互易定理。互易定理可叙述如下：

对于一个仅含二端线性电阻的电路，在单一激励的情况下，当激励和响应互换位置时，将不改变同一激励所产生的响应。

根据激励和响应是电压还是电流，互易定理有三种形式。

### 4.5.1 互易定理形式一

设图 4-20 所示的网络 NR 为仅由线性二端电阻组成的网络，当一独立电压源作用于端口 1 时，在端口 2 产生的短路电流等于该独立电压源移至端口 2 作用时，在端口 1 产生的短路电流，即 $\hat{i}_1=i_2$。

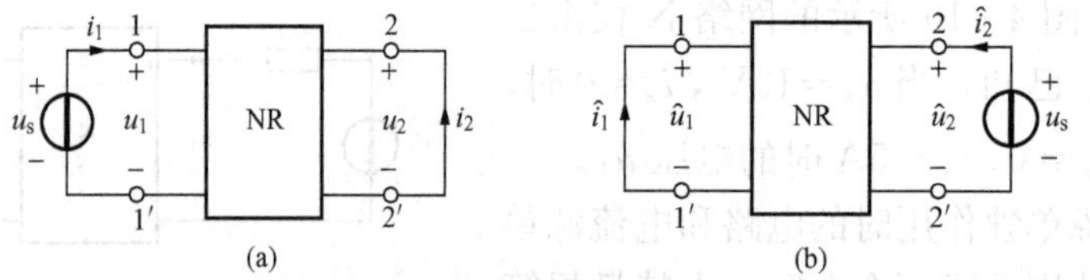

图 4-20 互易定理形式一

（a）互易前电路；（b）互易后电路

将互易前［见图 4-20（a）］的端口条件 $u_1=u_s$，$u_2=0$ 和互易后［见图 4-20（b）］的端口条件 $\hat{u}_1=0, \hat{u}_2=u_s$ 代入式（4-13）即可得证。

### 4.5.2 互易定理形式二

当在线性二端电阻网络 NR 的端口 1 接入独立电流源时，该激励在端口 2 上产生的开路电压等于把此电流源移至端口 2 时，在端口 1 上产生的开路电压，即 $\hat{u}_1=u_2$，如图 4-21 所示。

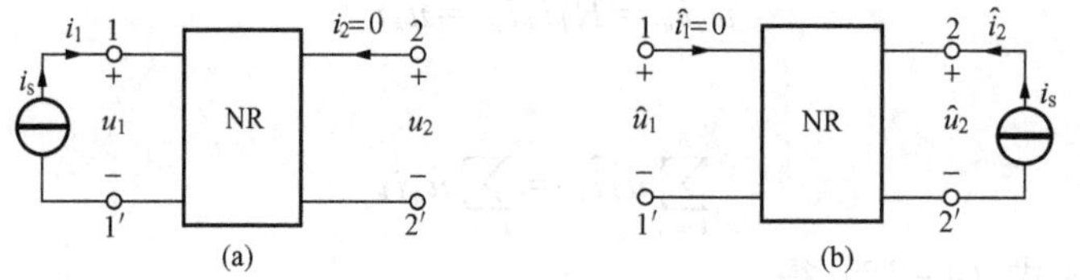

图 4-21 互易定理形式二

（a）互易前电路；（b）互易后电路

上述互易定理的两种形式，可形象地说成，一个电压源和一个电流表互换位置而电流表的读数不变；一个电流源和一个电压表互换位置而电压表的读数不变（设电压表的内阻为无限大，电流表的内阻为零）。

### 4.5.3 互易定理形式三

当在线性二端电阻网络 NR 的端口 1 接入独立电流源 $i_s$ 时，该激励在端口 2 产生的短路电流为 $i_2$；若在端口 2 接入独立电压源 $u_s$，且 $u_s$ 在量值上等于 $i_s$，则端口 1 的开路电压 $\hat{u}_1$［见图 4-22］在量值上等于 $i_2$，即 $\hat{u}_1=i_2$。

凡是满足互易定理的网络称为互易网络。对于内部含有受控源的电路，利用特勒根定理可以证明互易定理一般不成立。

在应用互易定理分析电路时，应先分析电路是否满足互易的条件。同时，要特别注意激励和响应的参考方向。在激励与响应互易时，网络的结构和元件参数应保持不变。

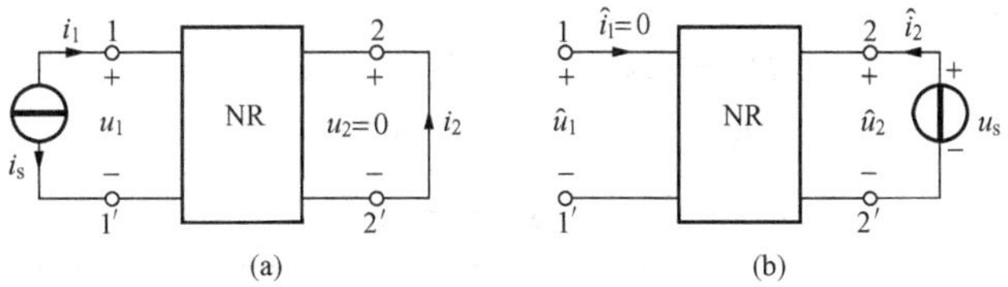


图 4-22 互易定理形式三

（a）互易前电路；（b）互易后电路

**【例 4-10】** 试用互易定理求图 4-23（a）所示电路中的支路电流 $I$ 。

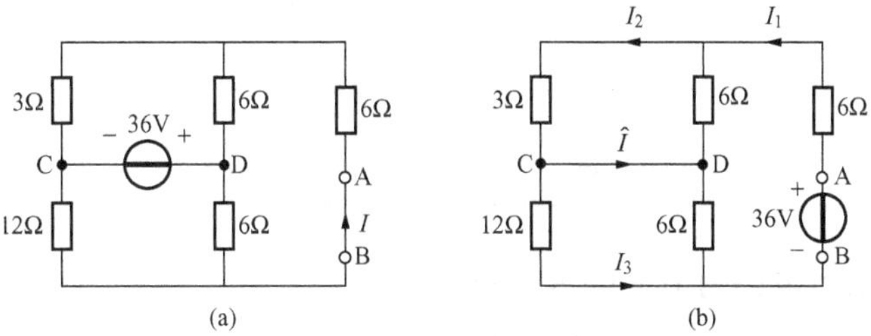


图 4-23 ［例 4-10］图

（a）互易前电路；（b）互易后电路

**解** 此电路属于只有一个独立电源激励的线性电阻电路，满足互易条件。可将 36V 电压源移至所求电流 $I$ 的支路中，如图 4-23（b）所示（注意方向）。根据互易定理有 $I=\hat{I}$ 。

对于图 4-23（b）所示电路，根据串并联关系，由分流公式可得

$$I_1=\frac{36}{6+3//6+6//12}=3\text{（A）},\ I_2=\frac{6}{3+6}\times 3=2\text{（A）},\ I_3=\frac{6}{6+12}\times 3=1\text{（A）}$$

由 KCL 得

$$\hat{I}=I_2-I_3=1\text{（A）}$$

根据互易定理得

$$I=\hat{I}=1\text{（A）}$$

显然，此电路应用互易定理求解，比使用其他方法方便。

## 4.6 对 偶 原 理

在自然界内，对偶现象是很常见的。在电路中也是如此。回顾已学过的前几章内容，可以发现有些关系式是成对出现的，它们之间有着一种明显的类比关系。例如，欧姆定律的两种形式，即 $u=Ri$ 和 $i=Gu$ 。若把这两式中的电压 $u$ 和电流 $i$ 互换，电阻 $R$ 和电导 $G$ 互换，则这两个关系式可以彼此转换，这种类比性质就是对偶性。上述两式为对偶关系式，电压 $u$ 和电流 $i$ 为对偶变量，电阻 $R$ 和电导 $G$ 为对偶参数，电阻和电导为对偶元件。对偶变量、对偶参数等又统称为对偶元素。表 4-1 列出了部分对偶元素。

电阻的串联与电导的并联、三角形连接与星形连接等统称为电路的对偶结构。

在图 4-24 所示的两个电路中，图 4-24（a）所示电路的网孔电流方程（规定所有网孔

电流均为顺时针方向）为

$$(R_1+R_2)i_{m1}-R_2i_{m2}=u_{s1}$$
$$-R_2i_{m1}+(R_2+R_3)i_{m2}=u_{s2}$$

**表 4-1 部分对偶元素**

| 对偶元素 | | 对偶元素 | |
|---|---|---|---|
| 电压 | 电流 | 电荷 | 磁链 |
| 电阻 | 电导 | 电感 | 电容 |
| 电压源 | 电流源 | 短路 | 开路 |
| VCVS | CCCS | VCCS | CCVS |
| KVL | KCL | 节点 | 网孔 |
| 串联 | 并联 | 三角形连接 | 星形连接 |
| 戴维南定理 | 诺顿定理 | 互易定理形式一 | 互易定理形式二 |

图 4-24（b）所示电路的节点电压方程为

$$(G_1+G_2)u_{n1}-G_2u_{n2}=i_{s1}$$
$$-G_2u_{n1}+(G_2+G_3)u_{n2}=i_{s2}$$

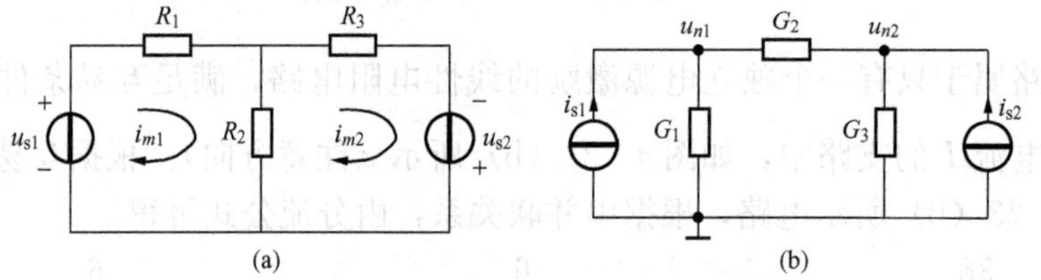


图 4-24 互为对偶的电路示意图

（a）原电路；（b）对偶电路

这两组方程的数学表达形式完全相似，不同的只是变量符号而已。若把 $R$ 和 $G$、$i_m$ 和 $u_n$ 、$u_s$ 和 $i_s$ 等对应元素互换，则上面两组方程也可以彼此转换。这样的两组方程称为对偶方程。

对偶方程描述的一对电路称为对偶电路。对偶电路的概念只适用于平面电路，并可由一个平面电路直接画出其对偶电路。画法是：在每个网孔内标出一个节点，作为其对偶电路的非参考节点；在外围网孔外标出一个节点，作为对偶电路的参考节点。把所标出的节点用虚线互相连接便是对偶电路的支路。每条连线只通过一个元件，把此元件换成对偶元件，便得对偶电路相应支路的元件。例如，图 4-25（a）所示电路的对偶电路如图 4-25（b）所示。

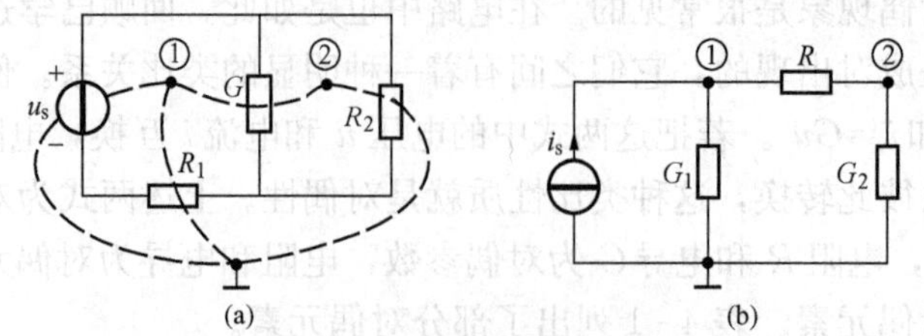


图 4-25 对偶电路的直接形成

（a）原电路；（b）对偶电路

在电路中某些元素之间的关系（或方程），用它们的对偶元素对应地代换后，所得的新的关系（或新的方程）也一定成立，这就是对偶原理。

若已知电路某一个关系式和结论，则根据对偶原理就可得出对偶电路中对偶量的另一个关系式和结论。如开路时电流为零，则短路时电压也必为零；若节点电流代数和等于零，则网孔电压代数和也等于零等。

对偶原理并不局限于电阻电路，例如，电容和电感也是对偶元件。但应注意，两个电路是互为对偶，而不是两个电路等效。这是两个不同的概念，切不可混淆。

## 习 题

**叠加定理**

4-1 试用叠加定理分别求图 4-26 所示电路中指定的电压或电流。

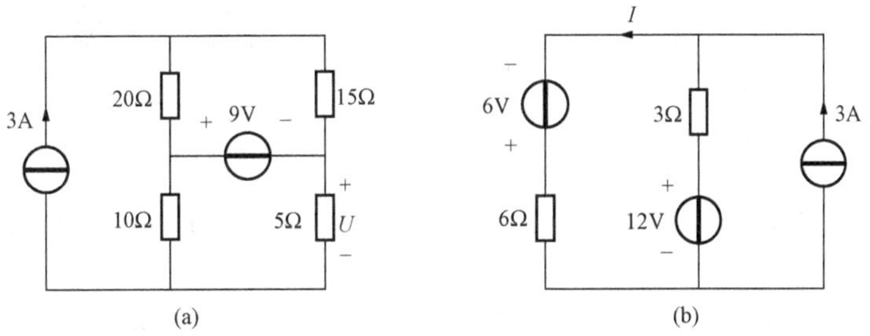


图 4-26 题 4-1 图

4-2 试用叠加定理求图 4-27 所示电路中 3Ω 电阻消耗的功率 $P$。

4-3 试用叠加定理求图 4-28 所示电路中的电流 $I$。

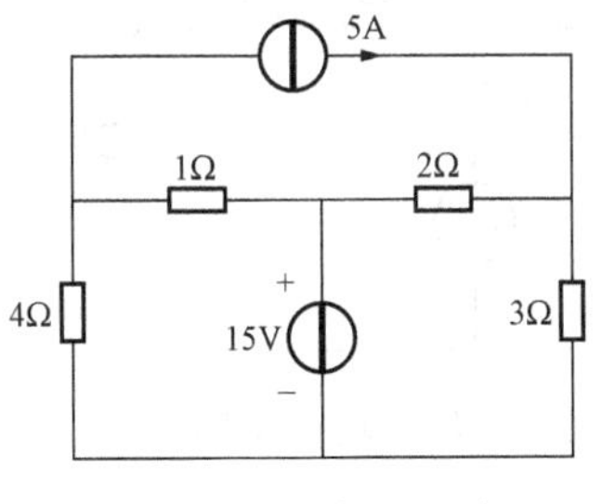


图 4-27 题 4-2 图

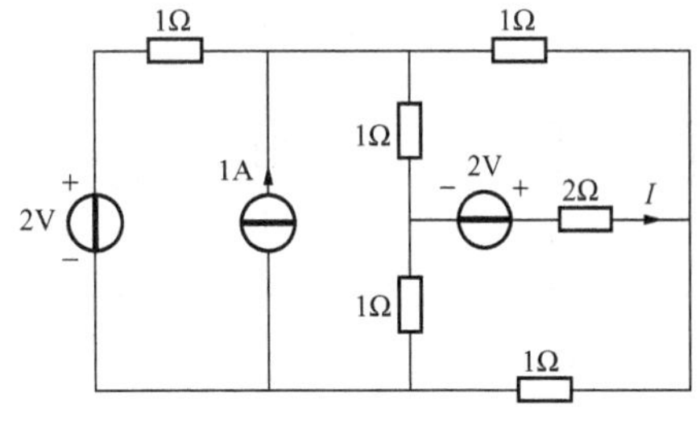


图 4-28 题 4-3 图

4-4 试用叠加定理求图 4-29 所示电路中的电流 $I$。

4-5 试用叠加定理求图 4-30 所示电路中的电压 $U$。

4-6 试用叠加定理求图 4-31 所示电路中的电流 $I_1$。

4-7 如图 4-32 所示电路中，电流源电流 $I_{s1}$ 和 $I_{s2}$ 保持不变。当 $U_s=16V$ 时，电压 $U=10V$。试求当 $U_s=24V$ 时的电压 $U$。

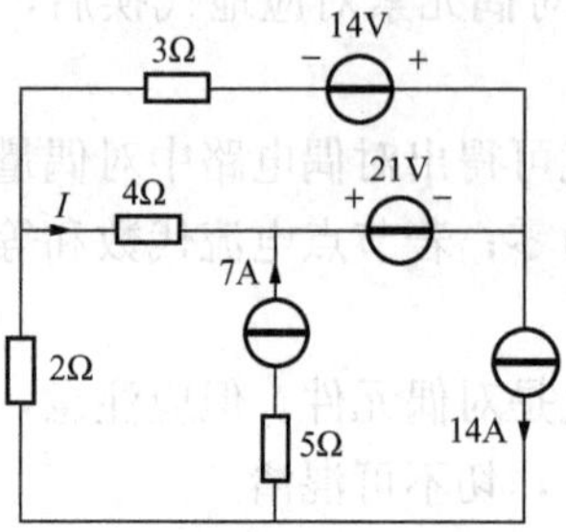


图 4-29　题 4-4 图

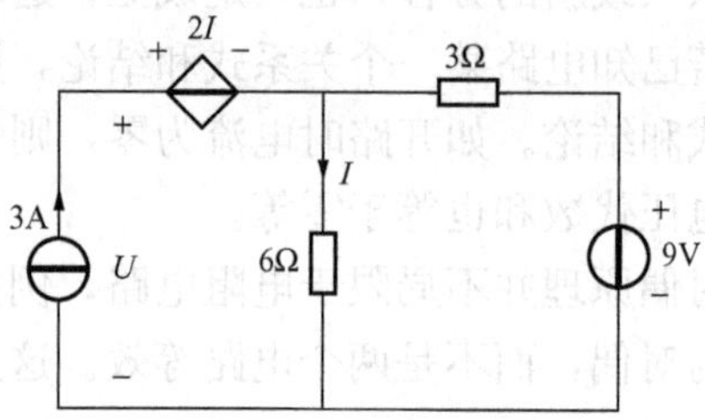


图 4-30　题 4-5 图

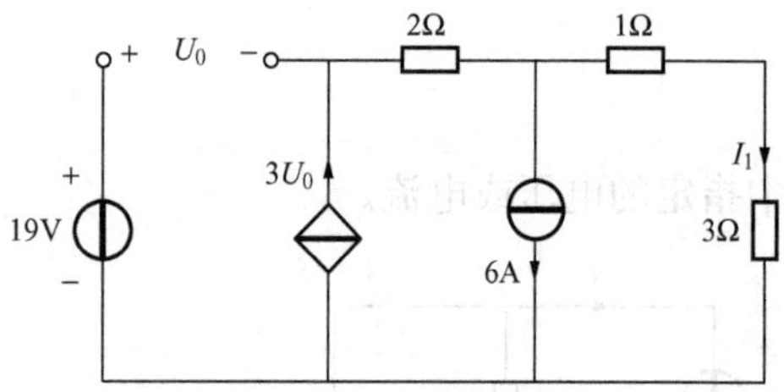


图 4-31　题 4-6 图

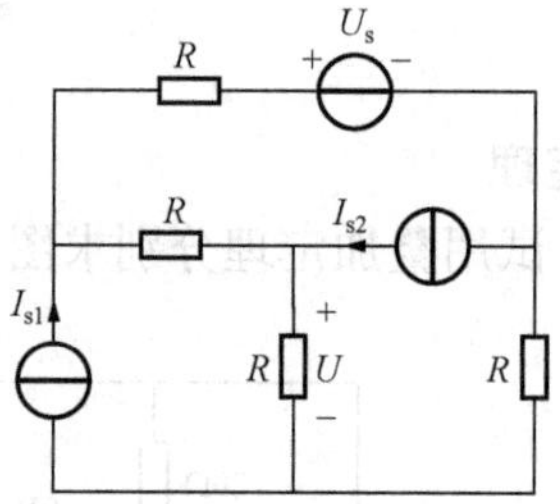


图 4-32　题 4-7 图

4-8　如图 4-33 所示电路中，当 $I_s=0$ 时，$I_1=2A$。当 $I_s=8A$ 时，试求电流源 $I_s$ 提供的功率。

4-9　如图 4-34 所示电路中，当开关 S 在位置 1 时，毫安表的示数为 $I'=40mA$；当开关 S 倒向位置 2 时，毫安表的示数为 $I''=-60mA$。试求把开关 S 倒向位置 3 时，毫安表的示数。已知 $U_{s1}=4V$，$U_{s2}=6V$。

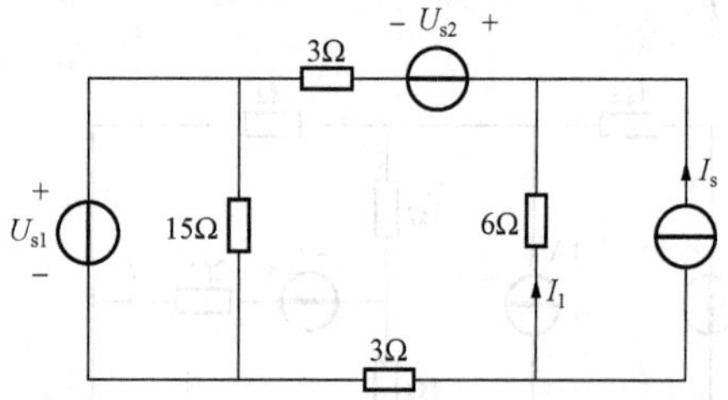


图 4-33　题 4-8 图

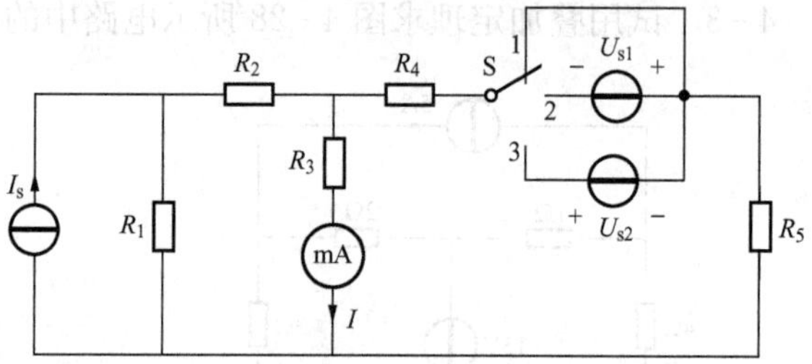


图 4-34　题 4-9 图

4-10　如图 4-35 所示电路中，$N_0$ 为不含独立电源的电路。已知当 $U_s=8V$，$I_s=2A$ 时，$I_0=20A$；当 $U_s=-8V$，$I_s=4A$ 时，$I_0=4A$。试求 $U_s=4V$，$I_s=1A$ 时的电流 $I_0$。

4-11　如图 4-36 所示电路中，N 为一线性含源电阻网络。已知当 $U_s=0$，$I_s=0$ 时，毫安表的示数为 20mA；当 $U_s=5V$，$I_s=0$ 时，毫安表的示数为 70mA；当 $U_s=0$，$I_s=1A$ 时，毫安表的示数为 50mA；试求当 $U_s=3V$，$I_s=-2A$ 时，毫安表的示数。

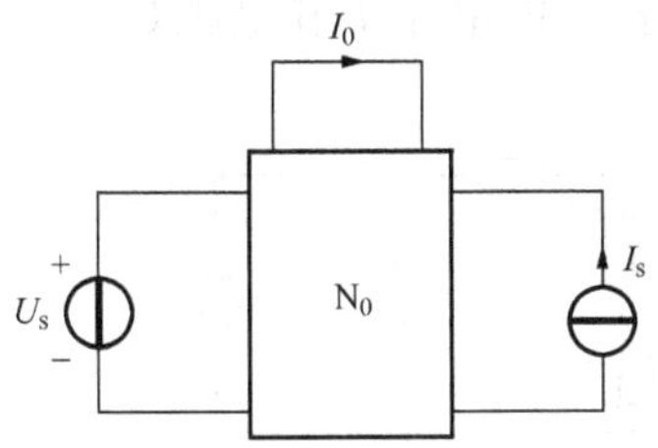


图 4 - 35 题 4 - 10 图

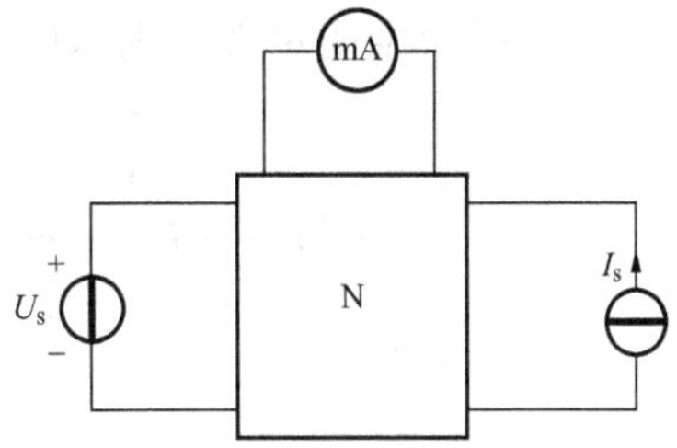


图 4 - 36 题 4 - 11 图

4 - 12 图 4 - 37 所示电路中，已知电源发出的总功率为 45W，试用叠加定理确定电阻 $R_x$ 之值。

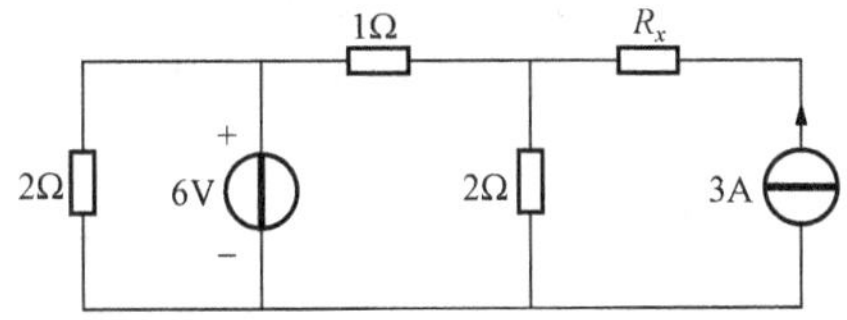


图 4 - 37 题 4 - 12 图

**戴维南定理和诺顿定理**

4 - 13 试用戴维南定理求图 4 - 38 所示电路中的电流 $I$。

4 - 14 试用戴维南定理求图 4 - 39 所示电路中的电流 $I_L$。

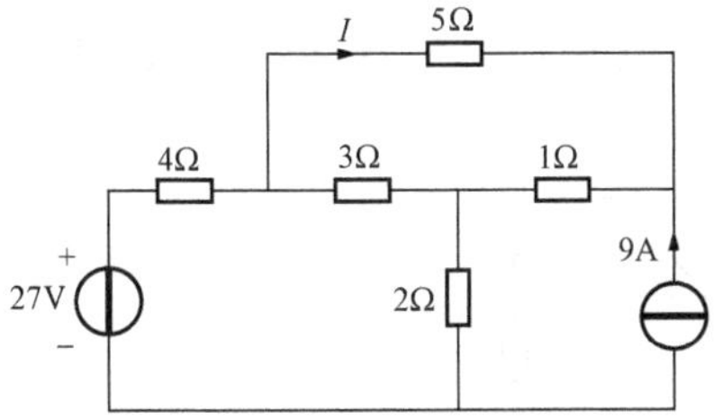


图 4 - 38 题 4 - 13 图

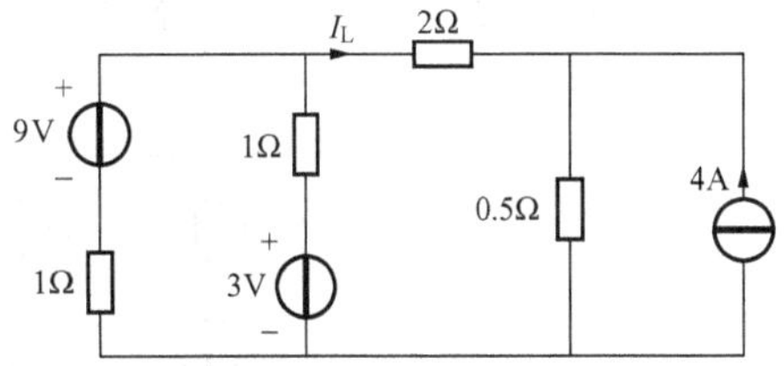


图 4 - 39 题 4 - 14 图

4 - 15 试用戴维南定理或诺顿定理分别求图 4 - 40 所示各二端网络的等效电路。

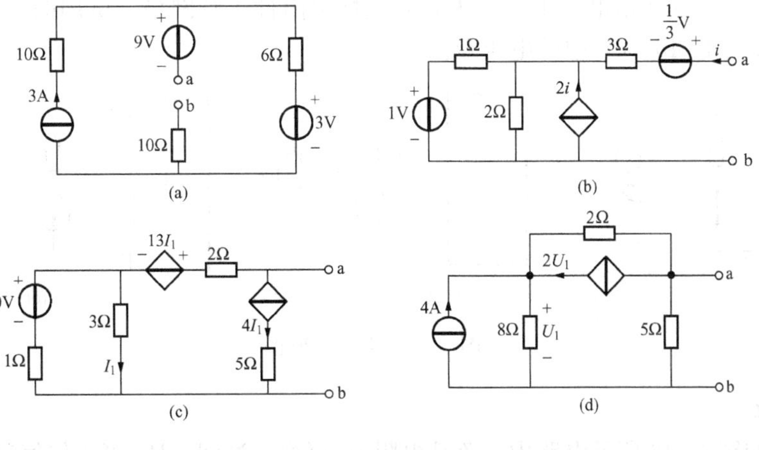


图 4 - 40 题 4 - 15 图

4-16　试用戴维南定理分别求图 4-41 所示电路中指定的电流 $I$ 和电压 $U$。

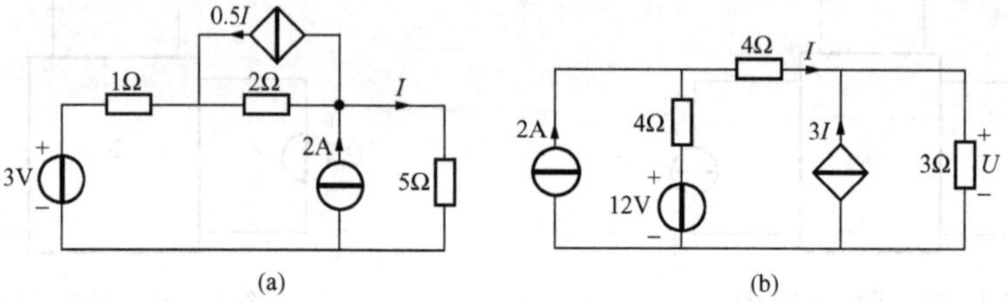


图 4-41　题 4-16 图

4-17　如图 4-42 所示电路中，$R_L=1\Omega$。当负载 $R_L$ 开路时，调节 $R_x$ 使开路电压 $U_{oc}=1V$，$R_x$ 不再变动。试用诺顿定理求 $R_L$ 消耗的功率。

4-18　如图 4-43 所示的电路中，试用诺顿定理求电流 $I$。

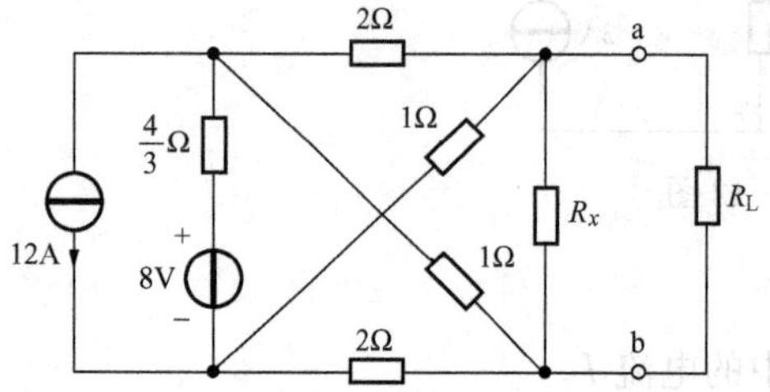


图 4-42　题 4-17 图

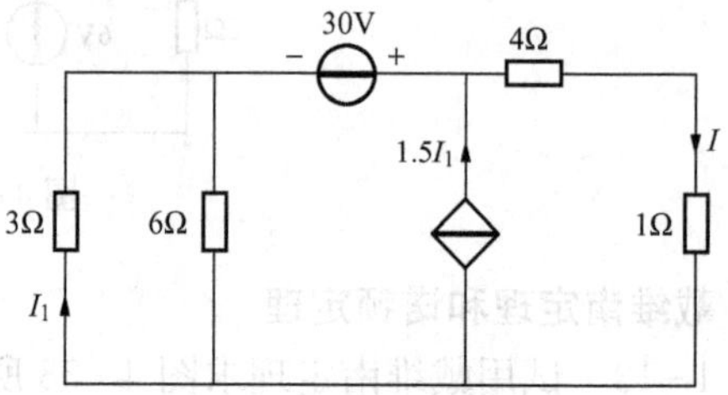


图 4-43　题 4-18 图

4-19　已知图 4-44 所示电路中，电阻 $R=2\Omega$ 时，电流 $I=4A$。试求 $R=5\Omega$ 时电流 $I$。

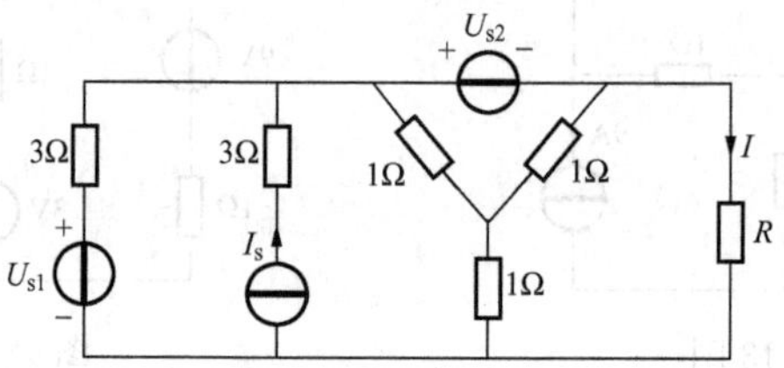


图 4-44　题 4-19 图

4-20　图 4-45 所示电路中，N 为含源线性电阻性二端网络。试用图 4-45（a）、（b）两图的数据求图 4-45（c）中的电压 $U$。

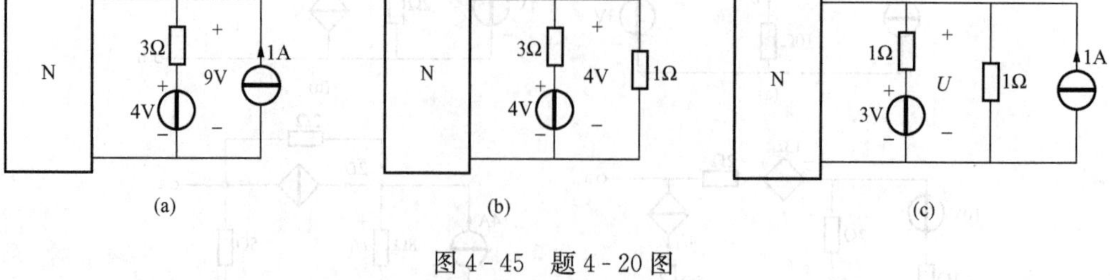


图 4-45　题 4-20 图

**最大功率**

4-21　如图 4-46 所示电路中，负载电阻 $R_L$ 可变，试问：$R_L$ 等于何值时能获得最大功率？并求此最大功率 $P_{max}$。

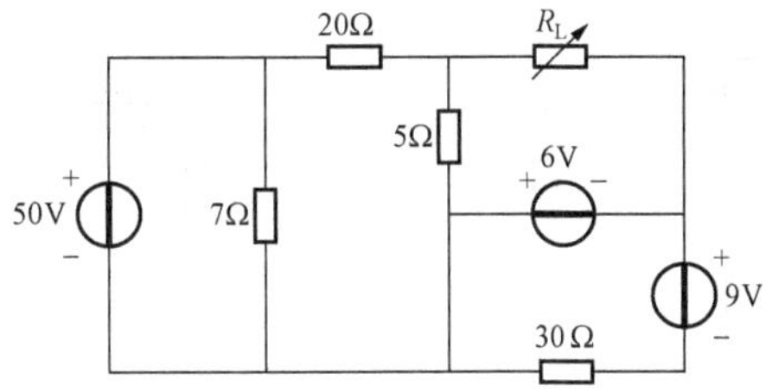


图 4-46 题 4-21 图

4-22 如图 4-47 所示电路中，负载电阻 $R_L$ 可变，试问：$R_L$ 等于何值时它吸收的功率最大？此最大功率等于多少？

4-23 如图 4-48 所示电路中，已知当 $R_L=4\Omega$ 时，$I=2A$，试问：电阻 $R_L$ 调到何值时，吸收的功率最大？此最大功率为多少？

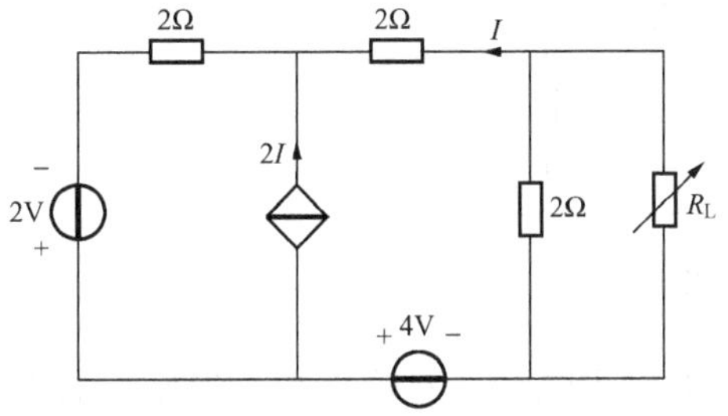


图 4-47 题 4-22 图

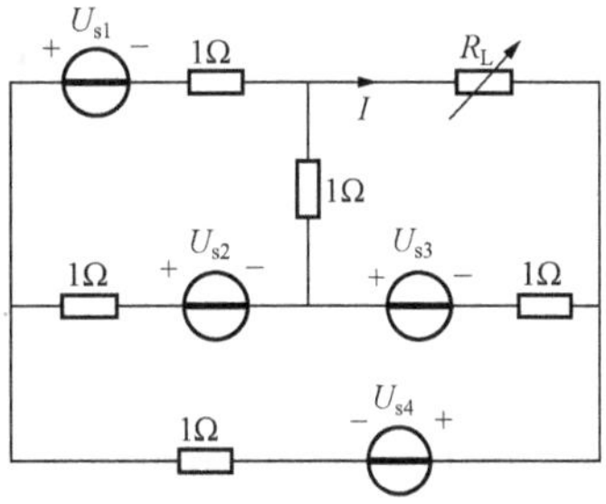


图 4-48 题 4-23 图

4-24 如图 4-49 所示电路中，N 为线性含源电阻性网络，$R_L$ 为可调电阻。已知 $R_L=8\Omega$ 时，$I=20A$；$R_L=2\Omega$ 时，$I=50A$。试求 $R_L$ 能够获得的最大功率。

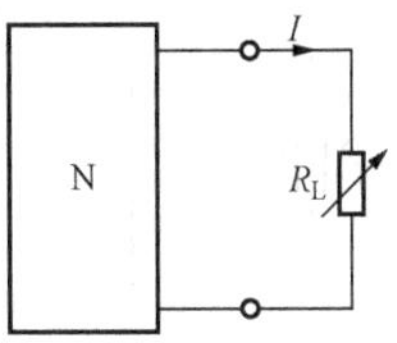


图 4-49 题 4-24 图

**特勒根定理**

4-25 如图 4-50 所示电路中，NR 仅由二端线性电阻组成。对于不同的输入直流电压源 $U_s$ 及不同的 $R_1$、$R_2$ 值进行了两次测量，得到下列数据：当 $R_1=R_2=2\Omega$，$U_s=8V$ 时，$I_1=2A$，$U_2=2V$；当 $R_1=1.4\Omega$，$R_2=0.8\Omega$，$\hat{U}_s=9V$ 时，$\hat{I}_1=3A$，试求 $\hat{U}_2$ 的值。

4-26 如图 4-51 所示电路中，NR 仅由二端线性电阻所组成，$U_{s1}=18V$。当 $U_{s1}$ 作用，$U_{s2}$ 短路时，测得 $U_1=9V$，$U_2=4V$。当 $U_{s1}$ 和 $U_{s2}$ 共同作用时，测得 $U_3=-30V$。试求电压源 $U_{s2}$ 的值。

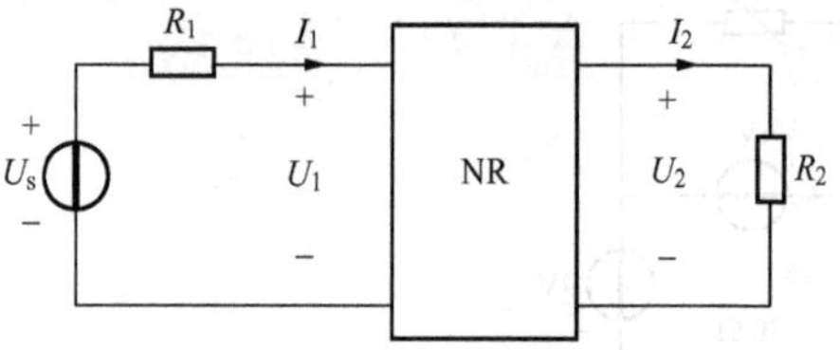


图 4-50　题 4-25 图

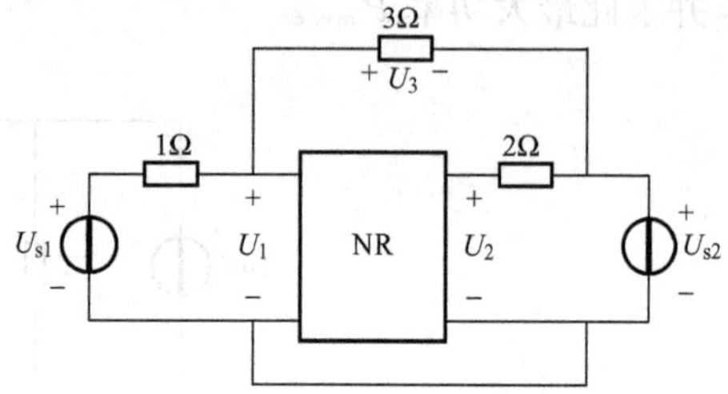


图 4-51　题 4-26 图

**互易定理**

4-27　试用互易定理求图 4-52 所示电路中的电流 $I$。

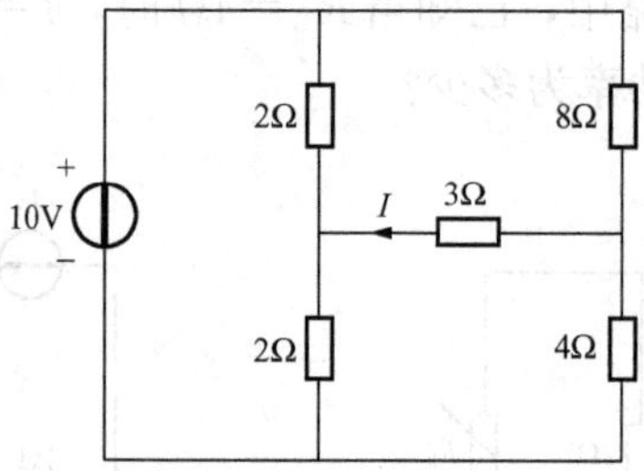


图 4-52　题 4-27 图

4-28　仅由二端线性电阻组成的网络 NR 有一对输入端和一对输出端。当输入端接 2A 电流源时，输入端电压为 10V，输出端电压为 5V。若把电流源移到输出端，同时在输入端跨接 5Ω 电阻，试求 5Ω 电阻中流过的电流。

4-29　如图 4-53 所示电路中，NR 仅由二端线性电阻所组成。已知图 4-53（a）中的 $U_2=20\text{V}$。试求图 4-53（b）中的电流 $I_1$。

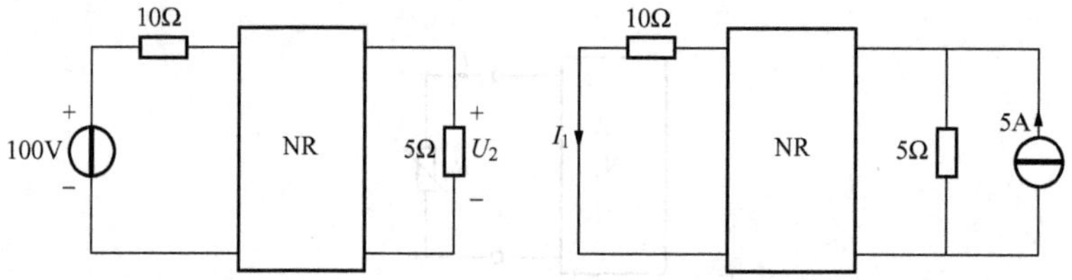


(a)　(b)

图 4-53　题 4-29 图

**定理综合**

4-30　试求图 4-54 所示电路中的电压 $U$。

4-31　图 4-55 所示电路中，当 $R_5=8\Omega$ 时，$I_5=20\text{A}$，$I_0=-11\text{A}$；当 $R_5=2\Omega$ 时，$I_5=50\text{A}$，$I_0=-5\text{A}$。试求：（1）$R_5$ 为何值时能获得最大功率，最大功率为多少？（2）$R_5$ 为何值时，$R_0$ 能获得最小功率。

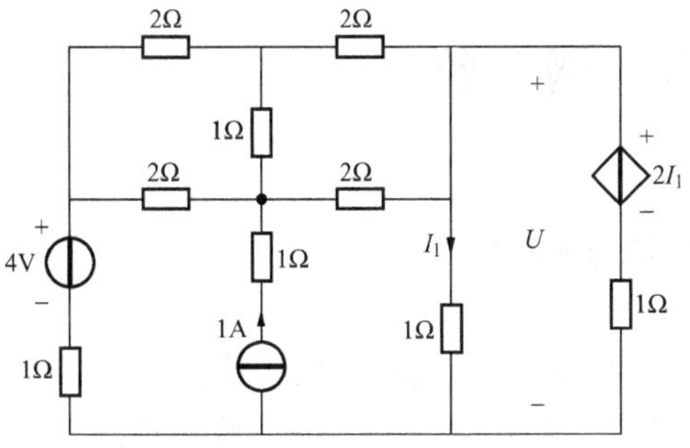


图 4-54　题 4-30 图

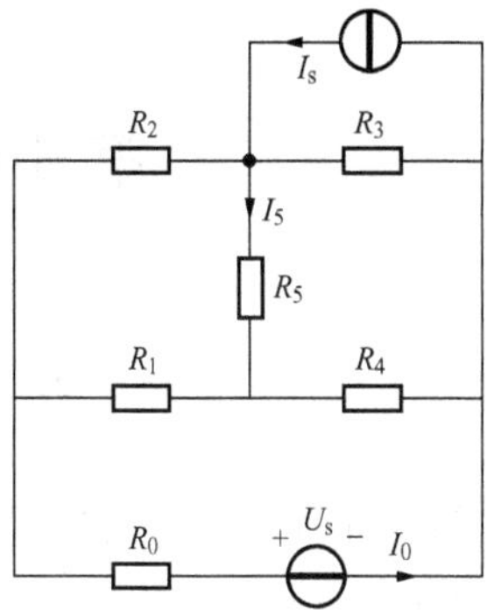


图 4-55　题 4-31 图

4-32　如图 4-56 所示电路中，N 为含独立源的电阻电路。当 S 断开时，$i_1=1A$，$i_2=5A$，$u=10V$。当 S 闭合且调节 $R_L=6\Omega$ 时，$i_1=2A$，$i_2=4A$；当调节 $R_L=4\Omega$ 时，$R_L$ 获得了最大功率。试求调节 $R_L$ 到何值时，可使 $i_1=i_2$。

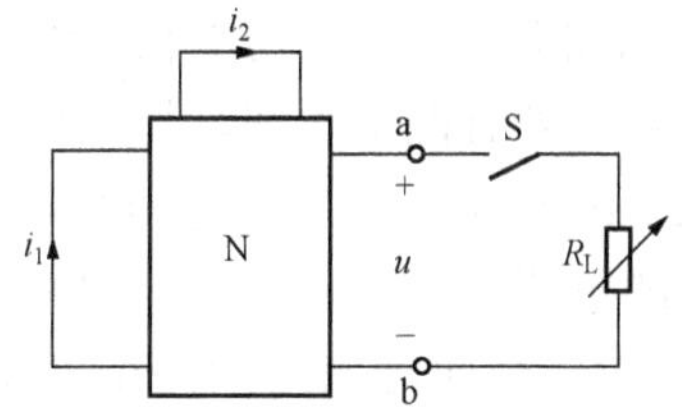


图 4-56　题 4-32 图

# 第5章　双　口　网　络

## 5.1　双口网络的基本概念

在本书前面几章中，所讨论的是这样一类问题：在电路及其输入给定的情况下，如何去求指定的支路电压或支路电流。本章将引入“端口法”来分析电路。前面曾讨论过二端网络，也称其为一端口网络或单口网络。此时，感兴趣的只是端口上的伏安关系，也就是端口上基本变量的性质和特性，而对内部的元件特性和互连性质并不关心。因而可把单口网络理解为具有一个端口的黑盒，如图5-1所示。例如，在本书2.3中推导含源二端网络的等效电路时，就是这样处理的。若一个网络有两个端口，通常一个端口是输入口——供给激励；另一个端口是输出口——产生响应。若只关心响应与激励之间的关系，那么也可将这两个端口之间的网络放于一个方框内，如图5-2所示。这样的网络称为双口网络，简称双口，也称其为二端口网络。这类网络一般对外有四个端钮，故双口网络也是一种四端网络。但必须注意“端钮”和“端口”在概念上的差异，并非任意两个端钮都能形成一个“端口”。只有当两个端钮满足从一个端钮流入的电流恒等于从另一个端钮流出的电流的端口条件时，这一对端钮才能形成一个“端口”。而对一个四端网络的四个端钮之间就没有上述的约束，故四端网络比双口网络更具有普遍性。同时也要指出，还有一些由三端网络形成的双口网络，如图5-3所示。

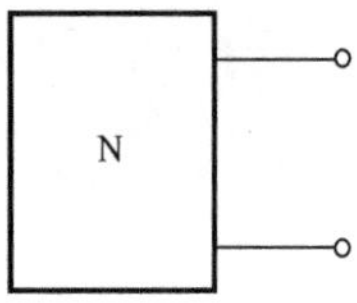


图5-1　单口网络

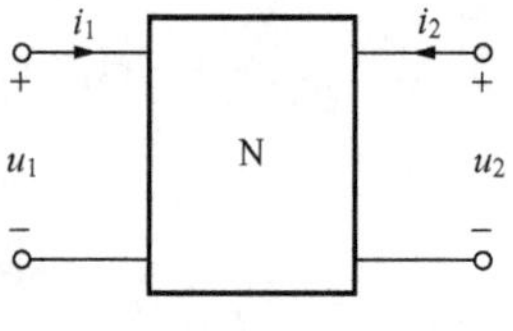


图5-2　双口网络

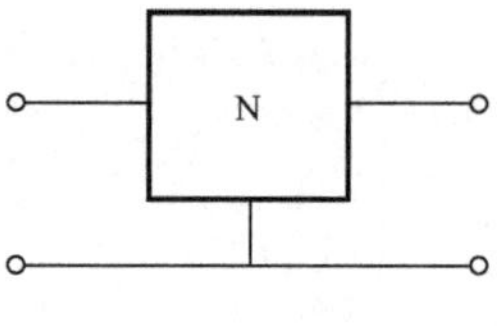


图5-3　由三端网络形成的双口网络

在讨论双口网络时，规定双口网络每个端口的端口电压和电流均采用关联参考方向，如图5-2所示，并假定双口网络为内部不含独立电源的线性双口网络（含源双口网络见5.6）。

## 5.2　双口网络的参数及其方程

对于双口网络，关注的只是端口上的伏安关系。因此，需建立两个端口电压 $u_1$、$u_2$ 和两个端口电流 $i_1$、$i_2$ 之间关系的独立方程。在 $u_1$、$u_2$、$i_1$、$i_2$ 四个变量中，任选两个作为独立变量（自变量），另外两个作为非独立变量（因变量），则有六种可能的选择。因此，相应的端口约束方程（即双口网络方程）也有六种。下面重点讨论其中的四种。

### 5.2.1　双口网络的开路电阻参数

选择两个端口电流 $i_1$ 和 $i_2$ 为自变量，两个端口电压 $u_1$ 和 $u_2$ 为因变量。由于双口网络 N 的端口 VAR 与外部电路无关，为此，可设想外电路分别为独立电流源 $i_1$ 和 $i_2$（$i_1$ 和 $i_2$ 可取任意值，其值由外部电路决定），如图 5-4 所示。由于双口网络 N 是线性的，可由叠加定理求出端口的响应 $u_1$ 和 $u_2$。当电流源 $i_1$ 单独作用时，端口 2 开路，如图 5-5（a）所示。此时，设端口 1 的电压为 $u'_1$，端口 2 的电压为 $u'_2$。由齐性定理得

$$u'_1=R_{11}i_1,\ u'_2=R_{21}i_1$$

式中：$R_{11}$、$R_{21}$为比例常数，并具有电阻的量纲。

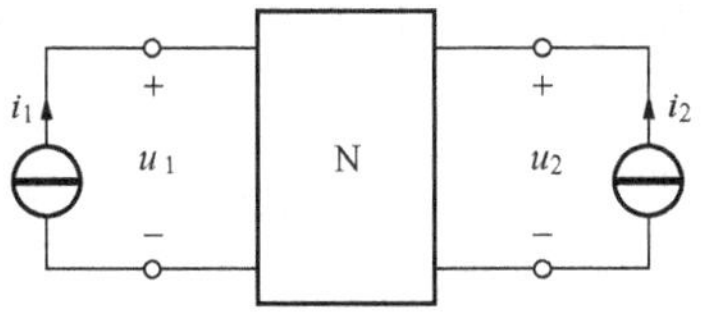


图 5-4　由两个电流源驱动的双口网络

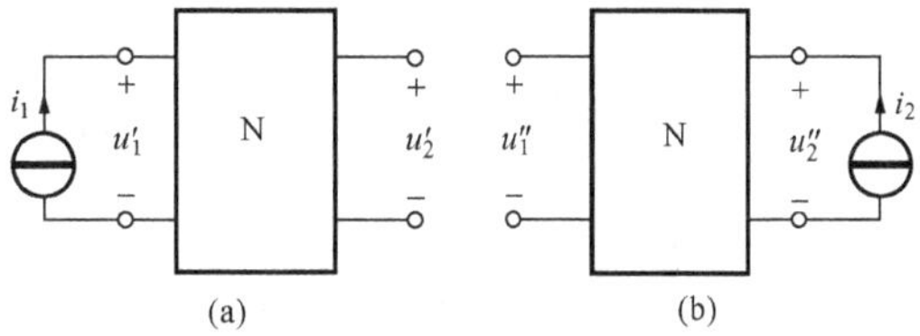


图 5-5　双口网络分解电路图
（a）电流源 $i_1$ 单独作用于双口网络 N；
（b）电流源 $i_2$ 单独作用于双口网络 N

类似地，当电流源 $i_2$ 单独作用时，端口 1 开路，如图 5-5（b）所示，得

$$u''_1=R_{12}i_2,\ u''_2=R_{22}i_2$$

同样，$R_{12}$和 $R_{22}$也为比例常数，具有电阻的量纲。

根据叠加定理得

$$u_1=u'_1+u''_1$$
$$u_2=u'_2+u''_2$$

所以

$$\left.\begin{aligned}u_1=R_{11}i_1+R_{12}i_2\\u_2=R_{21}i_1+R_{22}i_2\end{aligned}\right\}\tag{5-1}$$

写成矩阵形式为

$$\begin{bmatrix}u_1\\u_2\end{bmatrix}=\begin{bmatrix}R_{11}&R_{12}\\R_{21}&R_{22}\end{bmatrix}\begin{bmatrix}i_1\\i_2\end{bmatrix}\tag{5-2}$$

式（5-2）可简记为

$$\boldsymbol{u}=\boldsymbol{R}\boldsymbol{i}$$

其中

$$\boldsymbol{R}=\begin{bmatrix}R_{11}&R_{12}\\R_{21}&R_{22}\end{bmatrix}$$

称为双口网络的开路电阻参数矩阵，电阻参数 $R_{ij}$ 称为开路电阻参数，简称 $R$ 参数。而式（5-1）称为双口网络的开路电阻参数方程。$R$ 参数可根据计算或测试来确定。

在端口 1 上外施电流 $i_1$，而将端口 2 开路，即令 $i_2=0$，按式（5-1）有

$$u_1=R_{11}i_1,\ u_2=R_{21}i_1$$

所以

$$R_{11}=\frac{u_1}{i_1}\bigg|_{i_2=0}，R_{21}=\frac{u_2}{i_1}\bigg|_{i_2=0}$$

可见，$R_{11}$表示端口 2 开路时端口 1 的输入电阻或驱动点电阻；$R_{21}$表示端口 2 开路时端口 1 到端口 2 的转移电阻，这是因为$R_{21}$是$u_2$与$i_1$的比值，而$u_2$和$i_1$不在同一端口上，因此，转移电阻表示了一个端口的电压与另一个端口的电流之间的关系。

同理，若把端口 1 开路（$i_1=0$），并在端口 2 上外接电流源$i_2$，可得

$$R_{12}=\frac{u_1}{i_2}\bigg|_{i_1=0}，R_{22}=\frac{u_2}{i_2}\bigg|_{i_1=0}$$

因此，$R_{22}$和$R_{12}$分别为端口 1 开路时端口 2 的输入电阻和端口 2 到端口 1 的转移电阻。正是由于按上述定义式确定四个参数时，都有一个端口为开路，且它们均具有电阻的性质，故称它们为开路电阻参数。

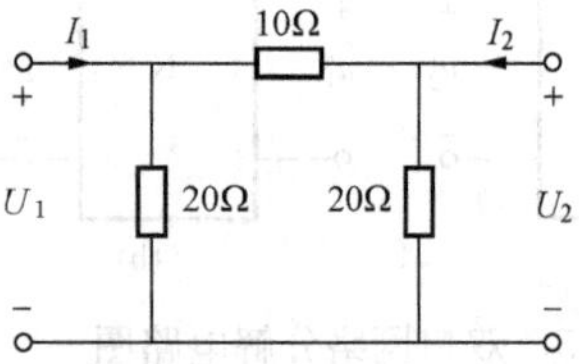

图 5-6 ［例 5-1］图

**【例 5-1】** 试求图 5-6 所示双口网络的开路电阻参数。

**解** 令$I_2=0$，即端口 2 开路，则端口 1 处的输入电阻为

$$R_{11}=\frac{U_1}{I_1}\bigg|_{I_2=0}=20//(10+20)=12\ (\Omega)$$

而

$$U_2=\frac{20}{10+20}U_1=\frac{2}{3}U_1$$

$$I_1=\frac{U_1}{R_{11}}=\frac{U_1}{12}$$

故

$$R_{21}=\frac{U_2}{I_1}\bigg|_{I_2=0}=\frac{\frac{2}{3}U_1}{\frac{U_1}{12}}=8\ (\Omega)$$

令$I_1=0$，即端口 1 开路，则

$$R_{22}=\frac{U_2}{I_2}\bigg|_{I_1=0}=20//(20+10)=12\ (\Omega)$$

而

$$U_1=\frac{20}{10+20}U_2=\frac{2}{3}U_2，I_2=\frac{U_2}{R_{22}}=\frac{U_2}{12}$$

所以

$$R_{12}=\frac{U_1}{I_2}\bigg|_{I_1=0}=\frac{\frac{2}{3}U_2}{\frac{U_2}{12}}=8\ (\Omega)$$

因此

$$\boldsymbol{R}=\begin{bmatrix}12 & 8\\ 8 & 12\end{bmatrix}(\Omega)$$

**【例5-2】** 试求图5-7所示双口网络的开路电阻参数。

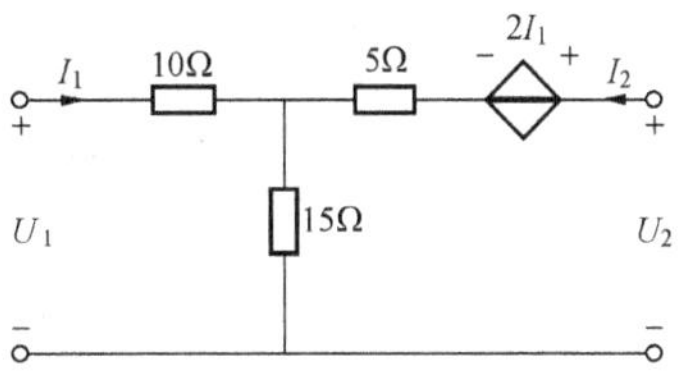


图5-7 ［例5-2］图

**解** 开路电阻参数亦可采用回路法直接列出流控型端口伏安特性求出。由回路法得

$$U_1=25I_1+15I_2$$

$$U_2=15I_1+20I_2+2I_1=17I_1+20I_2$$

与开路电阻参数方程（5-1）相比较，可得

$$R_{11}=25\Omega,\ R_{12}=15\Omega$$

$$R_{21}=17\Omega,\ R_{22}=20\Omega$$

则开路电阻参数矩阵为

$$\boldsymbol{R}=\begin{bmatrix}25 & 15\\ 17 & 20\end{bmatrix}\Omega$$

由互易定理可知，对于仅由二端线性电阻组成的双口网络，激励端口和响应端口可以相互调换而响应对激励的比值不变。在确定双口网络的 $R_{12}$ 和 $R_{21}$ 这两个参数时涉及激励和响应位置互换，由此可知，对于仅由二端线性电阻组成的双口网络，$R_{12}=R_{21}$。这种网络的开路电阻参数矩阵为对称矩阵。此类双口网络称为互易双口网络。具有互易性的双口网络，最多有三个独立的参数。图5-6所示网络即属于这种类型。

若一个双口网络的两个端口与外电路相连接的位置对调，其外特性无任何变化，则这种双口网络是对称的。这类网络除了 $R_{12}=R_{21}$ 外，还必有 $R_{11}=R_{22}$。显然，对称网络一定是互易网络，只需要用两个参数来表征。图5-6所示网络也是对称网络。

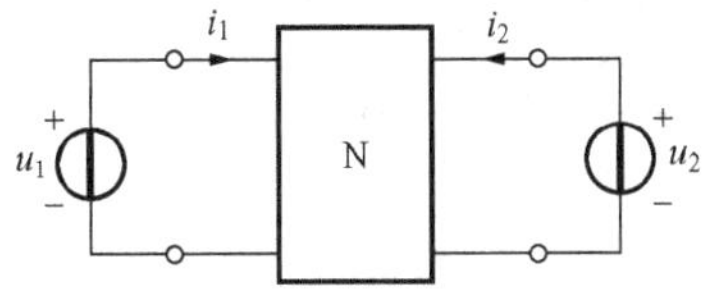


图5-8 由两个电压源驱动的双口网络

### 5.2.2 双口网络的短路电导参数

假设端口电压 $u_1$ 和 $u_2$ 为自变量，而端口电流 $i_1$ 和 $i_2$ 为因变量。这正好与开路电阻参数情况形成对偶。把端口电压 $u_1$ 和 $u_2$ 看作两个独立的电压源，如图5-8所示。根据叠加定理和齐性定理得

$$\left.\begin{aligned}i_1=G_{11}u_1+G_{12}u_2\\ i_2=G_{21}u_1+G_{22}u_2\end{aligned}\right\}\tag{5-3}$$

简记为

$$\boldsymbol{i}=\boldsymbol{G}\boldsymbol{u}$$

其中

$$\boldsymbol{G}=\begin{bmatrix}G_{11} & G_{12}\\ G_{21} & G_{22}\end{bmatrix}$$

称为双口网络的短路电导参数矩阵。而电导参数 $G_{ij}$ 称为短路电导参数，简称 $G$ 参数。这些参数仅与双口网络的结构和元件参数有关。

下面讨论如何计算或试验测量这四个参数。

令 $u_2=0$，即把端口 2 短路，如图 5-9（a）所示，则由式（5-3）可得

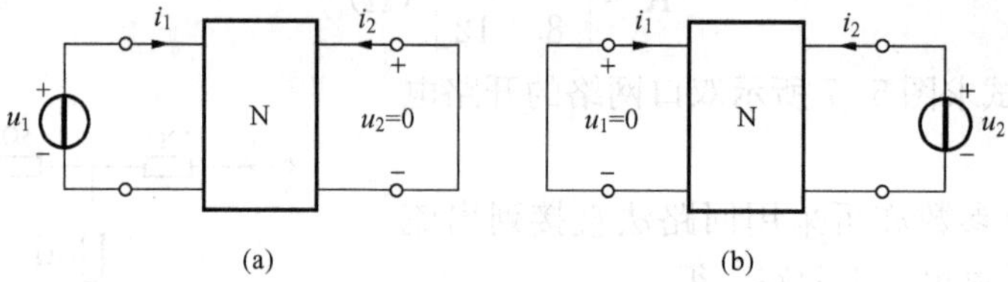


图 5-9　短路电导参数的确定

$$G_{11}=\left.\frac{i_1}{u_1}\right|_{u_2=0},\quad G_{21}=\left.\frac{i_2}{u_1}\right|_{u_2=0}$$

可见，$G_{11}$为端口 2 短路时，端口 1 的输入电导；$G_{21}$为端口 2 短路时，由端口 1 到端口 2 的转移电导。

令 $u_1=0$，即端口 1 短路，如图 5-9（b）所示，则由式（5-3）可得

$$G_{12}=\left.\frac{i_1}{u_2}\right|_{u_1=0},\quad G_{22}=\left.\frac{i_2}{u_2}\right|_{u_1=0}$$

显然，$G_{22}$和$G_{12}$分别为端口 1 短路时，端口 2 的输入电导和端口 2 到端口 1 的转移电导。正是由于按上述定义式确定四个参数时，都有一个端口短路，而且这些参数都具有电导的性质，故称它们为短路电导参数。

**【例 5-3】**　试确定图 5-10（a）所示双口网络的短路电导参数。

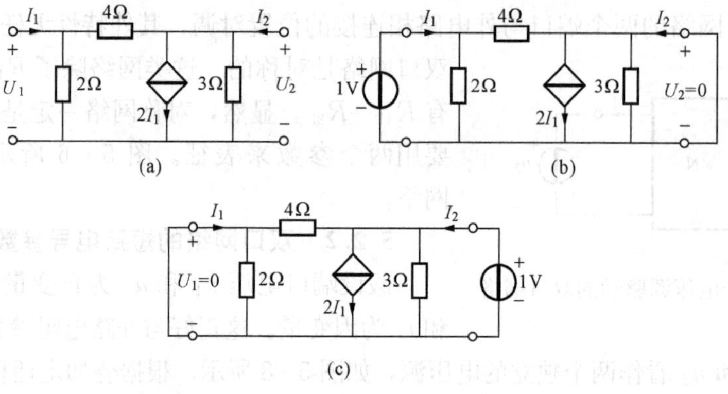


图 5-10［例 5-3］图

（a）原双口网络；（b）端口 2 短路时；（c）端口 1 短路时

**解**　本题采用外施电压为 1V 的电压源来求参数。令 $U_2=0$，即端口 2 短路，如图 5-10（b）所示，则

$$I_1=\frac{1}{2}+\frac{1}{4}=\frac{3}{4}(\mathrm{A}),\quad I_2=2I_1-\frac{1}{4}=\frac{6}{4}-\frac{1}{4}=\frac{5}{4}(\mathrm{A})$$

故知

$$G_{11}=\frac{I_1}{1}=\frac{3}{4}\ (\mathrm{S}),\quad G_{21}=\frac{I_2}{1}=\frac{5}{4}\ (\mathrm{S})$$

令 $U_1=0$，即端口 1 短路，如由图 5-10（c）所示，则

$$I_1=-\frac{1}{4}\text{ (A)},\ I_2=2I_1+\frac{1}{3}-I_1=-\frac{2}{4}+\frac{1}{3}+\frac{1}{4}=\frac{1}{12}\text{ (A)}$$

故知

$$G_{12}=\frac{I_1}{1}=-\frac{1}{4}\text{ (S)},\ G_{22}=\frac{I_2}{1}=\frac{1}{12}\text{ (S)}$$

因此，短路电导参数矩阵为

$$\boldsymbol{G}=\begin{bmatrix}\frac{3}{4} & -\frac{1}{4}\\ \frac{5}{4} & \frac{1}{12}\end{bmatrix}\text{ (S)}$$

**【例 5-4】**　试确定图 5-11 所示双口网络的 $G$ 参数。

**解**　$G$ 参数亦可用节点法直接列出压控型端口伏安特性求出。由节点法得

$$i_1=(G_1+G_0)u_1-G_0u_2$$
$$i_2=-G_0u_1+(G_2+G_0)u_2$$

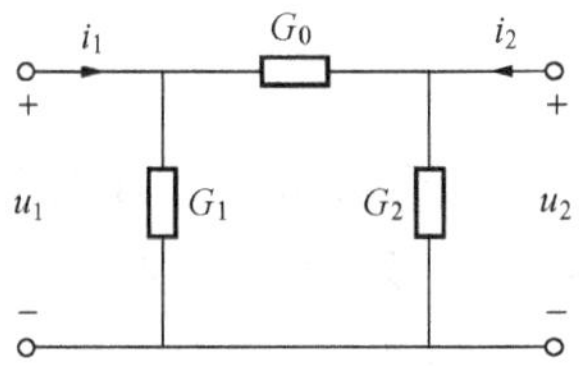

图 5-11 ［例 5-4］图

与式（5-3）相比较，可得

$$\boldsymbol{G}=\begin{bmatrix}G_1+G_0 & -G_0\\ -G_0 & G_2+G_0\end{bmatrix}$$

若双口网络是互易的，则 $G_{12}=G_{21}$；当网络对称时，$G_{11}=G_{22}$，$G_{12}=G_{21}$。

### 5.2.3　双口网络的传输参数

在电力和电信传输中，采用传输参数来表征双口网络较为方便。这时，取 $u_2$ 和（$-i_2$）作为自变量，$u_1$ 和 $i_1$ 作为因变量，则有

$$\left.\begin{aligned}u_1&=Au_2+B(-i_2)\\ i_1&=Cu_2+D(-i_2)\end{aligned}\right\}\tag{5-4}$$

式（5-4）称为双口网络的传输参数方程。在这里请读者注意，早期定义传输参数时，$i_2$ 的参考方向为流出网络的方向，所以按图 5-2 中所示的端口变量参考方向列写方程，则方程中 $i_2$ 前应冠以负号。

式（5-4）可用矩阵表示为

$$\begin{bmatrix}u_1\\ i_1\end{bmatrix}=\begin{bmatrix}A & B\\ C & D\end{bmatrix}\begin{bmatrix}u_2\\ -i_2\end{bmatrix}=\boldsymbol{T}\begin{bmatrix}u_2\\ -i_2\end{bmatrix}$$

其中

$$\boldsymbol{T}=\begin{bmatrix}A & B\\ C & D\end{bmatrix}$$

称为双口网络的传输参数矩阵，或称为 $T$ 参数矩阵。根据式（5-4）可知，这四个参数可由下列公式计算或测试求得

$$A=\left.\frac{u_1}{u_2}\right|_{i_2=0},\ B=\left.\frac{u_1}{-i_2}\right|_{u_2=0},\ C=\left.\frac{i_1}{u_2}\right|_{i_2=0},\ D=\left.\frac{i_1}{-i_2}\right|_{u_2=0}$$

参数 $A$、$B$、$C$、$D$ 分别反映两个端口之间有关电量间的关系，故都具有转移性质。$A$ 是端口 2 开路时，两个端口的电压比；$B$ 是端口 2 短路时的转移电阻；$C$ 是端口 2 开路时的转移电导；$D$ 是端口 2 短路时，两个端口的电流比。

对于互易双口网络，$AD-BC=1$；当双口网络对称时，$A=D$，$AD-BC=1$。

若取 $u_1$ 和 $i_1$ 为自变量，$u_2$ 和 $-i_2$ 作为因变量，则有

$$\begin{bmatrix} u_2 \\ -i_2 \end{bmatrix}=\begin{bmatrix} A' & B' \\ C' & D' \end{bmatrix}\begin{bmatrix} u_1 \\ i_1 \end{bmatrix}=\boldsymbol{T}'\begin{bmatrix} u_1 \\ i_1 \end{bmatrix}$$

其中

$$\boldsymbol{T}'=\begin{bmatrix} A' & B' \\ C' & D' \end{bmatrix}$$

称为反向传输参数矩阵，它与传输参数矩阵 $\boldsymbol{T}$ 互为逆矩阵，即 $\boldsymbol{T}'=\boldsymbol{T}^{-1}$。

有时传输参数写成

$$\boldsymbol{T}=\begin{bmatrix} A_{11} & A_{12} \\ A_{21} & A_{22} \end{bmatrix}$$

所以，传输参数也称为 $A$ 参数。

### 5.2.4 双口网络的混合参数

若以 $u_1$ 和 $i_2$ 为因变量，$i_1$ 和 $u_2$ 为自变量，则双口网络方程为

$$\left.\begin{aligned} u_1&=h_{11}i_1+h_{12}u_2 \\ i_2&=h_{21}i_1+h_{22}u_2 \end{aligned}\right\} \tag{5-5}$$

写成矩阵形式为

$$\begin{bmatrix} u_1 \\ i_2 \end{bmatrix}=\begin{bmatrix} h_{11} & h_{12} \\ h_{21} & h_{22} \end{bmatrix}\begin{bmatrix} i_1 \\ u_2 \end{bmatrix}=\boldsymbol{H}\begin{bmatrix} i_1 \\ u_2 \end{bmatrix}$$

其中

$$\boldsymbol{H}=\begin{bmatrix} h_{11} & h_{12} \\ h_{21} & h_{22} \end{bmatrix}$$

称为双口网络的混合参数矩阵或 H 参数矩阵，其中 $h_{ij}$ 称为混合参数，简称 $H$ 参数。根据式（5-5）可知，$H$ 参数可用下列公式求得

$$h_{11}=\left.\frac{u_1}{i_1}\right|_{u_2=0},\ h_{12}=\left.\frac{u_1}{u_2}\right|_{i_1=0},\ h_{21}=\left.\frac{i_2}{i_1}\right|_{u_2=0},\ h_{22}=\left.\frac{i_2}{u_2}\right|_{i_1=0}$$

由此可知，$h_{11}$是端口 2 短路时，端口 1 的输入电阻；$h_{22}$是端口 1 开路时，端口 2 的输入电导；$h_{12}$为端口 1 开路时的转移电压比；$h_{21}$为端口 2 短路时的转移电流比。

对于互易双口网络，$h_{12}=-h_{21}$；对于对称双口网络，$h_{11}h_{22}-h_{12}h_{21}=1$，$h_{12}=-h_{21}$。

若把 $u_1$ 和 $i_2$ 作为自变量，$i_1$ 和 $u_2$ 作为因变量，则双口网络方程可表示为

$$\begin{bmatrix} i_1 \\ u_2 \end{bmatrix}=\begin{bmatrix} h'_{11} & h'_{12} \\ h'_{21} & h'_{22} \end{bmatrix}\begin{bmatrix} u_1 \\ i_2 \end{bmatrix}=\boldsymbol{H}'\begin{bmatrix} u_1 \\ i_2 \end{bmatrix}$$

其中

$$\boldsymbol{H}'=\begin{bmatrix} h'_{11} & h'_{12} \\ h'_{21} & h'_{22} \end{bmatrix}$$

称为逆混合参数矩阵，且有 $\boldsymbol{H}'=\boldsymbol{H}^{-1}$。

**【例 5-5】** 试求图 5-12（a）所示双口网络的 $H$ 参数。图中 $R=10\Omega$。

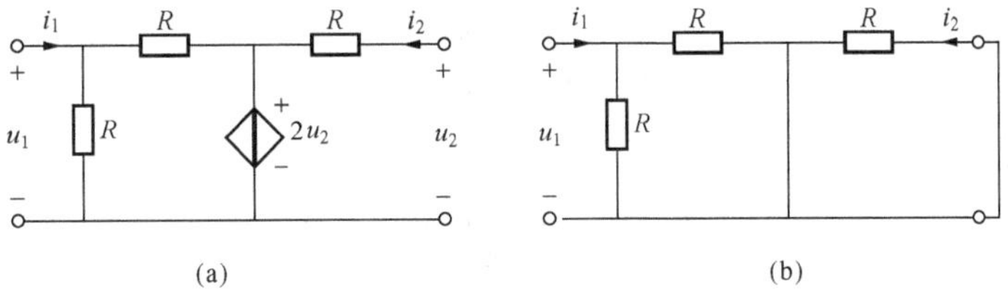


图 5-12 ［例 5-5］图

（a）原双口网络；（b）端口 2 短路

**解** 把端口 2 短路，如图 5-12（b）所示，可得

$$h_{11}=\left.\frac{u_1}{i_1}\right|_{u2=0}=\frac{R}{2}=5\ (\Omega)$$

又因为 $i_2=0$，因此

$$h_{21}=\left.\frac{i_2}{i_1}\right|_{u2=0}=0$$

利用图 5-12（a）可求出 $h_{22}$ 和 $h_{12}$。此时把端口 1 看作开路（$i_1=0$），可得

$$i_2=\frac{u_2-2u_2}{R}=-\frac{u_2}{R}=-0.1u_2$$

因此

$$h_{22}=\left.\frac{i_2}{u_2}\right|_{i1=0}=\frac{-0.1u_2}{u_2}=-0.1$$

由分压公式得 $u_1=u_2$，所以

$$h_{12}=\left.\frac{u_1}{u_2}\right|_{i1=0}=1$$

由此可知，本双口网络的 $H$ 参数矩阵为

$$\boldsymbol{H}=\begin{bmatrix}5 & 1\\ 0 & -0.1\end{bmatrix}$$

### 5.2.5 双口网络各参数之间的关系

对于同一双口网络，六种参数中的任意两种参数只要存在，一定有内在联系。采用哪一种参数来表征双口网络都是可以的，只要这种参数存在。但根据不同的具体情况，选用某一种参数会更合适、方便。例如，晶体管用 $H$ 参数易于测试；在讨论网络的传输问题时用传输参数较为方便。因此，经常需要将一种形式的参数转换成另一种形式的参数。根据上述六种双口网络方程，很容易找出它们之间的关系。

从式（5-1）和式（5-3）可以看出，开路电阻参数矩阵 $\boldsymbol{R}$ 和短路电导参数矩阵 $\boldsymbol{G}$ 互为逆矩阵（只要逆矩阵存在），即 $\boldsymbol{R}=\boldsymbol{G}^{-1}$ 或者 $\boldsymbol{G}=\boldsymbol{R}^{-1}$。这样，可直接利用求逆矩阵的方法进行互换。除此之外，也可直接从方程中找出它们之间的关系。

假如已知 $R$ 参数方程为

$$u_1=R_{11}i_1+R_{12}i_2 \tag{5-6}$$

$$u_2=R_{21}i_1+R_{22}i_2 \tag{5-7}$$

则由式（5-7）得

$$i_1=\frac{u_2}{R_{21}}-\frac{R_{22}}{R_{21}}i_2$$

代入式（5-6）得

$$u_1=\frac{R_{11}}{R_{21}}u_2-\left(\frac{R_{11}R_{22}}{R_{21}}-R_{12}\right)i_2$$

整理得

$$\left.\begin{aligned}u_1&=\frac{R_{11}}{R_{21}}u_2+\frac{R_{11}R_{22}-R_{12}R_{21}}{R_{21}}(-i_2)\\ i_1&=\frac{1}{R_{21}}u_2+\frac{R_{22}}{R_{21}}(-i_2)\end{aligned}\right\} \tag{5-8}$$

将式（5-8）和 $T$ 参数方程相比，可得传输参数和开路电阻参数的关系为

$$A=\frac{R_{11}}{R_{21}},\ B=\frac{R_{11}R_{22}-R_{12}R_{21}}{R_{21}},\ C=\frac{1}{R_{21}},D=\frac{R_{22}}{R_{21}}$$

根据上述方法，可求得各种参数之间的转换关系（见表 5-1），在此不再一一推导。表中，$\Delta_R$、$\Delta_G$、$\Delta_T$、$\Delta_H$ 分别为相应参数矩阵的行列式值。

**【例 5-6】** 分别求图 5-13 所示双口网络的 $G$ 和 $T$ 参数矩阵。

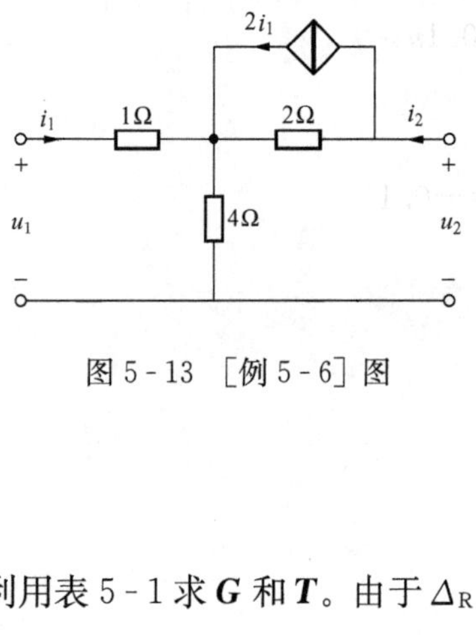


图 5-13 ［例 5-6］图

**解** 本题 $R$ 参数较容易求出。由回路法得

$$u_1=5i_1+4i_2$$
$$u_2=4i_1+6i_2-2\times 2i_1$$

整理得该网络的 $R$ 参数方程为

$$u_1=5i_1+4i_2$$
$$u_2=0\times i_1+6i_2$$

则 $R$ 参数矩阵为

$$\boldsymbol{R}=\begin{bmatrix}5 & 4\\ 0 & 6\end{bmatrix}(\Omega)$$

下面利用表 5-1 求 $\boldsymbol{G}$ 和 $\boldsymbol{T}$。由于 $\Delta_R=R_{11}R_{22}-R_{12}R_{21}=30$，故得

$$\boldsymbol{G}=\boldsymbol{R}^{-1}=\begin{bmatrix}\frac{1}{5} & -\frac{2}{15}\\ 0 & \frac{1}{6}\end{bmatrix}(\mathrm{S})$$

对于本例，由于 $R_{21}=0$，故 $T$ 参数不存在。

**表 5-1** **双口网络参数矩阵互换表**

| 参数名称 | 用 $R$ 参数表示 | 用 $G$ 参数表示 | 用 $T$ 参数表示 | 用 $H$ 参数表示 |
|---|---|---|---|---|
| $R$ | $\begin{bmatrix}R_{11} & R_{12}\\ R_{21} & R_{22}\end{bmatrix}$ | $\begin{bmatrix}\frac{G_{22}}{\Delta_G} & -\frac{G_{12}}{\Delta_G}\\ -\frac{G_{21}}{\Delta_G} & \frac{G_{11}}{\Delta_G}\end{bmatrix}$ | $\begin{bmatrix}\frac{A}{C} & \frac{\Delta_T}{C}\\ \frac{1}{C} & \frac{D}{C}\end{bmatrix}$ | $\begin{bmatrix}\frac{\Delta_H}{h_{22}} & \frac{h_{12}}{h_{22}}\\ -\frac{h_{21}}{h_{22}} & \frac{1}{h_{22}}\end{bmatrix}$ |

续表

| 参数名称 | 用 $R$ 参数表示 | 用 $G$ 参数表示 | 用 $T$ 参数表示 | 用 $H$ 参数表示 |
|---|---|---|---|---|
| G | $\begin{bmatrix} \frac{R_{22}}{\Delta_R} & -\frac{R_{12}}{\Delta_R} \\ -\frac{R_{21}}{\Delta_R} & \frac{R_{11}}{\Delta_R} \end{bmatrix}$ | $\begin{bmatrix} G_{11} & G_{12} \\ G_{21} & G_{22} \end{bmatrix}$ | $\begin{bmatrix} \frac{D}{B} & -\frac{\Delta_T}{B} \\ -\frac{1}{B} & \frac{A}{B} \end{bmatrix}$ | $\begin{bmatrix} \frac{1}{h_{11}} & -\frac{h_{12}}{h_{11}} \\ \frac{h_{21}}{h_{11}} & \frac{\Delta_H}{h_{11}} \end{bmatrix}$ |
| $T$ | $\begin{bmatrix} \frac{R_{11}}{R_{21}} & \frac{\Delta_R}{R_{21}} \\ \frac{1}{R_{21}} & \frac{R_{22}}{R_{21}} \end{bmatrix}$ | $\begin{bmatrix} -\frac{G_{22}}{G_{21}} & -\frac{1}{G_{21}} \\ -\frac{\Delta_G}{G_{21}} & -\frac{G_{11}}{G_{21}} \end{bmatrix}$ | $\begin{bmatrix} A & B \\ C & D \end{bmatrix}$ | $\begin{bmatrix} -\frac{\Delta_H}{h_{21}} & -\frac{h_{11}}{h_{21}} \\ -\frac{h_{22}}{h_{21}} & -\frac{1}{h_{21}} \end{bmatrix}$ |
| $H$ | $\begin{bmatrix} \frac{\Delta_R}{R_{22}} & \frac{R_{12}}{R_{22}} \\ -\frac{R_{21}}{R_{22}} & \frac{1}{R_{22}} \end{bmatrix}$ | $\begin{bmatrix} \frac{1}{G_{11}} & -\frac{G_{12}}{G_{11}} \\ \frac{G_{21}}{G_{11}} & \frac{\Delta_G}{G_{11}} \end{bmatrix}$ | $\begin{bmatrix} \frac{B}{D} & \frac{\Delta_T}{D} \\ -\frac{1}{D} & \frac{C}{D} \end{bmatrix}$ | $\begin{bmatrix} h_{11} & h_{12} \\ h_{21} & h_{22} \end{bmatrix}$ |
| 互易条件 | $R_{12}=R_{21}$ | $G_{12}=G_{21}$ | $\Delta_T=1$ | $h_{12}=-h_{21}$ |
| 对称条件 | $R_{12}=R_{21}$，$R_{11}=R_{22}$ | $G_{12}=G_{21}$，$G_{11}=G_{22}$ | $\Delta_T=1$，$A=D$ | $h_{12}=-h_{21}$，$\Delta_H=1$ |
| 备注 | $\Delta_R=R_{11}R_{22}-R_{12}R_{21}$ | $\Delta_G=G_{11}G_{22}-G_{12}G_{21}$ | $\Delta_T=AD-BC$ | $\Delta_H=h_{11}h_{22}-h_{12}h_{21}$ |

应该指出，对于一个具体的双口网络，六种参数不一定都存在。

## 5.3 双口网络的等效电路

为了简化分析计算，或者用最少的元件和合理的结构实现预期的网络特性，经常需要用等效网络来代替原网络。两个双口网络的等效条件是对应的网络参数方程完全相同。当网络参数已知后，由此可确定其等效电路的结构和参数。

以开路电阻参数为例，其 $R$ 参数方程为

$$\left.\begin{aligned} u_1&=R_{11}i_1+R_{12}i_2 \\ u_2&=R_{21}i_1+R_{22}i_2 \end{aligned}\right\} \tag{5-9}$$

若把式（5-9）看成两个彼此分开的回路，回路电流分别为 $i_1$ 和 $i_2$。在第一个回路中（电流为 $i_1$），把 $R_{12}i_2$ 看成受电流 $i_2$ 控制的电压源；同样，$R_{21}i_1$ 可看成是第二个回路中受电流 $i_1$ 控制的电压源，这样可画出如图 5-14（a）所示的等效电路。

式（5-9）可改写为

$$\left.\begin{aligned} u_1&=(R_{11}-R_{12})i_1+R_{12}(i_1+i_2) \\ u_2&=R_{12}(i_1+i_2)+(R_{22}-R_{12})i_2+(R_{21}-R_{12})i_1 \end{aligned}\right\}$$

则可以画出另一种等效电路，如图 5-14（b）所示。

由上可知，一个双口网络的参数已知时，由它的网络参数方程及各种改写后的网络方程，可以画出多个等效电路，但结构最简单的等效电路最多包含四个元件，这与表征双口网络的四个参数相当。

对于互易的双口网络，参数 $R_{12}=R_{21}$，独立的参数只有三个。此时，图 5-14（b）中受控源的电压为零，相当于短路，等效电路变成一个 T 形的三元件等效电路，如图 5-15（a）所示。图中，$R_1=R_{11}-R_{12}$，$R_2=R_{22}-R_{12}$，$R_0=R_{12}$。根据星形网络与三角形网络的

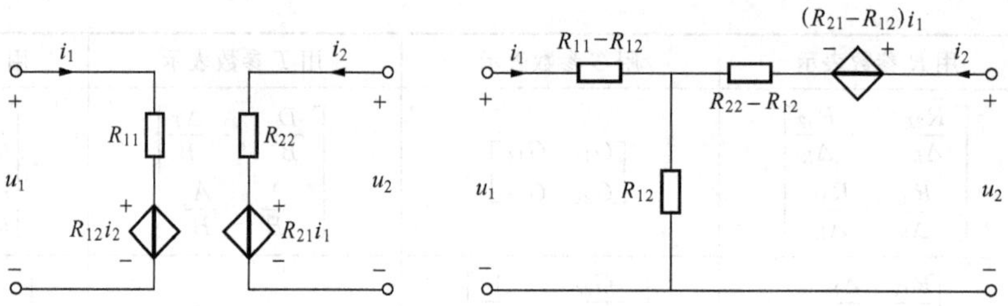


(a) (b)

图 5 - 14　用 $R$ 参数表示的双口网络的两种等效电路

（a）等效电路形式一；（b）等效电路形式二

等效变换，可画出Π形的等效电路，如图 5 - 15（b）所示。等效电路中 $G_1$、$G_2$ 和 $G_0$ 可通过计算获得。用 $G$ 参数可直接导出图 5 - 15（b）所示的Π形等效电路，且有 $G_1=G_{11}+G_{12}$，$G_2=G_{22}+G_{12}$，$G_0=-G_{12}$。因此，互易双口网络的最简等效网络是 T 形网络和Π形网络。

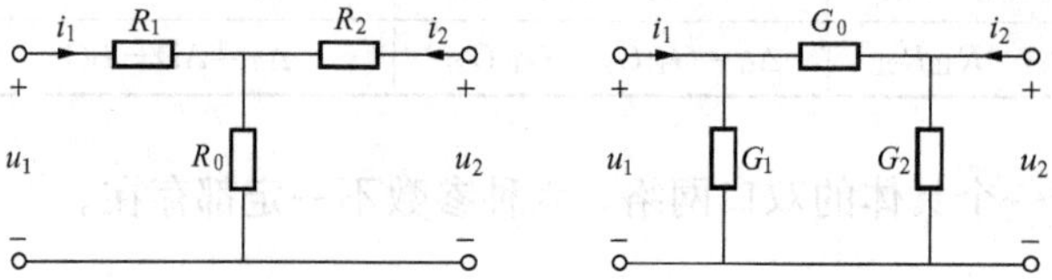


(a) (b)

图 5 - 15　互易双口网络的等效电路

（a）T 形等效电路；（b）Π形等效电路

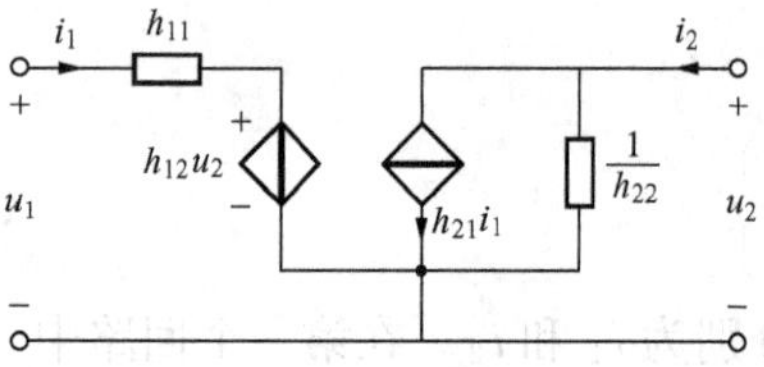


图 5 - 16　$H$ 参数表示的等效电路

若已知的是网络的其他参数，用类似的方法可画出其等效电路。例如，若已知网络的 $H$ 参数方程为

$$u_1=h_{11}i_1+h_{12}u_2$$

$$i_2=h_{21}i_1+h_{22}u_2$$

则不难得到如图 5 - 16 所示的等效电路。该电路常用来表示晶体管的等效电路。

**【例 5 - 7】**　电路如图 5 - 17 所示。已知双口网络的 $H$ 参数为 $h_{11}=1\Omega$，$h_{12}=2$，$h_{21}=3$，$h_{22}=0.1\text{S}$，且 $U_s=10\text{V}$，$R_s=1\Omega$，试求端口 2 开路时的电压 $U_2$。

**解**　用 $H$ 参数表示的等效电路替代 N，可得如图 5 - 18 所示的电路。对输入回路列写方程得

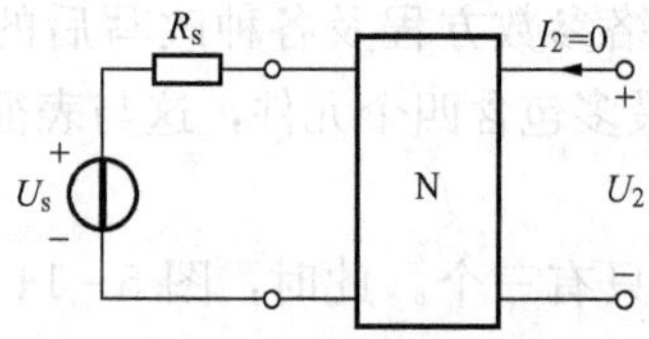


图 5 - 17　［例 5 - 7］图

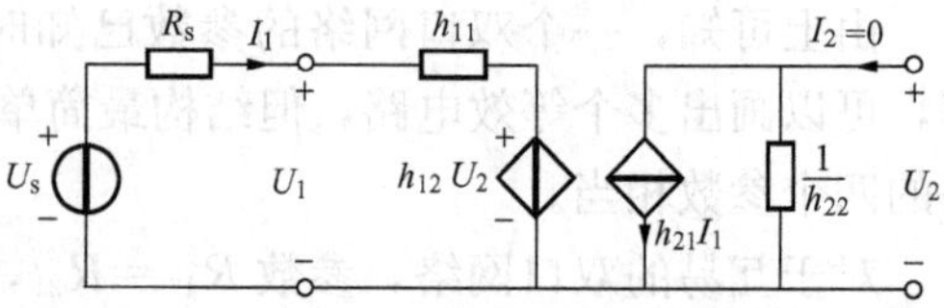


图 5 - 18　图 5 - 17 的等效电路

$$U_s=(R_s+h_{11})I_1+h_{12}U_2$$

即

$$10=2I_1+2U_2 \tag{5-10}$$

由欧姆定律得

$$U_2=-h_{21}I_1\times\frac{1}{h_{22}} \tag{5-11}$$
$$=-3I_1\times 10=-30I_1$$

由式（5-11）解出 $I_1$，代入式（5-10）可得

$$U_2=\frac{150}{29}=5.17\ (\mathrm{V})$$

## 5.4　双口网络的复合连接

一个结构复杂的双口网络，要直接求出其参数，有时是十分困难的。但是，一些简单的双口网络的参数较容易求得，甚至可以直接写出。如果能将一个复杂的双口网络分解成若干个简单的双口网络的复合连接，那么可先求出这些简单双口网络的参数，然后由这些参数进而求得复杂双口网络的参数，这样就可简化复杂双口网络参数的计算。本节将讨论双口网络的串联、并联和级联三种连接方式。

### 5.4.1　双口网络的级联

前一个双口网络的输出口与后一个双口网络的输入口相联，这种连接方式称为双口网络的级联，如图 5-19 所示。

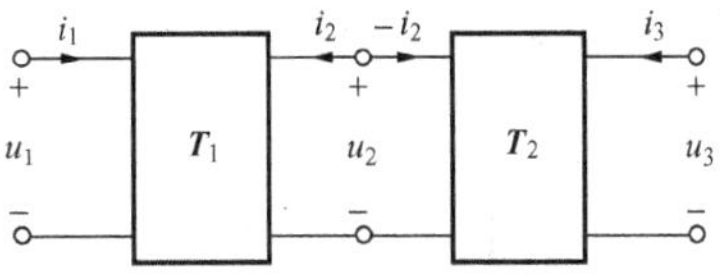

图 5-19　双口网络的级联

双口网络的级联采用传输参数分析较为方便。设两个双口网络的传输参数方程分别为

$$\begin{bmatrix} u_1 \\ i_1 \end{bmatrix}=\begin{bmatrix} A_1 & B_1 \\ C_1 & D_1 \end{bmatrix}\begin{bmatrix} u_2 \\ -i_2 \end{bmatrix}=\boldsymbol{T}_1\begin{bmatrix} u_2 \\ -i_2 \end{bmatrix} \tag{5-12}$$

$$\begin{bmatrix} u_2 \\ -i_2 \end{bmatrix}=\begin{bmatrix} A_2 & B_2 \\ C_2 & D_2 \end{bmatrix}\begin{bmatrix} u_3 \\ -i_3 \end{bmatrix}=\boldsymbol{T}_2\begin{bmatrix} u_3 \\ -i_3 \end{bmatrix} \tag{5-13}$$

将式（5-12）和式（5-13）合并，得

$$\begin{bmatrix} u_1 \\ i_1 \end{bmatrix}=\begin{bmatrix} A_1 & B_1 \\ C_1 & D_1 \end{bmatrix}\begin{bmatrix} A_2 & B_2 \\ C_2 & D_2 \end{bmatrix}\begin{bmatrix} u_3 \\ -i_3 \end{bmatrix}=\boldsymbol{T}_1\boldsymbol{T}_2\begin{bmatrix} u_3 \\ -i_3 \end{bmatrix}=\boldsymbol{T}\begin{bmatrix} u_3 \\ -i_3 \end{bmatrix}=\begin{bmatrix} A & B \\ C & D \end{bmatrix}\begin{bmatrix} u_3 \\ -i_3 \end{bmatrix} \tag{5-14}$$

其中

$$\boldsymbol{T}=\boldsymbol{T}_1\boldsymbol{T}_2$$

式（5-14）表明，级联形成的复合网络的传输参数矩阵为级联前各双口网络的传输参数矩阵的乘积。这个结论可推广到 $n$ 个双口网络级联的情况，即

$$\boldsymbol{T}=\boldsymbol{T}_1\boldsymbol{T}_2\cdots\boldsymbol{T}_n \tag{5-15}$$

应注意，由于矩阵的乘法不满足交换律，因此上面各矩阵的次序不能颠倒，即 $\boldsymbol{T}_1\boldsymbol{T}_2\neq\boldsymbol{T}_2\boldsymbol{T}_1$。

从物理意义上讲，网络的级联在前后位置的次序上不能颠倒。

**【例 5-8】** 试求图 5-20（a）所示双口网络的传输参数矩阵。

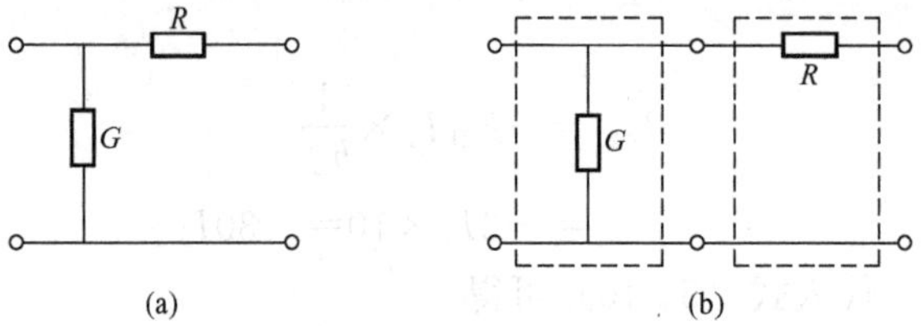


图 5-20 ［例 5-8］图

（a）原双口网络；（b）两个单一元件的双口网络级联

**解** 把图 5-20（a）中的双口网络看成如图 5-20（b）所示的两个单一元件的双口网络的级联。

容易求得两个网络的传输参数矩阵分别为

$$\boldsymbol{T}_1=\begin{bmatrix}1 & 0\\ G & 1\end{bmatrix},\ \boldsymbol{T}_2=\begin{bmatrix}1 & R\\ 0 & 1\end{bmatrix}$$

所以，级联后网络的传输参数矩阵为

$$\boldsymbol{T}=\boldsymbol{T}_1\,\boldsymbol{T}_2=\begin{bmatrix}1 & 0\\ G & 1\end{bmatrix}\begin{bmatrix}1 & R\\ 0 & 1\end{bmatrix}=\begin{bmatrix}1 & R\\ G & RG+1\end{bmatrix}$$

### 5.4.2 双口网络的串联

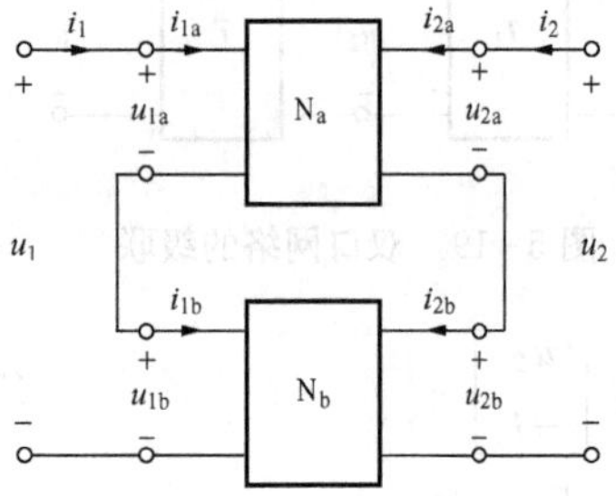


图 5-21 串联的双口网络

如果两个双口网络的输入口和输出口分别串联连接，如图 5-21 所示。并且这样连接后，原来的两个网络仍满足各自的端口条件，则这种连接称为双口网络的串联。

由 KVL 与 KCL 分别得

$$u_1=u_{1a}+u_{1b},\ u_2=u_{2a}+u_{2b}$$

$$i_1=i_{1a}=i_{1b},\ i_2=i_{2a}=i_{2b}$$

双口网络串联用 $R$ 参数表征较为方便。两个双口网络的 $R$ 参数方程分别为

$$\boldsymbol{u}_a=\boldsymbol{R}_a\,\boldsymbol{i}_a,\ \boldsymbol{u}_b=\boldsymbol{R}_b\,\boldsymbol{i}_b$$

$$\begin{aligned}\boldsymbol{u}&=\begin{bmatrix}u_1\\ u_2\end{bmatrix}=\begin{bmatrix}u_{1a}+u_{1b}\\ u_{2a}+u_{2b}\end{bmatrix}=\begin{bmatrix}u_{1a}\\ u_{2a}\end{bmatrix}+\begin{bmatrix}u_{1b}\\ u_{2b}\end{bmatrix}\\ &=\boldsymbol{u}_a+\boldsymbol{u}_b\\ &=\boldsymbol{R}_a\,\boldsymbol{i}_a+\boldsymbol{R}_b\,\boldsymbol{i}_b\\ &=\boldsymbol{R}_a\boldsymbol{i}+\boldsymbol{R}_b\boldsymbol{i}=(\boldsymbol{R}_a+\boldsymbol{R}_b)\boldsymbol{i}\\ &=\boldsymbol{R}\boldsymbol{i}\end{aligned}$$

其中

$$\boldsymbol{R}=\boldsymbol{R}_a+\boldsymbol{R}_b \tag{5-16}$$

所以，串联形成的复合网络的开路电阻参数矩阵等于各个串联网络的开路电阻参数矩阵

之和。

### 5.4.3　双口网络的并联

若两个双口网络的输入口和输出口分别并联，如图 5-22 所示。并且这样连接后，原来的两个网络仍满足各自的端口条件，则这种连接称为双口网络的并联。

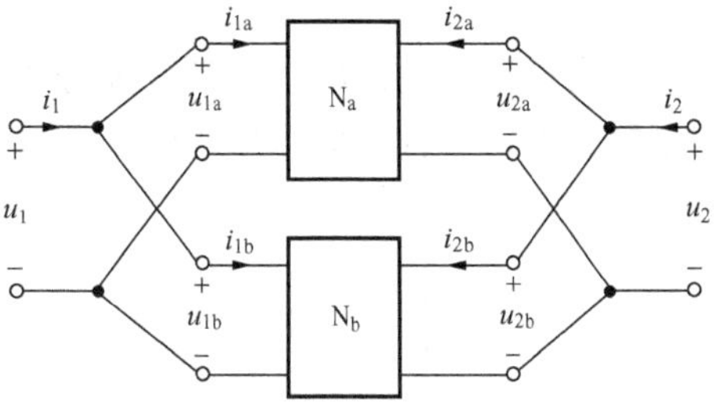

图 5-22　并联的双口网络

双口网络并联用 $G$ 参数表示较为方便。与开路电阻参数对偶，整个双口网络的 $G$ 参数矩阵为

$$\boldsymbol{G}=\boldsymbol{G}_a+\boldsymbol{G}_b \tag{5-17}$$

因此，并联形成的复合双口网络的短路电导参数矩阵等于各并联网络的短路电导参数矩阵之和。

应用复合网络参数的求解方法，可以简化参数的计算工作。例如，对于图 5-23（a）所示的桥 T 形网络，直接计算其参数较为困难，但将它分解成图 5-23（b）所示的两个简单网络的串联，或分解成图 5-23（c）所示的两个网络的并联，则可先分别求出串（并）联网络的参数，然后再求出原网络的参数。

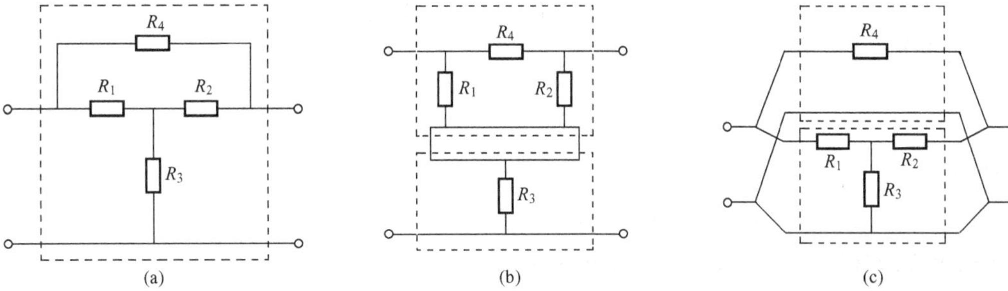

图 5-23　桥 T 形网络分解

（a）原网络；（b）串联；（c）并联

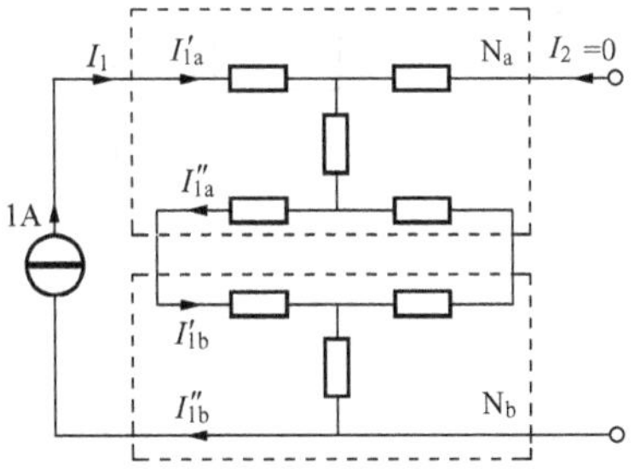

图 5-24　破坏端口条件的连接

（图中各电阻阻值均为 1Ω）

最后指出，当两个双口网络串联或并联时，原网络的端口条件（即从一个端钮流入的电流等于从另一个端钮流出的电流）可能会遭到破坏。例如，图 5-24 所示网络中，网络 $N_a$ 和 $N_b$ 串联后，输入口流入电流 $I_1$ 为 1A，输出口开路。由 KCL 和分流公式得

$$I'_{1a}=1\ (\text{A})$$

$$I''_{1a}=\frac{I_1}{2}=\frac{I'_{1a}}{2}=0.5(\text{A})$$

$$I'_{1b}=0.5\ (\text{A})$$

$$I''_{1b}=1\ (\text{A})$$

由此可以看出，网络 $N_a$ 和 $N_b$ 的端口条件遭了到破坏。因而，这两个网络串联后的 $R$ 参数矩阵将不等于 $\boldsymbol{R}_a$ 与 $\boldsymbol{R}_b$ 之和。

## 5.5 双口网络方程的应用示例

在本书前几章中已经了解到，要分析一个电路，往往需要知道其结构和元件参数。如果只需了解其端口特性，则可应用端口分析法，即用本章已介绍过的网络参数来分析电路。本节将通过实例予以说明。

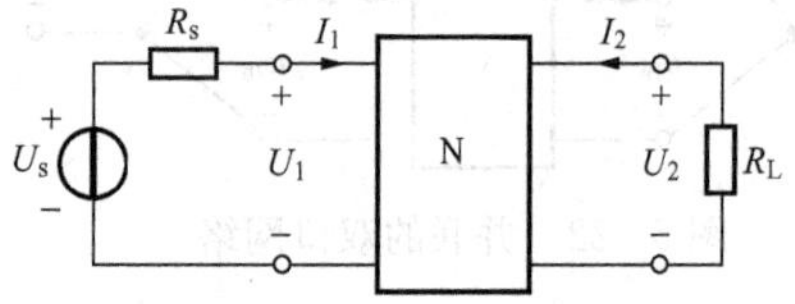


图 5-25 ［例 5-9］图

【例 5-9】 试求图 5-25 所示电路的端口电压 $U_1$、$U_2$ 和端口电流 $I_1$、$I_2$。已知网络 N 的开路电阻参数为 $R_{11}=5\Omega$，$R_{12}=3\Omega$，$R_{21}=2\Omega$，$R_{22}=4\Omega$ 及 $R_s=1\Omega$，$R_L=10\Omega$，$U_s=39V$。

**解** 本题双口网络 N 的输入口与一个有伴电压源相连接，输出口与一个负载 $R_L$ 相连，是一个有载的双口网络。网络 N 的 $R$ 参数方程为

$$U_1=5I_1+3I_2$$
$$U_2=2I_1+4I_2$$

输入口和输出口的外部电路方程分别为

$$U_1=39-I_1, U_2=-10I_2$$

消去上述四个方程中的 $U_1$、$U_2$ 有

$$\begin{cases}6I_1+3I_2=39\\2I_1+14I_2=0\end{cases}$$

联立求解得

$$I_1=7\ (\mathrm{A}), I_2=-1\ (\mathrm{A})$$

再由外部电路方程或网络 N 的 $R$ 参数方程得

$$U_1=32\ (\mathrm{V}), U_2=10\ (\mathrm{V})$$

【例 5-10】 试求图 5-26 所示的双口网络 N 的输入电阻和输出电阻。已知 $R_s=2\Omega$，$R_L=5\Omega$，网络 N 的 $H$ 参数为 $h_{11}=-1\Omega$，$h_{12}=3$，$h_{21}=-3$，$h_{22}=1S$。

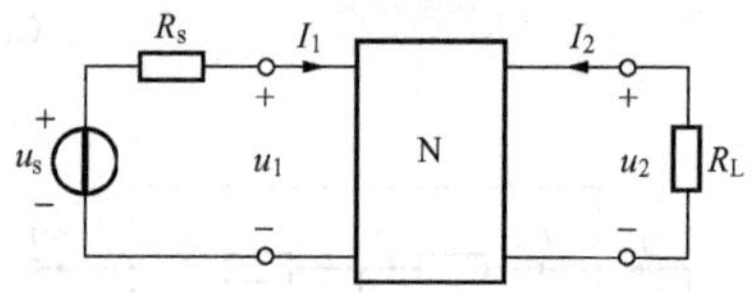


图 5-26 ［例 5-10］图

**解** 根据已知条件可写出网络 N 的 $H$ 参数方程为

$$u_1=-i_1+3u_2$$
$$i_2=-3i_1+u_2$$

对输出端口有

$$u_2=-5i_2$$

由以上三式，得

$$u_1=-i_1+7.5i_1=6.5i_1$$

因此，输入电阻为

$$R_{in}=\frac{u_1}{i_1}=6.5\ (\Omega)$$

将 $u_s$ 短路，则输入口外部电路的方程为

$$u_1 = -2i_1 \tag{5-18}$$

由式（5-18）和 $H$ 参数方程联立求解得

$$i_2 = -3\times(-3u_2) + u_2 = 10u_2$$

因而，输出电阻为

$$R_{out} = \frac{u_2}{i_2} = \frac{1}{10} = 0.1\ (\Omega)$$

【例 5-11】　双口网络如图 5-27 所示，由串有 50Ω 电阻的电压源激励，电压源的电压为 10V，试求由端口 2 看进去的戴维南等效电路。

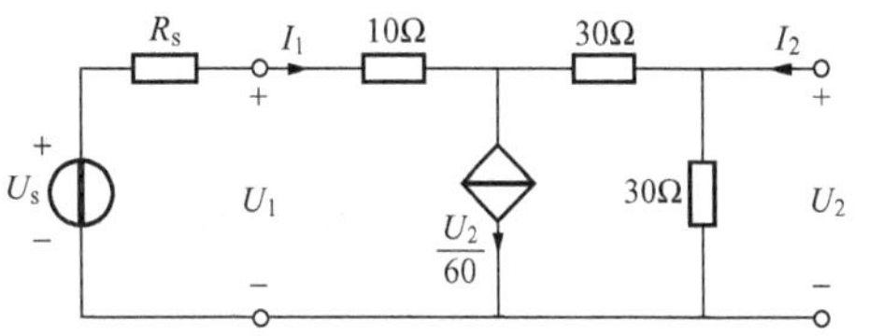

图 5-27 ［例 5-11］图

**解**　容易求得双口网络的 $R$ 参数为

$R_{11} = 50\ (\Omega)$，$R_{12} = 10\ (\Omega)$

$R_{21} = 20\ (\Omega)$，$R_{22} = 20\ (\Omega)$

当端口 2 开路（$I_2=0$）时，端口 1 的输入电阻 $R_{in1} = R_{11}$，所以

$$I_1 = \frac{U_s}{R_s + R_{11}}$$

则戴维南等效电路中的开路电压为

$$U_{2oc} = R_{21}I_1 = \frac{R_{21}U_s}{R_s + R_{11}} = \frac{20\times 10}{50+50} = 2\ (\mathrm{V})$$

当电压源 $U_s$ 短路时，端口 1 的外部特性方程为

$$U_1 = -R_sI_1$$

由于 $U_1 = R_{11}I_1 + R_{12}I_2$，所以

$$\frac{I_1}{I_2} = -\frac{R_{12}}{R_s + R_{11}} \tag{5-19}$$

又因为 $U_2 = R_{21}I_1 + R_{22}I_2$，所以戴维南等效电阻为

$$R_0 = \frac{U_2}{I_2} = R_{22} + R_{21}\frac{I_1}{I_2} \tag{5-20}$$

将式（5-19）代入式（5-20），可得

$$R_0 = R_{22} - \frac{R_{12}R_{21}}{R_s + R_{11}} = 20 - \frac{10\times 20}{50+50} = 18\ (\Omega)$$

【例 5-12】　已知图 5-28 所示双口网络的 $T$ 参数为 $A=1$，$B=10\Omega$，$C=0.1\mathrm{S}$，$D=1$，并已知负载电阻 $R_L=10\Omega$。试求转移电流比 $A_i$ 和转移电压比 $A_u$。其中 $A_i = \frac{-I_2}{I_1}$，$A_u = \frac{U_2}{U_1}$。

微课 08
端口分析法
（典型例题讲解）

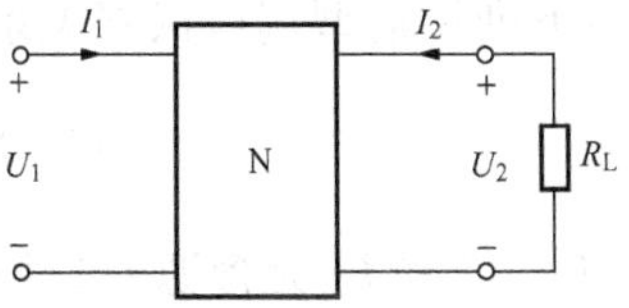

图 5-28 ［例 5-12］图

**解**　由网络方程

$$U_1 = AU_2 - BI_2$$

和负载的特性方程

$$U_2 = -R_LI_2$$

可得

$$A_u=\frac{U_2}{U_1}=\frac{R_L}{AR_L+B}=\frac{10}{1\times10+10}=0.5$$

由网络方程

$$I_1=CU_2-DI_2$$

及负载的特性方程

$$U_2=-R_LI_2$$

可得

$$A_i=\frac{-I_2}{I_1}=\frac{1}{CR_L+D}=\frac{1}{0.1\times10+1}=0.5$$

由以上各例题可知，可应用任一种存在的网络参数来分析有载双口网络。

## *5.6 含源双口网络

内部含有独立电源的双口网络称为含源双口网络。本节讨论这类网络的端口参数方程及其等效电路。

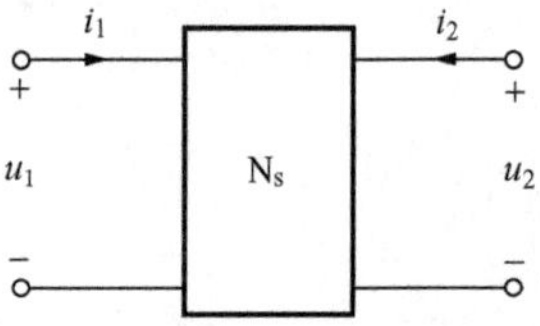

图 5-29 含源双口网络

### 5.6.1 含源双口网络的参数方程

将每一个端口的独立源分别当作一组，双口网络内部的独立源当作一组，应用叠加定理和齐性定理可得图 5-29 所示含源双口网络的下列端口伏安关系。

（1）流控型端口伏安关系为

$$\left.\begin{aligned}u_1&=R_{11}i_1+R_{12}i_2+u_{1oc}\\u_2&=R_{21}i_1+R_{22}i_2+u_{2oc}\end{aligned}\right\}\tag{5-21}$$

式中：$u_{1oc}$和$u_{2oc}$分别为两个端口都开路时端口 1 和端口 2 的开路电压；$R_{11}$、$R_{12}$、$R_{21}$和$R_{22}$为含源双口网络内部独立源置零后所得网络的开路电阻参数。

（2）压控型端口伏安关系为

$$\left.\begin{aligned}i_1&=G_{11}u_1+G_{12}u_2+i_{1sc}\\i_2&=G_{21}u_1+G_{22}u_2+i_{2sc}\end{aligned}\right\}\tag{5-22}$$

式中：$i_{1sc}$和$i_{2sc}$分别为两个端口都短路时端口 1 和端口 2 的短路电流；$G_{11}$、$G_{12}$、$G_{21}$和$G_{22}$为含源双口网络内部独立源置零后所得网络的短路电导参数。

（3）混合型端口伏安关系为

$$\left.\begin{aligned}u_1&=h_{11}i_1+h_{12}u_2+u_{1oc}\\i_2&=h_{21}i_1+h_{22}u_2+i_{2sc}\end{aligned}\right\}\tag{5-23}$$

式中：$u_{1oc}$和$i_{2sc}$分别为端口 1 开路和端口 2 短路时端口 1 的开路电压和端口 2 的短路电流；$h_{11}$、$h_{12}$、$h_{21}$和$h_{22}$为含源双口网络内部独立源置零后所得网络的混合参数。

（4）传输型端口伏安关系。由上述任意一种伏安关系可导出下列传输型端口伏安关系为

$$\left.\begin{aligned}u_1&=Au_2+B(-i_2)+u_{1s}\\i_1&=Cu_2+D(-i_2)+i_{1s}\end{aligned}\right\}\tag{5-24}$$

式中：$u_{1s}$和$i_{1s}$分别表示含源双口网络内部独立源的贡献；$A$、$B$、$C$和$D$为含源双口网络内部独立源置零后所得网络的传输参数。

### 5.6.2 含源双口网络的等效电路

设双口网络 $N_0$ 代表含源双口网络 $N_s$ 内部独立源置零后所得网络，由式（5-21）可得含源双口的等效电路如图 5-30（a）所示，这一等效电路称为 $R$ 参数等效电路，它是戴维南等效电路的推广；由式（5-22）可得含源双口的等效电路如图 5-30（b）所示，这一等效电路称为 $G$ 参数等效电路，它是诺顿等效电路的推广；由式（5-23）可得含源双口的等效电路如图 5-30（c）所示，这一等效电路称为 $H$ 参数等效电路。各图中的非含源双口网络 $N_0$ 的具体等效电路可按 5.3 中介绍的方法求解。

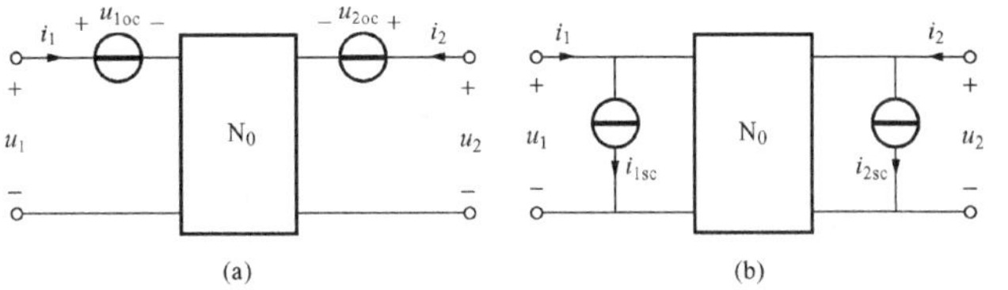


图 5-30 含源双口网络的等效电路

## 5.7 含运算放大器的电阻电路分析

### 5.7.1 运算放大器

运算放大器是一种应用广泛、能实现压控电压源特性的多端实际器件，它是组成各种有源网络的重要器件之一。因为它能完成加法、微分、积分等数学运算，所以被称为运算放大器，简称为运放。关于运算放大器的内部结构和线路等，将在后续课程模拟电子技术中讨论。在这里仅把它作为一个电路元件来处理，即只介绍其端口特性。本节将简单介绍运算放大器低频线性应用的主要特点和含有运算放大器的电阻电路的分析方法，有关它的非线性应用在本书第 13 章中介绍。

运算放大器有多个端子，但仅有四个端子可与外部电路相连，故从电路理论角度可看作四端元件，其电路符号如图 5-31（a）所示。它有两个输入端、一个输出端和一个公共端（通常为接地端）。图 5-31（b）中，输入电压 $u_-$ 加在输入“－”端与公共端之间，输出电压 $u_o$ 与输入电压是反相的，即

$$u_o = -Au_-$$

式中：$A$ 是运算放大器的开环电压放大倍数。

在图 5-31（c）中，当输入电压 $u_+$ 加在输入“＋”端与公共端之间时，输出电压 $u_o$ 和 $u_+$ 是同相的，即

$$u_o = Au_+$$

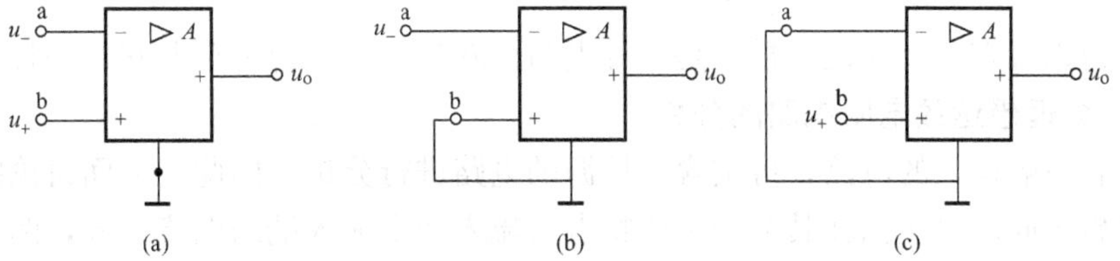


图 5-31 运算放大器

（a）运算放大器的电路符号；（b）、（c）两种接线方式

因此，“+”端称为同相输入端（又叫非倒相输入端），“－”端称为反相输入端（又叫倒相输入端）。

当两个电压同时加在“+”和“－”端时，输出电压 $u_o$ 是 $u_+$ 与 $u_-$ 差值的 $A$ 倍，即

$$u_o=A(u_+-u_-)$$

图 5-32（a）所示为运算放大器的低频电路模型，其中 $R_i$ 为运放的输入电阻，$R_o$ 为输出电阻。下面介绍运算放大器的特点。

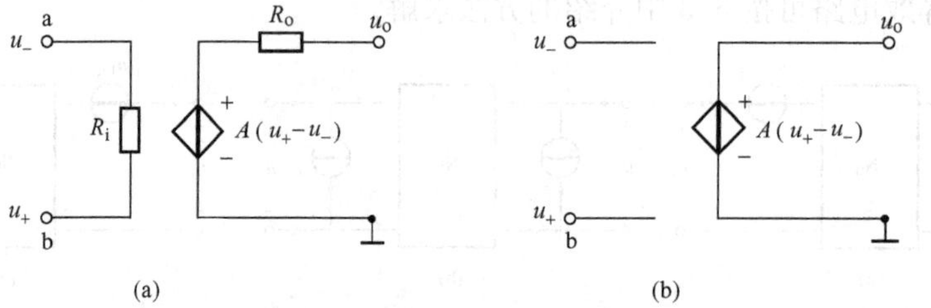


图 5-32　运算放大器的低频电路模型及简化模型

（a）运放的低频电路模型；（b）简化模型

运算放大器的特点之一是输入电阻 $R_i$ 很大，典型值为 $10^6\sim10^{13}\Omega$；特点之二是输出电阻 $R_o$ 很小，典型值为 $10\sim100\Omega$。在理想情况下，可取 $R_i\to\infty$，$R_o=0$，即运算放大器输入端之间是开路的，无电流流入输入端钮；输出电压 $u_o=A(u_+-u_-)$，它和输出端所接电路无关。这样，图 5-32（a）中的运放模型可进一步简化成图 5-32（b）所示的模型。其特点之三是电压放大倍数 $A$ 很高，典型值为$10^5\sim10^7$。由于实际运算放大器的输出电压 $A(u_+-u_-)$ 为有限值（因为放大器工作时需要加一定的直流偏置电压，其大小对公共端来说为有限值，因而输出电压的大小也不能超过这个直流电压值），当 $A$ 很大时，则 $(u_+-u_-)$ 一定很小。在理想情况下，$A$ 为无限大，$(u_+-u_-)$ 为零，即两个输入端为等电位。

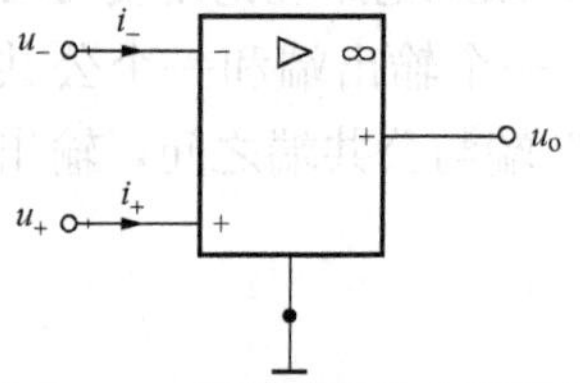


图 5-33　理想运放的电路符号

输入电阻为无限大（$R_i\to\infty$）、输出电阻为零（$R_o=0$）和 $A$ 为无限大（$A\to\infty$）的运算放大器称为理想运算放大器，简称理想运放，其电路符号如图 5-33 所示。由前面的讨论可知，理想运放满足下面两个特点

$$\left.\begin{aligned}u_+-u_-&=0\\i_+=i_-&=0\end{aligned}\right\}$$

上述两个方程即为理想运放的 VAR。这两个特点分别称为运放的虚短和虚断特性。之所以称为虚短、虚断，是因为电压为零时，电流也为零，反之亦然，与通常的短路、开路有所不同。

由以上讨论可知，上述运放模型是一种电阻性双口元件，容易证明它是一种有源元件。

### 5.7.2　含理想运放电阻电路的分析

对于含有一般运放的电路，可按含受控源的电路进行分析。因此，下面讨论的运算放大器都是指理想运放。只要抓住其两个主要特点（流入两个输入端的电流为零，两个输入端等电位），就不难分析含有理想运放的电路。但应注意，理想运放输出端电流和电压需分别借助 KCL 和 KVL 来求。下面通过实例说明如何分析含有理想运放的电路，并介绍运放是如

何实现运算功能的。

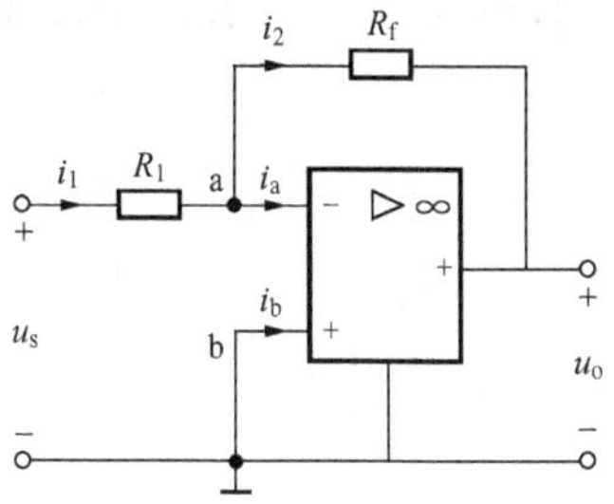

图 5-34 [例 5-13] 图

**【例 5-13】** 试求图 5-34 所示电路中输出电压 $u_o$ 和输入电压 $u_s$ 的比值，并分析该电路具有何种功能。

**解** 因同相输入端接地，故 $u_b=0$。对于理想运放而言，两个输入端等电位，因此

$$u_a=u_b=0 \qquad (5-25)$$

又因为理想运放输入端的电流为零，即 $i_a=i_b=0$，对节点 a 应用 KCL 得

$$i_1=i_2 \qquad (5-26)$$

根据欧姆定律和式（5-25）可得

$$i_1=\frac{u_s-u_a}{R_1}=\frac{u_s}{R_1},\ i_2=\frac{u_a-u_o}{R_f}=-\frac{u_o}{R_f}$$

代入式（5-26）得

$$\frac{u_s}{R_1}=-\frac{u_o}{R_f}$$

所以

$$\frac{u_o}{u_s}=-\frac{R_f}{R_1}$$

因为 $R_f/R_1$ 是常数，故输出电压和输入电压成比例，该电路可完成比例运算。又因为输入和输出反相，此电路也叫反相器。该电路通过 $R_f$ 支路将一部分输出引回到输入，这种电路连接方式称为反馈。由本例可知，运用直观法分析时，对节点列写 KCL 方程时计及虚断特性，对回路列 KVL 方程时计及虚短特性。

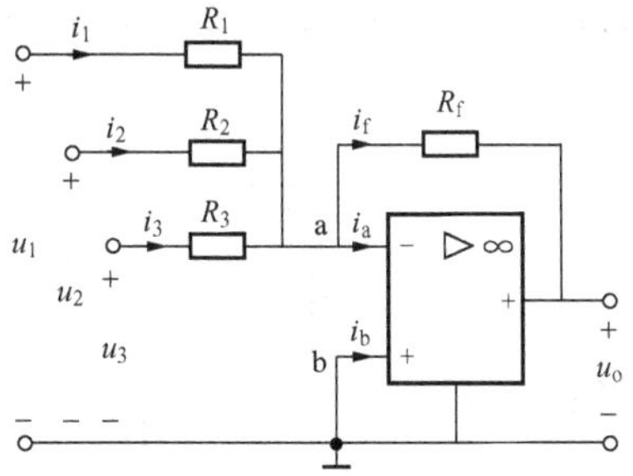

图 5-35 [例 5-14] 图

**【例 5-14】** 图 5-35 所示电路为加法器，试说明之。

**解** 因为 $i_a=0$ 和 $i_b=0$，所以

$$i_f=i_1+i_2+i_3$$

又因为

$$u_a=u_b=0$$

故

$$i_1=\frac{u_1}{R_1},\ i_2=\frac{u_2}{R_2},\ i_3=\frac{u_3}{R_3}$$

则

$$u_o=-R_f i_f=-R_f\left(\frac{u_1}{R_1}+\frac{u_2}{R_2}+\frac{u_3}{R_3}\right)$$

若取 $R_1=R_2=R_3=R_f$，则有

$$u_o=-(u_1+u_2+u_3)$$

上述结果表明，图 5-35 所示电路为加法器。

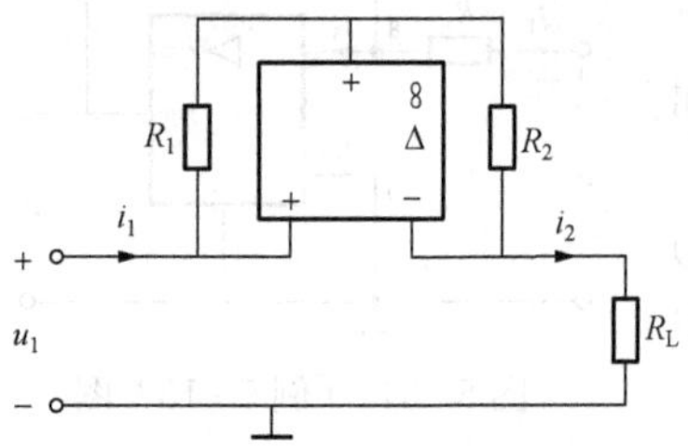


图 5-36 ［例 5-15］图

**【例 5-15】** 试求图 5-36 所示含理想运放二端网络的输入电阻。

**解** 根据理想运放的虚短和虚断特性，得

$$R_1i_1+R_2i_2=0$$

所以

$$i_2=-\frac{R_1}{R_2}i_1$$

再利用理想运放的虚短特性，有

$$u_1=R_Li_2=-\frac{R_1R_L}{R_2}i_1$$

因此，所求的输入电阻为

$$R_i=\frac{u_1}{i_1}=-\frac{R_1R_L}{R_2}$$

上述结果表明，该网络可以实现负电阻。

含理想运放的复杂电路宜采用节点分析法进行分析。先计及两个输入端电流为零的条件列写节点电压方程，然后再补充两个输入端节点等电位的方程。但应注意，公共端接地时，不对运放的输出端节点列写节点电压方程。

**【例 5-16】** 试求图 5-37 所示电路中的电压比 $u_o/u_s$。

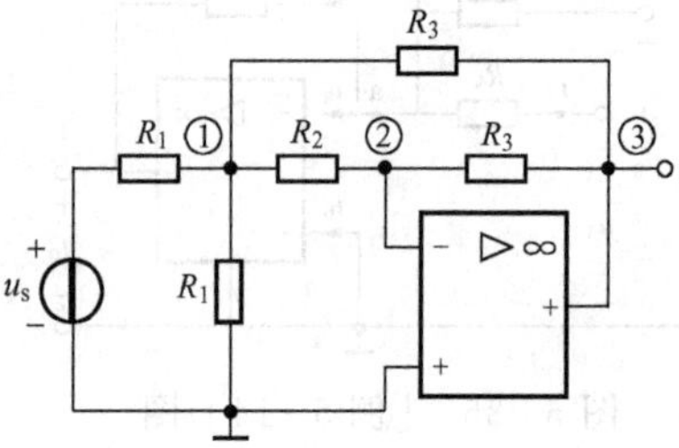


图 5-37 ［例 5-16］图

**解** 图 5-37 中，公共端及其与接地的连接线未画出，这主要是为了简便起见。但在分析中，应注意这条接地线的存在。

该电路共有三个独立节点，而节点③为运放的输出端，故对节点③不列写节点电压方程。节点①和②的节点电压方程分别为

$$\left(\frac{2}{R_1}+\frac{1}{R_2}+\frac{1}{R_3}\right)u_{n1}-\frac{1}{R_2}u_{n2}-\frac{1}{R_3}u_{n3}=\frac{u_s}{R_1}$$

$$-\frac{1}{R_2}u_{n1}+\left(\frac{1}{R_2}+\frac{1}{R_3}\right)u_{n2}-\frac{1}{R_3}u_{n3}=0$$

由于运放的两个输入端等电位，故得

$$u_{n2}=0$$

由此可得

$$\frac{u_o}{u_s}=\frac{u_{n3}}{u_s}=-\frac{R}{R_1}$$

式中

$$\frac{1}{R}=\frac{2R_2}{R_1R_3}+\frac{2}{R_3}+\frac{R_2}{R_3^2}$$

## 5.8 回 转 器

回转器是一种双口电阻元件，其电路符号如图 5-38 所示。〔理想〕回转器两个端口之间电压和电流的关系为

$$\left.\begin{aligned}u_1&=-ri_2\\u_2&=ri_1\end{aligned}\right\}\tag{5-27}$$

或写成

$$\left.\begin{aligned}i_1&=gu_2\\i_2&=-gu_1\end{aligned}\right\}\tag{5-28}$$

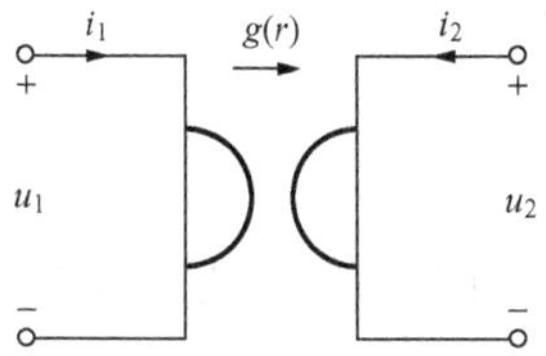

图 5-38　回转器的电路符号

式中：$r$ 和 $g$ 分别为回转电阻和回转电导，统称为回转常数，$r=1/g$，$r$ 和 $g$ 的单位分别为 Ω 和 S。

将式（5-27）和式（5-28）分别写成矩阵形式，则有

$$\begin{bmatrix}u_1\\u_2\end{bmatrix}=\begin{bmatrix}0&-r\\r&0\end{bmatrix}\begin{bmatrix}i_1\\i_2\end{bmatrix},\quad\begin{bmatrix}i_1\\i_2\end{bmatrix}=\begin{bmatrix}0&g\\-g&0\end{bmatrix}\begin{bmatrix}u_1\\u_2\end{bmatrix}$$

下面介绍回转器的重要特性。

(1) 由式（5-27）或式（5-28）可知，回转器有把一个端口的电流“回转”为另一端口的电压或相反过程的性质。注意，由于输出电流 $i_2$ 和回转方向被规定为如图 5-38 所示的参考方向，所以方程中与 $i_2$ 相关联的 $r$、$g$ 前为负号。

(2) 从式（5-27）可以看出，输入电压和输出电压分别是输出电流和输入电流的线性函数，这里 $r$ 和 $g$ 是与时间无关的常数。因此，回转器是一种线性时不变电阻元件。

(3) 根据回转器的特性方程得

$$u_1i_1+u_2i_2=0$$

这表明对于所有时间 $t$，输入回转器两个端口的功率之和等于零。因此，回转器既不发出功率也不消耗功率，它是一个无源元件。但它作为一个线性无源电路元件，却不满足互易定理，这可从式（5-27）中所表示的 $R$ 参数中 $R_{12}\neq R_{21}$ 看出。

利用回转器可实现电压源和电流源的互换，也可实现电容和电感的互换（见 6.5 节）。

回转器不仅是一种电路元件的模型，而且可用实际的电路元器件加以实现。其实现电路有多种形式，图 5-39 所示电路是利用运算放大器和电阻来构成回转器的一种实现方式。

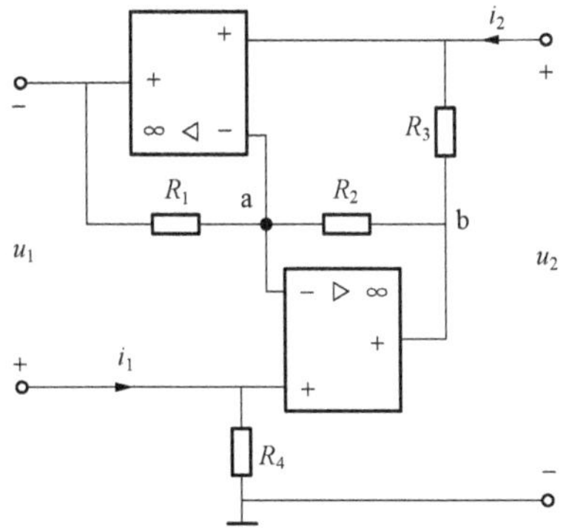

图 5-39　回转器的实现电路

利用理想运放的“虚短”和“虚断”特性，对两个运放的同相输入端应用 KCL 可得

$$i_1=\frac{u_a}{R_4}=\frac{1}{R_4}u_2\tag{5-29}$$

$$i_2=\frac{u_2-u_b}{R_3}\tag{5-30}$$

而

$$u_b = u_a + R_2 \frac{u_1}{R_1} = u_2 + \frac{R_2}{R_1} u_1 \tag{5-31}$$

将式（5-31）代入式（5-30）有

$$i_2 = \frac{u_2}{R_3} - \frac{1}{R_3}\left(u_2 + \frac{R_2}{R_1} u_1\right) = -\frac{R_2}{R_1 R_3} u_1 \tag{5-32}$$

如果电阻的大小满足 $R_4 = \frac{R_1 R_3}{R_2} = r$，则式（5-29）和式（5-32）变为

$$\left.\begin{aligned} i_1 &= \frac{1}{r} u_2 \\ i_2 &= -\frac{1}{r} u_1 \end{aligned}\right\}$$

或者写成

$$\left.\begin{aligned} u_1 &= -r i_2 \\ u_2 &= r i_1 \end{aligned}\right\}$$

上述方程正是回转电阻为 $r = R_4$ 的回转器方程。

【例 5-17】 试求图 5-40 所示两个回转器级联形成的双口网络的传输参数。

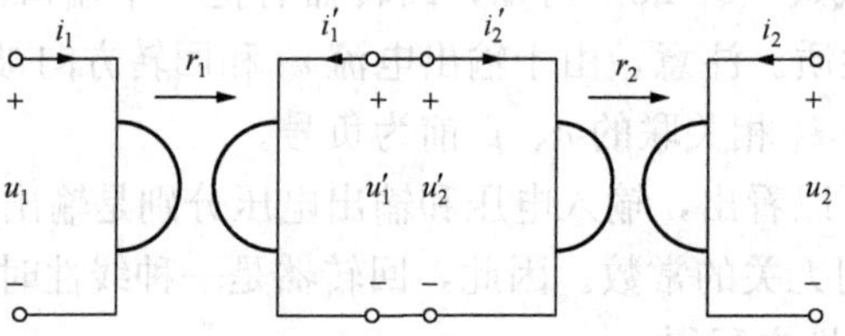


图 5-40 ［例 5-16］图

**解** 利用回转器的特性方程可得

$$u_1 = -r_1 i'_1 = r_1 i'_2 = \frac{r_1}{r_2} u_2$$

$$i_1 = \frac{1}{r_1} u'_1 = \frac{1}{r_1} u'_2 = -\frac{r_2}{r_1} i_2$$

因此，整个双口网络的传输参数为

$$A = \frac{r_1}{r_2},\ B = 0,\ C = 0,\ D = \frac{r_2}{r_1}$$

若令 $n = \frac{r_1}{r_2}$，则相应的传输参数矩阵为

$$\boldsymbol{T} = \begin{bmatrix} \frac{r_1}{r_2} & 0 \\ 0 & \frac{r_2}{r_1} \end{bmatrix} = \begin{bmatrix} n & 0 \\ 0 & \frac{1}{n} \end{bmatrix}$$

# 习 题

## 双口网络的参数

5-1 试分别求图 5-41 所示双口网络的 $R$ 参数和 $G$ 参数。图中各电阻值均为 1Ω。

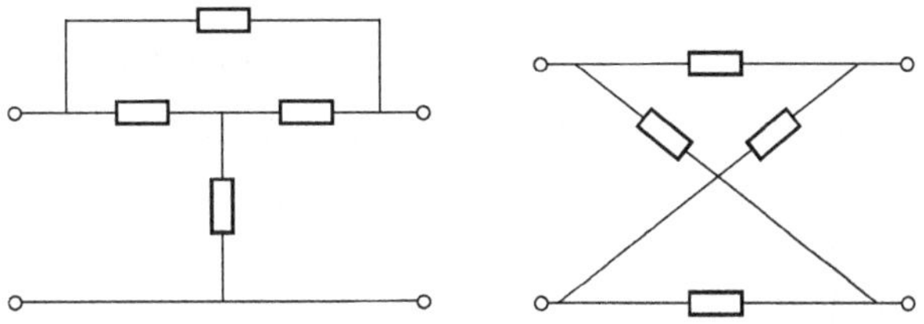

(a) (b)

图 5-41 题 5-1 图

5-2 试求图 5-42 所示双口网络的 $R$ 参数。

5-3 试求图 5-43 所示双口网络的 $G$ 参数。

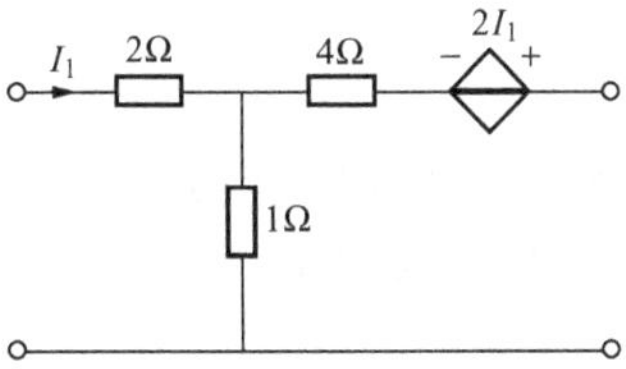


图 5-42 题 5-2 图

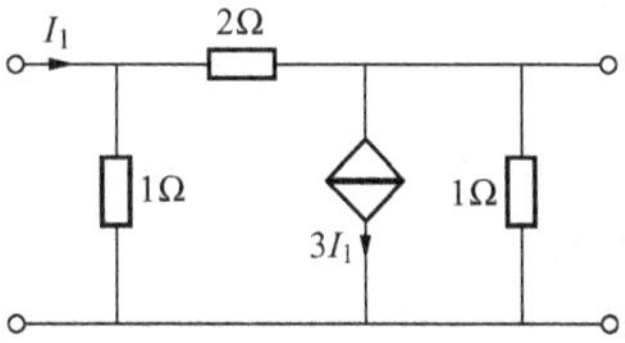


图 5-43 题 5-3 图

5-4 试求图 5-44 所示双口网络的 $T$ 参数和 $H$ 参数。

5-5 如图 5-45 所示电路中，N 为不含独立电源的对称双口网络。当 $R_L=\infty$时，$U_2=6V$，$I_1=2A$。试求该双口网络 N 的开路电阻参数（$R$ 参数）。

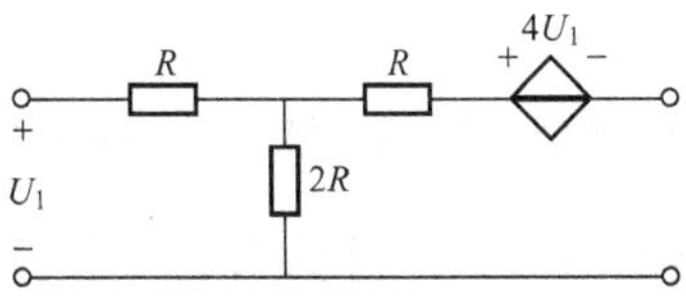


图 5-44 题 5-4 图

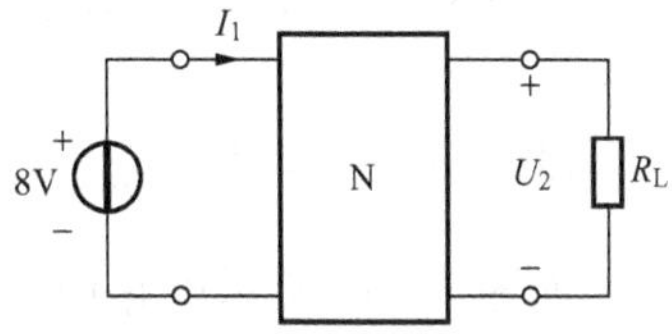


图 5-45 题 5-5 图

5-6 图 5-46 所示电路标出了在互易双口网络 N 上进行的两次测量结果，试根据这些测量结果求出该双口网络的 $G$ 参数。

5-7 如图 5-47 所示电路中，$I_s=10mA$，$R_1=100\Omega$，$R_2=1000\Omega$。S 打开时，测得 $I_1=5mA$，$U_2=-250V$；S 闭合后，测得 $I_1=5mA$，$U_2=-125V$。试求双口网络 N 的混合参数矩阵。

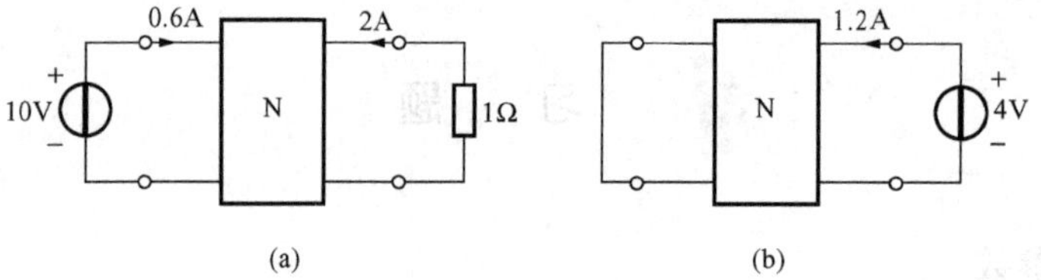


图 5 - 46　题 5 - 6 图

5 - 8　如图 5 - 48 所示电路中，$R_1=4\Omega$，$R_2=6\Omega$。S 断开时，测得 $U_1=5\text{V}$，$U_2=3\text{V}$，$U_3=9\text{V}$；S 闭合时，测得 $U_1=4\text{V}$，$U_2=2\text{V}$，$U_3=8\text{V}$。试求双口网络 N 的传输参数矩阵 $\boldsymbol{T}$。

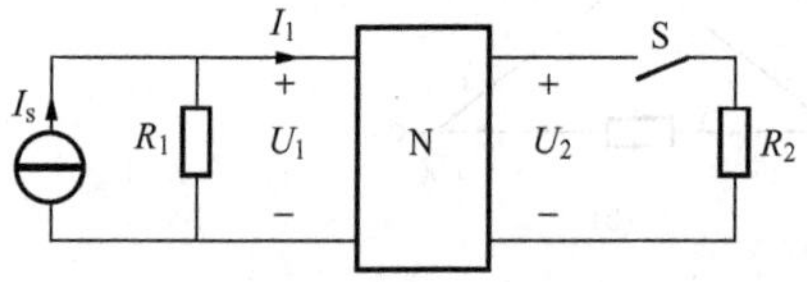


图 5 - 47　题 5 - 7 图

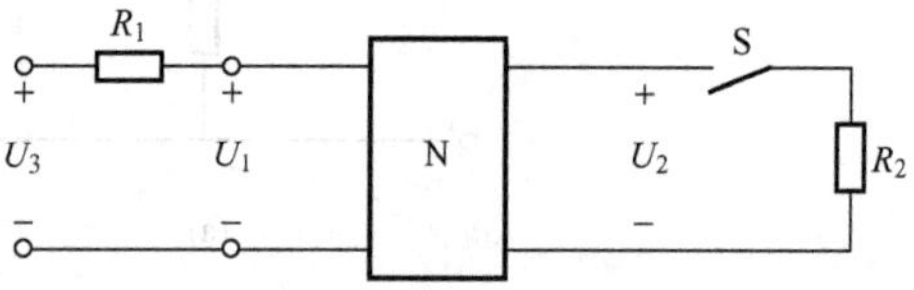


图 5 - 48　题 5 - 8 图

**双口网络的等效及互连**

5 - 9　已知图 5 - 49 所示 T 形双口网络的开路电阻参数矩阵为

$$\boldsymbol{R}=\begin{bmatrix}10 & 8\\ 5 & 10\end{bmatrix}\Omega$$

试求 $R_1$、$R_2$、$R_0$ 和 $r$ 之值。

5 - 10　如图 5 - 50 所示电路中，N 为线性电阻性互易双口网络。当 $R_L=\infty$时，$U_2=7.5\text{V}$；当 $R_L=0$ 时，$I_1=3\text{A}$，$I_2=-1\text{A}$。试求：(1) 双口网络 N 的 $G$ 参数；(2) 双口网络 N 的三角形（Π 形）等效电路。

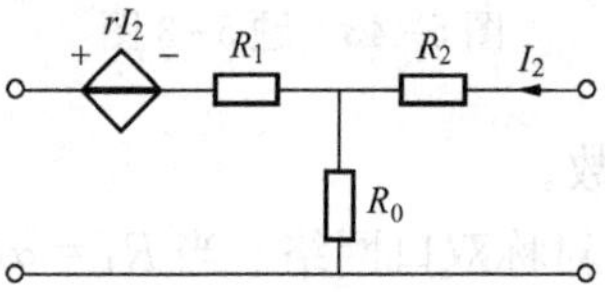


图 5 - 49　题 5 - 9 图

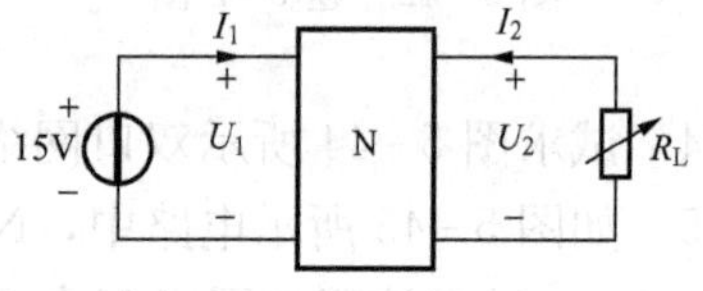


图 5 - 50　题 5 - 10 图

5 - 11　已知双口网络的 $G$ 参数为 $G_{11}=5\text{S}$，$G_{12}=-2\text{S}$，$G_{21}=0$，$G_{22}=3\text{S}$。试求其 Π 形等效电路。

5 - 12　试利用双口网络的互连公式求图 5 - 51 所示双口网络的传输参数。图中，$R=1\Omega$。

5 - 13　如图 5 - 52 所示电路中，双口网络 N 的开路电阻参数矩阵为 $\boldsymbol{R}_N=\begin{bmatrix}4 & 2\\ 2 & 4\end{bmatrix}\Omega$。试求开路电压 $u$。

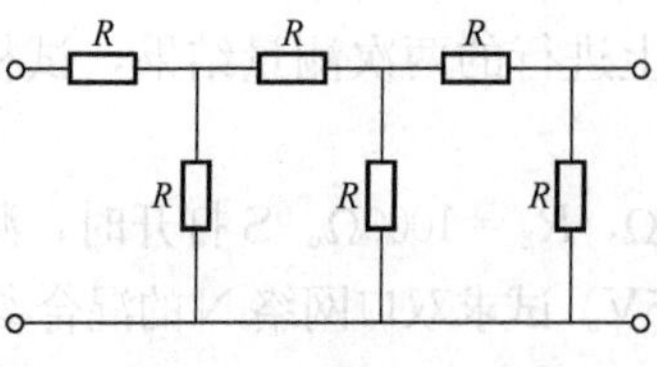


图 5 - 51　题 5 - 12 图

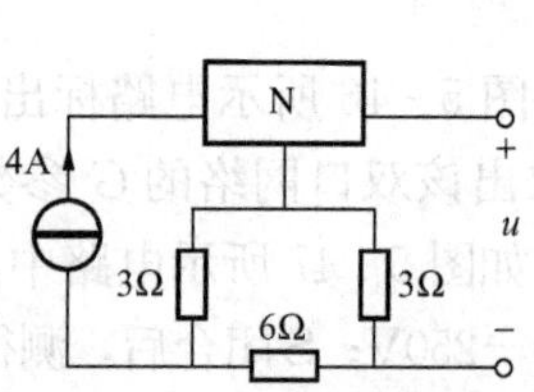


图 5 - 52　题 5 - 13 图

5-14　如图 5-53 所示互连电路中，已知双口网络 N 的 $G$ 参数矩阵为

$$\boldsymbol{G}_{\mathrm{N}}=\begin{bmatrix}1 & 2\\0.5 & 1\end{bmatrix}\mathrm{S}$$

试求电路中 6Ω 电阻吸收的功率。

**端口分析法**

5-15　如图 5-54 所示的电路中，双口网络 N 的开路 $R$ 参数矩阵为 $\begin{bmatrix}2 & 1\\1 & 2\end{bmatrix}\Omega$，试求该双口网络 N 消耗的功率 $P$。

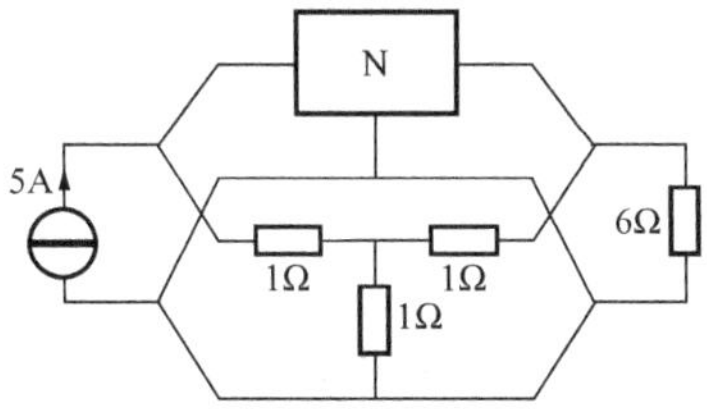


图 5-53　题 5-14 图

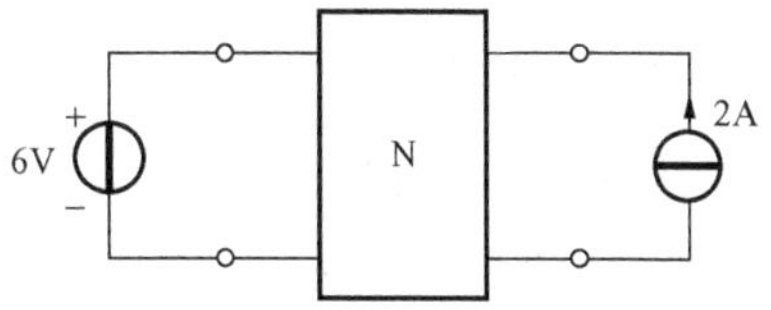


图 5-54　题 5-15 图

5-16　如图 5-55 所示电路中，N 为不含独立源的对称双口网络，当 $R_{\mathrm{L}}=\infty$时，$U_2=4\mathrm{V}$，$I_1=2\mathrm{A}$。试求：(1) 双口网络 N 的传输参数；(2) $R_{\mathrm{L}}$ 取多大时，$U_2=2\mathrm{V}$?

5-17　如图 5-56 所示电路中，双口网络 N 的电阻参数矩阵为

$$\boldsymbol{R}=\begin{bmatrix}6 & 4\\4 & 6\end{bmatrix}\Omega$$

试求 $R_{\mathrm{L}}$ 为何值时可获得最大功率？并求此最大功率。

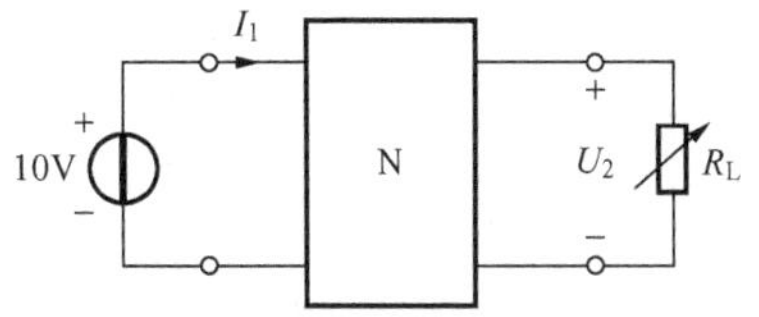


图 5-55　题 5-16 图

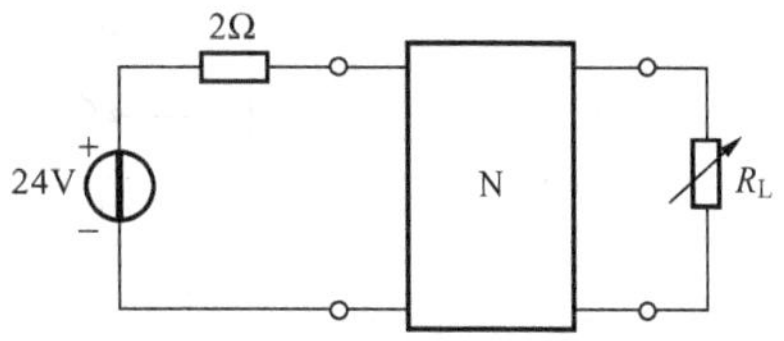


图 5-56　题 5-17 图

5-18　如图 5-57 所示电路中，双口网络 N 的传输参数矩阵 $\boldsymbol{T}$ 为

$$\boldsymbol{T}=\begin{bmatrix}2.5 & 6\\0.5 & 1.6\end{bmatrix}$$

试求负载 $R_{\mathrm{L}}$ 获得最大功率时，9V 电压源提供的功率。

5-19　如图 5-58 所示双口网络为非含源电阻双口网络，在 $R_2=0$ 和 $R_2=\infty$时端口 1 的输入电阻分别为 $R_0$ 和 $R_\infty$；端口 2 的戴维南等效电阻为 $R_{\mathrm{eq}}$。试证明端口 1 的输入电阻 $R_{\mathrm{i}}$ 为

$$R_{\mathrm{i}}=\frac{R_0R_{\mathrm{eq}}+R_\infty R_2}{R_{\mathrm{eq}}+R_2}$$

5-20　对于仅由线性二端电阻组成的单口网络，设其输入电阻为 $R$，端口电流为 $i$，第 $k$ 个电阻 $r_k$ 的电流为 $i_k$。试证明 $\dfrac{\partial R}{\partial r_k}=\left(\dfrac{i_k}{i}\right)^2$。

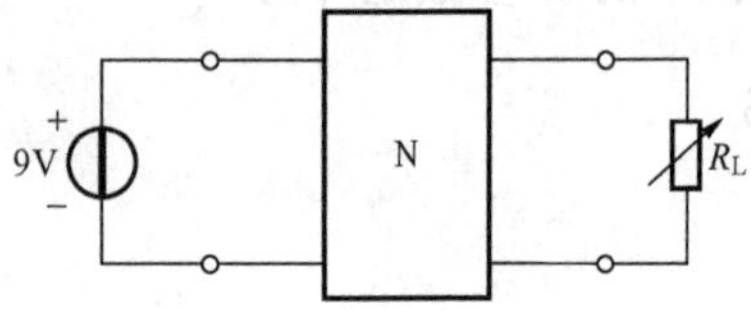


图 5-57 题 5-18 图

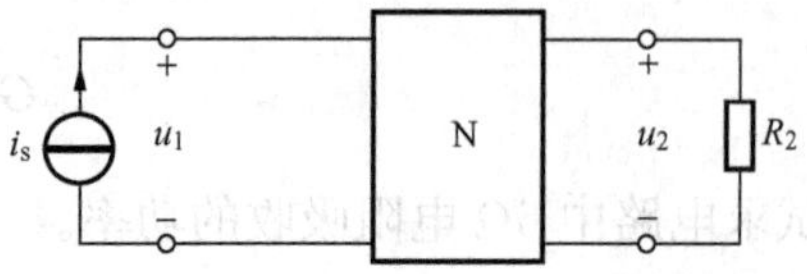


图 5-58 题 5-19 图

5-21 试按要求设计一个用于直流信号下的最简单的双口网络，其负载 $R_L=3\Omega$。具体技术指标要求如下：

(1) 由电源端口看进去的输入电阻 $R_i=3\Omega$；

(2) 输出电压是输入电压的$\frac{1}{2}$；

(3) 对调电源端口与负载端口，网络性能不变。

5-22 如图 5-59 所示电路中，电阻均为 1Ω，双口网络 $N_0$ 的短路电导参数方程为

$$\left.\begin{aligned} i_1&=2u_1-3u_2 \\ i_2&=u_1+4u_2 \end{aligned}\right\}$$

试列写该电路的节点电压方程。

**含理想运放的电阻电路**

5-23 试求图 5-60 所示电路中的输出电压 $u_o$。

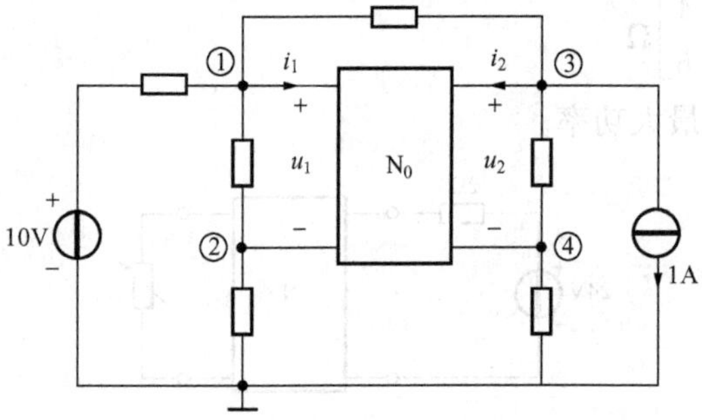


图 5-59 题 5-22 图

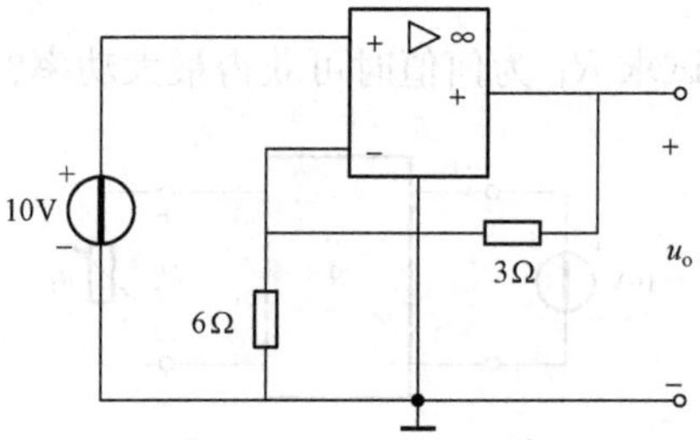


图 5-60 题 5-23 图

5-24 试求图 5-61 所示电路中的电流 $i$。

5-25 试求图 5-62 所示电路中的电压 $U_o$。

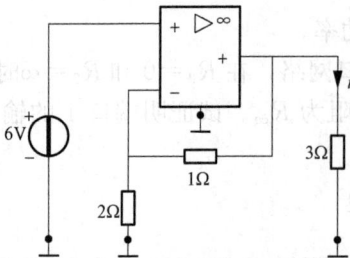

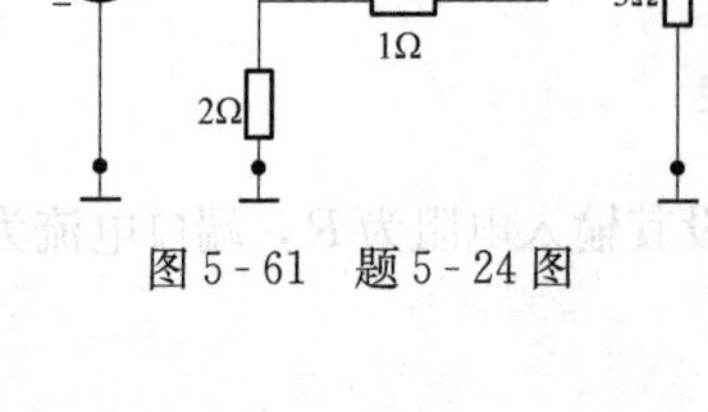


图 5-61 题 5-24 图

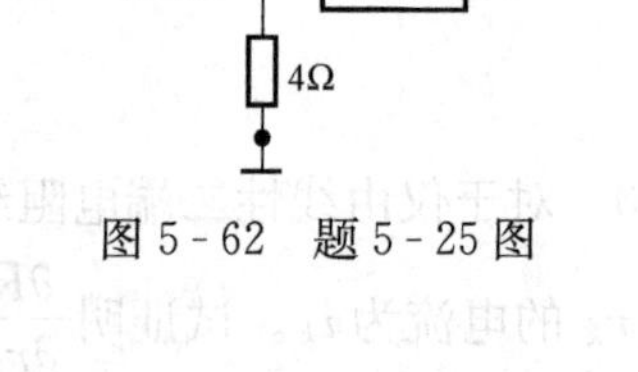

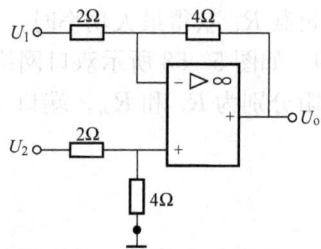

图 5-62 题 5-25 图

5-26 试求图5-63所示电路中的输出电压$U_o$。

5-27 若要使图5-64所示电路中$U_2=-12U_1$，试求电阻$R$之值。

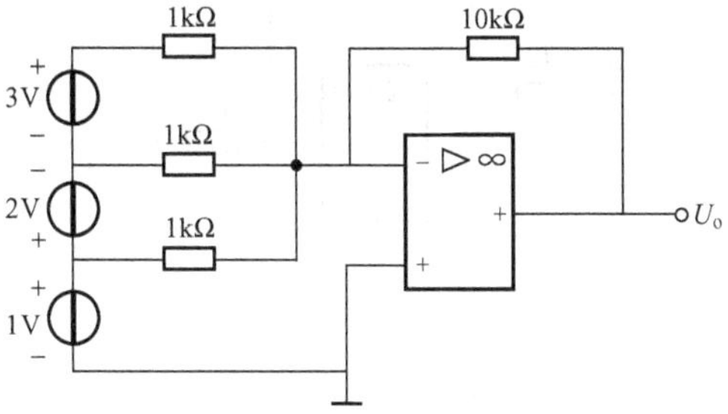


图5-63 题5-26图

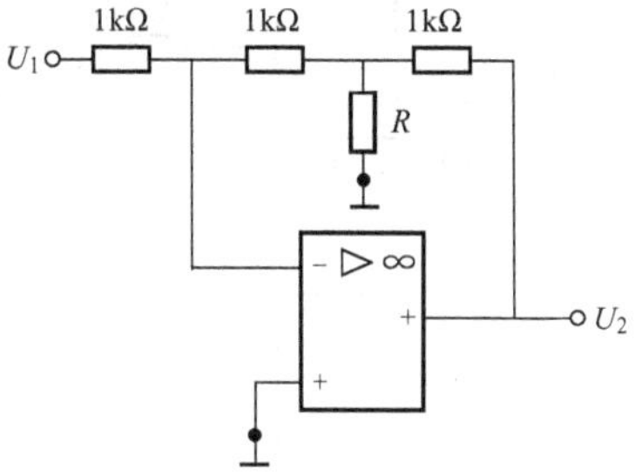


图5-64 题5-27图

5-28 试求图5-65所示电路中的电流$i$。

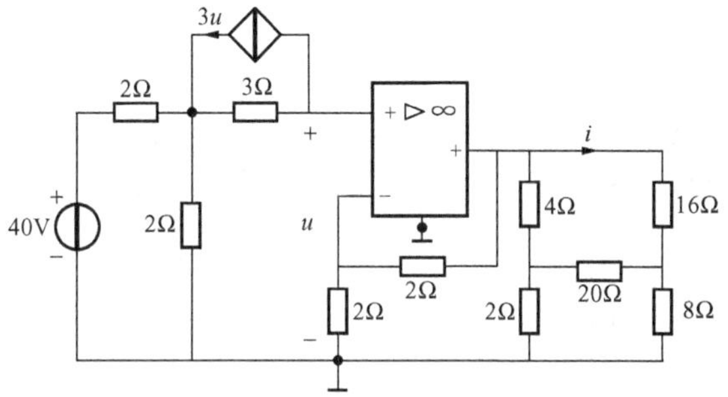


图5-65 题5-28图

5-29 试求图5-66所示电路中的电压比$u_o/u_s$。

5-30 试用节点法求图5-67所示电路中的输出电压$U_o$。

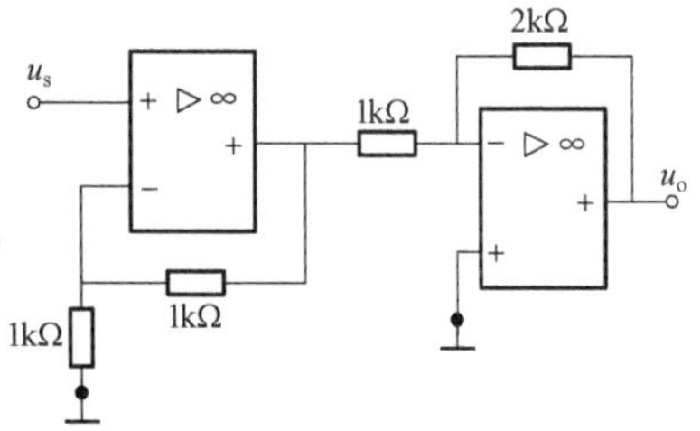


图5-66 题5-29图

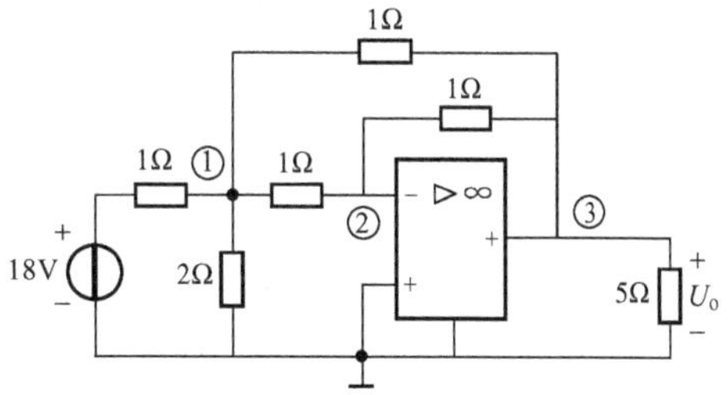


图5-67 题5-30图

5-31 如图5-68所示电路中，已知$R_1=R_2=R_3=R_4=R_o$。试证明电流$i_0$的大小与$R_L$无关。

5-32 试求图5-69所示理想运放双口网络的开路电阻参数。

**回转器**

5-33 如图5-70所示电路中，回转器的回转电阻$r=1\Omega$，电流源电流$i_s=5\text{A}$，试求开路电压$u_2$。

5-34 试求图5-71所示双口网络的传输参数。其中回转系数$g=0.5\text{S}$。

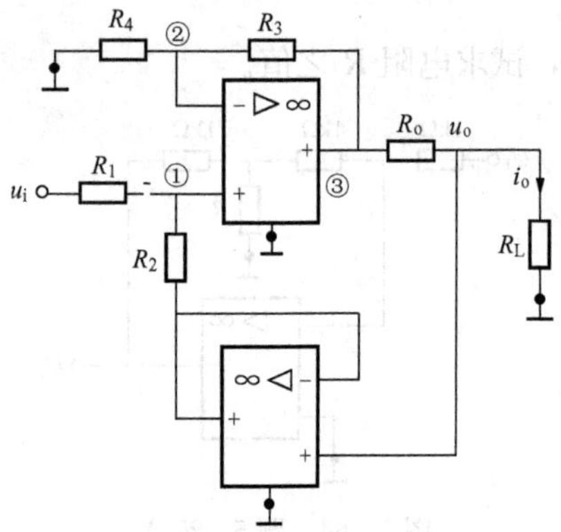


图 5-68　题 5-31 图

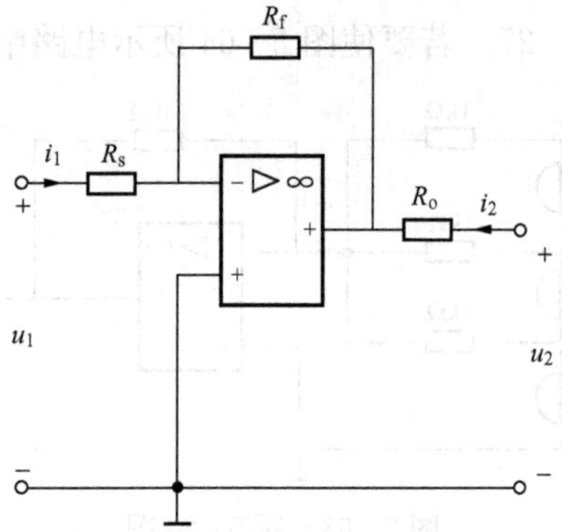


图 5-69　题 5-32 图

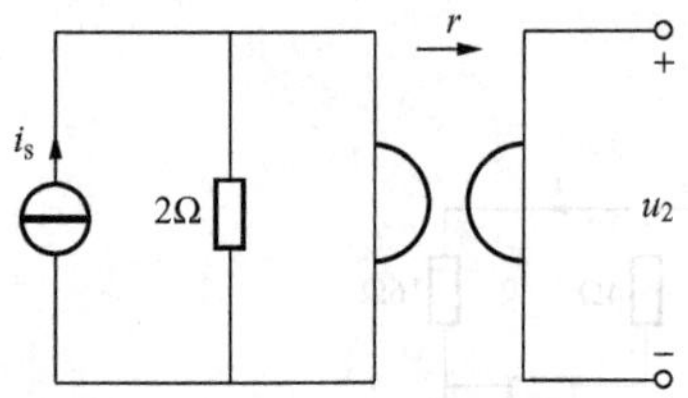


图 5-70　题 5-33 图

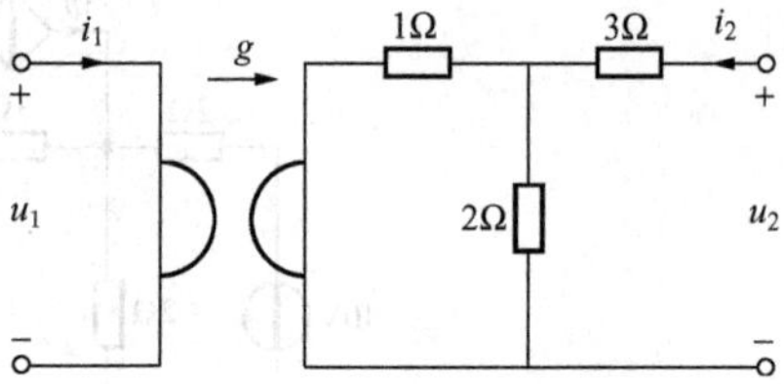


图 5-71　题 5-34 图

# 第6章 储 能 元 件

## 6.1 电 容 元 件

电容❶元件最初是从实际电容器中抽象出来的一种元件模型。它具有存储电能的功能，可用来描述电场能存储能力的性质。

任何一个二端元件，如果在任一时刻 $t$，它所存储的电荷 $q$ 与它的端电压 $u$ 之间的关系可用代数关系表征，则该二端元件称为［二端］电容元件。

电容元件的定义亦可等价地表述为：任何一个二端元件，如果在任一时刻 $t$，它所存储的电荷 $q$ 与它的端电压 $u$ 之间的关系可用 $q\sim u$ 平面上的一条曲线确定，则此二端元件称为［二端］电容元件。这条 $q\sim u$ 平面上的曲线称为电容元件在 $t$ 时刻的库伏特性曲线。

电容元件的基本概念在于电荷的瞬时值与电压的瞬时值之间存在着一种代数关系。类似电阻元件，电容元件也有线性和非线性、时变和时不变之分。本章只讨论线性时不变电容元件，简称为电容。非线性时不变电容元件将在本书第 13 章中加以研究。

线性电容的符号如图 6-1 所示，其库伏特性曲线是一条经过原点，且不随时间变化的直线。当带正电荷的极板指定为电压的正极性，带负电荷的极板指定为电压的负极性时（见图 6-1），线性电容的库伏特性曲线如图 6-2 所示。根据库伏特性曲线，可得如图 6-1 所示关联参考方向下电容的库伏特性方程为

$$q(t)=Cu(t) \tag{6-1}$$

式中：$C$ 是一个常数，称为电容，其主单位为法〔拉〕(F)。在实际使用中，法拉这个主单位太大，通常采用微法（$\mu$F）或皮法（pF），且有 $1\mu F=10^{-6}F$，$1pF=10^{-12}F$。

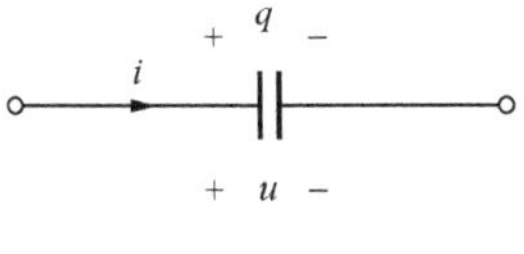


图 6-1　线性电容的符号

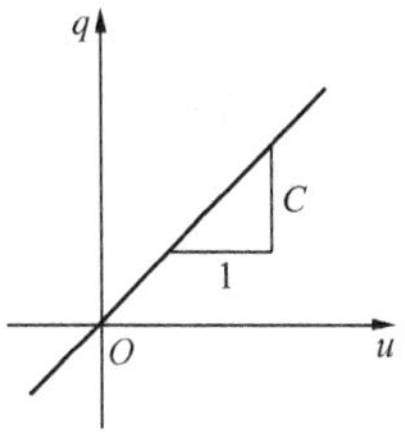


图 6-2　线性电容的库伏特性曲线

在电路分析中，我们更感兴趣的是元件的 VAR。当选取电容电流的参考方向从带正电荷的极板流入时，有

---

❶ 电容的概念在 1745 年便出现了，当时有人制造了平行板电容器作为蓄电装置进行了放电实验。1778 年，意大利物理学家伏打（Alessandro Vlota，1745—1827）正式提出用电容来描述导体间电荷与电压的关系；1812 年法国数学家泊松（Poisson Simeon Denis，1781—1840）对电容器上储存的能量进行了数学讨论。

$$i=\frac{\mathrm{d}q}{\mathrm{d}t}$$

式（6-1）两边对时间 $t$ 取导数，并考虑上式可得关联参考方向下电容的 VAR 为

$$i=C\frac{\mathrm{d}u}{\mathrm{d}t} \tag{6-2}$$

由式（6-2）看出，电容的电压 $u$ 和电流 $i$ 之间的关系是一种微分关系，任一时刻通过电容的电流取决于该时刻电容端电压的变化率，而与该时刻电压数值本身无关。电容电压的变化率越大，电容电流则越大。由于电容电压与电流之间是一种微分关系，所以，有电压未必有电流。例如，在直流情况下，电容电压为常量，其变化率为零，所以电容电流为零。因此，在直流情况下，电容相当于开路，具有隔直作用。

电流 $C\frac{\mathrm{d}u}{\mathrm{d}t}$ 与电压 $u$ 的参考方向是关联的。当电容电压和电流采用非关联参考方向时，它的 VAR 则为

$$i=-C\frac{\mathrm{d}u}{\mathrm{d}t} \tag{6-3}$$

对式（6-2）两边时间 $t$ 从 $-\infty$ 到 $t$ 取积分，可得出电容 VAR 的积分形式［假定 $u(-\infty)=0$］为

$$u(t)=\frac{1}{C}\int_{-\infty}^{t}i(\tau)\mathrm{d}\tau \tag{6-4}$$

式（6-4）表明：$t$ 时刻的电容电压 $u(t)$ 取决于电容电流 $i(t)$ 从 $-\infty$ 到 $t$ 的所有数值，即与电容电流过去的全部历史有关。因此，电容具有记忆特性。所以，电容元件又称为记忆元件。这一点与电阻是不同的。

由于通常研究的是某一时刻 $t_0$ 以后的电容特性，所以一般可把式（6-4）改写为

$$u(t)=\frac{1}{C}\int_{-\infty}^{t_0}i(\tau)\mathrm{d}\tau+\frac{1}{C}\int_{t_0}^{t}i(\tau)\mathrm{d}\tau=u(t_0)+\frac{1}{C}\int_{t_0}^{t}i(\tau)\mathrm{d}\tau \tag{6-5}$$

式中：$u(t_0)$ 是 $t_0$ 时刻的电容电压，称为初始电压，$u(t_0)=\frac{1}{C}\int_{-\infty}^{t_0}i(\tau)\mathrm{d}\tau$ 。它反映了 $t_0$ 以前电容电流的全部历史情况。式（6-5）表明，一个电容只有在参数 $C$ 和初始电压 $u(t_0)$ 都给定时，才是一个完全确定的元件。

根据式（6-5），$t$ 和 $t+\Delta t$ 两个时刻的电容电压表达式分别为

$$u(t)=u(t_0)+\frac{1}{C}\int_{t_0}^{t}i(\tau)\mathrm{d}\tau \tag{6-6}$$

$$u(t+\Delta t)=u(t_0)+\frac{1}{C}\int_{t_0}^{t+\Delta t}i(\tau)\mathrm{d}\tau \tag{6-7}$$

将式（6-7）减去式（6-6），得

$$u(t+\Delta t)-u(t)=\frac{1}{C}\int_{t_0}^{t+\Delta t}i(\tau)\mathrm{d}\tau-\frac{1}{C}\int_{t_0}^{t}i(\tau)\mathrm{d}\tau=\frac{1}{C}\int_{t}^{t+\Delta t}i(\tau)\mathrm{d}\tau$$

在［$t$，$t+\Delta t$］时间段内，如果电容电流 $i(t)$ 均为有限值，则

$$\lim_{\Delta t\to 0}[u(t+\Delta t)-u(t)]=\lim_{\Delta t\to 0}\frac{1}{C}\int_{t}^{t+\Delta t}i(\tau)\mathrm{d}\tau=0$$

即

$$\lim_{\Delta t\to 0}u(t+\Delta t)=u(t) \tag{6-8}$$

式（6-8）表明：在电容电流为有限值的情况下，电容电压不能跃变，为时间的连续函数，电荷也是如此。所谓跃变是指某一时刻电容电压从一个数值跳到另一个数值，例如，从 5V 瞬时跳到 10V。电容电压的这一连续性是一个十分重要的性质。电容电流不是有限值时，电容电压将出现跃变。实际电容器的电压是不会跃变的，但由于我们研究的是模型，电容电压发生跃变是可能的。有关电容电压的跃变问题，将在本书第 7 章中讨论。

在电压和电流采用关联参考方向的情况下，电容吸收的瞬时功率为

$$p(t)=u(t)i(t) \tag{6-9}$$

设电容电压 $u(t)$的波形如图 6-3（a）所示，则根据电容的 VAR 可得图 6-3（b）所示的电流波形。

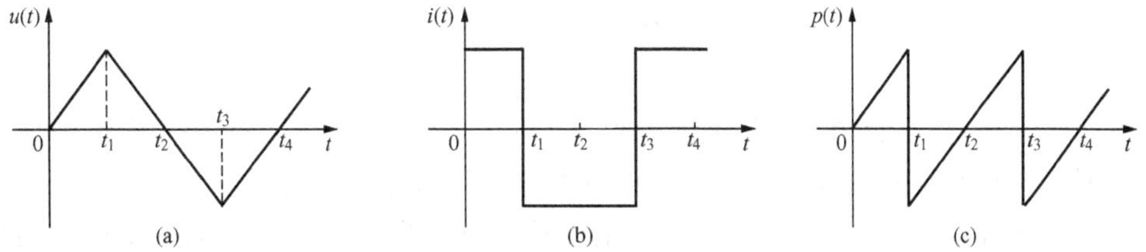


图 6-3 电容的波形图

（a）电压波形图；（b）电流波形图；（c）功率波形图

由式（6-9）可逐点求得图 6-3（c）所示的功率曲线，这一曲线通常称为功率波形图。从功率波形图中可以看出，功率有时为正，有时为负，与电阻的功率恒为正不同。电容功率的这一特点表明，电容有时吸收功率，有时输出功率。

设在 $t_0$ 到 $t$ 区间给电容充电，则在此区间，电容增加的能量为

$$\begin{aligned}W_C(t)&=\int_{t_0}^{t}p(\tau)\mathrm{d}\tau=\int_{t_0}^{t}u(\tau)i(\tau)\mathrm{d}\tau=C\int_{t_0}^{t}u(\tau)\frac{\mathrm{d}u(\tau)}{\mathrm{d}\tau}\mathrm{d}\tau=C\int_{u(t_0)}^{u(t)}u(\tau)\mathrm{d}u(\tau)\\&=\frac{1}{2}C\left[u^2(t)-u^2(t_0)\right]\end{aligned} \tag{6-10}$$

式（6-10）表明：只要初始电压 $u(t_0)$与终止电压 $u(t)$相等，则不论电压如何变化，在这段区间，电容增加的净能量为零。也就是说，在这段时间内，电容吸收的能量又全部释放了出来。这表明，电容只储存能量，不消耗能量，这种特性称为电容的无损特性。由于电容只储存能量，不消耗能量，所以电容是一种储能元件。

由式（6-10）可知，$t$ 时刻电容的储能为

$$W_C(t)=\frac{1}{2}Cu^2(t) \tag{6-11}$$

式（6-11）表明：电容在某一时刻的储能，只取决于该时刻的电压值，而与该时刻的电流值无关。只要电容有电压，不论电容电流取何值，电容就有储能。因此，电容电压反映了电容的储能状况。同时还可以看出，正值（$C>0$）电容是无源的，而负值（$C<0$）电容是有源的。

**【例 6-1】** 试说明图 6-4 所示电路为微分器。

**解** 根据理想运放的特点得

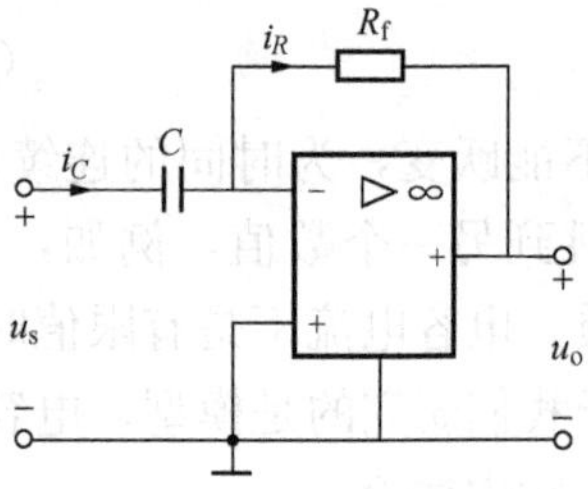


图 6-4 ［例 6-1］图

$$i_C=i_R \tag{6-12}$$

因为 $i_R=-\dfrac{u_o}{R_f}$，$i_C=C\dfrac{du_s}{dt}$，代入式（6-12）中得

$$C\frac{du_s}{dt}=-\frac{u_o}{R_f}$$

所以输出和输入的关系为

$$u_o=-R_fC\frac{du_s}{dt} \tag{6-13}$$

式（6-13）说明 $u_o$ 正比于输入 $u_s$ 对时间的一阶导数，故称此电路为微分器。将电路中的电阻和电容互换位置可构成积分器电路。

## 6.2 电 感 元 件

电感的概念是法拉第❶在 1831 年首先提出的。电感元件是从实际电感线圈中抽象出来的元件模型，它具有存储磁能的功能，是一种电流与磁链相约束的元件。

一个二端元件，如果在任一时刻 $t$，它的电流 $i$ 与它的磁链 $\Psi$ 之间的关系可以用代数关系表征，则此二端元件称为〔二端〕电感元件。

电感元件的定义亦可等价地表述为：一个二端元件，如果在任一时刻 $t$，它的电流 $i$ 与它的磁链 $\Psi$ 之间的关系可以用 $i\sim\Psi$ 平面上的一条曲线确定，则此二端元件称为〔二端〕电感元件。这条 $i\sim\Psi$ 平面上的曲线称为电感元件在时刻 $t$ 的韦安特性曲线。

电感元件的基本概念在于磁链的瞬时值与电流的瞬时值之间存在一种代数关系。类似于电阻元件和电容元件，电感元件也有线性和非线性、时变和时不变之分。在此，只讨论线性时不变电感元件。有关非线性时不变电感元件将在本书第 13 章中介绍。

线性时不变电感元件简称电感，其电路符号如图 6-5 所示。它的韦安特性曲线是一条通过原点且不随时间变化的直线。当电流和磁链的参考方向符合右手螺旋法则时，电感的典型韦安特性曲线如图 6-6 所示，根据韦安特性曲线可得

$$\Psi(t)=Li(t) \tag{6-14}$$

式中：$L$ 是一个常数，称为电感，单位为亨〔利〕(H)。

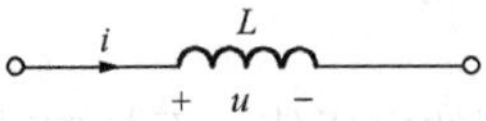


图 6-5 电感的符号

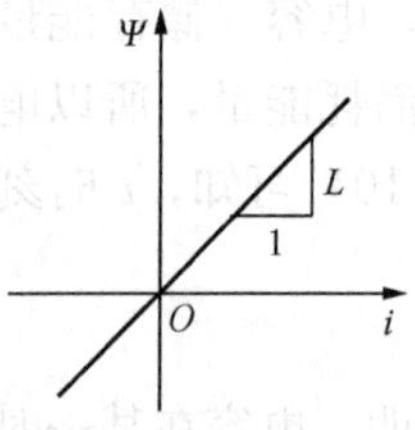


图 6-6 电感的典型韦安特性曲线

❶ 迈克尔·法拉第（Michael Faraday，1791—1867），英国著名物理学家、化学家。在化学、电化学、电磁学等领域都做出过杰出贡献。

选取电压的参考方向与电流的参考方向为关联参考方向，如图 6 - 5 所示（图 6 - 5 中的“+”“−”号也表示磁链的参考方向，这样的参考方向表示电感中的电流与磁链符合右手螺旋法则）。根据法拉第电磁感应定律和楞次定律得

$$u(t)=\frac{\mathrm{d}\Psi}{\mathrm{d}t} \tag{6-15}$$

由式（6 - 14）和式（6 - 15）可得关联参考方向下电感的 VAR 为

$$u=L\,\frac{\mathrm{d}i}{\mathrm{d}t} \tag{6-16}$$

电压 $L\,\frac{\mathrm{d}i}{\mathrm{d}t}$ 与电流 $i$ 的参考方向是关联的。在非关联参考方向下，电感的 VAR 变为

$$u=-L\,\frac{\mathrm{d}i}{\mathrm{d}t} \tag{6-17}$$

式（6 - 16）或式（6 - 17）表明：某一时刻电感的电压只取决于该时刻电流的变化率，而与该时刻的电流或之前的电流无关，电感电流变化越快，电压越大。由于电感电压与电流之间是一种微分关系，有电流可以没有电压。例如，电感电流为直流时，$\frac{\mathrm{d}i}{\mathrm{d}t}=0$，电感电压为零。因此，在直流情况下，电感相当于短路。

对式（6 - 16）两边时间从 $-\infty$ 到 $t$ 取积分，可得出电感 VAR 的积分形式［假定 $i(-\infty)=0$］为

$$i(t)=\frac{1}{L}\int_{-\infty}^{t}u(\tau)\mathrm{d}\tau \tag{6-18}$$

式（6 - 18）表明：电感具有“记忆”电压的作用，即电感具有记忆特性，也是一种记忆元件。

类似电容电压的推导，式（6 - 18）可改写为

$$i(t)=i(t_0)+\frac{1}{L}\int_{t_0}^{t}u(\tau)\mathrm{d}\tau \tag{6-19}$$

式中：$i(t_0)$ 是 $t_0$ 时刻电感的电流，称为电感的初始电流，$i(t_0)=\frac{1}{L}\int_{-\infty}^{t_0}u(\tau)\mathrm{d}\tau$，它反映了 $t_0$ 以前电感电压的全部历史情况。

式（6 - 19）还表明：一个电感只有在参数 $L$ 和初始电流 $i(t_0)$ 都给定时，才是一个完全确定的元件。

类似电容，可以证明，在电感电压为有限值的情况下，电感电流和磁链为时间的连续函数，不能出现跃变。电感电流的这一连续性是一个十分重要的性质。当电感电压不是有限值时，电感电流将发生跃变（详见本书 7.2 节）。在 $t_0$ 到 $t$ 区间电感获得的储能为

$$W_L(t)=\frac{1}{2}L\left[i^2(t)-i^2(t_0)\right] \tag{6-20}$$

式（6 - 20）表明：电感具有无损特性。因此，电感也是一种储能元件。

$t$ 时刻电感的储能为

$$W_L(t)=\frac{1}{2}Li^2(t) \tag{6-21}$$

式（6 - 21）表明：电感在某一时刻的储能，仅取决于该时刻电感的电流值，而与该时刻的电压值无关。只要电感电流不为零，电感就有储能。因此，电感电流反映了电感的储能状况。同时还可以看出，正值（$L>0$）电感是无源的，负值（$L<0$）电感是有源的。

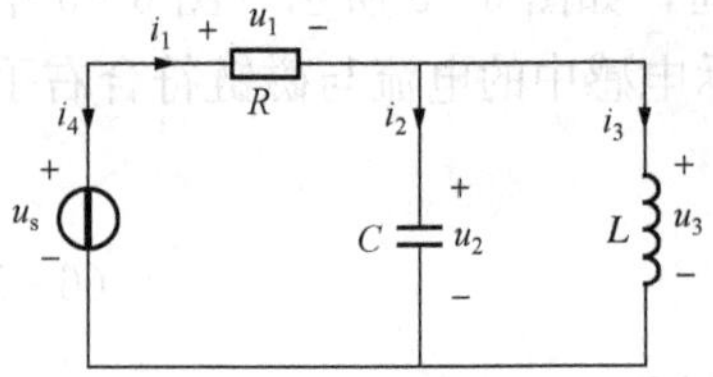

图 6-7　基本方程示例

应该指出，“电感”和“电容”这两个术语以及它们相应的符号 $L$ 和 $C$，一方面表示元件，另一方面也表示此元件的电气参数。

含有不同类型元件的电路称为动态电路。这种电路仍然可以用 2b 法建立电路的方程。对于图 6-7 所示电路，可得基本方程如下：

独立 KCL 方程

$$\left.\begin{aligned} i_1+i_4&=0\\ -i_1+i_2+i_3&=0 \end{aligned}\right\}$$

独立 KVL 方程

$$\left.\begin{aligned} u_1+u_2&=u_s\\ -u_2+u_3&=0 \end{aligned}\right\}$$

元件特性方程

$$\left.\begin{aligned} u_1-Ri_1&=0\\ i_2-C\frac{\mathrm{d}u_2}{\mathrm{d}t}&=0\\ u_3-L\frac{\mathrm{d}i_3}{\mathrm{d}t}&=0 \end{aligned}\right\}$$

显然，动态电路的方程中将出现微分或积分运算，上述方程为一组微分—代数方程。与电阻电路类似，这组微分—代数方程的电路变量个数较多，导致所建立的电路方程的数目较多，需要减少方程的数目，即减少电路变量的个数。

## 6.3　电容的串联和并联

### 6.3.1　电容的串联和并联

先讨论电容的串联电路。如图 6-8（a）所示为两个电容的串联电路，各电容的初始电压分别为 $u_1(t_0)$ 和 $u_2(t_0)$。根据 KVL 和电容 VAR 的积分形式，得

$$\begin{aligned} u=u_1+u_2&=u_1(t_0)+\frac{1}{C_1}\int_{t_0}^{t}i(\tau)\mathrm{d}\tau+u_2(t_0)+\frac{1}{C_2}\int_{t_0}^{t}i(\tau)\mathrm{d}\tau\\ &=u_1(t_0)+u_2(t_0)+\left(\frac{1}{C_1}+\frac{1}{C_2}\right)\int_{t_0}^{t}i(\tau)\mathrm{d}\tau=u(t_0)+\frac{1}{C}\int_{t_0}^{t}i(\tau)\mathrm{d}\tau \end{aligned}$$

其中，$\frac{1}{C}=\frac{1}{C_1}+\frac{1}{C_2}$ 或 $C=\frac{C_1C_2}{C_1+C_2}$，称 $C$ 为等效电容。$u(t_0)=u_1(t_0)+u_2(t_0)$，称 $u(t_0)$ 为等效电容的初始电压。相应的等效电路如图 6-8（b）所示。

将上述结果加以推广可得如下结论：**① 串联电容电路的等效电容的倒数等于各电容的倒数之和；② 等效电容的初始电压等于各电容初始电压的代数和。**

现在讨论电容的并联。图 6-9（a）所示为两个电容的并联电路，为了不违背 KVL，要求各电容都具有相同的初始电压，设初始电压为 $u(t_0)$。根据 KCL 和电容 VAR 的微分形式，得

$$i=i_1+i_2=C_1\frac{\mathrm{d}u}{\mathrm{d}t}+C_2\frac{\mathrm{d}u}{\mathrm{d}t}=(C_1+C_2)\frac{\mathrm{d}u}{\mathrm{d}t}=C\frac{\mathrm{d}u}{\mathrm{d}t}$$

其中，$C=C_1+C_2$，称为等效电容，且初始电压仍为 $u(t_0)$。相应的等效电路如图 6-9（b）所示。

将上述结果加以推广可得如下结论：**① 初始电压相等的并联电容电路的等效电容等于各电容之和；② 等效电容的初始电压仍为 $u(t_0)$。**

显然，等效电容的公式与等效电导的公式类似。

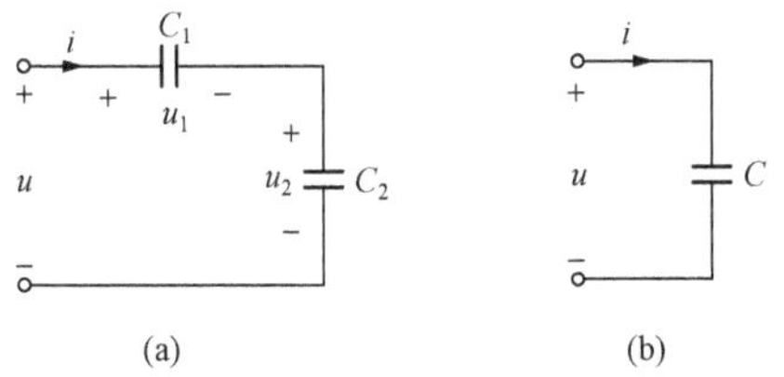


图 6-8 电容串联电路及其等效电路

（a）电容的串联；（b）等效电容

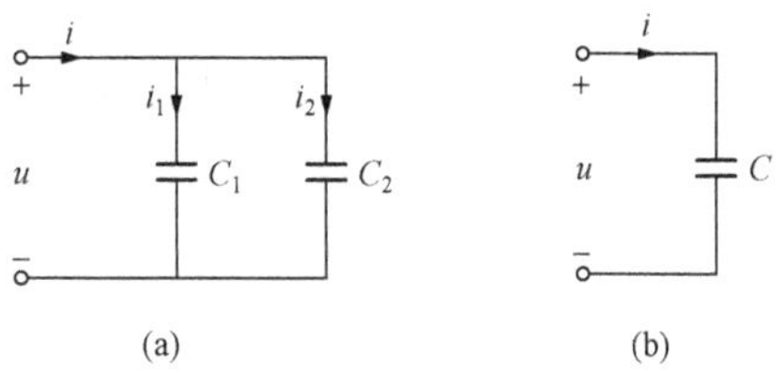


图 6-9 电容并联电路及其等效电路

（a）电容的并联；（b）等效电容

### 6.3.2 电容电路的分压公式

设图 6-8（a）中各电容的初始储能均为零，即 $u_1(t_0)=u_2(t_0)=0$，则 $u(t_0)=u_1(t_0)+u_2(t_0)=0$。根据 KCL 和电容的 VAR 的微分形式，并利用等效电容的概念得

$$C_1\frac{\mathrm{d}u_1}{\mathrm{d}t}=i=C\frac{\mathrm{d}u}{\mathrm{d}t} \tag{6-22}$$

式（6-22）从 $t_0$ 到 $t$ 对时间 $t$ 取积分，得

$$C_1\int_{t_0}^{t}\frac{\mathrm{d}u_1}{\mathrm{d}\tau}\mathrm{d}\tau=C\int_{t_0}^{t}\frac{\mathrm{d}u}{\mathrm{d}\tau}\mathrm{d}\tau$$

所以

$$C_1u_1=Cu$$

则有

$$u_1=\frac{C}{C_1}u=\frac{C_2}{C_1+C_2}u \tag{6-23}$$

类似地

$$u_2=\frac{C}{C_2}u=\frac{C_1}{C_1+C_2}u \tag{6-24}$$

式（6-23）和式（6-24）称为初始储能为零的电容电路的分压公式。

同理可得初始储能为零的 $n$ 个电容串联电路的分压公式为

$$u_k=\frac{C}{C_k}u\ (k=1,2,\cdots,n)$$

式中：$C$ 为等效电容。显然，上述各公式与电导的分压公式相类似。

下面讨论初始储能不为零的情况。

对于初始储能不为零的电容，其 VAR 的积分形式为

$$u_C(t)=u_C(t_0)+\frac{1}{C}\int_{t_0}^{t}i_C(\tau)\mathrm{d}\tau \tag{6-25}$$

式（6-25）可用图 6-10 所示的电压为 $u_C(t_0)$ 的电压源与初始储能为零的电容串联的等效电路表示。

将图 6-8（a）中的每个电容用图 6-10 的等效电路来等效代替可得图 6-11 所示的电路，其中各电容的初始储能为零，由 KVL 和电容分压公式，得

$$u_1(t)=u_1(t_0)+\frac{C_2}{C_1+C_2}[u(t)-u_1(t_0)-u_2(t_0)]$$

$$u_2(t)=u_2(t_0)+\frac{C_1}{C_1+C_2}[u(t)-u_1(t_0)-u_2(t_0)]$$

对于多个电容相串联的情况可做类似讨论，且有

$$u_k(t)=u_k(t_0)+\frac{C}{C_k}[u(t)-u(t_0)]$$

其中，$u(t_0)=\sum u_k(t_0)$。

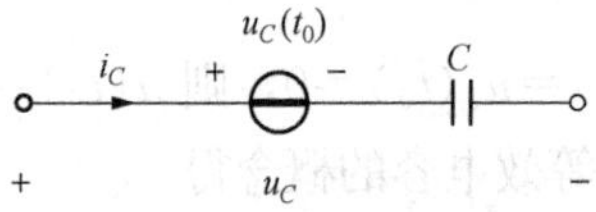


图 6-10　初始储能不为零的电容元件的等效电路

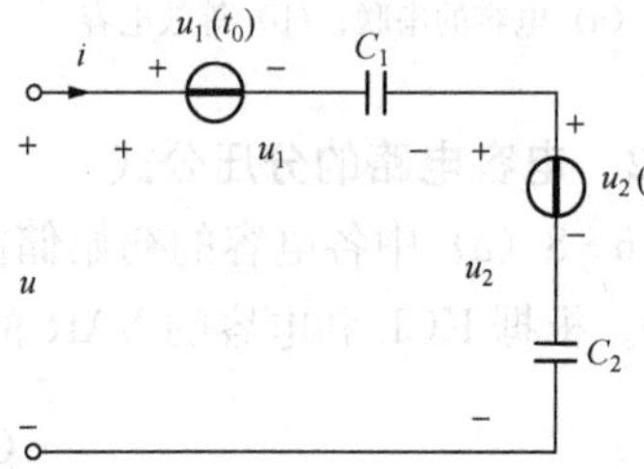


图 6-11　图 6-8（a）电路的等效电路

## 6.4　电感的串联和并联

### 6.4.1　电感的串联和并联

图 6-12（a）所示为电感的串联电路。为了不违背 KCL，要求各电感都具有相同的初始电流 $i(t_0)$。根据 KVL 和电感 VAR 的微分形式，得

$$u=u_1+u_2=(L_1+L_2)\frac{\mathrm{d}i}{\mathrm{d}t}=L\,\frac{\mathrm{d}i}{\mathrm{d}t}$$

其中，$L=L_1+L_2$，称为等效电感，且初始电流为 $i(t_0)$。相应的等效电路如图 6-12（b）所示。

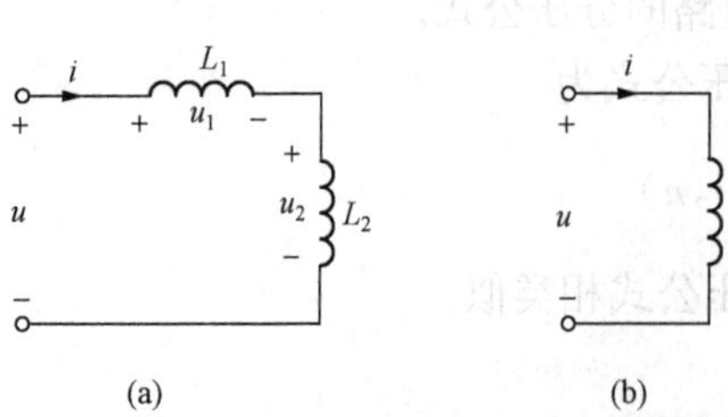


图 6-12　电感串联电路及其等效电路

（a）电感的串联；（b）等效电感

将上述结果加以推广可得如下结论：**① 初始电流相等的电感串联电路的等效电感等于各电感之和；② 等效电感的初始电流仍为 $i(t_0)$。**

现在讨论电感的并联电路。对于图 6-13（a）所示的电感并联电路，由 KCL 和电感 VAR 的积分形式，得

$$i=i_1+i_2=i_1(t_0)+\frac{1}{L_1}\int_{t_0}^{t}u(\tau)\mathrm{d}\tau+i_2(t_0)+\frac{1}{L_2}\int_{t_0}^{t}u(\tau)\mathrm{d}\tau$$
$$=i_1(t_0)+i_2(t_0)+\left(\frac{1}{L_1}+\frac{1}{L_2}\right)\int_{t_0}^{t}u(\tau)\mathrm{d}\tau=i(t_0)+\frac{1}{L}\int_{t_0}^{t}u(\tau)\mathrm{d}\tau$$

其中，$\frac{1}{L}=\frac{1}{L_1}+\frac{1}{L_2}$或者$L=\frac{L_1L_2}{L_1+L_2}$，称$L$为等效电感。$i(t_0)=i_1(t_0)+i_2(t_0)$，称$i(t_0)$为等效电感的初始电流。

将上述结果加以推广可得如下结论：① **并联电感电路的等效电感的倒数等于各电感的倒数之和；② 等效电感的初始电流等于各电感的初始电流的代数和。**

显然，等效电感的公式与等效电阻的公式类似。

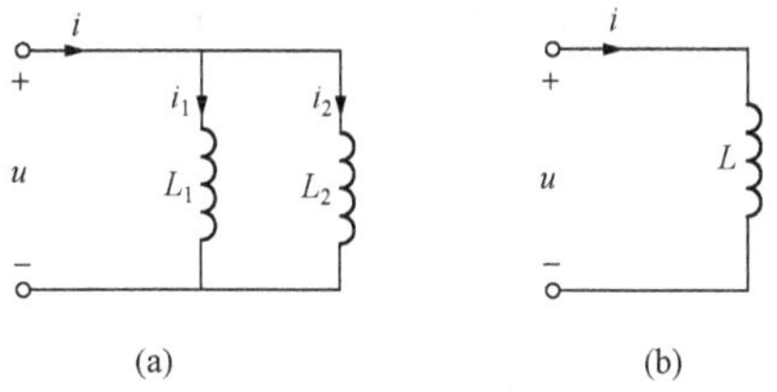


图 6-13 电感并联电路及其等效电路
(a) 电感的并联；(b) 等效电感

### 6.4.2 电感电路的分流公式

设图 6-13 (a) 中各电感的初始储能为零，即$i_1(t_0)=i_2(t_0)=0$，则$i(t_0)=i_1(t_0)+i_2(t_0)=0$。根据 KVL 和电感 VAR 的微分形式，并利用等效电感的概念，得

$$L_1\frac{\mathrm{d}i_1}{\mathrm{d}t}=u=L\frac{\mathrm{d}i}{\mathrm{d}t} \tag{6-26}$$

对式（6-26）时间$t$从$t_0$到$t$取积分，得

$$L_1\int_{t_0}^{t}\frac{\mathrm{d}i_1}{\mathrm{d}\tau}\mathrm{d}\tau=L\int_{t_0}^{t}\frac{\mathrm{d}i}{\mathrm{d}\tau}\mathrm{d}\tau$$

所以

$$L_1i_1=Li$$

则有

$$i_1=\frac{L}{L_1}i=\frac{L_2}{L_1+L_2}i \tag{6-27}$$

类似地

$$i_2=\frac{L}{L_2}i=\frac{L_1}{L_1+L_2}i \tag{6-28}$$

式（6-27）和式（6-28）称为初始储能为零的电感电路的分流公式。

同理可得初始储能为零的$n$个电感并联电路的分流公式为

$$i_k=\frac{L}{L_k}i\ (k=1,2,\cdots,n)$$

式中，$L$为等效电感。显然，上述各公式与电阻的分流公式相类似。

下面讨论初始储能不为零的情况。

对于初始储能不为零的电感，其 VAR 的积分形式为

$$i_L(t)=i_L(t_0)+\frac{1}{L}\int_{t_0}^{t}u_L(\tau)\mathrm{d}\tau \tag{6-29}$$

式（6-29）可用图 6-14 所示的电流为$i_L(t_0)$的电流源与初始储能为零的电感并联的等效电路表示。

将图 6 - 13（a）中的每个电感用图 6 - 14 的等效电路来等效代替可得图 6 - 15 所示的电路，其中各电感的初始储能为零，由 KCL 和电感分流公式，得

$$i_1(t)=i_1(t_0)+\frac{L_2}{L_1+L_2}[i(t)-i_1(t_0)-i_2(t_0)]$$

$$i_2(t)=i_2(t_0)+\frac{L_1}{L_1+L_2}[i(t)-i_1(t_0)-i_2(t_0)]$$

对于多个电感相并联的情况可做类似讨论，且有

$$i_k(t)=i_k(t_0)+\frac{L}{L_k}[i(t)-i(t_0)]$$

其中，$i(t_0)=\sum i_k(t_0)$。

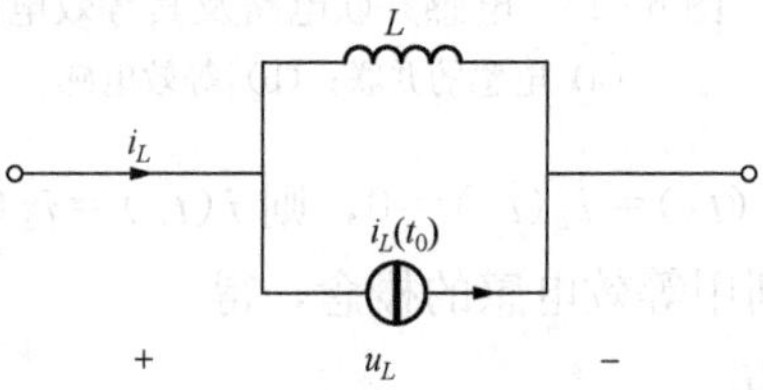


图 6 - 14　初始储能不为零的电感元件的等效电路

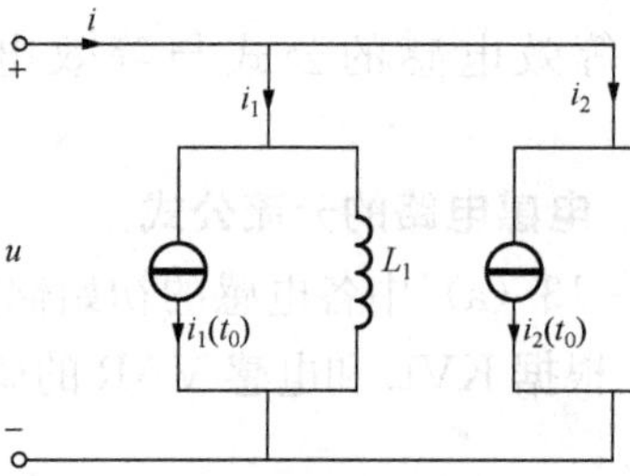


图 6 - 15　图 6 - 13（a）中电路的等效电路

## 6.5 电容与电感的互换

电路中有一类特殊的双口元件，它们可以把一种元件变转换为另一种元件。回转器[1]就可以实现电容和电感的互换。

回转器的特性方程为

$$\left.\begin{aligned}u_1&=-ri_2\\u_2&=ri_1\end{aligned}\right\}$$

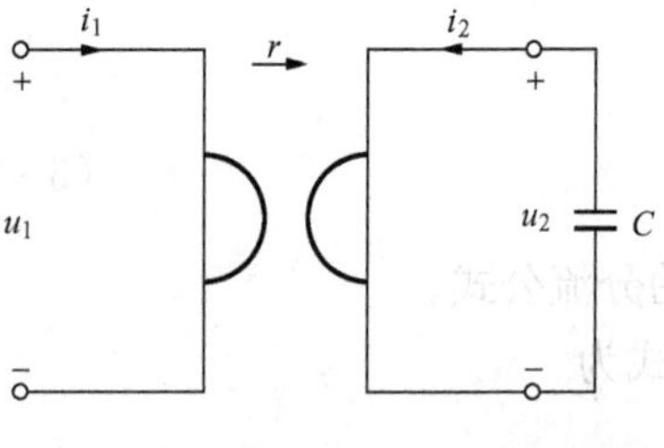


图 6 - 16　回转器的容感倒逆特性

设在回转器的输出端口跨接一个电容 $C$，如图 6 - 16 所示，则

$$i_2=-C\frac{du_2}{dt}$$

利用回转器的特性方程，得

$$u_1=-ri_2=rC\frac{du_2}{dt}=r^2C\frac{di_1}{dt}$$

这样从端口 1 看进去，电压 $u_1$ 和电流 $i_1$ 的关系相当于电感的电压和电流的关系，整个电路可用一个等效电感 $L$ 来替代，且有 $L=r^2C$。所以，回转器可把一个电容变换成一个电感。例如，$C=0.01\mu F$，$r=10k\Omega$，则 $L=1H$。同样，回转器也可以把电感变换为电容。回转器的这种特性称为容感倒逆特性。

[1] 回转器是由荷兰学者特勒（B. H. Tellegn）根提出的。它是电路元件中第一个非互易无源双口元件。

在微电子电路中，早期由于技术的限制，在集成电路中制造一个电感所占面积较大。但制造电容要比制造电感容易得多，所以，回转器的容感倒逆特性在集成电路制造中具有较高的实用价值。

## 6.6 理想元件与实际器件

前面讨论的电阻、电感和电容元件都是理想化的抽象概念。它们分别反映了各自的本质特点：电阻表示能量的消耗现象；电感描述磁场能量的存储现象；电容表征电场能量的存储现象。

对于实际中应用的电阻器、电感器和电容器，它们的主要特征分别是电阻、电感和电容。但在使用和模拟实际器件时需要主要考虑以下方面。

(1) 额定电流与额定电压。元件的电压、电流可在$-\infty$到$+\infty$之间取值。但实际器件中通过电流，就会发热。如果电流过大，产生的热无法及时散掉，导致环境温度越来越高，产生热失控。器件的温度过高，导致绝缘材料破坏，甚至使导体熔化，所以必须对电流加以限制。器件长期正常运行的电流限额称为额定电流。器件承受的电压也有一个限制，超过这一限制，绝缘就可能被击穿，损坏器件。器件长期正常运行的电压限额称为额定电压；器件额定电压与额定电流的乘积为额定功率。

(2) 器件的频率范围。一个实际电阻器（以绕线电阻器为例）通以电流，周围就有磁场，从而存在电感效应；另外，电阻两端有电压，就会有电荷积储，不可避免地带有电容效应。在低频时，这些效应很小，可以忽略不计，因而实际电阻器可用单一的电阻元件模拟，如图 6 - 17 (a) 所示；频率较高时，需要考虑引线电感效应，此时的实际电阻器模型如图 6 - 17 (b) 所示；频率更高时，电容效应不能不加以考虑，由于从每匝看，电容是与电阻电感并联的，故总的电容与电阻电感并联，其模型如图 6 - 17 (c) 所示。因此，实际电阻器在高频情况下的准确模型除了电阻元件以外，还应该包括一些寄生的电感元件和电容元件。

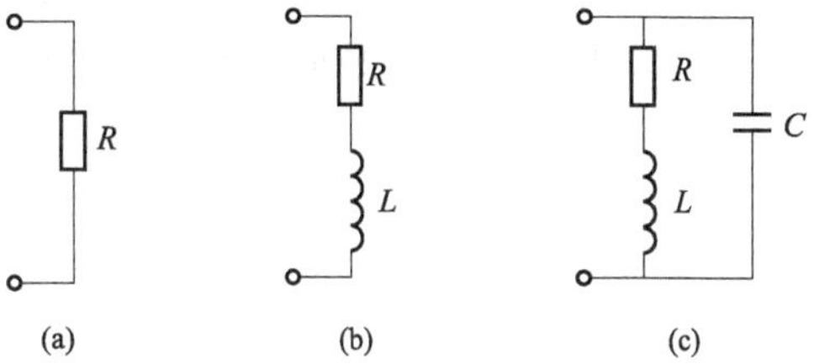


图 6 - 17 电阻器的模型

(a) 直流模型；(b) 低频模型；(c) 较高频率模型

把实际电感线圈用一个电感元件模拟［见图 6 - 18 (a)］，一般说来，逼近效果是比较差的。电感线圈不仅储存磁场能量也消耗能量，这一消耗的能量一般不能忽略，故需要用电阻描述。由于消耗的能量主要取决于流过线圈的电流，电阻与电感串联能较好地反映实际情况，如图 6 - 18 (b) 所示，这是常用的电感线圈模型。实际上，线圈的匝间还有电容存在，在频率较高时，其作用就不能忽略。可在模型中用一个跨接在线圈两端的电容来模拟这一情况，如图 6 - 18 (c) 所示。因此，实际电感器在高频情况下除了电感参数外，还有寄生电阻和电容。

实际电容器在低频率工作时，可用电容元件作为其模型，如图 6 - 19 (a) 所示；但有些实际电容器消耗的能量不容忽略，此时需用电阻计及这部分能量损失。由于消耗的能量主要取决于电容器两端的电压，电阻与电容并联能较好地反映实际情况，如图 6 - 19 (b) 所示；

频率较高时，实际电容器端电压 $u_C$ 的变化率很高，电流 $C\dfrac{du_C}{dt}$ 将产生不容忽略的磁场，需要在模型中增添电感元件，如图 6-19（c）所示。

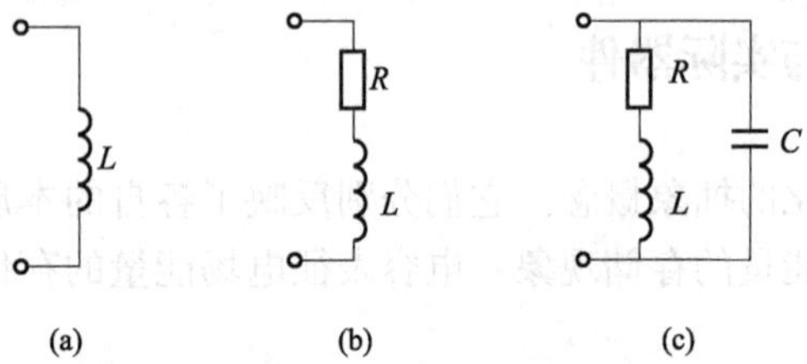


图 6-18　电感器的模型

（a）直流模型；（b）低频模型；（c）较高频率模型

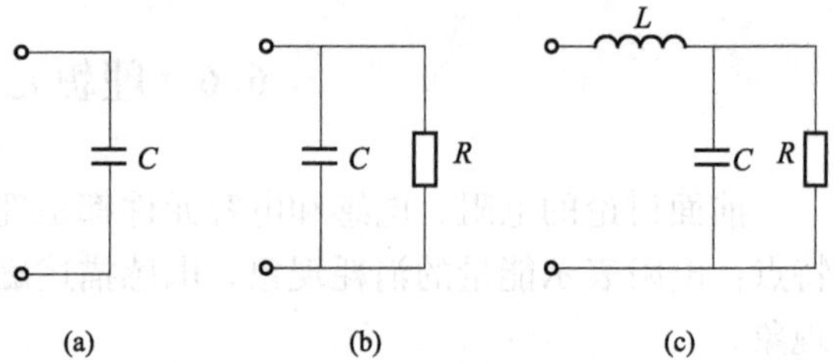


图 6-19　电容器的模型

（a）低频时；（b）频率较高时；（c）频率更高时

实际电阻器的主要技术指标有电阻的标称阻值及其误差以及额定功率；实际电容器的主要技术指标有标称电容量及其误差以及额定电压（耐压）等；实际电感器的主要技术指标有电感量、品质因数等。另外，实际器件都有多种不同的类型。实际中常用电阻器的电阻值范围从几欧姆到几兆欧姆，允许误差从±20%到±0.1%。实际电容器使用的数值范围从几个皮法到几个微法，常见的允许误差从±20%到±1%。超级电容器可做到几十个法拉；实际电感器的数值范围从几个微亨到几亨，允许误差有±5%、±10%和±20%。应该指出，书中使用的参数值并非实际数值，其目的是避免繁琐的数值计算，把学习的注意力集中到概念和方法上。

## 习　题

6-1　0.2F 电容电流的波形如图 6-20 所示，若 $u_C(0_-)=10\text{V}$，试求电容电压 $u_C(t)$，并定性地画出其波形。

6-2　2H 电感电压的波形如图 6-21 所示，若 $i_L(0_-)=2\text{A}$，试求电感电流 $i_L(t)$，并定性地画出其波形。

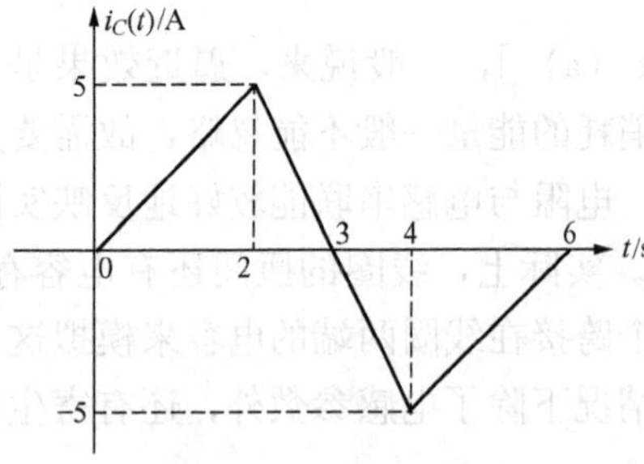


图 6-20　题 6-1 图

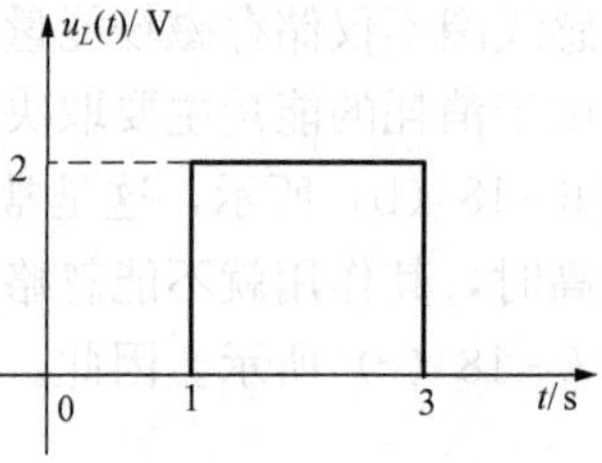


图 6-21　题 6-2 图

6 - 3　试求图 6 - 22 所示电路中 a、b 端的等效电容与等效电感。

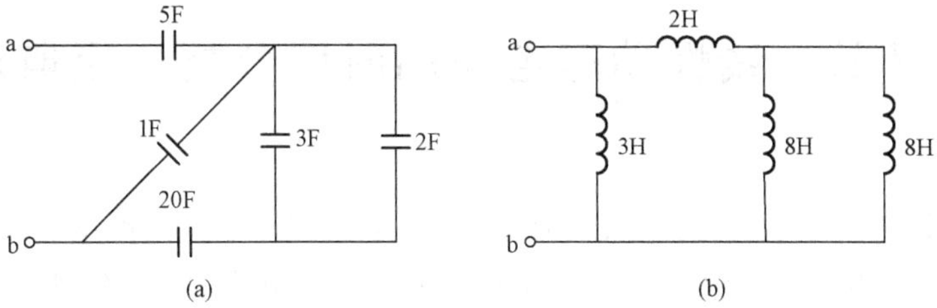


图 6 - 22　题 6 - 3 图

6 - 4　如图 6 - 23 所示电路中，已知 $C_1=2\mu\text{F}$，$C_2=8\mu\text{F}$，$u_{C1}(0_-)=u_{C2}(0_-)=-5\text{V}$，$i(t)=120\text{e}^{-5t}\mu\text{A}$。试求：(1) 等效电容 $C$ 及 $u_C(t)$；(2) $u_{C1}(t)$ 和 $u_{C2}(t)$。

6 - 5　如图 6 - 24 所示电路中，已知 $L_1=6\text{H}$，$i_1(0_-)=2\text{A}$，$L_2=1.5\text{H}$，$i_2(0_-)=-2\text{A}$，$u(t)=6\text{e}^{-2t}\text{V}$。试求：(1) 等效电容 $L$ 及 $i(t)$；(2) $i_1(t)$ 和 $i_2(t)$。

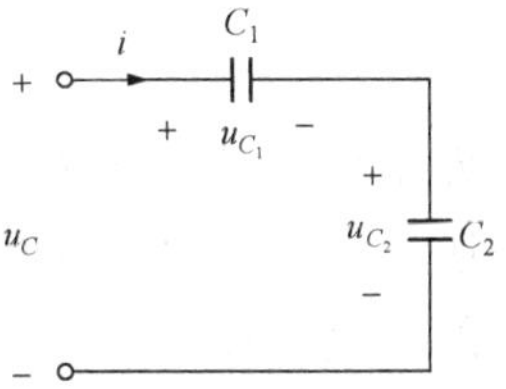


图 6 - 23　题 6 - 4 图

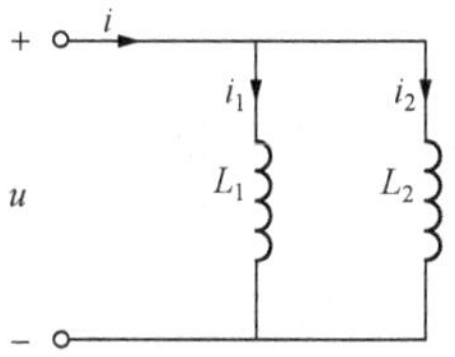


图 6 - 24　题 6 - 5 图

6 - 6　如图 6 - 25 所示，电路由一个电阻 $R$、一个电感 $L$ 和一个电容 $C$ 组成。已知 $i(t)=10\text{e}^{-t}-20\text{e}^{-2t}\text{A}$ $(t\geqslant 0)$，$u_1(t)=-5\text{e}^{-t}+20\text{e}^{-2t}\text{V}$ $(t\geqslant 0)$。若 $t=0$ 时，电路总储能为 25J，试求 $R$、$L$ 和 $C$。

6 - 7　如图 6 - 26 所示电路中，$u_C(t)=2\text{e}^{-2t}\text{V}$，试求电路中的电压 $u(t)$ 和电流 $i(t)$。

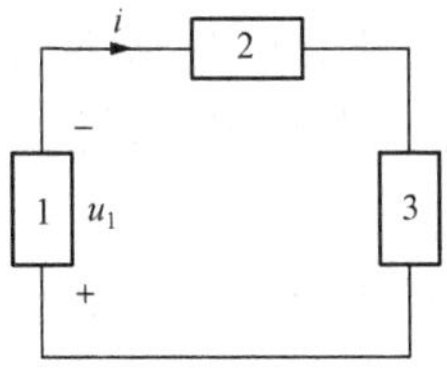


图 6 - 25　题 6 - 6 图

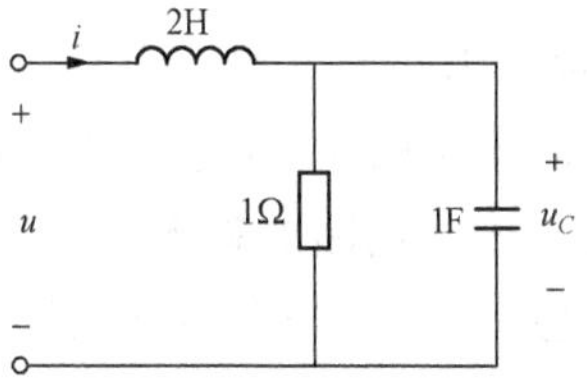


图 6 - 26　题 6 - 7 图

# 第 7 章　线性动态电路的时域分析：经典法

本书前 5 章讨论了电阻电路的分析和计算，从中得知，电阻电路的方程（如基本方程、节点电压方程、网孔电流方程等）均为一组代数方程。若电路中含有储能元件，由于电容和电感的伏安关系是微分或积分关系，因而由基尔霍夫定律和支路特性方程建立的电路方程将是微分—积分方程，通常写成微分方程的形式。用一阶微分方程描述的电路称为一阶动态电路，简称一阶电路。相应地，用 $n$ 阶微分方程描述的电路称为 $n$ 阶动态电路，简称 $n$ 阶电路。如果电路的微分方程是线性的，则该电路称为线性动态电路。本章重点讨论一阶和二阶线性电路，由此得到的许多结论对于一般线性动态电路也是成立的。

## 7.1　动态电路的输入—输出方程

动态电路的重要特征是当电路的结构或元件的参数突然发生变化时，电路一般将从一稳定工作状态过渡到另一稳定工作状态，这种变化通常需要经历一定的时间，我们把这一过程称为过渡过程或暂态过程，也称为动态过程。为了分析电路的过渡过程，需要先建立描述动态电路的方程。

在电路分析中，作为激励的电压和电流又称为输入，它表示外界对电路的影响，把待求的电压、电流变量（响应）统称为输出。

如何来表征动态电路的输出和输入之间的关系呢？在此，采用联系输入和输出变量的电路微分方程来描述，并把这种描述电路输入和输出关系的微分方程称为动态电路的输入—输出方程。它是以输出为单一变量建立的方程。

建立动态电路的输入—输出方程的基本依据仍然是 KCL、KVL 及元件的特性方程。一般而言，对于串联型电路，先从 KVL 出发；而对于并联型电路，则先从 KCL 出发；然后利用元件 VAR 和基尔霍夫定律把 KVL 方程（KCL 方程）中的非输出变量消去。

### 7.1.1　一阶电路的输入—输出方程

一阶电路中仅有一个独立的储能元件。对于图 7 - 1 所示的电路，根据 KVL 得

$$u_R+u_C=u_s \tag{7-1}$$

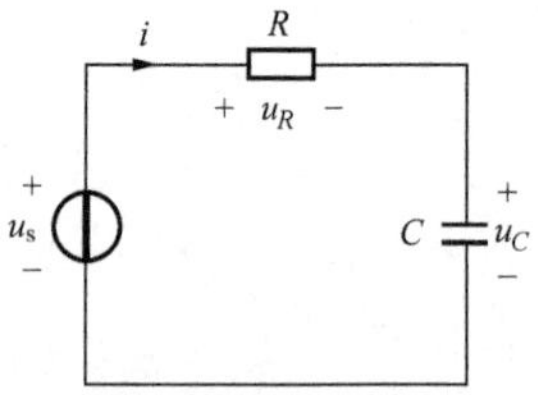


图 7 - 1　$RC$ 电路

设电路的输出为电容电压 $u_C$。电阻和电容的 VAR 分别为

$$u_R=Ri,\ i=C\frac{\mathrm{d}u_C}{\mathrm{d}t}$$

将非输出量 $u_R$ 用输出 $u_C$ 表示，得

$$u_R=RC\frac{\mathrm{d}u_C}{\mathrm{d}t} \tag{7-2}$$

将式（7 - 2）代入式（7 - 1），得

$$RC\frac{\mathrm{d}u_C}{\mathrm{d}t}+u_C=u_s \tag{7-3}$$

这就是以 $u_C$ 为输出的输入—输出方程。

若取图 7-1 电路中的电流 $i$ 为输出，将电阻的 VAR $u_R=Ri$ 代入式（7-1）消去 $u_R$，得

$$Ri+u_C=u_s \tag{7-4}$$

为了利用电容的 VAR 消去上式中的非输出量 $u_C$，将式（7-4）两边对 $t$ 求导，得

$$R\frac{di}{dt}+\frac{du_C}{dt}=\frac{du_s}{dt} \tag{7-5}$$

将电容的 VAR $\frac{du_C}{dt}=\frac{i}{C}$代入式（7-5），得

$$R\frac{di}{dt}+\frac{1}{C}i=\frac{du_s}{dt} \tag{7-6}$$

这就是以 $i$ 为输出的输入—输出方程。

式（7-6）可改写成

$$RC\frac{di}{dt}+i=C\frac{du_s}{dt} \tag{7-7}$$

如果 $u_s$ 为常量，则$\frac{du_s}{dt}=0$。

比较式（7-3）和式（7-7）可以发现，两个方程等号的左边除了输出变量不同外，其他完全相同，等号右边是不同的已知量，它与电路的输入有关。这是一阶电路输入—输出方程的一个特点，即对于同一电路，不论取何种电量为输出，其输入—输出方程等号左边除了输出变量不同以外，都可以整理成完全相同的形式，差别仅在方程等号右边的已知量。

**【例 7-1】** 试列写图 7-2 所示一阶电路以电感电流 $i_L$ 为输出的输入—输出方程。

**解** 对于图 7-2 所示的并联型电路，由 KCL 得

$$i_G+i_L=i_s$$

利用电阻的 VAR（$i_G=Gu$）和电感的 VAR$\left(u=L\frac{di_L}{dt}\right)$得

$$i_G=GL\frac{di_L}{dt}$$

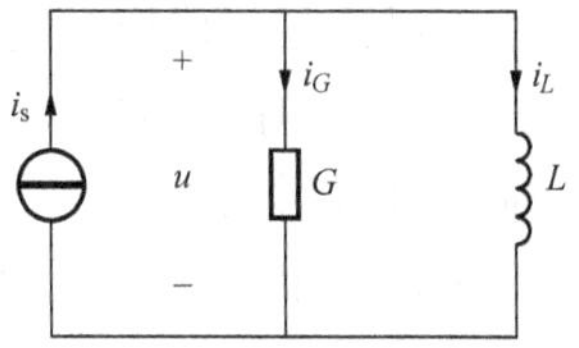

图 7-2 ［例 7-1］图

代入上述 KCL 方程，得

$$GL\frac{di_L}{dt}+i_L=i_s$$

这就是所求的输入—输出方程。

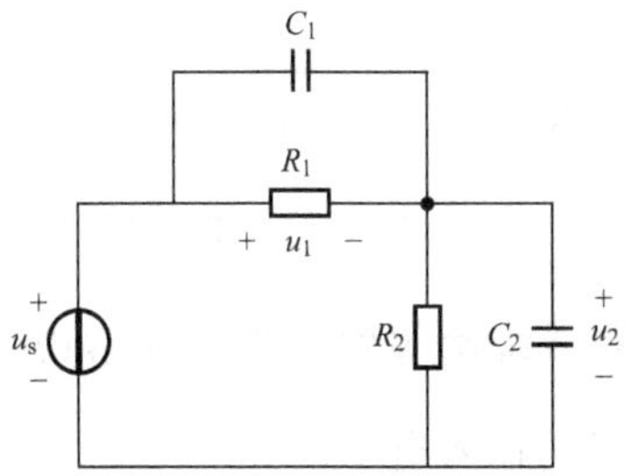

图 7-3 ［例 7-2］图

**【例 7-2】** 试写出图 7-3 所示电路以 $u_2$ 为输出的输入—输出方程。

**解** 根据 KVL 得

$$u_1+u_2=u_s \tag{7-8}$$

由于 $u_s$ 是已知的，给定 $u_1$ 和 $u_2$ 中的任一个电压，另一个电压就可由式（7-8）确定。因此，$u_1$ 和 $u_2$ 不是彼此独立的，只能取其一作为独立量。相应地，我们说这两个电容不是彼此独立的，因此该电路只有一个独立储能

元件。类似地，若电感电流相对 KCL 彼此不是独立的，则相应的电感也不是彼此独立的。

由 KCL 和元件的 VAR 得

$$C_1\frac{du_1}{dt}+\frac{u_1}{R_1}-C_2\frac{du_2}{dt}-\frac{u_2}{R_2}=0 \tag{7-9}$$

利用式（7-8）将式（7-9）中的非输出量 $u_1$ 消去，得

$$C_1\frac{d(u_s-u_2)}{dt}+\frac{u_s-u_2}{R_1}-C_2\frac{du_2}{dt}-\frac{u_2}{R_2}=0 \tag{7-10}$$

整理式（7-10）可得所求的输入—输出方程为

$$\frac{R_1R_2}{R_1+R_2}(C_1+C_2)\frac{du_2}{dt}+u_2=\frac{R_2u_s}{R_1+R_2}+\frac{R_1R_2}{R_1+R_2}C_1\frac{du_s}{dt}$$

实际应用中，经常需要把电压经过电阻分压传送到下一级或进行测量的情况。由于电路存在着各种形式的电容，有的是下一级电路所固有的，有的是接线或者其他寄生形式形成的，它们总的效果就好像有一个电容 $C_2$ 接在输出两端。当输入电压有一个突变时，该电容将有一个充电过程，以致输出电压具有一定的上升时间，使输出电压波形的边沿变坏。为了加快输出波形的变化，使输出跟着输入一起跳变，可在分压器另一个电阻两端并联一个合适数值的电容 $C_1$（称为加速电容或补偿电容）。

综上所述，一阶电路的输入—输出方程具有如下的一般形式

$$\tau\frac{dy}{dt}+y=f_s \quad 或者 \quad \frac{dy}{dt}+\frac{1}{\tau}y=\frac{1}{\tau}f_s$$

式中：$f_s$ 为已知项，它与电路中的输入有关；$y$ 为电路的输出。对于同一电路，系数 $\tau$ 是唯一的，它与电路的输入和输出无关，仅取决于电路的结构和元件的参数。$\tau$ 是一阶电路的一个重要参数，具有时间的量纲，称为一阶电路的时间常数，单位为秒（s）。

下面讨论如何确定时间常数 $\tau$。

由于同一电路的时间常数 $\tau$ 是唯一的，为了方便起见，以一阶电路的电感电流和电容电压为输出进行讨论。

对于含有单一储能元件的电路，将储能元件抽出跨接在电阻性二端网络的端口，如图 7-4 所示。

利用等效电源定理可将图 7-4（a）和图 7-4（b）中的电路分别化简成图 7-5（a）和图 7-5（b）的等效电路。

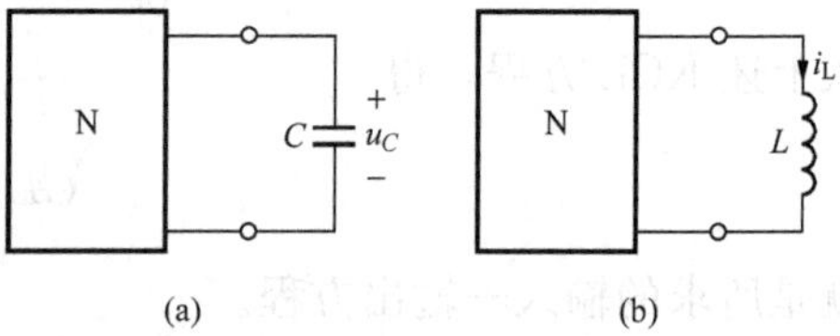


图 7-4 一阶电路

（a）一阶 RC 电路；（b）一阶 RL 电路

图 7-5（a）和（b）中电路的输入—输出方程分别为

$$RC\frac{du_C}{dt}+u_C=u_s，\quad \frac{L}{R}\frac{di_L}{dt}+i_L=i_s$$

与电路方程的一般形式相比较可知，对于一阶 $RC$ 电路，$\tau=RC$；而对于一阶 $RL$ 电路，$\tau=\dfrac{L}{R}$。其中，$R$ 为从储能元件两端看进去的二端网络的戴维南等效电阻。或者说，$R$ 为电路中独立电源置零后，从储能元件两端看进去的二端网络的输入电阻。

更一般地讲，由于 $\tau$ 与电路中的独立电源无关，因此，求 $\tau$ 时，可先把电路中所有独立

电源置于零值，然后把储能元件合并成一个等效储能元件（若电路是一阶的，这一点一定能够做到），该等效储能元件的参数值就是时间常数公式中的 $C$ 或 $L$；从等效储能元件两端求电路其余部分的输入电阻，该输入电阻就是时间常数公式中的 $R$。

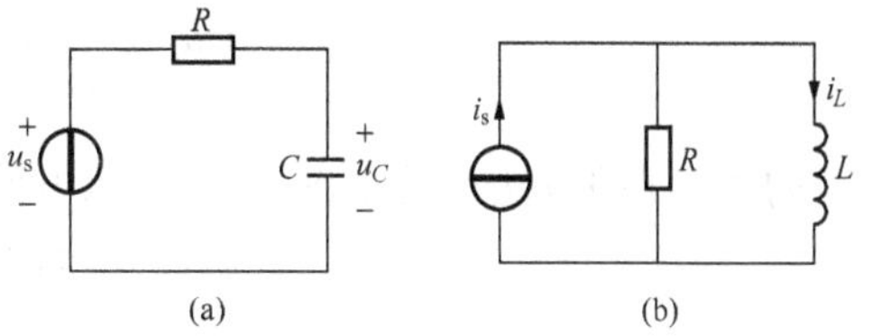


图 7-5　图 7-4 中一阶电路的等效电路

（a）一阶 RC 电路；（b）一阶 RL 电路

**【例 7-3】**　试分别求图 7-6 所示各一阶电路的时间常数。

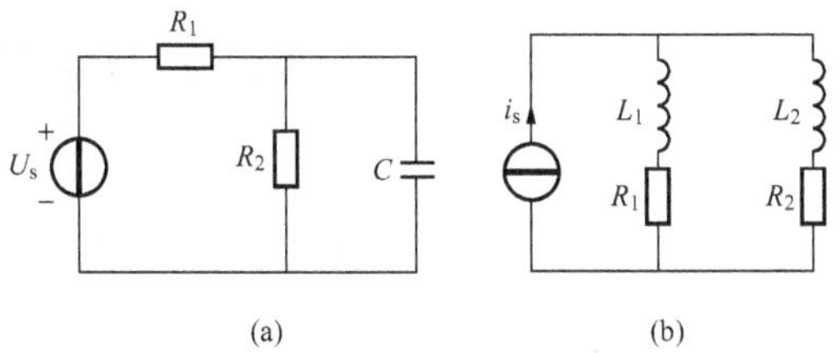


图 7-6　［例 7-3］图

（a）一阶 RC 电路；（b）一阶 RL 电路

**解**　对于图 7-6（a）所示电路，令 $U_s=0$，则从电容两端看进去的等效电阻 $R$ 为

$$R=\frac{R_1R_2}{R_1+R_2}$$

所以，该电路的时间常数 $\tau$ 为

$$\tau=RC=\frac{R_1R_2}{R_1+R_2}C$$

对于图 7-6（b）中的电路，将电流源用开路线代替，则等效电感 $L=L_1+L_2$，等效电阻 $R=R_1+R_2$。因此，该电路的时间常数 $\tau=\frac{L}{R}=\frac{L_1+L_2}{R_1+R_2}$。

顺便指出，由于含受控源的电阻性二端网络其输入电阻可能为负值，因此时间常数亦可能小于零。

### 7.1.2　二阶电路的输入—输出方程

凡是能用二阶线性常微分方程描述的电路称为二阶〔线性〕电路。含有一个电容和一个电感的电路、含有两个独立电容的电路和含有两个独立电感的电路都是典型的二阶电路。

对于图 7-7 所示的 RLC 串联电路，由 KVL 得

$$u_R+u_L+u_C=u_s \tag{7-11}$$

元件的 VAR 为

$$u_R=Ri,\ u_L=L\frac{di}{dt},\ i=C\frac{du_C}{dt}$$

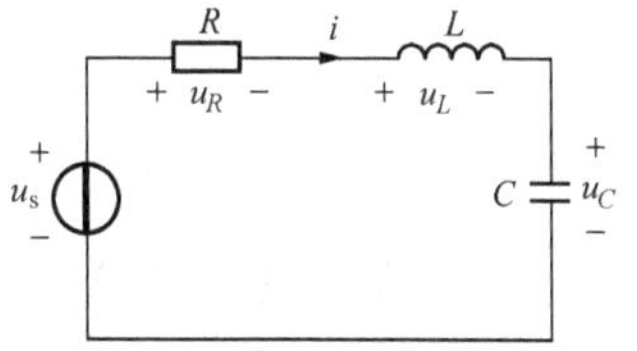


图 7-7　RLC 串联电路

则有

$$u_R=RC\frac{du_C}{dt},\ u_L=LC\frac{d^2u_C}{dt^2} \tag{7-12}$$

将式（7-12）代入式（7-11）消去 $u_R$ 和 $u_L$，得

$$LC\frac{d^2u_C}{dt^2}+RC\frac{du_C}{dt}+u_C=u_s$$

或者写成

$$\frac{d^2u_C}{dt^2}+\frac{R}{L}\frac{du_C}{dt}+\frac{1}{LC}u_C=\frac{1}{LC}u_s \tag{7-13}$$

令 $\alpha=\frac{R}{2L}$ 和 $\omega_0=\frac{1}{\sqrt{LC}}$，则式（7-13）变为

$$\frac{d^2u_C}{dt^2}+2\alpha\frac{du_C}{dt}+\omega_0^2u_C=\omega_0^2u_s$$

应用对偶的方法可写出图 7-8 所示电路以 $i_L$ 为输出的电路微分方程为

$$\frac{d^2i_L}{dt^2}+\frac{G}{C}\frac{di_L}{dt}+\frac{1}{LC}i_L=\frac{1}{LC}i_s \tag{7-14}$$

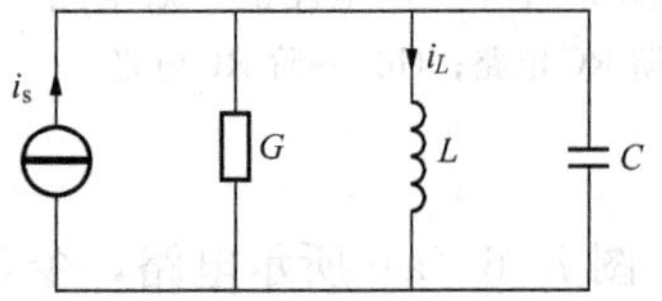

图 7-8　RLC 并联电路

令 $\alpha=\frac{G}{2C}$ 和 $\omega_0=\frac{1}{\sqrt{LC}}$，则式（7-14）变为

$$\frac{d^2i_L}{dt^2}+2\alpha\frac{di_L}{dt}+\omega_0^2i_L=\omega_0^2i_s$$

**【例 7-4】**　试写出图 7-9 所示电路以 $u_2$ 为输出的输入—输出方程。

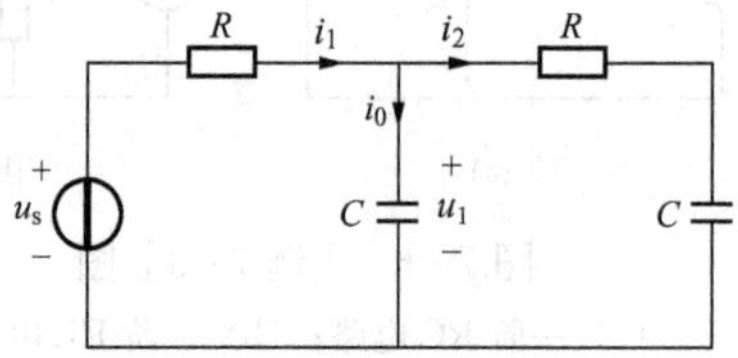

图 7-9［例 7-4］图

**解**　方法一：由 KCL 得

$$-i_1+i_2+i_0=0$$

因为

$$i_2=C\frac{du_2}{dt}$$

所以

$$u_1=Ri_2+u_2=RC\frac{du_2}{dt}+u_2$$

因此

$$i_0=C\frac{du_1}{dt}=C\frac{d}{dt}\left[RC\frac{du_2}{dt}+u_2\right]=RC^2\frac{d^2u_2}{dt^2}+C\frac{du_2}{dt}$$

$$i_1=\frac{u_s-u_1}{R}=\frac{u_s}{R}-\frac{1}{R}\left[RC\frac{du_2}{dt}+u_2\right]=-C\frac{du_2}{dt}-\frac{u_2}{R}+\frac{u_s}{R}$$

将 $i_1$、$i_2$ 和 $i_0$ 的表达式代入 KCL 方程，整理得

$$\frac{d^2u_2}{dt^2}+\frac{3}{RC}\frac{du_2}{dt}+\frac{1}{R^2C^2}u_2=\frac{u_s}{R^2C^2}$$

方法二：建立复杂的二阶电路及高阶电路微分方程的一种较好方法是引入微分算子 $p=\frac{d}{dt}$，将电感和电容 VAR 的微分形式转化为代数形式：$u_L=pLi_L$，$i_C=pCu_C$ 或者 $u_C=\frac{1}{pC}i_C$，$i_L=\frac{1}{pL}u_L$。然后用节点分析、回路分析或其他分析方法来建立电路的微分方程。

由节点法得

$$\left(\frac{2}{R}+pC\right)u_1-\frac{1}{R}u_2=\frac{u_s}{R}$$

$$-\frac{1}{R}u_1+\left(\frac{1}{R}+pC\right)u_2=0$$

整理得

$$(2+pRC)u_1-u_2=u_s$$

$$-u_1+(1+pRC)u_2=0$$

解之得

$$u_2=\frac{1}{R^2C^2p^2+3RCp+1}u_s$$

将上式改写为

$$\left(p^2+\frac{3}{RC}p+\frac{1}{R^2C^2}\right)u_2=\frac{1}{R^2C^2}u_s$$

最后将微分算子 $p$ 还原为$\frac{\mathrm{d}}{\mathrm{d}t}$得

$$\frac{\mathrm{d}^2u_2}{\mathrm{d}t^2}+\frac{3}{RC}\frac{\mathrm{d}u_2}{\mathrm{d}t}+\frac{1}{R^2C^2}u_2=\frac{u_s}{R^2C^2} \tag{7-15}$$

这就是所求电路的微分方程。

令 $\alpha=\frac{3}{2RC}$和$\omega_0=\frac{1}{RC}$，式(7-15)可写成

$$\frac{\mathrm{d}^2u_2}{\mathrm{d}t^2}+2\alpha\frac{\mathrm{d}u_2}{\mathrm{d}t}+\omega_0^2u_2=\omega_0^2u_s$$

综合所述，线性二阶电路的输入—输出方程具有下列的一般形式

$$\frac{\mathrm{d}^2y}{\mathrm{d}t^2}+2\alpha\frac{\mathrm{d}y}{\mathrm{d}t}+\omega_0^2y=f_s(t)$$

式中：$y$ 为输出；$\alpha$ 称为阻尼系数，$\omega_0$ 为振荡频率；$f_s(t)$ 为电路中独立电压源的电压、独立电流源的电流以及它们的导数的线性组合。对于同一电路，系数 $\alpha$ 和 $\omega_0$ 是唯一的，其与电路的输入无关，仅取决于电路的结构和元件的参数。

含有 $n$ 个独立储能元件的线性动态电路为 $n$ 阶〔线性〕电路，其输入—输出方程具有下列一般形式

$$a_n\frac{\mathrm{d}^ny(t)}{\mathrm{d}t^n}+a_{n-1}\frac{\mathrm{d}^{n-1}y(t)}{\mathrm{d}t^{n-1}}+\cdots+a_1\frac{\mathrm{d}y(t)}{\mathrm{d}t}+a_0y(t)=f_s(t)$$

## 7.2 动态电路的初始值

对动态电路的分析可归结为建立以响应为输出的输入—输出方程和求解该方程两个方面。而要求解此方程还需要知道输出的初始条件，即需要知道输出变量的初始值［对于 $n$ 阶微分方程，还需要知道从一阶到（$n-1$）阶导数的初始值］。也就是要知道过渡过程是在什么样的起始状态上开始的，否则就无法求得确切数值的解答。为此，本节讨论如何确定动态电路中响应及其导数的初始值。

在电路分析中，把电路与电源的接通、切断、电路参数的突然变化、电路结构的改变等统称为换路。为了方便起见，一般取换路时间作为计算时间的起点，即认为在 $t=0$ 换路。并把换路前的瞬间记为 $t=0_-$，称为起始时刻；换路后的瞬间记为 $t=0_+$，称为初始时刻。换路就视为从 $0_-$ 开始到 $0_+$ 结束的过程。在电路分析中，通常用开关的动作表示电路中的换路。注意，7.1 节研究的电路都是指换路后的电路而言的。

初始值是指输出（高阶电路还应包括相应的导数）在 $t=0_+$ 时刻的值。

1. $0_+$ 时刻电路

在 $t=0_+$ 时，如果换路后电路中的电容电压 $u_C(0_+)$ 和电感电流 $i_L(0_+)$ 是已知的，那

么，根据替代定理，电路中各电容和电感可分别用电压为 $u_C(0_+)$ 的电压源和电流为 $i_L(0_+)$ 的电流源替代（见图 7-10），得到一电阻电路，这一电路称为 $0_+$ 时刻等效电路，简称 $0_+$ 时刻电路。求解 $0_+$ 时刻电路就可求出输出的初始值 $y(0_+)$；输出导数的初始值可通过电路的输入—输出方程求得。因此，求初始值的问题就转化为如何确定电容电压或电感电流的初始值问题。

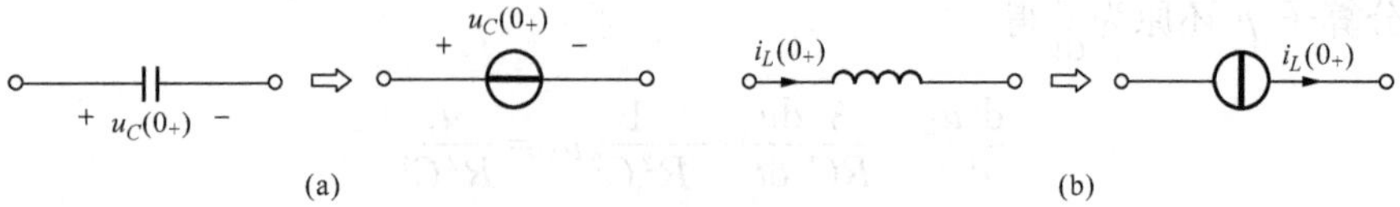


图 7-10　$0_+$ 时刻储能元件的替换

(a) 电容用电压源替代；(b) 电感用电流源替代

2. 换路定则

在本书第 6 章中曾经指出，如果电容电流为有限值，则电容上的电荷和电压不能跃变，即

$$\left.\begin{aligned} q_C(0_+)&=q_C(0_-) \\ u_C(0_+)&=u_C(0_-) \end{aligned}\right\} \tag{7-16}$$

如果电感电压为有限值，则电感上的磁链和电流不能跃变，即

$$\left.\begin{aligned} \Psi_L(0_+)&=\Psi_L(0_-) \\ i_L(0_+)&=i_L(0_-) \end{aligned}\right\} \tag{7-17}$$

式（7-16）和式（7-17）表述了换路前后瞬间电容上的电荷、电压和电感上的磁链、电流不能跃变的特点，通常称之为换路定则。注意，电路中的其他电量是可以跃变的。

由于电容的电场能量为 $\frac{1}{2}Cu_C^2(t)$，电感的磁场能量为 $\frac{1}{2}Li_L^2(t)$，所以，$t$ 时刻的电容电压和电感电流反映了该时刻电容和电感的储能状况，即反映了该时刻电路的状态。因此，电容电压 $u_C(0_+)$ 和电感电流 $i_L(0_+)$ 就反映了电路的初始状态。故把电容电压和电感电流在 $t=0_+$ 时刻的值称为电路的初始状态。电容电压和电感电流在 $t=0_-$ 时刻的值，本书称为起始状态。当电路中各起始状态 $u_C(0_-)$ 和 $i_L(0_-)$ 都为零时称电路为零状态。

由上可见，在电容电流（电感电压）为有限值的条件下，可先计算出换路前一瞬间的电容电压 $u_C(0_-)$［电感电流 $i_L(0_-)$］，然后根据换路定则确定换路后的初始状态 $u_C(0_+)$［$i_L(0_+)$］。

3. 起始状态的确定

$u_C(0_-)$ 和 $i_L(0_-)$ 需要根据 $0_-$ 时刻电路的状态进行计算。一般需要作出 $t=0_-$ 时刻的等效电路（简称 $0_-$ 时刻电路），然后用电路分析的一般方法求出。

若换路前电路处于直流稳态，即电路中各支路电压和电流都是直流量，则电容相当于开路，电感相当于短路。这样，在 $t=0_-$ 时，可把换路前电路中的电容用开路线代替，电感用短路线代替（见图 7-11），得到一电阻电路，这一电路即为 $0_-$ 时刻电路。求解这一电阻电路可得电路中的 $u_C(0_-)$ 和 $i_L(0_-)$。注意，$0_+$ 时刻电路是由换路后的电路导出的，而 $0_-$ 时刻电路是由换路前的电路导出的。

图 7-11　直流稳态电路中储能元件的替换

(a) 电容用开路线替代；(b) 电感用短路线替代

4. *确定初始值的步骤*

对于换路后其他的电压和电流的初始值（如电阻电压和电流、电感电压、电容电流等的初始值）不能用换路定则求解，需由 $0_+$ 时刻电路运用电阻电路的分析方法求出，因为它们在换路瞬间是可以跃变的。输出变量高阶导数的初始值，则需要通过电路的微分方程求得。

根据以上分析可归纳出如下求初始值的步骤。

(1) 求电路的起始状态。作出 $0_-$ 时刻电路，求出 $u_C(0_-)$ 或 $i_L(0_-)$。当电路处于直流稳态时，电容用开路线代替，电感用短路线代替。

(2) 确定电容电压和电感电流的初始值，即电路的初始状态。当电路中电容电压和电感电流无跃变时，可用换路定则确定，即

$$u_C(0_+)=u_C(0_-),\ i_L(0_+)=i_L(0_-)$$

(3) 作出 $0_+$ 时刻电路，求初始值。将电路中各电容和电感分别用电压为 $u_C(0_+)$ 的电压源和电流为 $i_L(0_+)$ 的电流源替代，得到 $0_+$ 时刻电路。在 $0_+$ 时刻电路中，独立电源的数值为其在 $t=0_+$ 时的激励值。这表明，在一般情况下，初始值是由起始状态和独立源在 $t=0_+$ 时刻的激励值共同决定的。

由于 $i_C=C\dfrac{du_C}{dt}$ 和 $u_L=L\dfrac{di_L}{dt}$，因此 $u_C$ 和 $i_L$ 的一阶导数的初始值亦可由 $0_+$ 时刻电路间接求出。

**【例 7-5】**　试求图 7-12 (a) 所示电路中开关 S 闭合后电容电压及其一阶导数和电感电压、电流及 20Ω 电阻电流的初始值。换路前电路处于稳态。

**解**　(1) 求 $i_L(0_-)$ 和 $u_C(0_-)$。由于换路前电路处于直流稳态，因而电容相当于开路，电感相当于短路，$0_-$ 时刻电路如图 7-12 (b) 所示。

$$u_C(0_-)=\frac{(40+40)//20}{16+(40+40)//20}\times16=8\ (\text{V}),\ i_L(0_-)=0\ (\text{A})$$

(2) 求 $i_L(0_+)$ 和 $u_C(0_+)$。根据换路定则，得

$$u_C(0_+)=u_C(0_-)=8\ (\text{V}),\ i_L(0_+)=i_L(0_-)=0\ (\text{A})$$

(3) 求初始值。$0_+$ 时刻电路如图 7-12 (c) 所示。由分压公式得

$$u_L(0_+)=\frac{1}{2}u_C(0_+)=\frac{1}{2}\times8=4\ (\text{V})$$

由欧姆定律得

$$i(0_+)=\frac{1}{20}u_C(0_+)=\frac{1}{20}\times8=0.4\ (\text{A})$$

根据 KCL 可得

$$i_C(0_+)=i_1(0_+)-i(0_+)-i_2(0_+)=\frac{16-8}{16}-0.4-\frac{8}{40+40}=0\ (\text{A})$$

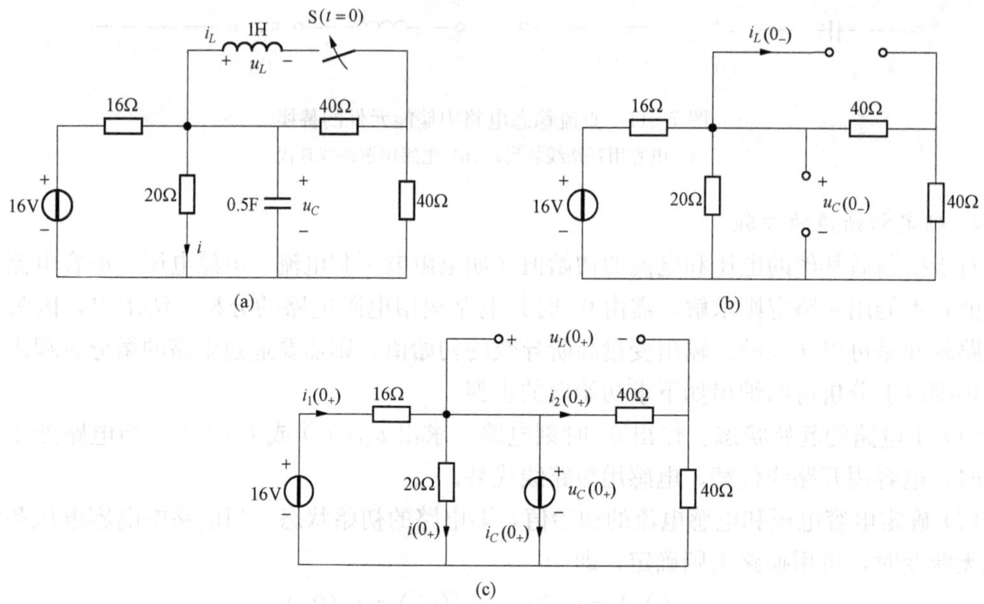


图 7-12 ［例 7-5］图

(a) 原电路；(b) $0_-$ 时刻电路；(c) $0_+$ 时刻电路

所以

$$u_C'(0_+)=\left.\frac{\mathrm{d}u_C}{\mathrm{d}t}\right|_{t=0+}=\frac{1}{C}i_C(0_+)=0\ (\mathrm{V/s})$$

5. 电容电压和电感电流的跃变

对于实际电路，由于不会出现无限大电流和电压，因而电容电压和电感电流都不会跃变。但是，由于分析的对象是电路模型而不是实际电路，而为了使得电路满足基尔霍夫定律，电容电流和电感电压在某些情况下有可能出现无限大，导致电感电流、电容电压发生跃变现象。电容电压、电感电流跃变情况下，$u_C(0_+)$ 和 $i_L(0_+)$ 不能使用换路定则确定。

当电路出现下列两种情况之一时，电容电压和电感电流有可能发生跃变。

(1) 换路后的电路中存在冲激电源。

(2) 换路后的电路中存在仅由电容（和电压源）构成的全电容回路或仅由电感（和电流源）构成的全电感割集。

电路中存在冲激电源的情况将在 7.6 节中进行讨论，这里只讨论第二种情况下确定电路初始值的方法。

电感电压（或电容电流）含有冲激分量是二端电感电流（或电容电压）发生跃变的充分必要条件，这一条件等价于电路的起始状态不满足 $0_+$ 时刻电路的拓扑约束。对于电源为有限值，且不含全电容回路和全电感割集的电路，由于电路的起始状态一定满足 $0_+$ 时刻电路的拓扑约束，所以这种电路不存在电容电压和电感电流的跃变问题。注意，上述全电容回路和全电感割集包括了等效情形（例如耦合电感的去耦等效电路，见本书 10.1 节）。对于电源为有限值，但存在全电容回路和/或全电感割集的电路是否出现跃变现象，可通过检验电路的起始状态是否满足 $0_+$ 时刻电路的拓扑约束来判断。只有不满足拓扑约束时，电路才会发生跃变现象。不满足约束的电容电压和电感电流发生跃变，而其他电容电压和电感电流并不发生跃变。跃变情况下，电容电压和电感电流的初始值可分别由电荷守恒定律和磁链守恒定律来确定。下面通过实例加以说明。

**【例 7-6】**　如图 7-13（a）所示的电路中，开关 S 在 $t=0$ 时打开，S 打开前电路处于稳态，试求 $i_1(0_+)$ 和 $i_2(0_+)$。

**解**　由于在 $t=0_-$ 时电路处于稳态，电感相当于短路，所以

$$i_1(0_-)=\frac{12}{6}=2\ (\text{A}),\quad i_2(0_-)=-\frac{9}{3}=-3(\text{A})$$

当 $t=0_+$ 时，由 KCL 得

$$i_1(0_+)=i_2(0_+) \tag{7-18}$$

显然，前面求出的起始状态不满足这一条件。因此，电路中电感电流在 $t=0$ 时发生跃变。

由 KVL 和元件 VAR 得

$$6i_1+3\frac{\mathrm{d}i_1}{\mathrm{d}t}+2\frac{\mathrm{d}i_2}{\mathrm{d}t}+3i_2=12-9$$

将上式从 $0_-$ 到 $0_+$ 对 $t$ 取积分，并注意到 $i_1$ 和 $i_2$ 在 $t=0$ 时都为有限值，得

$$3\int_{0-}^{0+}\frac{\mathrm{d}i_1}{\mathrm{d}\tau}\mathrm{d}\tau+2\int_{0-}^{0+}\frac{\mathrm{d}i_2}{\mathrm{d}\tau}\mathrm{d}\tau=0$$

即

$$3[i_1(0_+)-i_1(0_-)]+2[i_2(0_+)-i_2(0_-)]=0 \tag{7-19}$$

式（7-19）体现的就是磁链守恒定律，即与电感 $L_1$ 和 $L_2$ 有关的总磁链不能发生跃变。

将已知数据代入式（7-19），并与式（7-18）联立求解得

$$i_1(0_+)=i_2(0_+)=0\ (\text{A})$$

对于输入为有限值的电路，电感电流的跃变值为有限量。因此，与电感串联的非电感和非电流源元件的端电压也只能是有限值，它与电感和电流源上电压的冲激分量相比，完全可以忽略不计，可视为短路。因此，可将求 $0_+$ 时刻电感电流的电路转化为一电感电路。基于这一电感电路和非零储能电感的等效电路，利用电感的分流公式亦可求出跃变情况下电感电流的初始状态。

对于本例，短路与电感串联的元件电路转化为图 7-13（b）所示的电感电路，再利用非零储能电感的等效电路可得图 7-13（c）的电路。应用电感的分流公式得

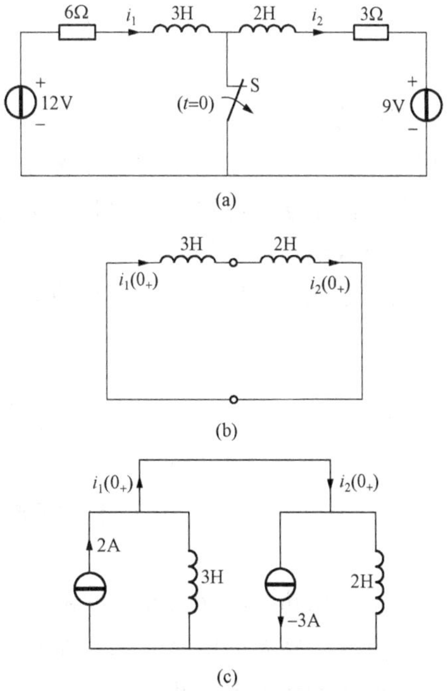

图 7-13　[例 7-6] 图

$$i_1(0_+)=i_2(0_+)=-3+\frac{3}{2+3}\times[2-(-3)]=0\ (\text{A})$$

**【例 7-7】**　在图 7-14（a）所示的补偿分压器电路中，两个电容的初始储能为零，试求 $u_1(0_+)$ 和 $u_2(0_+)$。

**解** 由题意可知

$$u_1(0_-)=u_2(0_-)=0 \tag{7-20}$$

当 $t=0_+$ 时，电路存在由 $C_1$、$C_2$ 和 $U_s$ 构成的全电容回路。由 KVL 得

$$u_1(0_+)+u_2(0_+)=U_s \tag{7-21}$$

显然，起始状态不满足 $0_+$ 时刻的 KVL 方程，所以，电容电压在 $t=0$ 时发生跃变。

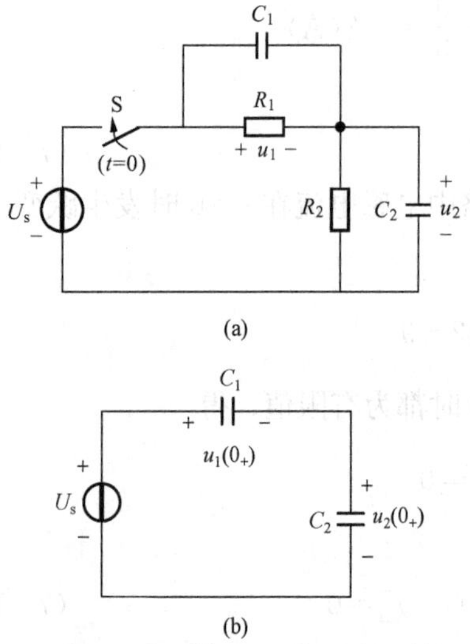


图 7-14 ［例 7-7］图

由 KCL 和元件 VAR 得

$$\frac{u_1}{R_1}+C_1\frac{du_1}{dt}=\frac{u_2}{R_2}+C_2\frac{du_2}{dt} \tag{7-22}$$

将式（7-22）从 $0_-$ 到 $0_+$ 对 $t$ 取积分，并注意到 $u_1$ 和 $u_2$ 在 $t=0$ 时都为有限值，得

$$C_1[u_1(0_+)-u_1(0_-)]=C_2[u_2(0_+)-u_2(0_-)] \tag{7-23}$$

式（7-23）体现的就是电荷守恒定律，即与电容 $C_1$ 和 $C_2$ 有关的总电荷不发生跃变。

将式（7-20）代入式（7-23）得

$$C_1u_1(0_+)=C_2u_2(0_+) \tag{7-24}$$

式（7-21）和式（7-24）联立求解得

$$u_1(0_+)=\frac{C_2}{C_1+C_2}U_s,\ u_2(0_+)=\frac{C_1}{C_1+C_2}U_s$$

对于输入为有限值的电路，与电感情形对偶，与电容并联的非电容和非电压源元件的电流也只能是有限值，它与电容和电压源电流的冲激分量相比，完全可以忽略不计，可视为开路。由此可将求 $0_+$ 时刻电容电压的电路转化为一电容电路。基于这一电容电路和非零储能电容的等效电路，利用电容的分压公式也可求出跃变情况下电容电压的初始状态。

对于本例，开路与电容并联的电阻电路转化为图 7-14（b）所示的电容电路。由电容的分压公式得

$$u_1(0_+)=\frac{C_2}{C_1+C_2}U_s,\ u_2(0_+)=\frac{C_1}{C_1+C_2}U_s$$

## 7.3 线性动态电路的经典分析法

如果在换路瞬间储能元件原来就有能量储存，我们称这种起始状态为非零起始状态。当一个非零起始状态的电路受到外加输入激励时，电路中的响应称为全响应。

下面先来讨论 RC 电路的全响应。图 7-15 所示为一已充过电的电容经过电阻接到直流电压源 $U_s$ 上，电容原有的电压为 $U_0$，方向如图 7-20 所示。该电路以 $u_C$ 为输出的输入—输出方程为

$$RC\frac{du_C}{dt}+u_C=U_s \qquad (t\geqslant 0) \tag{7-25}$$

它的全解是由其特解（记作 $u_{Cp}$）和相对应的齐次微分方程的通解（记作 $u_{Ch}$）所组成，即

$$u_C(t)=u_{Cp}(t)+u_{Ch}(t)$$

特解 $u_{Cp}$应满足于式（7 - 25），且一般应与输入的函数形式相同。现在的输入为一直流电压源 $U_s$，故特解也是一个常量。设 $u_{Cp}=A$，代入式（7 - 25）可得 $A=U_s$，故特解 $u_{Cp}=U_s$；而通解 $u_{Ch}$必满足于

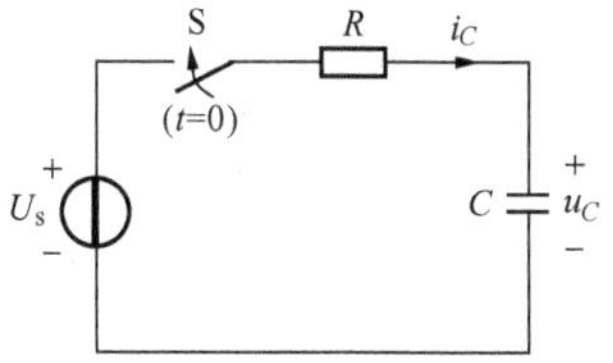


图 7 - 15　一阶 RC 电路

$$RC\frac{du_C}{dt}+u_C=0 \quad (7-26)$$

式（7 - 26）为一阶线性常系数齐次微分方程，因而可设 $u_{Ch}(t)=Ke^{\lambda t}$，其中，$\lambda$ 为特征根，$K$ 为待定的积分常数。把 $u_{Ch}(t)=Ke^{\lambda t}$ 代入方程（7 - 26），得

$$(RC\lambda+1)Ke^{\lambda t}=0$$

相应的特征方程为

$$RC\lambda+1=0$$

求解该特征方程可得相应的特征根为

$$\lambda=-\frac{1}{RC}=-\frac{1}{\tau}$$

则

$$u_{Ch}(t)=Ke^{-\frac{1}{RC}t}=Ke^{-\frac{t}{\tau}}$$

故 $u_C$ 的全响应为

$$u_C(t)=u_{Cp}(t)+u_{Ch}(t)=U_s+Ke^{-\frac{t}{\tau}} \quad (t\geqslant 0) \quad (7-27)$$

其中，积分常数 $K$ 需根据初始条件来确定。

令 $t=0_+$，则式（7 - 27）为

$$u_C(0_+)=U_s+K$$

根据换路定则，$u_C(0_+)=u_C(0_-)=U_0$，故

$$K=u_C(0_+)-U_s=U_0-U_s$$

因此，所求满足初始条件的微分方程的全解为

$$u_C(t)=U_s+(U_0-U_s)e^{-\frac{t}{\tau}} \quad (t\geqslant 0) \quad (7-28)$$

则电容电流为

$$i_C(t)=C\frac{du_C}{dt}=\frac{U_s-U_0}{R}e^{-\frac{t}{\tau}} \quad (t\geqslant 0_+) \quad (7-29)$$

在 $U_0<U_s$ 的情况下，当 $t>0$ 时，$i_C(t)>0$，整个过程中电容一直在充电，电容电压从它的初始值 $U_0$ 开始按指数规律逐渐增长到 $U_s$；在 $U_0>U_s$ 的情况下，当 $t>0$ 时，$i_C(t)<0$，这说明电流的实际方向与图 7 - 15 中的参考方向相反，在整个过程中电容一直在放电，电容电压从初始值 $U_0$ 开始按指数规律下降到 $U_s$；在 $U_0=U_s$ 情况下，$i_C(t)=0$，$u_C(t)=U_s$，这说明电路换路后，立即进入到稳定状态。这是由于换路前后电容中的电场能量并没有发生变化的缘故。

图 7 - 16（a）、（b）分别画出了 $u_C$、$i_C$ 三种情况下的变化规律。曲线 1、2 和 3 分别对应于 $U_0<U_s$，$U_0>U_s$ 和 $U_0=U_s$。

由上可知，全响应 $u_C$ 为 $u_{Cp}$与 $u_{Ch}$之和。$u_{Ch}$是对应的齐次微分方程的通解，它的模式仅取决于电路的拓扑结构和元件参数，而与输入无关，因此称之为固有响应或自由响应。对

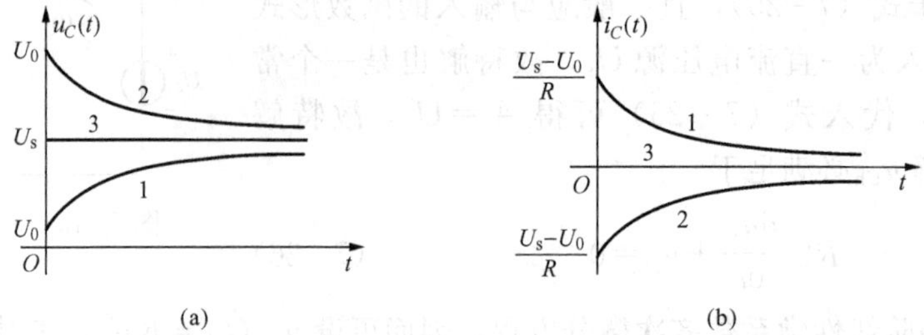


图 7-16　三种情况下 $u_C$ 和 $i_C$ 的变化规律

（a）电容电压变化规律；（b）电容电流变化规律

于一阶电路，它的一般形式为 $K\mathrm{e}^{\lambda t}$，其变化方式完全由电路本身的特征根 $\lambda$ 所确定。在有损耗的电路中（对于一阶电路，$\lambda<0$），自由响应将随着时间的增长而最终衰减到零，这种自由响应又称为暂态响应，它只存在于过渡过程之中。特解 $u_{C\mathrm{p}}$ 的形式一般和输入形式相同，见表 7-1，故称之为强迫响应。表中，$\mathrm{j}=\sqrt{-1}$ 表示虚数的单位。当强迫响应为常量（恒定）或周期函数时，又称其为稳态响应，但这要求电路的输入相应为常数或周期函数。应该特别指出：暂态响应是由初始状态和外加激励共同引起的；而线性电路的稳态响应与初始状态无关，可由分析各种稳态电路的方法确定。这样，全响应可分解为

全响应＝强迫响应＋自由响应　　（对任何电路）

全响应＝稳态响应＋暂态响应　　（对有损耗的电路）

**表 7-1　强迫响应的形式**

| 电路的激励源形式 | 强迫响应的形式 | 备注 |
|---|---|---|
| 直流电源或阶跃电源 | 常数 | |
| 正弦电源 $F_{\mathrm{m}}\sin(\omega t+\varphi)$ | $Y_{\mathrm{pm}}\sin(\omega t+\varphi+\theta)$ | $\mathrm{j}\omega$ 不是特征根 |
| 正弦电源 $F_{\mathrm{m}}\sin(\omega t+\varphi)$ | $Y_{\mathrm{pm}}t\sin(\omega t+\varphi+\theta)$ | $\mathrm{j}\omega$ 是特征根 |
| 指数函数 $F\mathrm{e}^{\alpha t}$ | $Y_{\mathrm{p}}\mathrm{e}^{\alpha t}$ | $\alpha$ 不是特征根 |
| 指数函数 $F\mathrm{e}^{\alpha t}$ | $\sum_{k=0}^{m}Y_k t^k\mathrm{e}^{\alpha t}$ | $\alpha$ 是 $m$ 重特征根 |
| 时间 $t$ 的 $n$ 阶多项式 | 时间 $t$ 的 $n$ 阶多项式 | |

对于有损耗的动态电路，随着时间的增长，暂态响应趋于零，电路进入稳态。暂态响应衰减的快慢与电路微分方程所对应的特征根 $\lambda$ 有关。由式（7-28）和式（7-29）可以看出，电容电压 $u_C$ 和电流 $i_C$ 的暂态响应衰减的快慢和 $\tau$ 的大小有关。$\tau$ 越小，衰减越快；反之，$\tau$ 越大，衰减就越慢。$\tau$ 的大小可以用改变电路参数的办法加以调节或控制。

现以电容电流为例来说明时间常数 $\tau$ 的意义。按式（7-29）计算出的 $t=0$，$\tau$，$2\tau$，… 的电容电流值见表 7-2，表中，$I_0=i_C(0_+)=\dfrac{U_\mathrm{s}-U_0}{R}$。

**表 7-2　不同时刻的电容电流值**

| 时间 | 0 | $\tau$ | $2\tau$ | $3\tau$ | $4\tau$ | $5\tau$ | … | $\infty$ |
|---|---|---|---|---|---|---|---|---|
| $e^{-\frac{t}{\tau}}$ | $e^0=1$ | $e^{-1}=0.368$ | $e^{-2}=0.135$ | $e^{-3}=0.05$ | $e^{-4}=0.018$ | $e^{-5}=0.007$ | … | $e^{-\infty}=0$ |
| $i_C$ | $I_0$ | $0.368I_0$ | $0.135I_0$ | $0.05I_0$ | $0.018I_0$ | $0.007I_0$ | … | 0 |

微课 09

时间常数对暂态过程的影响

由表看出，经过 $\tau$ 的时间，电容电流值衰减到初始值的 36.8%，也就是说，时间常数是指数函数衰减到初始值的 36.8%所需要的时间。

虽然在理论上要经历无限长的时间，电流才衰减为零，电路才进入新的稳态。但实际上 $i_C$ 经过了 $4\tau$ 时间后，电容电流已衰减到初始值的 2%以下，从工程角度看，可以将其忽略不计，认为 $i_C$ 衰减为零。因此，一般认为经过了 $4\tau$ 的时间后电路已进入新的稳态。

时间常数 $\tau$ 的大小，还可以从指数曲线上用几何的方法求得，如图 7-17 所示。对于电容充电电流 $i$ 曲线上任一点 $A$，通过 $A$ 点作切线 $AC$，则图 7-17 中的次切线为

$$BC=\frac{AB}{\tan\alpha}=\frac{i_C(t)}{-\frac{\mathrm{d}i_C(t)}{\mathrm{d}t}}=\frac{\frac{U_s-U_0}{R}e^{-\frac{t}{\tau}}}{\frac{1}{\tau}\left(\frac{U_s-U_0}{R}\right)e^{-\frac{t}{\tau}}}=\tau$$

即在时间坐标上次切线的长度等于时间常数 $\tau$。

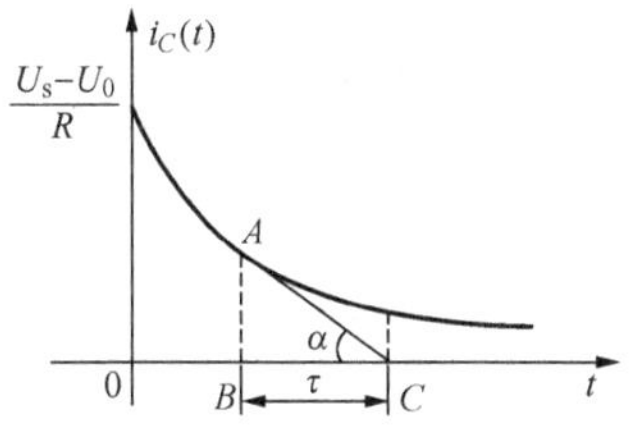


图 7-17　时间常数 $\tau$ 的几何表示

因为 $\lambda=-\frac{1}{\tau}$，$\tau$ 的单位为 s，故特征根 $\lambda$ 具有频率的单位；又因特征根由电路的拓扑结构和电路参数所决定，而与输入和时间无关，反映了电路的固有性质，故在电路理论中，特征根又称为电路的固有频率或自然频率。

利用对偶方法可分析 RL 一阶电路。但由于 RL 电路的时间常数 $\tau$ 和电阻成反比，所以 $R$ 越大，$\tau$ 越小。这正与 RC 电路的时间常数 $\tau$ 和 $R$ 成正比恰好相反。

综上所述，求解电路的过渡过程的步骤可归纳如下：

(1) 根据两类约束，列出换路后电路的输入—输出方程，并求出相应的初始值。

(2) 计算输出的强制响应（特解）。

(3) 计算输出的自由响应（通解）。

(4) 将上述两个响应相加，并用初始值确定积分常数，即可得输出的全响应。

按照上述步骤分析动态电路的方法称为经典〔分析〕法。这一方法属于时域分析法，适用于任何线性动态电路。

**【例 7-8】**　图 7-18 所示电路中，$U_s=1\text{V}$，$R_1=R_2=1\Omega$，$C_1=C_2=1\text{F}$，两个电容的初始储能均为零。试分别求 $A=1$ 和 $A=2$ 时电路的输出 $u_2(t)$。

**解**　由于所求输出 $u_2(t)$ 与 $u(t)$ 成正比，故可先求 $u(t)$。

(1) 列写以 $u(t)$ 为变量的微分方程。由 KCL 得

$$i_1=i_2+i_3 \tag{7-30}$$

由于 $R_2$ 与 $C_1$ 为串联，它们的电流同为 $i_2$，因而有

$$i_2=C_1\frac{\mathrm{d}u}{\mathrm{d}t} \tag{7-31}$$

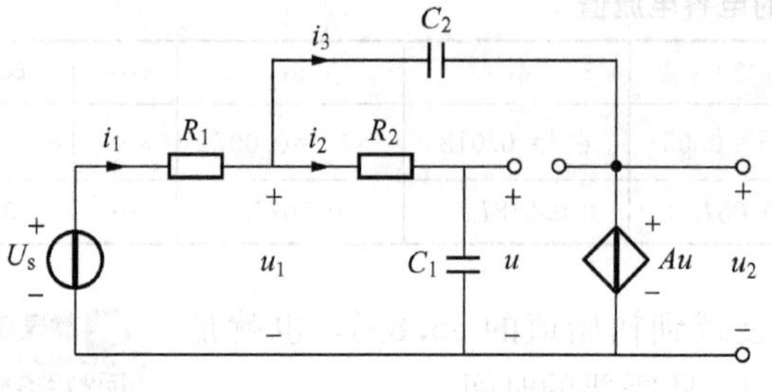


图 7-18 ［例 7-8］图

又有

$$u_1=u+R_2i_2=u+R_2C_1\frac{du}{dt}$$

且 $C_2$ 两端电压为 $u_1-Au$，因此

$$i_3=C_2\frac{d(u_1-Au)}{dt}$$

$$=R_2C_1C_2\frac{d^2u}{dt^2}+C_2\frac{du}{dt}-C_2A\frac{du}{dt} \tag{7-32}$$

又因为

$$i_1=\frac{U_s-u_1}{R_1}=\frac{U_s}{R_1}-\frac{u_1}{R_1}=\frac{U_s}{R_1}-\frac{1}{R_1}\left(u+R_2C_1\frac{du}{dt}\right) \tag{7-33}$$

将式（7-31）～式（7-33）代入式（7-30），整理得

$$R_1R_2C_1C_2\frac{d^2u}{dt^2}+[R_1C_1+R_2C_1+R_1C_2(1-A)]\frac{du}{dt}+u=U_s$$

将元件参数代入得

$$\frac{d^2u}{dt^2}+(3-A)\frac{du}{dt}+u=1 \tag{7-34}$$

相应的特征方程为

$$\lambda^2+(3-A)\lambda+1=0$$

由于 $C_1$ 和 $C_2$ 均为零初始状态，在 $t=0_+$ 时均可视为短路，则由 $0_+$ 时刻电路可求得 $u(0_+)=0$，$i_2(0_+)=0$。所以，$u'(0_+)=\frac{1}{C_1}i_2(0_+)=0$。

（2）求特解。令 $u_p(t)=C$（常数），代入方程（7-34）可得

$$u_p(t)=1$$

它是电路的直流稳态响应。

（3）求 $A=1$ 时电路的输出。当 $A=1$ 时，电路的输入—输出方程为

$$\frac{d^2u}{dt^2}+2\frac{du}{dt}+u=1$$

特征方程的特征根为

$$\lambda_1=\lambda_2=-1$$

因此，通解为

$$u_h(t)=A_1e^{-t}+B_1te^{-t}$$

故有

$$u(t)=u_h(t)+u_p(t)=A_1e^{-t}+B_1te^{-t}+1$$

下面确定积分常数 $A_1$ 和 $B_1$。由初始条件得

$$u(0_+)=A_1+1=0$$

$$u'(0_+)=-A_1+B_1=0$$

联立求解得

$$A_1=-1,\ B_1=-1$$

则

$$u(t)=-e^{-t}-te^{-t}+1 \text{ (V)}$$

所以，$A=1$ 时电路的输出为

$$u_2(t)=u(t)=-e^{-t}-te^{-t}+1 \text{ (V)} \qquad (t\geqslant 0)$$

（4）求 $A=2$ 时电路的输出。当 $A=2$ 时，电路的输入—输出方程为

$$\frac{d^2u}{dt^2}+\frac{du}{dt}+u=1$$

特征根分别为

$$\lambda_{1,2}=\frac{1}{2}(-1\pm\sqrt{1-4})=-0.5\pm j0.866$$

故得

$$u(t)=u_h(t)+u_p(t)=Ke^{-0.5t}\sin(0.866t+\beta)+1$$

下面确定积分常数 $K$ 和 $\beta$。联立求解

$$\begin{cases}u(0_+)=K\sin\beta+1=0\\ u'(0_+)=-0.5K\sin\beta+0.866K\cos\beta=0\end{cases}$$

得

$$K=-1.155,\ \beta=60^\circ$$

则

$$u(t)=-1.155e^{-0.5t}\sin(0.866t+60^\circ)+1 \text{ (V)}$$

因此

$$u_2(t)=2u(t)=-2.31e^{-0.5t}\sin(0.866t+60^\circ)+2 \text{ (V)} \qquad (t\geqslant 0)$$

## 7.4　直流一阶线性电路的三要素法

一阶线性电路的输入—输出方程具有如下一般形式

$$\tau\frac{dy}{dt}+y=f$$

其解 $y(t)$ 等于特解 $y_p(t)$ 加对应的齐次微分方程的通解 $y_h(t)=Ke^{-\frac{t}{\tau}}$，即

$$y(t)=y_p(t)+y_h(t)=y_p(t)+Ke^{-\frac{t}{\tau}} \tag{7-35}$$

设初始值为 $y(t_{0+})$，则将 $t=t_{0+}$ 代入式（7-35）中得

$$y(t_{0+})=y_p(t_{0+})+Ke^{-\frac{t_{0+}}{\tau}}$$

所以

$$K=[y(t_{0+})-y_p(t_{0+})]e^{\frac{t_{0+}}{\tau}} \tag{7-36}$$

将式（7-36）代入式（7-35）得

$$y(t)=y_p(t)+[y(t_{0+})-y_p(t_{0+})]e^{-\frac{t-t_{0+}}{\tau}} \qquad (t\geqslant t_{0+}) \tag{7-37}$$

若 $t_0=0$，则

$$y(t)=y_p(t)+[y(0_+)-y_p(0_+)]e^{-\frac{t}{\tau}} \qquad (t\geqslant 0_+) \tag{7-38}$$

对于直流一阶线性电路，$f$ 为常量，故上述方程的特解也为一个常量，且 $y_p(t)=f$。则

$$y_p(t_{0+})=y(\infty) \quad 或 \quad y_p(0_+)=y(\infty) \tag{7-39}$$

将式（7-39）分别代入式（7-37）和式（7-38）可得

$$y(t)=y(\infty)+[y(t_{0+})-y(\infty)]e^{-\frac{t-t_{0+}}{\tau}} \quad (t\geqslant t_{0+}) \tag{7-40}$$

$$y(t)=y(\infty)+[y(0_+)-y(\infty)]e^{-\frac{t}{\tau}} \quad (t\geqslant 0_+) \tag{7-41}$$

对于 $\tau>0$ 的电路，当 $t\rightarrow\infty$ 时，暂态响应 $y_h(t)=Ke^{-\frac{t}{\tau}}$ 趋于零，故 $y(\infty)$ 是电路中暂态响应为零时的响应，称其为电路的直流稳态响应或稳态值。

当求得初始值 $y(0_+)$、稳态值 $y(\infty)$ 和时间常数 $\tau$ 三个要素后，按式（7-41）便可直接写出响应，故式（7-41）被称为直流一阶电路的三要素公式。换路发生在 $t=t_0$ 时，需用式（7-40）计算。式（7-37）和式（7-38）为一般一阶电路的三要素公式。

显然，当电路的稳态值等于初始值时，电路一跃达到稳态，无过渡过程。值得指出的是，上述三要素公式不论 $\tau>0$，还是 $\tau<0$ 时都适用。在 $\tau<0$ 时，稳态值（实际应为强迫响应）可理解为 $t\rightarrow-\infty$ 时的响应值。

通过求三要素直接写出响应的方法称为一阶电路的三要素法。关于初始值、稳态值和时间常数三个要素的计算说明如下。

微课 10

直流一阶线性电路的三要素法应用（典型例题讲解）

（1）有关初始值的计算按 7.2 节所述的方法进行。一般先根据 $0_-$ 时刻电路或已知条件确定 $u_C(0_-)$ 和 $i_L(0_-)$，然后求出 $u_C(0_+)$ 和 $i_L(0_+)$。最后作出 $0_+$ 时刻的电路计算初始值。若 $u_C(0_+)=0$，$i_L(0_+)=0$，则在作 $0_+$ 时刻电路时，用短路线代替电容，开路线代替电感（其原因请读者自行思考）。

（2）稳态值的计算。由于稳态值与激励形式相同，故在直流激励的电路中，当 $t\rightarrow\infty$ 时，电容电压、电感电流将为常数，因而可把电感视为短路，电容视为开路，这样可得到一电阻电路，该电路称为∞时刻的等效电路，简称∞时刻电路。由此电路可求出待求响应的直流稳态值。注意，∞时刻电路是从换路后的电路导出的。顺便指出，用∞时刻电路求直流稳态值的方法适用于直流激励的任何线性动态电路。

（3）时间常数 $\tau$ 的计算。对于 RC 一阶电路，时间常数 $\tau=RC$；对于 RL 一阶电路，$\tau=\dfrac{L}{R}$。式中 $R$、$L$、$C$ 的数值按 7.1 节所述的方法进行计算。

上述三要素公式适用于求解直流一阶电路中任一个电压和电流。下面举例说明。

**【例 7-9】** 图 7-19（a）所示电路原已稳定，$R_1=R_2=4\text{k}\Omega$，$R_3=2\text{k}\Omega$，$C=1\mu\text{F}$，$U_s=20\text{V}$。试求开关接通后的电压 $u_C(t)$ 和电流 $i(t)$。

**解** 用三要素法求解本题。

（1）计算初始值。$0_-$ 时刻电路如图 7-19（b）所示，所以

$$u_C(0_-)=U_s=20\ (\text{V})$$

由于电容电压不能跃变，应有

$$u_C(0_+)=u_C(0_-)=20\ (\text{V})$$

$0_+$ 时刻电路如图 7-19（c）所示。该电路的网孔电流方程为

$$8i(0_+)-4i_C(0_+)=20$$

$$-4i(0_+)+6i_C(0_+)=-20$$

联立求解上述方程，得

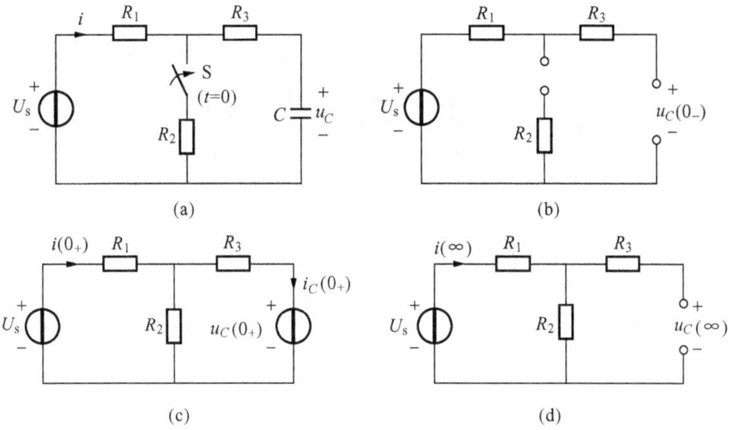


图 7-19　[例 7-9] 图

(a) 电路图；(b) $0_-$时刻电路；(c) $0_+$时刻电路；(d) ∞时刻电路

$$i(0_+)=1.25\ (\text{mA})$$

(2) 计算稳态值。稳态时，电容开路，∞时刻电路如图 7-19 (d) 所示，则电压、电流的稳态值分别为

$$u_C(\infty)=\frac{R_2}{R_1+R_2}U_s=\frac{4}{4+4}\times 20=10\ (\text{V})$$

$$i(\infty)=\frac{U_s}{R_1+R_2}=\frac{20}{4+4}=2.5\ (\text{mA})$$

(3) 计算时间常数 $\tau$。

因为

$$R=R_3+R_1//R_2=2+\frac{4}{2}=4\ (\text{k}\Omega)$$

故有

$$\tau=RC=4\times 10^3\times 1\times 10^{-6}=4\ (\text{ms})$$

(4) 由式 (7-41) 可得响应为

$$\begin{aligned}u_C(t)&=u_C(\infty)+[u_C(0_+)-u_C(\infty)]e^{-\frac{t}{\tau}}\\&=10+(20-10)e^{-250t}=10(1+e^{-250t})\ (\text{V})\quad (t\geqslant 0)\end{aligned}$$

$$\begin{aligned}i(t)&=i(\infty)+[i(0_+)-i(\infty)]e^{-\frac{t}{\tau}}=2.5+(1.25-2.5)e^{-250t}\\&=2.5-1.25e^{-250t}\ (\text{mA})\quad (t\geqslant 0_+)\end{aligned}$$

**【例 7-10】**　电路如图 7-20 (a) 所示，达到稳态后将开关 S 断开，试求电感的电流和电压的变化规律。

**解**　(1) 计算初始值。由图 7-20 (b) 所示 $0_-$时刻电路得

$$i_L(0_-)=2\ (\text{A})$$

根据换路定则有

$$i_L(0_+)=i_L(0_-)=2\ (\text{A})$$

$0_+$时刻电路如图 7-20 (c) 所示，则

$$u_L(0_+)=[2-i_L(0_+)]\times 1-1\times i_L(0_+)=(2-2)\times 1-2=-2\ (\text{V})$$

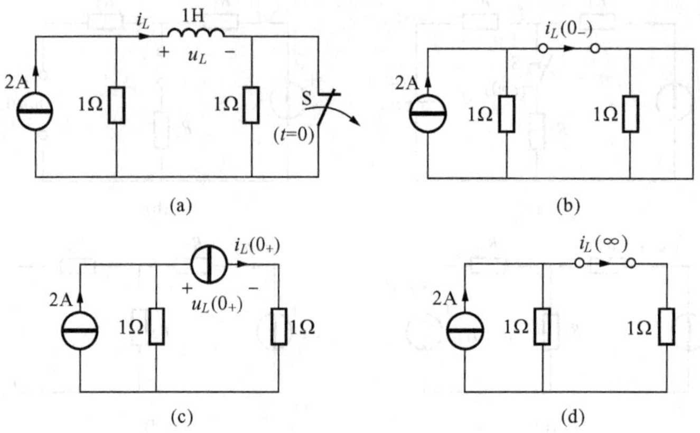


图 7-20 ［例 7-10］图

(a) 原电路；(b) $0_-$时刻电路；(c) $0_+$时刻电路；(d) ∞时刻电路

(2) 计算稳态值。稳态时，电感可视为短路，故 $u_L(\infty)=0$。∞时刻电路如图 7-20 (d) 所示，则

$$i_L(\infty)=\frac{1}{2}\times 2=1\ (\text{A})$$

(3) 计算时间常数。因 $R=1+1=2\ (\Omega)$，故

$$\tau=\frac{L}{R}=\frac{1}{2}=0.5\ (\text{s})$$

(4) 求全响应。

$$i_L(t)=i_L(\infty)+[i_L(0_+)-i_L(\infty)]\text{e}^{-\frac{t}{\tau}}=1+(2-1)\text{e}^{-2t}=1+\text{e}^{-2t}\ (\text{A})\quad (t\geqslant 0)$$

$$u_L(t)=u_L(\infty)+[u_L(0_+)-u_L(\infty)]\text{e}^{-\frac{t}{\tau}}=-2\text{e}^{-2t}\ (\text{V})\quad (t\geqslant 0_+)$$

**【例 7-11】** 在图 7-21 (a) 所示电路中，电容原未被充电，在 $t=0$ 时将开关 S 闭合，试求开关 S 闭合后的 $u_C(t)$。已知 $U_s=10\text{V}$，$R_1=R_2=4\Omega$，$R_3=2\Omega$，$C=1\text{F}$。

**解** (1) 求初始值。

$$u_C(0_+)=u_C(0_-)=0$$

(2) 求稳态值。稳态时，电容可视为开路，∞时刻电路如图 7-21 (b) 所示。由 KVL 可得

$$U_s=R_1 i_1(\infty)+u_1(\infty)=R_1\left[\frac{u_1(\infty)}{R_2}+2u_1(\infty)\right]+u_1(\infty)$$

代入已知数据得

$$10=4\left[\frac{u_1(\infty)}{4}+2u_1(\infty)\right]+u_1(\infty)$$

解得

$$u_1(\infty)=1\ (\text{V})$$

所以

$$u_C(\infty)=-R_3\times 2u_1(\infty)+u_1(\infty)=-2\times 2+1=-3\ (\text{V})$$

(3) 求时间常数。为了求出从电容两端看进去的戴维南等效电阻，把电压源置于零值，电容开路，并在断开处施加电压 $u$ 求电流 $i$，如图 7-21 (c) 所示，则

$$i_0=\frac{u}{R_3+R_1//R_2}=\frac{u}{4},\ u_1=(R_1//R_2)i_0=2i_0=\frac{u}{2}$$

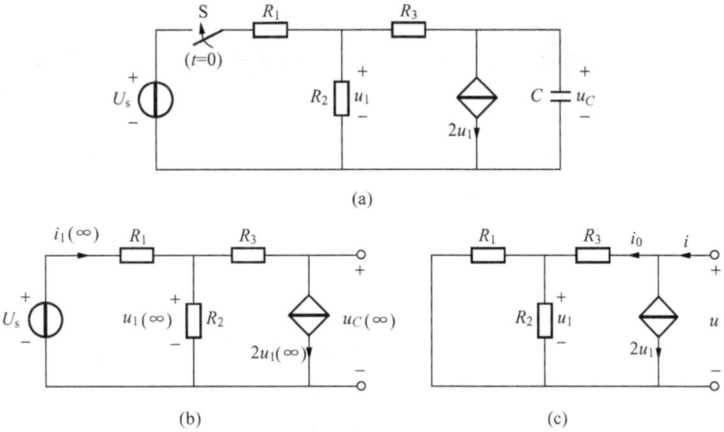


图 7-21　[例 7-11] 图
(a) 原电路；(b) ∞时刻电路；(c) 求 $R$ 电路

所以

$$i=i_0+2u_1=\frac{u}{4}+2\times\frac{u}{2}=\frac{5}{4}u$$

因此等效电阻 $R$ 为

$$R=\frac{u}{i}=\frac{4}{5}=0.8(\Omega)$$

时间常数为

$$\tau=RC=0.8\times1=0.8(\text{s})$$

(4) 求响应。由三要素公式得

$$u_C(t)=u_C(\infty)+[u_C(0_+)-u_C(\infty)]\text{e}^{-\frac{t}{\tau}}=-3+3\text{e}^{-1.25t}\ (\text{V})\quad(t\geqslant0)$$

## 7.5　线性特性和时不变特性

### 7.5.1　零输入响应和零状态响应

在 7.3 节中，将有损耗的一阶电路的全响应分解为稳态响应与暂态响应之和，这是着眼于反映动态过程中电路处于稳态和暂态的两种工作状态。线性动态电路的全响应也可以用另一种观点进行分解，即将其分解为零输入响应和零状态响应。

由 6.3 节和 6.4 节可知，起始状态不为零的电容可等效为一个电压为 $u_C(0_-)$ 的电压源与一个起始状态为零的电容相串联的等效电路表示，如图 7-22 (a) 所示；同样，起始状态不为零的电感可等效为一个电流为 $i_L(0_-)$ 的电流源与一个起始状态为零的电感相并联的等效电路来表示，如图 7-22 (b) 所示。因此，暂态电路中的“电源”可以看成是由两组“电源”组成的。一组“电源”是电路的外加输入，另一组“电源”是起始状态的等效电源。电路的响应就是由这两组“电源”共同作用产生的。电路在零状态下仅由输入产生的响应称为零状态响应；仅由非零起始状态引起的响应，即没有外加输入时的响应称为零输入响应。由叠加定理可知，电路的全响应就等于零状态响应与零输入响应的叠加，即

全响应=零输入响应+零状态响应

这是线性动态电路的一个普遍规律，它为线性动态电路所独有，故称其为线性动态电路的叠

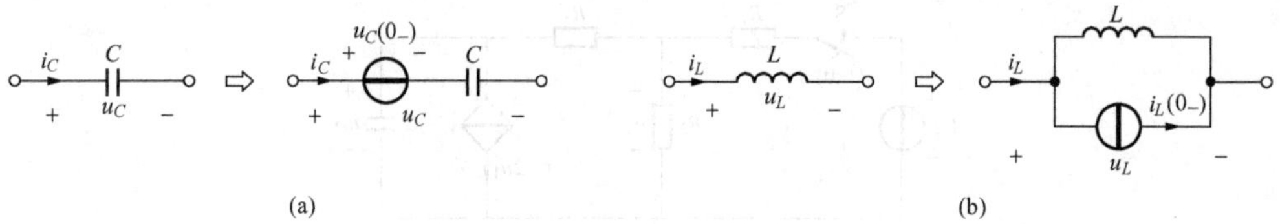


图 7-22 起始状态不为零的储能元件的等效电路

（a）电容；（b）电感

加定理。

下面仍以 RC 串联电路为例进行说明。由于电路是线性的，因此在非零起始状态下，电容经电阻接通直流电压源的动态过程可看作在零状态下电容经电阻接通直流电压源的动态过程与无输入时仅由初始储能引起的动态过程的叠加，如图 7-23 所示。

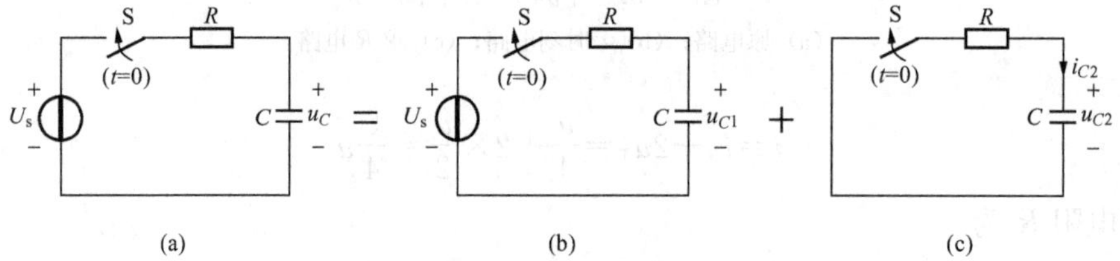


图 7-23 动态电路的叠加定理

（a）全响应电路；（b）零状态响应电路；（c）零输入响应电路

图 7-23（b）所示电路的微分方程为

$$\left.\begin{aligned} RC\frac{\mathrm{d}u_{C1}}{\mathrm{d}t}+u_{C1}=U_s \\ u_{C1}(0_+)=u_{C1}(0_-)=0 \end{aligned}\right\}$$

求解上述微分方程可得电容电压 $u_{C1}(t)$ 为

$$u_{C1}(t)=U_s(1-\mathrm{e}^{-\frac{t}{RC}})\quad(t\geqslant0) \tag{7-42}$$

$u_{C1}(t)$ 为图 7-23（a）所示电路中电容电压的零状态响应，它是由外加输入电压 $U_s$ 产生的，与输入及电路的结构、元件的参数有关。在这种情况下，电路内的物理过程，实质上是电容（或电感）的储能从无到有逐渐增长的过程。因此，电容电压（或电感电流）一般都从零值开始按指数规律上升到稳态值。

由式（7-42）可知，若外加激励增大 $A$ 倍，则零状态响应也增大 $A$ 倍。这表明零状态响应与电路激励之间存在着线性关系，这种关系称为零状态线性，是线性电路激励与响应呈线性关系的反映。

图 7-23（c）所示电路的微分方程为

$$\left.\begin{aligned} RC\frac{\mathrm{d}u_{C2}}{\mathrm{d}t}+u_{C2}=0 \\ u_{C2}(0_+)=u_{C2}(0_-)=U_0 \end{aligned}\right\} \tag{7-43}$$

这是一个齐次微分方程。求解得响应 $u_{C2}$（$t$）为

$$u_{C2}(t)=U_0\mathrm{e}^{-\frac{t}{RC}}\quad(t\geqslant0) \tag{7-44}$$

由上可知，此电路中 $u_{C2}(t)$ 的稳态值为零。这是由于换路后，电容对电阻放电，又无外加

激励来补充能量，故当 $t\to\infty$ 时，电容在换路前储存的初始能量 $\frac{1}{2}CU_0^2$ 将全部被电阻消耗殆尽，电容电压也将从 $U_0$ 按指数规律衰减为零。根据定义可知，$u_{C2}(t)$ 为零输入响应。

求出电容电压的零输入响应 $u_{C2}(t)$ 后，就可根据元件的特性方程求得电容电流的零输入响应 $i_{C2}(t)$ 为

$$i_{C2}(t)=-\frac{U_0}{R}e^{-\frac{t}{RC}}\quad(t\geqslant 0_+)\qquad(7-45)$$

由式（7-44）和式（7-45）可以看出，不论是电压，还是电流，零输入响应的形式与微分方程的通解形式相同，对于一阶电路其为 $Ke^{-\frac{t}{\tau}}$，其中 $K$ 为响应的初始值。同时也可看出，若起始状态增大 $A$ 倍，则零输入响应也增大 $A$ 倍。这表明，零输入响应与起始状态之间有线性关系，这种关系称为零输入线性。

由以上求出的零状态响应 $u_{C1}(t)$ 和零输入响应 $u_{C2}(t)$ 可得电路的全响应 $u_C(t)$ 为

$$u_C(t)=u_{C1}(t)+u_{C2}(t)=U_s(1-e^{-\frac{t}{RC}})+U_0e^{-\frac{t}{RC}}\quad(t\geqslant 0)\qquad(7-46)$$

式（7-46）可进一步改写为

$$u_C(t)=U_s+(U_0-U_s)e^{-\frac{t}{RC}}\quad(t\geqslant 0)\qquad(7-47)$$

这与 7.3 节分析得到的结果完全一致。在图 7-24 中分别画出了式（7-46）的两个分量与式（7-47）的两个分量，以便比较。

通过以上分析可知，全响应可有不同的分解形式，即

全响应＝零输入响应＋零状态响应

全响应＝稳态响应＋暂态响应

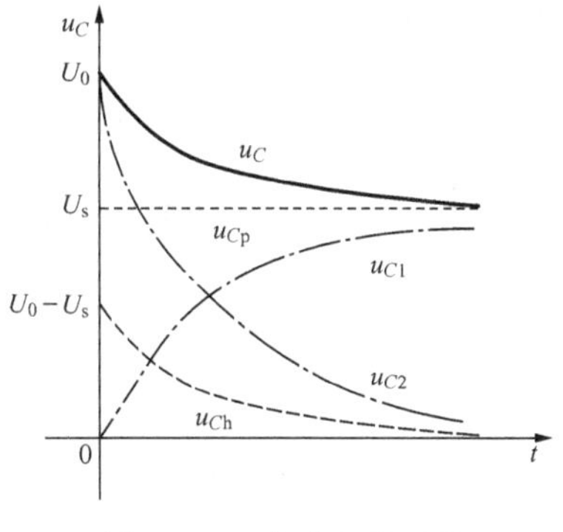


图 7-24　全响应的两种分解方式（$U_0>U_s$）

注意这两种不同形式之间的区别。把全响应分解为零输入响应和零状态响应是着眼于电路中的因果关系，是近代电路理论中的一种分析观点。只要是线性电路，全响应总可以分解为零输入响应和零状态响应。但并不是所有的线性电路都能分解成暂态和稳态两种工作状态的。当自由响应不随时间衰减时，就不能区分出这两种工作状态。另外，虽然暂态响应和零输入响应都满足齐次微分方程，且一般都按指数规律衰减到零，但它们具有不同的积分常数。暂态响应的积分常数是在列出全响应后确定的，因而它必然与稳态响应有关，也就与输入有关，它是初始值和稳态响应初值之差；而零输入响应的积分常数只与起始状态有关，而与输入无关。而零状态响应中，除了有稳态响应外，还含有只由电路结构和参数所决定的指数项。

**【例 7-12】**　图 7-25 所示的电路是一台 300kW 汽轮发电机的励磁回路。已知励磁绕组的电阻 $R=0.189\Omega$，电感 $L=0.398\text{H}$，直流电压 $U_s=35\text{V}$。电压表的量程为 50V，电压表内阻 $R_V=5\text{k}\Omega$。开关断开前，电路中的电流已恒定不变。在 $t=0$ 时，开关断开。试求：（1）电阻、电感回路的时间常数；（2）电流 $i$ 和电压表处的电压 $u_V$；（3）开关刚断开时，电压表处的电压。

**解**　（1）时间常数 $\tau$ 为

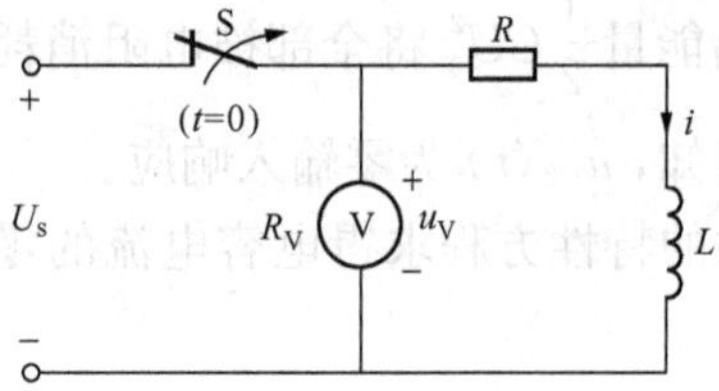


图 7-25 ［例 7-12］图

$$\tau=\frac{L}{R+R_V}=\frac{0.398}{0.189+5000}=79.6\ (\mu s)$$

（2）开关S断开后，已充电的电感对电阻及电压表放电，属于零输入响应，则

$$i(t)=i(0_+)e^{-\frac{t}{\tau}}$$

因为

$$i(0_+)=i(0_-)=\frac{U_s}{R}=\frac{35}{0.189}=185.2\ (A)$$

故

$$i(t)=185.2e^{-\frac{t}{79.6\times10^{-6}}}=185.2e^{-12563t}\ (A)\quad (t\geqslant0)$$

$$u_V(t)=-R_Vi=-5000\times185.2e^{-12563t}=-926e^{-12563t}\ (kV)\quad (t\geqslant0_+)$$

（3）开关刚断开时，电压表处的电压为

$$u_V(0_+)=-926\ (kV)$$

在这一时刻电压表要承受很高的电压，电压表可能损坏。由此可见，切断电感电流时必须考虑在电感两端出现的高电压。必要时，应采取一定的安全措施。

**【例 7-13】** 如图 7-26（a）所示电路中，$U_s=1V$，$I_s=1A$，$R_1=R_2=4\Omega$，$C=0.25F$，电源在 $t=0$ 时作用于电路。试求：（1）当 $u_C(0_-)=5V$ 时，$t\geqslant0$ 时的电容电压 $u_C(t)$；（2）若 $u_C(0_-)=1V$，$t\geqslant0$ 时的 $u_C(t)$。

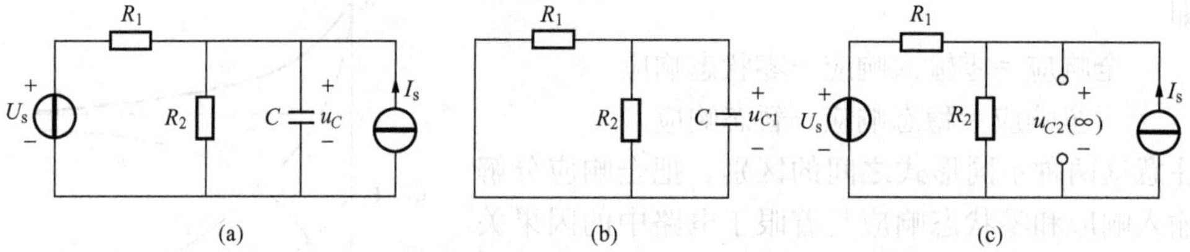


图 7-26 ［例 7-13］图

（a）原电路（$t\geqslant0$）；（b）求零输入响应的电路；（c）求零状态响应的稳态值电路

**解** （1）首先计算零输入响应 $u_{C1}(t)$。电压源、电流源均置零后的电路如图 7-26（b）所示。电路的时间常数为

$$\tau=RC=(R_1//R_2)C=\frac{4}{2}\times0.25=0.5\ (s)$$

故

$$u_{C1}(t)=u_{C1}(0_+)e^{-\frac{t}{\tau}}=5e^{-2t}\ (V)\quad (t\geqslant0)$$

计算零状态响应 $u_{C2}(t)$ 时仍可采用三要素法求解。∞时刻电路如图 7-26（c）所示。由节点分析法得稳态值为

$$u_{C2}(\infty)=\frac{1+\frac{1}{4}}{\frac{1}{4}+\frac{1}{4}}=2.5\ (V)$$

时间常数为 $\tau=0.5s$，初始值 $u_{C2}(0_+)=u_{C2}(0_-)=0$，因而

$$u_{C2}(t)=2.5(1-e^{-2t})\ (V)\quad (t\geqslant0)$$

则全响应为

$$u_C(t)=u_{C1}(t)+u_{C2}(t)=5\mathrm{e}^{-2t}+2.5(1-\mathrm{e}^{-2t})=2.5+2.5\mathrm{e}^{-2t}\ (\mathrm{V})\quad (t\geqslant 0)$$

（2）当 $u_C(0_-)=1\mathrm{V}$ 时，电路的零输入响应为

$$u_{C1}(t)=\mathrm{e}^{-2t}\ (\mathrm{V})\quad (t\geqslant 0)$$

而电路的零状态响应未变，因而此时的全响应为

$$u_C(t)=\mathrm{e}^{-2t}+2.5(1-\mathrm{e}^{-2t})=2.5-1.5\mathrm{e}^{-2t}\ (\mathrm{V})\quad (t\geqslant 0)$$

本例说明：若利用零输入响应和零状态响应来计算全响应，当初始值有所改变时，只需修改零输入响应即可。同理，若输入有所改变时，只需重新计算零状态响应。这比利用稳态响应和暂态响应来计算全响应更为方便。

### 7.5.2　时不变特性

时不变特性是时不变电路所特有的一种性质，这一性质可陈述为：对于一个时不变电路，若在输入 $f_s(t)$ 作用下的零状态响应为 $y(t)$，则在时间上延迟了 $t_0$ 的输入 $f_s(t-t_0)$ 作用下的零状态响应为 $y(t-t_0)$，如图 7-27 所示。

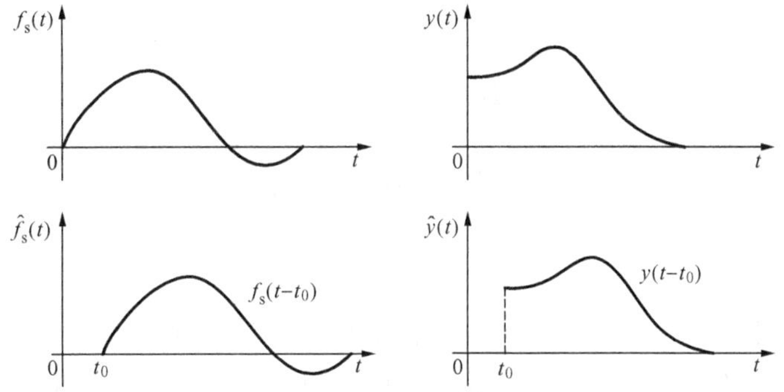


图 7-27　线性时不变电路的时不变性

下面以图 7-15 所示的一阶 RC 串联电路［图中电压源为一时变电压源 $u_s(t)$］为例来证明这一性质。设电路所求的零状态响应为电容电压 $u_C(t)$，则该电路的输入—输出方程和初始值分别为

$$\left.\begin{aligned} RC\frac{\mathrm{d}u_C}{\mathrm{d}t}+u_C=u_s(t)\\ u_C(0_+)=u_C(0_-)=0\end{aligned}\right\}\tag{7-48}$$

将式（7-48）两边乘以因子 $\mathrm{e}^{\frac{t}{RC}}$，得

$$RC\mathrm{e}^{\frac{t}{RC}}\frac{\mathrm{d}u_C}{\mathrm{d}t}+\mathrm{e}^{\frac{t}{RC}}u_C=\mathrm{e}^{\frac{t}{RC}}u_s(t)\tag{7-49}$$

式（7-49）可改写为

$$\frac{\mathrm{d}}{\mathrm{d}t}\left[\mathrm{e}^{\frac{t}{RC}}u_C\right]=\frac{1}{RC}\mathrm{e}^{\frac{t}{RC}}u_s(t)$$

或

$$\mathrm{d}\left[\mathrm{e}^{\frac{t}{RC}}u_C\right]=\frac{1}{RC}\mathrm{e}^{\frac{t}{RC}}u_s(t)\mathrm{d}t\tag{7-50}$$

对式（7-50）取积分，得

$$e^{\frac{t}{RC}}u_C(t)-u_C(0_+)=\frac{1}{RC}\int_{0+}^{t}e^{\frac{\tau}{RC}}u_s(\tau)d\tau$$

注意到 $u_C(0_+)=0$，整理可得

$$u_C(t)=\begin{cases}\frac{1}{RC}e^{-\frac{t}{RC}}\int_{0+}^{t}e^{\frac{\tau}{RC}}u_s(\tau)d\tau & (t\geqslant 0)\\ 0 & (t<0)\end{cases}$$

当电路输入为 $u_s(t-t_0)$ 时，设相应的零状态响应为 $\hat{u}_C(t)$，则电路的输入—输出方程和初始值分别为

$$\left.\begin{aligned}&RC\frac{d\hat{u}_C}{dt}+\hat{u}_C=u_s(t-t_0)\\ &\hat{u}_C(t_{0+})=\hat{u}_C(t_{0-})=0\end{aligned}\right\}$$

类似前面的推导得

$$\hat{u}_C(t)=\begin{cases}\frac{1}{RC}e^{-\frac{t}{RC}}\int_{t_{0+}}^{t}e^{\frac{\tau'}{RC}}u_s(\tau'-t_{0+})d\tau' & (t\geqslant t_{0+})\\ 0 & (t<t_{0+})\end{cases} \tag{7-51}$$

令 $\tau=\tau'-t_{0+}$，则式（7-51）可改写为

$$\hat{u}_C(t)=\begin{cases}\frac{1}{RC}e^{-\frac{t}{RC}}\int_{0+}^{t-t_0}e^{\frac{\tau+t_0}{RC}}u_s(\tau)d\tau\\ 0\end{cases}=\begin{cases}\frac{1}{RC}e^{-\frac{t-t_0}{RC}}\int_{0+}^{t-t_0}e^{\frac{\tau}{RC}}u_s(\tau)d\tau & (t\geqslant t_{0+})\\ 0 & (t<t_{0+})\end{cases}$$

$$=u_C(t-t_0)$$

在上述的证明过程中，对输入和 $t_0(t_0>0)$ 的数值无任何限制。

对于任意线性时不变电路及其任一输出，用类似的方法均可证明其时不变性。

## 7.6 两种特殊的零状态响应（单位阶跃响应和冲激响应）

作为输入信号（激励）的典型函数除了直流、正弦函数外还有阶跃函数和冲激函数等。电路对它们的响应也各有不同。本节讨论一阶电路在单位阶跃函数和冲激函数激励下的零状态响应，即单位阶跃响应和冲激响应。下面先介绍阶跃函数和冲激函数。

### 7.6.1 阶跃函数和冲激函数

1. 单位阶跃函数 $\varepsilon(t)$

单位阶跃函数用符号 $\varepsilon(t)$ 表示，其定义为

$$\varepsilon(t)=\begin{cases}1 & (t\geqslant 0_+)\\ 0 & (t\leqslant 0_-)\end{cases}$$

此函数的波形如图 7-28（a）所示。由定义可知，它在 $(0_-,0_+)$ 时间内发生单位跳跃，在 $t=0$ 时的值未定义，可取 0、0.5 或 1。

若把 $\varepsilon(t)$ 在时间轴上移动 $t_0$，可得延时单位阶跃函数，用 $\varepsilon(t-t_0)$ 表示，其定义为

$$\varepsilon(t-t_0)=\begin{cases}1 & (t\geqslant t_{0+})\\ 0 & (t\leqslant t_{0-})\end{cases}$$

其波形如图 7-28（b）所示。

任一函数 $f(t)$ 与单位阶跃函数 $\varepsilon(t)$ 的乘积 $f(t)\varepsilon(t)$，当 $t\leqslant 0_-$ 时，其值为 0；当 $t\geqslant 0_+$ 时，其值为 $f(t)$。类似地，$f(t)\varepsilon(t-t_0)$ 只有 $t\geqslant t_{0+}$ 时才不恒为 0。即 $\varepsilon(t)$ 可用来“起始”任一个函数 $f(t)$。

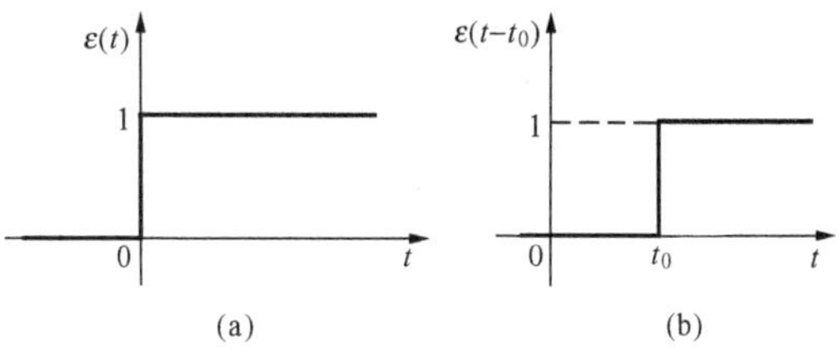


图 7 - 28　阶跃函数

(a) 单位阶跃函数；(b) 延时单位阶跃函数

单位阶跃函数可用来表征电路中的开关动作。如图 7 - 29（a）所示的电路在 $t<0$ 时，AB 两端间的电压为零，在 $t=0$ 时，接入一个直流电压源 $U_s$，此电路可用阶跃函数等效地表示，如图 7 - 29（b）所示。

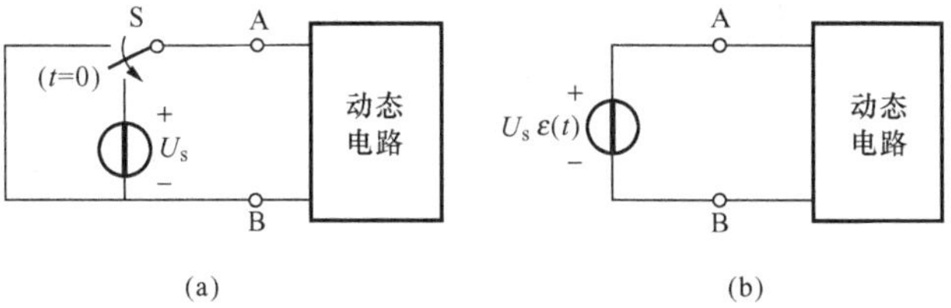


图 7 - 29　用阶跃函数表示电路的输入

分段常量信号可用阶跃函数表示。例如，图 7 - 30（a）所示的矩形脉冲 $f_0(t)$ 可看成是由两个阶跃函数组成的［见图 7 - 30（b）］，即

$$f_0(t)=K\varepsilon(t)-K\varepsilon(t-t_0)$$

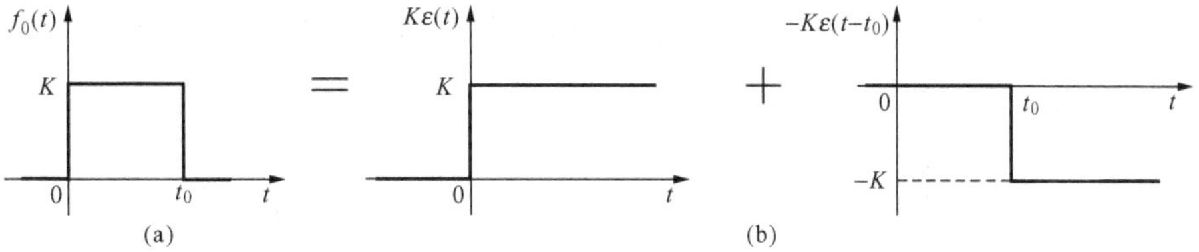


图 7 - 30　矩形脉冲用阶跃函数表示

2. 单位冲激函数 $\delta(t)$

单位冲激函数用 $\delta(t)$ 表示，其定义为

$$\left.\begin{aligned}&\delta(t)=0\quad \begin{cases}t\geqslant 0_+\\ t\leqslant 0_-\end{cases}\\ &\int_{-\infty}^{\infty}\delta(t)\mathrm{d}t=1\end{aligned}\right\}\tag{7-52}$$

单位冲激函数又称为 $\delta$ 函数，它在 $t\neq 0$ 时为零，但在 $t=0$ 时为奇异。单位冲激函数可看作是图 7 - 31 所示矩形脉冲在 $\Delta\to 0$ 时的极限。当脉冲宽度 $\Delta$ 趋于零时，则脉冲的幅度 $\frac{1}{\Delta}$ 就变为无限大，而面积仍为 1。这时函数就成为式（7 - 52）所定义的单位冲激函数。$\delta$ 函数还可看作是其他面积为 1 的脉冲波形（如三角形脉冲、双边指数脉冲等）的极限情况。冲激函数的图形如图 7 - 32 所示。

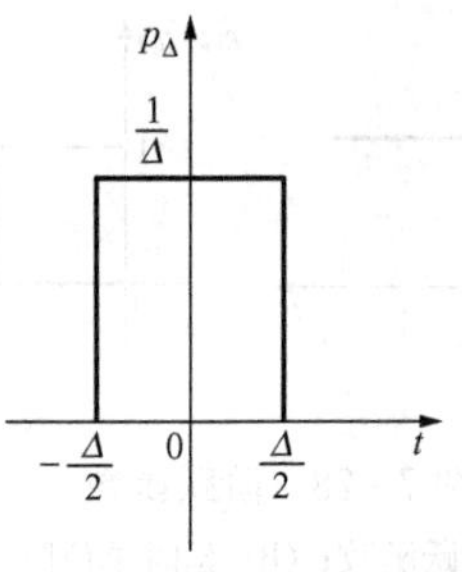


图 7-31 矩形脉冲

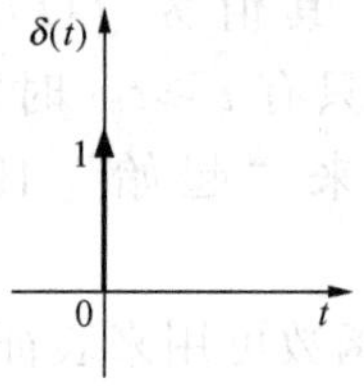


图 7-32 单位冲激函数 $\delta(t)$

冲激函数所包含的面积称为其强度，$\delta$ 函数是用它的强度而不是用它的幅度来表征的。以冲激电流来说，它的强度的量纲是 A·s 即 C。单位冲激电流所移动的电荷为 1C，但移动该电荷是在瞬间完成的，因而电流的幅度趋于无限大。

延时单位冲激函数的定义为

$$\left.\begin{array}{l}\delta(t-t_0)=0\quad \begin{cases}t\geqslant t_{0+}\\ t\leqslant t_{0-}\end{cases}\\ \displaystyle\int_{-\infty}^{\infty}\delta(t-t_0)\,\mathrm{d}t=1\end{array}\right\}$$

其图形如图 7-33 所示。

常数 $A$ 与 $\delta(t)$ 的乘积称为冲激函数。求此冲激函数的积分，可得

$$\int_{-\infty}^{\infty}A\delta(t)\,\mathrm{d}t=A\int_{0-}^{0+}\delta(t)\,\mathrm{d}t=A$$

这表明函数 $A\delta(t)$ 的图形面积为 $A$，$A$ 是该函数的强度。$A\delta(t)$ 的图形如图 7-34 所示。

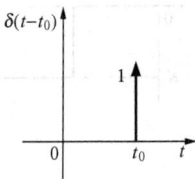

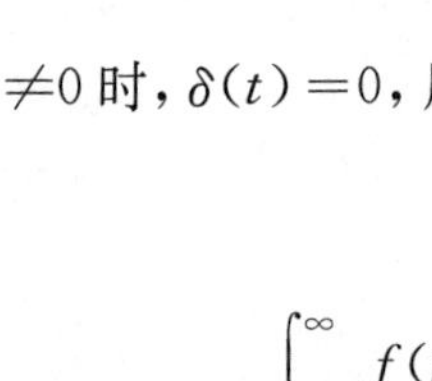


图 7-33 $\delta(t-t_0)$ 的图形

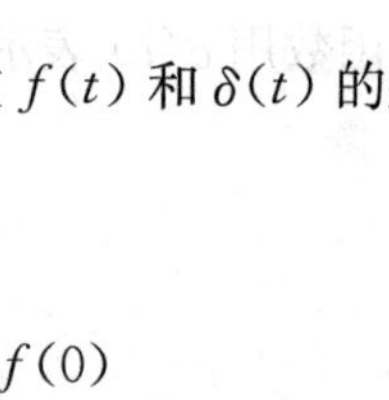

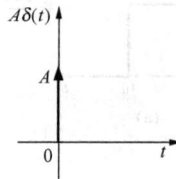

图 7-34 $A\delta(t)$ 的图形

由于当 $t\neq0$ 时，$\delta(t)=0$，所以任意在 $t=0$ 时连续的函数 $f(t)$ 和 $\delta(t)$ 的乘积为

$$f(t)\delta(t)=f(0)\delta(t)$$

因而有

$$\int_{-\infty}^{\infty}f(t)\delta(t)\,\mathrm{d}t=f(0)\int_{-\infty}^{\infty}\delta(t)\,\mathrm{d}t=f(0)$$

同理，对于任意在 $t=t_0$ 时连续的函数 $f(t)$ 有下式成立

$$\int_{-\infty}^{\infty}f(t)\delta(t-t_0)\,\mathrm{d}t=f(t_0)$$

上述表明，$\delta$ 函数有把一个函数在某瞬间的值“筛选”出来的功能，这一特性被称为 $\delta$ 函数的筛分性质。

下面讨论单位阶跃函数和单位冲激函数之间的数学关系。

根据冲激函数的定义得

$$\int_{-\infty}^{t}\delta(\xi)\mathrm{d}\xi=\begin{cases}1 & (t\geqslant 0_+)\\ 0 & (t\leqslant 0_-)\end{cases} \tag{7-53}$$

式（7-53）的右边恰好是单位阶跃函数的定义。因此，单位阶跃函数可看作是 $\delta$ 函数的积分，即

$$\int_{-\infty}^{t}\delta(\xi)\mathrm{d}\xi=\varepsilon(t)$$

反过来，$\delta$ 函数可看作是单位阶跃函数的导数，即

$$\delta(t)=\frac{\mathrm{d}\varepsilon(t)}{\mathrm{d}t}$$

### 7.6.2　单位阶跃响应和冲激响应

1. 单位阶跃响应 $s(t)$

电路对单位阶跃输入的零状态响应称为单位阶跃响应，并用 $s(t)$ 表示。

由于阶跃输入在 $t\geqslant 0_+$ 时为常数，所以单位阶跃响应的求解方法与电路在直流激励下零状态响应的求解方法相同。

对于图 7-35（a）所示一阶 RC 电路，由三要素法可得单位阶跃响应为

$$\begin{aligned}s(t)&=u_C(t)=u_C(\infty)+[u_C(0_+)-u_C(\infty)]\mathrm{e}^{-\frac{t}{\tau}}=1+(0-1)\mathrm{e}^{-\frac{t}{RC}}\\&=(1-\mathrm{e}^{-\frac{t}{RC}})\varepsilon(t)\end{aligned} \tag{7-54}$$

其波形如图 7-35（b）所示。由于式（7-54）中已包含了 $\varepsilon(t)$ 因子，故不用再注明其适用范围 $t\geqslant 0$。

若单位阶跃输入是在 $t=t_0$ 时加入的，则根据时不变特性可知，响应也将延迟时间 $t_0$。因此，把单位阶跃响应中的 $t$ 用 $t-t_0$ 代替可得图 7-36（a）所示电路中的电容电压的延时单位阶跃响应，即

$$u_C(t)=(1-\mathrm{e}^{-\frac{t-t_0}{RC}})\varepsilon(t-t_0)$$

其波形也相应地延迟了时间 $t_0$，如图 7-36（b）所示。这样，只要知道了电路的单位阶跃响应，就能求出任意分段常量激励下的零状态响应。

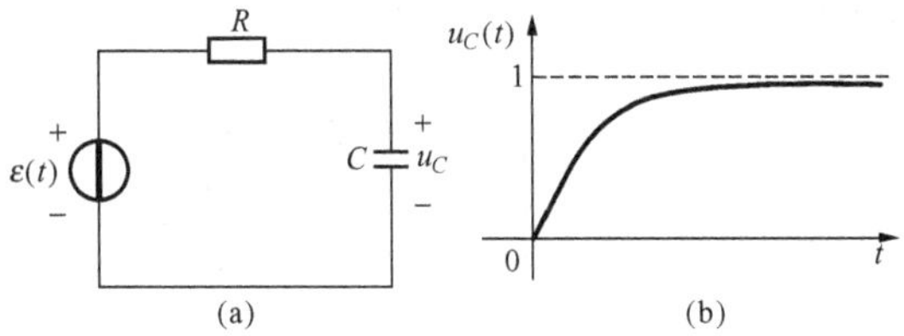


图 7-35　单位阶跃响应
（a）一阶 $RC$ 电路；（b）波形图

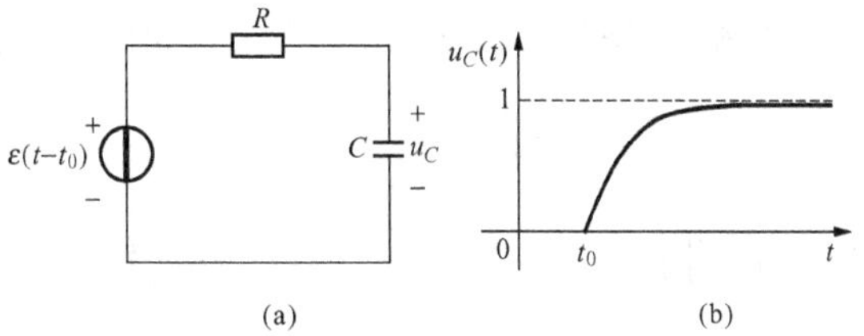


图 7-36　延时单位阶跃响应
（a）电路图；（b）波形图

**【例 7-14】**　在图 7-37（a）所示 RC 并联电路中，电流源为一个矩形脉冲，如图 7-37（b）所示，$R=2\Omega$，$C=0.5$F。试求该电路的零状态响应 $u_C(t)$。

**解**　该电路电容电压的单位阶跃响应 $s(t)$ 为

$$s(t)=u_C(t)=R(1-\mathrm{e}^{-\frac{t}{RC}})\varepsilon(t)=2(1-\mathrm{e}^{-t})\varepsilon(t)\ (\mathrm{V})$$

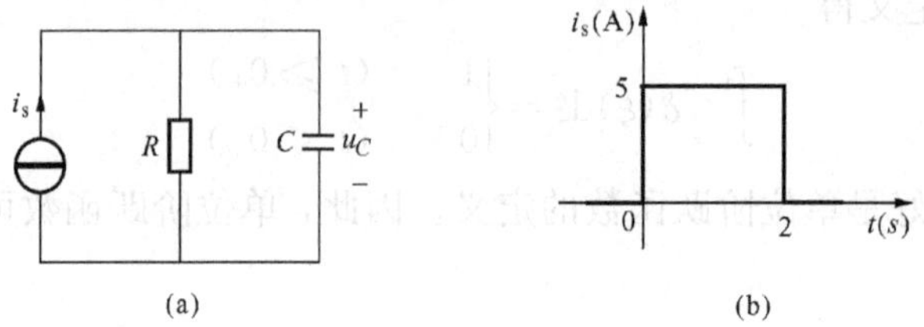


图 7-37 ［例 7-14］图

(a) RC 并联电路；(b) 电流源波形图

而输入 $i_s(t)$ 可用两个阶跃函数表示，即

$$i_s(t)=5\varepsilon(t)-5\varepsilon(t-2)$$

根据叠加定理，$i_s(t)$ 产生的响应是 $5\varepsilon(t)$ 产生的响应和 $5\varepsilon(t-2)$ 产生的响应的叠加。

根据零状态响应的齐次性，$5\varepsilon(t)$ 产生的响应为

$$u_{C1}(t)=5s(t)=10(1-e^{-t})\varepsilon(t)(\text{V})$$

根据齐次性和电路的时不变性，可得 $5\varepsilon(t-2)$ 产生的响应为

$$u_{C2}(t)=5s(t-2)=10\left[1-e^{-(t-2)}\right]\varepsilon(t-2)(\text{V})$$

故所求零状态响应为

$$u_C(t)=u_{C1}(t)-u_{C2}(t)=10(1-e^{-t})\varepsilon(t)-10\left[1-e^{-(t-2)}\right]\varepsilon(t-2)\ (\text{V})$$

本题还可把 $i_s(t)$ 按时间分段表示后来求解。

*2. 冲激响应 $h(t)$*

电路对单位冲激输入的零状态响应称为冲激响应，并用 $h(t)$ 表示。下面讨论冲激响应的计算方法。

$t=0$ 时，冲激信号作用于零状态电路，由于它的幅度趋于无限大，持续时间又趋于零，因此在 $t=0_-$ 到 $t=0_+$ 的区间内，电容电压和电感电流发生跃变，储能元件获得能量，电路建立了初始状态。当 $t\geqslant0_+$ 时，$\delta(t)=0$，电路中的响应就是由该初始状态引起的零输入响应。也就是说，电路的冲激响应是在冲激激励下零状态电路建立（$t=0_+$）初始状态后电路的零输入响应。因此，电路冲激响应的求解，关键在于如何求出在 $\delta(t)$ 作用下 $t=0_+$ 时的初始状态 $u_C(0_+)$ 和 $i_L(0_+)$。

**【例 7-15】** 试求图 7-38（a）所示电路的冲激响应 $u_C(t)$ 和 $i_C(t)$。

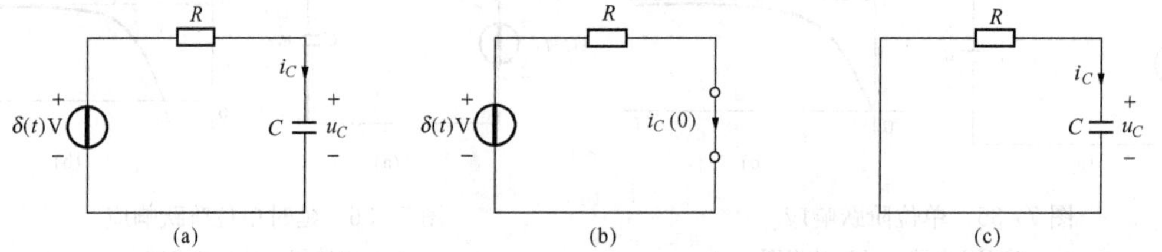


图 7-38 ［例 7-15］图

(a) 电路图；(b) $t=0$ 的等效电路；(c) $t\geqslant0_+$ 等效电路

**解** 当冲激电压源作用于该电路时，电容两端不会出现冲激电压。因为若 $u_C$ 为冲激电压，则电容电流为冲激函数的一阶导数，导致电阻电压为冲激函数的一阶导数，从而无法满足 KVL。因此，电容电压只能为有限值。在 $t=0$ 时，与冲激电压相比，电容电压完全可以

忽略不计，电容相当于短路，故可作出图 7-38（b）所示 $t=0$ 时的等效电路，则 $t=0$ 时的电容电流为

$$i_C(0)=\frac{\delta(t)}{R}$$

此冲激电流通过电容，导致电容电压发生跃变。充电结束（$t=0_+$）时，电容电压为

$$u_C(0_+)=u_C(0_-)+\frac{1}{C}\int_{0_-}^{0_+}\frac{\delta(t)}{R}\mathrm{d}t=0+\frac{1}{RC}=\frac{1}{RC}$$

$t\geqslant 0_+$ 时，$\delta(t)$ 消失，电路如图 7-38（c）所示。电容对电阻放电，故电容电压的冲激响应为

$$h_u(t)=u_C(t)=u_C(0_+)\mathrm{e}^{-\frac{t}{RC}}\varepsilon(t)=\frac{1}{RC}\mathrm{e}^{-\frac{t}{RC}}\varepsilon(t)$$

电容电流的冲激响应为

$$h_i(t)=i_C(t)=C\frac{\mathrm{d}u_C(t)}{\mathrm{d}t}=\frac{1}{R}\delta(t)-\frac{1}{R^2C}\mathrm{e}^{-\frac{t}{RC}}\varepsilon(t)$$

电容电压和电流的冲激响应波形分别如图 7-39（a）和（b）所示。

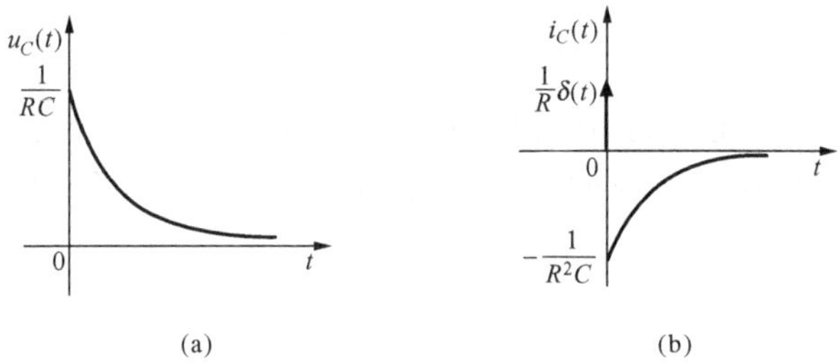


图 7-39　RC 串联电路冲激响应的波形图

（a）电容电压曲线；（b）电容电流曲线

**【例 7-16】**　试求图 7-40（a）所示电路的冲激响应 $i_L(t)$ 和 $u_L(t)$。

**解**　在 $0_-<t<0_+$ 时间内，冲激电流不能流过电感，即电感电流只能为有限值。否则，电感两端会产生冲激函数的一阶导数的电压，导致电阻流过冲激函数的一阶导数的电流，而不能满足 KCL。因此，在 $\delta(t)$ 作用时，电感可视为开路，如图 7-40（b）所示。在 $t=0$ 时，电流 $\delta(t)$ 全部通过电阻 $R$，电感两端出现冲激电压

$$u_L(0)=R\delta(t)$$

这使电感电流发生跃变。在 $t=0_+$ 时，电感电流为

$$i_L(0_+)=i_L(0_-)+\frac{1}{L}\int_{0_-}^{0_+}R\delta(t)\mathrm{d}t=0+\frac{R}{L}=\frac{R}{L}$$

当 $t\geqslant 0_+$ 时，$\delta(t)$ 消失，电路如图 7-40（c）所示。由图 7-40（c）可求出

$$h_i(t)=i_L(t)=i_L(0_+)\mathrm{e}^{-\frac{R}{L}t}\varepsilon(t)=\frac{R}{L}\mathrm{e}^{-\frac{R}{L}t}\varepsilon(t)$$

$$h_u(t)=u_L(t)=L\frac{\mathrm{d}i_L(t)}{\mathrm{d}t}=R\delta(t)-\frac{R^2}{L}\mathrm{e}^{-\frac{R}{L}t}\varepsilon(t)$$

电感电压和电流的冲激响应波形如图 7-41 所示。

综上所述，在时域内求冲激响应的一般步骤如下：

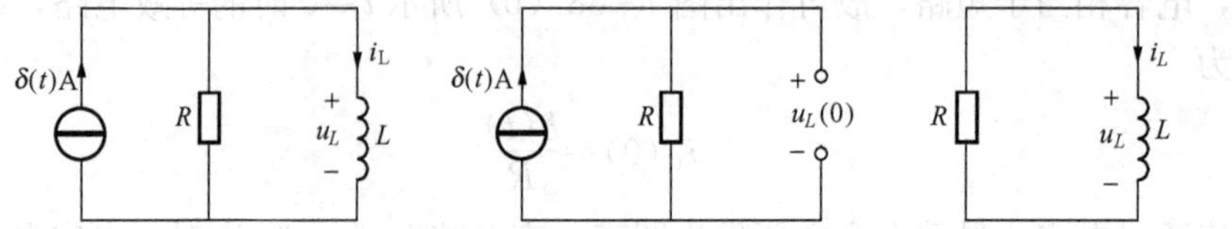


(a) (b) (c)

图 7-40 [例 7-16] 图

(a) 电路图；(b) $t=0$ 的等效电路；(c) $t\geqslant 0_+$ 的电路

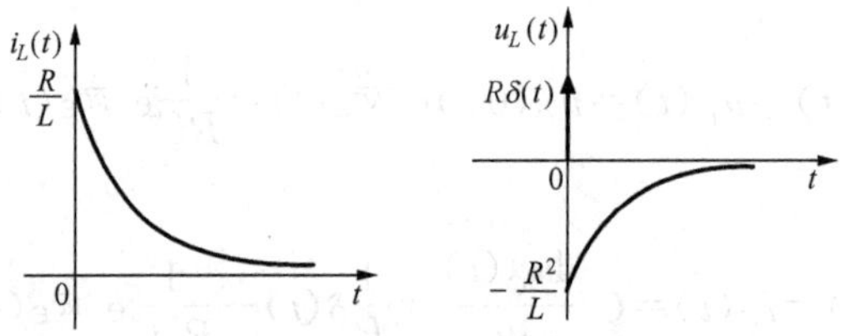


(a) (b)

图 7-41 RL 并联电路冲激响应的波形图

(a) 电流波形；(b) 电压波形

(1) $t=0$ 时，由于电容电压为有限值，故可把电容视为短路；电感电流为有限值，故电感可视为开路。这样可得出 $t=0$ 时的电路，该电路为一电阻电路，称为 0 时刻电路。求解这一电路可求得 $i_C(0)$ 和 $u_L(0)$。

(2) 利用公式

$$u_C(0_+)=u_C(0_-)+\frac{1}{C}\int_{0-}^{0+}i_C(0)\mathrm{d}t$$

和

$$i_L(0_+)=i_L(0_-)+\frac{1}{L}\int_{0-}^{0+}u_L(0)\mathrm{d}t$$

确定 $u_C(0_+)$ 和 $i_L(0_+)$。

(3) 求解 $0_+$ 时刻电路确定初始值。

(4) 将电路中冲激信号电源置零，求相应的冲激响应。

冲激响应的另一种计算方法是通过对单位阶跃响应求导获得。

*3. 冲激响应与单位阶跃响应之间的关系*

对于面积为 1 的矩形脉冲 $p_\Delta(t)$（见图 7-42），脉宽 $\Delta$ 趋于零可得 $\delta(t)$。因此，可先求出线性时不变电路对 $p_\Delta(t)$ 的响应 $h_\Delta(t)$，再令 $\Delta$ 趋于零，便可得到冲激响应 $h(t)$。把 $p_\Delta(t)$ 看成是由一个阶跃函数与一个延时阶跃函数合成的，如图 7-42 所示，即

$$p_\Delta(t)=[\varepsilon(t)-\varepsilon(t-\Delta)]/\Delta$$

若线性时不变电路的单位阶跃响应为 $s(t)$，则此电路对脉冲 $p_\Delta(t)$ 的零状态响应为

$$h_\Delta(t)=\frac{1}{\Delta}[s(t)-s(t-\Delta)]$$

令 $\Delta\to 0$，得

$$h(t)=\lim_{\Delta\to 0}h_\Delta(t)=\lim_{\Delta\to 0}\frac{s(t)-s(t-\Delta)}{\Delta}=\frac{\mathrm{d}s(t)}{\mathrm{d}t}$$

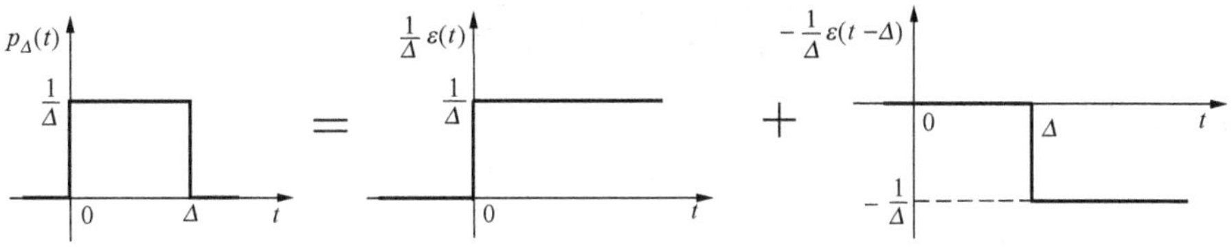


图 7 - 42　两个阶跃函数组成一个矩形脉冲

上述结果说明，线性时不变电路的冲激响应是其单位阶跃响应的导数。反之，单位阶跃响应是冲激响应对时间的积分，即

$$s(t)=\frac{1}{C}\int_{0_-}^{t}h(\tau)\mathrm{d}\tau$$

事实上，对于线性时不变电路，输入为$\frac{\mathrm{d}f(t)}{\mathrm{d}t}$的零状态响应是输入为 $f(t)$ 的零状态响应的导数。这一结论称为线性时不变电路的微分特性。

**【例 7 - 17】**　试求图 7 - 43 所示电路的冲激响应 $u_C(t)$。

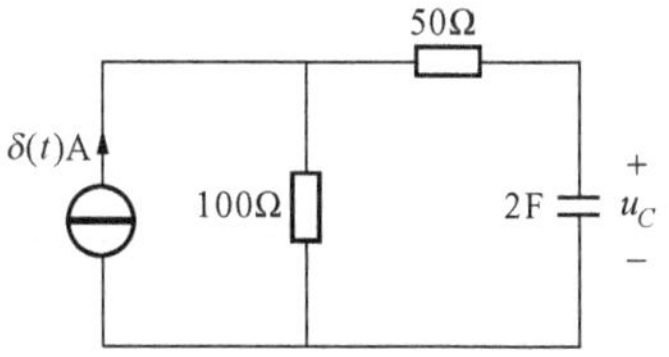


图 7 - 43　［例 7 - 17］图

**解**　(1) 用三要素法求出单位阶跃响应为

$$s(t)=u_C(t)=100(1-\mathrm{e}^{-\frac{t}{300}})\varepsilon(t)(\mathrm{V})$$

(2) 由 $s(t)$ 求 $h(t)$。

$$h(t)=\frac{\mathrm{d}s(t)}{\mathrm{d}t}=\frac{\mathrm{d}}{\mathrm{d}t}[100(1-\mathrm{e}^{-\frac{t}{300}})\varepsilon(t)]$$

$$=100(1-\mathrm{e}^{-\frac{t}{300}})\delta(t)+\frac{100}{300}\mathrm{e}^{-\frac{t}{300}}\varepsilon(t)=\frac{1}{3}\mathrm{e}^{-\frac{t}{300}}\varepsilon(t)\ (\mathrm{V})$$

注意，由单位阶跃响应 $s(t)$ 求冲激响应 $h(t)$ 时，为了避免漏掉冲激项，应将 $s(t)$ 乘以单位阶跃函数 $\varepsilon(t)$ 后再求导，并将求导后所得 $\delta(t)$ 前系数中的 $t$ 取 0，且有 $0\cdot\delta(t)=0$。

特别指出，当用电容 VAR 的微分形式求电容电流或用电感 VAR 的微分形式求电感电压时，电容电压和电感电流的数学表达式应包括 $0_-$ 时刻，即

$$i_C(t)=C\frac{\mathrm{d}}{\mathrm{d}t}[u_C(t)+u_C(0_-)\varepsilon(-t)]$$

$$u_L(t)=L\frac{\mathrm{d}}{\mathrm{d}t}[i_L(t)+i_L(0_-)\varepsilon(-t)]$$

其中，$u_C(t)$ 和 $i_L(t)$ 的表达式中已乘以了单位阶跃函数 $\varepsilon(t)$。

## 7.7　二阶线性电路的零输入响应

二阶线性电路微分方程的一般形式为

$$\frac{\mathrm{d}^2y}{\mathrm{d}t^2}+2\alpha\frac{\mathrm{d}y}{\mathrm{d}t}+\omega_0^2y=f_s(t)$$

在电路输入为零的情况下，电路的微分方程变为齐次微分方程，即

$$\frac{d^2y}{dt^2}+2\alpha\frac{dy}{dt}+\omega_0^2y=0$$

相应的特征方程为

$$\lambda^2+2\alpha\lambda+\omega_0^2=0$$

特征根（固有频率）为

$$\lambda_{1,2}=-\alpha\pm\sqrt{\alpha^2-\omega_0^2}$$

其中，$\lambda_1$ 和 $\lambda_2$ 完全由电路参数决定。另外，由微分方程理论可知，电路的零输入响应的性质完全取决于特征根的性质，也就是取决于 $\alpha$ 和 $\omega_0$ 的大小。根据两个特征根 $\lambda_1$ 和 $\lambda_2$ 为共轭虚根、共轭复根、相等实根及不等实根的情况，零输入响应在物理上可分为等幅振荡（无损耗）、欠阻尼、临界阻尼和过阻尼等四种情况。

下面以图 7 - 44 所示的 RLC 串联电路为例进行说明。取电容电压 $u_C(t)$ 为输出，且有

$$\alpha=\frac{R}{2L},\ \omega_0=\frac{1}{\sqrt{LC}}$$

### 7.7.1 无阻尼情况（等幅振荡，$\alpha=0$）

当 $\alpha=0$，即 $R=0$ 时，特征根 $\lambda_1$ 和 $\lambda_2$ 为共轭虚数，$\lambda_1=j\omega_0$，$\lambda_2=-j\omega_0$。此时电路的零输入响应的形式为

$$u_C(t)=Ae^{\lambda_1 t}+Be^{\lambda_2 t}=K_1\sin\omega_0 t+K_2\cos\omega_0 t=K\sin(\omega_0 t+\beta) \tag{7-55}$$

由此可见，LC 串联电路的零输入响应呈现等幅正弦振荡形式，如图 7 - 45 所示。图中，$U_0=U_C\ (0_+)$。

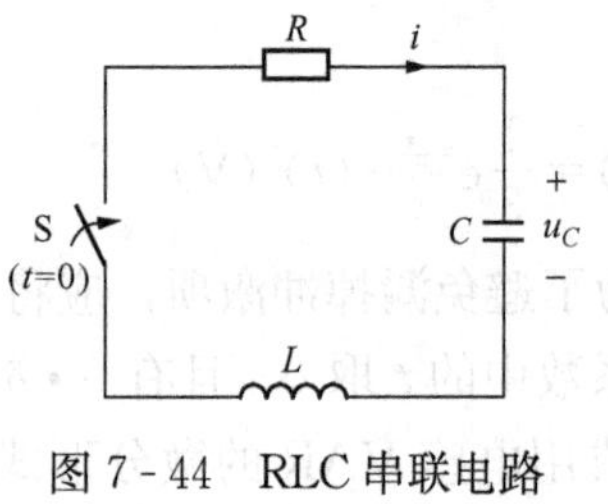


图 7 - 44 RLC 串联电路

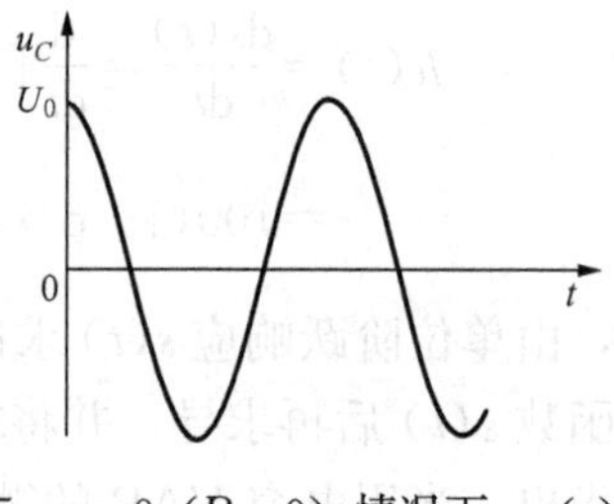


图 7 - 45 $\alpha=0$（$R=0$）情况下 $u_C(t)$ 的波形

### 7.7.2 欠阻尼情况（衰减振荡，$0<\alpha<\omega_0$）

当电路中的电阻不等于零时，电路的初始储能终将被电阻消耗殆尽，电路响应不再为等幅振荡。阻尼较小（$0<\alpha<\omega_0$），即 $R<2\sqrt{\frac{L}{C}}$ 时，特征方程的两个特征根为

$$\lambda_1=-\alpha+j\omega_d,\ \lambda_2=-\alpha-j\omega_d$$

其中，$\omega_d=\sqrt{\omega_0^2-\alpha^2}$。电路的固有频率 $\lambda_1$、$\lambda_2$ 为一对共轭复数。相应的零输入响应形式为

$$u_C(t)=Ae^{\lambda_1 t}+Be^{\lambda_2 t}=e^{-\alpha t}(K_1\sin\omega_d t+K_2\cos\omega_d t)=Ke^{-\alpha t}\sin(\omega_d t+\beta) \tag{7-56}$$

该零输入响应为振幅衰减的正弦振荡形式，其波形如图 7 - 46 所示。$\alpha$ 越大，衰减越快，并按一定的周期正负交替地变动。符合 $0<\alpha<\omega_0$（$R<2\sqrt{\frac{L}{C}}$）这一条件时的振荡被称为欠阻尼振荡。

欠阻尼振荡和无阻尼振荡之间有些相似的地方，这就是在整个过程中均有电场磁场间的

能量往返转移。但欠阻尼时，由于存在着较小的电阻，因而在能量转移时，伴有电阻消耗小部分能量，随着时间的推移，电路中的初始储能逐渐被电阻消耗，形成了减幅振荡。

### 7.7.3　过阻尼情况（非振荡，$\alpha>\omega_0$）

当电路的阻尼增大到 $\alpha>\omega_0$ 时，即在 $R>2\sqrt{\frac{L}{C}}$ 时，电路的固有频率 $\lambda_1$、$\lambda_2$ 为一对不相等的负实数。此时电路的零输入响应的形式为

$$u_C(t)=K_1e^{\lambda_1 t}+K_2e^{\lambda_2 t} \tag{7-57}$$

其波形如图 7-46 所示，形成了非振荡的放电过程。这种情况称为过阻尼情况。

### 7.7.4　临界阻尼情况（非振荡，$\alpha=\omega_0$）

当电路的阻尼增大到（$\alpha=\omega_0$）时，即在 $R=2\sqrt{\frac{L}{C}}$ 时，特征方程的两个特征根为

$$\lambda_1=\lambda_1=-\alpha$$

即电路的固有频率 $\lambda_1$、$\lambda_2$ 为一对相等的负实数。此时电路的零输入响应的形式为

$$u_C(t)=K_1e^{-\alpha t}+K_2te^{-\alpha t} \tag{7-58}$$

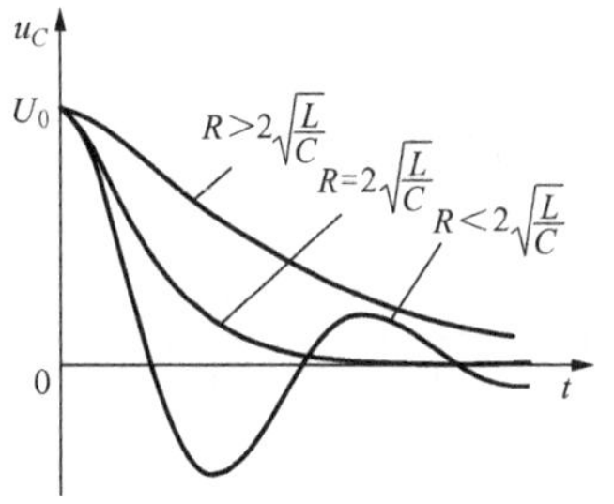


图 7-46　过阻尼、临界阻尼和欠阻尼放电过程中 $u_C(t)$ 的波形

其波形如图 7-46 所示。由图可以看出，放电过程仍属非振荡情况，但介于振荡过程和非振荡过程之间，故称其为临界阻尼，电阻 $R=2\sqrt{\frac{L}{C}}$ 称为临界电阻。

上述四种情况中的两个积分常数均可根据初始条件 $u_C(0_+)$ 和 $u_C'(0_+)=\frac{1}{C}i_L(0_+)$ 确定。

**【例 7-18】**　如图 7-47 所示电路中，$U_s=20V$，$R_1=10\Omega$，$L=1mH$，$C=10\mu F$。开关 S 在 $t=0$ 时打开，设 S 打开前电路已处稳态，试分别求下列三种情况下 $t\geqslant0$ 时的 $u_C(t)$：(1) $R_2=10\Omega$；(2) $R_2=20\Omega$；(3) $R_2=30\Omega$。

**解**　换路后，电路为 $R_2$、$L$ 和 $C$ 组成的串联电路，该电路的输入—输出方程为

$$\frac{d^2u_C}{dt^2}+10^3R_2\frac{du_C}{dt}+10^8u_C=0$$

特征方程为

$$\lambda^2+10^3R_2\lambda+10^8=0$$

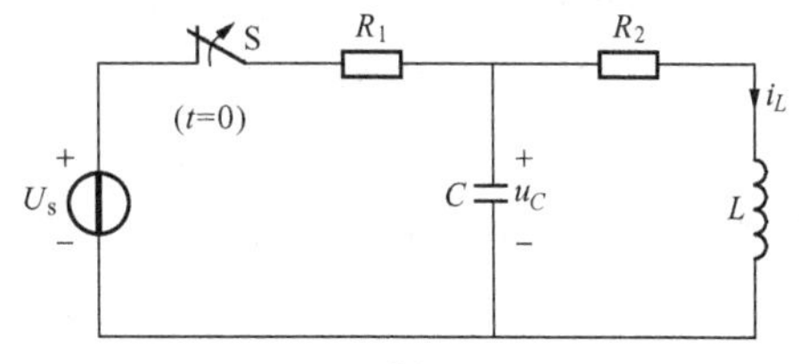


图 7-47　[例 7-18] 图

(1) $R_2=10\Omega$。$t=0_-$ 时，$L$ 相当于短路，$C$ 相当于开路，则

$$u_C(0_-)=20\times\frac{10}{10+10}=10\ (V)$$

$$i_L(0_-)=\frac{20}{10+10}=1\ (A)$$

根据换路定则得

$$u_C(0_+)=u_C(0_-)=10\ (V)$$
$$i_L(0_+)=i_L(0_-)=1\ (A)$$

$$u_C'(0_+)=-\frac{i_L(0_+)}{C}=-10^5$$

电路的固有频率为

$$\lambda_{1,2}=\frac{-10^4\pm\sqrt{10^8-4\times10^8}}{2}=-5000\pm j8660$$

特征根为一对共轭复根，表明该响应为欠阻尼振荡形式。

电路的零输入响应为式（7-56）的衰减振荡形式

$$u_C(t)=Ke^{-\alpha t}\sin(\omega_d t+\beta)=Ke^{-5000t}\sin(8660t+\beta) \tag{7-59}$$

求导可得

$$u_C'(t)=Ke^{-5000t}[-5000\sin(8660t+\beta)+8660\cos(8660t+\beta)] \tag{7-60}$$

将已知的初始条件代入式（7-59）和式（7-60）中，得

$$u_C(0_+)=K\sin\beta=10$$

$$u_C'(0_+)=K(-5000\sin\beta+8660\cos\beta)=-10^5$$

联立求解得

$$K=-11.55,\quad \beta=-60^\circ$$

因此

$$u_C(t)=-11.55e^{-5000t}\sin(8660t-60^\circ)\ (\text{V})\quad (t\geqslant0)$$

（2）$R_2=20\Omega$ 时，电路的初始条件为

$$u_C(0_+)=u_C(0_-)=20\times\frac{20}{10+20}=\frac{40}{3}\ (\text{V}),\ i_L(0_+)=i_L(0_-)=\frac{20}{10+20}=\frac{2}{3}\ (\text{A})$$

$$u_C'(0_+)=-\frac{i_L(0_+)}{C}=-\frac{2}{3}\times10^5$$

电路的固有频率为

$$\lambda_{1,2}=\frac{-2\times10^4\pm\sqrt{4\times10^8-4\times10^8}}{2}=-10^4$$

特征根为两个相等实根，表明该响应为临界阻尼非振荡形式。

电路的零输入响应为式（7-58）的非振荡形式

$$u_C(t)=K_1e^{-\alpha t}+K_2te^{-\alpha t}=(K_1+K_2t)e^{-10^4t}$$

由初始条件确定 $K_1$ 和 $K_2$，得

$$u_C(0_+)=K_1=\frac{40}{3}$$

$$u_C'(0_+)=-10^4K_1+K_2=-\frac{2}{3}\times10^5$$

联立求解得

$$K_1=\frac{40}{3}=13.33,\quad K_2=\frac{2}{3}\times10^5=0.67\times10^5$$

所以

$$u_C(t)=(13.33+0.67\times10^5t)e^{-10^4t}\ (\text{V})\quad (t\geqslant0)$$

（3）$R_2=30\Omega$ 时，电路的初始条件为

$$u_C(0_+)=u_C(0_-)=20\times\frac{30}{10+30}=15\ (\text{V}),\quad i_L(0_+)=i_L(0_-)=\frac{20}{10+30}=0.5\ (\text{A})$$

$$u'_C(0_+)=-\frac{i_L(0_+)}{C}=-5\times10^4$$

电路的固有频率为

$$\lambda_{1,2}=\frac{-3\times10^4\pm\sqrt{9\times10^8-4\times10^8}}{2}=-15\times10^3\pm11.18\times10^3$$

即 $\lambda_1=-3820$，$\lambda_2=-26180$，则电路的零输入响应为式（7-57）的非振荡形式

$$u_C(t)=K_1\mathrm{e}^{\lambda_1 t}+K_2\mathrm{e}^{\lambda_2 t}=K_1\mathrm{e}^{-3820t}+K_2\mathrm{e}^{-26180t}$$

由初始条件确定 $K_1$ 和 $K_2$，得

$$K_1+K_2=15$$

$$3820K+26180K_2=5\times10^4$$

联立求解得

$$K_1=15.33,\ K_2=-0.33$$

所以

$$u_C(t)=15.33\mathrm{e}^{-3820t}-0.33\mathrm{e}^{-26180t}\ \text{(V)}\quad (t\geqslant0)$$

本节的分析方法同样适用于求线性二阶电路的固有响应和冲激响应。

## 7.8　零状态响应的卷积积分计算法

本节所研究的内容是，对于激励为任意波形的线性电路，如何计算其零状态响应。

设线性时不变电路的冲激响应为 $h(t)$，则根据时不变性和齐次性，在延时冲激激励 $u_s(\tau)\delta(t-\tau)$ 作用下，产生的零状态响应为 $u_s(\tau)h(t-\tau)$，其中，$\tau$ 可取不同的值。若把任意波形的激励 $u_s(t)$ 剖分成 $n$ 个相同宽度的矩形脉冲（见图 7-48），则 $u_s(t)$ 可近似地表示为

$$u_s(t)\approx\sum_{k=0}^{n}\left[u_s(k\Delta)\frac{\varepsilon(t-k\Delta)-\varepsilon[t-(k+1)\Delta]}{\Delta}\Delta\right]$$

令 $\Delta\to0$，即 $n\to\infty$，则

$$u_s(t)=\lim_{\Delta\to0}\sum_{k=0}^{n}\left[u_s(k\Delta)\frac{\varepsilon(t-k\Delta)-\varepsilon[t-(k+1)\Delta]}{\Delta}\Delta\right]=\int_{0_-}^{t}u_s(\tau)\delta(t-\tau)\mathrm{d}\tau$$

根据叠加定理，$u_s(t)$ 作用下电路的零状态响应等于 $u_s(t)$ 各分量 $u_s(\tau)\delta(t-\tau)$ 作用下的响应 $u_s(\tau)h(t-\tau)$ 的叠加，即

$$r(t)=\int_{0_-}^{t}u_s(\tau)h(t-\tau)\mathrm{d}\tau \tag{7-61}$$

式（7-61）称为卷积积分，它是求任意波形激励下电路零状态响应的一般公式。

为了书写方便，通常将式（7-61）简记为

$$r(t)=u_s(t)*h(t)$$

应用换元方法，可得卷积的另一种表达式。

令 $\xi=t-\tau$，则由式（7-61）得

$$r(t)=\int_{0_-}^{t}u_s(\tau)h(t-\tau)\mathrm{d}\tau=-\int_{t}^{0_-}u_s(t-\xi)h(\xi)\mathrm{d}\xi=\int_{0_-}^{t}u_s(t-\xi)h(\xi)\mathrm{d}\xi \tag{7-62}$$

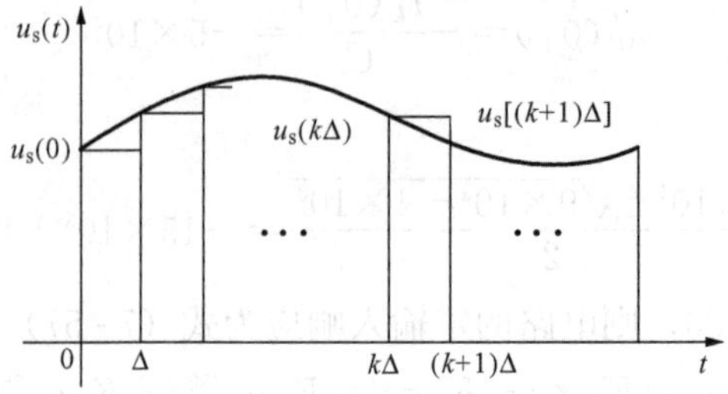


图 7 - 48　用具有相同宽度的矩形脉冲之和逼近 $u_s(t)$

所以

$$u_s(t) * h(t) = h(t) * u_s(t)$$

式（7 - 62）表明卷积满足交换律。

**【例 7 - 19】**　在图 7 - 49 所示的电路中，$u_s(t)=5e^{-t}\varepsilon(t)$V。试求电容电压 $u_C(t)$ 的零状态响应。

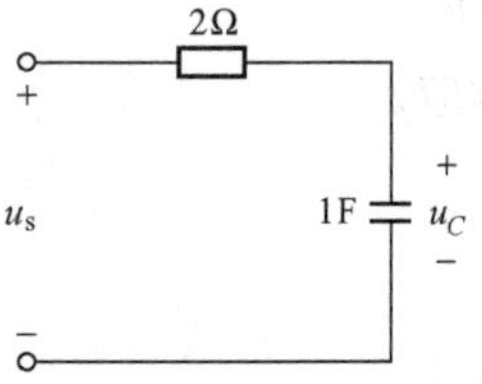


图 7 - 49 ［例 7 - 19］图

**解**　(1) 求冲激响应。由［例 7 - 15］可知该电路的冲激响应为

$$h(t)=0.5e^{-0.5t}\varepsilon(t)\ (\mathrm{V})$$

(2) 求零状态响应 $u_C(t)$。

$$u_C(t)=\int_{0_-}^{t} u_s(\tau)h(t-\tau)\mathrm{d}\tau=\int_{0_-}^{t} 5e^{-\tau}\times 0.5e^{-0.5(t-\tau)}\mathrm{d}\tau$$

$$=2.5e^{-0.5t}\int_{0_-}^{t} e^{-0.5\tau}\mathrm{d}\tau=5(e^{-0.5t}-e^{-t})\varepsilon(t)\ (\mathrm{V})$$

顺便指出，卷积积分亦可用图解方法等求解，有兴趣的读者可参阅有关书籍，此处不再赘述。

## 7.9　动态电路的状态方程

当电路中的储能元件较多时，若用高阶微分方程求解电路的过渡过程，计算过程复杂，且无规律可循。为此，在电路理论中引入状态变量分析法对动态电路进行时域分析。该方法中的电路方程写成一阶微分方程组的形式，由于这种方程列写简便、有规律可循，并已有成熟的数值解法，因此，是目前时域分析中经常采用的方法，特别是在有机电能量转换的控制系统研究中应用尤广。

状态变量法是根据“状态”的概念而来的。“状态”是系统理论中的一个专门术语，它表达了一个比较抽象但又基本的概念。电路的状态是指在某给定时刻电路必须具备的最少量的信息，它们和自该时刻以后的输入一起就足以完全确定该电路此后的性状。用来表示状态的变量称为状态变量，通常记作 $x_1(t)$，$x_2(t)$，…，$x_n(t)$。初始时刻 $t=t_0$ 的电路状态称为初始状态，它反映了 $t=t_0$ 以前电路的工作情况，并以储能的方式表现出来。由于电容的储能由电容电压或电荷决定、电感的储能由电感电流或磁链决定，故电容电压 $u_C$（或电荷 $q_C$）和电感电流 $i_L$（或磁链 $\Psi_L$）可选作电路的状态变量。

状态变量是一组独立完备的变量，因此，在选取状态变量时，要注意其独立性。例如，当电路中有电感（和电流源）构成割集时，则每一个这样的割集中有一个电感电流是非独立的；同样，若有电容（和电压源）组成的回路，则每一个这样的回路中有一个电容电压也是非独立的。当选取电容电压和电感电流作为状态变量时，为了保证状态变量的完备性，必须将所有独立的电感电流和独立的电容电压都选作状态变量。

以状态变量为电路变量建立的一阶微分方程组称为电路的状态方程。这里所说的电路均指换路以后的电路。下面以 RLC 串联电路为例说明上述基本概念。

对于图 7-50 所示的 RLC 串联电路，选电容电压 $u_C$ 和电感电流 $i_L$ 为状态变量，则有

$$L\frac{\mathrm{d}i_L}{\mathrm{d}t}=-Ri_L-u_C+u_s$$

$$C\frac{\mathrm{d}u_C}{\mathrm{d}t}=i_L$$

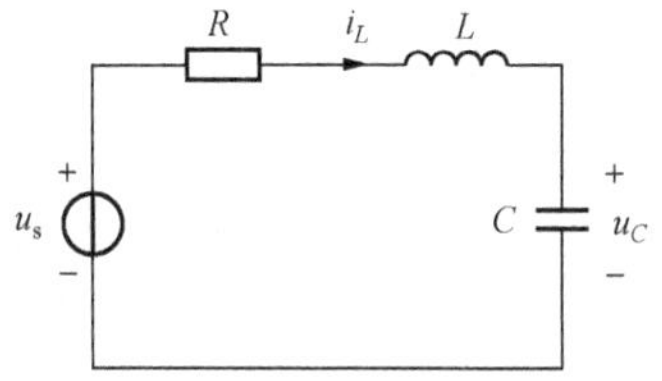


图 7-50　RLC 电路

将上述方程左边的系数归一，得

$$\left.\begin{aligned}\frac{\mathrm{d}i_L}{\mathrm{d}t}&=-\frac{R}{L}i_L-\frac{1}{L}u_C+\frac{1}{L}u_s\\ \frac{\mathrm{d}u_C}{\mathrm{d}t}&=\frac{1}{C}i_L\end{aligned}\right\} \tag{7-63}$$

式（7-63）即为以 $u_C$ 和 $i_L$ 为状态变量的状态方程。其形式是等号左边为各状态变量的一阶导数，等号右边仅与状态变量和电源项（输入）有关。

将式（7-63）写成矩阵形式，有

$$\begin{bmatrix}\dfrac{\mathrm{d}i_L}{\mathrm{d}t}\\ \dfrac{\mathrm{d}u_C}{\mathrm{d}t}\end{bmatrix}=\begin{bmatrix}-\dfrac{R}{L} & -\dfrac{1}{L}\\ \dfrac{1}{C} & 0\end{bmatrix}\begin{bmatrix}i_L\\ u_C\end{bmatrix}+\begin{bmatrix}\dfrac{1}{L}\\ 0\end{bmatrix}u_s$$

令 $x_1=i_L$，$x_2=u_C$，则有

$$\dot{\boldsymbol{x}}=\boldsymbol{A}\boldsymbol{x}+\boldsymbol{B}\boldsymbol{u} \tag{7-64}$$

式（7-64）称为状态方程的标准形式，$\boldsymbol{x}$ 称为状态向量，$\boldsymbol{u}$ 称为输入向量。此处

$$\boldsymbol{x}=\begin{bmatrix}x_1\\ x_2\end{bmatrix},\ \boldsymbol{u}=[u_s],\ \boldsymbol{A}=\begin{bmatrix}-\dfrac{R}{L} & -\dfrac{1}{L}\\ \dfrac{1}{C} & 0\end{bmatrix},\ \boldsymbol{B}=\begin{bmatrix}\dfrac{1}{L}\\ 0\end{bmatrix}$$

对于具有 $n$ 个状态变量、$m$ 个输入（独立电源）的电路，$\boldsymbol{x}$ 为 $n$ 维列向量，$\boldsymbol{u}$ 为 $m$ 维列向量。$\boldsymbol{A}$ 为 $n$ 阶方阵，$\boldsymbol{B}$ 为 $n\times m$ 阶矩阵。

在实际应用中，感兴趣的量（即输出）并不一定是状态变量，这就要求导出输出与状态变量和输入之间的关系。这种联系输出与状态变量和输入之间的关系式称为电路的输出方程。由于当把电容用电压源替代、电感用电流源替代后所得的电路为一电阻电路，而由这一电阻电路可导出输出方程，因此，输出方程为一组代数方程，其一般形式为

$$\boldsymbol{y}=\boldsymbol{C}\boldsymbol{x}+\boldsymbol{D}\boldsymbol{u} \tag{7-65}$$

式中：$\boldsymbol{y}$ 为输出向量；$\boldsymbol{x}$ 为状态向量；$\boldsymbol{u}$ 为输入向量；$\boldsymbol{C}$ 和 $\boldsymbol{D}$ 为仅与电路结构和元件值有关的系数矩阵。若电路有 $n$ 个状态变量、$m$ 个输入和 $l$ 个输出，则 $\boldsymbol{C}$ 为 $l\times n$ 的矩阵，$\boldsymbol{D}$ 为$l\times$

$m$ 的矩阵。

若以 $u_C$ 和 $i_L$ 为状态变量，则从状态方程等号左边来看，实际上是一组含有 $i_C=C\dfrac{du_C}{dt}$ 与 $u_L=L\dfrac{di_L}{dt}$ 的独立方程。因此为使方程中出现 $\dfrac{du_C}{dt}$ 的项，就应对接有电容的节点或割集列写 KCL 方程；而为使方程中出现 $\dfrac{di_L}{dt}$ 的项，应对包含电感的回路列写 KVL 方程。又因每个状态方程等号左边只有一个状态变量的导数项，因此应尽可能选择含有一个电容的割集和一个电感的回路。

基于上述想法，可归纳出用直观法列写线性时不变电路状态方程的步骤如下：

(1) 选取所有的独立电容电压和独立电感电流作为状态变量。

(2) 对每个独立的电容，选用一个节点或割集，并依据 KCL 和电容的 VAR 列写节点方程；对每个独立的电感，选用一个回路，并依据 KVL 和电感的 VAR 列写回路方程。

(3) 将上述方程中除输入以外的非状态变量用状态变量和输入表示，并从方程中消去，最后整理成标准型。

输出方程的直观列写方法与非状态变量用状态变量和输入表示的方法类似。

**【例 7-20】** 试列写图 7-51 所示电路的状态方程和以 $u_C$ 与 $u_R$ 为输出的输出方程。

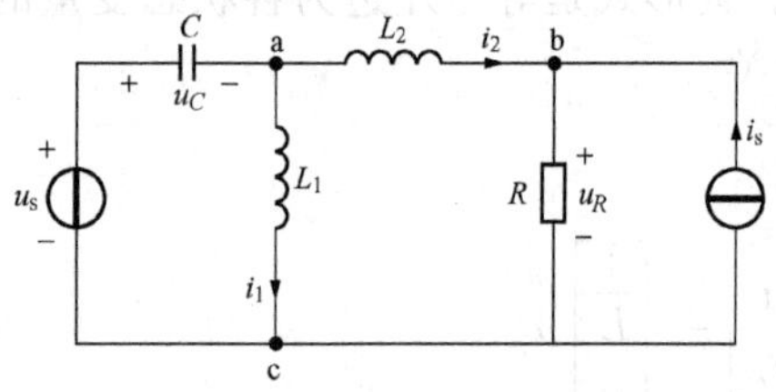


图 7-51 ［例 7-20］图

**解** 选电容电压 $u_C$ 和电感电流 $i_1$、$i_2$ 为状态变量。对接有电容 $C$ 的节点 a 列写 KCL 方程，得

$$C\frac{du_C}{dt}=i_1+i_2$$

对含有 $L_1$ 的回路 $C$—$L_1$—$u_s$ 和含有 $L_2$ 的回路 $C$—$L_2$—$R$—$u_s$ 分别列写 KVL 方程，得

$$L_1\frac{di_1}{dt}=-u_C+u_s$$

$$L_2\frac{di_2}{dt}=-u_C-u_R+u_s$$

根据电阻 VAR 并对节点 b 应用 KCL 有

$$u_R=R(i_s+i_2)$$

消去非状态变量 $u_R$，整理并写成矩阵形式，得

$$\begin{bmatrix}\dfrac{du_C}{dt}\\ \dfrac{di_1}{dt}\\ \dfrac{di_2}{dt}\end{bmatrix}=\begin{bmatrix}0 & \dfrac{1}{C} & \dfrac{1}{C}\\ -\dfrac{1}{L_1} & 0 & 0\\ -\dfrac{1}{L_2} & 0 & -\dfrac{R}{L_2}\end{bmatrix}\begin{bmatrix}u_C\\ i_1\\ i_2\end{bmatrix}+\begin{bmatrix}0 & 0\\ \dfrac{1}{L_1} & 0\\ \dfrac{1}{L_2} & -\dfrac{R}{L_2}\end{bmatrix}\begin{bmatrix}u_s\\ i_s\end{bmatrix}$$

输出方程为

$$u_C=u_C$$

$$u_R=Ri_2+Ri_s$$

矩阵形式为

$$\begin{bmatrix} u_C \\ u_R \end{bmatrix} = \begin{bmatrix} 1 & 0 & 0 \\ 0 & 0 & R \end{bmatrix} \begin{bmatrix} u_C \\ i_1 \\ i_2 \end{bmatrix} + \begin{bmatrix} 0 & 0 \\ 0 & R \end{bmatrix} \begin{bmatrix} u_s \\ i_s \end{bmatrix}$$

将每个二端元件看作一条支路，借助树的概念，上述列写状态方程的步骤变为对含电容树支的基本割集列写 KCL 方程，对含电感连支的基本回路列写 KVL 方程，然后借助其他基本割集（非状态变量为树支变量）和其他基本回路（非状态变量为连支变量）将非状态变量用状态变量和输入表示，最后消去非状态变量，整理成标准形式。这里所选的树应包含所有电压源、尽可能多的电容、尽可能少的电感，并且不包含电流源。

**【例 7-21】** 试列写图 7-52（a）所示电路的状态方程。

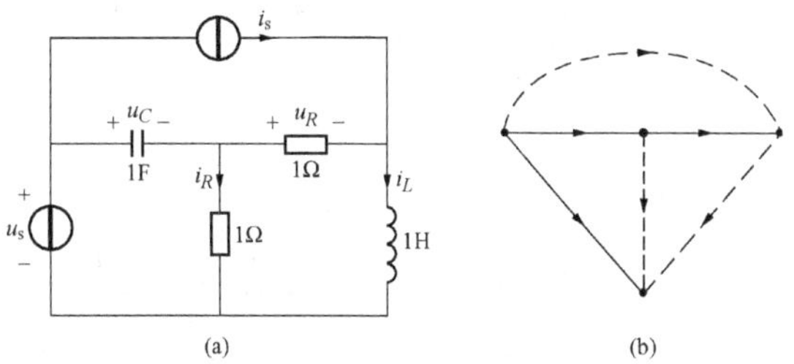


图 7-52 ［例 7-21］图

（a）原电路；（b）拓扑图

**解** 选电容电压 $u_C$ 和电感电流 $i_L$ 为状态变量。所选树如图 7-52（b）中的实线所示。对含电容的基本割集应用 KCL、对含电感的基本回路应用 KVL 分别得

$$\begin{cases} \dfrac{du_C}{dt} = i_R + i_L - i_s \\ \dfrac{di_L}{dt} = -u_R - u_C + u_s \end{cases}$$

借助电阻相应的基本割集和基本回路得

$$i_R = \frac{u_s - u_C}{1}, \quad u_R = (i_L - i_s) \times 1$$

消去非状态变量，整理得

$$\left. \begin{aligned} \frac{du_C}{dt} &= -u_C + i_L + u_s - i_s \\ \frac{di_L}{dt} &= -u_C - i_L + u_s + i_s \end{aligned} \right\}$$

状态方程矩阵形式

$$\begin{bmatrix} \dfrac{du_C}{dt} \\ \dfrac{di_L}{dt} \end{bmatrix} = \begin{bmatrix} -1 & 1 \\ -1 & -1 \end{bmatrix} \begin{bmatrix} u_C \\ i_L \end{bmatrix} + \begin{bmatrix} 1 & -1 \\ 1 & 1 \end{bmatrix} \begin{bmatrix} u_s \\ i_s \end{bmatrix}$$

建立电路的状态方程和输出方程也可以用叠加法，其步骤如下：

（1）将电容用电压为 $u_C$ 的电压源替代，电感用电流为 $i_L$ 的电流源替代，得到一个电阻电路。用叠加定理和齐性原理求电容电流 $i_C$ 和电感电压 $u_L$ 以及输出。

（2）将电容电流 $i_C$ 和电感电压 $u_L$ 表达式中 $i_C$ 和 $u_L$ 分别用 $C\dfrac{du_C}{dt}$ 和 $L\dfrac{di_L}{dt}$ 替换，整理成标准形式。

**【例 7-22】** 以 $u_C$ 和 $i_L$ 为状态变量，试列写图 7-53（a）所示电路的状态方程和以 $u_L$ 与 $u_R$ 为输出的输出方程。

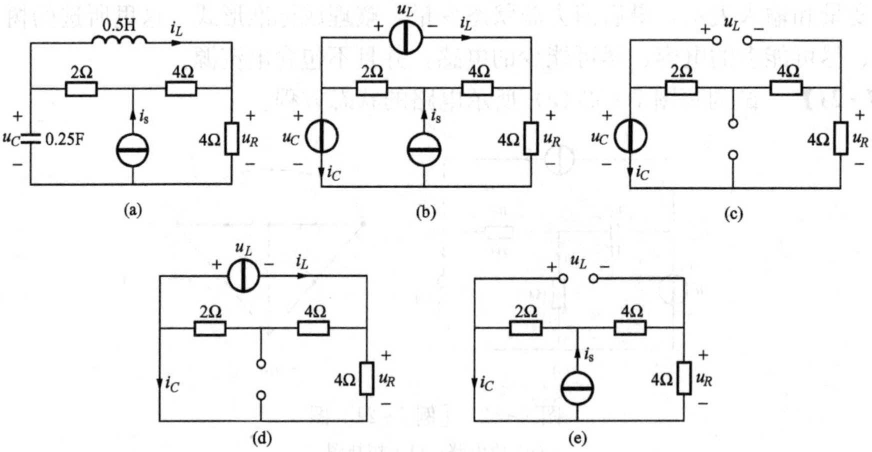


图 7-53 ［例 7-22］图

（a）原电路；（b）分别用电压源、电流源代替电容、电感；（c）计算 $a_{11}$、$a_{21}$ 和 $a_{31}$ 电路；（d）计算 $a_{12}$、$a_{22}$ 和 $a_{32}$ 电路；（e）计算 $b_1$、$b_2$ 和 $b_3$ 电路

**解** 将电容、电感分别用电压源、电流源代替，如图 7-53（b）所示。根据叠加定理和齐性原理，可得如下关系式

$$i_C=a_{11}u_C+a_{12}i_L+b_1 i_s$$
$$u_L=a_{21}u_C+a_{22}i_L+b_2 i_s$$
$$u_R=a_{31}u_C+a_{32}i_L+b_3 i_s$$

令 $u_C=1\text{V}$，$i_L=0$，$i_s=0$，电路如图 7-53（c）所示，计算 $a_{11}$、$a_{21}$ 和 $a_{31}$。

$$a_{11}=i_C=-\frac{1}{10}=-0.1,\ a_{21}=u_L=\frac{6}{10}=0.6,\ a_{31}=u_R=\frac{4}{10}=0.4$$

令 $u_C=0$，$i_L=1\text{A}$，$i_s=0$，电路如图 7-53（d）所示，计算 $a_{12}$、$a_{22}$ 和 $a_{32}$。

$$a_{12}=i_C=-\frac{6}{10}=-0.6,\ a_{22}=u_L=-(2+4)//4=-2.4,\ a_{32}=u_R=-u_L=2.4$$

令 $u_C=0$，$i_L=0$，$i_s=1\text{A}$，电路如图 7-53（e）所示，计算 $b_1$、$b_2$ 和 $b_3$。

$$b_1=i_C=\frac{8}{10}=0.8,\ b_2=u_L=-0.8,\ b_3=u_R=0.8$$

其状态方程为

$$\begin{cases}\dfrac{du_C}{dt}=\dfrac{i_C}{C}=-0.4u_C-2.4i_L+3.2i_s\\[2ex]\dfrac{di_L}{dt}=\dfrac{u_L}{L}=1.2u_C-4.8i_L-1.6i_s\end{cases}$$

矩阵形式为

$$\begin{bmatrix}\frac{\mathrm{d}u_C}{\mathrm{d}t}\\ \frac{\mathrm{d}i_L}{\mathrm{d}t}\end{bmatrix}=\begin{bmatrix}-0.4 & -2.4\\ 1.2 & -4.8\end{bmatrix}\begin{bmatrix}u_C\\ i_L\end{bmatrix}+\begin{bmatrix}3.2\\ -1.6\end{bmatrix}i_s$$

其输出方程为

$$u_L=0.6u_C-2.4i_L-0.8i_s$$
$$u_R=0.4u_C+2.4i_L+0.8i_s$$

矩阵形式为

$$\begin{bmatrix}u_L\\ u_R\end{bmatrix}=\begin{bmatrix}0.6 & -2.4\\ 0.4 & 2.4\end{bmatrix}\begin{bmatrix}u_C\\ i_L\end{bmatrix}+\begin{bmatrix}-0.8\\ 0.8\end{bmatrix}i_s$$

对于时不变非线性电路，状态方程的标准形式为

$$\dot{\boldsymbol{x}}=\boldsymbol{F}(\boldsymbol{x},t)$$

如果电路是自治的，则状态方程的标准形式变为

$$\dot{\boldsymbol{x}}=\boldsymbol{F}(\boldsymbol{x})$$

式中：$\boldsymbol{x}$ 为 $n$ 维状态变量列向量；$\boldsymbol{F}(\boldsymbol{x})$ 为 $\boldsymbol{x}$ 的某种非线性函数向量。

由于非线性电容和非线性电感都不能像线性元件那样用一个参数表示，因此，状态变量的选取有其特殊性，取决于非线性元件的性质。如果电容具有非单调的电压控制的 $q-u$ 曲线，那么电容电压必须被选为状态变量；如果电容的特性曲线是非单调的电荷控制 $q-u$ 曲线，那么电容电荷必须被选为状态变量。对于电感，如果其特性曲线是非单调的电流控制的 $\Psi-i$ 曲线，则必须选择电感电流作为状态变量；如果其特性曲线是非单调的磁链控制的 $\Psi-i$ 曲线，则电感磁链必须被选为状态变量。而对于特性曲线是严格单调的电容和电感，状态变量的选取没有限制，但从计算的观点来看，选择电容电荷和电感磁链作为状态变量是有利的。

列写非线性动态电路状态方程的步骤和列写线性动态电路状态方程的步骤相类似，但是前者往往困难得多，有时甚至是不可能的，这取决于电路中非线性元件的性质和元件的连接方式。应该指出，具有合理模型的电路其状态方程的标准形式一定存在。下面举例说明非线性动态电路状态方程的列写方法。

**【例 7-23】** 试列写图 7-54 所示电路的状态方程。图中，非线性电阻的伏安关系为 $u_R=r(i_R)$，非线性电容的特性方程为 $u_C=K\sin q$。

**解** 选电容电荷 $q$ 和电感电流 $i_L$ 为状态变量，则由 KCL 得

$$\frac{\mathrm{d}q}{\mathrm{d}t}=i_L \qquad (7-66)$$

依据 KVL 和线性电感的 VAR 得

$$L\frac{\mathrm{d}i_L}{\mathrm{d}t}=u_s-u_C-u_R \qquad (7-67)$$

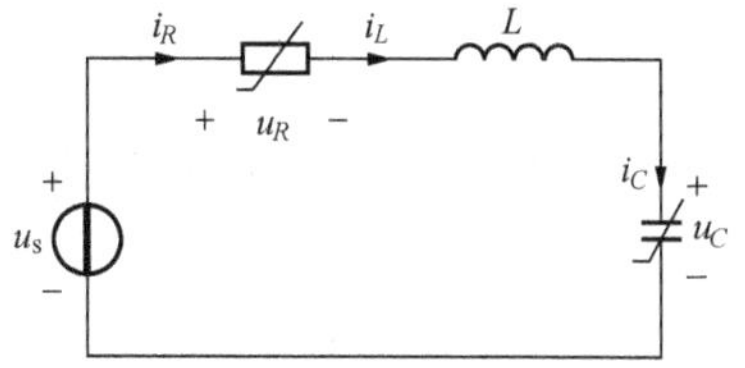

图 7-54 ［例 7-23］图

将非线性电阻和非线性电容的特性方程代入式（7-67）中，并注意到 $i_R=i_L$，整理得

$$\frac{\mathrm{d}i_L}{\mathrm{d}t}=-\frac{K}{L}\sin q-\frac{1}{L}r(i_L)+\frac{1}{L}u_s \qquad (7-68)$$

方程（7-66）和（7-68）即为所建的电路的状态方程。

## 习 题

### 输入—输出方程

7-1 试列写图 7-55 所示各电路中以指定量为输出的输入—输出方程。

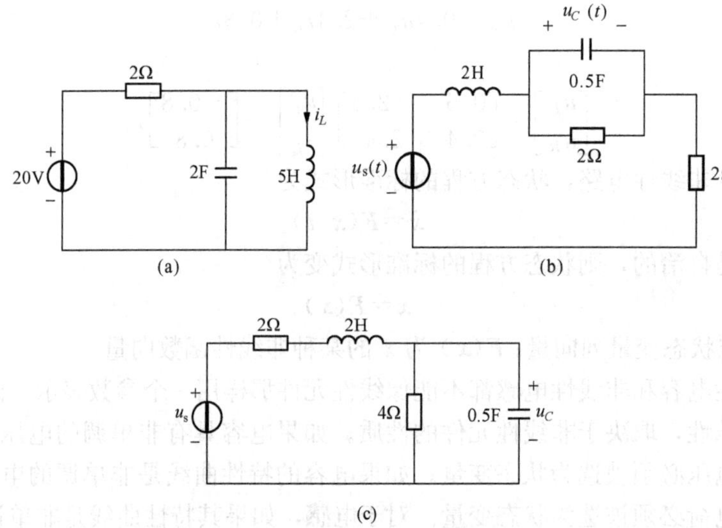


图 7-55 题 7-1 图

### 初始值（初始条件）与直流稳态值

7-2 如图 7-56 所示电路中，开关 S 动作前电路已处于稳态，$t=0$ 时开关 S 闭合。试求 $i(0_+)$。

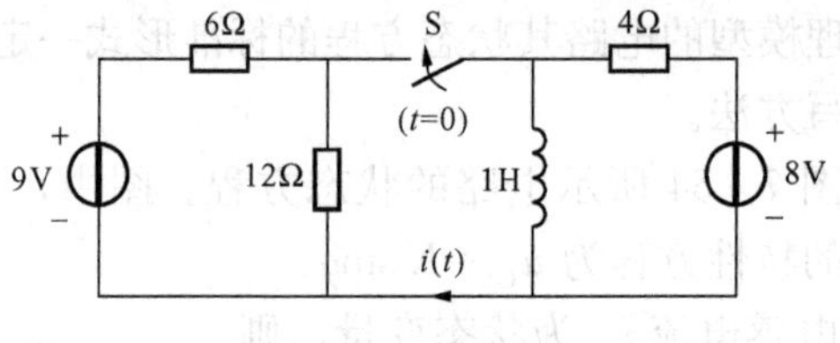


图 7-56 题 7-2 图

7-3 如图 7-57 所示电路中，开关 S 动作前处于稳态，$t=0$ 时开关 S 断开。试求 $i(0_+)$。

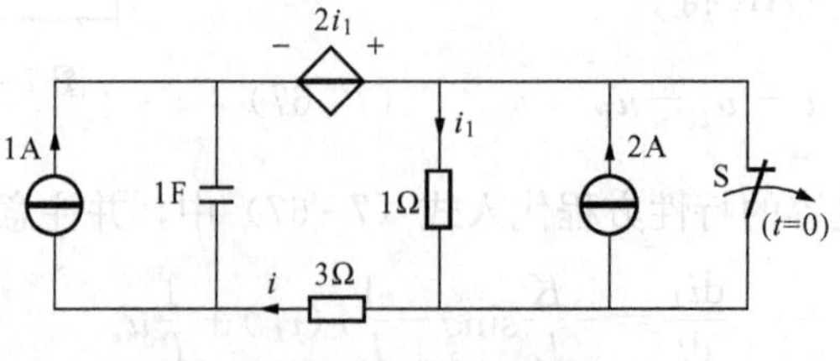


图 7-57 题 7-3 图

7-4　如图7-58所示电路中，在换路前已达稳态，$t=0$时开关S断开。试求：(1) 初始值$i_L(0_+)$、$u_C(0_+)$、$u(0_+)$、$\left.\dfrac{\mathrm{d}i_L}{\mathrm{d}t}\right|_{t=0+}$和$\left.\dfrac{\mathrm{d}u_C}{\mathrm{d}t}\right|_{t=0+}$；(2) 稳态值$i_L(\infty)$、$u_C(\infty)$和$u(\infty)$。

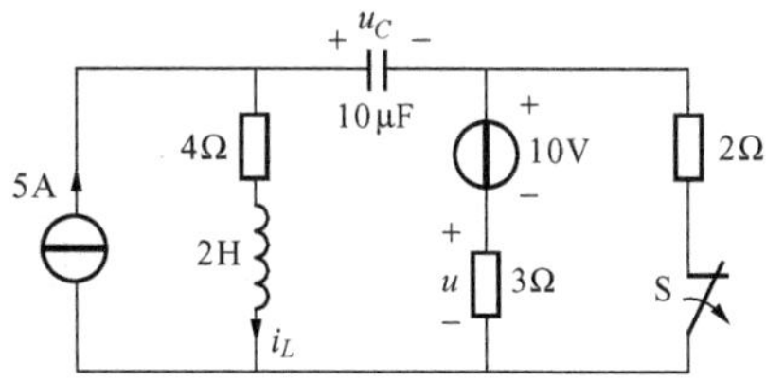

图7-58　题7-4图

**经典分析法**

7-5　如图7-59所示电路中，$t<0$时电路处于稳态，$u_s(t)=\begin{cases}6t\ \mathrm{V} & (t\geqslant 0)\\ 0 & (t<0)\end{cases}$。试求$t>0$时的电压$u_C(t)$。

**直流一阶电路的三要素法**

7-6　如图7-60所示电路中，开关S断开前电路处于稳态，$t=0$时开关S断开。试求$t>0$时开关两端电压$u_S(t)$。

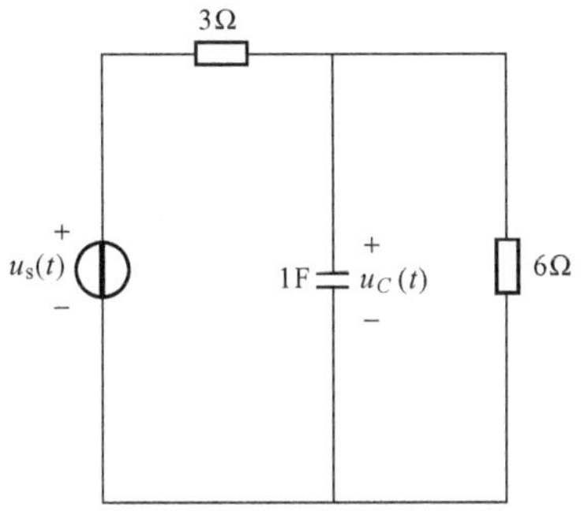

图7-59　题7-5图

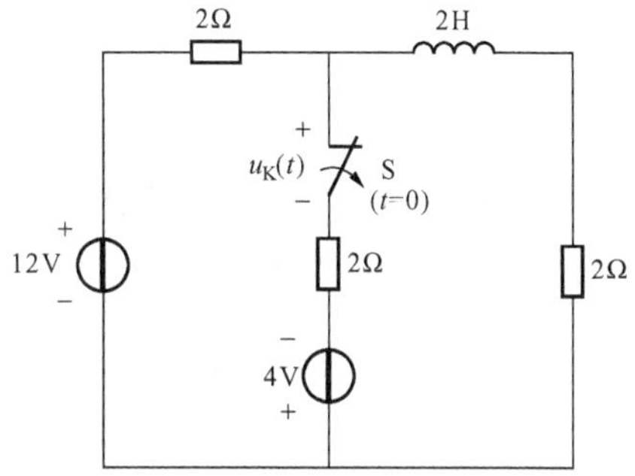

图7-60　题7-6图

7-7　如图7-61所示电路中，开关S原来是断开的，电路处于稳态，在$t=0$时将开关S闭合。试求$t>0$时的$u_C(t)$、$i_C(t)$及$i(t)$。

7-8　如图7-62所示电路中，已知$t=0_-$时电路处于直流稳态。试求$t>0$时的电流$i(t)$和电压$u(t)$。

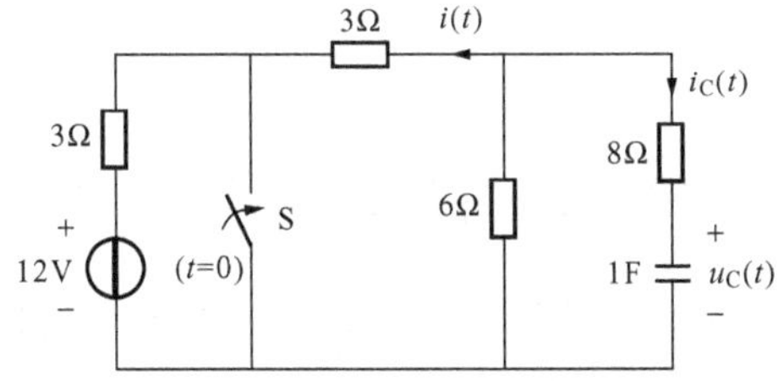

图7-61　题7-7图

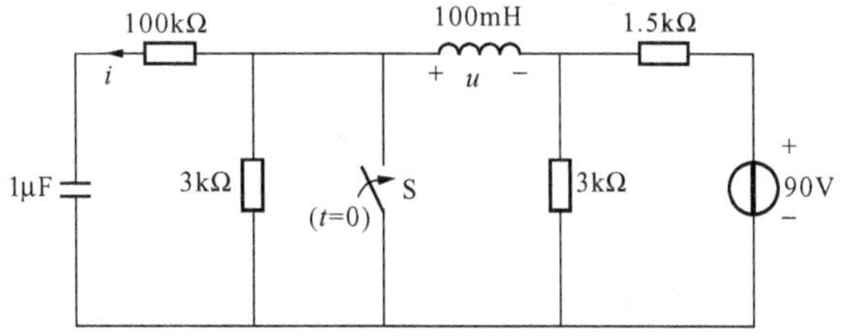

图7-62　题7-8图

7-9　如图7-63所示电路中，开关S合在位置1时已达稳态。$t=0$时开关S由位置1合向位置2。试求$t\geqslant 0$时的电容电压$u_C(t)$。

7-10　如图7-64所示电路中，开关合在位置1已达稳态。$t=0$时开关S由位置1合向位置2。试求$t\geqslant 0$时的电感电流$i_L(t)$。

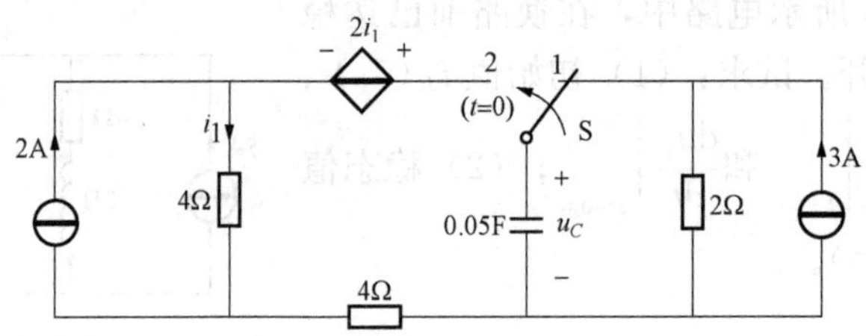


图 7-63 题 7-9 图

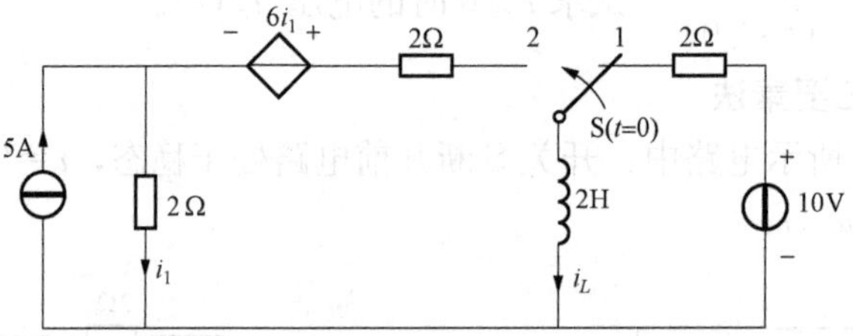


图 7-64 题 7-10 图

7-11 如图 7-65 所示电路中，开关 S 动作前电路已达稳态，$t=0$ 开关 S 闭合。试求 $t\geqslant 0$ 时的电容电压 $u_C(t)$。

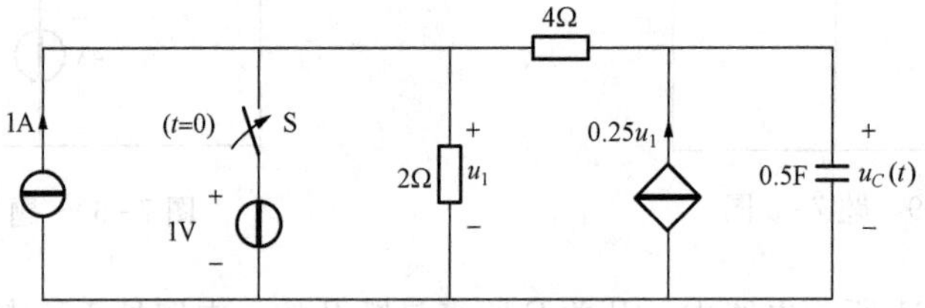


图 7-65 题 7-11 图

7-12 如图 7-66 所示电路中，已知 $i(0_-)=0$，试求 $t>0$ 时的电流 $i(t)$。

7-13 如图 7-67 所示电路中，开关动作前电路处于稳态，$t=0$ 时开关 S 闭合。试求 $t>0$ 时的电流 $i(t)$。

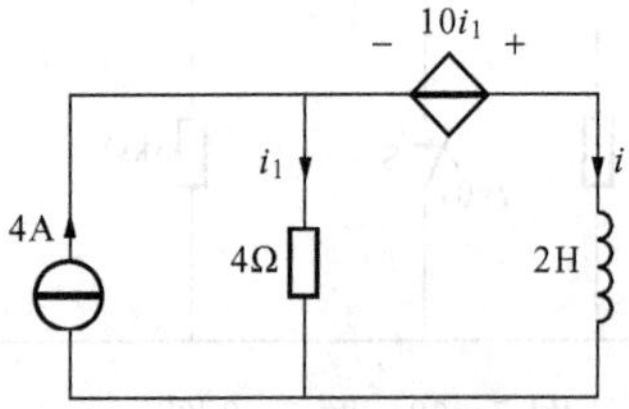


图 7-66 题 7-12 图

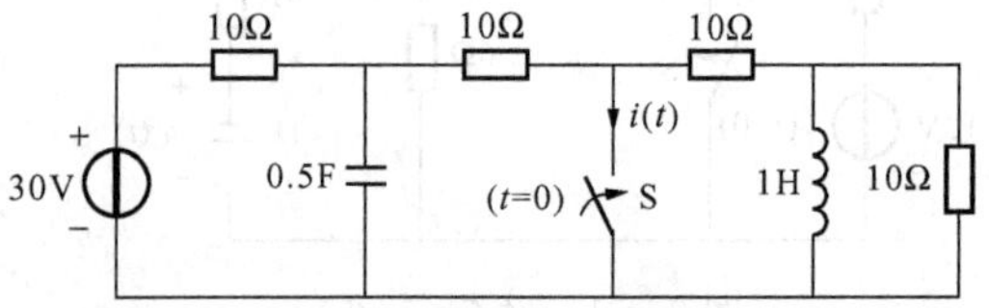


图 7-67 题 7-13 图

7-14 如图 7-68 所示电路中，开关 S 在 $t=0$ 时闭合，S 闭合前电路处于稳态。试求：(1) $t>0$ 时的电流 $i(t)$；(2) $i(t)$ 中无暂态分量的条件。

7-15 如图 7-69 所示电路中，初始状态保持不变，电源在 $t=0$ 时作用于电路。已知当 $U_s=1\text{V}$，$I_s=0$ 时，$u_C(t)=(2e^{-2t}+0.5)\text{V}$ ($t\geqslant 0$)；当 $I_s=1\text{A}$，$U_s=0$ 时，$u_C(t)=$

$(0.5e^{-2t}+2)\mathrm{V}(t\geqslant 0)$。试求：（1）$R_1$、$R_2$ 和 $C$；（2）$U_s=1\mathrm{V}$，$I_s=1\mathrm{A}$ 时电路中的电压$u_C(t)$。

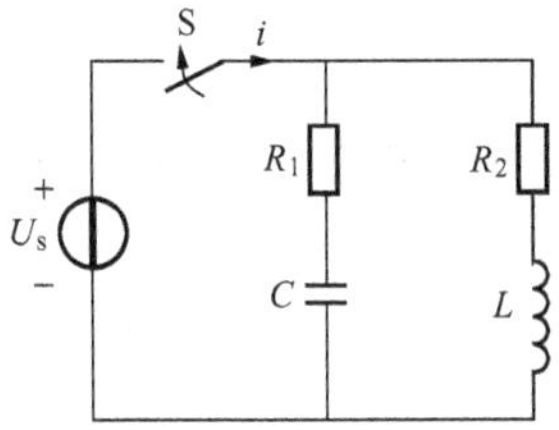

图 7-68　题 7-14 图

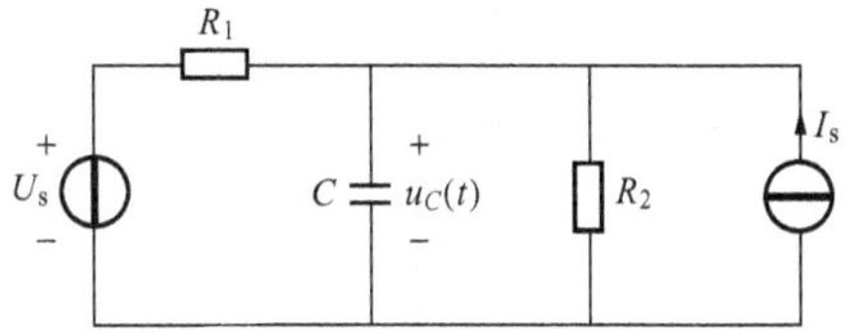

图 7-69　题 7-15 图

*7-16　如图 7-70 所示电路中，已知 $R=10\Omega$，$L_1=0.4\mathrm{H}$，$L_2=0.6\mathrm{H}$。$t<0$ 时电路处于稳态，$t=0$ 时开关 S 由 a 合向 b。试求 $t>0$ 时的电流 $i_1(t)$。

*7-17　如图 7-71 所示电路中，$t<0$ 时电路处于稳态，$t=0$ 时开关 S 闭合。试求 S 闭合后的电压 $u(t)$。

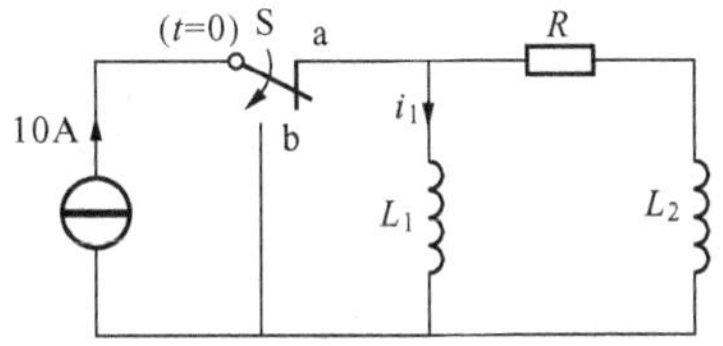

图 7-70　题 7-16 图

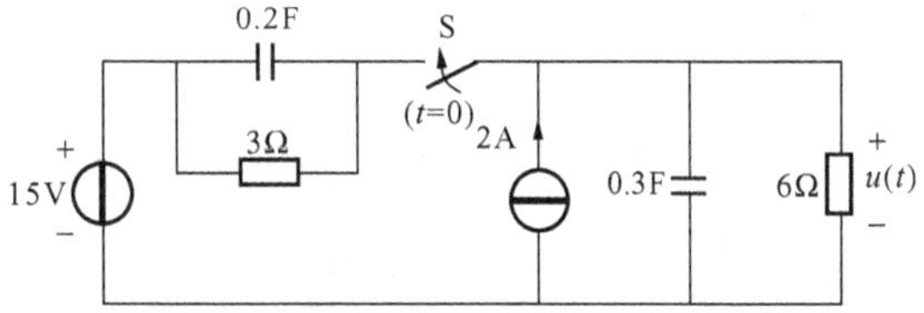

图 7-71　题 7-17 图

**零输入响应和零状态响应（含单位阶跃响应与冲激响应）**

7-18　电路如图 7-72 所示。（1）若 $U_s=18\mathrm{V}$，$u_C(0_-)=-6\mathrm{V}$，试求零输入响应 $u_{Czi}(t)$、零状态响应 $u_{Czs}(t)$ 和全响应 $u_C(t)$；（2）若 $U_s=36\mathrm{V}$，$u_C(0_-)=-3\mathrm{V}$，试求全响应 $u_C(t)$。

7-19　电路如图 7-73 所示，$N_0$ 为不含独立电源的电阻性网络。（1）已知当 $u_s(t)=10\varepsilon(t)$ V 时，响应为 $u(t)=10+4e^{-t}$ V $(t>0)$；当 $u_s(t)=5\varepsilon(t)$ V 时，响应为 $u(t)=5+6e^{-t}$ V $(t>0)$。试求零输入响应。（2）已知 $u_s(t)=10\varepsilon(t)$ V，当 $u_C(0_-)=20\mathrm{V}$ 时，响应为 $u(t)=10+4e^{-t}$ V $(t>0)$；当 $u_C(0_-)=30\mathrm{V}$ 时，响应为 $u(t)=10+8e^{-t}$ V $(t>0)$。试求零状态响应。

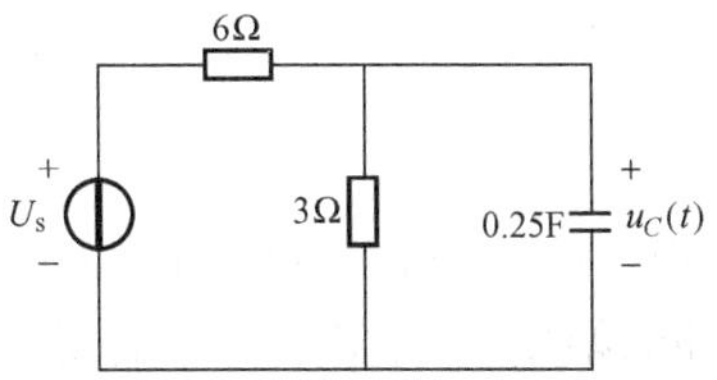

图 7-72　题 7-18 图

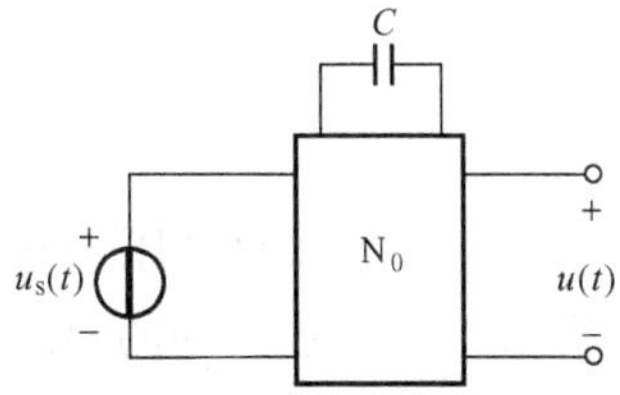

图 7-73　题 7-19 图

7-20　如图 7-74 所示电路中，N 内部只含电源和电阻，$C=2\mathrm{F}$，电路的零状态响应为

$$u_o(t)=(0.5+0.5e^{-0.25t})\mathrm{V}\quad(t>0)$$

若把电路中的电容换以 2H 电感，则输出端的零状态响应 $u_o(t)$ 将如何改变？

7-21 如图 7-75 所示电路中，已知 $R_1=1\Omega$，$R_2=2\Omega$，$C=2\text{F}$，$g_{\text{m}}=1.5\text{S}$。试求该电路的单位阶跃响应 $u_C(t)$。

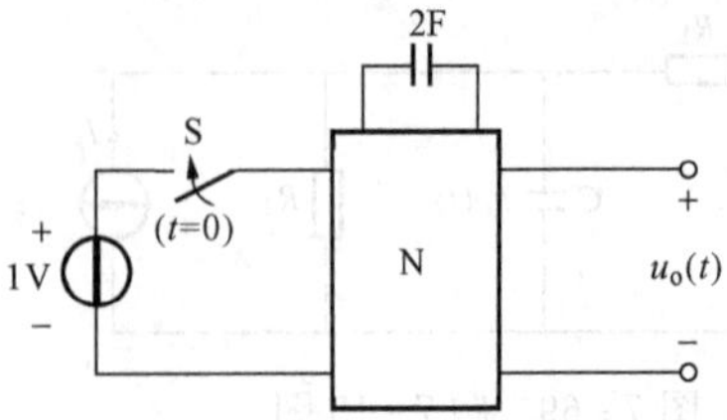


图 7-74 题 7-20 图

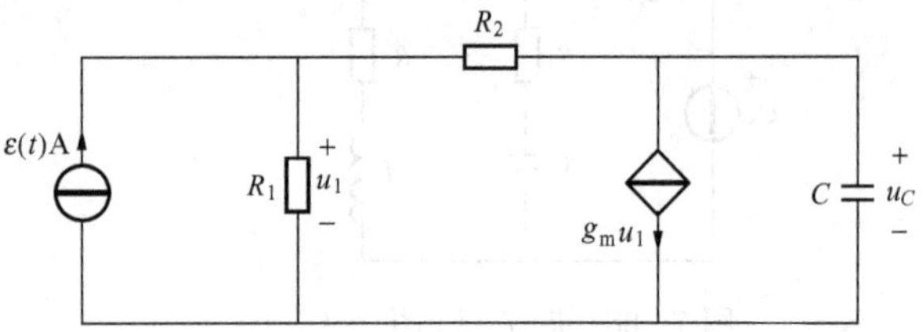


图 7-75 题 7-21 图

7-22 如图 7-76 所示电路中，已知 $R_1=3\Omega$，$R_2=1.2\Omega$，$R_3=6\Omega$，$i_s(t)=8\varepsilon(t)\text{A}$，$u_{s1}=12\text{V}$，$u_{s2}(t)=24\varepsilon(-t)\text{V}$，$L=0.1\text{H}$。试求 $t>0$ 时的电流 $i_2(t)$。

7-23 如图 7-77 所示电路原已处于稳态，$u_s(t)=20\varepsilon(-t)+24\varepsilon(t)\text{V}$。试求 $t\geqslant 0$ 时的电感电流 $i_L(t)$。

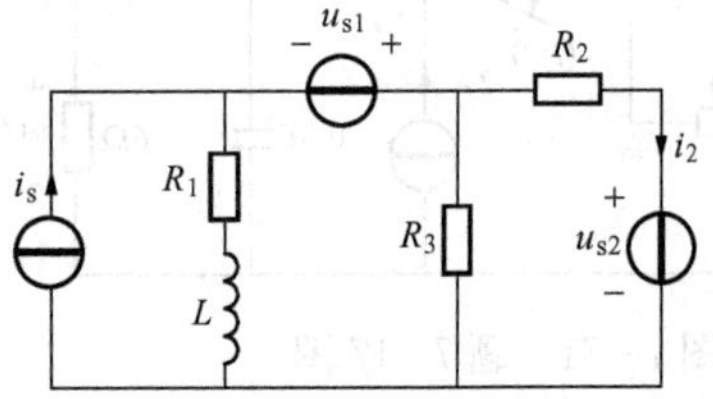


图 7-76 题 7-22 图

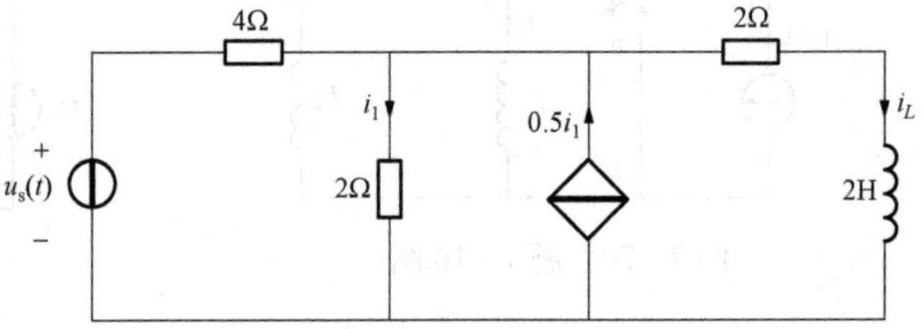


图 7-77 题 7-23 图

7-24 如图 7-78 所示电路中，已知 $R=100\Omega$，$C=0.01\text{F}$，$u_2(0_-)=0$。试用两种方法求电压 $u_2(t)$。

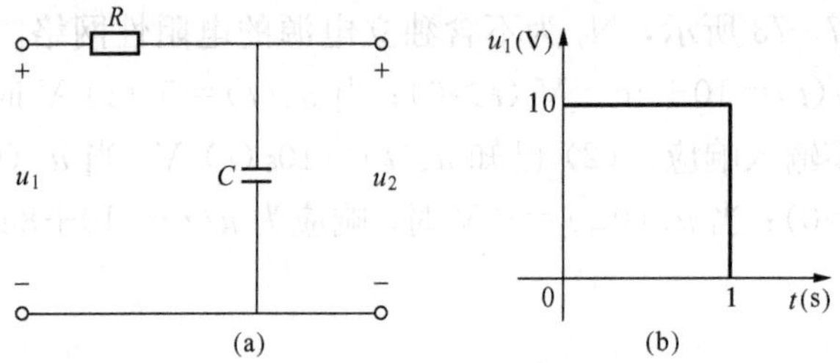


图 7-78 题 7-24 图

7-25 把正、负脉冲电压加在 RC 串联电路上，如图 7-79 所示（电路原为零状态），脉冲宽度 $T=RC$。设正脉冲的幅度为 10V，试求负脉冲的幅度 $U$ 为多大时才能使在负脉冲结束时（$t=2T$）的电容电压回到零状态。

7-26 试求图 7-80 所示含理想运算放大器电路的零状态响应 $i_0(t)$。

7-27 如图 7-81 所示电路中，已知电阻网络 N 的电阻参数矩阵为

$$\boldsymbol{R}=\begin{bmatrix}4 & 3\\3 & 5\end{bmatrix}\Omega$$

试求电路的零状态响应 $i_L(t)$。

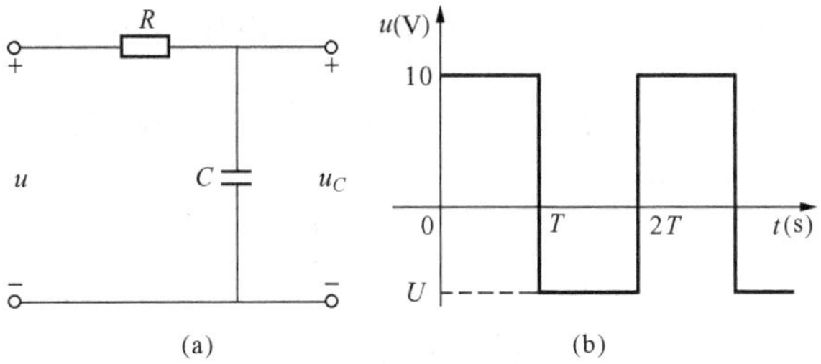


图 7 - 79　题 7 - 25 图

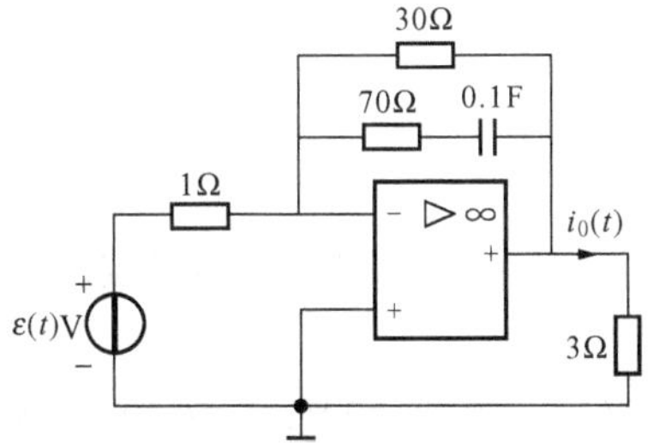


图 7 - 80　题 7 - 26 图

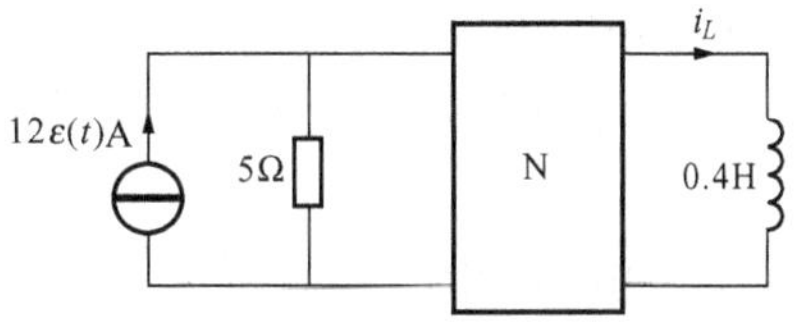


图 7 - 81　题 7 - 27 图

7 - 28　如图 7 - 82 所示电路中，N 为电阻性网络，电容电压 $u_C(t)$ 和电阻电压 $u_R(t)$ 的单位阶跃响应分别为 $u_C(t)=(1-e^{-t})\varepsilon(t)$ V 和 $u_R(t)=(1-0.25e^{-t})\varepsilon(t)$ V。试求 $u_C(0_-)=2$V，$i_s(t)=3\varepsilon(t)$A，$t>0$ 时的 $u_C(t)$ 和 $u_R(t)$。

7 - 29　如图 7 - 83 所示电路中，$u_C(0_-)=U_0$，电感未储能，开关 S 在 $t=0$ 时闭合，试求在电容整个放电过程中通过电感 $L_1$ 和 $L_2$ 的电荷量。

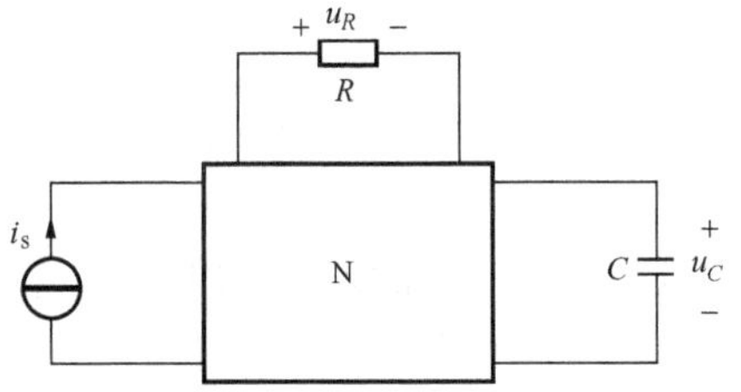


图 7 - 82　题 7 - 28 图

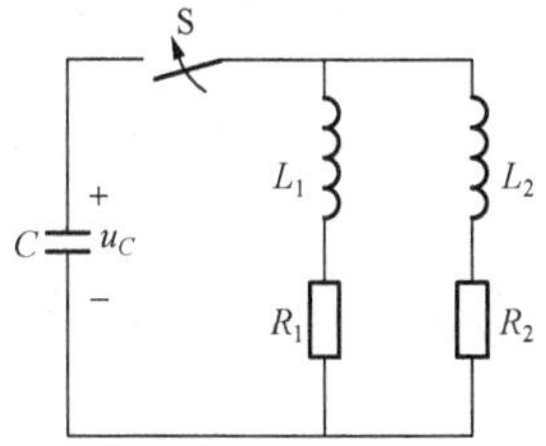


图 7 - 83　题 7 - 29 图

7 - 30　试求图 7 - 84 所示电路中的冲激响应 $i_C(t)$。

7 - 31　试求图 7 - 85 所示电路中的冲激响应 $u_L(t)$。

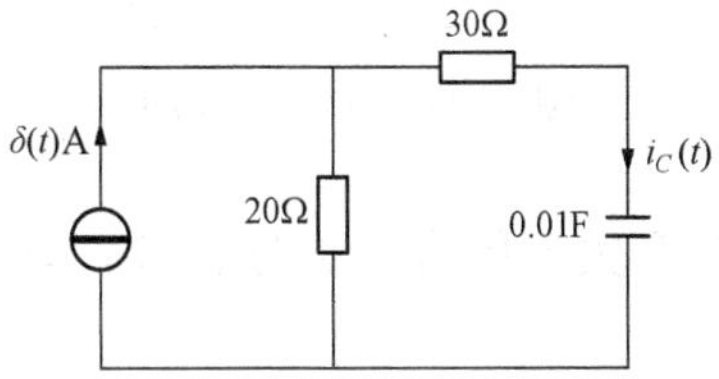


图 7 - 84　题 7 - 30 图

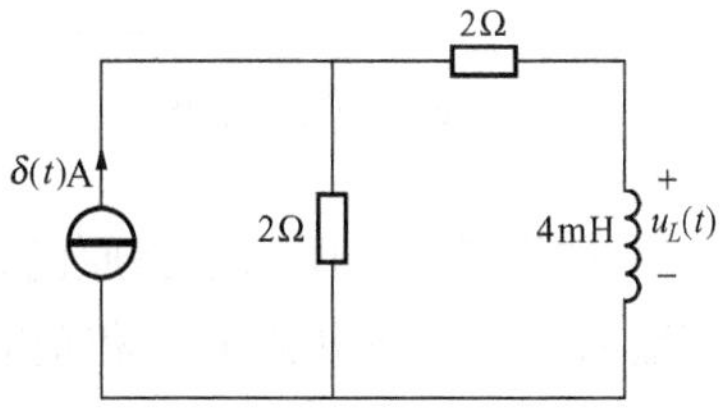


图 7 - 85　题 7 - 31 图

7-32　电路如图 7-86（a）所示，N 为线性无源电阻网络，其零状态响应 $u_C(t)=\frac{2}{3}(1-e^{-25t})\varepsilon(t)$V。现将图 7-86（a）中的单位阶跃电压源和电容分别改换为冲激电压源和电感，如图 7-86（b）所示。试求图 7-86（b）网络中的零状态响应 $u_L(t)$。

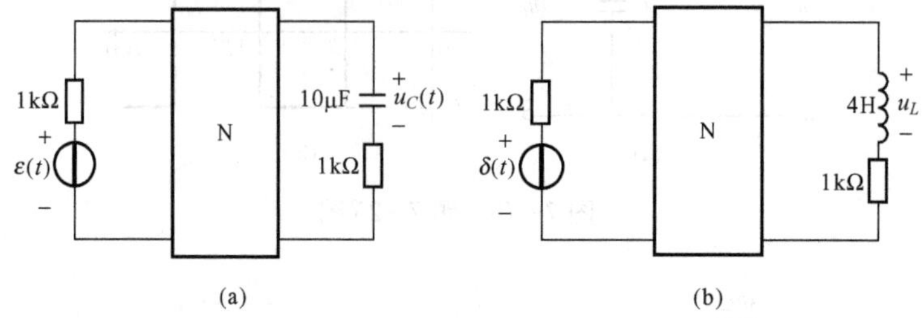


图 7-86　题 7-32 图

**二阶电路的响应**

7-33　为使图 7-87 所示电路的零输入响应 $u_C(t)$ 为衰减振荡，试求电阻 $R$ 的取值范围。

7-34　电路如图 7-88 所示。已知 $u_s(t)=12\varepsilon(t)$V，$u_C(0_-)=1$V，$i_L(0_-)=2$A。试完成：(1) 列写以 $u_C(t)$ 为输出的输入—输出方程；(2) 求电压 $u_C(t)$，并指出 $u_C(t)$ 的自由分量和强制分量。

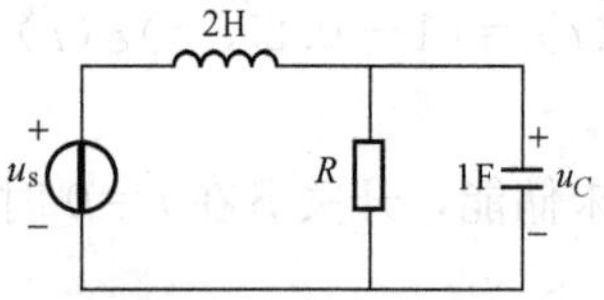


图 7-87　题 7-33 图

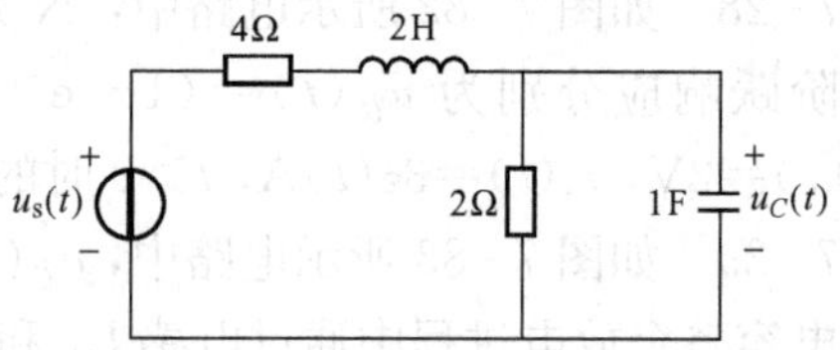


图 7-88　题 7-34 图

7-35　如图 7-89 所示电路原已处于稳态，$t=0$ 时开关 S 由 a 合向 b。试求 $t\geq0$ 时的电感电流 $i_L(t)$。

7-36　如图 7-90 所示电路中，$u_C(0_-)=1$V，$i_L(0_-)=2$A，试求 $t\geq0$ 时的电容电压 $u_C(t)$。

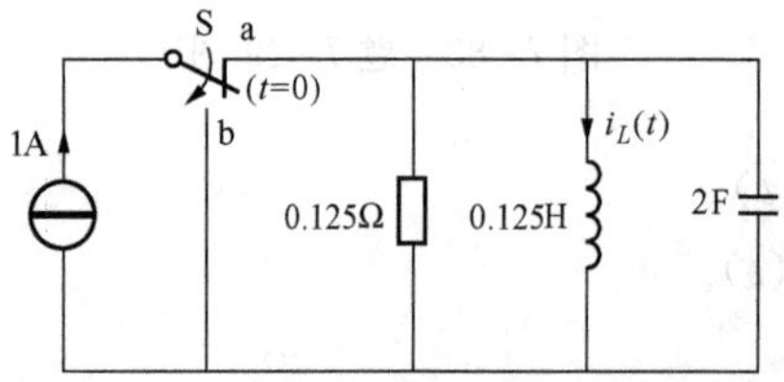


图 7-89　题 7-35 图

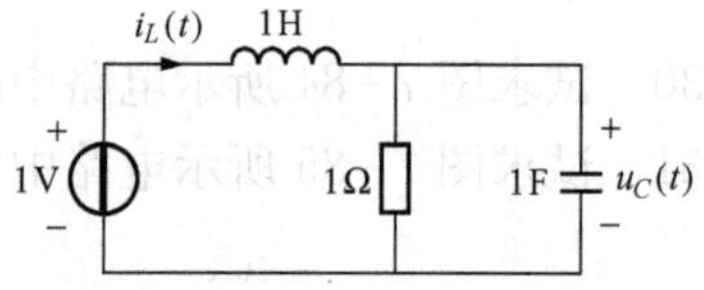


图 7-90　题 7-36 图

7-37　如图 7-91 所示电路原已处于稳态，$t=0$ 时开关 S 闭合。试分别求 $t\geq0$ 时电容电压的零输入响应、零状态响应和全响应。

**零状态响应的卷积积分计算法**

7-38　如图 7-92 所示电路中，$u_s(t)=15e^{-0.25t}\varepsilon(t)\text{V}$。试用卷积积分法求电容电压的零状态响应 $u_C(t)$。

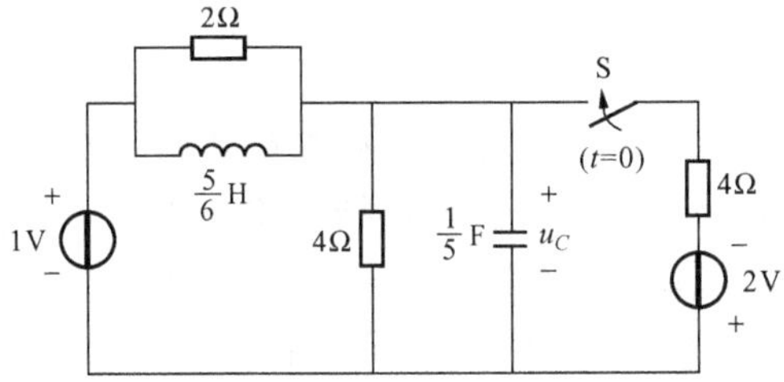


图 7-91　题 7-37 图

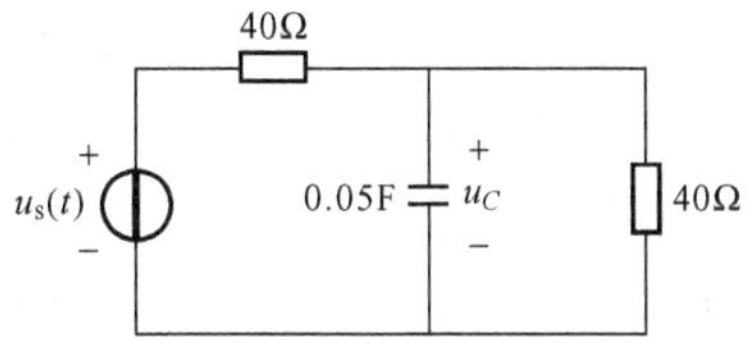


图 7-92　题 7-38 图

**状态方程**

7-39　试列写图 7-93 所示各电路状态方程的矩阵形式。

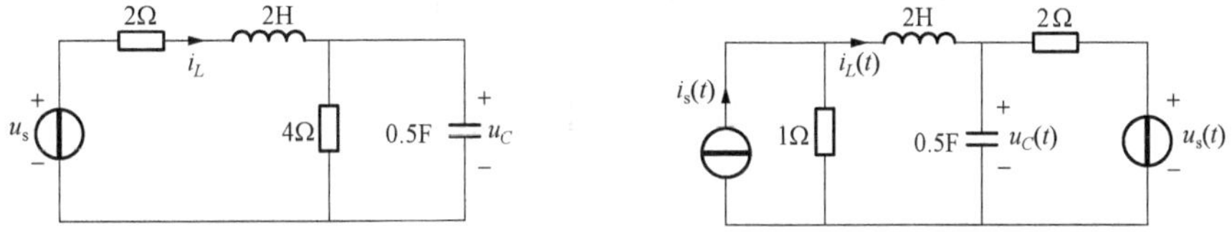


(a)　　(b)

图 7-93　题 7-39 图

7-40　试列写图 7-94 所示各电路状态方程的矩阵形式。

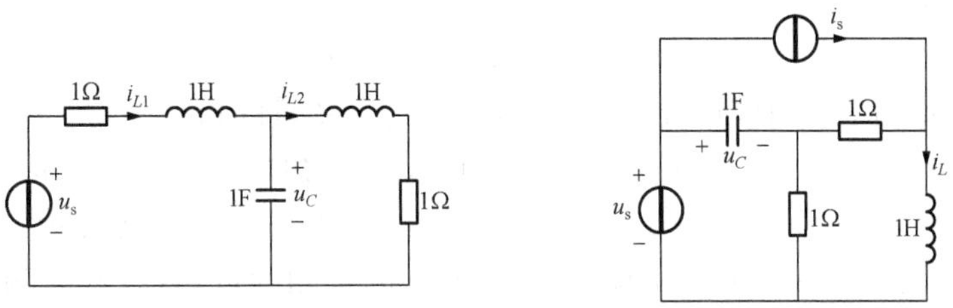


(a)　　(b)

图 7-94　题 7-40 图

# 第 8 章　正弦稳态电路的相量模型

在前面几章中，本书介绍了电阻电路分析和动态电路暂态分析。从本章开始一直到第 11 章，将重点研究线性时不变电路的正弦稳态性能。所谓正弦稳态是指电路在正弦信号激励下，电路中各支路的电压和电流等都是与输入同频率的正弦量。电路的正弦稳态分析在实际中和理论上都是十分重要的。大量的电气问题都要依靠正弦稳态分析来解决，大多数电气装置的性能指标和设计都是根据正弦稳态来考虑的。

本章将系统地介绍正弦稳态电路的相量分析法。这一方法的基本概念是将一个正弦量与一个称之为相量的复数联系起来。本章首先介绍正弦量的三要素及其相量表示，然后讨论正弦稳态电路中基尔霍夫定律的相量形式和线性元件方程的相量形式，最后讨论正弦稳态电路的相量模型。本章是相量分析法的基础，读者应牢固掌握。

## 8.1　正　弦　量

### 8.1.1　正弦量的三要素

凡是随时间按正弦规律变化的量统称为正弦量。发电厂发出的电压、常用的音频信号发生器的输出信号、广播技术中所用的载波信号等都是正弦量。正弦量随时间变化的波形称为正弦波，如图 8 - 1 所示。正弦量可以用正弦函数表示，也可以用余弦函数表示。本书采用正弦函数表示正弦量，其一般形式为（以电流为例）

$$i(t)=I_{\mathrm{m}}\sin(\omega t+\varphi) \tag{8-1}$$

式中：$I_{\mathrm{m}}$ 为正弦量的最大值或振幅（$I_{\mathrm{m}}\geqslant 0$）；$\omega$ 为正弦量的角频率，它反映了正弦量变化的快慢，单位为 rad/s（弧度/秒）；$\omega t+\varphi$ 为相位；$\varphi$ 为初相，它决定了正弦量在初始时刻（$t=0$）的大小，单位为 rad（弧度）或（°）（度），可正可负，通常取 $|\varphi|\leqslant\pi$。对于图 8 - 1（a）中的正弦波，$\varphi$ 为正，而图 8 - 1（b）中的 $\varphi$ 角为负。$i(t)$ 在时刻 $t$ 的值称为电流 $i(t)$ 在时刻 $t$ 的瞬时值。

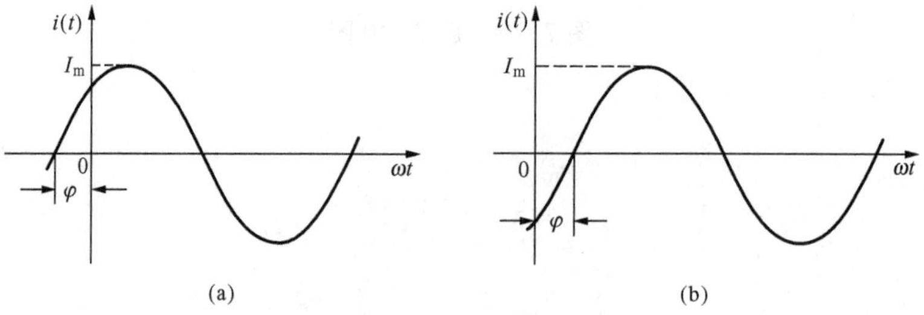


图 8 - 1　正弦波示例
（a）$\varphi>0$；（b）$\varphi<0$

信号波形每重复一次所需的时间称为该信号的周期，记作 $T$，单位为 s（秒）；单位时间内波形重复的次数称为频率，记作 $f$，单位为 Hz（赫兹）。显然，周期与频率互为倒

数，即

$$T=\frac{1}{f} \tag{8-2}$$

正弦量变化一周期所对应的角度为 $2\pi$ ，即 $\omega T=2\pi$ 。因此，角频率、频率和周期三者之间的关系可表示为

$$\omega=2\pi f=2\pi/T \tag{8-3}$$

我国电力系统交流电的频率为 50Hz（称为工频），因此，它的周期 $T=0.02\text{s}$ ，角频率 $\omega\approx 314\text{rad/s}$ 。由于角频率和频率仅相差一个常数 $2\pi$ ，在不引起混淆的情况下，通常将角频率简称为频率。

由式（8-1）可以看出，对于任何一个正弦量，当其振幅、频率和初相已知时，该正弦量就完全确定了。因此，振幅、频率和初相称为正弦量的三要素。例如，一正弦电压的振幅 $U_{\text{m}}=100\text{V}$ ，频率 $\omega=314\text{rad/s}$ ，初相 $\varphi=60°$ ，则该正弦电压的表达式为 $u(t)=100\sin(314t+60°)\text{V}$ 。正弦量的三要素是正弦量之间进行比较和区分的依据。

### 8.1.2　正弦量的有效值

若周期为 $T$ 的周期电流 $i(t)$ 与直流电流 $I$ ，分别通过相同的电阻 $R$ ，在相等的时间 $T$ 内所产生的热量相同，则从产生热效应的角度看，两个电流是相当的。$I$ 称为周期电流 $i(t)$ 的有效值，即

$$RI^2T=\int_0^T Ri^2\,\mathrm{d}t$$

则有

$$I=\sqrt{\frac{1}{T}\int_0^T i^2\,\mathrm{d}t} \tag{8-4}$$

同样，周期电压 $u(t)$ 的有效值为

$$U=\sqrt{\frac{1}{T}\int_0^T u^2\,\mathrm{d}t} \tag{8-5}$$

有效值根据其定义式中运算的先后次序又称为方均根值。

正弦量是一种周期信号，将式（8-1）代入式（8-4）可得正弦电流的有效值为

$$I=\sqrt{\frac{1}{T}\int_0^T I_{\text{m}}^2\sin^2(\omega t+\varphi)\,\mathrm{d}t}=I_{\text{m}}\sqrt{\frac{1}{T}\int_0^T \frac{1-\cos(2\omega t+2\varphi)}{2}\,\mathrm{d}t}=\frac{I_{\text{m}}}{\sqrt{2}}=0.707I_{\text{m}} \tag{8-6}$$

类似地，正弦电压的有效值为

$$U=\frac{U_{\text{m}}}{\sqrt{2}}=0.707U_{\text{m}} \tag{8-7}$$

由此可知，正弦量的有效值为其振幅的 $\frac{1}{\sqrt{2}}$ 倍。这样，式（8-1）又可改写成

$$i(t)=\sqrt{2}I\sin(\omega t+\varphi) \tag{8-8}$$

因此，有效值可代替振幅作为正弦量的一个要素。

通常，日常生活中使用的民用电为 220V ，工业用电为 380V ，这些都是对电压有效值而言的，而它们的振幅分别为 311V 和 537V 。电路中正弦交流电压和电流的有效值分别可

以用电压表和电流表测量。

本书用大写字母表示有效值，用下标为 m 的大写字母表示振幅。

### 8.1.3　正弦量之间的相位差

正弦信号激励下的线性电路达到稳态时，各支路的电压和电流都是与电源同频率的正弦量。在分析这种电路时，虽然每个正弦量的初相是需要知道的，但是，电路中某一正弦量的初相往往是给定的，如电源的初相。因此，更为关心的是各正弦量之间的初相之差。

设正弦电流和正弦电压分别为

$$u(t)=U_{\mathrm{m}}\sin(\omega t+\varphi_u),\quad i(t)=I_{\mathrm{m}}\sin(\omega t+\varphi_i)$$

两个正弦量的相位之差称为相位差，用 $\theta$ 表示，则上述两个正弦量的相位差为

$$\theta=(\omega t+\varphi_u)-(\omega t+\varphi_i)=\varphi_u-\varphi_i \tag{8-9}$$

式（8-9）表明：两个同频率正弦量的相位差等于它们的初相之差。为了讨论问题的方便和不引起混淆，规定 $|\theta|\leqslant\pi$ 。若 $\varphi_u-\varphi_i>\pi$，则取 $\theta=-2\pi+(\varphi_u-\varphi_i)$；若 $\varphi_u-\varphi_i<-\pi$，则取 $\theta=2\pi+(\varphi_u-\varphi_i)$ 。

如果 $u(t)$ 和 $i(t)$ 的初相相等，即 $\varphi_u=\varphi_i$，则 $\theta=\varphi_u-\varphi_i=0$。这说明 $i(t)$ 和 $u(t)$ 同时达到最大值和零值，如图 8-2（a）所示。这时 $i(t)$ 和 $u(t)$ 称为同相〔位〕。

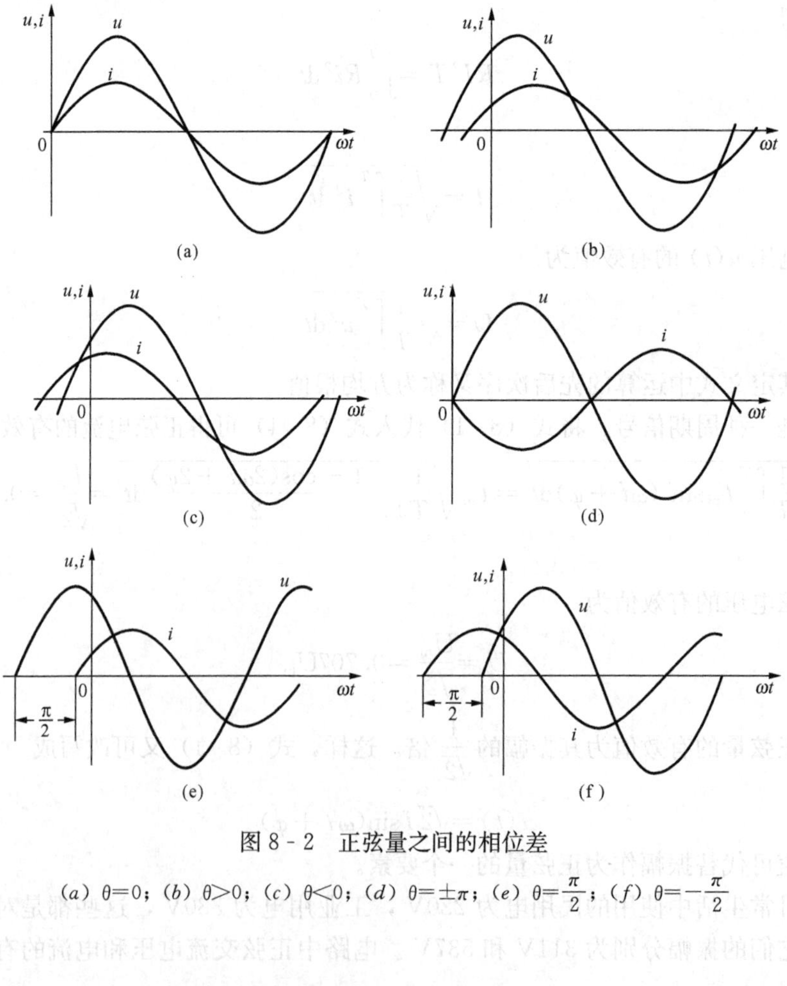


图 8-2　正弦量之间的相位差

(a) $\theta=0$；(b) $\theta>0$；(c) $\theta<0$；(d) $\theta=\pm\pi$；(e) $\theta=\frac{\pi}{2}$；(f) $\theta=-\frac{\pi}{2}$

如果 $\varphi_u>\varphi_i$，则 $\theta=\varphi_u-\varphi_i>0$，表明从起始时刻（$t=0$）开始，$i(t)$ 比 $u(t)$ 滞后（或者落后）$\theta$ 角达到最大值，如图 8 - 2（b）所示。这种情形称为 $u(t)$ 超前 $i(t)\theta$ 角，或者说 $i(t)$ 滞后 $u(t)$ $\theta$ 角。

如果 $\varphi_u<\varphi_i$，则 $\theta=\varphi_u-\varphi_i<0$，表明从起始时刻（$t=0$）开始，$i(t)$ 比 $u(t)$ 提前 $|\theta|$ 角达到最大值，如图 8 - 2（c）所示。这种情形称为 $u(t)$ 滞后（或者落后）$i(t)|\theta|$ 角，或者说 $i(t)$ 超前 $u(t)|\theta|$ 角。

特别地，如果 $\theta=\pm\pi$，则说明 $i(t)$ 与 $u(t)$ 反相。两个正弦量反相时，一个正弦量达到最大值时，另一个正弦量达到负的最大值，并且二者同时过零点，如图 8 - 2（d）所示。若 $\theta=\pm\dfrac{\pi}{2}$，则称 $i(t)$ 和 $u(t)$ 正交。当两个正弦量正交时，一个达到最大值，另一个则恰好过零点，如图 8 - 2（e）和图 8 - 2（f）所示。

**【例 8 - 1】**　设有两个正弦电流 $i_1(t)=I_{1m}\cos(1000t-60°)\text{A}$，$i_2(t)=I_{2m}\sin(1000t+150°)\text{A}$。当 $t=0$ 时，$i_1(0)=5\text{A}$，$i_2(0)=8\text{A}$，试分别求这两个正弦量的最大值、有效值和相位差。

**解**　根据 $i_1(t)$ 和 $i_2(t)$ 的表达式得

$$i_1(0)=I_{1m}\cos(-60°)=0.5I_{1m},\quad i_2(0)=I_{2m}\sin150°=0.5I_{2m}$$

由已知条件 $i_1(0)=5\text{A}$ 和 $i_2(0)=8\text{A}$，可得

$$I_{1m}=2i_1(0)=2\times5=10(\text{A}),\quad I_{2m}=2i_2(0)=2\times8=16(\text{A})$$

根据有效值和最大值之间的关系得

$$I_1=\frac{I_{1m}}{\sqrt{2}}=\frac{10}{\sqrt{2}}=7.07(\text{A}),\quad I_2=\frac{I_{2m}}{\sqrt{2}}=\frac{16}{\sqrt{2}}=11.31(\text{A})$$

在求 $i_1(t)$ 和 $i_2(t)$ 之间的相位差时，由于 $i_1(t)$ 是用余弦函数表示的，所以应先根据关系式 $\cos x=\sin(x+90°)$，将 $i_1(t)$ 转化为正弦函数的形式

$$i_1(t)=I_{1m}\cos(1000t-60°)=I_{1m}\sin(1000t-60°+90°)=I_{1m}\sin(1000t+30°)(\text{A})$$

所以，$i_1(t)$ 和 $i_2(t)$ 的初相分别为 $\varphi_{i1}=30°$，$\varphi_{i2}=150°$，则二者之间的相位差为

$$\theta=\varphi_{i1}-\varphi_{i2}=30°-150°=-120°$$

由此可知，在相位上 $i_1(t)$ 滞后 $i_2(t)$ $120°$，或者说，$i_2(t)$ 超前 $i_1(t)$ $120°$。

## 8.2　正弦稳态响应

在本书第 7 章中，详细讨论了直流电源作用下线性动态电路响应的经典计算方法。这种方法同样适用于求正弦信号作用下线性动态电路的响应，差别仅在于特解的确定。本节将通过具体实例予以说明，并进而引入正弦稳态响应和正弦稳态电路的概念。

对于图 8 - 3 所示的 RL 正弦电路，设 $u_s(t)=50\sin8t\text{V}$，电流 $i(t)$ 的初始值为 $i(0_+)=10\text{A}$，则电路的输入—输出方程为

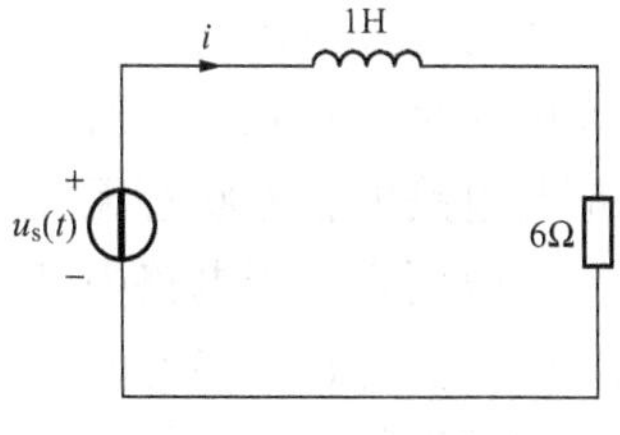

图 8 - 3　RL 正弦电路

$$\frac{\mathrm{d}i}{\mathrm{d}t}+6i=50\sin8t \tag{8 - 10}$$

该微分方程的全解 $i(t)$ 由特解 $i_p(t)$ 和对应的齐次微分方程的通解 $i_h(t)$ 组成。由于齐次微分方程与电路的输入无关，所以，通解仍然可以按本书第 7 章所述的方法来确定。

$$i_h(t)=K\mathrm{e}^{-\frac{R}{L}t}=K\mathrm{e}^{-6t} \tag{8-11}$$

式中：$K$ 为积分常数。

由于方程（8-10）的右端为正弦函数，根据微分方程理论可知，其特解 $i_p(t)$ 为同一频率的正弦时间函数。因此，设特解为

$$i_p(t)=I_m\sin(8t+\varphi) \tag{8-12}$$

式中：$I_m$ 和 $\varphi$ 均为待定常数。此特解应满足方程（8-10）。将式（8-12）代入方程（8-10）得

$$8I_m\cos(8t+\varphi)+6I_m\sin(8t+\varphi)=50\sin 8t \tag{8-13}$$

由于同频率正弦量之和仍为同一频率的正弦量，所以式（8-13）可表示为

$$I_m\sqrt{6^2+8^2}\sin\left(8t+\varphi+\arctan\frac{8}{6}\right)=50\sin 8t$$

即

$$10I_m\sin(8t+\varphi+53.1^\circ)=50\sin 8t \tag{8-14}$$

式（8-14）对所有时间 $t$ 都成立，所以，式（8-14）两边正弦量的振幅和初相应分别相等，即

$$10I_m=50$$

$$\varphi+53.1^\circ=0$$

解得

$$I_m=5,\quad \varphi=-53.1^\circ \tag{8-15}$$

将式（8-15）代入式（8-12）中得

$$i_p(t)=5\sin(8t-53.1^\circ) \tag{8-16}$$

由式（8-11）和式（8-16）可得电流 $i(t)$ 的全响应为

$$i(t)=i_h(t)+i_p(t)=K\mathrm{e}^{-6t}+5\sin(8t-53.1^\circ) \tag{8-17}$$

下面利用初始值确定积分常数 $K$。令 $t=0_+$，由式（8-17）得

$$K+5\sin(-53.1^\circ)=10$$

所以

$$K=14$$

将 $K$ 值代入式（8-17）可得所求电流 $i(t)$ 的全响应为

$$i(t)=14\mathrm{e}^{-6t}+5\sin(8t-53.1^\circ)(\mathrm{A})\quad (t\geqslant 0) \tag{8-18}$$

由式（8-18）可知，电流 $i(t)$ 的全响应可以分成暂态响应 $i_h(t)=14\mathrm{e}^{-6t}\,\mathrm{A}$ 和稳态响应 $i_p(t)=5\sin(8t-53.1^\circ)\,\mathrm{A}$ 两部分。当 $t\to\infty$ 时，暂态响应消失，过渡过程结束，电路进入新的稳态，这时只有稳态响应存在，即

$$i(t)=5\sin(8t-53.1^\circ)(\mathrm{A})$$

它就是与外加电源同频率的强迫响应，与电源电压的差别仅在于振幅和初相不同。由于这一稳态响应是一正弦量，所以称其为正弦稳态响应。由前面的分析可知，线性电路的正弦稳态响应与电路的初始状态无关。

一般而言，当电路中某一支路的电压或电流趋于正弦稳态响应时，其他支路的电压和电流也必然变为正弦稳态响应，且都是与电源同频率的正弦量。这种各支路电压和电流都是与电源同频率的正弦量的单一频率电路称为正弦稳态电路。

应该指出，并不是所有的线性时不变动态电路都能进入正弦稳态。可以证明，只有电路

所有的固有频率的实部都小于零时，电路才能进入正弦稳态。有损耗的电路即属于此类电路。

本节介绍的求电路正弦稳态响应的方法是很繁琐的，因此，对于比较复杂的电路，这一方法更不宜采用。下面将寻找求正弦稳态响应的简便方法。

## 8.3 相　　量

### 8.3.1 相量的定义

前面已经指出，一个正弦量是由它的有效值、频率和初相三要素来决定的。在正弦稳态电路中，各支路电压和电流都是与激励同频率的正弦量，而电路激励的频率往往是给定的，因此，知道了有效值和初相这两个要素就可以确定正弦稳态电路中各支路电压和电流。而相量恰好包含了这两个要素。所以，相量[1]是一个足以表征支路正弦电压和正弦电流的量。

设正弦电流 $i(t)=\sqrt{2}I\sin(\omega t+\varphi_i)$，将其相量记作 $\dot{I}$，定义为

$$\dot{I}=I\mathrm{e}^{\mathrm{j}\varphi_i}\triangleq I\angle\varphi_i \tag{8-19}$$

这是一个与时间 $t$ 无关的复常数。由式（8-19）可知，相量实际上是一个由正弦量的有效值和初相构成的复数。由于它表示一个频率已知的正弦量，为了与一般的复数相区别，故称之为〔有效值〕相量，并用大写字母上加一点“·”的符号表示。例如，电压相量 $\dot{U}=U\angle\varphi_u$。

上述由正弦量写出相量的规则从数学上可看作是一种变换。对于任何一个正弦量 $i(t)=\sqrt{2}I\sin(\omega t+\varphi_i)$，该变换定义为

$$\dot{I}=\frac{\sqrt{2}I\cos(\omega t+\varphi_i)+\mathrm{j}\sqrt{2}I\sin(\omega t+\varphi_i)}{\sqrt{2}\mathrm{e}^{\mathrm{j}\omega t}} \tag{8-20}$$

由于这一变换是将正弦量变换成相量，故本书称之为相量正变换，并记作 ph[•]，则式（8-20）可简写成

$$\dot{I}=\mathrm{ph}[i(t)]=\mathrm{ph}[\sqrt{2}I\sin(\omega t+\varphi_i)] \tag{8-21}$$

这里符号 ph[•] 表示对方括号内的正弦函数作相量变换。式（8-21）表明一个正弦量经过 ph[•] 的运算被变成了相量。

微课 11
相量的导出

**【例 8-2】** 试写出下列正弦量对应的相量：(1) $i(t)=100\sqrt{2}\sin(314t-60^\circ)\mathrm{A}$；(2) $u(t)=-311\sin(314t-45^\circ)\mathrm{V}$。

**解** (1) 因为　$I=100\mathrm{A}$，$\varphi_i=-60^\circ$

所以　$\dot{I}=100\angle-60^\circ(\mathrm{A})$

(2) 因为　$u(t)=-311\sin(314t-45^\circ)=311\sin(314t+135^\circ)(\mathrm{V})$

所以　$U=\dfrac{311}{\sqrt{2}}=220(\mathrm{V})$，$\varphi_u=135^\circ$

因此　$\dot{U}=220\angle135^\circ(\mathrm{V})$

---

[1] 相量法是由德裔美国电机工程师施泰因梅茨（Charles Proteus Steinmetz，1865—1923 年）于 1893 年提出。

相量作为一个复数，除了用式（8 - 19）给出的极坐标形式表示外，还可以采用直角坐标形式和复平面上的有向线段等形式表示。

直角坐标形式为

$$\dot{I}=I_x+\mathrm{j}I_y \tag{8-22}$$

其中，$I_x=\mathrm{Re}[\dot{I}]$ 称为 $\dot{I}$ 的实部，$\mathrm{Re}[\dot{I}]$ 表示取 $\dot{I}$ 的实部；$I_y=\mathrm{Im}[\dot{I}]$ 称为 $\dot{I}$ 的虚部，$\mathrm{Im}[\dot{I}]$ 表示取 $\dot{I}$ 的虚部 。

根据欧拉公式 $e^{j\theta}=\cos\theta+j\sin\theta$ 可导出相量的直角坐标表示和极坐标表示的转换公式如下：

(1) 由极坐标表示求直角坐标表示公式

$$I_x=I\cos\varphi_i,\ I_y=I\sin\varphi_i \tag{8-23}$$

(2) 从直角坐标表示求极坐标表示公式

$$I=\sqrt{I_x^2+I_y^2},\ \varphi_i=\arctan\frac{I_y}{I_x} \tag{8-24}$$

通常 $|\varphi_i|\leqslant180°$。应该特别注意，$\varphi_i$ 的值与 $I_x$ 和 $I_y$ 的正负符号有关，具体如下：

(1) 当 $I_x\geqslant0$，$I_y\geqslant0$ 时，$0°\leqslant\varphi_i\leqslant90°$，$\varphi_i=\arctan\dfrac{I_y}{I_x}=\arctan\left|\dfrac{I_y}{I_x}\right|$。

(2) 当 $I_x\geqslant0$，$I_y\leqslant0$ 时，$-90°\leqslant\varphi_i\leqslant0°$，$\varphi_i=\arctan\dfrac{I_y}{I_x}=-\arctan\left|\dfrac{I_y}{I_x}\right|$。

(3) 当 $I_x\leqslant0$，$I_y\geqslant0$ 时，$90°\leqslant\varphi_i\leqslant180°$，$\varphi_i=\arctan\dfrac{I_y}{I_x}=180°-\arctan\left|\dfrac{I_y}{I_x}\right|$。

(4) 当 $I_x\leqslant0$，$I_y\leqslant0$ 时，$-180°\leqslant\varphi_i\leqslant-90°$，$\varphi_i=\arctan\dfrac{I_y}{I_x}=-180°+\arctan\left|\dfrac{I_y}{I_x}\right|$。

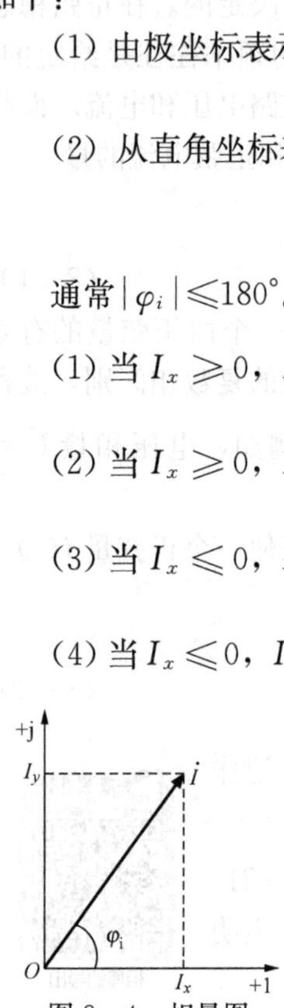

图 8 - 4　相量图

相量在复平面上的有向线段表示如图 8 - 4 所示。有向线段的长度为相量 $\dot{I}$ 的模值，有向线段与实轴正方向的夹角为相量 $\dot{I}$ 的辐角。注意：从实轴正方向逆时针转到有向线段所量得的辐角取正值，而顺时针方向量得的辐角取负值。这种相量在复平面上的图形表示称为相量图。

**【例 8 - 3】** 试将下列相量的极坐标表示化为直角坐标表示：(1) $1.2\angle90°$；(2) $25\angle-53.1°$；(3) $16\angle180°$。

**解** (1) $1.2\angle90°=1.2(\cos90°+\mathrm{j}\sin90°)=\mathrm{j}1.2$

(2) $25\angle-53.1°=25[\cos(-53.1°)+\mathrm{j}\sin(-53.1°)]=25\times(0.6-\mathrm{j}0.8)=15-\mathrm{j}20$

(3) $16\angle180°=16(\cos180°+\mathrm{j}\sin180°)=-16$

**【例 8 - 4】** 试将下列相量的直角坐标表示转化为极坐标表示：(1) $\dot{I}_1=4+\mathrm{j}3\mathrm{A}$；(2) $\dot{I}_2=-4+\mathrm{j}3\mathrm{A}$；(3) $\dot{I}_3=-4-\mathrm{j}3\mathrm{A}$；(4) $\dot{I}_4=4-\mathrm{j}3\mathrm{A}$；(5) $\dot{U}_1=-\mathrm{j}10\mathrm{V}$；(6) $\dot{U}_2=5\mathrm{V}$。

**解** (1) 由于 $I_1=\sqrt{4^2+3^2}=5(\mathrm{A})$，$\varphi=\arctan\dfrac{3}{4}=36.9°$，所以

$$\dot{I}_1=4+\mathrm{j}3=5\angle36.9°(\mathrm{A})$$

(2) 由于 $I_2=\sqrt{(-4)^2+3^2}=5(\text{A})$，$\varphi=\arctan\frac{3}{-4}=180°-\arctan\frac{3}{4}=180°-36.9°=143.1°$，所以

$$\dot{I}_2=-4+\text{j}3=5\angle 143.1°\ (\text{A})$$

(3) 由于 $I_3=\sqrt{(-4)^2+(-3)^2}=5(\text{A})$，$\varphi=\arctan\frac{-3}{-4}=-180°+\arctan\frac{3}{4}=-143.1°$，所以

$$\dot{I}_3=-4-\text{j}3=5\angle -143.1°(\text{A})$$

(4) 由于 $I_4=\sqrt{4^2+(-3)^2}=5(\text{A})$，$\varphi=\arctan\frac{-3}{4}=-\arctan\frac{3}{4}=-36.9°$，所以

$$\dot{I}_4=4-\text{j}3=5\angle -36.9°(\text{A})$$

(5) 由于 $U_1=\sqrt{0^2+10^2}=10(\text{V})$，$\varphi=\arctan\frac{-10}{0}=-\arctan\frac{10}{0}=-90°$，所以

$$\dot{U}_1=-\text{j}10=10\angle -90°(\text{V})$$

(6) 由于 $U_2=\sqrt{5^2+0^2}=5(\text{V})$，$\varphi=\arctan\frac{0}{5}=0°$，所以

$$\dot{U}_2=5=5\angle 0°(\text{V})$$

除了有效值相量外，有时也用振幅相量，记作 $\dot{I}_\text{m}$，它由振幅和初相组成，即 $i(t)=I_\text{m}\sin(\omega t+\varphi_i)$ 对应的振幅相量为

$$\dot{I}_\text{m}=I_\text{m}\angle\varphi_i \tag{8-25}$$

显然，振幅相量是有效值相量的 $\sqrt{2}$ 倍，即

$$\dot{I}_\text{m}=\sqrt{2}\dot{I} \tag{8-26}$$

根据欧拉公式，对 $\sqrt{2}\dot{I}\text{e}^{\text{j}\omega t}$ 取虚部便得相量 $\dot{I}$ 所代表的正弦量，因此，可定义如下的相量反变换，即

$$i(t)=\sqrt{2}I\sin(\omega t+\varphi_i)=\text{Im}(\sqrt{2}\dot{I}\text{e}^{\text{j}\omega t}) \tag{8-27}$$

简记作 $i(t)=\text{ph}^{-1}[\dot{I}]$。相量反变换是将相量变换成正弦量，其运算过程是先将 $\dot{I}$ 乘以 $\sqrt{2}\text{e}^{\text{j}\omega t}$，然后再取虚部。这一过程可通过把相量的模值乘以 $\sqrt{2}$ 作为正弦量的振幅，相量的辐角作为正弦量的初相来完成。

**【例 8-5】** 试写出下列相量所代表的正弦量：(1) $\dot{U}=220\angle 45°\text{V}$；(2) $\dot{I}_\text{m}=10\angle -75°\text{A}$。

**解** (1) 由于 $U=220\text{V}$，$\varphi=45°$，所以

$$u(t)=220\sqrt{2}\sin(\omega t+45°)(\text{V})$$

(2) 因为 $I_\text{m}=10\text{A}$，$\varphi=-75°$，所以

$$i(t)=10\sin(\omega t-75°)(\text{A})$$

注意，由于振幅相量的模值代表的是正弦量的振幅，所以不需要再乘以 $\sqrt{2}$。

复指数函数 $\sqrt{2}\dot{I}\text{e}^{\text{j}\omega t}$ 的因子 $\text{e}^{\text{j}\omega t}$ 是一个时间的复函数，它相当于一个旋转因子。因为随着时间的推移，它在复平面上是以原点为中心，以角速度 $\omega$ 不断旋转的复数（模值为 1）。这

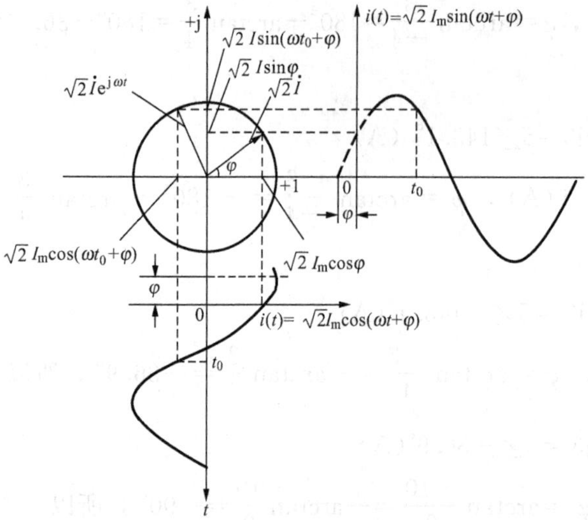


图 8 - 5　旋转相量

样，上述的复指数函数就等于相量 $\dot{I}=I\angle\varphi$ 乘以旋转因子 $e^{j\omega t}$，再乘以 $\sqrt{2}$，所以把它称为旋转相量，$\sqrt{2}\dot{I}$ 称为旋转相量的复振幅，如图 8 - 5 所示。在任何时刻 $t$，旋转相量在虚轴上的投影就是 $i(t)=\sqrt{2}I\sin(\omega t+\varphi)$，在实轴上的投影就是 $\sqrt{2}I\cos(\omega t+\varphi)$。这一关系可以用如图 8 - 5 所示的旋转相量与正弦电流之间的对应关系来说明。

应该指出，相量是相应的旋转相量在起始位置的量值。起始位置（$t=0$）不同，相量的初相也不同。当正弦量用余弦函数表示时，亦可类似地定义相量变换。但应注意，当正变换是把余弦函数变为相量时，其反变换应是将相量变为余弦函数。

### 8.3.2　相量的运算性质

本子节将根据相量的定义，推导出相量的几个常用运算性质。这几个运算性质对于应用相量法分析正弦稳态电路是非常重要的。

**性质 1　唯一特性**

唯一特性的含义是指正弦量与其相量是一一对应的，也就是说，根据正弦量可以唯一地确定一个相量；反过来，根据相量，当频率已知时，可以唯一地确定正弦量。或者说，两个正弦量是相等的，当且仅当二者对应的相量相等。

**证明**　(1) 设 $\dot{I}_1=\dot{I}_2$，则对于任何时刻 $t$

$$\sqrt{2}\dot{I}_1e^{j\omega t}=\sqrt{2}\dot{I}_2e^{j\omega t}$$

因此

$$\mathrm{Im}(\sqrt{2}\dot{I}_1e^{j\omega t})=\mathrm{Im}(\sqrt{2}\dot{I}_2e^{j\omega t})$$

即

$$\mathrm{ph}^{-1}[\dot{I}_1]=\mathrm{ph}^{-1}[\dot{I}_2]$$

亦即

$$i_1(t)=i_2(t)$$

(2) 设 $i_1(t)=\mathrm{ph}^{-1}[\dot{I}_1]$，$i_2(t)=\mathrm{ph}^{-1}[\dot{I}_2]$，并假定 $i_1(t)=i_2(t)$。

由于　$i_1(t)=\mathrm{ph}^{-1}[\dot{I}_1]=\mathrm{Im}(\sqrt{2}\dot{I}_1e^{j\omega t})$，$i_2(t)=\mathrm{ph}^{-1}[\dot{I}_2]=\mathrm{Im}(\sqrt{2}\dot{I}_2e^{j\omega t})$

所以

$$\mathrm{Im}(\sqrt{2}\dot{I}_1e^{j\omega t})=\mathrm{Im}(\sqrt{2}\dot{I}_2e^{j\omega t}) \tag{8-28}$$

令 $t=0$，则由式（8 - 28）得

$$\mathrm{Im}(\dot{I}_1)=\mathrm{Im}(\dot{I}_2) \tag{8-29}$$

令 $t=\frac{\pi}{2\omega}$ 有，$e^{j\omega t}=e^{j\frac{\pi}{2}}=j$，则由式（8 - 28）得

$$\mathrm{Im}(\mathrm{j}\dot{I}_1)=\mathrm{Im}(\mathrm{j}\dot{I}_2)$$

即
$$\mathrm{Re}(\dot{I}_1)=\mathrm{Re}(\dot{I}_2) \tag{8-30}$$

由式（8 - 29）和式（8 - 30）得

$$\mathrm{Re}(\dot{I}_1)+\mathrm{jIm}(\dot{I}_1)=\mathrm{Re}(\dot{I}_2)+\mathrm{jIm}(\dot{I}_2)$$

即
$$\dot{I}_1=\dot{I}_2$$

唯一特性是相量的一个非常重要的基本运算性质，它保证了用相量〔变换〕法所求出的解一定是原正弦稳态电路的解。

**性质 2　线性特性**

设 $\dot{I}_1=\mathrm{ph}[i_1(t)]$，$\dot{I}_2=\mathrm{ph}[i_2(t)]$，则对于任意的实数 $\alpha$ 和 $\beta$ 有

$$\mathrm{ph}[\alpha i_1(t)+\beta i_2(t)]=\alpha\dot{I}_1+\beta\dot{I}_2$$

该性质可直接由定义式（8 - 20）和式（8 - 27）证明。

线性特性有两个含义：

（1）齐次性。它表明，如果正弦量增大 $\alpha$ 倍，则其相量也增大 $\alpha$ 倍。显然，$\mathrm{ph}[0]=0$。

（2）可加性。它表明几个同频率正弦量之和的相量等于各个正弦量的相量之和。

性质 2 说明，相量正变换和相量反变换都是线性变换。

**【例 8 - 6】**　已知 $i(t)=3\sqrt{2}\sin314t+4\sqrt{2}\cos314t\,\mathrm{A}$，试求其有效值和初相。

**解**　设 $i_1(t)=3\sqrt{2}\sin314t(\mathrm{A})$，$i_2(t)=4\sqrt{2}\cos314t(\mathrm{A})$，则

$$\dot{I}_1=3\angle0^\circ(\mathrm{A}),\quad \dot{I}_2=4\angle90^\circ(\mathrm{A})$$

根据线性特性得

$$\dot{I}=\dot{I}_1+\dot{I}_2=3\angle0^\circ+4\angle90^\circ=3+\mathrm{j}4=5\angle53.1^\circ(\mathrm{A})$$

所以
$$i(t)=3\sqrt{2}\sin314t+4\sqrt{2}\cos314t=5\sqrt{2}\sin(314t+53.1^\circ)(\mathrm{A})$$

因此，所求的有效值和初相分别为 5A 和 53.1°。

**性质 3　微分特性**

设 $\mathrm{ph}[i(t)]=\dot{I}$，则 $\mathrm{ph}\left[\dfrac{\mathrm{d}i(t)}{\mathrm{d}t}\right]=\mathrm{j}\omega\dot{I}$。

**证明**　因为

$$\frac{\mathrm{d}i(t)}{\mathrm{d}t}=\frac{\mathrm{d}}{\mathrm{d}t}\{\mathrm{Im}[\sqrt{2}\,\dot{I}\mathrm{e}^{\mathrm{j}\omega t}]\}=\mathrm{Im}\left[\sqrt{2}\,\dot{I}\,\frac{\mathrm{d}}{\mathrm{d}t}(\mathrm{e}^{\mathrm{j}\omega t})\right]=\mathrm{Im}[\sqrt{2}\,\mathrm{j}\omega\dot{I}\mathrm{e}^{\mathrm{j}\omega t}]=\mathrm{ph}^{-1}[\mathrm{j}\omega\dot{I}]$$

所以

$$\mathrm{ph}\left[\frac{\mathrm{d}i(t)}{\mathrm{d}t}\right]=\mathrm{j}\omega\dot{I}$$

同理可证

$$\mathrm{ph}\left[\frac{\mathrm{d}^n i(t)}{\mathrm{d}t^n}\right]=(\mathrm{j}\omega)^n\dot{I}$$

微分特性表明：正弦量的 $n$ 阶导数的相量等于该正弦量的相量乘以 $(\mathrm{j}\omega)^n$。

**性质 4　积分特性**

设 $\mathrm{ph}[i(t)]=\dot{I}$，则

$$\mathrm{ph}\left[\int i(t)\mathrm{d}t\right]=\frac{1}{\mathrm{j}\omega}\dot{I},\quad \mathrm{ph}\left[\underbrace{\int\cdots\int}_{n个} i(t)\mathrm{d}t\cdots\mathrm{d}t\right]=\frac{1}{(\mathrm{j}\omega)^n}\dot{I}$$

性质 4 的证明类似于性质 3 的证明，故在此不再赘述。

性质 4 表明：正弦量的 $n$ 重积分的相量等于该正弦量的相量除以 $(\mathrm{j}\omega)^n$ 。

由性质 3 和 4 可知，相量变换可把微分和积分运算变换成复数的代数运算，而这正是相量法的优点所在。

**【例 8-7】** 在图 8-6 所示的电路中，$u_s(t)=10\sqrt{2}\sin(2t+45°)\mathrm{V}$，$R=0.5\Omega$，$L=0.5\mathrm{H}$，$C=1\mathrm{F}$ ，试求电容电压 $u_C(t)$ 的正弦稳态响应。

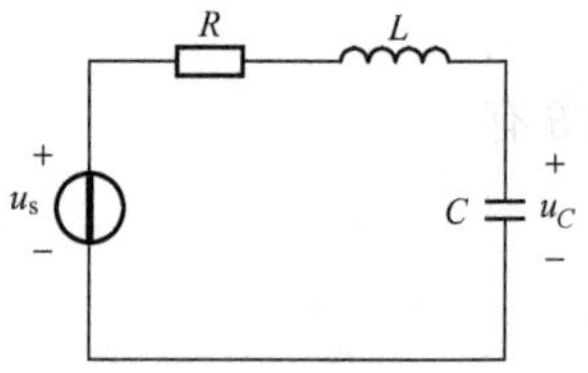

图 8-6 ［例 8-7］图

**解** 电路的输入—输出方程为

$$\frac{\mathrm{d}^2u_C}{\mathrm{d}t^2}+\frac{R}{L}\frac{\mathrm{d}u_C}{\mathrm{d}t}+\frac{1}{LC}u_C=\frac{1}{LC}u_s \tag{8-31}$$

将已知数据代式（8-31）中得

$$\frac{\mathrm{d}^2u_C}{\mathrm{d}t^2}+\frac{\mathrm{d}u_C}{\mathrm{d}t}+2u_C=20\sqrt{2}\sin(2t+45°) \tag{8-32}$$

对式（8-32）两边取相量变换，有

$$(\mathrm{j}2)^2\dot{U}_C+\mathrm{j}2\dot{U}_C+2\dot{U}_C=20\angle 45°$$

即

$$(-2+\mathrm{j}2)\dot{U}_C=20\angle 45°$$

所以

$$\dot{U}_C=\frac{20\angle 45°}{-2+\mathrm{j}2}=\frac{20\angle 45°}{2\sqrt{2}\angle 135°}=5\sqrt{2}\angle -90°(\mathrm{V})$$

由此可得电容电压的正弦稳态响应为

$$u_C(t)=10\sin(2t-90°)(\mathrm{V})$$

应该指出，当电源的频率 $\omega$ 乘以 j 等于电路的某一固有频率时，电路的强迫响应不再是与电源同频率的正弦量。除了这种正弦电路外，其他正弦电路的强迫响应都可以用相量法进行计算。

由上面的分析可以看出，运用相量法，微分方程的特解（正弦函数形式）可以从相应的复代数方程求得。而复代数方程可根据相量变换的性质直接从微分方程写出，即方程中的变量用其相量替换，$n$ 阶导数符号 $\frac{\mathrm{d}^n}{\mathrm{d}t^n}$ 用 $(\mathrm{j}\omega)^n$ 替换。这种方法避免了用待定系数法确定特解时求导运算和繁琐的三角函数运算。但是，这种方法仍然需要先列出电路的微分方程，这样仍不方便。为此，需要将相量法的应用方式加以改进，使得电路的正弦稳态响应可以根据电路图直接求出，而不需要列写电路的微分方程。

## 8.4 两类约束的相量形式

电路方程是依据基尔霍夫定律和元件的伏安关系来建立的，因此，由正弦稳态电路的微分方程导出相应的复代数方程可转化为先导出基尔霍夫定律的相量形式和元件伏安关系的相量形式，再由这两种相量形式直接列写出相应的复代数方程。为此，本节研究基尔霍夫定律的相量形式以及独立电源和线性元件伏安关系的相量形式。

### 8.4.1　基尔霍夫定律的相量形式

基尔霍夫定律在任何时刻对任一集中参数电路都成立，不言而喻，其中当然也包括了正弦稳态电路。

KCL 指出，对于任一电路，在任一时刻，流入或者流出任一节点（割集、闭合面）的所有支路电流的代数和等于零，即

$$\sum i(t)=0 \tag{8-33}$$

由于在正弦稳态电路中，各支路电流都是与电源同频率的正弦量，因此，各支路电流均可以用相量表示。设 $\dot{I}=\mathrm{ph}[i(t)]$，则对式（8-33）两边取相量变换，并注意到 $\mathrm{ph}[0]=0$，因此

$$\sum \mathrm{ph}[i(t)]=0$$

所以

$$\sum \dot{I}=0 \tag{8-34}$$

式（8-34）称为 KCL 的相量形式。它表明：在正弦稳态电路中，KCL 可直接用电流的相量形式写出。比较式（8-33）和式（8-34）可以看出，除了符号不同外，KCL 的形式不变。同理，对于振幅相量亦有

$$\sum \dot{I}_{\mathrm{m}}=0$$

但必须注意，支路电流的有效值一般不满足 KCL。

KVL 指出，对于电路中的任一回路，在任一时刻，所有支路电压的代数和等于零，即

$$\sum u(t)=0 \tag{8-35}$$

类似 KCL 的推导过程，正弦稳态电路 KVL 的相量形式为

$$\sum \dot{U}=0 \tag{8-36}$$

式（8-36）表明：在正弦稳态电路中，KVL 可以直接用电压的相量形式写出。同样，除了符号不同外，KVL 的形式也不变。同理，对于振幅相量

$$\sum \dot{U}_{\mathrm{m}}=0$$

同样，支路电压的有效值一般也不满足 KVL。

**【例 8-8】**　在图 8-7（a）所示的电路中，$u_2(t)=4\sqrt{2}\cos 314t\,\mathrm{V}$，$u_3(t)=3\sqrt{2}\sin 314t\,\mathrm{V}$，试求 $u_1(t)$，并画出所有电压的相量图。

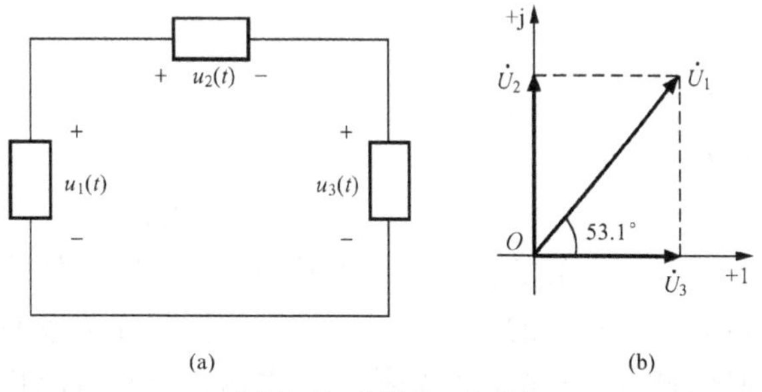


图 8-7　[例 8-8] 图

(a) 电路图；(b) 相量图

**解**　$u_2(t)=4\sqrt{2}\cos 314t=4\sqrt{2}\sin(314t+90^\circ)$ (V)，所以

$\dot{U}_2=4\angle 90^\circ$(V)，$\dot{U}_3=3\angle 0^\circ$(V)

由 KVL 的相量形式得

$$\dot{U}_1=\dot{U}_2+\dot{U}_3=4\angle 90^\circ+3\angle 0^\circ=3+\mathrm{j}4=5\angle 53.1^\circ(\mathrm{V})$$

因此

$$u_1(t)=5\sqrt{2}\sin(314t+53.1°)\ \text{(V)}$$

相应的相量图如图 8-7（b）所示。

### 8.4.2 线性元件与独立电源伏安关系的相量形式

电路中各支路电压和电流之间的基本约束是 KCL、KVL 和元件的伏安关系。因此，要根据电路直接写出电路复代数方程，不仅需要了解 KCL 和 KVL 的相量形式，而且还需要研究线性元件和独立源伏安关系的相量形式。

1. 线性电阻

在关联参考方向下，电阻［见图 8-8（a）］的 VAR 为

$$u_R(t)=Ri_R(t)\quad 或者\quad i_R(t)=Gu_R(t) \tag{8-37}$$

由于式（8-37）表示的是电阻上电压的时间函数和电流的时间函数之间的关系，所以被称为电阻伏安关系的时域形式。

对式（8-37）取相量变换得

$$\dot{U}_R=R\dot{I}_R\quad 或者\quad \dot{I}_R=G\dot{U}_R \tag{8-38}$$

式（8-38）称为电阻伏安关系的相量形式，是正弦稳态分析的基本公式。它表明：电阻上电压相量与电流相量之间的关系也服从欧姆定律。为了反映这一关系，在电路图中直接利用电压相量和电流相量标注，电阻符号旁仍然标上 $R$ 或 $G$，如图 8-8（b）所示，称为电阻的相量模型。

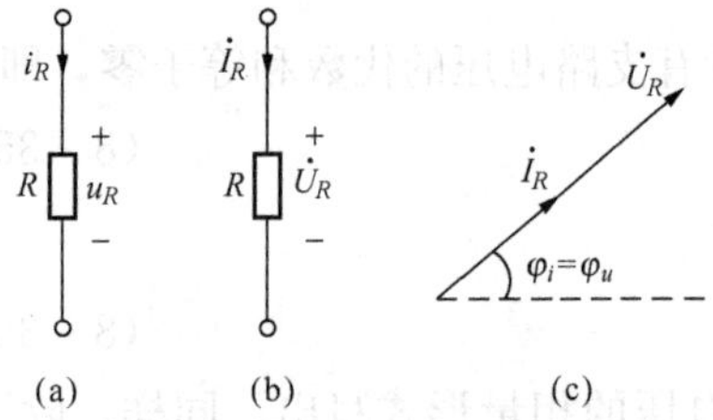


图 8-8 电阻及其相量模型和相量图

（a）二端电阻；（b）相量模型；（c）相量图

式（8-38）都是复数关系式，它们既表明了电压和电流有效值之间的关系，又表明了二者之间的相位关系，即

$$U_R=RI_R\quad 或者\quad I_R=GU_R \tag{8-39}$$

$$\varphi_u=\varphi_i \tag{8-40}$$

式（8-39）说明，电阻上电压和电流的有效值满足欧姆定律，而式（8-40）说明电阻上电压和电流同相，如图 8-8（c）中相量图所示。

显然，电阻上电压和电流的振幅相量也符合欧姆定律，即

$$\dot{U}_{Rm}=R\dot{I}_{Rm}\quad 或者\quad \dot{I}_{Rm}=G\dot{U}_{Rm}$$

同样有

$$U_{Rm}=RI_{Rm}\quad 或者\quad I_{Rm}=GU_{Rm}$$

运用类似的方法可导出其他线性电阻元件的相量形式。对于线性电阻元件，不论是二端的，还是多端的，其相量模型和元件伏安关系的相量形式在形式上与时域相同，差别仅在于把时域电压和电流分别换成了电压相量和电流相量。这种形式上的不变性实质上是线性代数方程在线性变换下形式不变的具体体现。

2. 线性电容

在关联参考方向下，电容［见图 8-9（a）］的时域 VAR 为

$$i_C(t)=C\frac{\mathrm{d}u_C(t)}{\mathrm{d}t} \tag{8-41}$$

对式（8 - 41）取相量变换，可得电容伏安关系的相量形式为

$$\dot{I}_C=\mathrm{j}\omega C\dot{U}_C \quad 或者 \quad \dot{U}_C=\frac{1}{\mathrm{j}\omega C}\dot{I}_C \tag{8-42}$$

式（8 - 42）也是正弦稳态分析的基本公式，是一个形式上与欧姆定律相似的复代数方程，但联系电压相量和电流相量之间关系的系数是 $\frac{1}{\mathrm{j}\omega C}$ 。为了表明这种关系，在电路图中直接利用电压相量和电流相量标注，且电容符号旁标上 $\frac{1}{\mathrm{j}\omega C}$ ，如图 8 - 9（b）所示，称为电容的相量模型。

式（8 - 42）表明，电容电压和电流有效值之间的关系为

$$I_C=\omega CU_C \quad 或者 \quad U_C=\frac{1}{\omega C}I_C \tag{8-43}$$

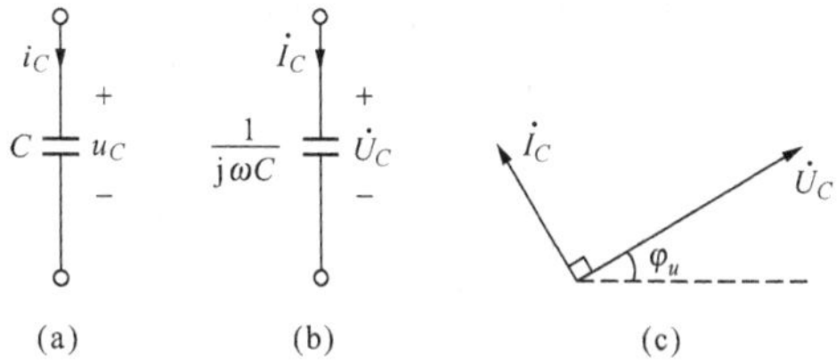

图 8 - 9　电容及其相量模型和相量图

（a）二端电容；（b）相量模型；（c）相量图

电容电压和电流之间的相位关系为

$$\varphi_i=\varphi_u+90^\circ \quad 或者 \quad \varphi_u=\varphi_i-90^\circ$$

即电容上的电压滞后电流 90°，或者说，电容电流超前其电压 90°，其相量图如图 8 - 9（c）所示。

式（8 - 43）说明，电容电压和电流的有效值之间的关系不仅与 $C$ 有关，而且还与电源频率有关。当 $C$ 值一定时，对一定的电压来说，频率越高，$I_C$ 越大，即电流越容易通过；反之，频率越低，则 $I_C$ 越小，即电流越难通过。特别当频率为零（相当于直流激励）时，$I_C=0$，电容相当于开路，起着隔直的作用。这正是直流稳态时电容应有的表现。

3. 线性电感

在关联参考方向下，电感［见图 8 - 10（a）］的时域 VAR 为

$$u_L(t)=L\frac{\mathrm{d}i_L(t)}{\mathrm{d}t} \tag{8-44}$$

对式（8 - 44）两边取相量变换可得电感伏安关系的相量形式为

$$\dot{U}_L=\mathrm{j}\omega L\dot{I}_L \quad 或者 \quad \dot{I}_L=\frac{1}{\mathrm{j}\omega L}\dot{U}_L \tag{8-45}$$

它们也是形式上与欧姆定律相似的复代数方程，但联系电压相量和电流相量之间关系的系数是 $\mathrm{j}\omega L$ 。为了表明这种关系，在电路图中直接利用电压相量和电流相量标注。并且电感符号旁标上 $\mathrm{j}\omega L$ ，如图 8 - 10（b）所示，称为电感的相量模型。

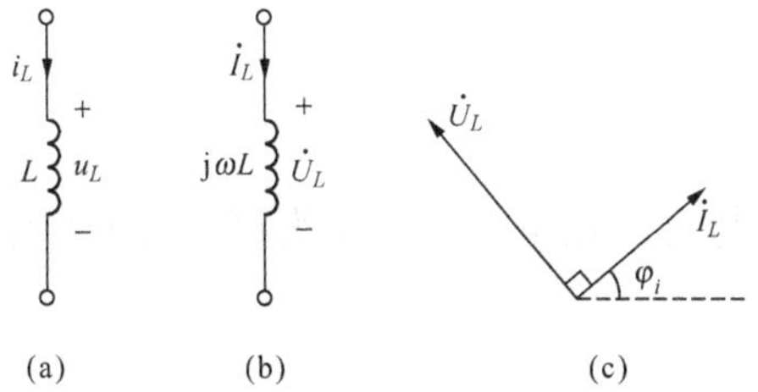

图 8 - 10　电感及其相量模型和相量图

（a）二端电感；（b）相量模型；（c）相量图

式（8 - 45）也是正弦稳态分析中的一个基本公式，它表明电感上电压和电流的有效值之间的关系为

$$U_L=\omega L I_L \quad 或者 \quad I_L=\frac{1}{\omega L}U_L \tag{8-46}$$

电感上电压和电流的相位关系为

$$\varphi_u=\varphi_i+90^\circ \quad 或者 \quad \varphi_i=\varphi_u-90^\circ$$

即电感上电压超前电流 90°，或者说，电感上电流滞后其电压 90°，相量图如图 8-10（c）所示。

式（8-46）说明：电感上电压和电流的有效值之间的关系不仅与 $L$ 有关，而且还与电源频率有关。当 $L$ 一定时，对于一定的电压 $U_L$ 来说，频率越高，$I_L$ 越小；频率越低，$I_L$ 越大。特别是直流稳态时，电感相当于短路。

4. 独立电源

仿照上述推导可得独立电压源和电流源的相量模型分别如图 8-11（a）和（b）所示。只需将已知的正弦量变为相量即可。

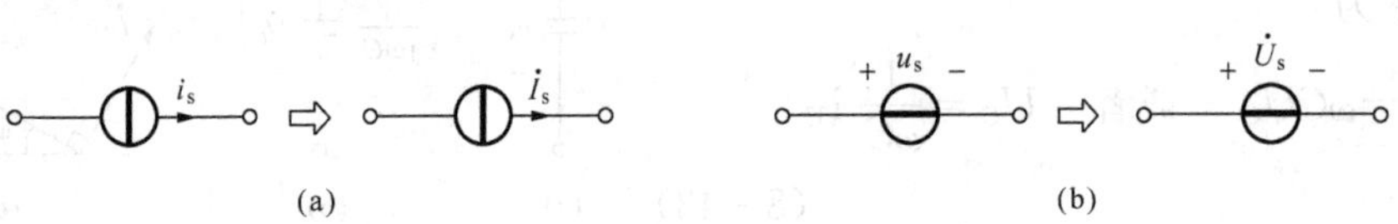


图 8-11 独立电源的相量模型

（a）电流源；（b）电压源

## 8.5 相量模型

### 8.5.1 元件的阻抗和导纳

在 8.4 节中，详细讨论了电阻、电感和电容三种基本元件伏安关系的相量形式。在关联参考方向下，它们分别是

$$\dot{U}_R=R\dot{I}_R \quad 或者 \quad \dot{I}_R=G\dot{U}_R$$

$$\dot{U}_L=\mathrm{j}\omega L\dot{I}_L \quad 或者 \quad \dot{I}_L=\frac{1}{\mathrm{j}\omega L}\dot{U}_L$$

$$\dot{U}_C=\frac{1}{\mathrm{j}\omega C}\dot{I}_C \quad 或者 \quad \dot{I}_C=\mathrm{j}\omega C\dot{U}_C$$

将相量换成振幅相量上述表达式同样成立。

正弦稳态时，关联参考方向下元件的电压相量与电流相量之比定义为元件的阻抗，记作 $Z$，即

$$Z\triangleq\frac{\dot{U}}{\dot{I}}=\frac{\dot{U}_m}{\dot{I}_m} \tag{8-47}$$

阻抗的单位为 Ω（欧姆）；关联参考方向下电流相量与电压相量之比定义为该元件的导纳，记作 $Y$，即

$$Y\triangleq\frac{\dot{I}}{\dot{U}}=\frac{\dot{I}_m}{\dot{U}_m} \tag{8-48}$$

导纳的单位为 S（西门子）。那么，三种基本元件伏安关系的相量形式可统一归结为

$$\dot{U}=Z\dot{I} \quad 或者 \quad \dot{U}_{\mathrm{m}}=Z\dot{I}_{\mathrm{m}} \tag{8-49}$$

以及

$$\dot{I}=Y\dot{U} \quad 或者 \quad \dot{I}_{\mathrm{m}}=Y\dot{U}_{\mathrm{m}} \tag{8-50}$$

的普遍形式。由于这种普遍形式与电阻电路的欧姆定律相似，所以把它称为欧姆定律的相量形式。由式（8-47）和式（8-48）可知，对于同一元件有

$$ZY=1$$

把三个基本元件伏安关系的相量形式与式（8-49）和式（8-50）相比较，可得电阻、电感和电容的阻抗分别为

$$Z_R=R, \quad Z_L=\mathrm{j}\omega L, \quad Z_C=\frac{1}{\mathrm{j}\omega C}$$

导纳分别为

$$Y_G=G, \quad Y_C=\mathrm{j}\omega C, \quad Y_L=\frac{1}{\mathrm{j}\omega L}$$

显然，阻抗是电阻概念的推广，而导纳则是电导概念的推广。电阻和电导都是与频率无关的常数，而阻抗和导纳一般是频率的函数。

电容的阻抗通常写成

$$Z_C=\mathrm{j}X_C$$

式中：$X_C$ 称为电容的电抗，简称容抗，单位为 Ω（欧姆），$X_C=-\frac{1}{\omega C}$。容抗与频率成反比。

电容的导纳通常写成

$$Y_C=\mathrm{j}B_C$$

式中：$B_C$ 称为电容的电纳，简称容纳，单位为 S（西门子），$B_C=\omega C$。容纳与频率成正比。

电感的阻抗通常写成

$$Z_L=\mathrm{j}X_L$$

式中：$X_L$ 称为电感的电抗，简称感抗，单位为 Ω（欧姆），$X_L=\omega L$。感抗与频率成正比。

电感的导纳通常写成

$$Y_L=\mathrm{j}B_L$$

式中：$B_L$ 称为电感的电纳，简称感纳，单位为 S（西门子），$B_L=-\frac{1}{\omega L}$。感纳与频率成反比。

### 8.5.2 相量模型

相量模型是一种运用相量能方便地对正弦稳态电路进行分析和计算的假想模型，它与原电路具有相同的拓扑结构，而且两个电路中的元件一一对应。从原电路可按下列方法画出该电路的相量模型。

把正弦稳态电路中的电压和电流用相量表示，参考方向保持不变；电压源的电压和电流源的电流分别变换为相量；电路中各元件的参数值用相应的阻抗或导纳替换，即把电容元件的电容值 $C$ 换成 $\mathrm{j}X_C$ 或 $\mathrm{j}B_C$，电感元件的电感值 $L$ 换成 $\mathrm{j}X_L$ 或 $\mathrm{j}B_L$，而电阻元件的参数值

保持不变。

由于没有实际的电压和电流是复数，也没有元件的参数是虚数，所以相量模型是一种假想模型，是对正弦稳态电路进行分析的工具。在相量模型中，各支路电压相量和电流相量既要服从于基尔霍夫定律相量形式的约束，又要服从于元件伏安关系相量形式的约束，而这两种约束正是时域模型中相应的两类约束在相量变换下的形式。因此，时域模型的电路方程在相量变换下的复代数方程可以直接由相量模型依据两类约束的相量形式列写，从而避免了列写电路的微分方程。至此，可归纳出相量法的一般步骤如下：

(1) 由电路的时域模型画出相应的相量模型。

(2) 由相量模型求出输出的相量形式。

(3) 由输出的相量形式写出时域形式。

一般步骤的流程图如图 8 - 12 所示。在这一流程图中，除了一般步骤的流程图外，还给出了其他方法的流程图，以供读者比较。

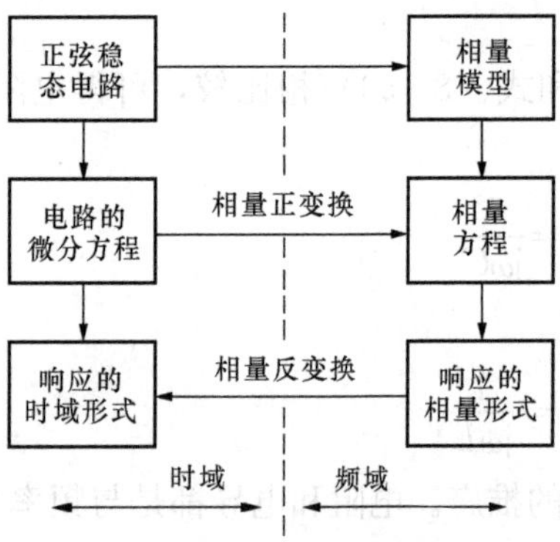


图 8 - 12　用相量法确定正弦稳态响应的流程图

**【例 8 - 9】**　试画出图 8 - 13 (a) 所示正弦稳态电路的相量模型。图中，$u_s(t)=35\sin(2t+14^\circ)\text{V}$，$i_s(t)=14\cos 2t\text{A}$。

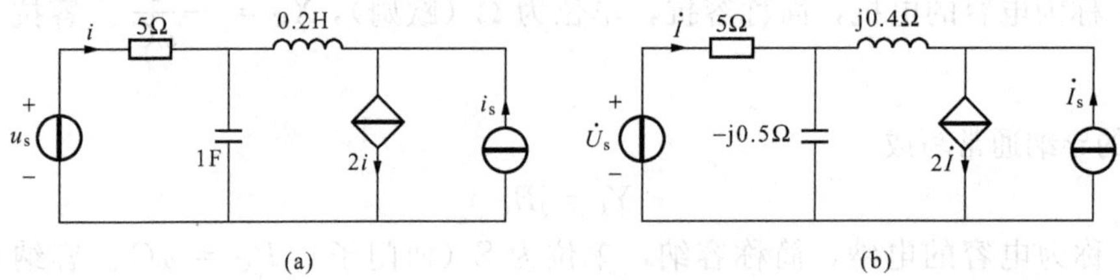


图 8 - 13　[例 8 - 9] 图

(a) 正弦稳态电路图；(b) 相量模型

**解**　由于 $i_s(t)=14\cos 2t=14\sin(2t+90^\circ)\text{A}$，所以

$$\dot{U}_s=\frac{35}{\sqrt{2}}\angle 14^\circ=24.75\angle 14^\circ(\text{V}),\quad \dot{I}_s=\frac{14}{\sqrt{2}}\angle 90^\circ=9.90\angle 90^\circ(\text{A})$$

$$\text{j}X_L=\text{j}\omega L=\text{j}2\times 0.2=\text{j}0.4(\Omega),\quad \text{j}X_C=-\text{j}\frac{1}{\omega C}=-\text{j}\frac{1}{2\times 1}=-\text{j}0.5(\Omega)$$

根据从时域模型画出相量模型的规则，可得图 8 - 13 (b) 所示的相量模型。

**【例 8 - 10】**　试求图 8 - 14 (a) 所示正弦稳态电路中的电流 $i(t)$。其中，$u_s(t)=15\sin(2t+36.9^\circ)$ V。

**解**　$\dot{U}_{sm}=15\angle 36.9^\circ$ (V)，图 8 - 14 (a) 中电路对应的相量模型如图 8 - 14 (b) 所示。由图 8 - 14 (b) 得

$$4\dot{I}_m+\text{j}4\dot{I}_m-\text{j}\dot{I}_m=15\angle 36.9^\circ$$

即

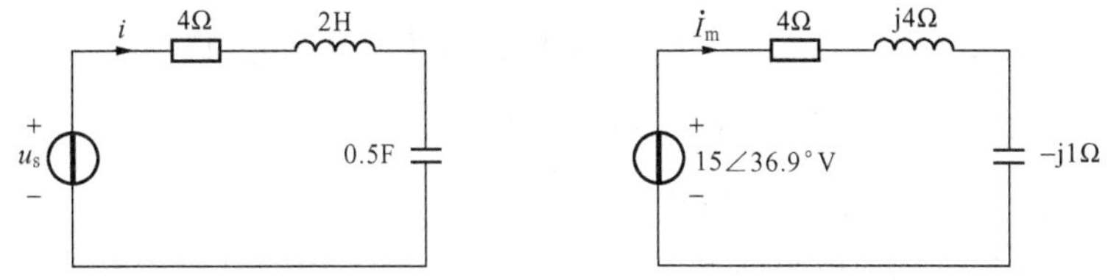


(a)　　　　(b)

图 8 - 14 ［例 8 - 10］图

(a) 电路图；(b) 相量模型

$$(4+\mathrm{j}3)\dot{I}_{\mathrm{m}}=15\angle 36.9^\circ$$

所以

$$\dot{I}_{\mathrm{m}}=\frac{15\angle 36.9^\circ}{4+\mathrm{j}3}=\frac{15\angle 36.9^\circ}{5\angle 36.9^\circ}=3\angle 0^\circ(\mathrm{A})$$

则

$$i(t)=3\sin 2t(\mathrm{A})$$

综上所述，如果用相量表示正弦稳态电路中各支路电压和电流，那么这些相量必然服从基尔霍夫定律的相量形式和欧姆定律的相量形式。这些定律的形式与电阻电路中相应定律的形式完全相似，其差别仅在于相量形式不直接用电压和电流表示，而用代表电压和电流的相量表示；不用电阻和电导，而用阻抗和导纳。注意到这一对换关系，计算电阻电路的一些公式和方法，就可以推广到相量模型中来，有关这方面的内容将在第 9 章中讨论。显然，阻抗和导纳概念的引入对正弦稳态电路分析理论的发展起着重要的作用。

## 习　题

**正弦量**

8 - 1　已知 $u_1(t)=100\sin(5\pi t-150^\circ)\mathrm{V}$，$i_1(t)=-30\sin(10\pi t-45^\circ)\mathrm{A}$，试完成：

(1) 求各正弦量的最大值、有效值、频率和周期以及初相位；

(2) 计算 $t=0$ 和 0.1s 时各正弦量的瞬时值。

8 - 2　试求下列各小题中电压与电流之间的相位差，并指出其超前与滞后的关系。

(1) $u_1(t)=\sqrt{2}U_1\sin(\omega t+45^\circ)\mathrm{V}$，$i_1(t)=\sqrt{2}I_1\sin(\omega t-24^\circ)\mathrm{A}$；

(2) $u_2(t)=\sqrt{2}U_2\sin(\omega t+36^\circ)\mathrm{V}$，$i_2(t)=-\sqrt{2}I_2\sin\omega t\mathrm{A}$；

(3) $u_3(t)=U_{3\mathrm{m}}\cos\omega t\mathrm{V}$，$i_3(t)=I_{3\mathrm{m}}\sin\omega t\mathrm{A}$。

**相量**

8 - 3　试写出下列各正弦量的有效值相量和最大值相量（以 $1\angle 0^\circ$ 代表 $\sqrt{2}\sin\omega t$）。

(1) $u_1(t)=100\sin(314t-150^\circ)\mathrm{V}$；

(2) $u_2(t)=-311\sin(314t+23^\circ)\mathrm{V}$；

(3) $i_1(t)=10\sqrt{2}\cos 100t\mathrm{A}$；

(4) $i_2(t)=-30\cos(1000t-80^\circ)\mathrm{A}$。

8 - 4　(1) 试将下列各相量化为直角坐标形式。

1) $\dot{U}_1=5\angle-36.9°\text{V}$；2) $\dot{U}_{2m}=22\angle120°\text{V}$；3) $\dot{I}_{3m}=100\angle15°\text{A}$；

4) $\dot{I}_4=80\angle-150°\text{A}$；5) $\dot{U}_5=10\angle90°\text{V}$；6) $\dot{I}_6=14\angle-90°\text{A}$；

7) $\dot{I}_7=0.1\angle180°\text{A}$；8) $\dot{U}_8=220\sqrt{2}\angle-180°\text{V}$。

（2）试将下列各相量化为极坐标形式。

1）10+j10；2）3−j4；3）−3+j4；4）−6−j8；5）j5；6）−j5；7）−0.1；8）8。

8-5　试写出下列各相量代表的正弦量（$1\angle0°$代表$\sqrt{2}\sin\omega t$）。

（1）$\dot{U}_1=6-\text{j}8\text{V}$；（2）$\dot{I}_1=8+\text{j}6\text{A}$；（3）$\dot{U}_{2m}=10\angle-36.9°\text{V}$；（4）$\dot{I}_{2m}=5\angle15°\text{A}$。

8-6　试写出下列各正弦量的相量，并画出相量图。

（1）$3\cos\omega t+4\sin\omega t$；（2）$(4\sqrt{3}-3)\sin(2t+30°)+(3\sqrt{3}-4)\sin(2t+60°)$。

8-7　试求下列各微分方程的特解。

（1）$\dfrac{\text{d}^2x}{\text{d}t^2}+3\dfrac{\text{d}x}{\text{d}t}+10x=\sin(2t+45°)$；

（2）$\dfrac{\text{d}^3x}{\text{d}t^3}+6\dfrac{\text{d}^2x}{\text{d}t^2}+11\dfrac{\text{d}x}{\text{d}t}+6x=\cos2t$；

（3）$\dfrac{\text{d}^2x}{\text{d}t^2}+4\dfrac{\text{d}x}{\text{d}t}+x=3\cos3t+\sin3t$。

8-8　已知二端元件的电压和电流采用关联参考方向，若其瞬时值表达式为：

（1）$u(t)=15\cos(400t+30°)\text{V}$，$i(t)=3\sin(400t+30°)\text{A}$；

（2）$u(t)=8\sin(500t+50°)\text{V}$，$i(t)=2\sin(500t+140°)\text{A}$；

（3）$u(t)=8\cos(250t+60°)\text{V}$，$i(t)=5\sin(250t+150°)\text{A}$。

试确定该元件是电阻、电感或电容，并确定其元件值。

**相量模型**

8-9　画出图 8-15 所示各电路的相量模型。其中，$u_s(t)=10\sqrt{2}\sin2t\text{V}$，$i_s(t)=15\sqrt{2}\cos(2t+15°)\text{A}$。

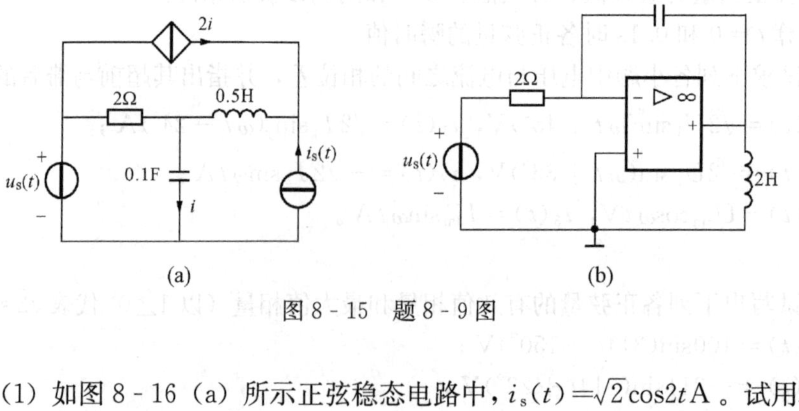


图 8-15　题 8-9 图

8-10　（1）如图 8-16（a）所示正弦稳态电路中，$i_s(t)=\sqrt{2}\cos2t\text{A}$。试用相量模型求电压 $u_1(t)$、$u_2(t)$ 和 $u(t)$。

（2）如图 8-16（b）所示正弦稳态电路中，$u_s(t)=10\sqrt{2}\sin5t\text{V}$。试用相量模型求电流 $i_1(t)$、$i_2(t)$ 和 $i(t)$。

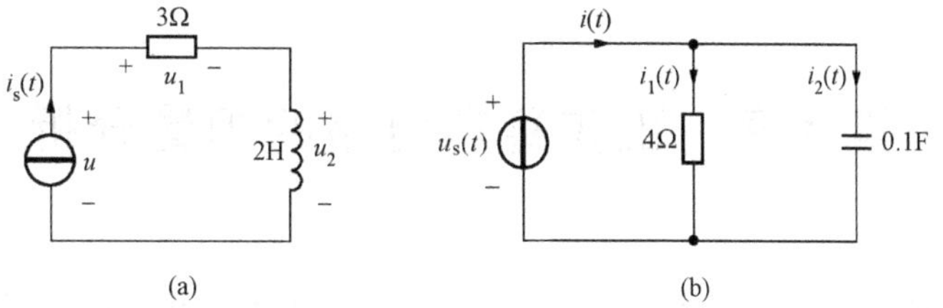


图 8-16　题 8-10 图

8-11　(1) 如图 8-17 (a) 所示正弦稳态电路中，电压表 PV1 的示数为 15V，电压表 PV2 的示数为 80V，电压表 PV3 的示数为 100V。试求端电压的有效值。

(2) 如图 8-17 (b) 所示正弦稳态电路中，电流表 PA1 的示数为 5A，电流表 PA2 的示数为 20A，电流表 PA3 的示数为 25A。求电流表 PA 的示数。

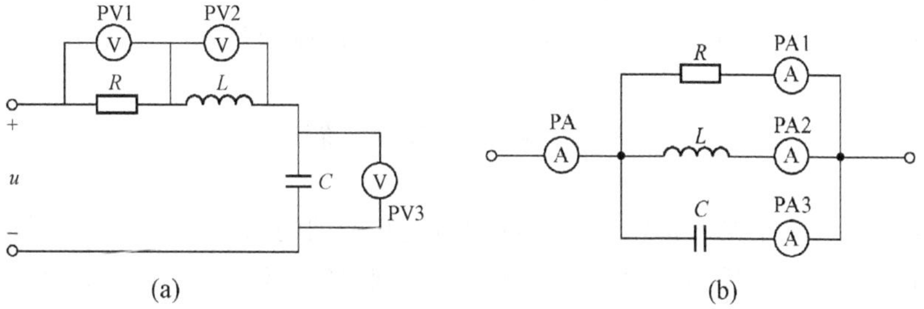


图 8-17　题 8-11 图

# 第9章　正弦稳态电路的相量分析

在本书第8章中，详细讨论了正弦量的相量表示、两类约束的相量形式和正弦稳态电路的相量模型，并得出结论，即正弦稳态电路中的支路电压和电流可先通过分析相量模型获得其相量，然后再取相量反变换而得出所求的正弦量。因此，分析正弦稳态电路的问题就归结为分析相量模型。由于相量模型所受的相量形式的两类约束，与线性电阻电路时域形式的两类约束之间存在相似性，因此，电阻电路中的各种分析方法可以推广到相量模型中来。不同的是，在相量模型中不但要考虑其有效值，而且还要考虑其相位。

本章除了进行上述的推广外，还将引入一些基本概念，如有功功率、无功功率、视在功率、复功率和正弦稳态电路的谐振等，并介绍正弦稳态电路的相量图分析法。

## 9.1 阻抗和导纳

类似电阻电路，本书第8章中有关元件的阻抗和导纳的两个概念也可以推广到内部不含独立源的二端网络（相量模型）中，分别称为二端网络的〔输入〕阻抗和〔输入〕导纳，有时称为等效阻抗和等效导纳。它们分别是电阻电路中输入电阻和输入电导概念的推广。阻抗和导纳的电路符号与电阻的符号相同，如图9-1所示。

图9-1　阻抗或导纳符号

### 9.1.1 阻抗和导纳的定义

二端网络的输入阻抗定义为：在关联参考方向下，二端网络（见图9-2）端口电压相量与端口电流相量之比，记作 $Z$，即

$$Z \triangleq \frac{\dot{U}}{\dot{I}}=\frac{\dot{U}_{\mathrm{m}}}{\dot{I}_{\mathrm{m}}} \tag{9-1}$$

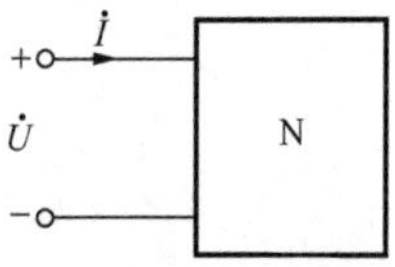


图9-2　二端网络

显然，它是一个复数，而且一般是频率的复函数。在强调它是频率的复函数这一点时，把 $Z$ 又写成 $Z(\mathrm{j}\omega)$。$Z$ 可表示成

$$Z=|Z|\angle\theta_Z=R+\mathrm{j}X$$

其中，$|Z|=\dfrac{U}{I}=\dfrac{U_{\mathrm{m}}}{I_{\mathrm{m}}}$ 称为阻抗的模值，$\theta_Z=\varphi_u-\varphi_i$ 称为阻抗角，它是电压超前电流的角度。$R=\mathrm{Re}[Z]$ 称为阻抗的电阻分量，$X=\mathrm{Im}[Z]$ 称为阻抗的电抗分量。在不同的频率下，$|Z|$、$\theta_Z$、$R$ 和 $X$ 都是频率的实函数，即

$$Z(\mathrm{j}\omega)=|Z(\mathrm{j}\omega)|\angle\theta_Z(\omega)=R(\omega)+\mathrm{j}X(\omega)$$

且有

$$|Z|=\sqrt{R^2+X^2},\quad \theta_Z=\arctan\frac{X}{R} \tag{9-2}$$

或者

$$R=|Z|\cos\theta_Z,\quad X=|Z|\sin\theta_Z \tag{9-3}$$

由式（9-2）可知，阻抗的模值 $|Z|$、电阻分量 $R$ 及电抗分量 $X$ 三者构成直角三角形，如

图 9-3 所示（图中对应 $X>0$ 的情形）。这一三角形称为阻抗三角形。

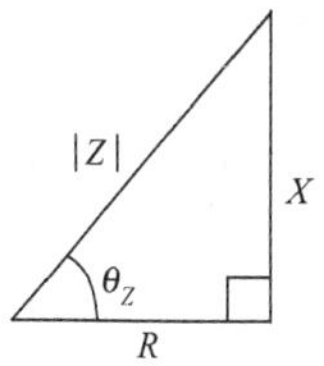


图 9-3　阻抗三角形

二端网络的输入导纳定义为：在关联参考方向下，二端网络（如图 9-2 所示）端口电流相量与端口电压相量之比，记作 $Y$，即

$$Y \triangleq \frac{\dot{I}}{\dot{U}}=\frac{\dot{I}_m}{\dot{U}_m} \tag{9-4}$$

同样，导纳也是一个复数，而且一般是频率的复函数。在强调它是频率的复函数这一点时，把 $Y$ 写成 $Y(j\omega)$。由于 $Y$ 是一复数，所以 $Y$ 可以表示成

$$Y=|Y|\angle\theta_Y=G+jB$$

其中，$|Y|=\dfrac{I}{U}=\dfrac{I_m}{U_m}$称为导纳的模值；$\theta_Y=\varphi_i-\varphi_u$ 称为导纳角，它是电流超前电压的角度；$G=\mathrm{Re}[Y]$ 称为导纳的电导分量；$B=\mathrm{Im}[Y]$ 称为导纳的电纳分量。$|Y|$、$\theta_Y$、$G$ 和 $B$ 一般都是频率的实函数，即

$$Y(j\omega)=|Y(j\omega)|\angle\theta_Y(\omega)=G(\omega)+jB(\omega)$$

且有

$$|Y|=\sqrt{G^2+B^2},\quad \theta_Y=\arctan\frac{B}{G} \tag{9-5}$$

或者

$$G=|Y|\cos\theta_Y,\quad B=|Y|\sin\theta_Y \tag{9-6}$$

由式（9-5）可知，导纳的模值 $|Y|$、电导分量 $G$ 和电纳分量 $B$ 也构成直角三角形，如图 9-4 所示（图中对应 $B>0$ 的情形）。这一三角形称为导纳三角形。

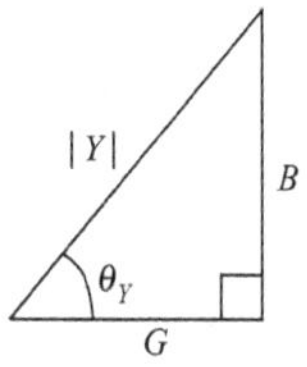


图 9-4　导纳三角形

根据上面阻抗和导纳的定义可知，阻抗和导纳是两个对偶量。而且对于同一二端网络有

$$ZY=1 \tag{9-7}$$

这表明同一二端网络的阻抗和导纳互为倒数。

### 9.1.2　阻抗和导纳的性质

阻抗和导纳这两个概念的引入不仅能使相量模型的分析方法和电阻电路的分析方法统一起来（见 9.3 小节），而且它们还能直接表明不含独立电源的二端网络在正弦稳态下的性能。

由于 $|Z|=\dfrac{U}{I}=\dfrac{U_m}{I_m}$，$\theta_Z=\varphi_u-\varphi_i$，所以，由阻抗的模值可以掌握正弦稳态时二端网络端口的电压有效值（或振幅）与电流有效值（或振幅）的比值关系，由阻抗角可以掌握正弦稳态时端口电压和电流的相位关系。这两方面的关系正是在正弦稳态时所要研究的。因此，掌握了二端网络的输入阻抗也就掌握了该二端网络在正弦稳态时的性能。对导纳也可做出同样的结论。下面通过实例予以说明。

**【例 9-1】**　试讨论图 9-5 所示二端网络在正弦稳态下的性能。其中，$G=10\mathrm{S}$，$C=1\mathrm{F}$，电源频率 $\omega=10\mathrm{rad/s}$。

**解**　图 9-5 所示电路的输入导纳为

$$Y=\frac{\dot{I}}{\dot{U}}=\frac{G\dot{U}+j\omega C\dot{U}}{\dot{U}}=G+j\omega C=10+j10=14.14\angle45^\circ(\mathrm{S})$$

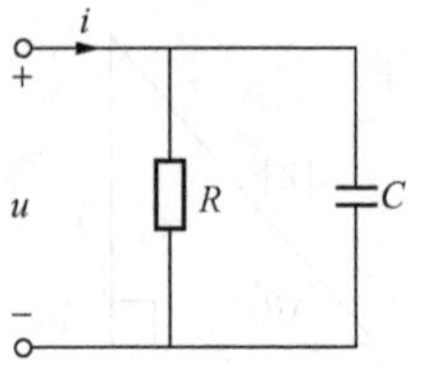

图 9-5 ［例 9-1］图

所以，$|Y|=14.14$，它表明 $I/U=14.14$；$\theta_Y=45°$，这表明电压滞后电流 45°。当外施正弦电压 $u(t)$［或正弦电流 $i(t)$］已知时，可以求得相应的电流 $i(t)$［或电压 $u(t)$］。由此可见，根据该网络在 $\omega=10\text{rad/s}$ 时的导纳 $Y$，即可知它在 $\omega=10\text{rad/s}$ 时的正弦稳态表现。

对于输入阻抗可作对偶分析。

对于由电阻和电感组成的二端网络，其阻抗 $Z$ 的电抗分量 $X>0$，阻抗角 $\theta_Z>0$；而由电阻和电容组成的二端网络，其阻抗 $Z$ 的电抗分量 $X<0$，阻抗角 $\theta_Z<0$；仅由电阻组成的二端网络的阻抗 $Z$ 的电抗分量 $X=0$，阻抗角 $\theta_Z=0$ 或者 $\pm\pi$。据此，对于不含独立源的二端网络，如果其阻抗的电抗分量 $X>0$，或者阻抗角 $\theta_Z>0$，则称该网络呈现感性，这样的网络称为感性网络；如果电抗分量 $X<0$，或者阻抗角 $\theta_Z<0$，则称该网络呈现容性，这样的网络称为容性网络；如果电抗分量 $X=0$，或者阻抗角 $\theta_Z=0$ 或者 $\pm\pi$，则称该网络呈现电阻性，这样的网络称为电阻性网络。

对于感性网络，阻抗角 $\theta_Z>0$，说明电压超前电流；而对于容性网络，阻抗角 $\theta_Z<0$，说明电压滞后电流；当网络呈现电阻性时，电压与电流同相（$\theta_Z=0$），或者反相（$\theta_Z=\pm\pi$）。对于导纳亦有类似结论，见表 9-1。

**表 9-1** 阻抗和导纳的性质

| 阻抗或导纳 | 电路的性质 | | |
|---|---|---|---|
| | 感性 | 电阻性 | 容性 |
| $Z=R+\mathrm{j}X$ | $X>0$ | $X=0$ | $X<0$ |
| $Z=\|Z\|\angle\theta_Z$ | $\theta_Z>0$ | $\theta_Z=0$，$\pm\pi$ | $\theta_Z<0$ |
| $Y=G+\mathrm{j}B$ | $B<0$ | $B=0$ | $B>0$ |
| $Y=\|Y\|\angle\theta_Y$ | $\theta_Y<0$ | $\theta_Y=0$，$\mp\pi$ | $\theta_Y>0$ |
| $u$ 与 $i$ 之间的相位关系 | $u$ 超前 $i$ | $u$ 与 $i$ 同相或反相 | $u$ 落后 $i$ |

**【例 9-2】** 试讨论图 9-6（a）所示电路阻抗的性质。

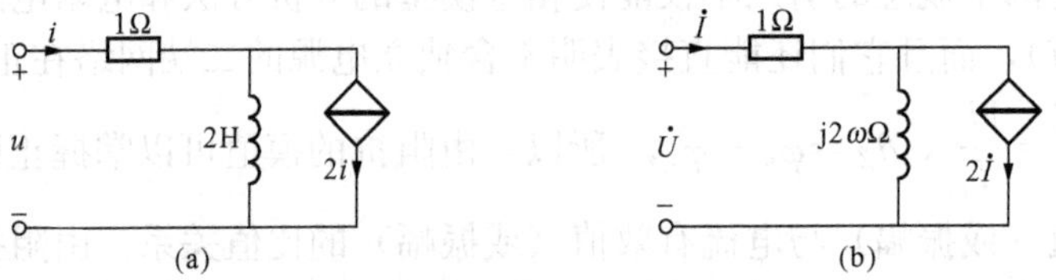

图 9-6 ［例 9-2］图

（a）电路图；（b）相量模型

**解** 电路的相量模型如图 9-6（b）所示。

$$\dot{U}=\dot{I}+\mathrm{j}2\omega(\dot{I}-2\dot{I})=(1-\mathrm{j}2\omega)\dot{I}$$

因此，电路的输入阻抗为

$$Z=1-\mathrm{j}2\omega$$

显然，$X(\omega)=\mathrm{Im}[Z]=-2\omega$ 恒小于零，这表明不论频率为何值，该网络恒呈现容性。

**【例 9-3】**　试讨论图 9-7 所示 RLC 串联电路的性质。

**解**　RLC 串联电路的输入阻抗为

$$Z=R+\mathrm{j}\omega L-\mathrm{j}\frac{1}{\omega C}=R+\mathrm{j}\left(\omega L-\frac{1}{\omega C}\right)$$

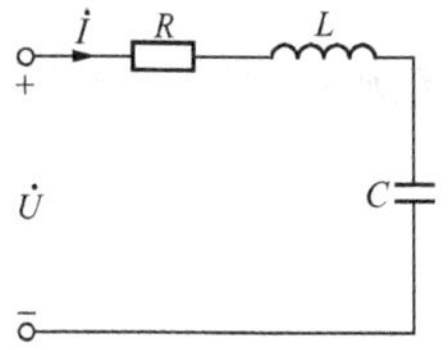

图 9-7 ［例 9-3］图

输入阻抗 $Z$ 的电抗分量 $X(\omega)=\omega L-\frac{1}{\omega C}$。当 $\omega<\omega_0=\frac{1}{\sqrt{LC}}$ 时，$X(\omega)<0$，电路呈现容性；当 $\omega>\omega_0$ 时，$X(\omega)>0$，电路呈现感性；而当 $\omega=\omega_0$ 时，$X(\omega)=0$，电路呈现电阻性。

由［例 9-3］可知，电路呈现的性质一般与频率有关。频率不同，电路呈现的性质也可能不同。

### 9.1.3　阻抗和导纳的等效变换

不含独立电源二端网络的两种最简等效电路是等效阻抗和等效导纳对应的电路。对于同一二端网络，二者之间的关系满足式（9-7）。这说明二者相互等效，可以等效互换。

对于极坐标表示的阻抗和导纳，由式（9-7）可得

$$|Z|\angle\theta_Z=\frac{1}{|Y|\angle\theta_Y}=\frac{1}{|Y|}\angle-\theta_Y$$

所以

$$|Z|=\frac{1}{|Y|},\ \theta_Z=-\theta_Y \tag{9-8}$$

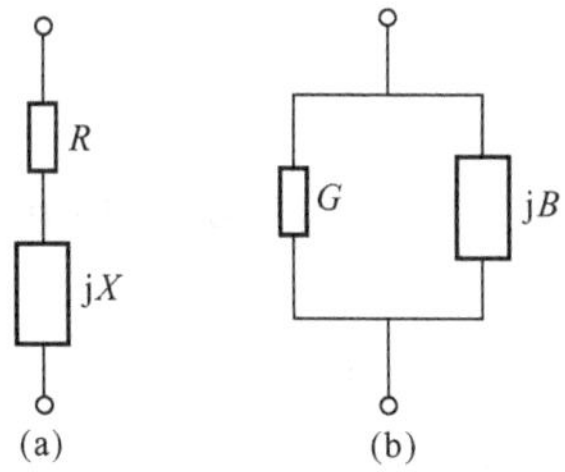

图 9-8　阻抗与导纳的等效电路

（a）阻抗；（b）导纳

式（9-8）表明：相互等效的阻抗和导纳的模值互为倒数，阻抗角和导纳角在数值上相等，但相差一个负号。

直角坐标表示的阻抗 $Z=R+\mathrm{j}X$ 可以用电阻和电抗的串联形式来表示，如图 9-8（a）所示；导纳 $Y=G+\mathrm{j}B$ 可以用电导和电纳的并联形式来表示，如图 9-8（b）所示。这两种等效电路相互之间的等效变换公式可由式（9-7）导出。

阻抗 $Z=R+\mathrm{j}X$ 的等效导纳为

$$Y=G+\mathrm{j}B=\frac{1}{Z}=\frac{1}{R+\mathrm{j}X}=\frac{R}{R^2+X^2}-\mathrm{j}\frac{X}{R^2+X^2}$$

可见，并联电导和电纳分别为

$$G=\frac{R}{R^2+X^2},\quad B=-\frac{X}{R^2+X^2} \tag{9-9}$$

同理，如果已知导纳 $Y=G+\mathrm{j}B$，则其等效阻抗的串联电阻和电抗分别为

$$R=\frac{G}{G^2+B^2},\quad X=-\frac{B}{G^2+B^2} \tag{9-10}$$

一般情况下，$R\neq\frac{1}{G}$。这是由于公式 $R=\frac{1}{G}$ 是指同一电阻的电阻参数和电导参数应该满足的关系，因而不能应用于两个不同的电阻。串联电路中的电阻 $R$ 和并联电路中的电导 $G$ 并非指同一电阻，所以，一般情况下，$R\neq\frac{1}{G}$。$X$ 和 $B$ 恒不为倒数，即使对于同一元件也

是如此，即 $X\neq\frac{1}{B}$。

【例 9-4】 试求图 9-9（a）中电路的两种最简等效电路。其中，$\omega=10\text{rad/s}$。

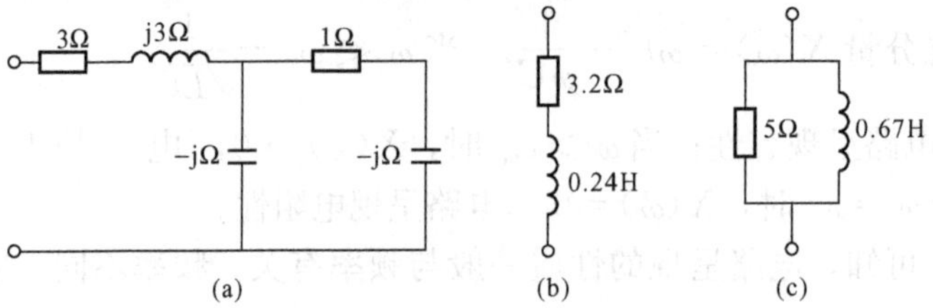


图 9-9 ［例 9-4］图

（a）原电路；（b）最简 RL 串联电路；（c）最简 RL 并联电路

**解** 图 9-9（a）所示电路的输入阻抗为

$$Z=3+\text{j}3+\frac{(1-\text{j})(-\text{j})}{1-\text{j}-\text{j}}=3+\text{j}3+0.2-\text{j}0.6=3.2+\text{j}2.4(\Omega)$$

所以

$$R=3.2(\Omega),\quad X=2.4(\Omega)$$

由于 $X>0$，所以，电路在 $\omega=10\text{rad/s}$ 时呈现感性。此时，电抗部分等效为一电感

$$L=\frac{X}{\omega}=\frac{2.4}{10}=0.24(\text{H})$$

于是可得如图 9-9（b）所示的最简 RL 串联电路。

另一最简等效电路是由两个元件并联组成。根据式（9-9）可得其电导分量和电纳分量分别为

$$G=\frac{R}{R^2+X^2}=\frac{3.2}{3.2^2+2.4^2}=0.2(\text{S}),\quad B=-\frac{X}{R^2+X^2}=-\frac{2.4}{3.2^2+2.4^2}=-0.15(\text{S})$$

相应的电感值 $L$ 为

$$L=-\frac{1}{\omega B}=\frac{1}{10\times 0.15}=\frac{2}{3}=0.67(\text{H})$$

等效电路如图 9-9（c）所示。

应该强调指出，上述两种等效电路是在 $\omega=10\text{rad/s}$ 时的等效电路。当频率改变时，等效电路的参数甚至元件也将随之不同。

由［例 9-4］可知，电路呈现感性时，不论采用哪一种最简等效电路，都应包含有电感。同样，电路呈现容性时，则不论采用哪一种最简等效电路，都应包含有电容。

对于图 9-10（a）所示的电阻和电抗的串联电路，由 KVL 得

$$\dot{U}=\dot{U}_R+\dot{U}_X$$

由于 $\dot{U}_R=R\dot{I}$，$\dot{U}_X=\text{j}X\dot{I}$，所以，$\dot{U}_R$ 和 $\dot{U}_X$ 正交，因此

$$U=\sqrt{U_R^2+U_X^2}$$

并且

$$|\theta_Z|=\arctan\frac{U_X}{U_R}$$

显然，$U$、$U_R$ 和 $U_X$ 三者构成一直角三角形，如图 9 - 10（b）所示。这一三角形称为电压三角形。

对于图 9 - 11（a）所示的电导和电纳的并联电路，根据对偶原理可得

$$I=\sqrt{I_G^2+I_B^2}，\ |\theta_Y|=\arctan\frac{I_B}{I_G}$$

同样，$I$、$I_G$ 和 $I_B$ 三者也构成一直角三角形，如图 9 - 11（b）所示。这一三角形称为电流三角形。

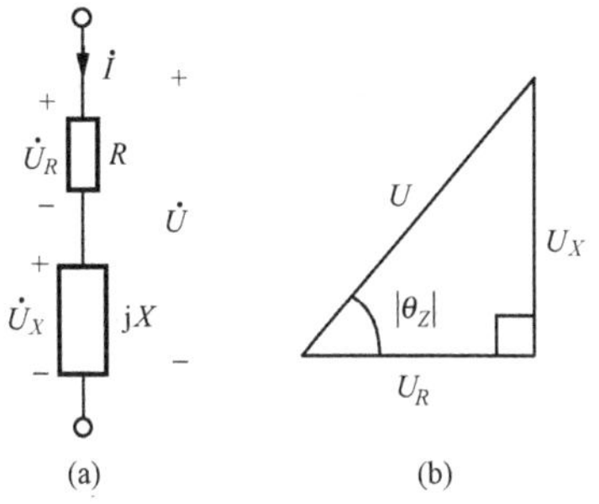


图 9 - 10　电阻与电抗串联

（a）电路；（b）电压三角形

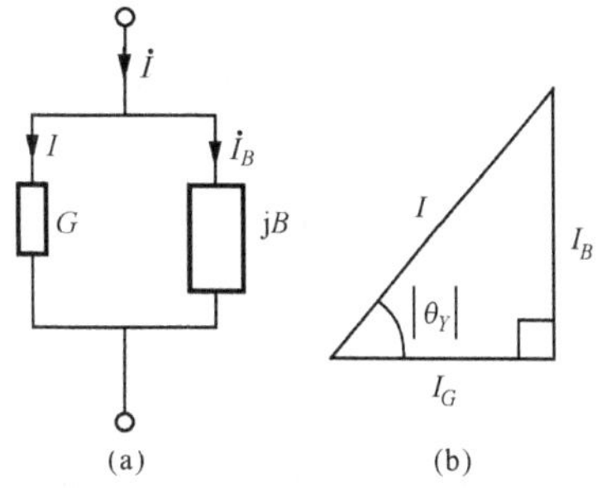


图 9 - 11　电导与电纳并联

（a）电路；（b）电流三角形

### 9.1.4　阻抗及导纳的串联和并联

由于相量模型中两类约束的相量形式和线性电阻电路中两类约束在形式上完全相同，所以，电阻电路中电阻及电导的串并联公式、分压公式和分流公式等完全可以推广到相量模型中阻抗及导纳的串并联情形，即电阻换成阻抗，电导换成导纳。

有关使用分压公式和分流公式的注意事项与电阻电路相同（见本书第 2 章）。

**【例 9 - 5】**　在图 9 - 12 所示的相量模型中，$\dot{I}_s=1\angle 0°\text{A}$，$Z_C=-\text{j}100\Omega$，$Z_1=80\Omega$，$Z_2=20\Omega$，$Z_L=\text{j}100\Omega$，试求 $\dot{U}_C$、$\dot{I}$ 和 $\dot{U}_0$。

**解**　$Z_1$、$Z_2$ 和 $Z_L$ 串联的等效阻抗 $Z_0$ 为

$$Z_0=Z_1+Z_2+Z_L=80+20+\text{j}100=100+\text{j}100(\Omega)$$

因 $Z_C$ 与 $Z_0$ 并联，所以，总的等效阻抗 $Z$ 为

$$Z=\frac{Z_CZ_0}{Z_C+Z_0}=\frac{-\text{j}100\times(100+\text{j}100)}{-\text{j}100+100+\text{j}100}$$

$$=100-\text{j}100=100\sqrt{2}\angle-45°(\Omega)$$

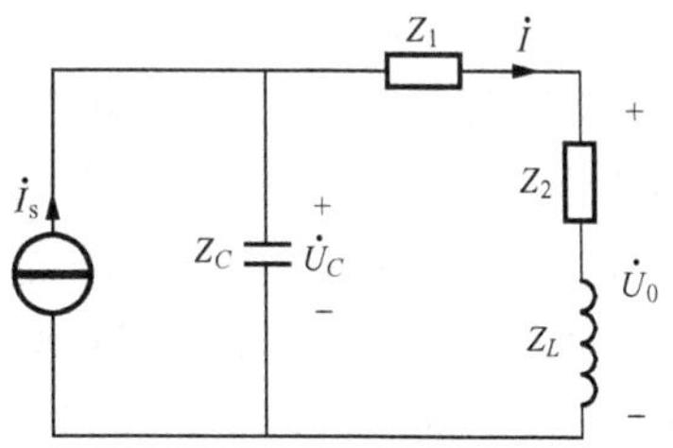


图 9 - 12 ［例 9 - 5］图

因此

$$\dot{U}_C=Z\dot{I}_s=100\sqrt{2}\angle-45°\times1\angle0°=100\sqrt{2}\angle-45°(\text{V})$$

由分流公式得

$$\dot{I}=\frac{Z_C}{Z_C+Z_0}\dot{I}_s=\frac{-\text{j}100\times1\angle0°}{-\text{j}100+100+\text{j}100}=1\angle-90°(\text{A})$$

或者

$$\dot{I}=\frac{\dot{U}_C}{Z_0}=\frac{100\sqrt{2}\angle-45°}{100+\text{j}100}=\frac{100\sqrt{2}\angle-45°}{100\sqrt{2}\angle45°}=1\angle-90°(\text{A})$$

根据分压公式，可得

$$\dot{U}_0=\frac{Z_2+Z_L}{Z_0}\dot{U}_C=\frac{20+j100}{100+j100}\times 100\sqrt{2}\angle -45°=102\angle -11.3°(V)$$

或者

$$\dot{U}_0=(Z_2+Z_L)\dot{I}=(20+j100)\times 1\angle -90°=102\angle -11.3°(V)$$

## 9.2　正弦稳态电路的功率

传输能量是正弦交流电路的重要用途之一，因此，计算电路的功率是正弦稳态分析的重要内容。

### 9.2.1　瞬时功率 $p(t)$

对于图 9 - 13 所示的二端网络，它在任一时刻 $t$ 所吸收的瞬时功率等于该时刻端口电压与端口电流之积，即

$$p(t)=u(t)\cdot i(t)$$

设正弦稳态下端口电压 $u(t)$ 和端口电流 $i(t)$ 分别为

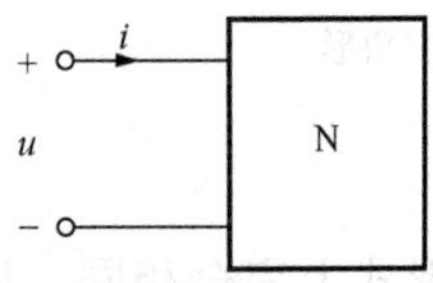

图 9 - 13　正弦稳态下的单口网络

$$u(t)=\sqrt{2}U\sin(\omega t+\varphi_u)$$

$$i(t)=\sqrt{2}I\sin(\omega t+\varphi_i)$$

则

$$\begin{aligned}p(t)&=\sqrt{2}U\sin(\omega t+\varphi_u)\cdot\sqrt{2}I\sin(\omega t+\varphi_i)\\&=2UI\sin(\omega t+\varphi_u)\sin(\omega t+\varphi_i)\\&=UI[\cos(\varphi_u-\varphi_i)-\cos(2\omega t+\varphi_u+\varphi_i)]\end{aligned}\quad(9-11)$$

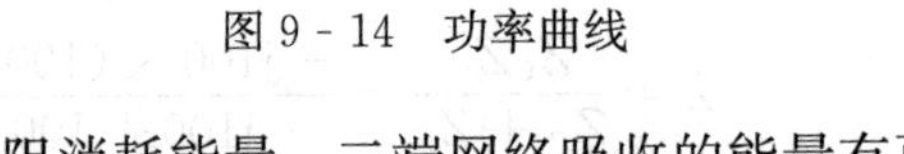

图 9 - 14　功率曲线

由式（9 - 11）可知，瞬时功率中含有常量 $UI\cos(\varphi_u-\varphi_i)$ 和二倍频率正弦量 $UI\cos(2\omega t+\varphi_u+\varphi_i)$。瞬时功率随时间变化的曲线如图 9 - 14 所示。当 $u$ 和 $i$ 的实际方向一致时，二端网络吸收的瞬时功率为正，这表明二端网络从外电路吸收能量；当 $u$ 和 $i$ 的实际方向相反时，$p(t)<0$，这表明二端网络向外电路提供能量（见图 9 - 14 中阴影部分）。当二端网络含有电阻时，由于电阻消耗能量，二端网络吸收的能量有可能大于发出的能量，从而使得 $p(t)>0$ 比 $p(t)<0$ 的时间长，即功率曲线在时间轴上方所限定的面积比下方面积大，如图 9 - 14 所示。

式（9 - 11）可进一步展开如下

$$\begin{aligned}p(t)=&UI\cos(\varphi_u-\varphi_i)[1-\cos(2\omega t+2\varphi_i)]+\\&UI\sin(\varphi_u-\varphi_i)\sin(2\omega t+2\varphi_i)\end{aligned}\quad(9-12)$$

式（9 - 12）中的第一分量 $UI\cos(\varphi_u-\varphi_i)[1-\cos(2\omega t+2\varphi_i)]$ 恒不小于零或者恒不大于零[由 $UI\cos(\varphi_u-\varphi_i)$ 决定]。这说明，它是二端网络吸收或者发出的功率。相应的这部分能量将被二端网络或者外电路消耗掉。因此，这一分量是瞬时功率中的不可逆分量，称为瞬时功率的有功分量。第二个分量 $UI\sin(\varphi_u-\varphi_i)\sin(2\omega t+2\varphi_i)$，有时为正，有时为负，并且

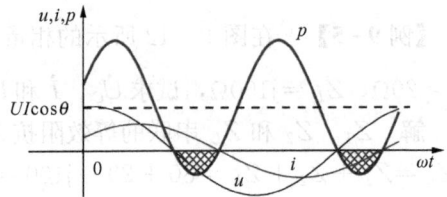

平均值为零，这表明二端网络和外电路周期性地交换能量，交换速率为 $UI\sin(\varphi_u-\varphi_i)\sin(2\omega t+2\varphi_i)$。它是瞬时功率中的可逆分量，称为瞬时功率的无功分量。

对于仅由线性正值电阻组成的二端网络，$u$ 和 $i$ 同相，即 $\varphi_u-\varphi_i=0°$，则

$$p(t)=UI[1-\cos(2\omega t+2\varphi_i)]$$

由此可知，这样的电路只消耗功率，而与外电路无能量交换。

对于仅由线性储能元件组成的二端网络，$u$ 和 $i$ 相差 90°，即 $|\varphi_u-\varphi_i|=90°$，所以

$$p(t)=\pm UI\sin(2\omega t+2\varphi_i)$$

这表明这样的电路只与外电路进行周期性地交换能量，而不消耗能量。

### 9.2.2　平均功率 P

瞬时功率的实用意义不大，在实际工程中经常使用平均功率、无功功率和视在功率等。下面先介绍平均功率。平均功率定义为瞬时功率在一个周期内的平均值，记作 $P$，即

$$\begin{aligned}P&=\frac{1}{T}\int_0^T p(\tau)\mathrm{d}\tau\\&=\frac{1}{T}\int_0^T UI\cos(\varphi_u-\varphi_i)[1-\cos(2\omega\tau+2\varphi_i)]\mathrm{d}\tau+\frac{1}{T}\int_0^T UI\sin(\varphi_u-\varphi_i)\sin(2\omega\tau+2\varphi_i)\mathrm{d}\tau\\&=\frac{1}{T}\int_0^T UI\cos(\varphi_u-\varphi_i)[1-\cos(2\omega\tau+2\varphi_i)]\mathrm{d}\tau=UI\cos(\varphi_u-\varphi_i)\end{aligned}$$

令 $\theta=\varphi_u-\varphi_i$，即电压超前电流的角度，则

$$P=UI\cos\theta \tag{9-13}$$

由式（9 - 13）可知，平均功率不仅取决于电压和电流的有效值，还与二者之间的相位差有关。由于平均功率可以看成是瞬时功率的有功分量在一个周期内的平均值，所以平均功率又称为有功功率，简称功率，单位为 W（瓦特）。平均功率可用功率表来测量。

比较式（9 - 11）和式（9 - 13）可知，平均功率是瞬时功率的恒定分量。在关联参考方向下，当 $\cos\theta>0$ 时，$P>0$，表明该网络吸收功率；当 $\cos\theta<0$ 时，$P<0$，表明该网络发出功率。注意，在关联参考方向下，式（9 - 13）是按吸收功率计算的。

当二端网络内部不含独立源时，$\dot{U}=Z\dot{I}$，所以，电压与电流之间的相位差就等于阻抗角，即 $\theta=\varphi_u-\varphi_i=\theta_Z$。将式（9 - 13）应用于三个基本元件，可得到电阻、电容和电感的平均功率分别为

$$\left.\begin{aligned}P_R&=U_RI_R\cos\theta_R=U_RI_R=RI_R^2=\frac{U_R^2}{R}\\P_C&=U_CI_C\cos\theta_C=0\\P_L&=U_LI_L\cos\theta_L=0\end{aligned}\right\} \tag{9-14}$$

由此可见，线性二端储能元件不消耗功率。这与本书第 6 章所得结论完全相同。

对于不含独立源的二端网络，由于 $U=|Z|I$，$R=|Z|\cos\theta_Z$，$U_R=U|\cos\theta_Z|$，所以

$$P=UI\cos\theta_Z=|Z|I^2\cos\theta_Z=RI^2=\frac{U_R^2}{R}=\pm U_RI \tag{9-15}$$

当 $\cos\theta_Z>0$，即电阻分量 $R>0$ 时，式中取“+”号，否则取“−”号。

又因为 $I=|Y|U$，$G=|Y|\cos\theta_Y=|Y|\cos\theta_Z$，$I_G=I|\cos\theta_Y|=I|\cos\theta_Z|$，所以

$$P=UI\cos\theta_Y=|Y|U^2\cos\theta_Y=GU^2=\frac{I_G^2}{G}=\pm UI_G \tag{9-16}$$

当 $\cos\theta_Y>0$，即电导分量 $G>0$ 时，式中取"＋"号，否则取"－"号。

式（9－15）和式（9－16）表明：只有电阻分量和电导分量消耗功率，电抗和电纳不吸收功率。

**【例 9－6】** 试求图 9－15 所示正弦稳态电路中各元件的功率。已知 $u_s(t)=15\sqrt{2}\sin 3t\,\text{V}$。

**解** 根据 KVL 和元件伏安关系的相量形式得

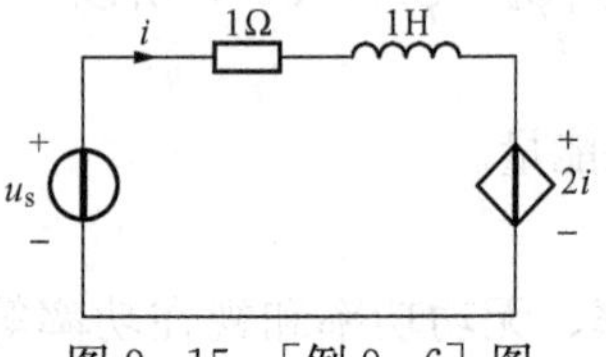


图 9－15 ［例 9－6］图

$$(1+\text{j}3)\dot{I}+2\dot{I}=15\angle 0^\circ$$

整理得

$$(3+\text{j}3)\dot{I}=15\angle 0^\circ$$

所以

$$\dot{I}=\frac{15\angle 0^\circ}{3+\text{j}3}=\frac{15\angle 0^\circ}{3\sqrt{2}\angle 45^\circ}=\frac{5}{\sqrt{2}}\angle -45^\circ(\text{A})$$

则电压源提供的功率为

$$P_s=U_sI\cos\theta=15\times\frac{5}{\sqrt{2}}\cos 45^\circ=37.5(\text{W})$$

电阻消耗的功率为

$$P_R=RI^2=1\times\left(\frac{5}{\sqrt{2}}\right)^2=12.5(\text{W})$$

电感吸收的功率 $P_L=0$，受控源吸收的功率为

$$P=2I\cdot I=2\times\left(\frac{5}{\sqrt{2}}\right)^2=25(\text{W})$$

显然，$P_s=P_R+P_L+P$，这说明电路中的平均功率是守恒的。

### 9.2.3 无功功率 $Q$

无功功率用 $Q$ 表示，它定义为二端网络与外部电路进行能量交换的最大速率，即

$$Q=UI\sin\theta \tag{9-17}$$

无功功率有时简称无功，单位为 var（乏）。在关联参考方向下，当 $\sin\theta>0$ 时，$Q>0$，此时称二端网络"吸收"无功功率；当 $\sin\theta<0$ 时，$Q<0$，此时称二端网络"发出"无功功率。注意，在关联参考方向下，式（9－17）是按吸收无功功率计算的。

将式（9－17）应用于三个基本元件有

$$\left.\begin{aligned}Q_R&=U_RI_R\sin 0^\circ=0\\Q_C&=U_CI_C\sin(-90^\circ)=-U_CI_C=X_CI_C^2=\frac{U_C^2}{X_C}\\Q_L&=U_LI_L\sin 90^\circ=U_LI_L=X_LI_L^2=\frac{U_L^2}{X_L}\end{aligned}\right\} \tag{9-18}$$

由此可见，二端线性电阻既不吸收无功，也不发出无功；电容总是发出无功；而电感总是吸收无功。因此，又把二端网络吸收的无功（$Q>0$）称为感性无功，发出的无功（$Q<0$）称为容性无功。

对于内部不含独立源的二端网络，由式（9－17）可以进一步导出由阻抗或导纳表示的无功公式为

$$Q = UI\sin\theta_Z = |Z|I^2\sin\theta_Z = XI^2 = \frac{U_X^2}{X} = \pm U_X I_X \tag{9-19}$$

和

$$Q = -UI\sin\theta_Y = -|Y|U^2\sin\theta_Y = -BU^2 = -\frac{I_B^2}{B} = \mp U_B I_B \tag{9-20}$$

当阻抗（导纳）为感性时，式中取“+”号，否则取“−”号。

式（9 - 19）和式（9 - 20）表明：电阻分量和电导分量既不吸收无功，也不发出无功。

**【例 9 - 7】**　试求图 9 - 16 所示正弦稳态电路中各元件的无功功率。已知 $i_s(t) = 6\sqrt{2}\sin t\,\text{A}$。

**解**　根据 KCL 和元件伏安关系的相量形式得

$$\left.\begin{aligned}&\frac{\dot{U}}{\text{j}} + \frac{\dot{U}}{1-\text{j}} - \dot{I} = 6\angle 0^\circ\\&\dot{I} = \frac{\dot{U}}{1-\text{j}}\end{aligned}\right\}$$

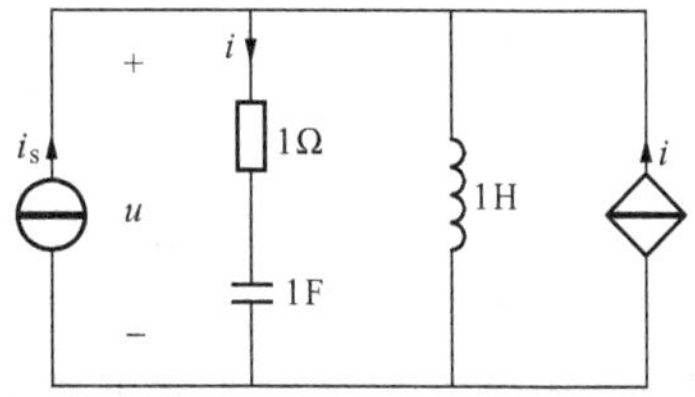

图 9 - 16　[例 9 - 7] 图

解得　　$\dot{U} = 6\angle 90^\circ\text{V}$，$\dot{I} = 3\sqrt{2}\angle 135^\circ\text{A}$

则各元件吸收的无功功率分别为

$$Q_s = -UI_s\sin\theta = -6\times 6\sin 90^\circ = -36(\text{var}),\quad Q_R = 0(\text{var}),$$

$$Q_C = X_C I^2 = -(3\sqrt{2})^2 = -18(\text{var})$$

$$Q_L = \frac{U^2}{X_L} = \frac{6^2}{1} = 36(\text{var}),\quad Q = -UI\sin\theta' = -6\times 3\sqrt{2}\sin(90^\circ - 135^\circ) = 18(\text{var})$$

显然，$Q_s + Q_R + Q_C + Q_L + Q = 0$，即电路中无功功率守恒。计算结果表明 [例 9 - 7] 中的受控源为吸收无功（感性）。

### 9.2.4　视在功率 S 和功率因数

1. 视在功率 $S$

在电工技术中，把电压的有效值和电流的有效值之积称为视在功率，又称为表观功率，用字母 $S$ 表示，即

$$S = UI \tag{9-21}$$

其单位为 VA（伏安）。显然，$S$ 恒不小于零。比较式（9 - 21）和式（9 - 13）可知，视在功率是二端网络在相同的电压和电流之下所能获得的最大平均功率。只有当电压和电流同相时，平均功率才等于视在功率。而在一般情况下，二者是不等的。

对于不含独立源的二端网络，有

$$S = UI = |Z|I^2 = \frac{U^2}{|Z|} \text{ 或者 } S = UI = |Y|U^2 = \frac{I^2}{|Y|}$$

平均功率、无功功率和视在功率分别从不同角度说明了正弦稳态电路的功率。由式（9 - 13）、式（9 - 17）和式（9 - 21）可得三者之间的关系为

$$P = S\cos\theta,\quad Q = S\sin\theta$$

或者

$$S = \sqrt{P^2 + Q^2},\quad \theta = \arctan\frac{Q}{P} \tag{9-22}$$

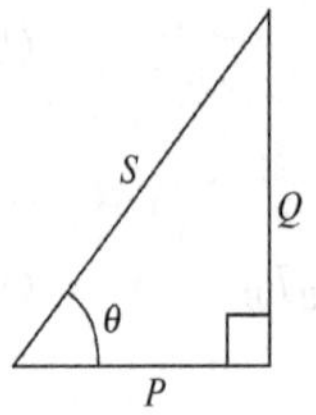


图 9-17　功率三角形

由此可知，视在功率、平均功率和无功功率三者构成直角三角形，并称之为功率三角形，如图 9-17 所示（图中对应 $P>0$，$Q>0$ 的情形）。

2. 功率因数

平均功率一般小于视在功率，二者的差别由 $\cos\theta$ 体现。$\cos\theta$ 称为功率因数，记作 $\lambda$，即

$$\lambda=\frac{P}{S}=\cos\theta \tag{9-23}$$

因此，端口电压超前端口电流的角度 $\theta$ 又称为功率因数角。当电路呈现感性时，$\theta>0°$；电路呈现容性时，$\theta<0°$。但是，不论 $\theta$ 是正还是负，当 $|\theta|<90°$ 时，$\cos\theta$ 恒为正值；而 $|\theta|>90°$ 时，$\cos\theta$ 恒为负值，因此，单给出 $\lambda$ 值，并不能体现电路的性质。为此，习惯上在给出 $\lambda$ 值的同时加上“滞后”或者“超前”的字样。注意，这里所谓的“超前”是指电流超前电压，即 $\theta<0°$ 的情况；所谓“滞后”是指电流滞后电压，即 $\theta>0°$ 的情况。

电气设备是按照一定的额定电压和额定电流来设计和使用的。如果在使用时，电压或电流超过额定值，电气设备就可能遭到破坏。因此，电气设备都是以额定视在功率来表示它的容量的。例如，一台容量为 117500kVA 的发电机，就是指这台发电机的视在功率为 117500kVA，至于这台发电机能向负载提供多大的平均功率，则要由负载的功率因数而定。负载的功率因数太低就会使发电机的容量不能充分发挥。

在电力系统中，发电机或变压器等都有一个额定容量，它们输出的平均功率的大小取决于负载功率因数的大小。功率因数越低，输出的平均功率越小，设备的利用率越低。另外，当负载的平均功率一定时，功率因数越低，输电线路上电压损失和功率损耗越大。因此，提高功率因数具有重要的经济意义。

由式（9-22）和式（9-23）得

$$\lambda=\cos\theta=\frac{P}{\sqrt{P^2+Q^2}}=\frac{1}{\sqrt{1+\left(\frac{Q}{P}\right)^2}} \tag{9-24}$$

由式（9-24）可知，若要提高功率因数，必须减少电源发出的无功。

微课 12　无功和无功补偿

怎样才能减少电源发出的无功功率呢？实际中最常见的负载是感性的，因此，可在感性负载两端并联电容性负载进行无功补偿，使感性负载吸收的无功大部分由电容提供，从而减少电源发出的无功，达到提高功率因数的目的。

**【例 9-8】**　图 9-18 所示为一感性负载与 220V、50Hz 电源相连的电路。试求：

（1）并联电容前负载的功率因数和电源的各种功率。

（2）要使功率因数提高到 0.9，应并联多大电容？

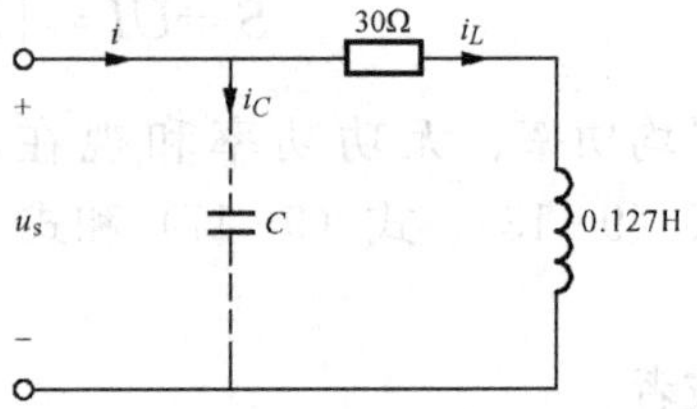


图 9-18　［例 9-8］图

**解**　（1）并联电容前

$$Z_L=30+\mathrm{j}100\pi\times 0.127=30+\mathrm{j}40(\Omega)$$

所以

$$\theta_0=\arctan\frac{40}{30}=53.1°$$

$$\lambda_0=\cos\theta_0=\cos 53.1^\circ=0.6(\text{滞后})$$

$$\dot{I}=\dot{I}_L=\frac{\dot{U}_s}{Z_L}=\frac{220\angle 0^\circ}{30+j40}=4.4\angle-53.1^\circ(\text{A})$$

则

$$P_0=RI^2=30\times 4.4^2=580.8\text{W},\quad Q_0=UI_L\sin\theta_0=220\times 4.4\sin 53.1^\circ=774.4(\text{var})$$

(2) 并联电容后。由于并联电容后，负载两端的电压没有改变，所以负载的平均功率和无功功率保持不变，即

$$P=P_0=580.8\text{W},\quad Q_0=P_0\tan\theta_0$$

电源提供的无功功率为

$$Q=P\tan\theta=P_0\tan\theta$$

电容提供的无功功率为

$$Q_C=\omega CU^2$$

所以

$$Q_0=Q+Q_C$$

则

$$P_0\tan\theta_0=P_0\tan\theta+\omega CU^2$$
$$\omega CU^2=P_0(\tan\theta_0-\tan\theta)$$
$$C=\frac{P_0}{\omega U^2}(\tan\theta_0-\tan\theta)$$

而

$$\theta=\arccos 0.9=25.8^\circ$$

代入已知数值得

$$C=32.47\mu\text{F}$$

由于并联电容后

$$I=\frac{P}{U\cos\theta}=\frac{580.8}{220\times 0.9}=2.93(\text{A})$$

所以，提高功率因数后，电源供给的电流减小了。

### 9.2.5　复功率 $\widetilde{S}$

为了直接能用电压相量和电流相量计算功率，引入复功率，记作 $\widetilde{S}$。对于图 9 - 13 所示的正弦稳态下的二端网络，其吸收的复功率 $\widetilde{S}$ 定义为

$$\widetilde{S}=\dot{U}\dot{I}^* \tag{9-25}$$

设 $\dot{U}=U\angle\varphi_u$，$\dot{I}=I\angle\varphi_i$，则 $\dot{I}^*=I\angle-\varphi_i$，代入式 (9 - 25) 得

$$\widetilde{S}=\dot{U}\dot{I}^*=U\angle\varphi_u\cdot I\angle-\varphi_i=UI\angle(\varphi_u-\varphi_i)=UI\angle\theta=UI\cos\theta+jUI\sin\theta=P+jQ$$

由此可知，复功率的实部和虚部分别为平均功率 $P$ 和无功功率 $Q$，即 $P=\text{Re}[\widetilde{S}]$，$Q=\text{Im}[\widetilde{S}]$，复功率的模值为视在功率，即 $S=|\widetilde{S}|=\sqrt{P^2+Q^2}$。

复功率并无任何物理意义，仅仅是一个计算量。它既不代表任何正弦量，也不直接反映时域范围的能量关系。复功率的主单位为 VA。

当二端网络不含独立源时，复功率可表示为

$$\widetilde{S}=\dot{U}\dot{I}^*=Z\dot{I}\dot{I}^*=ZI^2=(R+\mathrm{j}X)I^2$$

或者

$$\widetilde{S}=\dot{U}\dot{I}^*=\dot{U}(Y\dot{U})^*=Y^*U^2=(G-\mathrm{j}B)U^2$$

其中，$Z$ 和 $Y$ 分别是二端网络的输入阻抗和输入导纳。

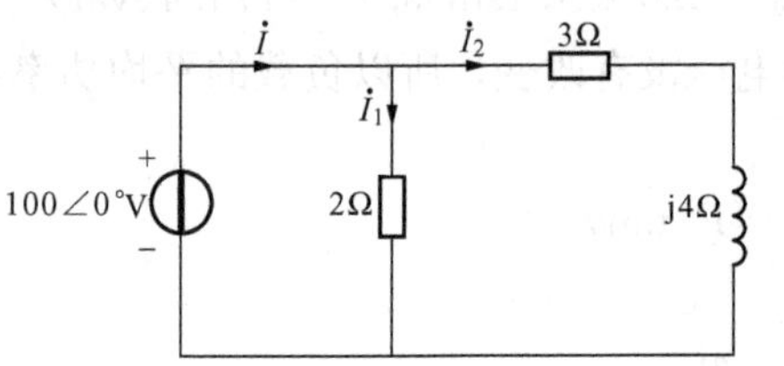


图 9-19 ［例 9-9］图

**【例 9-9】** 试求图 9-19 所示相量模型中各支路的复功率。

**解** 由电路可得

$$\dot{I}_1=\frac{100\angle 0^\circ}{2}=50\angle 0^\circ(\mathrm{A})$$

$$\dot{I}_2=\frac{100\angle 0^\circ}{3+\mathrm{j}4}=20\angle -53.1^\circ(\mathrm{A})$$

由 KCL 得

$$\dot{I}=\dot{I}_1+\dot{I}_2=50\angle 0^\circ+20\angle -53.1^\circ=62-\mathrm{j}16(\mathrm{A})$$

所以，各支路吸收的复功率分别为

$$\widetilde{S}=-\dot{U}\dot{I}^*=-100\times(62+\mathrm{j}16)=-6200-\mathrm{j}1600(\mathrm{VA})$$

$$\widetilde{S}_1=\dot{U}\dot{I}_1^*=2\dot{I}_1\dot{I}_1^*=2I_1^2=2\times 50^2=5000(\mathrm{VA})$$

$$\widetilde{S}_2=\dot{U}\dot{I}_2^*=100\times 20\angle 53.1^\circ=2000\angle 53.1^\circ=1200+\mathrm{j}1600(\mathrm{VA})$$

显然，$\widetilde{S}+\widetilde{S}_1+\widetilde{S}_2=0$，这表明电路的复功率是守恒的。

### 9.2.6 正弦稳态下的最大功率传递定理

负载电阻从电阻性二端网络获得最大功率的问题已经在本书 4.2.3 中作过讨论。现在讨论正弦稳态下负载从含源二端网络获得最大功率的条件。这类问题可以归结为一个含源二端网络 N 向一个负载阻抗 $Z_L$ 输送功率的问题，如图 9-20（a）所示。根据戴维南定理，图 9-20（a）中的网络可以化简为图 9-20（b）所示的电路。

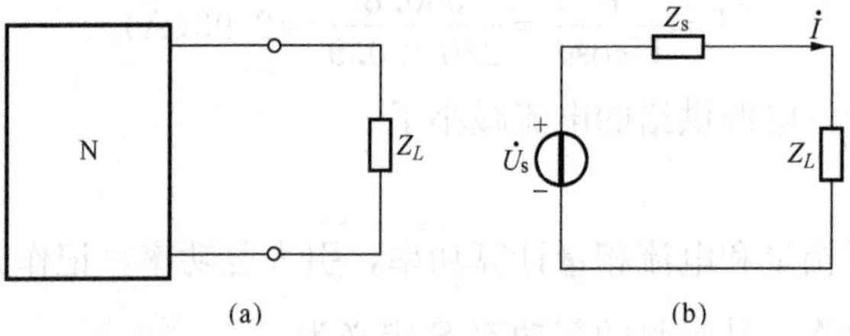


图 9-20 最大功率传递定理用图

（a）电路图；（b）化简后的电路图

设 $Z_s=R_s+\mathrm{j}X_s$，$Z_L=R_L+\mathrm{j}X_L$，由图 9-20（b）得

$$\dot{I}=\frac{\dot{U}_s}{Z_s+Z_L}=\frac{\dot{U}_s}{(R_s+R_L)+\mathrm{j}(X_s+X_L)}$$

负载吸收的功率为

$$P_L=I^2R_L=\frac{U_s^2R_L}{(R_s+R_L)^2+(X_s+X_L)^2} \tag{9-26}$$

负载获得最大功率的条件取决于电路参数何者为定量，何者为变量。一般地，$U_s$、$R_s$ 和 $X_s$ 固定不变，负载 $Z_L$ 可调，下面分析 $Z_L$ 变化的两种情况。

1. $R_L$ 和 $X_L$ 任意可调的情况

当允许任意改变 $R_L$ 和 $X_L$ 时，获得最大功率应当满足下列两个条件，即

$$\left.\begin{aligned}\frac{\partial P_L}{\partial X_L}=0\\ \frac{\partial P_L}{\partial R_L}=0\end{aligned}\right\}$$

当 $\frac{\partial P_L}{\partial X_L}=0$ 时，由式（9 - 26）可知，$X_L+X_s=0$，即 $X_L=-X_s$，则有

$$P_L=\frac{U_s^2R_L}{(R_L+R_s)^2}$$

这一表达式与电阻电路完全相同，因此，由 $\frac{\partial P_L}{\partial R_L}=0$ 可得

$$R_L=R_s$$

综合上述两个条件，可得到允许任意改变 $R_L$ 和 $X_L$ 情况下负载获得最大功率的条件为

$$Z_L=R_L+jX_L=R_s-jX_s=Z_s^*$$

这一条件称为共轭匹配。此时，负载获得的最大功率为

$$P_{L\max}=\frac{U_s^2}{4R_s}$$

这一最大功率正是含源二端网络可能提供的最大功率。

综上所述，共轭匹配时的最大功率传递定理为：如果含源二端网络固定而负载任意可调，则负载获得最大功率的条件是负载阻抗为含源二端网络的戴维南等效阻抗的共轭，即

$$Z_L=Z_s^*$$

负载获得的最大功率为含源二端网络可提供的最大功率，即

$$P_{L\max}=\frac{U_s^2}{4R_s}$$

显然，本书 4.2.3 中所讨论的电阻电路的最大功率传递定理是现在这一定理的一种特殊情况。

2. 允许改变 $R_L$ 和 $X_L$，但 $X_L/R_L$ 恒定的情况

$R_L$ 和 $X_L$ 可调，但 $X_L/R_L$ 保持恒定等价于阻抗 $Z_L$ 的模值 $|Z_L|$ 任意可调，但阻抗角 $\theta_Z$ 保持不变。将 $R_L=|Z_L|\cos\theta_Z$ 和 $X_L=|Z_L|\sin\theta_Z$ 代入式（9 - 26），得

$$\begin{aligned}P_L&=\frac{U_s^2|Z_L|\cos\theta_Z}{(R_s+|Z_L|\cos\theta_Z)^2+(X_s+|Z_L|\sin\theta_Z)^2}\\&=\frac{U_s^2\cos\theta_Z}{\dfrac{R_s^2+X_s^2}{|Z_L|}+|Z_L|+2(R_s\cos\theta_Z+X_s\sin\theta_Z)}\end{aligned}$$

令 $\frac{dP_L}{d|Z_L|}=0$，即

$$\frac{d}{d|Z_L|}\left(\frac{R_s^2+X_s^2}{|Z_L|}+|Z_L|\right)=0$$

所以

$$|Z_L|=\sqrt{R_s^2+X_s^2}=|Z_s|$$

此时有

$$P_{L\max}=\frac{U_s^2\cos\theta_Z}{2|Z_s|+2(R_s\cos\theta_Z+X_s\sin\theta_Z)}$$

显然，这一功率小于含源二端网络可能提供的最大功率。

综上所述，当负载阻抗角固定而模值可调时，负载获得最大功率的条件是负载阻抗的模值等于含源二端网络戴维南等效阻抗的模值。

与电阻电路的情况类似，负载获得最大功率时的传输效率不大于 50%，是很低的。因此，传输电能的电路（如电力系统）是不允许工作在这种状态下的。

## 9.3 正弦稳态电路的相量分析

由于相量模型和线性电阻电路在基本定律上的相似性，线性电阻电路中基于基本定律推导出的各种分析方法和特性完全适用于相量模型，即同样可以用等效变换法、节点分析法、网孔分析法、回路分析法、叠加定理、戴维南定理等分析相量模型，只需要将电阻换成阻抗、电导换成导纳、时域电压和电流分别换成电压相量和电流相量，其差别仅在于所得电路方程为相量形式的代数方程和用相量描述的定理。下面通过具体实例予以说明。

**【例 9 - 10】** 试求图 9 - 21（a）所示正弦稳态电路中的电流 $i(t)$。其中 $u_s(t)=20\sqrt{2}\sin 2t\,\text{V}$。

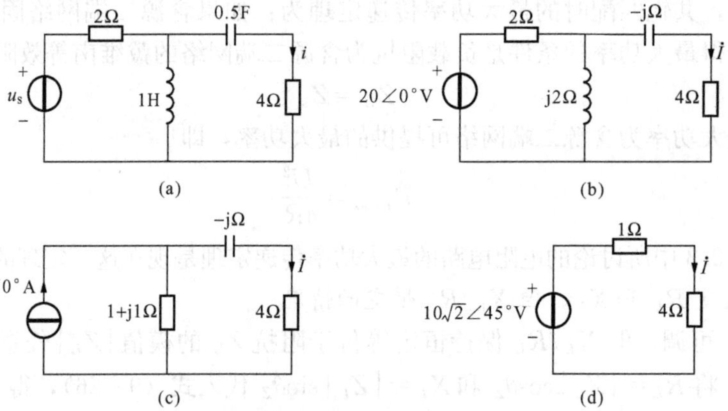


图 9 - 21 ［例 9 - 10］图

（a）原电路；（b）相量模型；（c）、（d）等效变换图

**解** 图 9 - 21（a）所示正弦稳态电路的相量模型如图 9 - 21（b）所示。对图 9 - 21（b）进行等效变换，过程如图 9 - 21（c）和图 9 - 21（d）所示，由图 9 - 21（d）得

$$\dot{I}=\frac{10\sqrt{2}\angle 45^\circ}{4+1}=2\sqrt{2}\angle 45^\circ(\text{A})$$

所以

$$i(t)=4\sin(2t+45^\circ)(\text{A})$$

**【例 9 - 11】**　试分别列写图 9 - 22 所示相量模型的节点电压相量方程和网孔电流相量方程。

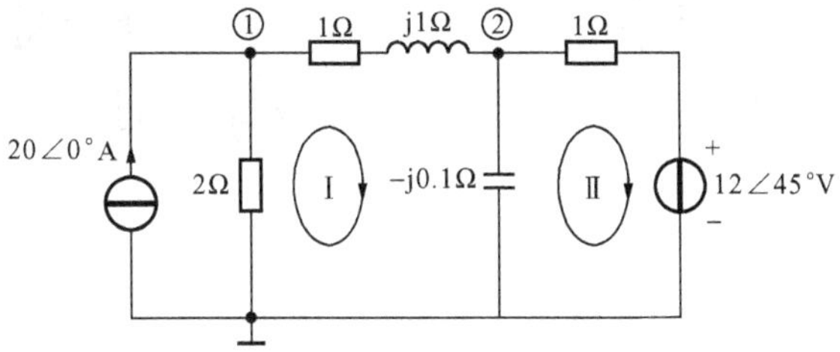


图 9 - 22 ［例 9 - 11］图

**解**　方程的列写规律与电阻电路完全相同，只需要把电导换成导纳，电阻换成阻抗即可。

（1）节点电压方程的相量形式。由节点分析法得

$$\left.\begin{aligned}\left(0.5+\frac{1}{1+\mathrm{j}}\right)\dot{U}_{n1}-\frac{1}{1+\mathrm{j}}\dot{U}_{n2}&=20\angle 0^\circ\\-\frac{1}{1+\mathrm{j}}\dot{U}_{n1}+\left(1+\mathrm{j}10+\frac{1}{1+\mathrm{j}}\right)\dot{U}_{n2}&=12\angle 45^\circ\end{aligned}\right\}$$

整理得节点电压相量方程为

$$\left.\begin{aligned}(1-\mathrm{j}0.5)\dot{U}_{n1}-(0.5-\mathrm{j}0.5)\dot{U}_{n2}&=20\angle 0^\circ\\-(0.5-\mathrm{j}0.5)\dot{U}_{n1}+(1.5+\mathrm{j}9.5)\dot{U}_{n2}&=12\angle 45^\circ\end{aligned}\right\}$$

注意，节点①和②之间的支路导纳是 $\frac{1}{1+\mathrm{j}}$S，而不是 $1+\frac{1}{\mathrm{j}}$S。

（2）网孔电流相量方程。由网孔分析法得

$$\left.\begin{aligned}(2+1+\mathrm{j}-\mathrm{j}0.1)\dot{I}_{m1}-(-\mathrm{j}0.1)\dot{I}_{m2}&=40\angle 0^\circ\\-(-\mathrm{j}0.1)\dot{I}_{m1}+(1-\mathrm{j}0.1)\dot{I}_{m2}&=-12\angle 45^\circ\end{aligned}\right\}$$

整理得网孔电流相量方程为

$$\left.\begin{aligned}(3+\mathrm{j}0.9)\dot{I}_{m1}+\mathrm{j}0.1\dot{I}_{m2}&=40\angle 0^\circ\\\mathrm{j}0.1\dot{I}_{m1}+(1-\mathrm{j}0.1)\dot{I}_{m2}&=-12\angle 45^\circ\end{aligned}\right\}$$

**【例 9 - 12】**　电路如图 9 - 23（a）所示，$i_s(t)=2\sqrt{2}\sin 3t\,\mathrm{A}$，$R=1\Omega$，$C_1=C_2=\frac{1}{3}\mathrm{F}$。试用戴维南定理求电压 $u(t)$。

**解**　移去电容 $C_2$，求所得二端网络的戴维南等效电路。

（1）求开路电压 $\dot{U}_{oc}$。相量模型如图 9 - 23（b）所示。

$$\dot{U}_1=1\times 2\angle 0^\circ=2\angle 0^\circ(\mathrm{V})$$

$$\dot{U}_{oc}=\dot{U}_1+\mathrm{j}2\dot{U}_1=(1+\mathrm{j}2)\times 2=2+\mathrm{j}4(\mathrm{V})$$

（2）求短路电流 $\dot{I}_{sc}$。电路如图 9 - 23（c）所示，由网孔分析法得

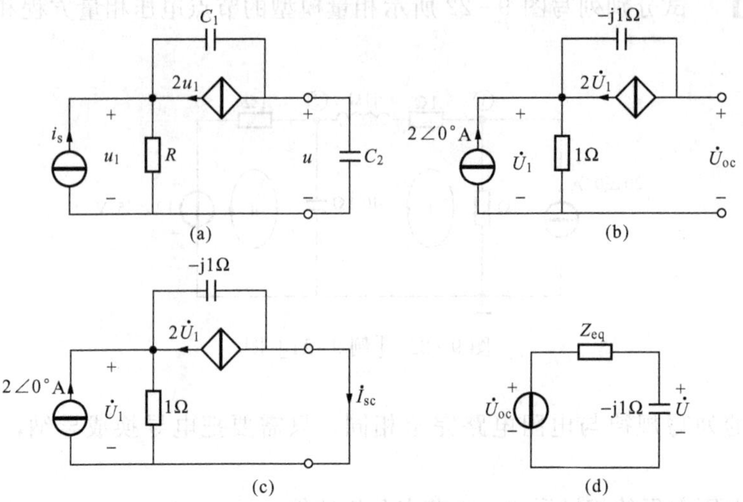


图 9-23 ［例 9-12］图

$$(1-\mathrm{j})\dot{I}_{sc}-\dot{I}_{s}+(-\mathrm{j})2\dot{U}_1=0 \qquad (9-27)$$

将 $\dot{U}_1=2-\dot{I}_{sc}$ 代入式（9-27）中得

$$(1-\mathrm{j})\dot{I}_{sc}-\mathrm{j}2\times(2-\dot{I}_{sc})=2\angle 0^\circ$$

整理得

$$(1+\mathrm{j})\dot{I}_{sc}=2+\mathrm{j}4$$

解得

$$\dot{I}_{sc}=\frac{2+\mathrm{j}4}{1+\mathrm{j}}(\mathrm{A})$$

（3）求戴维南等效阻抗 $Z_{eq}$。

$$Z_{eq}=\frac{\dot{U}_{oc}}{\dot{I}_{sc}}=\frac{2+\mathrm{j}4}{\dfrac{2+\mathrm{j}4}{1+\mathrm{j}}}=1+\mathrm{j}(\Omega)$$

（4）求电压 $u(t)$。等效电路如图 9-23（d）所示，则

$$\dot{U}=\frac{-\mathrm{j}}{1+\mathrm{j}-\mathrm{j}}\dot{U}_{oc}=-\mathrm{j}\dot{U}_{oc}=4-\mathrm{j}2=2\sqrt{5}\angle-26.6^\circ(\mathrm{V})$$

所以

$$u(t)=2\sqrt{10}\sin(3t-26.6^\circ)(\mathrm{V})$$

电阻双口网络的理论亦可推广到相量模型。开路电阻参数、短路电导参数、传输参数和混合参数分别变为开路阻抗参数又称为 $Z$ 参数、短路导纳参数又称为 $Y$ 参数、传输参数又称为 $T$ 参数、混合参数又称为 $H$ 参数，它们仍可以用第 5 章介绍的方法来确定。对于互易双口网络，$Z_{12}=Z_{21}$，$Y_{12}=Y_{21}$，$AD-BC=1$，$H_{12}=-H_{21}$。可以证明，仅由电阻 R、电感 L 和电容 C 组成的双口网络一定是互易的。

## 9.4　用相量图分析正弦稳态电路

相量图是一种能够反映正弦稳态电路中基尔霍夫定律和支路伏安关系相量形式的图，它可以清晰地表明电路中各支路电压、电流之间的相位关系。对于某些单电源电路，借助相量图分析，可以避免繁琐的复数运算，使计算得到简化。

### 9.4.1　常用的基本相量图

电路的相量图可以依据常用的基本相量图作出。这些常用的基本相量图包括三种基本元件的相量图、感性支路和容性支路的相量图以及 KCL、KVL 的相量图，下面分别介绍。

1. 三种基本元件的相量图

电阻、电感和电容三种基本元件的相量图已在本书 8.4 中作过讨论，现列于图 9 - 24 中。注意，上述相量图是在元件电压和电流采用关联参考方向下作出的，且有

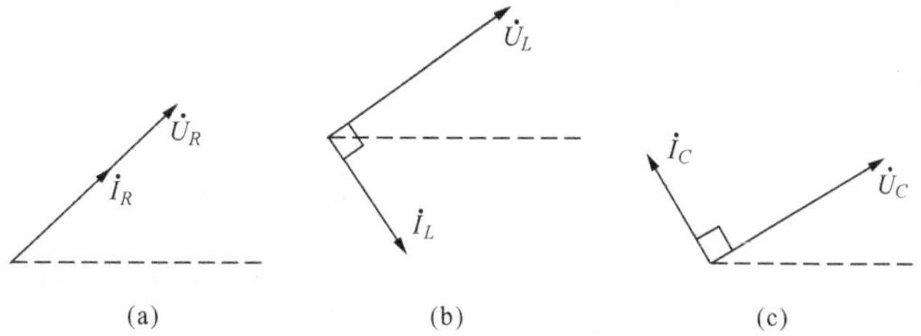


图 9 - 24　三种基本元件的相量图

(a) 电阻 ($R>1$)；(b) 电感 ($\omega L>1$)；(c) 电容 ($\omega C<1$)

$$U_R=RI_R,\ U_L=\omega LI_L,\ U_C=\frac{1}{\omega C}I_C$$

2. 感性支路和容性支路的相量图

对于感性支路，在相位上电压超前电流，其相量图如图 9 - 25 (a) 所示；而对于容性支路，电压落后于电流，其相量图如图 9 - 25 (b)。图 9 - 25 中，有

$$U=|Z|I,\quad \theta=\theta_Z$$

式中：$|Z|$ 为支路阻抗的模值；$\theta_Z$ 为阻抗角。

3. KCL 和 KVL 的相量图

两个相量求和的相量图可由平行四边形法则或者三角形法则作出。例如，$\dot{U}=\dot{U}_1+\dot{U}_2$，按平行四边形法则作出的相量图如图 9 - 26 (a) 所示；用三角形法则作出的相量图如图 9 - 26 (b) 所示。

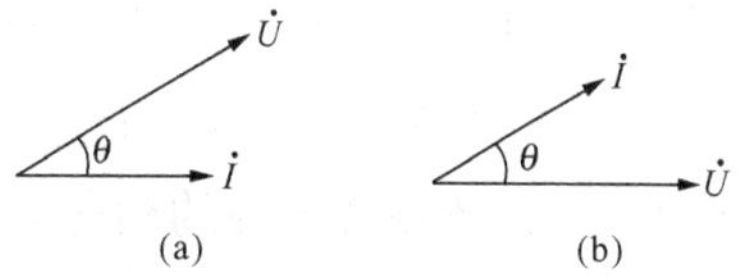


图 9 - 25　感性支路与容性支路相量图

(a) 感性支路相量图；(b) 容性支路相量图

用平行四边形法则求和时，两个相量的始端应画在一起；而用三角形法则求和时，第二个相量的始端要从第一个相量的末端画起，并且各相量要依据同一参考相量画出。

对于多个相量求和的相量图可应用多边形法则作出，例如，$\dot{U}=\dot{U}_1+\dot{U}_2+\dot{U}_3$，其多边形法则作出的相量图如图 9 - 27 所示。当然，也可以重复应用两个相量求和的相量图作出。

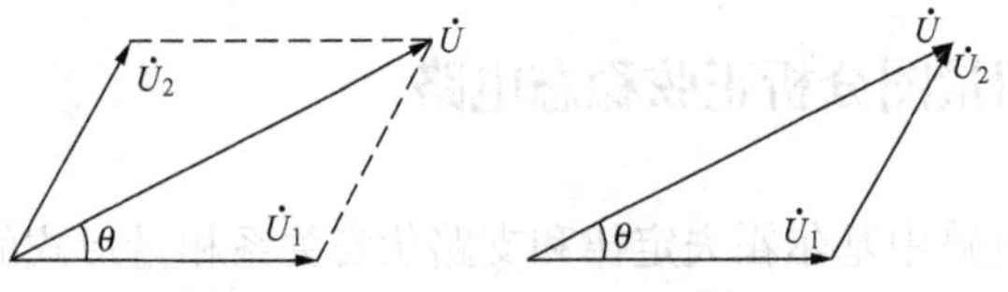


(a) (b)

图 9 - 26 相量求和的相量图

(a) 平行四边形法则；(b) 三角形法则

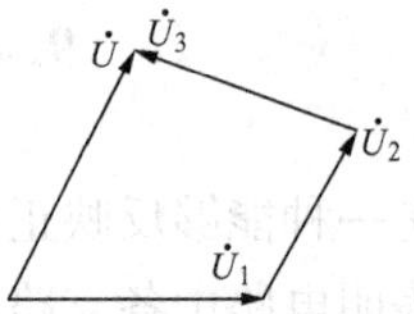


图 9 - 27 多边形法则

相量求和的相量图可用来表示 KCL 和 KVL，而元件和支路的相量图表明了欧姆定律，所以，相量图也体现了电路中的两类约束。作电路的相量图时，一般从离电源最远侧画起，首先选择最远侧支路电压相量或电流相量作为参考相量；然后，以参考相量为基础，根据常用的基本相量图，相对电源由远及近逐条支路画出相关的电压相量和电流相量。如果最远侧为两条支路串联，一般取它们的电流作为参考相量；如果最远侧为两条支路并联，则一般取它们的电压作为参考相量。相量图中的特殊角（30°、45°、60°、90°等）和特殊边（相等、成比例、平行等）应在图中标出。

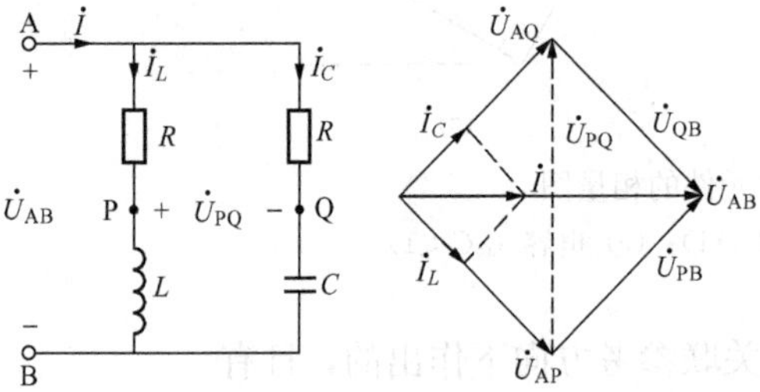


(a) (b)

图 9 - 28 ［例 9 - 13］图

(a) 原电路；(b) 相量图

**【例 9 - 13】** 如图 9 - 28 (a) 所示电路中，$\omega L=\dfrac{1}{\omega C}\neq R$，试定性画出该电路的相量图。

**解** 由于最远侧为两条支路并联，所以取 $\dot{U}_{AB}$为其参考相量。先画出 $\dot{U}_{AB}$，然后相对于 $\dot{U}_{AB}$，根据支路相量图画出电流 $\dot{I}_L$ 和 $\dot{I}_C$。由平行四边形法则可画出 $\dot{I}$，如图 9 - 28 (b) 所示。显然，$\dot{U}_{AB}$和 $\dot{I}$ 同相，根据电阻元件的相量图，可作出 $\dot{U}_{AP}$和 $\dot{U}_{AQ}$；依据 KVL 有 $\dot{U}_{AQ}=\dot{U}_{AP}+\dot{U}_{PQ}$，由三角形法则可作出 $\dot{U}_{PQ}$；再根据电感和电容的相量图以及 $\dot{U}_{AB}=\dot{U}_{AP}+\dot{U}_{PB}$和 $\dot{U}_{AB}=\dot{U}_{AQ}+\dot{U}_{QB}$可作出 $\dot{U}_{PB}$和 $\dot{U}_{QB}$。图中各相量之间的夹角可由平面几何理论确定，由图 9 - 28 (b) 可知，$\dot{U}_{AB}$落后 $\dot{U}_{PQ}$ 90°。

### 9.4.2 正弦稳态电路的相量图分析示例

相量图不仅可以形象地表明电路中电压、电流的相位关系，而且还可以借助相量图求出未知的电压和电流以及相位差。这种借助于相量图分析正弦稳态电路的方法称为相量图分析法。这种方法是正弦稳态电路所特有的分析方法，对于某些电路利用相量图分析法进行分析会更方便。

在相量图中，两类约束是由几何关系表示的。可以利用已知的电压、电流和相位关系等求出未知的电压和电流。相量图分析法一般分为两步：

(1) 定性地绘出电路的相量图。

(2) 由相量图所表示的几何关系，利用初等几何、代数和三角知识求出未知量。

下面通过具体实例对相量图分析法加以说明。

**【例 9 - 14】** 在图 9 - 29 (a) 所示的正弦稳态电路中，电压表 PV1 的示数为 $100\sqrt{2}$ V，

电压表 PV2 的示数为 220V，电流表 PA1 的示数为 30A，PA2 的示数为 20A，功率表的示数为 1000W，试求 $R$、$X_{L1}$、$X_{L2}$ 和 $X_C$。

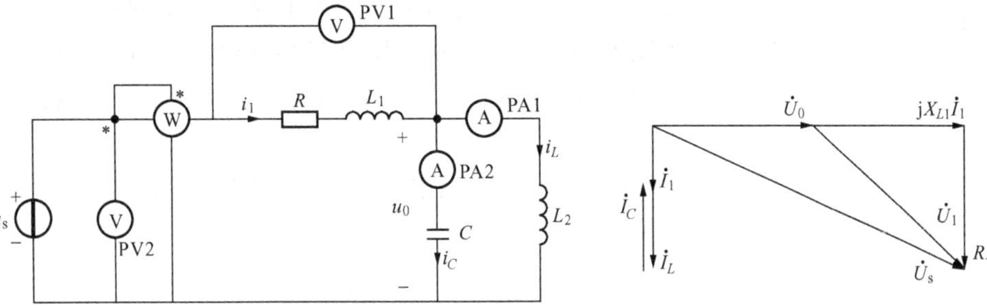


(a)　　(b)

图 9 - 29　［例 9 - 14］图

(a) 原电路；(b) 相量图

**解**　取 $\dot{U}_0$ 为参考相量，则因 $\dot{I}_L$ 落后 $\dot{U}_0$ 90°，$\dot{I}_C$ 超前 $\dot{U}_0$ 90°，所以

$$\dot{I}_1=\dot{I}_L+\dot{I}_C=-j30+j20=10\angle-90°(\text{A})$$

同时，电阻 $R$ 上的电压 $\dot{U}_R=R\dot{I}_1$，与 $\dot{I}_1$ 同相；电感上的电压 $jX_{L1}\dot{I}_1$，超前 $\dot{I}_1$ 90°，并且 $\dot{U}_s=\dot{U}_1+\dot{U}_0$。根据以上分析，可画出图 9 - 29（b）所示的相量图。

微课 13

相量图（典型例题讲解）

因为 $P=RI_1^2=1000(\text{W})$，$I_1=10(\text{A})$，所以

$$R=\frac{P}{I_1^2}=\frac{1000}{10^2}=10(\Omega)$$

由图 9 - 29（b）中的电压三角形得

$$U_1^2=(RI_1)^2+(X_{L1}I_1)^2$$

所以

$$X_{L1}=\sqrt{\frac{U_1^2-(RI_1)^2}{I_1^2}}=\sqrt{\frac{(100\sqrt{2})^2-(10\times10)^2}{10^2}}=10(\Omega)$$

又

$$(U_0+X_{L1}I_1)^2+(RI_1)^2=U_s^2$$

所以

$$U_0=\sqrt{U_s^2-(RI_1)^2}-X_{L1}I_1=\sqrt{220^2-(10\times10)^2}-10\times10=96(\text{V})$$

则

$$X_{L2}=\frac{U_0}{I_L}=\frac{96}{30}=3.2(\Omega)，X_C=-\frac{U_0}{I_C}=-\frac{96}{20}=-4.8(\Omega)$$

## 9.5　串　联　谐　振

谐振是正弦稳态电路的一种特定工作状况，在生产和科研中会经常遇到。例如，在通信工程中，可利用谐振现象选择所需的信号；而在电力系统中，一般情况下要尽量避免电路发

生谐振，以保护电气设备。所以，对谐振现象的研究具有重要的实际意义。一个含有电感和电容的电路，如果在特定的条件下，出现端口电压和端口电流同相现象，则称该电路发生了谐振。处于谐振的电路称为谐振电路。常用的基本谐振电路分为串联谐振电路、并联谐振电路和耦合谐振电路三种。本章主要讨论前两种电路发生谐振的条件和谐振时的一些特征。本节首先分析串联谐振电路。

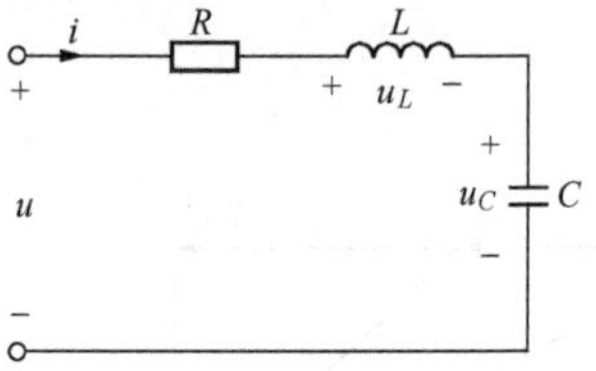

图 9 - 30　RLC 串联谐振电路

对于图 9 - 30 所示的 RLC 串联电路，在正弦稳态下，其输入阻抗为

$$Z(\mathrm{j}\omega)=R+\mathrm{j}\left(\omega L-\frac{1}{\omega C}\right)=R+\mathrm{j}X \tag{9 - 28}$$

当电路发生谐振时，端口电压 $u$ 和端口电流 $i$ 同相，输入阻抗的虚部为零，即

$$X=\omega L-\frac{1}{\omega C}=0 \tag{9 - 29}$$

或者写成

$$X_L=-X_C$$

式（9 - 29）称为 RLC 串联电路的谐振条件。由此可得电路的谐振频率为

微课 14

谐振的概念

$$\omega_0=\frac{1}{\sqrt{LC}},\quad f_0=\frac{1}{2\pi\sqrt{LC}} \tag{9 - 30}$$

式（9 - 30）表明，RLC 串联电路的谐振频率仅由电路参数 $L$ 和 $C$ 决定，而与外加激励无关。因此，谐振频率反映了电路的一种固有性质。由式（9 - 29）可以看出，谐振条件能否实现与电源频率和电路参数密切相关。当 $L$ 和 $C$ 固定时，要实现谐振条件，必须调节电源频率，使之等于电路的谐振频率，只有这样，电路才能工作在谐振状态。而当电源频率固定时，欲使电路发生谐振，可改变电感 $L$ 或电容 $C$ 的数值来满足谐振条件。实际中常用的是改变电容的数值（采用可调电容）来实现。例如，日常生活中收录机和电视机等的调谐电路就是通过改变电容的数值使电路发生谐振，从而达到选择广播电台或电视台的目的。电容、电感和电源频率三个量中，无论改变哪一个量，都可以使电路满足谐振条件而发生谐振，也可以使三者之间的关系不满足谐振条件而达到消除谐振的目的。

RLC 串联电路中发生的谐振称为串联谐振。下面讨论 RLC 串联谐振电路的特征。

由于谐振时输入阻抗的电抗分量为零，所以由式(9 - 28）得电路的谐振阻抗 $Z_0$ 为

$$Z_0=Z(\mathrm{j}\omega)\big|_{\omega=\omega_0}=R$$

即电路谐振时的输入阻抗为一纯电阻。并且

$$|Z|=\sqrt{R^2+X^2}\geqslant|Z_0|=R$$

谐振时，输入阻抗的模值取得最小值（见图 9 - 31）；电感和电容相串联部分相当于短路。

假定端口电压幅值保持不变，则在谐振状态下，端口电流的有效值 $I_0$ 为

$$I_0=\frac{U}{R}$$

而在非谐振状态下，端口电流的有效值 $I$ 为

$$I=\frac{U}{\sqrt{R^2+X^2}}\leqslant\frac{U}{R}=I_0$$

所以，谐振时端口电流的有效值取得最大值，并且完全取决于电阻 $R$，与电感和电容无关。

谐振时，$\omega_0 L=\dfrac{1}{\omega_0 C}$，将式（9 - 30）代入得

$$\omega_0 L=\frac{1}{\omega_0 C}=\sqrt{\frac{L}{C}}\triangleq\rho$$

式中：$\rho$ 为 RLC 串联谐振电路的特性阻抗，它是一个由电路参数 $L$ 和 $C$ 决定的量。

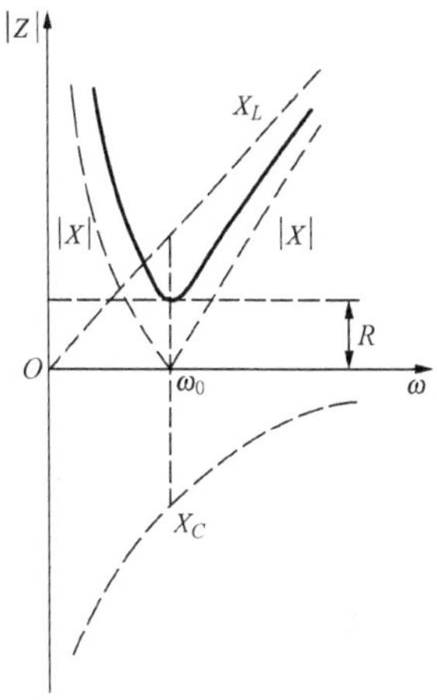


图 9 - 31　串联谐振电路的阻抗幅频特性

谐振时，电感和电容上的电压分别为

$$\left.\begin{aligned}\dot{U}_{L0}&=\mathrm{j}\omega_0 L\dot{I}_0=\mathrm{j}\rho\frac{\dot{U}}{R}\triangleq\mathrm{j}Q\dot{U}\\ \dot{U}_{C0}&=\frac{1}{\mathrm{j}\omega_0 C}\dot{I}_0=-\mathrm{j}\rho\frac{\dot{U}}{R}\triangleq-\mathrm{j}Q\dot{U}\end{aligned}\right\}\quad(9-31)$$

其中

$$Q=\frac{\rho}{R}=\frac{\omega_0 L}{R}=\frac{1}{\omega_0 RC}=\frac{1}{R}\sqrt{\frac{L}{C}}$$

式中：$Q$ 称为 RLC 串联谐振电路的品质因数或者谐振系数，工程上简称为 $Q$ 值。它是一个仅由电路参数决定的无量纲的量。电阻越大，$Q$ 值越小。

由式（9 - 31）可知，在谐振状态下，$\dot{U}_{L0}$ 和 $\dot{U}_{C0}$ 大小相等，相位相反，完全抵消。它们的有效值都为电源电压有效值的 $Q$ 倍，即

$$Q=\frac{U_{L0}}{U}=\frac{U_{C0}}{U}$$

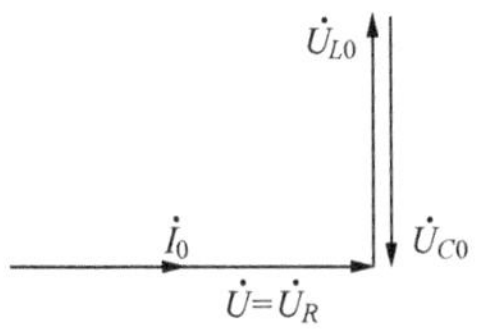


图 9 - 32　串联谐振相量图

所以，串联谐振又称为电压谐振。这时，端口电压 $\dot{U}$ 全都加在了电阻上，电阻电压的有效值达到了最大值。串联谐振的相量图如图 9 - 32 所示。

当 $Q\gg 1$，即电路接近谐振状态时，电感和电容上会出现远大于电源电压的高电压。在电力系统中出现高电压，通常导致某些电气设备过电压而不能正常工作，甚至造成损坏。所以，在电力系统中一般避免谐振现象。而在一些无线电设备中，利用谐振特性则可提高微弱信号的幅值，并把它选择出来。

应该指出，电感和电容电压有效值的大小与频率有关，它们的最大值一般并不出现在谐振频率处。当品质因数较高时，它们的最大值与谐振时的值相差很小。

谐振时电路吸收的无功功率

$$Q=UI\sin\theta_Z=Q_L+Q_C=0$$

即

$$Q_L=-Q_C\qquad(9-32)$$

式(9 - 32) 表明，谐振时电感中的无功功率与电容的无功功率相互完全补偿，并且电感和电容中所储存的能量总和为

$$W(t)=W_L(t)+W_C(t)=LI_0^2\sin^2\omega_0 t+CU_{C0}^2\cos^2\omega_0 t$$

而

$$U_{C0}=\frac{1}{\omega_0 C}I_0=\sqrt{\frac{L}{C}}I_0$$

所以

$$W(t)=LI_0^2(\sin^2\omega_0 t+\cos^2\omega_0 t)=LI_0^2=CU_{C0}^2=CQ^2U^2$$

可见，谐振时电路所储存的总能量 $W(t)$ 是不随时间变化的常量，且与品质因数 $Q$ 的平方成正比，也与端口电压有效值的平方成正比。

下面讨论 $Q$ 值的物理意义。

将 $Q=\omega_0 L/R$ 的分子、分母同乘以 $I_0^2$，得

$$Q=\frac{\omega_0 LI_0^2}{RI_0^2}=2\pi\frac{LI_0^2}{RI_0^2T_0}$$

即

$$Q=\omega_0\frac{\text{谐振时电路中储存的电磁能量总和}}{\text{电路消耗的平均功率}}$$

或者

$$Q=2\pi\frac{\text{谐振时电路中储存的电磁能量总和}}{\text{电路一个周期所消耗的能量}}$$

为了研究 RLC 串联电路的谐振性能，现在来讨论电路电流随频率变化的特性。

图 9 - 30 所示电路中的电流为

$$\dot{I}=\frac{\dot{U}}{Z}=\frac{\dot{U}}{R+\mathrm{j}\left(\omega L-\dfrac{1}{\omega C}\right)} \tag{9 - 33}$$

将式（9 - 33）两边同除以谐振时的电流 $\dot{I}_0=\dot{U}/R$，得

$$\frac{\dot{I}}{\dot{I}_0}=\frac{1}{1+\mathrm{j}\dfrac{1}{R}\left(\omega L-\dfrac{1}{\omega C}\right)}=\frac{1}{1+\mathrm{j}Q\left(\dfrac{\omega}{\omega_0}-\dfrac{\omega_0}{\omega}\right)}$$

相应的幅值为

$$\frac{I}{I_0}=\frac{1}{\sqrt{1+Q^2\left(\dfrac{\omega}{\omega_0}-\dfrac{\omega_0}{\omega}\right)^2}}=\frac{1}{\sqrt{1+Q^2\left(\eta-\dfrac{1}{\eta}\right)^2}} \tag{9 - 34}$$

其中，$\eta=\dfrac{\omega}{\omega_0}$。式（9 - 34）可用曲线表示，这种随频率变化的曲线称为谐振曲线。图 9 - 33 给出了不同 $Q$ 值的谐振曲线。因为任何 $Q$ 值相等的 RLC 串联电路的曲线都是相同的，所以这种曲线又称为串联谐振电路的通用曲线。

由图 9 - 33 的通用曲线可见，电路的 $Q$ 值越大，曲线越尖锐，即在谐振频率附近，电流很大；而在远离谐振频率处，电流较小。而且电路的 $Q$ 值越高，二者相差越大。所以，谐振电路可以从许多不同频率的信号中选择出所需要的信号。这种性质称为电路的选择性。$Q$ 值越高，电路对非谐振频率信号的抑制能力越强，选择性越好；反之，$Q$ 值很小时，在

谐振频率附近，电流变化不大，曲线的顶部形状比较平缓，选择性就差。

为了衡量电路对于频率的选择能力，通常把幅值不小于其最大值的 $1/\sqrt{2}$ 倍的频率范围定义为电路的通频带，记作 $BW$。由通用曲线还可以看出，$Q$ 值越高，电路的通频带越窄。因此，选择性与通频带是两个相互矛盾的指标。从抑制邻近不需要的信号考虑，要求电路的选择性好，即希望 $Q$ 值高；而从减小信号失真的角度来看，却要求电路的通频带宽一些，即希望 $Q$ 值低一些。在具体应用时，要兼顾这两方面的要求，统筹考虑。

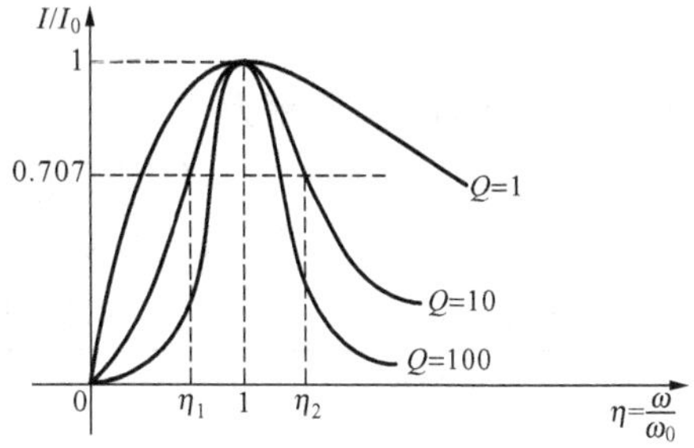


图 9 - 33　串联谐振电路的通用曲线

下面具体推导通频带与 $Q$ 值之间的关系。

根据通频带的定义，令 $I/I_0=0.707$，由式（9 - 34）得

$$Q\left(\frac{\omega}{\omega_0}-\frac{\omega_0}{\omega}\right)=\pm 1$$

由此得通频带的上、下限频率分别为

$$\omega_{CH}=\frac{\omega_0}{2Q}+\omega_0\sqrt{1+\frac{1}{4Q^2}},\quad \omega_{CL}=-\frac{\omega_0}{2Q}+\omega_0\sqrt{1+\frac{1}{4Q^2}}$$

于是，通频带为

$$BW=\omega_{CH}-\omega_{CL}=\frac{\omega_0}{Q}$$

由此可知，当电路的谐振频率一定时，$Q$ 值越高，通频带越窄。这与前面的定性分析结论完全一致。

## 9.6 并 联 谐 振

图 9 - 34 所示的 GLC 并联谐振电路与图 9 - 30 所示的 RLC 串联电路是对偶电路。根据对偶原理，可得有关 GLC 并联谐振电路的结果，见表 9 - 2。

在工程上经常用电感线圈与电容并联的谐振电路，其电路模型如图 9 - 35 所示。电路的输入导纳为

$$Y=j\omega C+\frac{1}{r+j\omega L}=\frac{r}{r^2+\omega^2L^2}+j\left(\omega C-\frac{\omega L}{r^2+\omega^2L^2}\right)$$

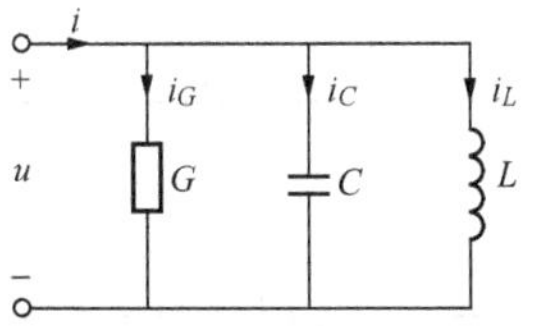


图 9 - 34　GLC 并联谐振电路

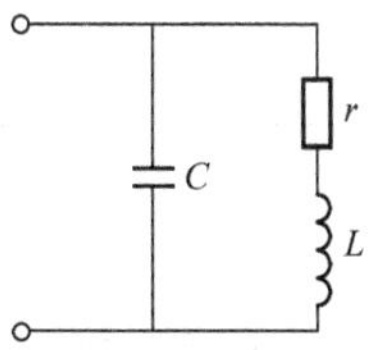


图 9 - 35　实用并联谐振电路

由此得电路的并联谐振条件为

$$\omega C-\frac{\omega L}{r^2+\omega^2L^2}=0$$

所以，电路的谐振频率为

$$\omega_0=\sqrt{\frac{L-r^2C}{L^2C}}=\frac{1}{\sqrt{LC}}\sqrt{1-\frac{r^2C}{L}}=\frac{1}{\sqrt{LC}}\sqrt{1-\frac{1}{Q^2}}$$

**表 9-2　串联谐振电路和并联谐振电路的特性**

| 谐振形式 | 串联谐振 | 并联谐振 |
|---|---|---|
| 别名 | 电压谐振 | 电流谐振 |
| 谐振条件 | $X=\omega_0L-\frac{1}{\omega_0C}=0$ | $B=\omega_0C-\frac{1}{\omega_0L}=0$ |
| 谐振频率 | $\omega_0=\frac{1}{\sqrt{LC}}$ | $\omega_0=\frac{1}{\sqrt{LC}}$ |
| 特性阻抗 | $\rho=\sqrt{\frac{L}{C}}$ | $\rho=\sqrt{\frac{L}{C}}$ |
| 品质因数 | $Q=\frac{\omega_0L}{R}=\frac{1}{\omega_0CR}=\frac{\rho}{R}$ | $Q=\frac{\omega_0C}{G}=\frac{1}{\omega_0LG}=\frac{1}{\rho G}$ |
| 谐振时电路的相量图 | 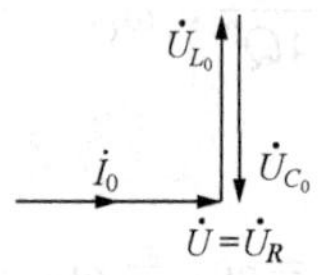 | 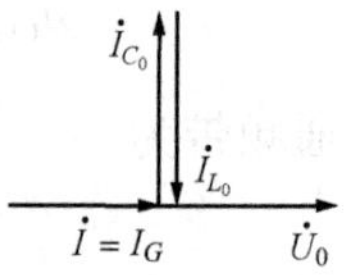 |
| 谐振时的阻抗或导纳 | $Z_0=R$，$\|Z\|$ 为最小 | $Y_0=G$，$\|Y\|$ 为最小 |
| 谐振时的电压或电流 | $\dot{I}_0=\frac{\dot{U}}{R}$ <br> $U$ 一定，$I_0$ 取得最大值 | $\dot{U}_0=\frac{\dot{I}}{G}$ <br> $I_0$ 一定，$U_0$ 取得最大值 |
| 储能元件的电压或电流 | $\dot{U}_{L0}=\mathrm{j}Q\dot{U}$ <br> $\dot{U}_{C0}=-\mathrm{j}Q\dot{U}$ | $\dot{I}_{C0}=\mathrm{j}Q\dot{I}$ <br> $\dot{I}_{L0}=-\mathrm{j}Q\dot{I}$ |
| 电磁总能量 | $W(t)=CQ^2U^2$ | $W(t)=LQ^2I^2$ |
| 通用曲线表达式 | $\frac{I}{I_0}=\frac{1}{\sqrt{1+Q^2\left(\frac{\omega}{\omega_0}-\frac{\omega_0}{\omega}\right)^2}}$ | $\frac{U}{U_0}=\frac{1}{\sqrt{1+Q^2\left(\frac{\omega}{\omega_0}-\frac{\omega_0}{\omega}\right)^2}}$ |
| 通频带 | $BW=\frac{\omega_0}{Q}$ | $BW=\frac{\omega_0}{Q}$ |

或者

$$f_0=\frac{1}{2\pi\sqrt{LC}}\sqrt{1-\frac{r^2C}{L}}=\frac{1}{2\pi\sqrt{LC}}\sqrt{1-\frac{1}{Q^2}} \tag{9-35}$$

其中：$Q=\frac{1}{r}\sqrt{\frac{L}{C}}$ 为电路的品质因数。

由式（9 - 35）可知，电路的谐振频率仅由电路的参数决定。由于只有 $1-\frac{r^2C}{L}>0$，即 $r<\sqrt{\frac{L}{C}}$ 时，$\omega_0$ 才是一个实数，所以，只有 $r<\sqrt{\frac{L}{C}}$，即 $Q>1$ 时，电路才会发生谐振。

在实际中，一般都选择参数满足 $r\ll\sqrt{\frac{L}{C}}$，即 $Q\gg 1$，则电路的谐振频率可近似为

$$\omega_0\approx\frac{1}{\sqrt{LC}}$$

在此情况下，$\sqrt{\frac{L}{C}}=\omega_0 L$，电路近似等效为 GLC 并联电路。其中，电导 $G=\frac{r}{\omega_0^2L^2}=\frac{rC}{L}$，则电路的品质因数 $Q=\frac{\omega_0 C}{G}=\frac{\omega_0 L}{r}=\frac{1}{r}\sqrt{\frac{L}{C}}$。

**【例 9 - 15】** 试求图 9 - 36 所示电路的谐振频率。

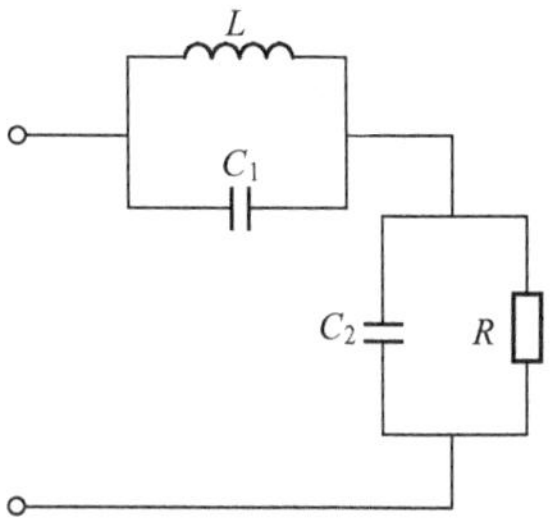

图 9 - 36 ［例 9 - 15］图

**解**　该电路有两个谐振频率：$L$ 和 $C_1$ 组成的并联谐振频率和整个电路的串联谐振频率。并联谐振频率为

$$\omega_0=\frac{1}{\sqrt{LC_1}}$$

求取一般电路谐振频率的常用办法是先求出电路的输入阻抗或输入导纳，然后令其虚部为零（谐振条件），进而求出电路的谐振频率。

图 9 - 36 所示电路的输入阻抗为

$$Z=\frac{\mathrm{j}\omega L\,\frac{1}{\mathrm{j}\omega C_1}}{\mathrm{j}\omega L+\frac{1}{\mathrm{j}\omega C_1}}+\frac{R\,\frac{1}{\mathrm{j}\omega C_2}}{R+\frac{1}{\mathrm{j}\omega C_2}}=\frac{R}{1+\omega^2R^2C_2^2}+\mathrm{j}\left(\frac{\omega L}{1-\omega^2LC_1}-\frac{\omega R^2C_2}{1+\omega^2R^2C_2^2}\right)$$

令 $Z$ 的虚部为零，则有

$$\frac{\omega L}{1-\omega^2LC_1}-\frac{\omega R^2C_2}{1+\omega^2R^2C_2^2}=0$$

即

$$\omega^2(R^2C_2^2+R^2C_1C_2)=R^2\frac{C_2}{L}-1$$

所以，电路的串联谐振频率为

$$\omega_0=\sqrt{\frac{R^2\frac{C_2}{L}-1}{R^2C_2^2+R^2C_1C_2}}=\sqrt{\frac{R^2C_2-L}{R^2LC_2(C_1+C_2)}}$$

显然，只有 $R>\sqrt{\frac{L}{C_2}}$ 时，电路才会发生串联谐振。

## 习 题

**阻抗和导纳**

9-1 如图 9-37 所示正弦稳态网络中，$R=10\Omega$，$L=10\text{mH}$，$C=100\mu\text{F}$，$\omega=10^3\text{rad/s}$。试思考：(1) 网络呈现容性还是感性？(2) 若电容 $C$ 可调，要使 $u$ 与 $i$ 同相，$C$ 应为何值？

9-2 如图 9-38 所示正弦稳态电路中，已知 $u_a(t)=10\sin(\omega t+45°)\text{V}$，$u_b(t)=5\sin(\omega t-135°)\text{V}$，$\omega=1000\text{rad/s}$，$|Z_C|=10\Omega$。试求负载阻抗 $Z_L$。

9-3 如图 9-39 所示正弦稳态电路中，$N_0$ 为不含独立电源的网络。已知 $R=4\Omega$，$C=0.01\text{F}$，$u(t)=4\sqrt{2}\sin(10t+15°)\text{V}$，$i(t)=0.5\sin(10t+60°)\text{A}$。试求网络 $N_0$ 两种形式的最简等效电路及其元件参数值。

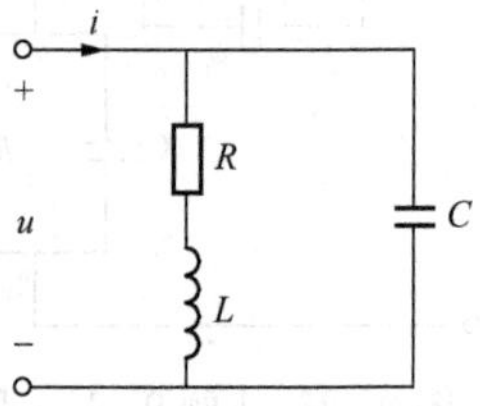

图 9-37 题 9-1 图

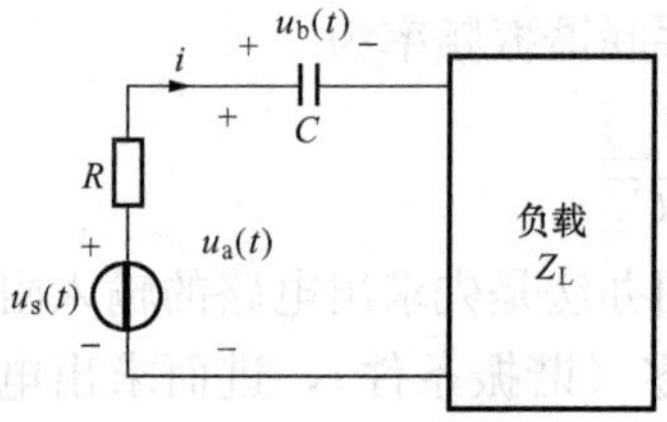

图 9-38 题 9-2 图

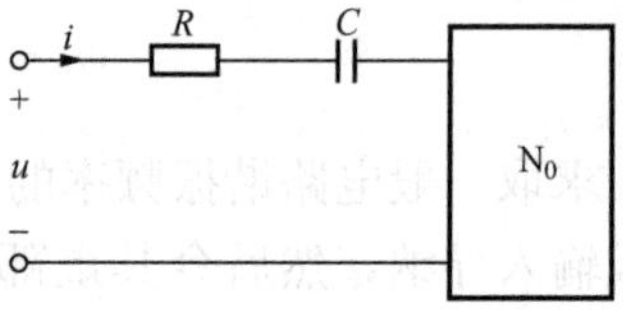

图 9-39 题 9-3 图

9-4 如图 9-40 所示正弦稳态电路中，$U=100\text{V}$，$U_C=100\sqrt{3}\text{V}$，$X_C=-100\sqrt{3}\Omega$。阻抗 $Z$ 的阻抗角 $|\theta|=60°$。试求阻抗 $Z$ 和电路的输入阻抗 $Z_i$。

9-5 如图 9-41 所示正弦稳态电路中，$L=1\text{H}$，$R_0=1\text{k}\Omega$，$Z=3+\text{j}5\Omega$。试求：(1) 当 $\dot{I}_0=0$ 时，$C$ 值为多少？(2) 当 $\dot{I}_0=0$ 时，输入阻抗 $Z_i$ 应为何值？

**两类约束**

9-6 如图 9-42 所示正弦稳态电路中，已知 $I_s=25\text{A}$，$I_R=15\text{A}$，$I_C=10\text{A}$。试求 $I_L$。

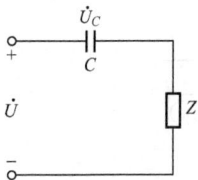

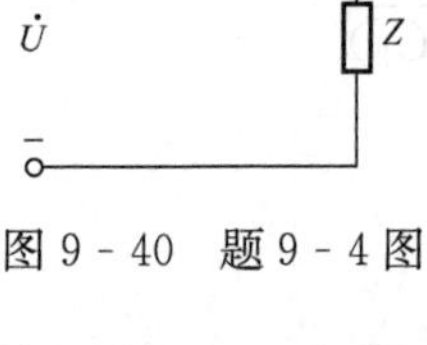

图 9-40 题 9-4 图

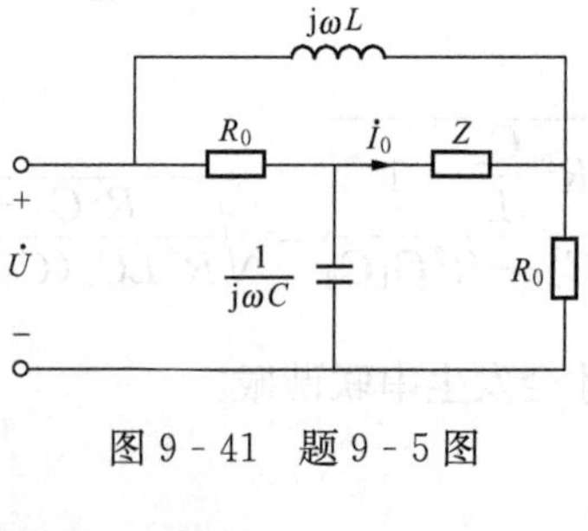

图 9-41 题 9-5 图

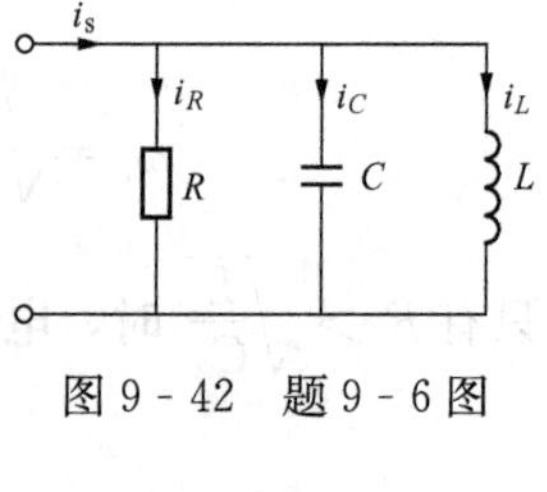

图 9-42 题 9-6 图

9-7 如图 9-43 所示正弦稳态电路中，已知 $U=8\text{V}$，$Z=1-\text{j}0.5\Omega$，$Z_1=1+\text{j}\Omega$，$Z_2=3-\text{j}\Omega$。试求各支路电流及电路的输入阻抗。

9-8 如图 9-44 所示正弦稳态电路中，已知电流表 PA 的示数为 2A，电压表 PV1 的示数为 17V，PV2 的示数为 10V。试求电源电压的有效值。

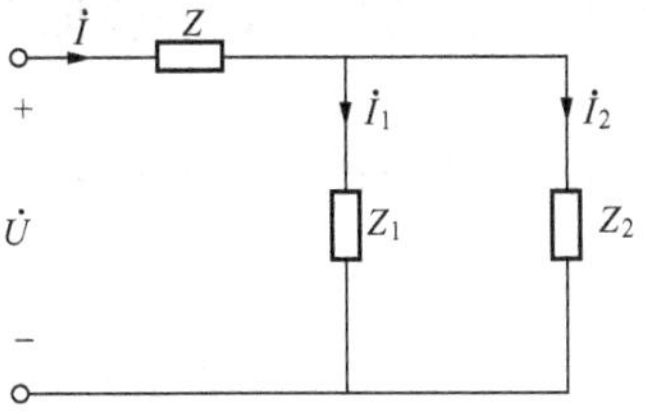


图 9-43　题 9-7 图

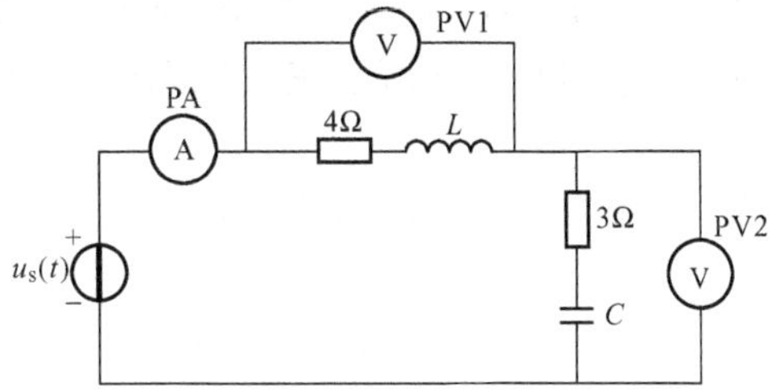


图 9-44　题 9-8 图

9-9　电路如图 9-45 所示，已知 $\dot{U}_1=4\angle 0°\text{V}$，试求 $\dot{U}_s$。

9-10　如图 9-46 所示电路中，已知 $X_C=-10\Omega$，$R=5\Omega$，$X_L=5\Omega$，各电表指示有效值。试求 PA0 的示数及 PV0 的示数。

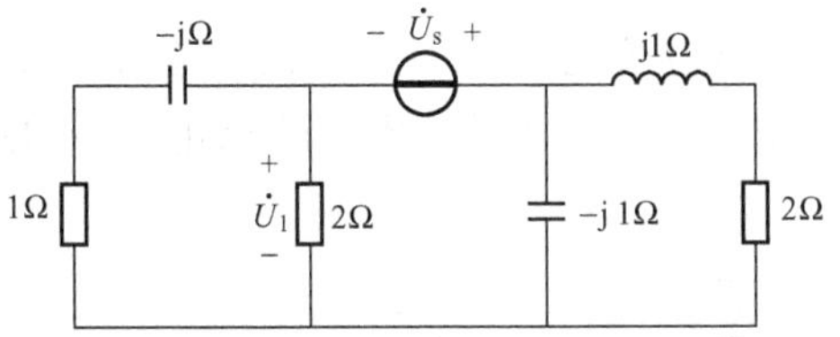


图 9-45　题 9-9 图

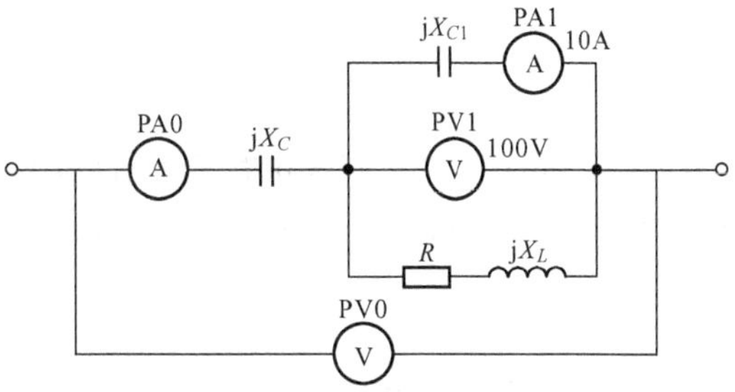


图 9-46　题 9-10 图

9-11　如图 9-47 所示为雷达显示器应用的移相电路。设 $\dot{U}_s=U_s\angle 0°$，$R=\dfrac{1}{\omega C}$。试证明电压 $\dot{U}_1$、$\dot{U}_2$、$\dot{U}_3$、$\dot{U}_4$（对地的电位）的幅值相等，相位依次差 90°。

9-12　如图 9-48 所示正弦稳态电路中，已知 $R_1=100\Omega$，$R_2=200\Omega$，$L_1=L_2=1\text{H}$，$C=100\mu\text{F}$，$\dot{U}_s=100\sqrt{2}\angle 0°\text{V}$，$\omega=100\text{rad/s}$。试求各支路电流。

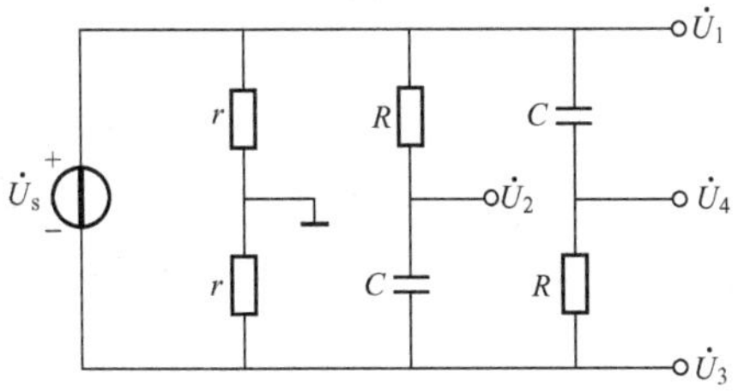


图 9-47　题 9-11 图

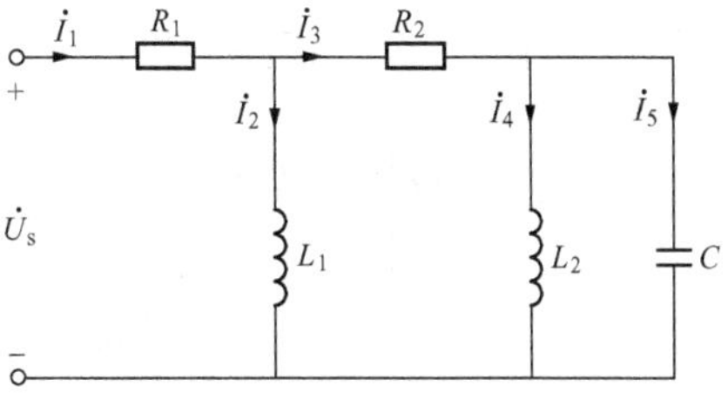


图 9-48　题 9-12 图

**功率**

9-13　试求下列不同情形下阻抗的有功功率 $P$、无功功率 $Q$ 和功率因数 $\lambda$。

(1) $\dot{I}=2\angle 40°\text{A}$，$\dot{U}=450\angle 70°\text{V}$；

(2) $\dot{I}=1.5\angle -20°\text{A}$，$Z=5000\angle 15°\Omega$；

(3) $\dot{U}=200\angle 35°\text{V}$，$Z=1500\angle -15°\Omega$；

（4）$I=5.2\text{A}$，$U=220\text{V}$，$Q=400\text{var}$；

（5）$\dot{I}=10\angle 40°\text{A}$，$U=400\text{V}$，$\text{Re}[Z]=25\Omega$，$\varphi_Z>0$。

9-14 试求图 9-49 所示正弦稳态电路中各元件吸收的有功功率，并验证有功功率守恒。

9-15 试求图 9-50 所示正弦稳态电路中各元件吸收的无功功率，并验证无功功率守恒。

9-16 图 9-51 所示正弦稳态电路中，$i_C(t)=\sqrt{2}\sin(5t+90°)\text{A}$，$C=0.02\text{F}$，$L=1\text{H}$，电路消耗的功率 $P=10\text{W}$。试求该电路的功率因数 $\lambda$。

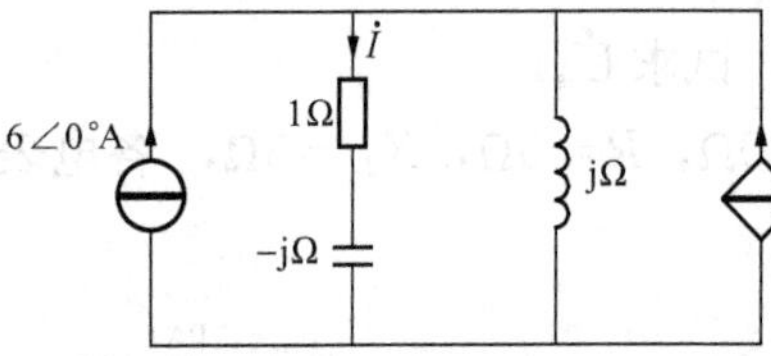

图 9-49 题 9-14 图

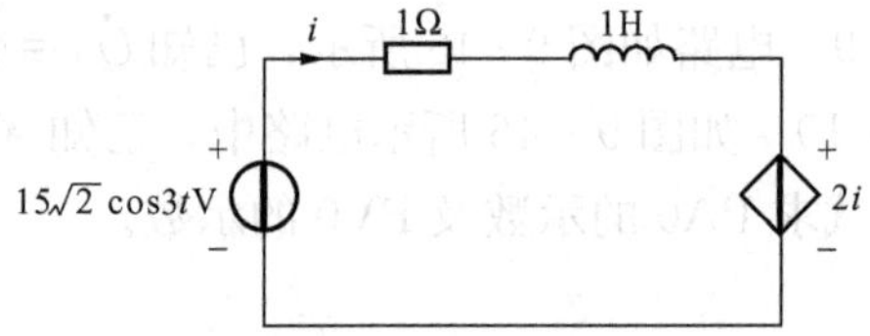

图 9-50 题 9-15 图

9-17 如图 9-52 所示正弦稳态电路中，方框 N 部分的阻抗 $Z=2+\text{j}2\Omega$，各电流的有效值分别为 $I_R=5\text{A}$，$I_C=8\text{A}$，$I_L=3\text{A}$，电路消耗的总功率为 200W。试求电压 $u$ 的有效值。

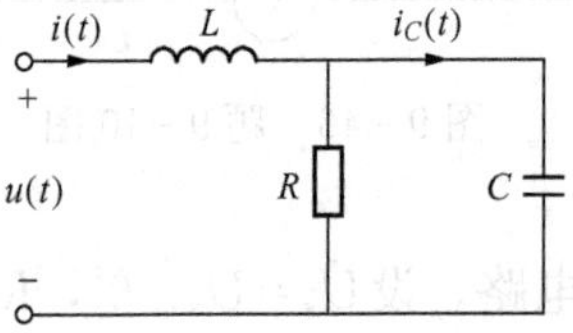

图 9-51 题 9-16 图

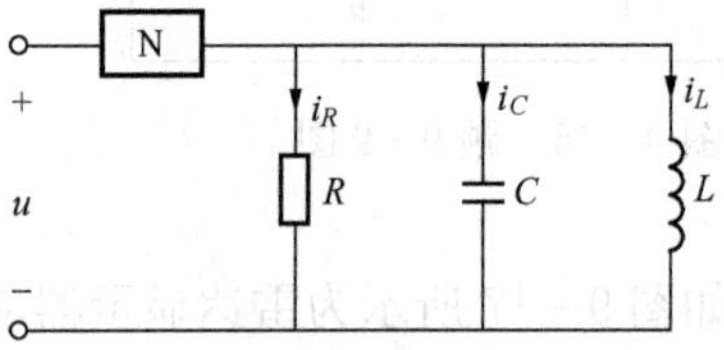

图 9-52 题 9-17 图

9-18 如图 9-53 所示正弦稳态电路中，已知 $U=100\text{V}$。试求功率表的示数。

9-19 如图 9-54 所示正弦稳态电路中，当开关 S 闭合时，各表示数如下：电压表为 220V，电流表为 10A，功率表为 1000W；当开关 S 断开时，各电表示数依次为 220V，12A 和 1600W。试求阻抗 $Z_1$（感性）和 $Z$。

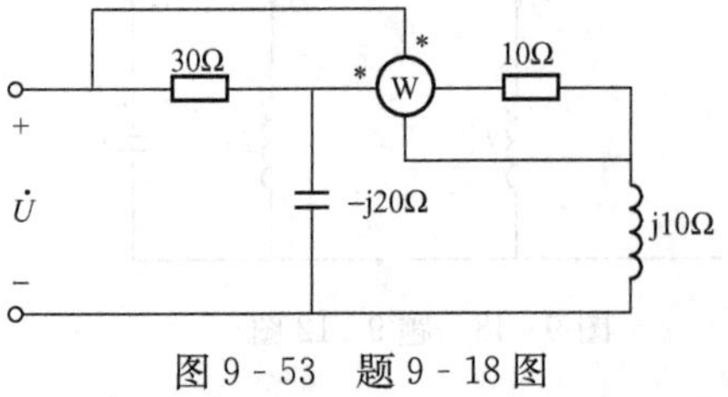

图 9-53 题 9-18 图

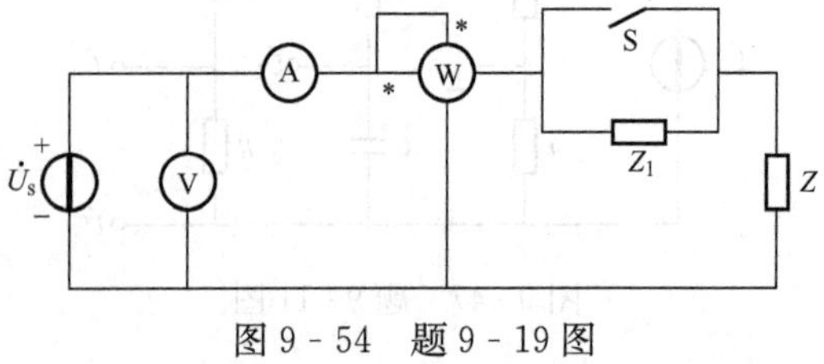

图 9-54 题 9-19 图

9-20 如图 9-55 所示正弦稳态电路中，$R_1=R_2=10\Omega$，$L=0.25\text{H}$，$C=10^{-3}\text{F}$，电压表的示数为 20V，功率表的示数为 120W，试求电源发出的复功率 $\tilde{S}$。

9-21 如图 9-56 所示电路中，$\dot{U}=50\angle 0°\text{V}$，每一阻抗部分消耗的功率均为 250W，且电压的峰值为 100V。试完成：（1）求阻抗 $Z_1$ 和 $Z_2$；（2）若 $\omega=800\pi\text{rad/s}$，求电路可能

含有的元件及其数值。

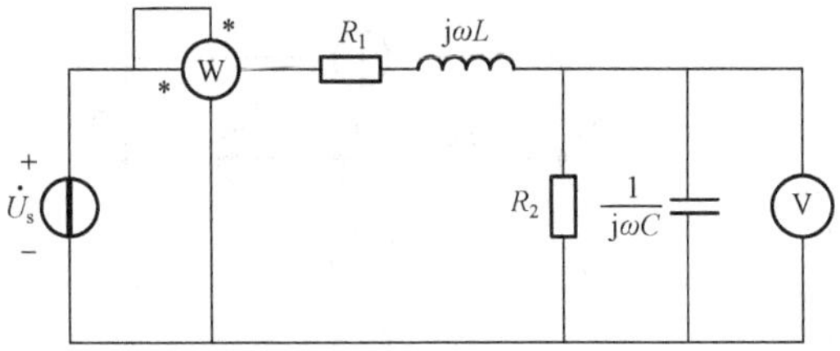


图 9 - 55　题 9 - 20 图

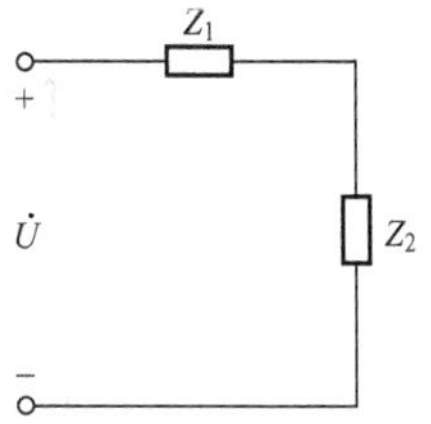


图 9 - 56　题 9 - 21 图

9 - 22　如图 9 - 57 所示正弦稳态电路中，流经阻抗 $Z_1$ 和 $Z_2$ 的电流分别为 $I_1=10\text{A}$，$I_2=20\text{A}$，其功率因数分别为 $\lambda_1=\cos\theta_1=0.8(\theta_1<0)$，$\lambda_2=\cos\theta_2=0.8(\theta_2>0)$，$U=100\text{V}$，$\omega=10^3\text{rad/s}$。试求：(1) 电流表和功率表的示数以及电路的功率因数；(2) 若电源的额定电流为 30A，则还能并联多大电阻？并求并联电阻后功率表的示数和电路的功率因数；(3) 如使原电路的功率因数提高到 $\lambda=0.9$，需并联多大电容？

9 - 23　试分别求图 9 - 58 所示正弦稳态电路中三条支路吸收的复功率。

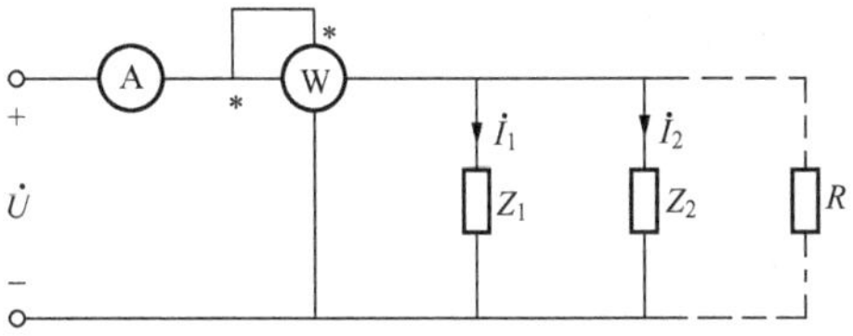


图 9 - 57　题 9 - 22 图

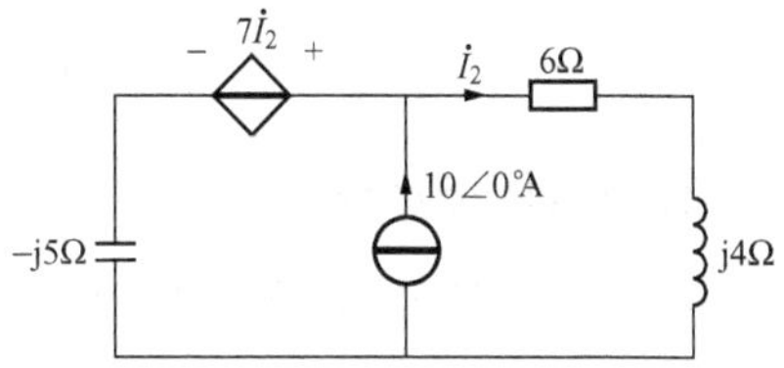


图 9 - 58　题 9 - 23 图

**相量分析（网孔分析）**

9 - 24　试列写图 9 - 59 所示正弦稳态电路网孔电流方程的相量形式。其中，$u_s(t)=5\sqrt{2}\sin(100t+30°)\text{V}$，$i_s(t)=3\sqrt{2}\cos(100t-60°)\text{A}$。

9 - 25　试用网孔法求图 9 - 60 所示正弦稳态电路中的电流 $i_1(t)$ 和 $i_2(t)$。已知 $u_s(t)=6\sin3000t\text{V}$。

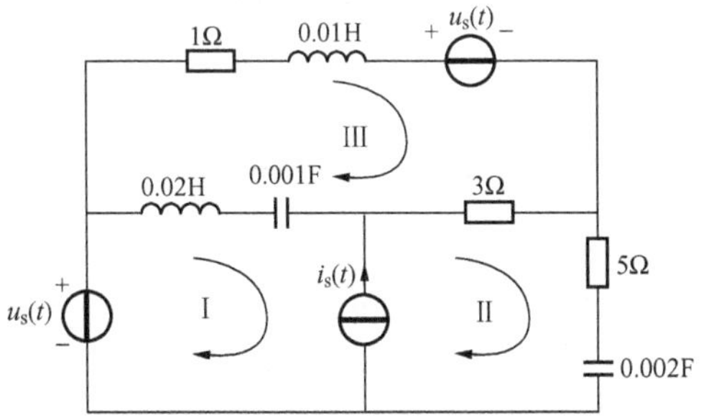


图 9 - 59　题 9 - 24 图

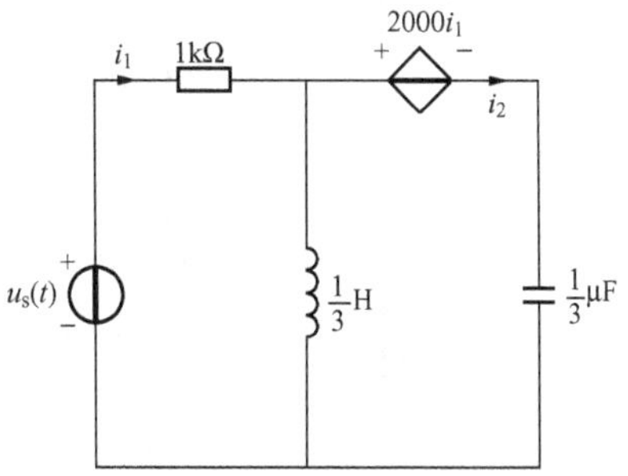


图 9 - 60　题 9 - 25 图

9 - 26　如图 9 - 61 所示正弦稳态电路中，$I_s=10\text{A}$，$\omega=5000\text{rad/s}$，$R_1=R_2=10\Omega$，$C=10\mu\text{F}$，$\mu=0.5$。试用网孔法求各元件吸收的平均功率和无功功率。

**相量分析（节点分析）**

9 - 27　试列写图 9 - 62 所示正弦稳态电路节点电压方程的相量形式。其中，$u_s(t)=10\sqrt{2}\sin2t\text{V}$，$i_s(t)=\sqrt{2}\cos(2t+30°)\text{A}$。

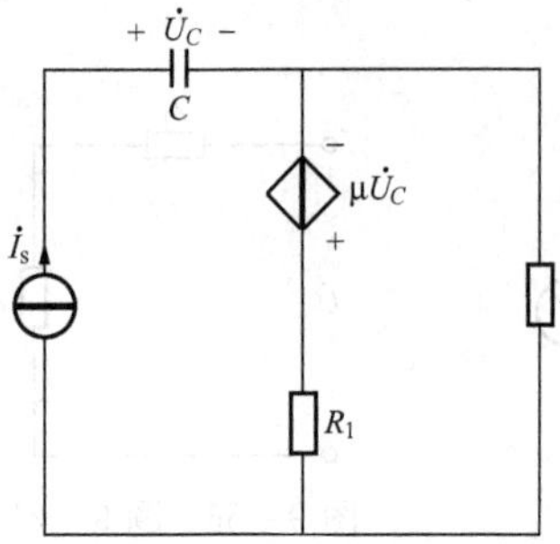


图 9 - 61　题 9 - 26 图

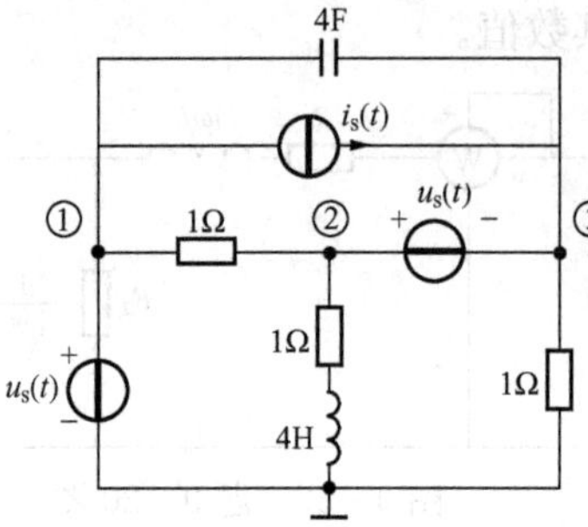


图 9 - 62　题 9 - 27 图

9 - 28　试用节点法求图 9 - 63 所示电路流过电容的电流 $\dot{I}_C$。

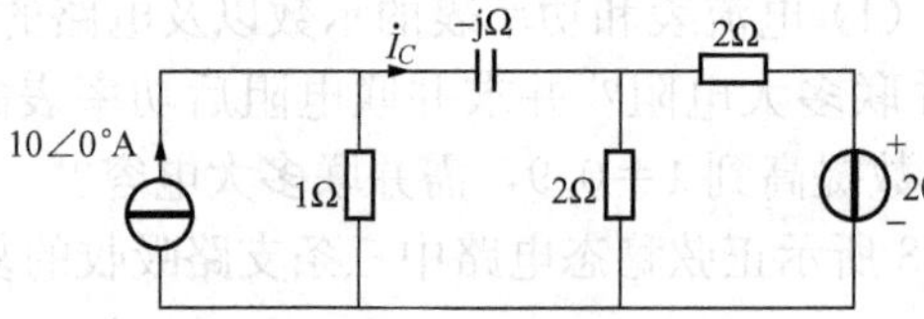


图 9 - 63　题 9 - 28 图

**相量分析（网络定理）**

9 - 29　试用叠加定理求图 9 - 64 所示电路中的电压 $\dot{U}$。

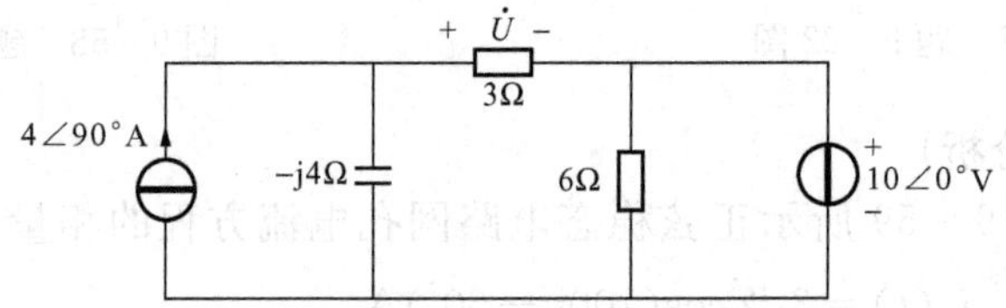


图 9 - 64　题 9 - 29 图

9 - 30　试求图 9 - 65 所示各一端口网络的戴维南（或诺顿）等效电路。

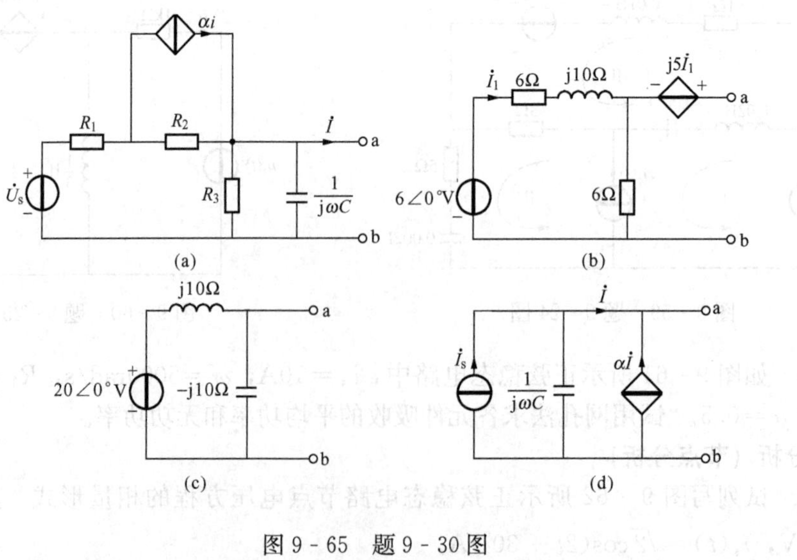


图 9 - 65　题 9 - 30 图

9 - 31　试用戴维南定理求图 9 - 66 所示电路中的电流 $\dot{I}$ 。

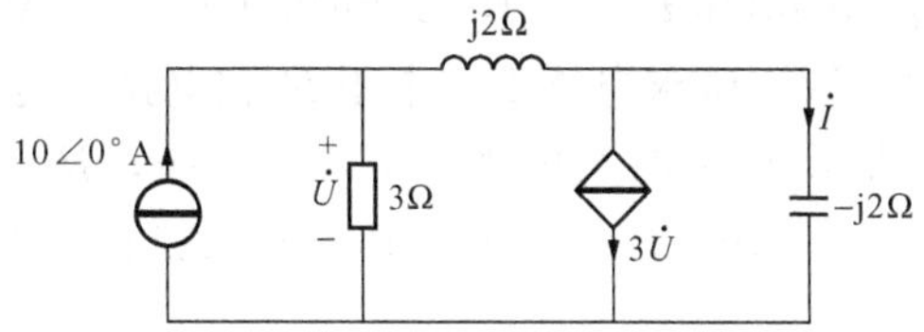


图 9 - 66　题 9 - 31 图

9 - 32　如图 9 - 67 所示正弦稳态电路中，$C=0.04\mu F$，其他参数如图所示。已知当可调电阻 $R=1.5k\Omega$ 时，$i(t)=\sqrt{2}\sin(10^5t+30°)A$。试求 $R=0.5k\Omega$ 时，该电阻消耗的功率。

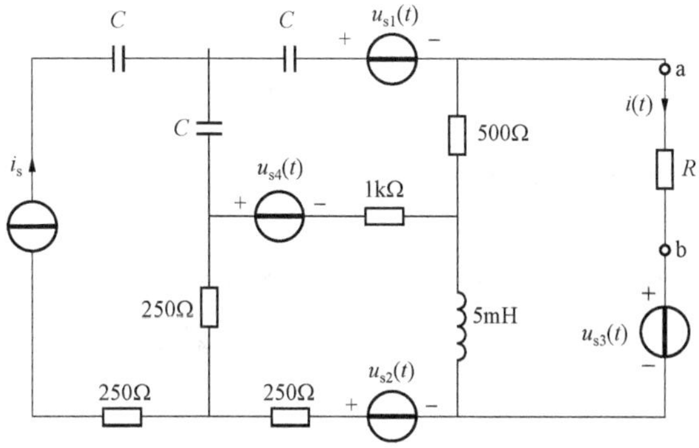


图 9 - 67　题 9 - 32 图

9 - 33　如图 9 - 68 所示正弦稳态电路中，如果外加电压不变，$R$ 改变时电流 $I$ 保持不变，试问 $L$ 和 $C$ 应满足什么关系？

9 - 34　试求图 9 - 69 所示含源二端网络能提供的最大功率。已知 $u_s(t)=2\cos(0.5t+120°)V$，$\gamma=1\Omega$。

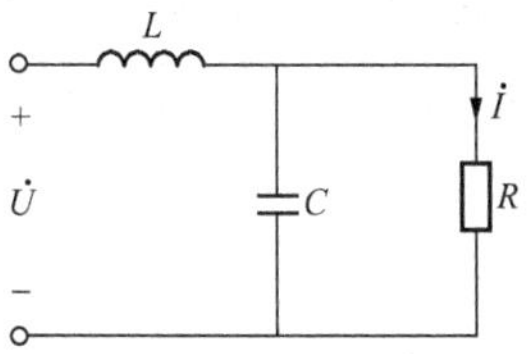


图 9 - 68　题 9 - 33 图

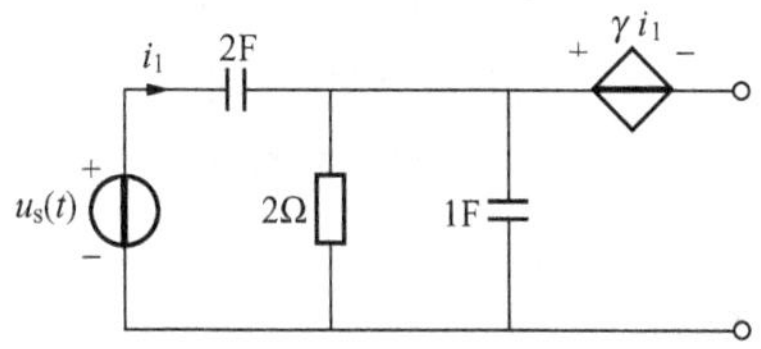


图 9 - 69　题 9 - 34 图

9 - 35　如图 9 - 70 所示正弦稳态电路中，负载阻抗 $Z_L$ 可变。试问 $Z_L$ 为何值时获得最大功率？并求最大功率 $P_{max}$。

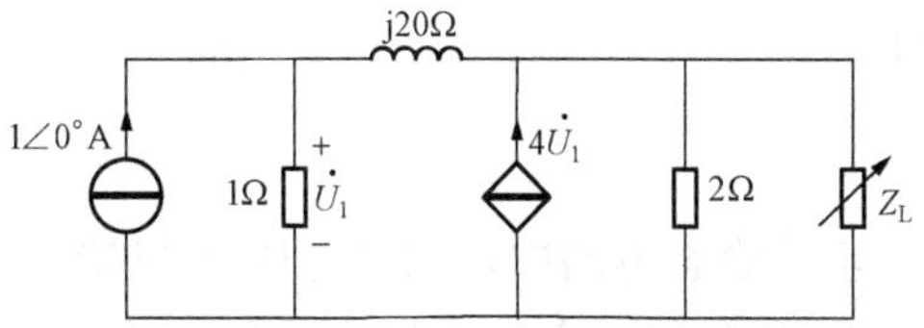


图 9 - 70　题 9 - 35 图

**谐振**

9-36　RLC串联电路的端电压$u(t)=10\sqrt{2}\sin(2500t+15^\circ)$V，当$C=8\mu$F时，电路吸收的功率最大，且$P_{max}=100$W。试求电感$L$、电阻$R$和电路的$Q$值。

9-37　如图9-71所示正弦稳态电路中，$U=50$V，$R_1=10\Omega$，$R_2=15\Omega$，$L_1=0.5$mH，$L_2=0.1$mH，$C_1=0.2\mu$F，$C_2=1\mu$F，电流表PA2的示数为零。试求电流表PA1、PA3和功率表PW的示数。

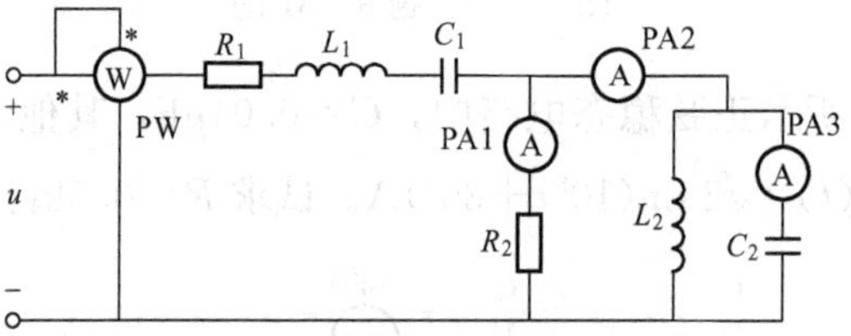


图9-71　题9-37图

9-38　试求图9-72所示各电路可能有的谐振频率。

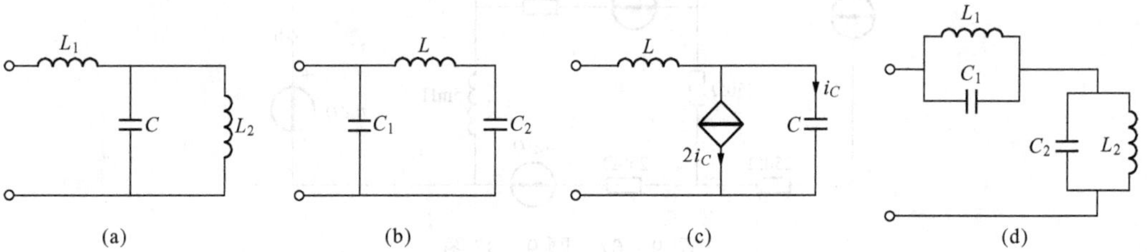


图9-72　题9-38图

9-39　如图9-73所示正弦稳态电路中，$R_1=1\Omega$，$R_2=3\Omega$，$C_1=1\mu$F，$L_1=1$H，$C_2=250\mu$F，当$u_s(t)=8\sqrt{2}\cos\omega t$V时，$i_1(t)=0$，且电压$u_s(t)$与电流$i(t)$同相。试求：(1) 电感$L_2$的值；(2) 电流$i_{C1}(t)$。

9-40　如图9-74所示正弦稳态电路中，当开关S断开时，电流表的示数为10A，功率表的示数为600W。当开关S闭合时，电流表的示数仍为10A，功率表的示数为1000W。电压表的示数为40V，试求电路参数$R_1$、$R_2$、$X_L$和$X_C$。

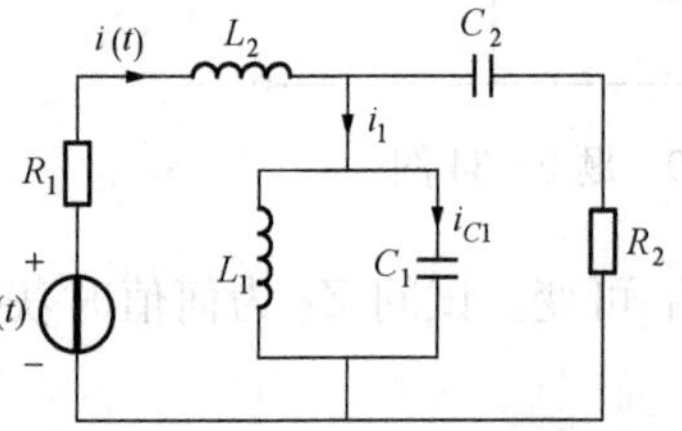


图9-73　题9-39图

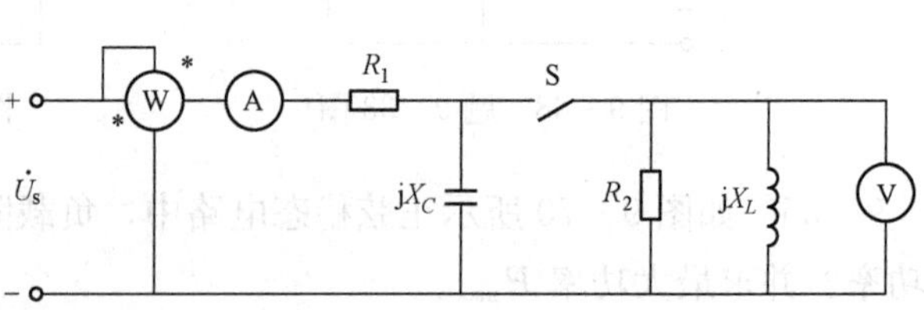


图9-74　题9-40图

**相量图**

9-41　如图9-75所示正弦稳态电路中，端口电压$u$与端口电流$i$同相，而电流表PA的示数为12A，电流表PA2的示数为15A。试求电流表PA1的示数。

9-42　如图9-76所示正弦稳态电路中，已知$I_1=3$A，$I_2=5$A，$U=65$V，$r=4\Omega$，且

$u$ 与 $i$ 同相。试用相量图法求 $R$、$X_L$ 和 $X_C$ 的值。

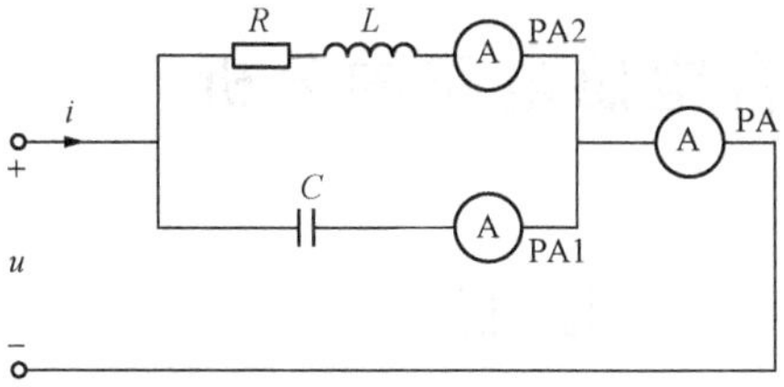


图 9 - 75　题 9 - 41 图

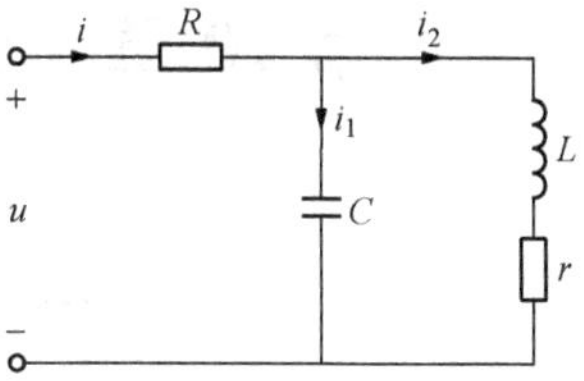


图 9 - 76　题 9 - 42 图

9 - 43　如图 9 - 77 所示为二端网络外加电压源的相量模型。已知 $I_R=3\text{A}$，$U_s=9\text{V}$，网络的输入阻抗 $Z$ 的阻抗角度 $\varphi_Z=-36.9°$，且有 $\dot{U}_s$ 与 $\dot{U}_L$ 正交。试用相量图法求 $R$、$X_L$ 与 $X_C$ 的值。

9 - 44　如图 9 - 78 所示电路可用来测定电感线圈的参数 $R$ 和 $L$。测定方法是调节电位器滑动端（c 端），使电压表示数最小，便可从已知参数中算出 $R$ 和 $L$ 之值。当 $U=100\text{V}$，$f=50\text{Hz}$，$R_3=6.5\Omega$，电位器调至 $R_1=5\Omega$，$R_2=15\Omega$ 时，电压表的示数最小且为 30V。试求待测电感线圈的参数 $R$ 和 $L$。

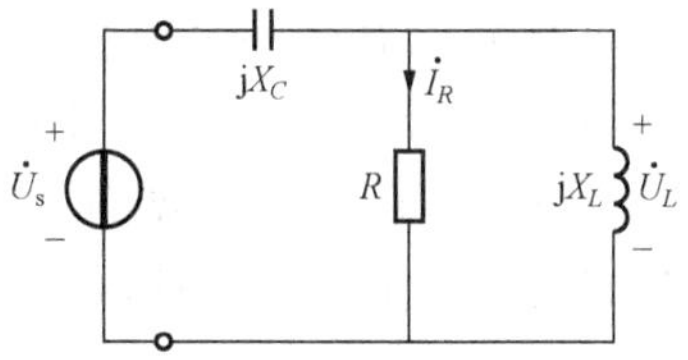


图 9 - 77　题 9 - 43 图

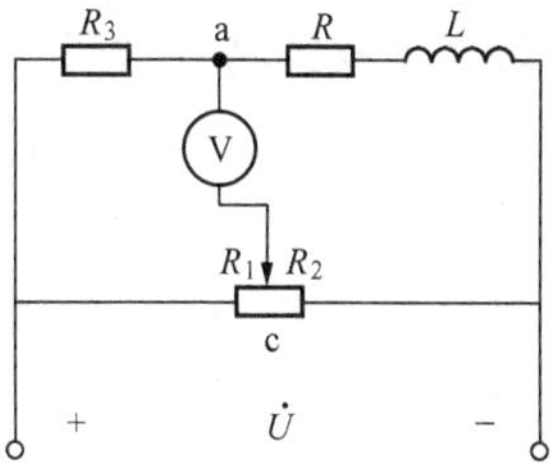


图 9 - 78　题 9 - 44 图

9 - 45　如图 9 - 79 所示正弦稳态电路中，已知 $U=20\sqrt{3}\text{V}$，$U_{df}=U_{de}=U_{fe}$，$R_1=10\Omega$，功率表示数为 60W。试求 $R$、$X_L$ 和 $X_C$。

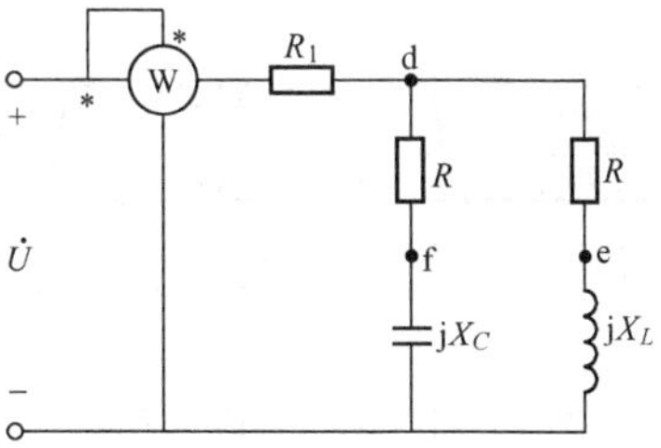


图 9 - 79　题 9 - 45 图

# 第10章　含耦合电感电路的分析

## 10.1　耦　合　电　感

本书第6章中讨论电感的特性方程时，只考虑了线圈本身的电流所产生的磁通在本线圈内引起的感应电压，这个电压称为自感电压。但是，当一组线圈互相邻近时，任一线圈的电流所产生的磁通不仅与本线圈交链，而且还会有一部分与邻近的线圈交链。当电流变化时，所产生的磁通是交变的。根据法拉第电磁感应定律可知，在每一线圈中，不仅由它本身所载电流的变化要产生自感电压，而且，还将由邻近线圈电流的变化产生感应电压。这种现象称为互感现象，相应的感应电压称为互感电压。这样的一组线圈称为磁耦合线圈。

耦合电感又称为互感，它是磁耦合线圈忽略线圈损耗和匝间电容，并假定一个线圈中的电流所产生的磁通与线圈本身各匝相交链，另一线圈电流产生的与本线圈耦合的磁通也与本线圈各匝相交链的理想化模型。在此，以两个耦合线圈为例进行讨论。

### 10.1.1　耦合电感的特性方程

图10-1(a)所示为两个磁耦合线圈。线圈1中的电流 $i_1$ 在线圈1中产生的自感磁通为 $\Phi_{11}$，与线圈2相交链的磁通为 $\Phi_{21}$，称为互感磁通或者耦合磁通；线圈2中的电流 $i_2$ 在线圈2中产生的自感磁通为 $\Phi_{22}$，与线圈1相交链的互感磁通为 $\Phi_{12}$。根据右手螺旋法则，可得各磁通的方向如图10-1(a)所示。设线圈1和2的匝数分别为 $N_1$ 和 $N_2$，则线圈1和2的磁链分别为

$$\left.\begin{aligned}\Psi_1&=N_1\Phi_{11}+N_1\Phi_{12}=\Psi_{11}+\Psi_{12}\\ \Psi_2&=N_2\Phi_{21}+N_2\Phi_{22}=\Psi_{21}+\Psi_{22}\end{aligned}\right\}\tag{10-1}$$

式中：$\Psi_{11}=N_1\Phi_{11}$，$\Psi_{22}=N_2\Phi_{22}$ 分别为线圈1和2的自感磁链；$\Psi_{12}=N_1\Phi_{12}$，$\Psi_{21}=N_2\Phi_{21}$ 分别为线圈1和2的互感磁链。式（10-1）体现了线圈磁链的叠加性。

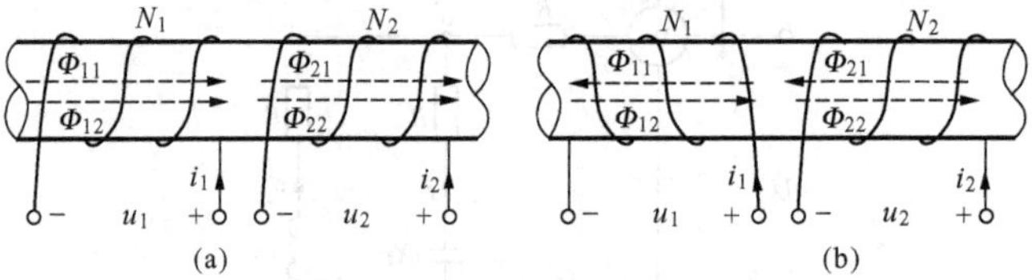


图10-1　两个线圈的互感

(a) 自、互感磁通方向一致；(b) 自、互感磁通方向相反

选取电压与磁通满足右手螺旋法则［见图10-1(a)］，则有

$$\left.\begin{aligned}u_1&=\frac{\mathrm{d}\Psi_1}{\mathrm{d}t}=\frac{\mathrm{d}\Psi_{11}}{\mathrm{d}t}+\frac{\mathrm{d}\Psi_{12}}{\mathrm{d}t}\triangleq u_{11}+u_{12}\\ u_2&=\frac{\mathrm{d}\Psi_2}{\mathrm{d}t}=\frac{\mathrm{d}\Psi_{21}}{\mathrm{d}t}+\frac{\mathrm{d}\Psi_{22}}{\mathrm{d}t}\triangleq u_{21}+u_{22}\end{aligned}\right\}\tag{10-2}$$

式中：$u_{11}=\frac{d\Psi_{11}}{dt}$，$u_{22}=\frac{d\Psi_{22}}{dt}$ 分别为线圈 1 和 2 的自感电压；$u_{12}=\frac{d\Psi_{12}}{dt}$，$u_{21}=\frac{d\Psi_{21}}{dt}$ 分别为线圈 1 和线圈 2 的互感电压。

如果线圈周围没有铁磁性物质，或者对耦合线圈选取线性模型，则 $\Psi_{11}=L_1i_1$，$\Psi_{12}=M_{12}i_2$，$\Psi_{21}=M_{21}i_1$，$\Psi_{22}=L_2i_2$。其中，$L_1$ 和 $L_2$ 称为自感，$M_{12}$ 和 $M_{21}$ 称为互感系数，单位均为 H（亨）。由耦合线圈的无源性可以证明，$M_{12}=M_{21}\triangleq M$。将这些关系式代入式(10－1)可得线性耦合电感的特性方程为

$$\left.\begin{aligned}\Psi_1&=L_1i_1+Mi_2\\ \Psi_2&=Mi_1+L_2i_2\end{aligned}\right\}\tag{10－3}$$

由此可知，耦合电感要用三个参数 $L_1$、$L_2$ 和 $M$ 来表征。

将式（10－3）代入式（10－2）可得耦合电感的 VAR 为

$$\left.\begin{aligned}u_1&=L_1\frac{di_1}{dt}+M\frac{di_2}{dt}\\ u_2&=M\frac{di_1}{dt}+L_2\frac{di_2}{dt}\end{aligned}\right\}\tag{10－4}$$

其中，$u_{11}=L_1\frac{di_1}{dt}$，$u_{12}=M\frac{di_2}{dt}$，$u_{21}=M\frac{di_1}{dt}$，$u_{22}=L_2\frac{di_2}{dt}$。

式（10－4）表明：每个线圈除了自感电压外，还有互感电压。或者说，每个线圈的端电压，不仅与本线圈的电流有关，而且还与相邻线圈的电流有关，这正是线圈存在耦合的体现。

在图 10－1（a）中，自感磁通和互感磁通的方向是一致的，因而在表达式中二者同号。对于图 10－1（b）所示的耦合线圈，在图示电流的参考方向下，各线圈的自感磁通和互感磁通方向相反，如图 10－1（b）所示，则

$$\begin{aligned}\Psi_1&=\Psi_{11}-\Psi_{12}=L_1i_1-Mi_2\\ \Psi_2&=-\Psi_{21}+\Psi_{22}=-Mi_1+L_2i_2\end{aligned}$$

在图 10－1（b）所示的参考方向下，耦合电感的 VAR 为

$$\left.\begin{aligned}u_1&=L_1\frac{di_1}{dt}-M\frac{di_2}{dt}\\ u_2&=-M\frac{di_1}{dt}+L_2\frac{di_2}{dt}\end{aligned}\right\}\tag{10－5}$$

由式（10－4）和式（10－5）可知，如果端口电压和电流采用关联参考方向，则其中的自感电压总是带正号，而互感电压则有正负两种可能。

微课 15
互感现象和同名端

实际的线圈往往是密封的，而在电路图中也不画出具体的线圈，因此，无法辨别磁通的方向。根据磁通的方向来确定互感电压的正负是行不通的。为了解决这个问题，人们在线圈的端钮上标上某种记号（如“·”“*”“Δ”），用以表示两线圈的绕向关系。记号的标法是这样规定的：当两个线圈的电流都从标有记号的端钮流入或者流出时，它们所产生的磁通的方向是相同的，即它们所产生的磁场是相互加强的。这种标有记号的一对端钮称为耦合电感的同名端。显然，不标记号的一对端钮也是同名端。线圈中有标记的端钮与另一个线圈中没有标记的端钮称为异名端。这样就可以将图 10－1（a）和图 10－1（b）中的耦合电

感分别用图 10 - 2（a）和图 10 - 2（b）所示的电路符号来表示。

根据图 10 - 2 及式（10 - 4）和式（10 - 5）可得如下规律：

（1）自感电压的正极性位于产生该电压的电流的流入端钮。

（2）互感电压的正极性位于产生该电压的电流流入端钮的同名端。

特别地，如果电压和电流采用关联参考方向，那么，自感电压恒取正号，端口电流都从同名端流入时，互感电压取正号；而当端口电流从异名端流入时，互感电压取负号。

应用上述两条规律，根据 KVL 可以很方便地写出耦合电感的伏安关系。例如，对于图 10 - 3 所示的耦合电感，根据上述两条规律可知，自感电压和互感电压的正极性均位于电流的流入端钮，则由 KVL 得

$$u_1 = u_{11} + u_{12} = L_1 \frac{di_1}{dt} + M \frac{di_2}{dt}$$

$$u_2 = -u_{21} - u_{22} = -M \frac{di_1}{dt} - L_2 \frac{di_2}{dt}$$

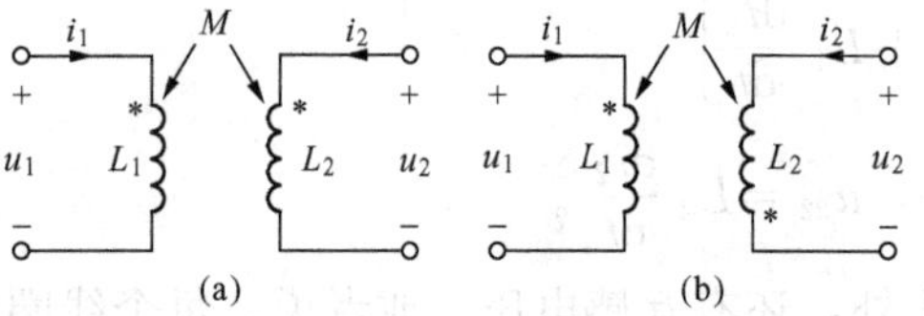


图 10 - 2　耦合电感的电路符号

（a）电流从同名端流入；（b）电流从异名端流入

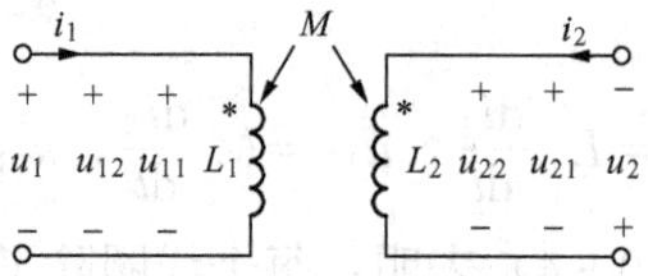


图 10 - 3　自、互感电压的参考方向

**【例 10 - 1】**　在图 10 - 4（a）所示的电路中，$L_1 = L_2 = 1\text{H}$，$M = 0.5\text{H}$，电流源 $i_s(t)$ 的波形如图 10 - 4（b）所示。试求 $u_1(t)$ 和 $u_2(t)$。

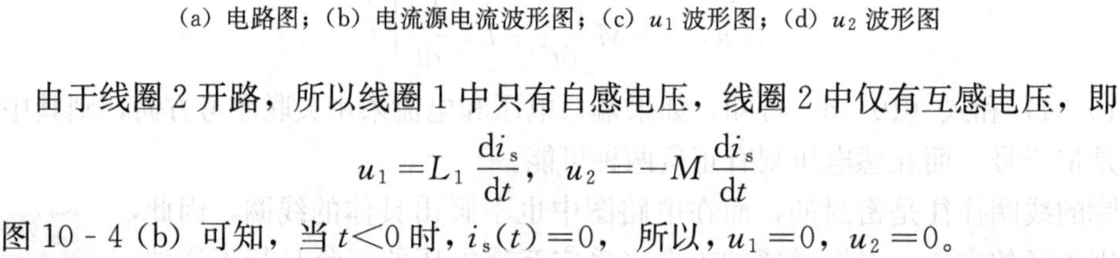


图 10 - 4　［例 10 - 1］图

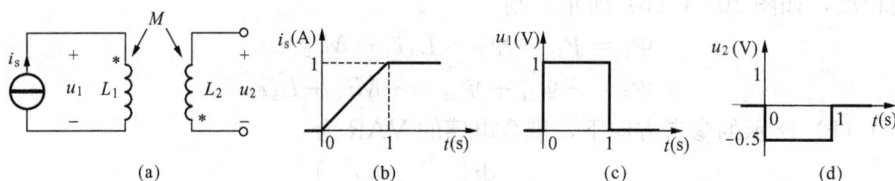

（a）电路图；（b）电流源电流波形图；（c）$u_1$ 波形图；（d）$u_2$ 波形图

**解**　由于线圈 2 开路，所以线圈 1 中只有自感电压，线圈 2 中仅有互感电压，即

$$u_1 = L_1 \frac{di_s}{dt},\quad u_2 = -M \frac{di_s}{dt}$$

由图 10 - 4（b）可知，当 $t<0$ 时，$i_s(t)=0$，所以，$u_1=0$，$u_2=0$。

当 $0 \leqslant t < 1\text{s}$ 时，$i_s(t) = t\text{A}$，所以

$$u_1 = L_1 \frac{di_s}{dt} = 1 \times 1 = 1(\text{V}),\quad u_2 = -M \frac{di_s}{dt} = -0.5 \times 1 = -0.5(\text{V})$$

当 $t \geqslant 1\text{s}$ 时，$i_s(t) = 1\text{A}$，故 $u_1 = 0$，$u_2 = 0$。

综上可得

$$u_1 = \begin{cases} 1(\text{V}) & (0 \leqslant t < 1\text{s}) \\ 0 & (t < 0,\ t \geqslant 1\text{s}) \end{cases},\quad u_2 = \begin{cases} -0.5(\text{V}) & (0 \leqslant t < 1\text{s}) \\ 0 & (t < 0,\ t \geqslant 1\text{s}) \end{cases}$$

$u_1$ 和 $u_2$ 的波形分别如图 10 - 4（c）和图 10 - 4（d）所示。

下面讨论耦合电感所储存的能量。

设 $t=0$ 时耦合电感的储能为零，则在 $t$ 时刻其所储存的能量为

$$W(t)=\int_0^t (u_1 i_1 + u_2 i_2)\mathrm{d}\tau \qquad (10-6)$$

将式（10 - 4）代入式（10 - 6）中并取积分，得

$$W(t)=\frac{1}{2}(L_1 i_1^2 + 2Mi_1 i_2 + L_2 i_2^2)=\frac{1}{2}L_1\left(i_1+\frac{M}{L_1}i_2\right)^2+\frac{1}{2}\left(L_2-\frac{M^2}{L_1}\right)i_2^2$$

实际的耦合电感线圈都是无源的，即在任一时刻 $t$，任何情况下，$W(t)\geqslant 0$。显然，要使耦合电感也是无源的，则要求 $L_1>0$，$L_2>0$ 和 $L_2L_1\geqslant M^2$。

互感 $M$ 与两个自感系数的几何平均值的比值称为耦合系数，用 $k$ 表示，即

$$k=\frac{M}{\sqrt{L_1L_2}}$$

耦合系数 $k$ 反映了两个线圈耦合的紧密程度。显然，$0\leqslant k\leqslant 1$。耦合系数的大小与线圈的结构、两线圈的相互位置以及周围的磁介质有关。当每一个线圈电流所产生的磁通全部与另一线圈交链时，$k=1$。$k=1$ 时称为全耦合。如果两个线圈靠得很紧或紧密绕在一块，如图 10 - 5（a）所示，则 $k$ 值接近 1。$k$ 接近 1 时称为紧耦合。如果两线圈相隔很远，或者它们的轴线互相垂直，如图 10 - 5（b）所示，则 $k$ 值很小，甚至接近于零。$k$ 值较小时称为松耦合。而当两线圈无耦合时，$k=0$。由此可见，改变或调整线圈的相互位置可以改变耦合系数的大小。当 $L_1$ 和 $L_2$ 一定时，也就相应地改变了互感的大小。

对式（10 - 4）取相量变换可得耦合电感 $VAR$ 的相量形式为

$$\left.\begin{aligned}\dot{U}_1&=\mathrm{j}\omega L_1\dot{I}_1+\mathrm{j}\omega M\dot{I}_2\\ \dot{U}_2&=\mathrm{j}\omega M\dot{I}_1+\mathrm{j}\omega L_2\dot{I}_2\end{aligned}\right\} \qquad (10-7)$$

相应的相量模型如图 10 - 6 所示。

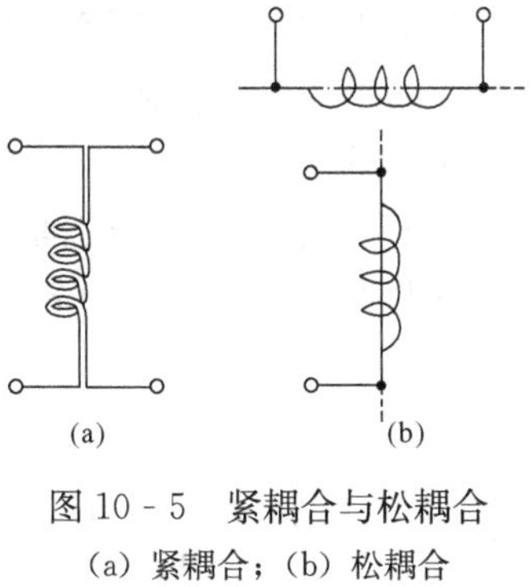


图 10 - 5　紧耦合与松耦合

（a）紧耦合；（b）松耦合

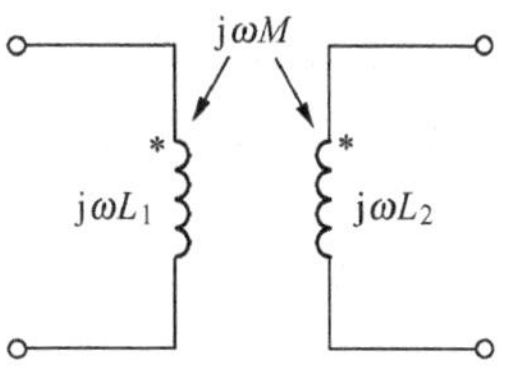


图 10 - 6　耦合电感的相量模型

**【例 10 - 2】**　在图 10 - 7（a）所示的正弦稳态电路中，$R_1=6\Omega$，$R_2=2\Omega$，$L_1=L_2=2\mathrm{H}$，$M=1\mathrm{H}$，$i_{s1}(t)=10\sqrt{2}\sin 2t\,\mathrm{A}$，$i_{s2}(t)=10\sqrt{2}\cos 2t\,\mathrm{A}$，试求图中各功率表的示数。

**解**　图 10 - 7（a）所示电路的相量模型如图 10 - 7（b）所示。其中

$$\dot{I}_{s1}=10\angle 0^\circ(\mathrm{A}),\quad \dot{I}_{s2}=10\angle 90^\circ(\mathrm{A})$$

$$\omega L_1=\omega L_2=2\times 2=4(\Omega),\quad \omega M=2\times 1=2(\Omega)$$

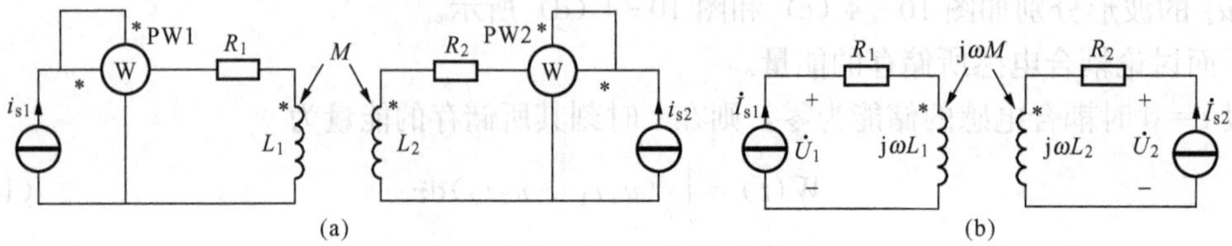


图 10-7 ［例 10-2］图

(a) 电路图；(b) 相量模型

根据 KVL 和元件伏安关系的相量形式得

$$\left.\begin{aligned}\dot{U}_1&=R_1\dot{I}_{s1}+j\omega L_1\dot{I}_{s1}+j\omega M\dot{I}_{s2}\\ \dot{U}_2&=R_2\dot{I}_{s2}+j\omega M\dot{I}_{s1}+j\omega L_2\dot{I}_{s2}\end{aligned}\right\}\tag{10-8}$$

将已知数据代入式（10-8）计算得

$$\dot{U}_1=40+j40(\text{V}),\ \dot{U}_2=-40+j40(\text{V})$$

电流源发出的复功率分别为

$$\widetilde{S}_1=\dot{U}_1\dot{I}^*_{s1}=(40+j40)\times 10=400+j400(\text{VA})$$

$$\widetilde{S}_2=\dot{U}_2\dot{I}^*_{s2}=(-40+j40)\times(-j10)=400+j400(\text{VA})$$

所以，功率表 PW1 和 PW2 的示数分别为 400W。注意，功率表的示数并不等于相应支路电阻消耗的功率。

### 10.1.2　耦合电感的等效电路

耦合电感由于存在耦合给电路分析带来了不便。如果能用无互感的电路等效代替耦合电感，将会使问题的分析得到简化。当耦合电感的外接端钮数小于 4 时，其可以用简单的无耦合电感电路去等效代替，本小节将介绍这一方法。这种等效电路称为去耦等效电路。另外，本小节还将讨论耦合电感的含受控源的等效电路。

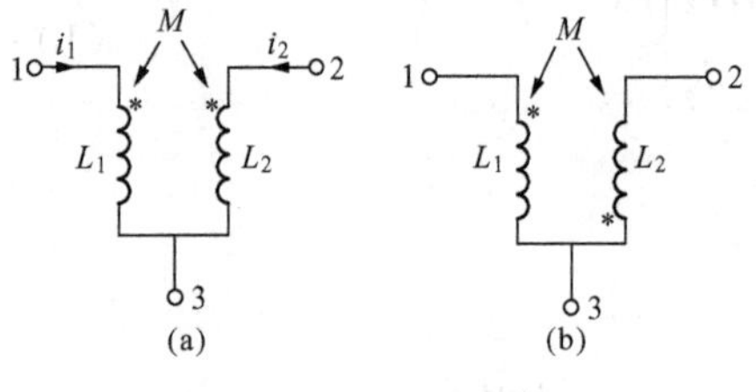


图 10-8　三端耦合电感

(a) 同名端相连；(b) 异名端相连

1. 去耦等效电路

一个在公共端钮相连接的耦合电感，即三端耦合电感有两种连接方式：同名端相连和异名端相连，分别如图 10-8（a）和（b）所示。

由图 10-8（a）得

$$u_{13}=L_1\frac{di_1}{dt}+M\frac{di_2}{dt}=(L_1-M)\frac{di_1}{dt}+M\frac{d(i_1+i_2)}{dt}$$

$$u_{23}=M\frac{di_1}{dt}+L_2\frac{di_2}{dt}=M\frac{d(i_1+i_2)}{dt}+(L_2-M)\frac{di_2}{dt}$$

由此可画出如图 10-9（a）所示的电路，它与图 10-8（a）所示的同名端相连三端耦合电感是等效的。对于异名端相连的三端耦合电感，其等效电路如图 10-9（b）所示，推导过程从略。注意，图 10-9（b）所示等效电路中出现了负电感$-M$。反之，若出现图 10-9（b）所示含负电感的电路，可通过等效变为耦合电感，从而消除掉负电感。

图 10 - 10 为串联连接的耦合电感。其中，图 10 - 10（a）为异名端相连，称为顺接；图 10 - 10（b）为同名端相连，称为反接。由图 10 - 10（a）得

$$u=L_1\frac{\mathrm{d}i}{\mathrm{d}t}+M\frac{\mathrm{d}i}{\mathrm{d}t}+M\frac{\mathrm{d}i}{\mathrm{d}t}+L_2\frac{\mathrm{d}i}{\mathrm{d}t}=(L_1+L_2+2M)\frac{\mathrm{d}i}{\mathrm{d}t}$$

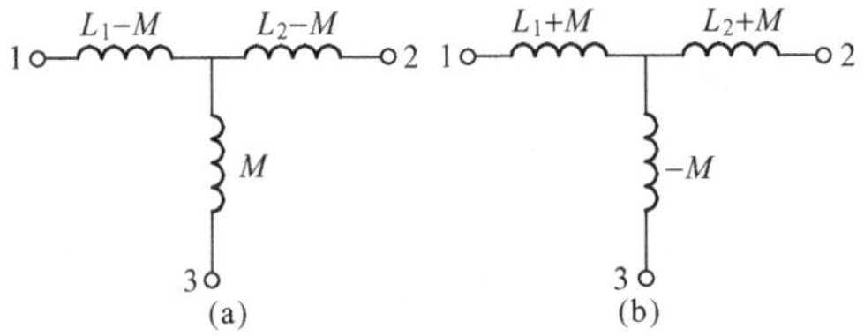


图 10 - 9　三端耦合电感的去耦等效电路

（a）同名端相连；（b）异名端相连

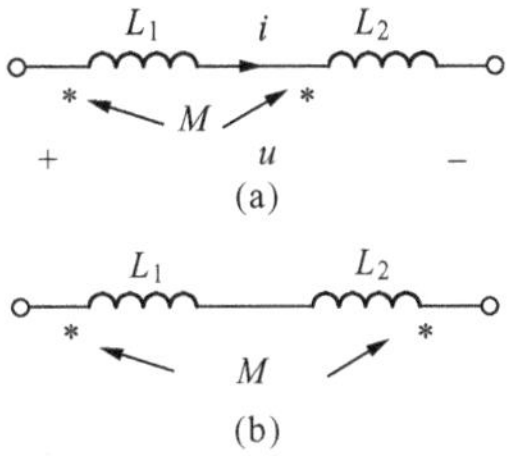


图 10 - 10　耦合电感的串联

（a）顺接；（b）反接

由此可知，顺接串联的耦合电感等效于一个电感，其等效电感值为 $L_1+L_2+2M$。类似地，反接串联的耦合电感也等效于一个电感，其等效电感值为 $L_1+L_2-2M$。

上述结论也可以把串联连接的耦合电感看成是端钮 3 悬空的三端耦合电感来得到。请读者自行完成。

对于图 10 - 11 中的并联耦合电感，可看成是三端耦合电感的端钮 1 和 2 连接在一起的一种特殊情况。据此，并联耦合电感可分别等效成如图 10 - 11（a）和（b）所示电路。图 10 - 11（a）所示并联耦合电感的等效电感为

$$L=M+\frac{(L_1-M)(L_2-M)}{L_1+L_2-2M}=\frac{L_1L_2-M^2}{L_1+L_2-2M}$$

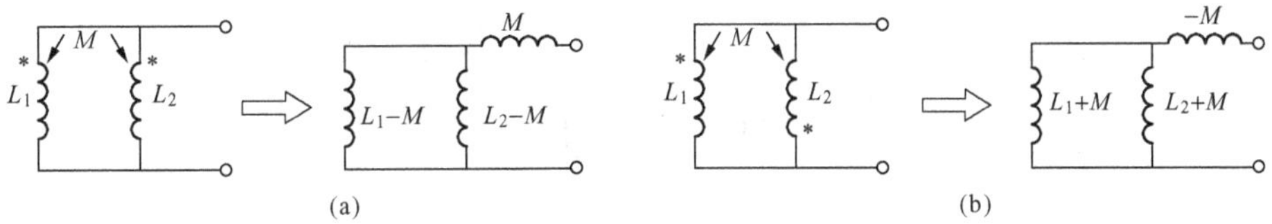


图 10 - 11　耦合电感的并联及其去耦等效电路

（a）同名端相连；（b）异名端相连

图 10 - 11（b）所示并联耦合电感的等效电感为

$$L=-M+\frac{(L_1+M)(L_2+M)}{L_1+L_2+2M}=\frac{L_1L_2-M^2}{L_1+L_2+2M}$$

因此，耦合电感的并联可以等效成一个电感。

2. 含受控源的等效电路

对于图 10 - 2（a）所示的耦合电感，其 VAR 为

$$u_1=L_1\frac{\mathrm{d}i_1}{\mathrm{d}t}+M\frac{\mathrm{d}i_2}{\mathrm{d}t}$$

$$u_2=M\frac{\mathrm{d}i_1}{\mathrm{d}t}+L_2\frac{\mathrm{d}i_2}{\mathrm{d}t}$$

由此得图 10 - 12（a）所示的含受控源的等效电路，其相应的相量模型如图 10 - 12（b）所

示。这一相量模型是图 10-6 所示电路的等效电路。

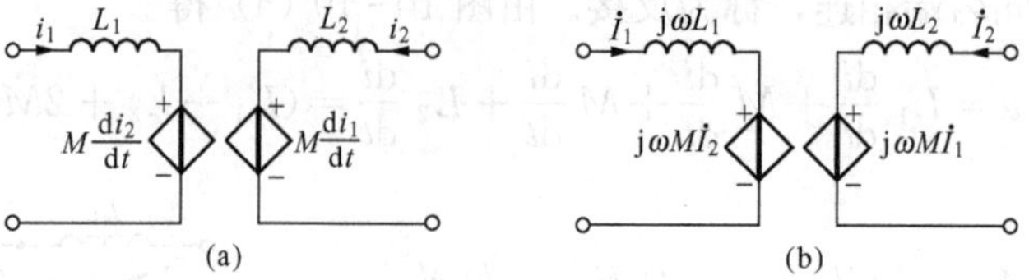

图 10-12 耦合电感的含受控源等效电路

（a）时域电路；（b）相量模型

由图 10-12 可知，由于受控源的存在，虽然耦合电感总的平均功率为零，但是，每一条支路的平均功率不一定为零。一条支路吸收功率，另一条支路必定发出数量相同的功率，从而达到能量传递的目的。

## 10.2 含耦合电感电路的分析

分析含有耦合电感的电路，原则上只要正确计入互感电压，其余的就和一般电路的分析计算没有区别了。但是，由于互感的存在，给电路分析带来了一定的困难。为此，本节将专门讨论这类电路的一些分析方法。下面通过具体实例予以说明。

1. *互感消去法*

互感消去法又称为去耦分析法，这一方法只能适用于仅含三端和二端耦合电感的电路。

**【例 10-3】** 在图 10-13（a）所示的正弦稳态电路中，$L_1=1\text{H}$，$L_2=2\text{H}$，$M=0.5\text{H}$，$C=0.5\mu\text{F}$，$R=1\text{k}\Omega$，$u_s(t)=150\sin(1000t+30°)\text{V}$。试求电容支路的电流 $i(t)$。

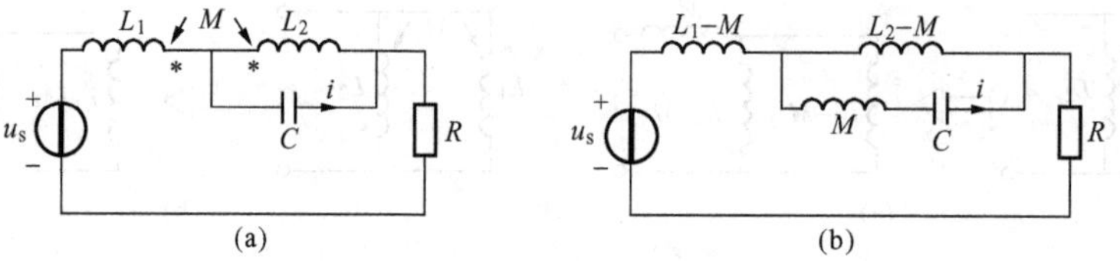

图 10-13 ［例 10-3］图

（a）原电路；（b）等效电路

**解** 将图 10-13（a）中的三端耦合电感用去耦等效电路代替可得图 10-13（b）所示的电路。

$$X_C=-\frac{1}{\omega C}=-\frac{1}{1000\times 0.5\times 10^{-6}}=-2(\text{k}\Omega)$$

$$X_M=\omega M=1000\times 0.5=0.5(\text{k}\Omega)$$

$$X_1=\omega(L_1-M)=1000\times(1-0.5)=0.5(\text{k}\Omega)$$

$$X_2=\omega(L_2-M)=1000\times(2-0.5)=1.5(\text{k}\Omega)$$

图 10-13（b）中并联部分的谐振条件为

$$\omega_{0p}(L_2-M)=\frac{1}{\omega_{0p}C}-\omega_{0p}M$$

由此得并联谐振频率为

$$\omega_{0p}=\frac{1}{\sqrt{(L_2-M+M)C}}=\frac{1}{\sqrt{L_2C}}=\frac{1}{\sqrt{2\times 0.5\times 10^{-6}}}=1000(\text{rad/s})$$

与电源频率相等，故知图 10 - 13（b）中并联部分发生了并联谐振。所以

$$\dot{I}_m=\frac{\dot{U}_{sm}}{jX_M+jX_C}=\frac{150\angle 30^\circ}{j0.5-j2}=100\angle 120^\circ(\text{mA})$$

因此

$$i(t)=100\sin(1000t+120^\circ)\ (\text{mA})$$

2. *回路分析法*

由于耦合电感的伏安关系习惯上写成流控型，所以采用回路分析法较为方便。并且，回路分析法可应用于含任何耦合电感的电路，关键在于正确地计入互感电压。

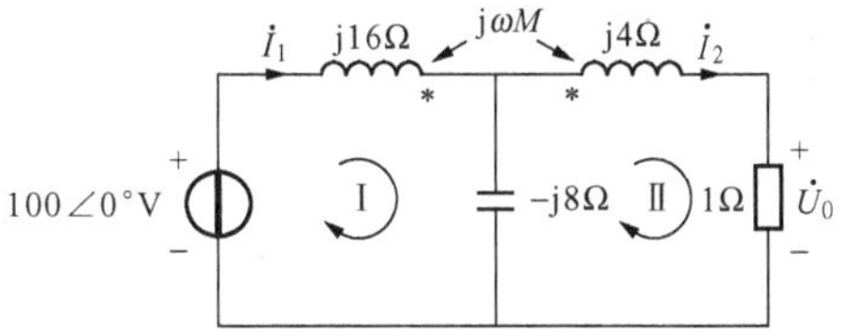

图 10 - 14 [例 10 - 5] 图

**【例 10 - 4】** 图 10 - 14 所示电路中，耦合系数 $k=0.5$，试求输出电压 $\dot{U}_0$。

**解** $\omega M=\omega k\sqrt{L_1L_2}=k\sqrt{\omega L_1\cdot\omega L_2}=0.5\times\sqrt{16\times 4}=4(\Omega)$

设网孔电流如图 10 - 14 所示，则电路的网孔电流相量方程为

$$(j16-j8)\dot{I}_1+j8\dot{I}_2-j4\dot{I}_2=100\angle 0^\circ$$

$$j8\dot{I}_1-j4\dot{I}_1+(j4-j8+1)\dot{I}_2=0$$

整理得

$$j8\dot{I}_1+j4\dot{I}_2=100$$

$$j4\dot{I}_1+(1-j4)\dot{I}_2=0$$

解得

$$\dot{I}_2=8.22\angle -99.5^\circ(\text{A})$$

所以

$$\dot{U}_0=1\times\dot{I}_2=8.22\angle -99.5^\circ(\text{V})$$

3. *反映阻抗法*

变压器具有两个绕组：一个绕组与电源相接，称为一次绕组或初级绕组；另一个绕组与负载相接称为二次绕组或次级绕组。一般变压器在一、二次绕组之间没有电的联系，能量通过磁场的耦合，由电源传递给负载。

变压器的绕组绕在铁心上，称为铁心变压器；绕在非铁磁材料的心子上，则称为空心变压器。铁心变压器的耦合系数可接近于 1，属于紧耦合；空心变压器的耦合系数较小，属于松耦合。虽然空心变压器的耦合系数较低，但是，因为没有铁心中的各种功率损耗，所以常用于电子电路中。

变压器可以用耦合电感来构成它的模型，计及绕组铜损耗的空心变压器的简化电路模型如图 10 - 15 所示。图中，$u_s$ 为外加电源，$R_L$ 为外接负载电阻；$R_1$ 和 $R_2$ 分别表示一、二次绕组的铜损耗等效电阻。

空心变压器电路（一、二次侧之间没有电的联系）除了可以采用前面介绍的分析方法进

行分析外，还可以采用一种特殊的分析法—反映阻抗法进行分析。

图 10 - 15 中电路的相量模型如图 10 - 16 所示。令 $Z_{11}=R_1+j\omega L_1$，$Z_M=j\omega M$，$Z_{22}=R_2+j\omega L_2+R_L$，则电路的回路电流相量方程为

$$\left.\begin{aligned}Z_{11}\dot{I}_1+Z_M\dot{I}_2&=\dot{U}_s\\ Z_M\dot{I}_1+Z_{22}\dot{I}_2&=0\end{aligned}\right\}\tag{10 - 9}$$

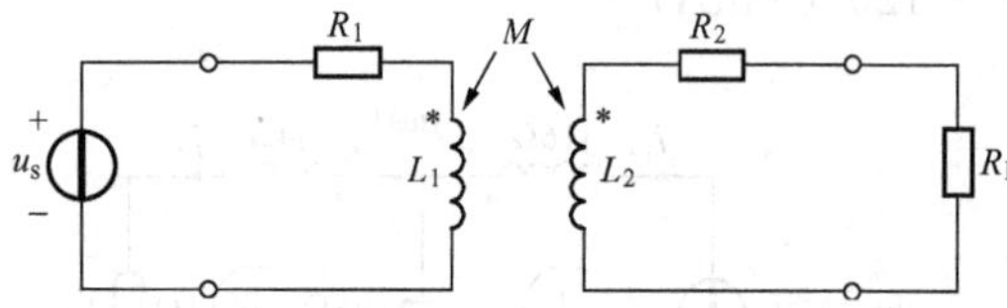


图 10 - 15　空心变压器电路

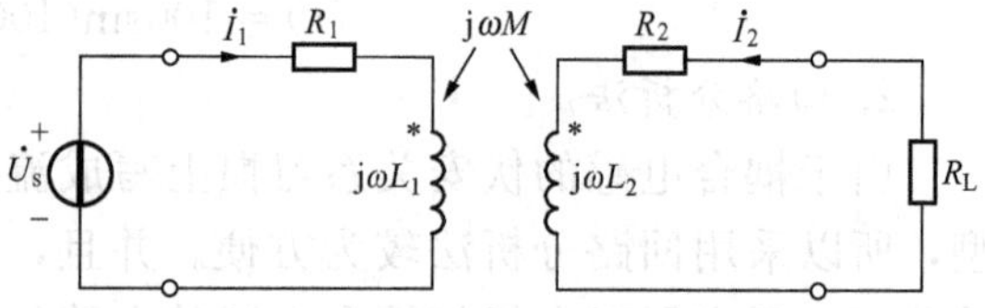


图 10 - 16　空心变压器的相量模型

由式（10 - 9）的第二式得

$$\dot{I}_2=-\frac{Z_M}{Z_{22}}\dot{I}_1$$

代入式（10 - 9）的第一式得

$$\dot{I}_1=\frac{\dot{U}_s}{Z_{11}+\dfrac{(\omega M)^2}{Z_{22}}}\tag{10 - 10}$$

则

$$\dot{I}_2=-\frac{\dfrac{Z_M}{Z_{22}}\dot{U}_s}{Z_{11}+\dfrac{(\omega M)^2}{Z_{22}}}\tag{10 - 11}$$

$\dot{I}_2$ 是由二次绕组回路中互感电压产生的，根据图 10 - 16 中同名端的位置，不难理解式（10 - 11）中负号的来历。由式（10 - 10）和式（10 - 11）可知，电流 $\dot{I}_1$ 与同名端的位置无关，而电流 $\dot{I}_2$ 与同名端的位置有关，$\dot{I}_2$ 随同名端的位置不同会改变符号。

由式（10 - 10）可得一次绕组的输入阻抗为

$$Z_i=\frac{\dot{U}_s}{\dot{I}_1}=Z_{11}+\frac{(\omega M)^2}{Z_{22}}=Z_{11}+Z_{ref}$$

由此可知，输入阻抗由 $Z_{11}$ 和 $Z_{ref}$ 两部分组成。其中，$Z_{11}$ 为一次侧回路的自阻抗；$Z_{ref}$ 为二次侧回路自阻抗 $Z_{22}$ 通过互感反映到一次侧的等效阻抗，$Z_{ref}=\dfrac{(\omega M)^2}{Z_{22}}$。这一等效阻抗称为二次侧对一次侧的反映阻抗或者引入阻抗。显然，反映阻抗的性质与 $Z_{22}$ 相反，并且与同名端的位置无关。

一次侧的等效电路可由式（10 - 10）画出，如图 10 - 17（a）所示，它实质上是把耦合电感的含受控源等效电路中一次回路的受控源用一阻抗 $Z_{ref}$ 来替代。二次侧的等效电路如图 10 - 17（b）所示。当 $\dot{I}_1$ 求出后，$j\omega M\dot{I}_1$ 就确定了，故图 10 - 17（b）中用独立电源符号来表示它。

式（10 - 11）可改写为

$$\left[Z_{11}+\frac{(\omega M)^2}{Z_{22}}\right]\dot{I}_2=-\frac{\mathrm{j}\omega M}{Z_{22}}\dot{U}_s$$

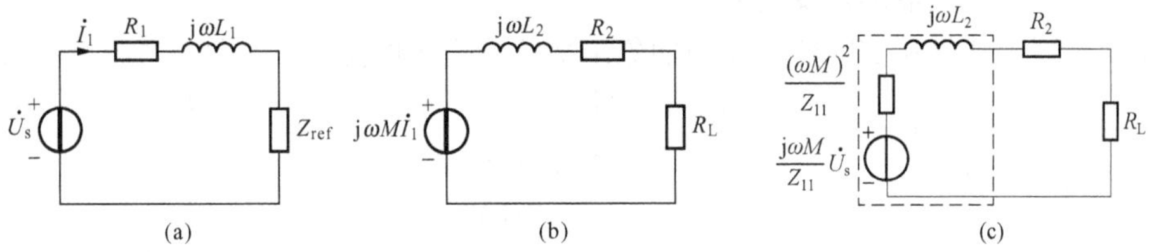


图 10 - 17　空心变压器一、二次侧等效电路

（a）一次侧等效电路；（b）、（c）二次侧等效电路

等式两边同乘以 $Z_{22}$，并除以 $Z_{11}$ 得

$$\left[Z_{22}+\frac{(\omega M)^2}{Z_{11}}\right]\dot{I}_2=-\frac{\mathrm{j}\omega M}{Z_{11}}\dot{U}_s$$

上述方程对应的等效电路如图 10 - 17（c）所示。其中，阻抗$\frac{(\omega M)^2}{Z_{11}}$为一次侧电源置零后，一次侧对二次侧的反映阻抗。实际上，图 10 - 17（c）中虚线框中的电路是二次侧互感端口左侧二端网络的戴维南等效电路。

**【例 10 - 5】**　试求图 10 - 18（a）所示二端网络可提供的最大功率。

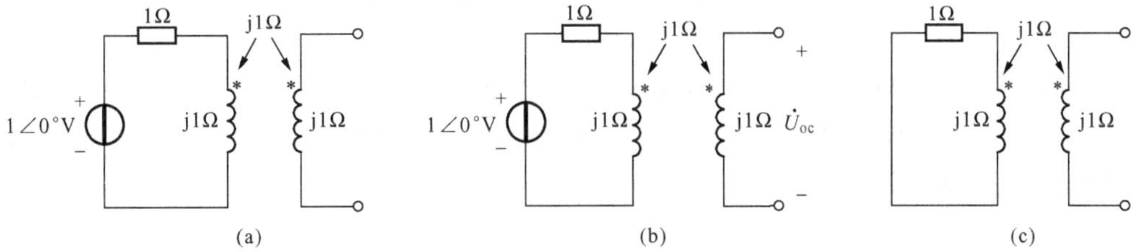


图 10 - 18　[例 10 - 5] 图

（a）原电路；（b）求开路电压的电路；（c）求等效阻抗的电路

**解**　本题可用戴维南定理求解。由图 10 - 18（b）得

$$\dot{U}_{oc}=\mathrm{j}1\times\frac{1\angle 0^\circ}{1+\mathrm{j}1}=0.5\sqrt{2}\angle 45^\circ(\mathrm{V})$$

对图 10 - 18（c）应用反映阻抗的概念可得戴维南等效阻抗为

$$Z_0=\mathrm{j}1+\frac{1^2}{1+\mathrm{j}1}=0.5+\mathrm{j}0.5(\Omega)$$

所以，当外接负载 $Z_L=Z_0^*=0.5-\mathrm{j}0.5\Omega$ 时，该二端网络提供出最大功率，且该最大功率为

$$P_{max}=\frac{(0.5\sqrt{2})^2}{4\times 0.5}=0.25(\mathrm{W})$$

## 10.3 理想变压器

### 10.3.1 理想变压器的伏安关系

理想变压器最初是从实际变压器中抽象出来的电路元件模型，也是一种耦合元件。理想变压器的电路符号与耦合电感相同，如图 10 - 19（a）所示。但其表征参数不是三个，而是一个被称为变比的常数 $n$。变比 $n$ 定义为两线圈的匝数比。

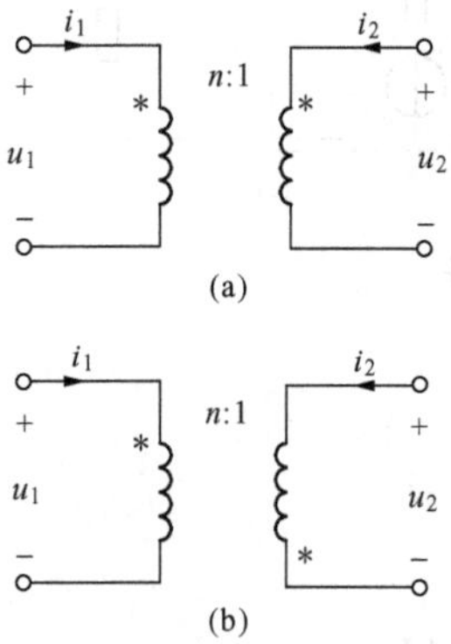


图 10 - 19 理想变压器的电路符号
（a）电流从同名端流入；
（b）电流从异名端流入

在图 10 - 19（a）所示同名端和参考方向下，理想变压器的 VAR 为

$$\left.\begin{aligned} u_1 &= nu_2 \\ i_2 &= -ni_1 \end{aligned}\right\} \tag{10 - 12}$$

式中：$n$ 为变比，是一次绕阻匝数 $N_1$ 与二次绕阻匝数 $N_2$ 之比，$n=N_1/N_2$。

由式（10 - 12）可知，理想变压器一侧电压为零时，另一侧电压也必然为零；同样，一侧电流为零时，另一侧电流也必然为零。

由于理想变压器的特性可用端口电压和电流之间的代数关系表征，所以它是一种线性双口电阻元件。作为电阻元件，它不仅可以变换交流，而且可以变换直流（见［例 5-17］）。事实上，两个回转器级联就构成了一个理想变压器。但应注意，理想变压器不能作为传统实际变压器的直流模型。

式（10 - 12）是与图 10 - 19（a）所示的同名端位置及电压、电流的参考方向相配合的。对于图 10 - 19（b）所示的理想变压器，与图 10 - 19（a）中的理想变压器相比，仅同名端位置不同，但其 VAR 变为

$$\left.\begin{aligned} u_1 &= -nu_2 \\ i_2 &= ni_1 \end{aligned}\right\} \tag{10 - 13}$$

根据图 10 - 19 以及式（10 - 12）和式（10 - 13），可总结出如下规律：

（1）不论端口电流的参考方向如何，当两个端口电压参考方向的正极性均位于同名端时，联系两个电压的方程中的变比 $n$ 前取正号；否则，取负号。

（2）不论端口电压的参考方向如何，当两个端口电流的参考方向都是从同名端流入时，联系两个电流的方程中的变比 $n$ 前取负号；否则，取正号。

### 10.3.2 理想变压器的两个基本特性

1. 非能特性

在任意时刻 $t$，理想变压器吸收的功率为

$$p(t)=u_1 i_1+u_2 i_2=nu_2 i_1+u_2(-ni_1)=0$$

因此，理想变压器既不消耗能量，也不储存能量，它把输入到一次侧的能量同时全部由二次侧传送出去。这种既不消耗能量，也不储存能量的特性称为非能特性。由此可知，通过理想变压器可以改变电压和电流的大小，而且不附带引入任何无源元件和储能元件的作用，这正是人们设计变压器时所希望的理想特性。

应该注意，对于理想变压器一类的多口元件，虽然元件总的瞬时功率为零，但这并不意味着每个端口的瞬时功率也为零。也就是说，当某些端口的功率为正时，必然有另一些端口的功率为负。

2. 阻抗变换特性

理想变压器不仅能改变电压和电流，而且也能改变阻抗。

在理想变压器二次侧接一阻抗 $Z$，如图 10-20 所示。由于 $\dot{U}_2=-Z\dot{I}_2$，即 $\dot{U}_2/\dot{I}_2=-Z$，则根据理想变压器的 VAR 可得一次侧的输入阻抗为

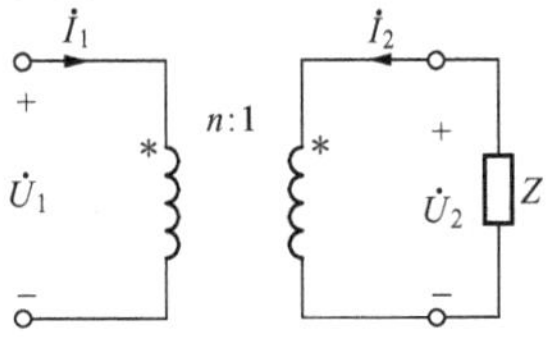

图 10-20　阻抗变换图

$$Z_i=\frac{\dot{U}_1}{\dot{I}_1}=-n^2\frac{\dot{U}_2}{\dot{I}_2}=n^2Z \tag{10-14}$$

式（10-14）表明，当在二次侧接一阻抗 $Z$ 时，从一次侧看进去的输入阻抗等于该阻抗的 $n^2$ 倍。二者性质完全相同，只是把阻抗 $Z$ 的电阻分量和电抗分量分别增大 $n^2$ 倍。在电子线路中，常利用这一阻抗变换特性实现最大功率传输。应该指出，式（10-14）中的阻抗变换公式与同名端的位置无关。

图 10-19（a）中理想变压器用受控源表示的等效电路如图 10-21 所示。

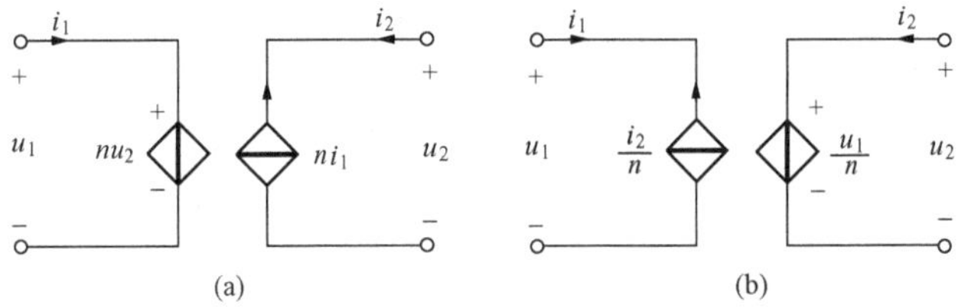

图 10-21　理想变压器的含受控源等效电路

（a）等效电路一；（b）等效电路二

**【例 10-6】**　试求图 10-22（a）所示电路中 5Ω 电阻消耗的功率。其中，$u_s(t)=15\sqrt{2}\sin 4t$ V。

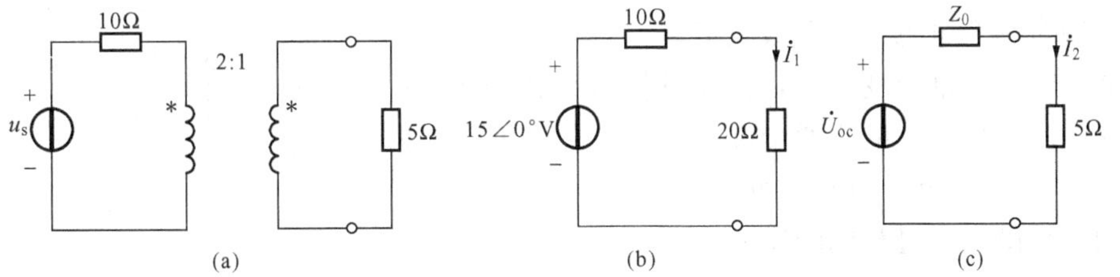

图 10-22　［例 10-6］图

（a）原电路；（b）、（c）等效电路

**解**　解法一：根据理想变压器的非能特性可知，5Ω 电阻消耗的功率等于传输到理想变压器一次侧的功率。根据阻抗变换特性，可将图 10-22（a）中的电路等效成图 10-22（b）所示的电路。由图 10-22（b）得

$$\dot{I}_1=\frac{15\angle 0^\circ}{10+20}=0.5\angle 0^\circ(\text{A})$$

所以，5Ω 电阻消耗的功率为

$$P=20I_1^2=20\times 0.5^2=5(\mathrm{W})$$

解法二：将 5Ω 电阻断开，令其开路电压为 $\dot{U}_{oc}$。注意到一次侧电流也为零，则

$$\dot{U}_{oc}=\frac{1}{2}\times 15\angle 0°=7.5\angle 0°(\mathrm{V})$$

利用阻抗变换特性求得相应的戴维南等效阻抗为

$$Z_0=\frac{10}{2^2}=2.5(\Omega)$$

其等效电路如图 10-22（c）所示。由该图得

$$\dot{I}_2=\frac{\dot{U}_{oc}}{Z_0+5}=\frac{7.5\angle 0°}{2.5+5}=1\angle 0°(\mathrm{A})$$

则

$$P=5I_2^2=5\times 1^2=5(\mathrm{W})$$

**【例 10-7】** 试求图 10-23 所示电路中流过理想变压器一、二次侧的电流。图中，$\dot{U}_s=12\angle 0°\mathrm{V}$。

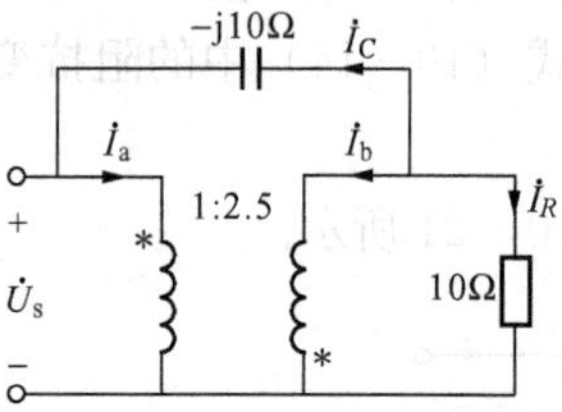

图 10-23 ［例 10-7］图

**解** 设各支路电流的参考方向如图 10-23 所示，则

$$\dot{I}_R=\frac{-2.5\dot{U}_s}{10}=\frac{-2.5\times 12\angle 0°}{10}=-3\angle 0°(\mathrm{A})$$

$$\dot{I}_C=\frac{-2.5\dot{U}_s-\dot{U}_s}{-\mathrm{j}10}=\frac{3.5\dot{U}_s}{\mathrm{j}10}=\frac{3.5\times 12\angle 0°}{\mathrm{j}10}=4.2\angle -90°(\mathrm{A})$$

所以，二次侧电流为

$$\dot{I}_b=-(\dot{I}_R+\dot{I}_C)=-(-3\angle 0°+4.2\angle -90°)=3+\mathrm{j}4.2=5.16\angle 54.5°(\mathrm{A})$$

一次侧电流为

$$\dot{I}_a=2.5\dot{I}_b=2.5\times 5.16\angle 54.5°=12.9\angle 54.5°(\mathrm{A})$$

**【例 10-8】** 试证明图 10-24 所示的电路可作为全耦合变压器（即全耦合电感）的等效电路。

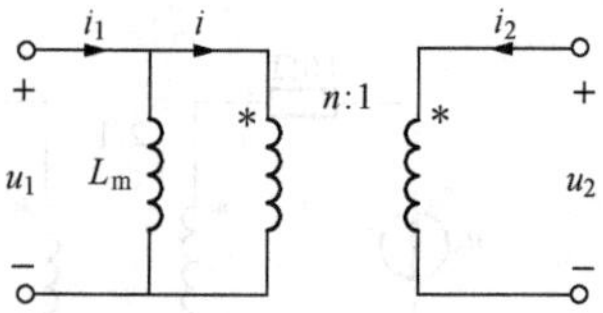

图 10-24 ［例 10-8］图

**证明** 对于全耦合变压器，由于其耦合系数为 1，所以一个线圈中电流所产生的磁通全部与另一线圈相交链，即

$$\Phi_{11}=\Phi_{21}，\Phi_{22}=\Phi_{12}$$

因此，两个线圈中穿过相同的磁通。

设自感磁通和互感磁通方向相同，则

$$\Phi=\Phi_1=\Phi_2=\Phi_{11}+\Phi_{22}$$

设线圈 1 和 2 的匝数分别为 $N_1$ 和 $N_2$，变比 $n$ 定义为

$$n=\frac{N_1}{N_2}$$

则两线圈中感应的电压分别为

$$u_1=N_1\frac{\mathrm{d}\Phi}{\mathrm{d}t}，u_2=N_2\frac{\mathrm{d}\Phi}{\mathrm{d}t}$$

所以
$$\frac{u_1}{u_2}=\frac{N_1}{N_2}=n \tag{10-15}$$

又因为
$$u_1=N_1\frac{\mathrm{d}\Phi}{\mathrm{d}t}=N_1\frac{\mathrm{d}(\Phi_{12}+\Phi_{21})}{\mathrm{d}t}=N_1\frac{\mathrm{d}\Phi_{12}}{\mathrm{d}t}+N_1\frac{\mathrm{d}\Phi_{21}}{\mathrm{d}t}$$

并注意到 $N_1\Phi_{12}=Mi_2$，$N_1\Phi_{21}=\frac{N_1}{N_2}N_2\Phi_{21}=\frac{N_1}{N_2}Mi_1=nMi_1$，所以
$$u_1=M\frac{\mathrm{d}i_2}{\mathrm{d}t}+nM\frac{\mathrm{d}i_1}{\mathrm{d}t}=nM\frac{\mathrm{d}}{\mathrm{d}t}\left(i_1+\frac{1}{n}i_2\right)=L_{\mathrm{m}}\frac{\mathrm{d}}{\mathrm{d}t}(i_1-i) \tag{10-16}$$

其中，$L_{\mathrm{m}}=nM$，且有
$$i_2=-ni \tag{10-17}$$

式（10-15）和式（10-17）构成了理想变压器的特性方程。由式（10-15）～式（10-17）可画出如图 10-24 所示的电路。

又因为 $N_1\Phi_{11}=L_1i_1$，$N_2\Phi_{21}=Mi_1$，所以
$$\frac{N_1}{N_2}=\frac{L_1}{M} \tag{10-18}$$

将 $M=\sqrt{L_1L_2}$ 代入式（10-18）中，得
$$n=\frac{L_1}{M}=\sqrt{\frac{L_1}{L_2}}$$

则
$$L_{\mathrm{m}}=nM=\frac{L_1}{M}M=L_1$$

因此，图 10-24 所示的电路可作为全耦合变压器的等效电路。

## 习　题

**去耦分析法**

10-1　如图 10-25 所示正弦稳态电路中，已知 $u_{\mathrm{s}}(t)=100\sqrt{2}\sin 10^3t\,\mathrm{V}$，$R=30\Omega$，$L_1=70\mathrm{mH}$，$L_2=60\mathrm{mH}$，$M=40\mathrm{mH}$，$C=50\mu\mathrm{F}$。试求电流 $i(t)$。

10-2　如图 10-26 所示正弦稳态电路中，已知 $u_{\mathrm{s}}(t)=100\cos 10^3t\,\mathrm{V}$，且 $u_{\mathrm{s}}(t)$ 与 $i(t)$ 同相。试求电容 $C$ 和电流 $i(t)$。

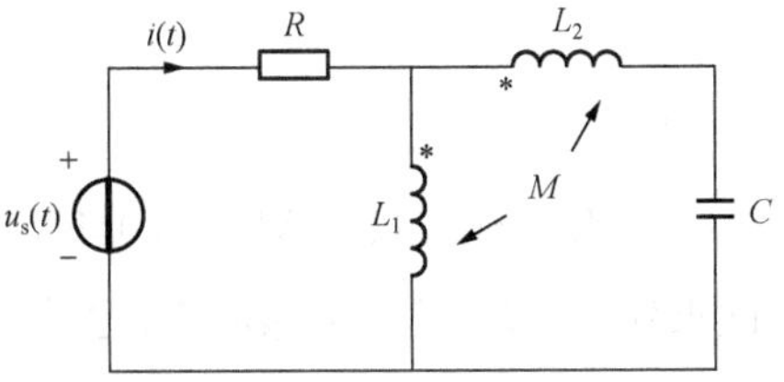


图 10-25　题 10-1 图

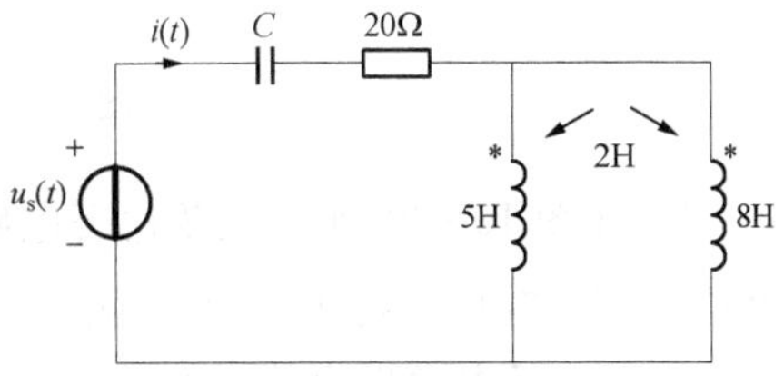


图 10-26　题 10-2 图

10 - 3　如图 10 - 27 所示正弦稳态电路中，$u_s(t)=100\sqrt{2}\sin 10t\,\text{V}$，$M=1\text{H}$，$L_1=4\text{H}$，$L_2=3\text{H}$，$C_1=0.01\text{F}$，$C_2=0.005\text{F}$，$R_1=10\Omega$，$R_2=30\Omega$。试求：(1) 电流 $i(t)$；(2) 电源提供的平均功率 $P$ 和无功功率 $Q$。

10 - 4　如图 10 - 28 所示稳态电路中，$u_s(t)=2.2\sqrt{2}\sin 10^4 t\,\text{V}$，$R=50\Omega$，$L_1=20\text{mH}$，$L_2=60\text{mH}$，$C=1.5\mu\text{F}$。试求：(1) 互感 $M$ 为何值时可使电路发生电压谐振；(2) 谐振时电压 $\dot{U}_{L1}$ 和电流 $\dot{I}_1$。

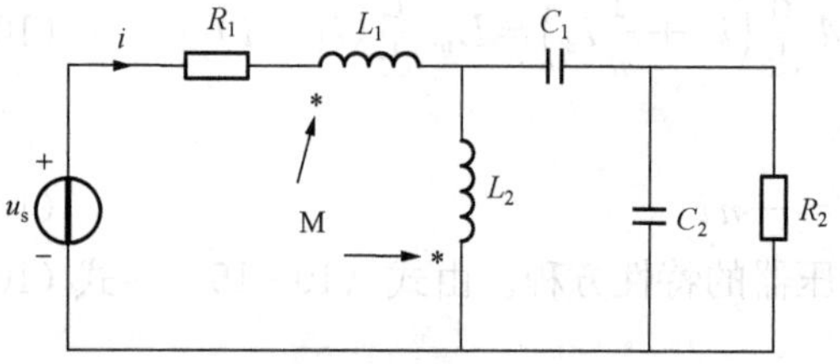


图 10 - 27　题 10 - 3 图

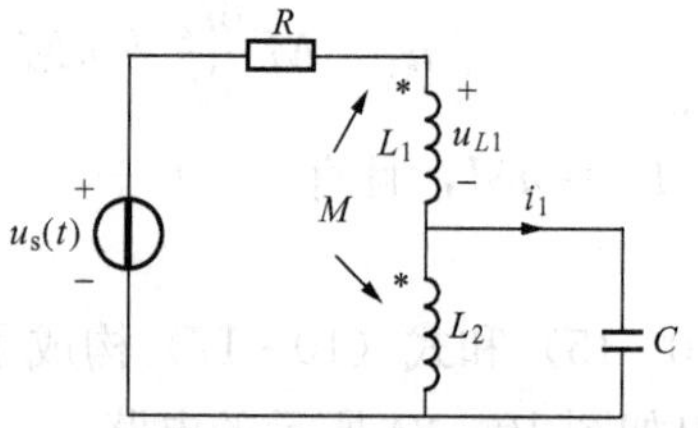


图 10 - 28　题 10 - 4 图

10 - 5　如图 10 - 29 所示稳态电路中，$u_s(t)=90\sqrt{2}\sin(1000t+15°)\text{V}$，$M=2\text{H}$，$L_1=5\text{H}$，$L_2=8\text{H}$，$C=0.25\mu\text{F}$，$R_1=10\Omega$，$R_2=20\Omega$，$\alpha=2$。试求电压源提供的功率 $P_s$。

10 - 6　如图 10 - 30 所示正弦稳态电路中，$L_1$、$L_2$、$M$、$C$ 都已给定，当电源频率改变时，有可能分别使 $\dot{I}_1=0$ 和 $\dot{I}_2=0$，如果可能，分别求使 $\dot{I}_1=0$ 和 $\dot{I}_2=0$ 的频率。

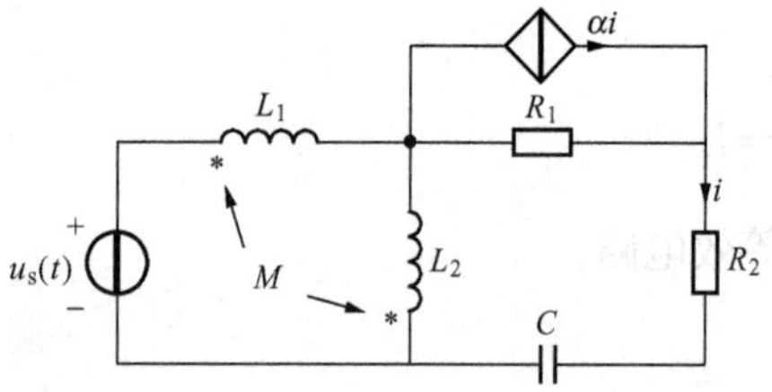


图 10 - 29　题 10 - 5 图

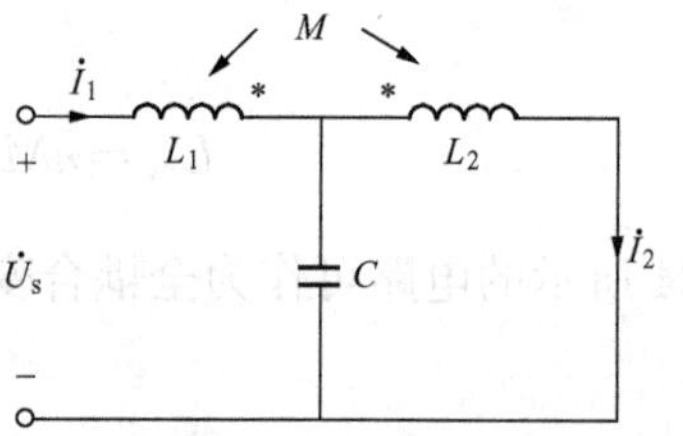


图 10 - 30　题 10 - 6 图

10 - 7　试求图 10 - 31 所示各电路可能有的谐振频率。

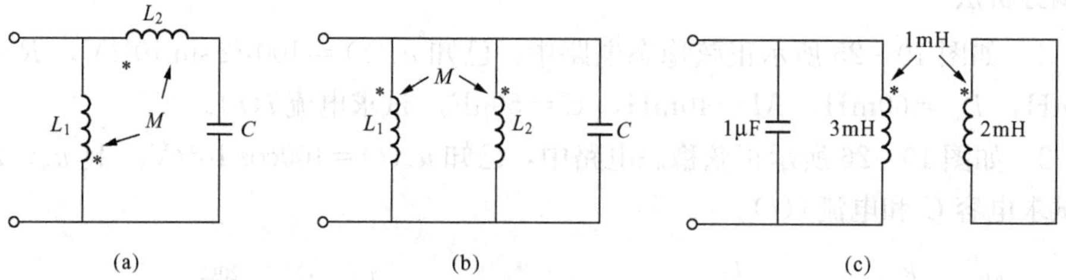


图 10 - 31　题 10 - 7 图

10 - 8　如图 10 - 32 所示正弦稳态电路中，$L_1=L_2=L_3=0.1\text{H}$，$M=0.04\text{H}$，$R_1=R_2=320\Omega$，$C=5\mu\text{F}$，$u_s(t)=10\sqrt{2}\sin 2\times10^3 t\,\text{V}$。试求使 $C$、$L_4$ 发生谐振时 $L_4$ 之值，并计算此时的 $u_{ab}(t)$ 及电源发出的平均功率。

10 - 9　如图 10 - 33 所示正弦稳态电路中，$U_s=120\text{V}$，$\dfrac{1}{\omega C}=\omega L_1=10\Omega$，$R=\omega L_2=\omega M=8\Omega$。试计算各支路吸收的有功功率。

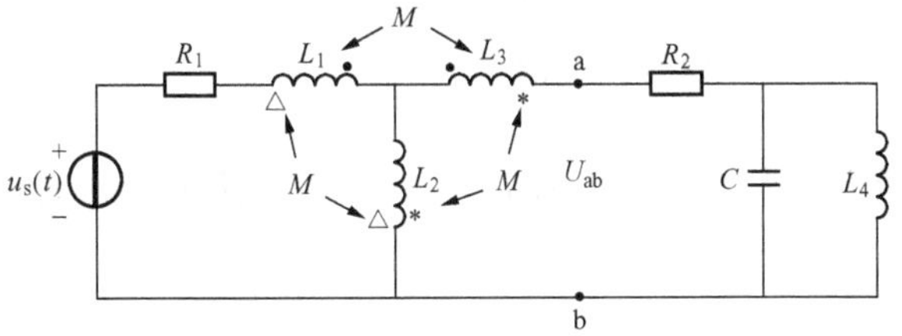


图 10 - 32　题 10 - 8 图

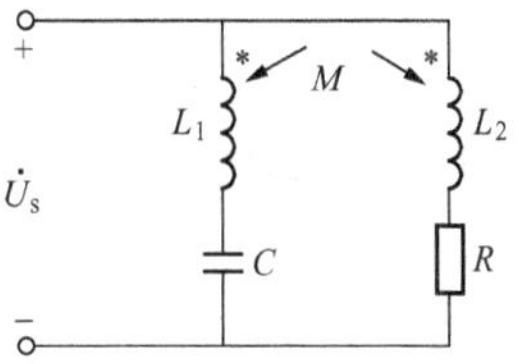


图 10 - 33　题 10 - 9 图

**回路分析法**

10 - 10　如图 10 - 34 所示正弦稳态电路中，$u_s(t)=10\sqrt{2}\sin t\text{V}$，$i_s(t)=5\sqrt{2}\cos t\text{A}$，$L_1=L_2=2\text{H}$，$M=1\text{H}$，$R_3=R_4=R_5=2\Omega$，$C=0.5\text{F}$。试列写该电路的网孔电流相量方程。

**反映阻抗分析法**

10 - 11　如图 10 - 35 所示正弦稳态电路中，功率表的示数为 24W，$u_s(t)=2\sqrt{2}\sin 10t\text{V}$。试确定互感 $M$ 的值。

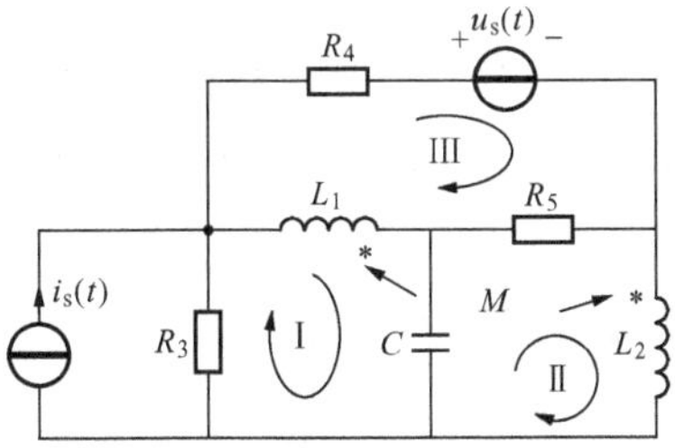


图 10 - 34　题 10 - 10 图

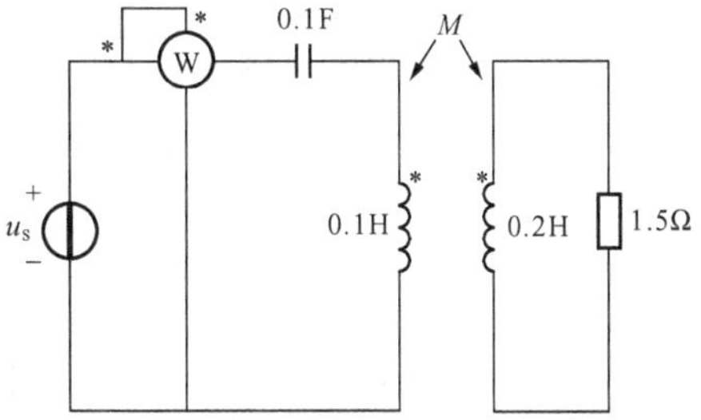


图 10 - 35　题 10 - 11 图

**理想变压器**

10 - 12　试求图 10 - 36 所示电路 a、b 端的输入阻抗 $Z_{ab}$。

10 - 13　试求图 10 - 37 所示正弦稳态电路中的电流 $\dot{I}_1$ 和 $\dot{I}_2$。

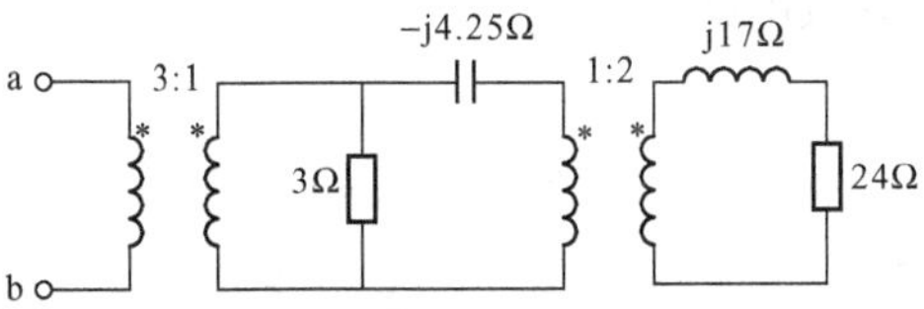


图 10 - 36　题 10 - 12 图

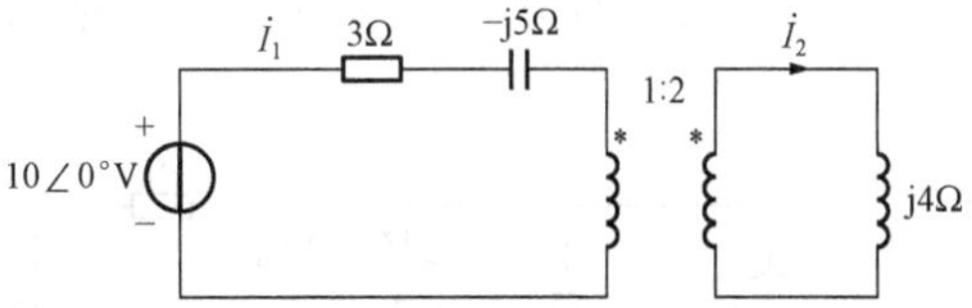


图 10 - 37　题 10 - 13 图

10 - 14　如图 10 - 38 所示电路中，$R_L=4\Omega$。试求：(1) 40V 电压源提供的功率；(2) $R_L$ 吸收的功率。

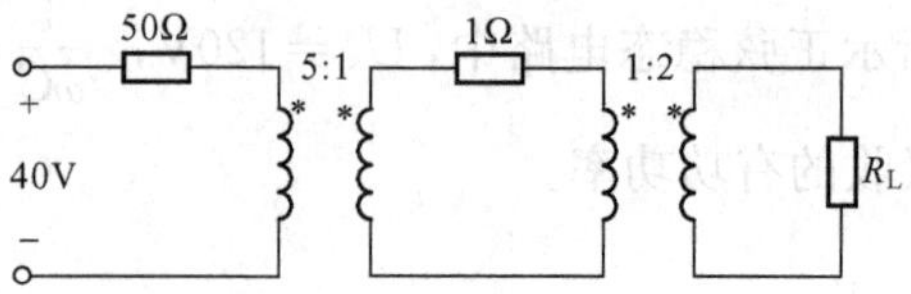


图 10 - 38 题 10 - 14 图

10 - 15 如果使 10Ω 电阻获得最大功率，试确定图 10 - 39 所示电路中理想变压器的变比 $n$。

10 - 16 试求图 10 - 40 所示电路中的电流 $\dot{I}$。

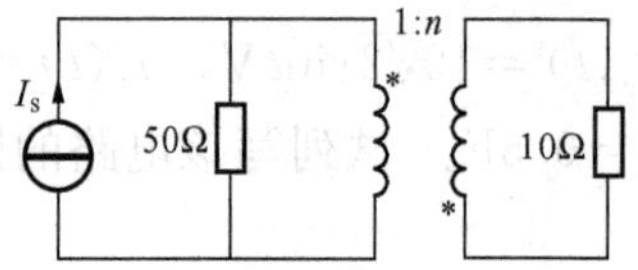


图 10 - 39 题 10 - 15 图

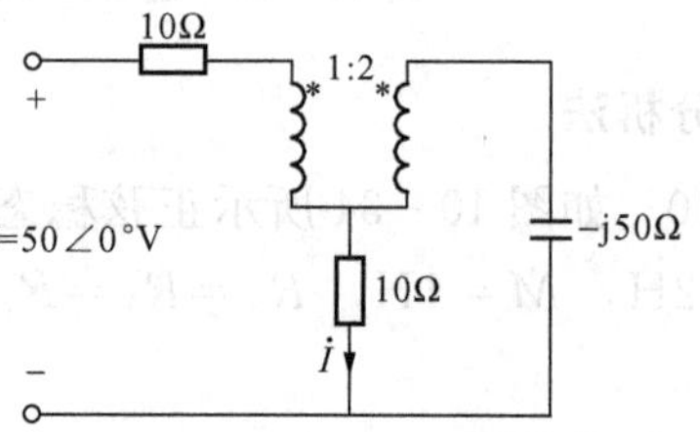


图 10 - 40 题 10 - 16 图

**其他**

10 - 17 如图 10 - 41 所示正弦稳态电路中，已知 $u_s(t)=20\sqrt{2}\sin\omega t\,\text{V}$，$R_1=2\Omega$，$R_2=1\Omega$，$\dfrac{1}{\omega C_1}=4\Omega$，$\dfrac{1}{\omega C_2}=5\Omega$，$\dfrac{1}{\omega C_3}=4\Omega$，$\omega L_1=5\Omega$，$\omega L_2=4\Omega$，$\omega M=2\Omega$。试求：(1) 电阻 $R_1$ 消耗的平均功率 $P_{R1}$；(2) 电阻 $R_2$ 消耗的平均功率 $P_{R2}$；(3) 电源提供的无功功率 $Q_s$。

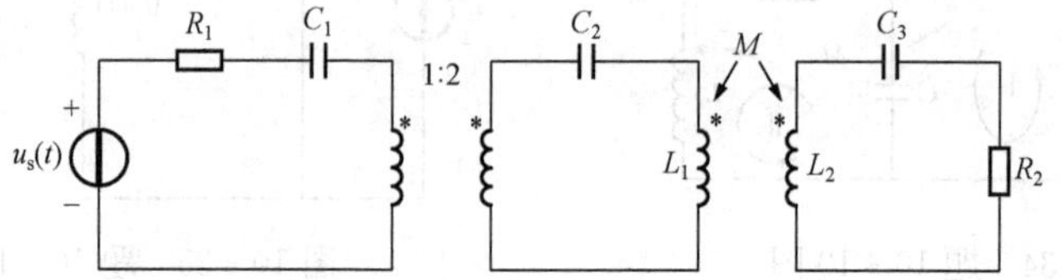


图 10 - 41 题 10 - 17 图

10 - 18 如图 10 - 42 所示正弦稳态电路中，$R_1=1\Omega$，$R_2=2\Omega$，$L_1=1\text{H}$，$L_2=2\text{H}$，$L_3=3\text{H}$，$C_3=3\text{F}$；$U_s=10\text{V}$，$U_0=5\text{V}$，电源提供的功率为 100W。试确定电容电流的有效值和互感 $M$ 的值。

10 - 19 试求图 10 - 43 所示双口网络的 Ⅱ 形等效电路。

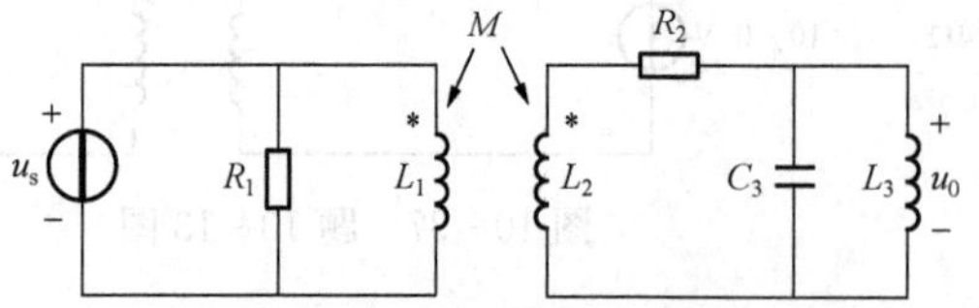


图 10 - 42 题 10 - 18 图

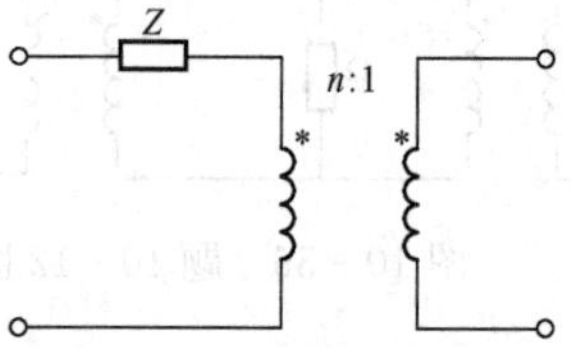


图 10 - 43 题 10 - 19 图

10 - 20　如图 10 - 44 所示正弦稳态电路中，$i_s(t)=4\sqrt{2}\sin 100t$ A，负载阻抗 $Z_L$ 可调。试求负载阻抗 $Z_L$ 为何值时，其获得最大功率，并求此最大功率 $P_{max}$。

10 - 21　如图 10 - 45 所示电路中，$i(0_-)=0$，$u(0_-)=4$V。试求 $t>0$ 时的电流 $i(t)$。

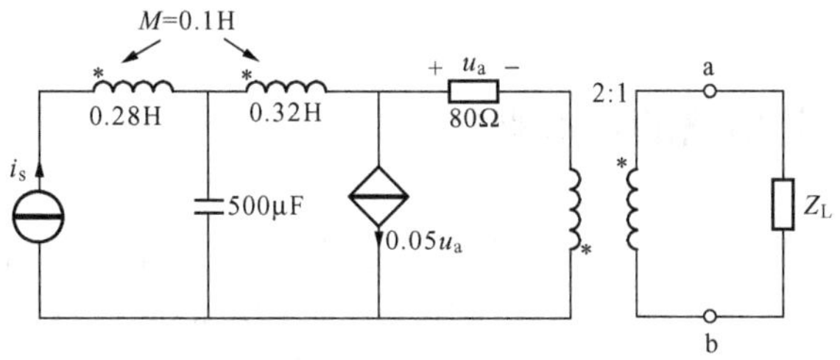


图 10 - 44　题 10 - 20 图

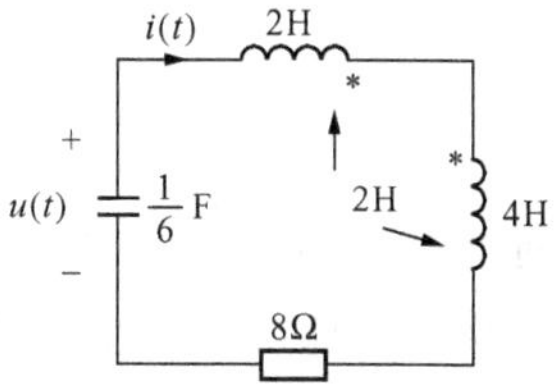


图 10 - 45　题 10 - 21 图

# 第11章　三　相　电　路

## 11.1　三相电路的基本概念

目前世界上的交流电力系统，几乎全部采用三相制（即三相系统），而不是单相制。这是因为从发电、输电、配电和用电各方面来讲，采用三相制比采用单相制能取得更高的效益，且具有更大的优越性。日常所见到的架空电线杆上，常架有三条或四条输电线，这就是三相输电线。因此，学习与了解三相制是必要的。

三相制是由三组频率相同而相位互差120°的交流电源供电的交流系统。

### 11.1.1　三相电源和三相负载

交流发电机中，有三个位置彼此相差120°的绕组。当发电机的转子旋转时，则在各绕组中感应出相位相差120°、幅值及频率相等的三个交流电压。所谓三相电源一般是指由这种三个频率相同、幅值相等、相位依次相差120°的正弦电压按一定方式连接而成的电源，这组电压源称为对称三相电源，依次称为A相、B相和C相，分别记为 $u_A$、$u_B$ 和 $u_C$，它们的瞬时表达式为

$$\left.\begin{aligned} u_A(t) &= \sqrt{2}U\sin(\omega t+\varphi) \\ u_B(t) &= \sqrt{2}U\sin(\omega t+\varphi-120^\circ) \\ u_C(t) &= \sqrt{2}U\sin(\omega t+\varphi-240^\circ)=\sqrt{2}U\sin(\omega t+\varphi+120^\circ) \end{aligned}\right\} \tag{11-1}$$

用相量可表示为

$$\left.\begin{aligned} \dot{U}_A &= U\angle\varphi \\ \dot{U}_B &= U\angle\varphi-120^\circ \\ \dot{U}_C &= U\angle\varphi+120^\circ \end{aligned}\right\} \tag{11-2}$$

它们的波形和相量图如图11-1所示。

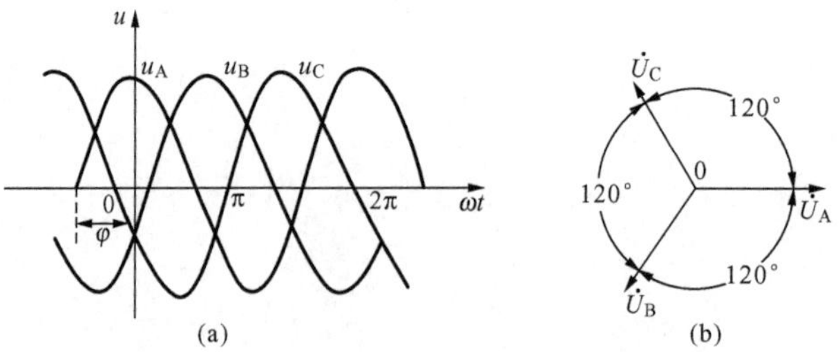


图11-1　对称三相电源的电压波形和相量图

(a) 波形图；(b) 相量图

为了方便起见，在工程上引入单位相量算子

$$a=1\angle 120°=1\angle -240°=-\frac{1}{2}+\mathrm{j}\frac{\sqrt{3}}{2}$$

则

$$a^2=1\angle 240°=1\angle -120°=-\frac{1}{2}-\mathrm{j}\frac{\sqrt{3}}{2},\ a^3=1\angle 0°=1$$

显然，$1+a+a^2=0$。

引入单位相量算子后，可用对称三相电源中的任何一相电压表示其他两相电压。例如，$\dot{U}_B=a^2\dot{U}_A$，$\dot{U}_C=a\dot{U}_A$，所以

$$\dot{U}_A+\dot{U}_B+\dot{U}_C=\dot{U}_A(1+a+a^2)=0 \tag{11-3}$$

这一结论也可由相量图法得证。

对式（11-3）取相量反变换，得

$$u_A+u_B+u_C=0 \tag{11-4}$$

式（11-4）表明，对称三相电源的电压之和为零。该结论对任何一组对称三相电量都成立。

三相电压经过同一量值（如极大值）的先后次序称为三相电压的相序。上述 A、B、C 三相中的任何一相均在相位上超前于后一相 120°。例如，A 相超前于 B 相 120°，B 相超前 C 相 120°，相序为 A—B—C，通常称之为正〔相〕序。如果相反，即 B 相超前 A 相 120°，C 相超前 B 相 120°，相序为 A—C—B，则称为负〔相〕序。在现场中，常用不同颜色标志各相接线及端子。我国采用黄、红、绿三色分别标志 A、B、C 三相。此外，在端子上用字母 A、B、C 等予以标示。

在三相制中，负载一般也是三相的，即由三部分所组成，每一部分称为负载的一相。如果三相负载各相完全相同，则称之为对称三相负载；否则称之为不对称三相负载。例如，三相电动机就是一种对称的三相负载。三相负载也可以由三个单相负载组成。在线性的情况下，三相负载可以用三个阻抗表示。

在三相制中，三相电源和三相负载都有两种连接方式，一种称为星形接法或Y接法；另一种称为三角形接法或△接法。按星形方式连接的电源（或负载）称为星形电源（或星形负载），按三角形方式连接的电源（或负载）称为三角形电源（或三角形负载）。星形电源和三角形电源分别如图 11-2（a）和图 11-2（b）所示。其中，星形电源中的连接点 N 称为电源中性点。

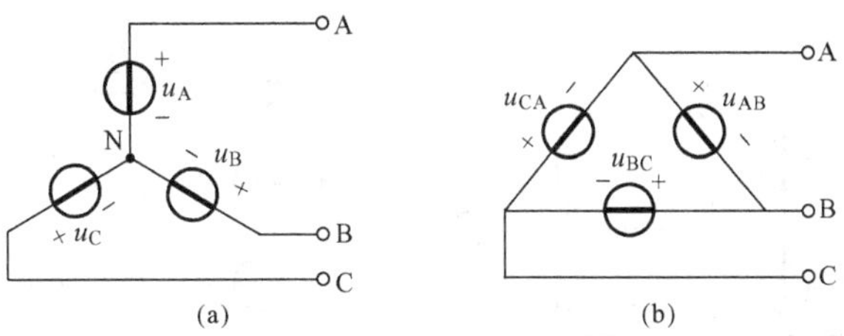


图 11-2 三相电源

（a）星形电源；（b）三角形电源

对于三角形电源，在正确连接的情况下，因三相电源电压是对称的，其总和为零，因而串接没有危险；但若接错，将形成较大的环行电流，会导致电源损坏，这是要必须避免的。

请读者自行考虑如何测试接线是否正确。

星形负载和三角形负载与三相电源的连接方式相似，分别如图 11 - 3（a）和图 11 - 3（b）所示，其中星形负载中的连接点 N′ 称为负载中性点。在对称情况下，$Z_A = Z_B = Z_C = Z_Y$，$Z_{AB} = Z_{BC} = Z_{CA} = Z_{\triangle}$。

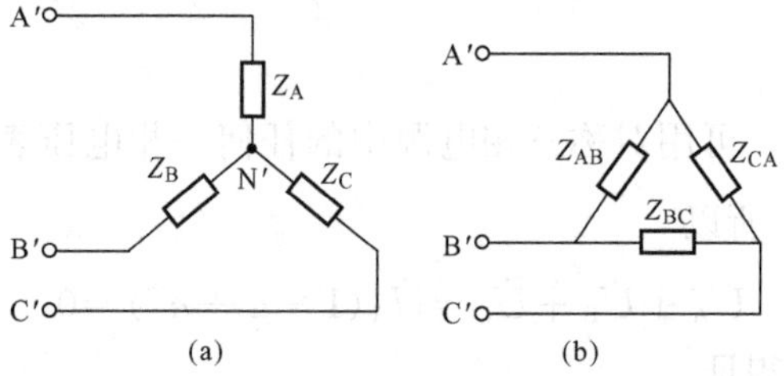


图 11 - 3　三相负载

（a）星形负载；（b）三角形负载

### 11.1.2　三相电路

三相电路是由三相电源和三相负载连接而成的系统。根据电源和负载的连接方式不同，三相电路的连接方式可分为Y—Y连接、Y—△连接、△—Y连接、△—△连接和 $Y_0$—$Y_0$ 连接五种基本三相电路，分别如图 11 - 4（a）～（e）所示。电源与负载相应各相的连线 AA′、BB′、CC′ 称为端线或相线；$Y_0$—$Y_0$ 连接中，电源中性点 N 与负载中性点 N′ 之间的连线 NN′ 称为中性线或零线。根据三相电路中连线的数目，可将其分为三相三线制和三相四线制两种。显然，$Y_0$—$Y_0$ 连接为三相四线制，而其他连接均为三相三线制。如果三相电源和三相负载都是对称的，且端线的三个阻抗相等，则称之为对称三相电路，否则称之为不对称三相电路。例如，接到三相对称电源的三相电动机，即属于对称三相电路；电力系统在正常运行情况下，亦接近于三相对称运行，可作为对称三相电路看待。

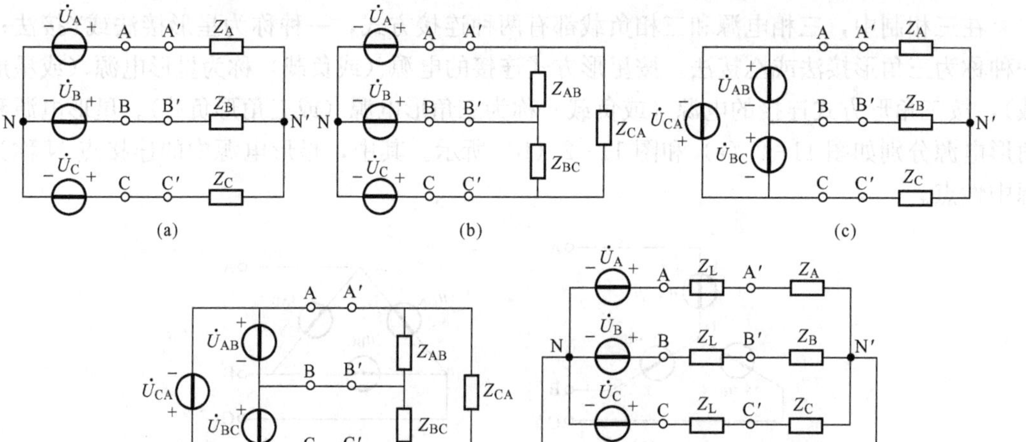


图 11 - 4　三相电路的基本连接方式

(a) Y—Y连接；(b) Y—△连接；(c) △—Y连接；(d) △—△连接；(e) $Y_0$—$Y_0$ 连接

在三相电路中，电源（或负载）各相的电压称为相电压，流过各相的电流称为相电流；端线之间的电压称为线电压，流过各端线的电流称为线电流；流过中性线的电流称为中性线电流。

对于Y—Y连接和 $Y_0-Y_0$ 连接的三相电路，根据 KVL 可知，线电压等于相应的两个相电压之差。例如，在电源侧，三个线电压分别为

$$\dot{U}_{AB}=\dot{U}_A-\dot{U}_B\ ,\ \dot{U}_{BC}=\dot{U}_B-\dot{U}_C\ ,\ \dot{U}_{CA}=\dot{U}_C-\dot{U}_A$$

当相电压三相对称时，$\dot{U}_B=a^2\dot{U}_A$，$\dot{U}_C=a^2\dot{U}_B$，$\dot{U}_A=a^2\dot{U}_C$，则

$$\dot{U}_{AB}=\dot{U}_A-a^2\dot{U}_A=\sqrt{3}\dot{U}_A\angle 30°\ ,\ \dot{U}_{BC}=\dot{U}_B-a^2\dot{U}_B=\sqrt{3}\dot{U}_B\angle 30°$$

$$\dot{U}_{CA}=\dot{U}_C-a^2\dot{U}_C=\sqrt{3}\dot{U}_C\angle 30°$$

上述线电压与相电压之间的关系可用图 11-5 所示的电压相量图表示。显然，线电压也是对称的，且线电压的有效值等于相电压有效值的 $\sqrt{3}$ 倍，即 $U_l=\sqrt{3}U_{ph}$，而线电压的相位超前相应的相电压 30°。这一结论对于对称三相负载也适用。

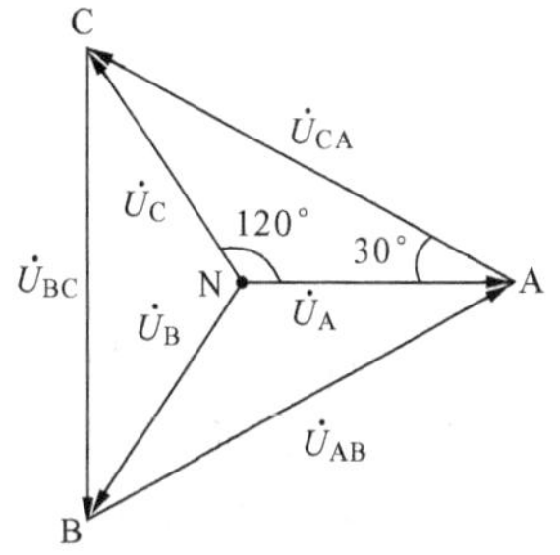


图 11-5 对称星形电源的线电压与相电压之间的关系

由 KCL 可知，星形连接时的线电流等于相应的相电流。另外，如果相电流是三相对称的，则线电流也是三相对称的。

对于△—△连接的三相电路，根据 KCL 可知，线电流等于相应的两个相电流之差，例如在负载侧［见图 11-6（a）］，三个线电流分别为

$$\dot{I}_A=\dot{I}_{A'B'}-\dot{I}_{C'A'}\ ,\ \dot{I}_B=\dot{I}_{B'C'}-\dot{I}_{A'B'}\ ,\ \dot{I}_C=\dot{I}_{C'A'}-\dot{I}_{B'C'}$$

如果相电流是三相对称的，则有

$$\dot{I}_A=\sqrt{3}\dot{I}_{A'B'}\angle -30°,\ \dot{I}_B=\sqrt{3}\dot{I}_{B'C'}\angle -30°,\ \dot{I}_C=\sqrt{3}\dot{I}_{C'A'}\angle -30°$$

如图 11-6（b）所示，此时，线电流也是三相对称的，且线电流的有效值是相电流有效值的 $\sqrt{3}$ 倍，即 $I_l=\sqrt{3}I_{ph}$，而在相位上，线电流落后相应的相电流 30°。

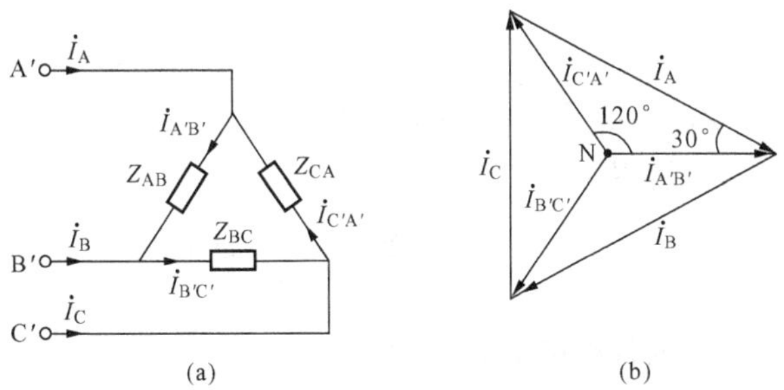


图 11-6 对称三角形负载及其线电流与相电流之间的关系

（a）电路图；（b）相量图

微课 16

三相四线电路中性线的作用（结合实验）

由 KVL 可知，三角形连接时的线电压等于相应的相电压。当相电压三相对称时，线电压也是三相对称的。对电源侧的分析与上类似，读者可自行完成。

上述所得结论，对于其他类型的三相电路仍适用。

综上所述，可得如下结论：

（1）Y接法。

1）线电流等于相电流，即 $I_l = I_{ph}$；线电压等于相应的两个相电压之差。当三个相电压对称时，线电压有效值等于相电压有效值的 $\sqrt{3}$ 倍，即 $U_l = \sqrt{3} U_{ph}$；线电压在相位上超前相应的相电压 30°。

2）可采用三相三线制或三相四线制。

（2）△接法。

1）线电压等于相电压，即 $U_l = U_{ph}$；线电流等于相应的两个相电流之差。当三个相电流对称时，线电流有效值等于相电流有效值的 $\sqrt{3}$ 倍，即 $I_l = \sqrt{3} I_{ph}$；线电流在相位上落后相应的相电流 30°。

2）只能采用三相三线制。

## 11.2 不对称三相电路

三相电路是一种特殊类型的复杂电路，因而仍可采用一般复杂电路的分析方法对其进行分析和计算，原理上并没有新的概念。

通常三相电源的不对称程度较小，一般可近似地当作对称来处理。而三相负载的不对称则是主要的、经常的。例如，各相负载分配不均匀，电力系统发生故障（如短路或断路）等都将引起不对称。所以，实际工程中要解决的不对称三相电路是指三相电源对称而三相负载不对称的三相电路。

下面从三相四线制的电路入手，进行分析。

图 11-7 所示的不对称三相电路中，$\dot{U}_A$、$\dot{U}_B$、$\dot{U}_C$ 为三相对称电源，其中，$Z_A$、$Z_B$、$Z_C$ 为三相不对称阻抗，$Z_N$ 为中性线阻抗，$Z_L$ 为线路阻抗。取电源中性点 N 为参考点，则由节点法可得负载中性点 N′ 的节点电压方程为

$$(Y_A + Y_B + Y_C + Y_N)\dot{U}_{N'N} = Y_A\dot{U}_A + Y_B\dot{U}_B + Y_C\dot{U}_C$$

其中

$$Y_A = \frac{1}{Z_A + Z_L},\ Y_B = \frac{1}{Z_B + Z_L},\ Y_C = \frac{1}{Z_C + Z_L},\ Y_N = \frac{1}{Z_N}$$

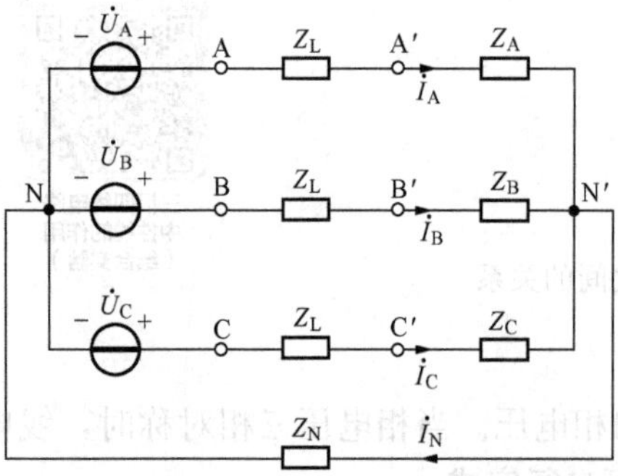


图 11-7 不对称三相电路

解得

$$\dot{U}_{N'N} = \frac{Y_A\dot{U}_A + Y_B\dot{U}_B + Y_C\dot{U}_C}{Y_A + Y_B + Y_C + Y_N} \quad (11-5)$$

则各相电流分别为

$$\dot{I}_A = Y_A(\dot{U}_A - \dot{U}_{N'N})$$

$$\dot{I}_B = Y_B(\dot{U}_B - \dot{U}_{N'N})$$

$$\dot{I}_C = Y_C(\dot{U}_C - \dot{U}_{N'N})$$

中性线电流为

$$\dot{I}_N = Y_N\dot{U}_{N'N}$$

由式（11-5）可知，只要中性线阻抗 $Z_N$ 不等于零，$\dot{U}_{N'N}$ 就不为零，N′点偏离N点，称为中性点位移，如图11-8所示。$Z_N$ 越大（即 $Y_N$ 越小），$\dot{U}_{N'N}$ 越大，中性点位移越大。当没有中性线（即 $Y_N=0$）时 $\dot{U}_{N'N}$ 最大，中性点位移最严重。根据中性点位移的情况可判断负载端不对称的程度。当中性点位移较大时，会造成负载端的相电压严重的不对称，从而使负载的工作不正常，甚至损坏。解决这一问题的有效方法是减小中性线阻抗。这是因为当中性线阻抗很小，甚至可以忽略（$Z_N\approx 0$）时，可迫使 $\dot{U}_{N'N}$ 最小，甚至接近于零。这样，尽管电路是不对称的，但负载各相电压与电源各相电压相差很小，且各相的工作状况互不影响，使得负载能够正常工作。因此，在这种情况下，中性线的存在是非常重要的。为此，在实际的电气安装工程中，中性线上是不允许接入开关与熔断器的。因为一旦开关断开或熔断器烧断，中性线的作用也就消失了。

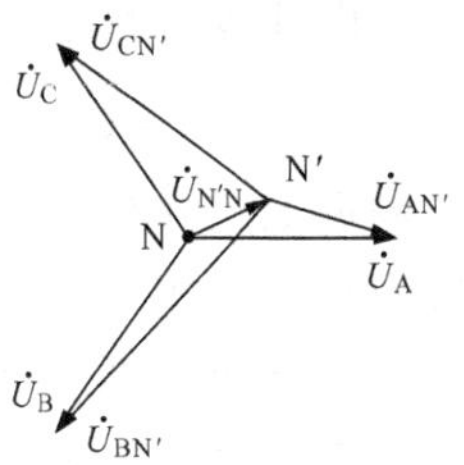

图11-8 中性点位移

微课17

相电压/线电流、线电压/线电流的概念及对称电路中的关系

**【例11-1】** 相序测定器之一是一个简单的Y接法不对称三相电路，其中一相接入电容，另外两相接入同样瓦数的灯泡，试分析其测定相序的原理。设 $C=1\mu F$，灯泡为220V/40W，对称三相电源线电压为380V。

**解** 相序测定仪如图11-9（a）所示。该电路可转化成电源相电压对称的电路，如图11-9（b）所示。

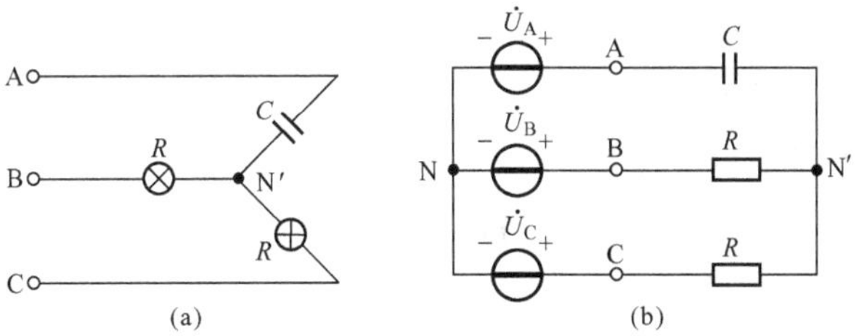

图11-9 一种相序测定仪的原理图

（a）相序测定仪电路；（b）转化成电源相电压对称的电路

各相导纳分别为

$$Y_A=j\omega C=j2\pi\times 50\times 10^{-6}=j3.14\times 10^{-4}\,(S)$$

$$Y_B=Y_C=\frac{40}{220^2}=0.826\times 10^{-3}\,(S)$$

令 $\dot{U}_A=220\angle 0°V$，则 $\dot{U}_B=220\angle -120°V$，$\dot{U}_C=220\angle 120°V$，因此中性点电压 $\dot{U}_{N'N}$ 为

$$\dot{U}_{N'N}=\frac{Y_A\dot{U}_A+Y_B\dot{U}_B+Y_C\dot{U}_C}{Y_A+Y_B+Y_C}=\frac{(Y_A+a^2Y_B+aY_C)\dot{U}_A}{Y_A+Y_B+Y_C}=\frac{(Y_A-Y_B)\dot{U}_A}{Y_A+Y_B+Y_C}$$

代入已知数据，得

$$\dot{U}_{N'N}=\frac{220\times(j0.314-0.826)\times 10^{-3}}{(j0.314+1.652)\times 10^{-3}}=115.5\angle 148.4°\ (V)$$

B相灯泡所承受的电压为

$$\dot{U}_{BN'}=\dot{U}_B-\dot{U}_{N'N}=220\angle -120°-115.5\angle 148.4°=251.3\angle -92.6°\ (V)$$

C 相灯泡上的电压为

$$\dot{U}_{CN'}=\dot{U}_C-\dot{U}_{N'N}=220\angle 120^\circ-115.5\angle 148.4^\circ=130.5\angle 95.1^\circ\ (\mathrm{V})$$

根据上述计算结果可知，B 相电压高于 C 相，所以，若电容器所在的一相定为 A 相，则灯泡亮的一相为 B 相，灯泡暗的一相为 C 相。

对于其他的不对称三相电路，如果是单组负载，则可以先将三角形负载通过△—Y变换转化为等效星形负载进行计算；如果负载是多组的，则由于负载是不对称的，即使都是星形负载，它们的中性点也是不等电位的，不能按并联化简。因此，应该先将星形负载等效变换为三角形负载后，进行并联化简，然后再转化为星形负载进行计算。更一般的方法是运用复杂电路的分析方法进行分析。

## 11.3 对称三相电路

11.2 节讨论的分析方法对不对称三相电路和对称三相电路都适用。但对于对称三相电路，若充分利用其对称性，可使计算简化。

对于图 11-7 所示的$Y_0$—$Y_0$三相电路，设 $Z_A=Z_B=Z_C=Z$，则该电路为一对称三相电路，即

$$\dot{U}_{N'N}=\frac{Y\dot{U}_A+Y\dot{U}_B+Y\dot{U}_C}{3Y+Y_N}=\frac{Y(\dot{U}_A+\dot{U}_B+\dot{U}_C)}{3Y+Y_N} \tag{11-6}$$

其中，$Y=\dfrac{1}{Z+Z_L}$，$Y_N=\dfrac{1}{Z_N}$。

由于三相电源电压对称，$\dot{U}_A+\dot{U}_B+\dot{U}_C=0$，所以

$$\dot{U}_{N'N}=0$$

由此可得

$$\dot{I}_A=Y\dot{U}_A，\dot{I}_B=Y\dot{U}_B=a^2\dot{I}_A，\dot{I}_C=Y\dot{U}_C=a\dot{I}_A$$

及

$$\dot{I}_N=\dot{I}_A+\dot{I}_B+\dot{I}_C=0$$

相应的负载相电压为

$$\dot{U}_{A'N'}=Z\dot{I}_A，\dot{U}_{B'N'}=Z\dot{I}_B=a^2\dot{U}_{A'N'}，\dot{U}_{C'N'}=Z\dot{I}_C=a\dot{U}_{A'N'}$$

分析上述结果，不难得出如下结论：

(1) 三相电流和三相电压是对称的，因而三相电路完全对称，即电压对称、阻抗对称、电流对称。因而只需计算其中任意一相，根据对称性即可得出其余两相结果。这就是对称三相电路归结为一相的计算方法。

(2) 中性线电流为零，两中性点等电位，因而在计算中中性线阻抗不起作用。事实上，从式 (11-6) 也可看出，无论中性线阻抗为何值，$\dot{U}_{N'N}$ 均为零。

结论 (2) 还说明，即使没有中性线（$Y_N=0$），三相电流值仍然不变。因此，在三相对称情况下，完全可以省去中性线而采用三相三线制以节省导线。电力系统中的高压及中压输电线路采用三线制即由于此。

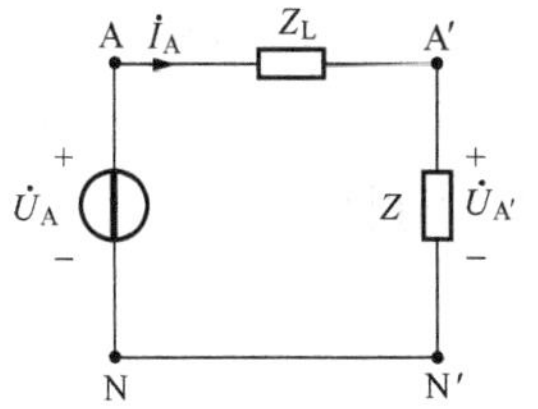


图 11-10　单相等值电路（A 相）

图 11-10 所示为单相计算电路（A 相）。图中，$\dot{U}_A$ 和 $\dot{I}_A$ 分别代表 A 相的电源电压及电流。无论原三相电路为三相三线制还是三相四线制，N 和 N′之间均可用短路线连接，因为点 N 与 N′等电位，没有电压降，互连时不会引起电路变化。图 11-10 称为单相等值电路（A 相）。应当注意，当计算三相有功和无功功率时，总功率应等于单相计算值的 3 倍。

当三相电路中含有三角形负载或电源时，可以先将其等效变换成星形负载或电源，然后再利用单相等值电路计算。但应注意，对三角形负载侧而言，用单相等值电路计算出的电流是线电流而不是相电流，计算出的电压也不是相电压。

**【例 11-2】**　对称三相电路如图 11-11（a）所示。已知 $Z_L=1+j\Omega$，$Z_Y=8+j6\Omega$，$Z_\triangle=24+j18\Omega$，电源线电压为 380V。试分别求三角形负载和星形负载端的相电压和相电流。

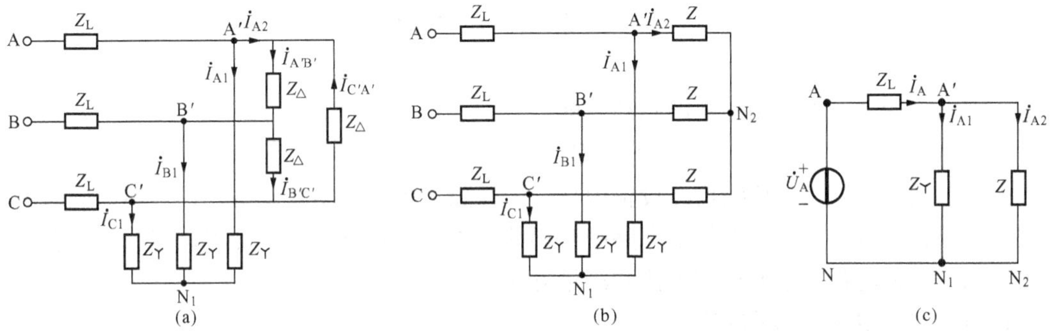


图 11-11　[例 11-2] 图

(a) 对称三相电路；(b) 等效电路；(c) A 相等值电路

**解**　将图 11-11（a）中的三角形负载转化成星形负载，如图 11-11（b）所示。图中，$Z$ 为

$$Z=\frac{Z_\triangle}{3}=\frac{24+j18}{3}=8+j6\ (\Omega)$$

令 $\dot{U}_A=\dfrac{380}{\sqrt{3}}\angle 0°=220\angle 0°\text{V}$。由于图 11-11（b）中电源中性点、星形负载中性点 $N_1$、等效星形负载中性点 $N_2$ 三点等电位，因此 A 相等值电路如图 11-11（c）所示。

由图 11-11（c）可得

$$Z_i=Z_L+Z_Y//Z=1+j+\frac{1}{2}(8+j6)=5+j4=6.4\angle 38.7°\ (\Omega)$$

$$\dot{I}_A=\frac{\dot{U}_A}{Z_i}=\frac{220\angle 0°}{6.4\angle 38.7°}=34.4\angle -38.7°\ (\text{A})$$

则

$$\dot{I}_{A1}=\dot{I}_{A2}=\frac{1}{2}\times 34.4\angle -38.7°=17.2\angle -38.7°\ (\text{A})$$

$$\dot{I}_{A'B'}=\frac{\dot{I}_{A2}}{\sqrt{3}}\angle 30°=\frac{17.2\angle -38.7°}{\sqrt{3}}\angle 30°=9.93\angle -8.7°\ (\text{A})$$

$$\dot{U}_{A'N_1}=Z_{Y}\dot{I}_{A1}=(8+j6)\times 17.2\angle -38.7^\circ=172\angle -1.8^\circ\ (V)$$

$$\dot{U}_{A'B'}=Z_{\triangle}\dot{I}_{A'B'}=(24+j18)\times 9.93\angle -8.7^\circ=297.9\angle 28.2^\circ\ (V)$$

根据对称性得

$$\dot{I}_{B1}=17.2\angle -158.7^\circ A，\dot{I}_{C1}=17.2\angle 81.3^\circ A$$

$$\dot{I}_{B'C'}=9.93\angle -128.7^\circ A，\dot{I}_{C'A'}=9.93\angle 111.3^\circ A$$

$$\dot{U}_{B'N_1}=172\angle -121.8^\circ V，\dot{U}_{C'N_1}=172\angle 118.2^\circ V$$

$$\dot{U}_{B'C'}=297.9\angle -91.8^\circ V，\dot{U}_{C'A'}=297.9\angle 148.2^\circ V$$

三相对称电路的计算，应用甚广。除了在电力系统计算中应用外，在三相用电设备中，无论容量大小，也常被应用。另外，三相对称电路的计算也是电力系统故障分析中所使用的对称分量法的基础。

## 11.4 三相电路的功率

三相电路的功率为各相功率的总和，即

$$P=P_A+P_B+P_C$$

由于三相设备的相间接线均在设备内部，因而除三相四线制的设备外，均不能同时测量各相的电压和电流，而必须由外部电路中测得的线电压及线电流进行计算。因此，根据接线制的不同，三相电路功率的计算方法和测量方法也随之而异。

### 11.4.1 三相四线制的功率

在三相四线制中，可以从外部电路上测得各相的相电压和相电流，从而可以根据相电流和相电压分别计算各相功率，然后相加而得总功率，即

$$P=P_A+P_B+P_C=U_AI_A\cos\theta_A+U_BI_B\cos\theta_B+U_CI_C\cos\theta_C$$

三相电路的无功功率及视在功率分别为

$$Q=Q_A+Q_B+Q_C=U_AI_A\sin\theta_A+U_BI_B\sin\theta_B+U_CI_C\sin\theta_C$$

$$S\triangleq\sqrt{P^2+Q^2}$$

三相电路的功率因数定义为$\cos\theta=\dfrac{P}{S}$。当三相不对称时，$S\neq S_A+S_B+S_C$，$\theta\neq\theta_A$，$\theta\neq\theta_B$，$\theta\neq\theta_C$，因此，视在功率 $S$ 和功率因数 $\cos\theta$ 只有计算意义。

三相对称时，由于各相的电压、电流有效值及功率因数角相等，所以

$$\left.\begin{aligned}P&=3P_{ph}=3U_{ph}I_{ph}\cos\theta\\Q&=3Q_{ph}=3U_{ph}I_{ph}\sin\theta\\S&=\sqrt{P^2+Q^2}=3U_{ph}I_{ph}=3S_{ph}\\\cos\theta&=\frac{P}{S}=\frac{P_{ph}}{S_{ph}}\end{aligned}\right\}\tag{11-7}$$

式（11-7）表明，三相对称时，三相功率等于单相功率的3倍。无功功率和视在功率也是如此，而功率因数则等于各相的功率因数。

由于相电压和相电流都可以在外部电路上分别测出，因而三相功率的测量可由测量各相的功

率相加而得。即这种测量方法称为三瓦计法，用三块功率表分别接在各相上同时计量而得，其接线方式如图 11-12 所示。

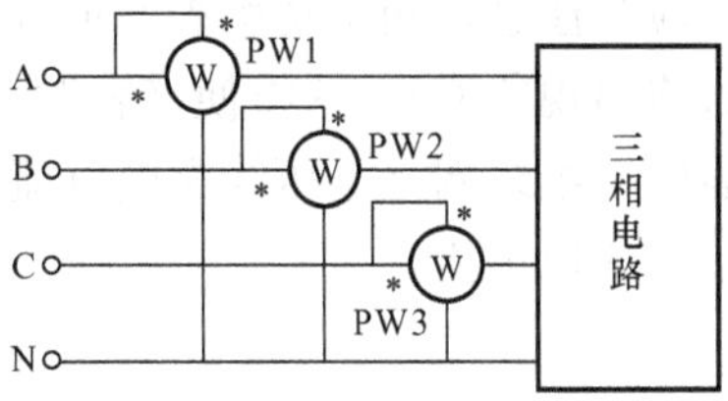


图 11-12　三相四线制功率的测量

设三相功率表的示数分别为 $P_1$、$P_2$ 和 $P_3$，则三相功率为

$$P = P_1 + P_2 + P_3$$

若三相对称，则仅用一个功率表测量即可，三相功率为

$$P = 3P_{ph}$$

即为单相测量值的 3 倍。

### 11.4.2　三相三线制的功率

由于三相三线制只能从外部电路上测得线电压和线电流，因而必须找出用线电压和线电流表示的三相功率计算方法。

在三相三线制中，无论三相电路对称与否，由图 11-13 根据 KVL 和 KCL 均可得到如下关系式，即

$$\dot{U}_{AB} + \dot{U}_{BC} + \dot{U}_{CA} = 0$$

$$\dot{I}_A + \dot{I}_B + \dot{I}_C = 0$$

所以，三个线电压和三个线电流均只有两个独立量。故可选择任一相线作为公共线，将三相三线制网络视为双口网络。若选 C 相为公共相，则其吸收的三相复功率为

$$\tilde{S} = \dot{U}_{AC}\dot{I}_A^* + \dot{U}_{BC}\dot{I}_B^* = P + jQ$$

其中，三相电路的平均功率 $P$ 和无功功率 $Q$ 分别为

$$P = U_{AC}I_A\cos\theta_1 + U_{BC}I_B\cos\theta_2,\ Q = U_{AC}I_A\sin\theta_1 + U_{BC}I_B\sin\theta_2$$

式中：$\theta_1$ 为 $u_{AC}$ 超前 $i_A$ 的角度；$\theta_2$ 为 $u_{BC}$ 超前 $i_B$ 的角度。

注意：式中的线电压 $\dot{U}_{AC}$ 与通常三相电路计算中所取的线电压 $\dot{U}_{CA}$ 相差一个负号（反相）。

根据以上公式，即可得出三相三线制所特有的功率测量方法，即二瓦计法，其接线方式如图 11-14 所示。其中，以 C 线作为电流回线和电压参考点，而在实际操作中可取任意一线作为电流回线和电压参考点。

图 11-14 中两个功率表的示数分别为

$$P_1 = U_{AC}I_A\cos\theta_1,\ P_2 = U_{BC}I_B\cos\theta_2$$

三相功率为

$$P = P_1 + P_2$$

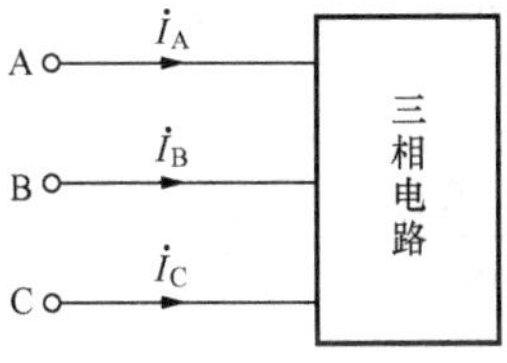


图 11-13　三相三线制网络

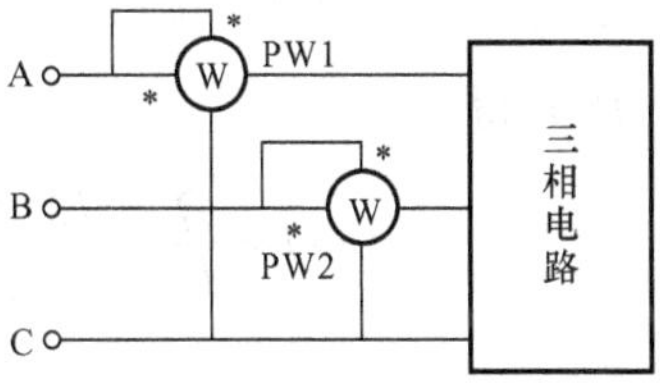


图 11-14　二瓦计法

应当注意，两个功率表的示数随夹角而变化，二者之一的示数有可能为负（功率因数过低时将出现负值），这将使该表发生倒转现象（指针反偏）。实际测量时，可将指针反偏的功率表的一组线圈（电压线圈或电流线圈）临时改为倒接，即可取得示数。但在求总功率时，该示数应取负值。

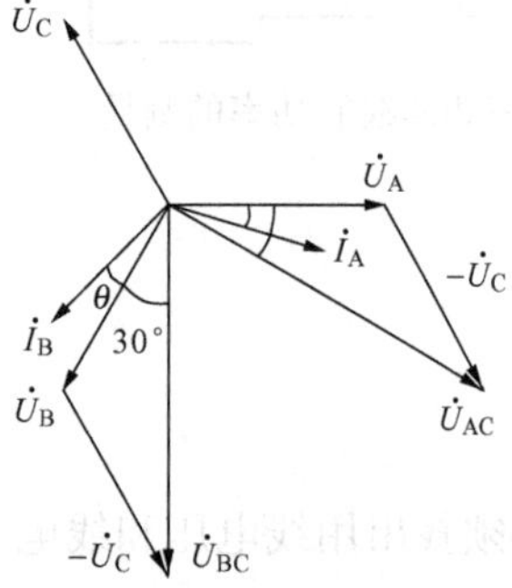


图 11-15　对称三相电路的相量图

上述测量方法为三相三线制功率测量的一般方法，无论三相电路对称与否，均可适用。而在对称三相电路中，线电压、线电流与相电压、相电流有特定关系，由此可推导出三相对称电路的功率表达式。

三相对称时，$\dot{U}_{AC}$ 落后 $\dot{U}_A$ 30°，$\dot{U}_{BC}$ 超前 $\dot{U}_B$ 30°，且各相阻抗角相等，即 $\theta_A=\theta_B=\theta_C=\theta$，假定 $\theta>0°$，相量图如图 11-15 所示，则

$$\theta_1=-30°-(-\theta)=\theta-30°,\ \theta_2=\theta+30°$$

因此

$$P_1=U_{AC}I_A\cos\theta_1=U_lI_l\cos(\theta-30°)$$
$$P_2=U_{BC}I_B\cos\theta_2=U_lI_l\cos(\theta+30°)$$

由此可知，当 $\theta=0°$（电阻性负载）时，$P_1=P_2$，即两个功率表示数相同；当 $|\theta|<60°$ 时，$P_1>0$，$P_2>0$，即两个功率表示数均大于零；当 $|\theta|=60°$ 时，将有一个功率表的示数为零；当 $|\theta|>60°$ 时，将有一个功率表的示数为负值。

对称三相电路的有功功率为

$$\begin{aligned}P&=P_1+P_2=U_lI_l\cos(\theta-30°)+U_lI_l\cos(\theta+30°)\\&=U_lI_l[\cos(\theta-30°)+\cos(\theta+30°)]=\sqrt{3}U_lI_l\cos\theta\end{aligned}\tag{11-8}$$

式中：$\theta$ 为负载的阻抗角；$U_l$ 和 $I_l$ 分别为线电压和线电流。

同样可以证明，对称三相电路的无功功率为

$$Q=\sqrt{3}(P_1-P_2)=\sqrt{3}U_lI_l\sin\theta\tag{11-9}$$

式（11-8）和式（11-9）无论对Y接法的对称三相电路，还是对△接法的对称三相电路均适用。式（11-7）也同样如此。这一点可利用对称三相电路中线电压与相电压、线电流与相电流之间的关系得到证实。请读者自行证明。

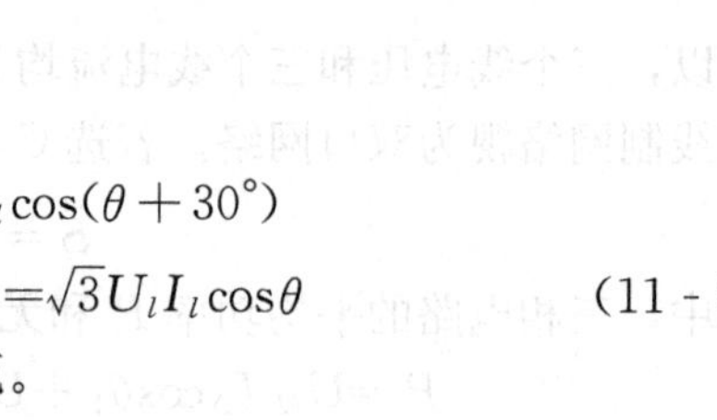


图 11-16 ［例 11-3］图

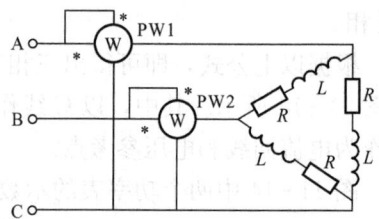

**【例 11-3】**　图 11-16 所示对称三相电路中，电源的相电压为 220V，$f=50$Hz，两个功率表的示数分别为 $P_1=1980$W 和 $P_2=782$W。试求电路的功率因数 $\lambda$、负载的相电流 $I_{ph}$ 和电感 $L$。

**解**　设 $\dot{U}_A=220\angle0°$V，则 $\dot{I}_A=I_l\angle-\theta$。根据功率三角形，利用公式 $P=P_1+P_2$ 和 $Q=\sqrt{3}(P_1-P_2)$ 得

$$\tan\theta=\frac{Q}{P}=\frac{\sqrt{3}(P_1-P_2)}{P_1+P_2}=\frac{\sqrt{3}(1980-782)}{1980+782}=0.75$$

所以

$$\theta=\arctan(0.75)=36.9°$$

功率因数为

$$\lambda=\cos\theta=\cos 36.9^\circ=0.80$$

而

$$I_l=\frac{P_1}{U_l\cos(\theta-30^\circ)}=\frac{1980}{220\sqrt{3}\cos 6.9^\circ}=5.23\ (\mathrm{A})$$

则

$$I_{\mathrm{ph}}=\frac{I_l}{\sqrt{3}}=\frac{5.23}{\sqrt{3}}=3.02\ (\mathrm{A})$$

电感电压的有效值为

$$U_L=X_L I_{\mathrm{ph}}=U_l\sin\theta$$

所以

$$X_L=\frac{U_l\sin\theta}{I_{\mathrm{ph}}}=\frac{380\sin 36.9^\circ}{3.02}=75.55(\Omega)$$

则

$$L=\frac{X_L}{\omega}=\frac{75.55}{314}=0.24(\mathrm{H})$$

### 11.4.3 三相电路的瞬时功率

三相电路的瞬时功率与单相电路瞬时功率具有不同性质的特点。由本书第 9 章可知，单相电路的瞬时功率为脉动功率，即为恒定分量与二倍频正弦交流量之和。而在对称三相电路中，瞬时功率为

$$\begin{aligned}p&=p_{\mathrm{A}}+p_{\mathrm{B}}+p_{\mathrm{C}}=u_{\mathrm{A}}i_{\mathrm{A}}+u_{\mathrm{B}}i_{\mathrm{B}}+u_{\mathrm{C}}i_{\mathrm{C}}\\&=U_{\mathrm{ph}}I_{\mathrm{ph}}\cos\theta-U_{\mathrm{ph}}I_{\mathrm{ph}}\cos(2\omega t+\varphi_u+\varphi_i)+U_{\mathrm{ph}}I_{\mathrm{ph}}\cos\theta-U_{\mathrm{ph}}I_{\mathrm{ph}}\cos(2\omega t+\varphi_u+\varphi_i+120^\circ)\\&\quad+U_{\mathrm{ph}}I_{\mathrm{ph}}\cos\theta-U_{\mathrm{ph}}I_{\mathrm{ph}}\cos(2\omega t+\varphi_u+\varphi_i-120^\circ)\\&=3U_{\mathrm{ph}}I_{\mathrm{ph}}\cos\theta\\&=P\end{aligned}$$

这表明：对称三相电路的瞬时功率为一常量，其值等于平均功率。由于瞬时功率恒定，使得发电机、电动机工作平稳；其制造尺寸也比同容量的单相机小，从而节约投资。这是三相制优于单相制的优点之一。

## 习 题

**基本概念**

11-1 对称Y连接的三相电源，已知相电压为 220V。试求其线电压，并写出以 A 相相电压为参考相量时的 $\dot{U}_{\mathrm{AB}}$、$\dot{U}_{\mathrm{BC}}$ 和 $\dot{U}_{\mathrm{CA}}$。

11-2 如图 11-17 所示对称三相电路中，电源线电压有效值为 380V。若图中 m 点处发生断路，试求电压的有效值 $U_{\mathrm{AN}}$ 和 $U_{\mathrm{BN}}$。

11-3 图 11-18 所示对称三相电路中，电源相电压有效值为220V。若图中 m 点处发生断路，试求电压 $U_{\mathrm{N'N}}$。

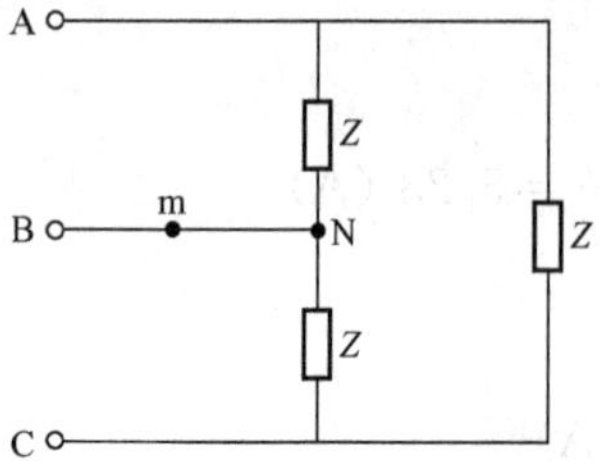


图 11 - 17　题 11 - 2 图

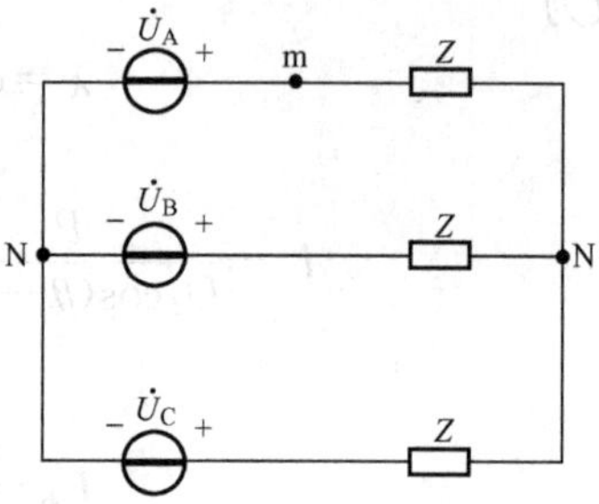


图 11 - 18　题 11 - 3 图

**不对称三相电路**

11 - 4　一个三相四线制三相电路，电源是对称的，相电压有效值为 220V，中性线阻抗为零，$Z_A = Z_B = 48.4\Omega$，$Z_C = 242\Omega$。试完成：(1) 求线电流 $I_A$、$I_B$、$I_C$ 和中性线电流 $I_N$。(2) 若将中性线断开，其他条件不变，求此时负载的相电压。

11 - 5　如图 11 - 19 所示电路中，对称三相电源的线电压为 380V，$R = X_L = -X_C = 100\Omega$，$R_0 = 200\Omega$，$R_Y = 300\Omega$。试求电阻 $R_0$ 两端的电压。

11 - 6　如图 11 - 20 所示电路中，三相电源对称，$X_L = -X_C$，$R$ 可以调节，试说明 $R$ 中的电流与 $R$ 无关。

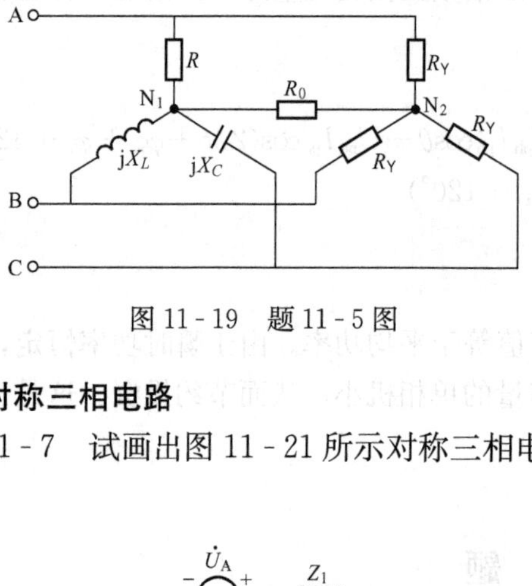


图 11 - 19　题 11 - 5 图

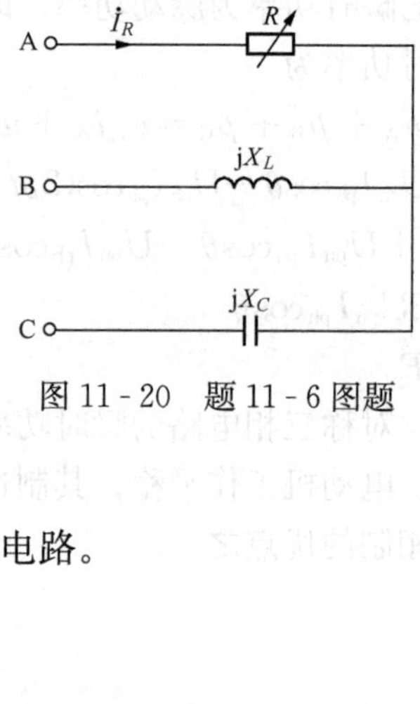


图 11 - 20　题 11 - 6 图题

**对称三相电路**

11 - 7　试画出图 11 - 21 所示对称三相电路的单相等值电路。

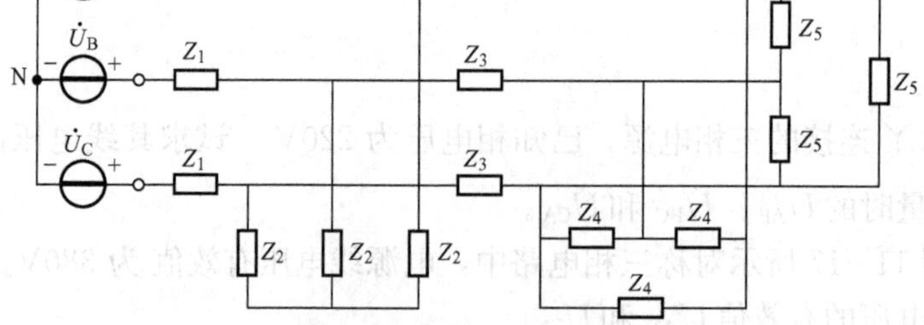


图 11 - 21　题 11 - 7 图

11-8 如图 11-22 所示对称三相电路中，已知电源线电压 $\dot{U}_{AB}=380\angle 30°V$，负载阻抗 $Z=15+j18\Omega$，线路阻抗 $Z_L=1+j2\Omega$。试求负载的相电流 $\dot{I}_{A'B'}$ 和负载的相电压 $\dot{U}_{B'C'}$。

11-9 如图 11-23 所示对称三相电路中，电源端的线电压为 380V，Y 形负载的阻抗 $Z_Y=8+j6\Omega$，△形负载的阻抗 $Z_\triangle=24+j18\Omega$，线路阻抗 $Z_L=1+j1\Omega$，中性线阻抗 $Z_N=2+j\Omega$。试求负载的相电流、相电压以及总的线电流。

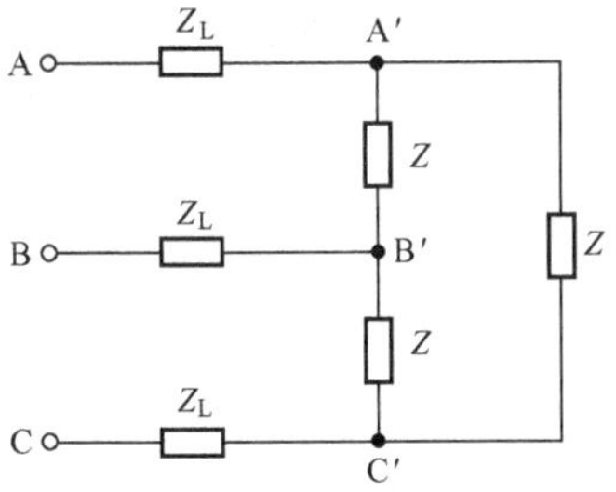


图 11-22 题 11-8 图

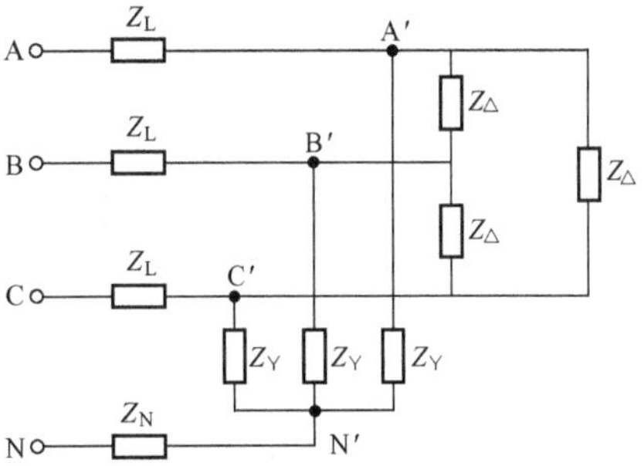


图 11-23 题 11-9 图

**三相电路的功率**

11-10 对称三相电源的线电压为 380V，对称三相负载 $Z=6+j8\Omega$，线路阻抗忽略不计。试求：(1) 三相负载星形连接时，负载的相电流 $I_{phY}$，线电流 $I_{lY}$，三相有功功率 $P_Y$；(2) 三相负载三角形连接时，负载的相电流 $I_{ph\triangle}$，线电流 $I_{l\triangle}$，三相有功功率 $P_\triangle$。

11-11 如图 11-24 所示对称三相电路中，已知电源线电压的有效值为 380V，负载阻抗 $Z_Y=5+j6\Omega$，线路阻抗 $Z_l=1+j2\Omega$，中性线阻抗 $Z_N=j3\Omega$。试求三相电源发出的平均功率。

11-12 如图 11-25 所示对称三相电路中，电源线电压为 300V，线路阻抗 $Z_L=1+j2\Omega$，负载阻抗 $Z=15+j18\Omega$。试求三相电源提供的总功率 $P$。

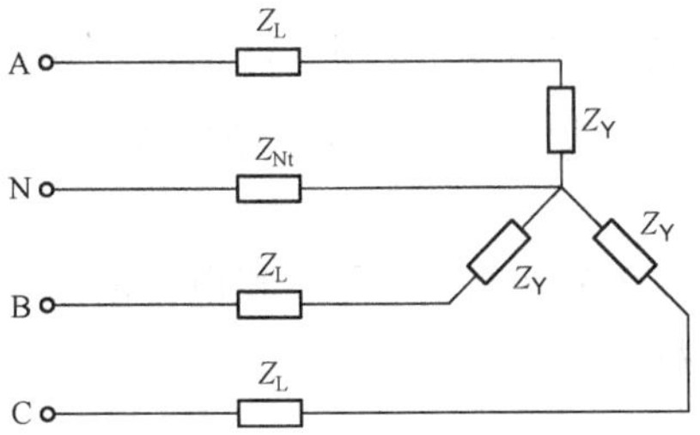


图 11-24 题 11-11 图

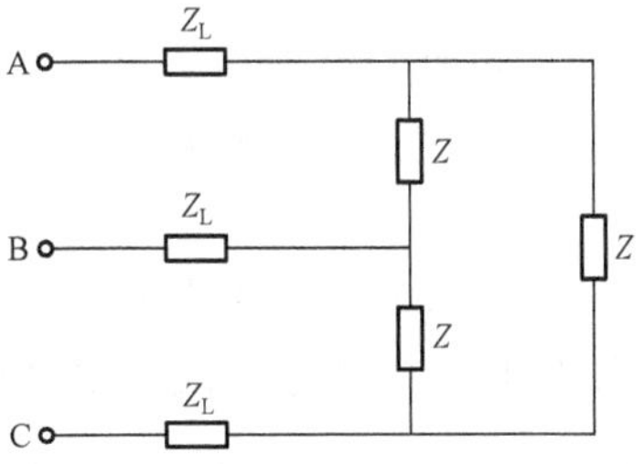


图 11-25 题 11-12 图

11-13 如图 11-26 所示对称三相电路中，已知负载线电压有效值为 380V，负载阻抗 $Z=12+j9\Omega$，线路阻抗 $Z_L=1+j2\Omega$。试求三相电源提供的有功功率 $P$。

11-14 对称三相电路如图 11-27 所示，已知电源侧线电压有效值为 380V，三角形负载阻抗 $Z_1=60+j60\Omega$，星形负载阻抗 $Z_2=20+j20\Omega$，线路阻抗 $Z_L=1+j\Omega$。试求：(1) 负载侧线电压的有效值；(2) 三相负载消耗的有功功率 $P$。

11-15 如图 11-28 所示对称三相电路中，已知负载端线电压有效值为 380V，$Z_1=16+$

j12Ω，$Z_2=60\Omega$，线路阻抗 $Z_L=1+j1\Omega$。试求：(1) 线电流 $\dot{I}_A$、$\dot{I}_B$ 和 $\dot{I}_C$；(2) 电源端线电压的有效值；(3) 三相电源提供的有功功率和无功功率。

11-16　如图 11-29 所示的对称三相电路中，已知负载端的线电压为 380V，线电流为 2A，负载的功率因数为 0.8（感性），线路阻抗 $Z_L=4+j3\Omega$。试求：(1) 电源线电压的有效值；(2) 三相电源提供的平均功率 $P$、无功功率 $Q$ 和视在功率 $S$。

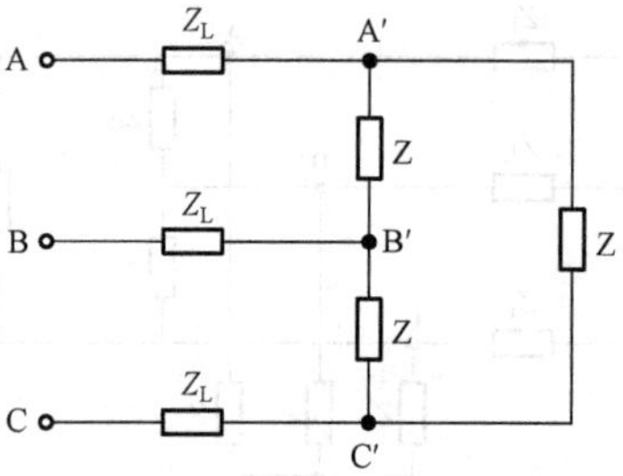


图 11-26　题 11-13 图

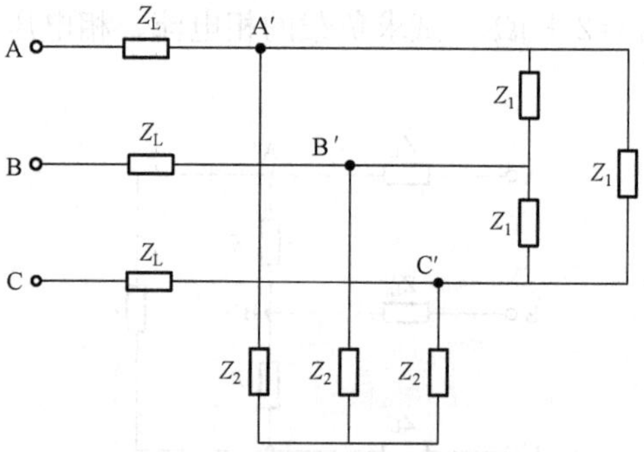


图 11-27　题 11-14 图

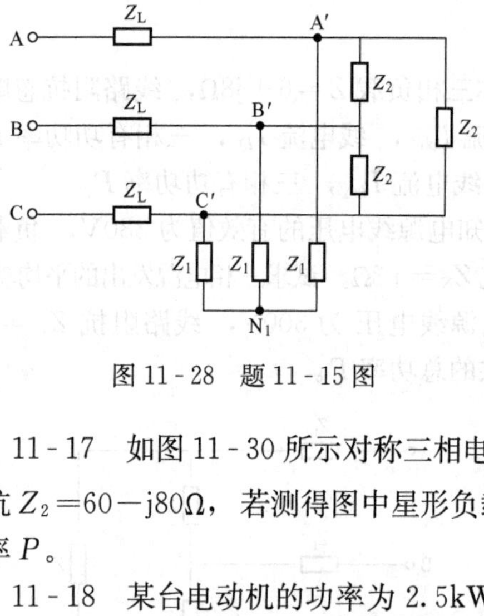


图 11-28　题 11-15 图

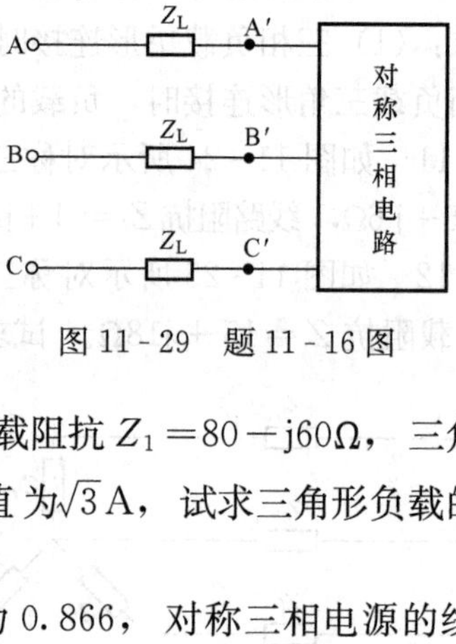


图 11-29　题 11-16 图

11-17　如图 11-30 所示对称三相电路中，星形负载阻抗 $Z_1=80-j60\Omega$，三角形负载阻抗 $Z_2=60-j80\Omega$，若测得图中星形负载线电流有效值为 $\sqrt{3}$A，试求三角形负载的三相总功率 $P$。

11-18　某台电动机的功率为 2.5kW，功率因数为 0.866，对称三相电源的线电压为 380V，如图 11-31 所示。试求图中两个功率表的示数。

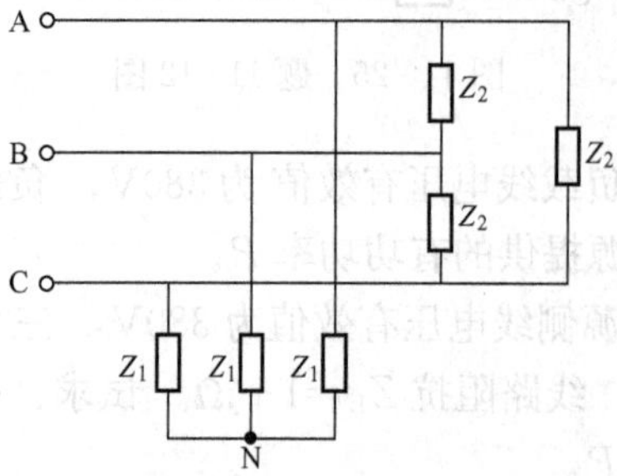


图 11-30　题 11-17 图

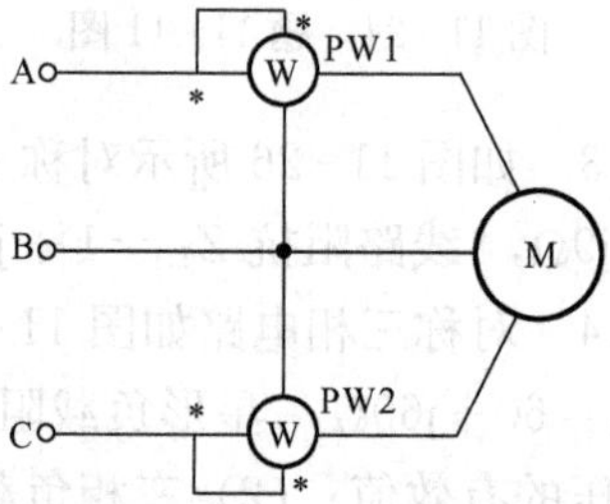


图 11-31　题 11-18 图

11-19　试说明图11-32所示对称三相电路中功率表示数的物理意义。

11-20　如图11-33所示的对称三相电路中，电源线电压为380V，线电流为2A，功率表示数为零，试求三相负载的总功率。

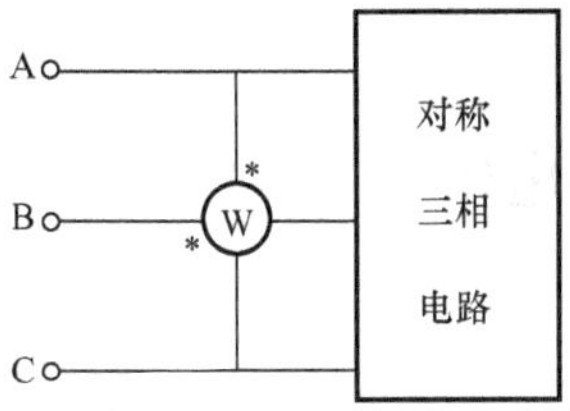


图11-32　题11-19图

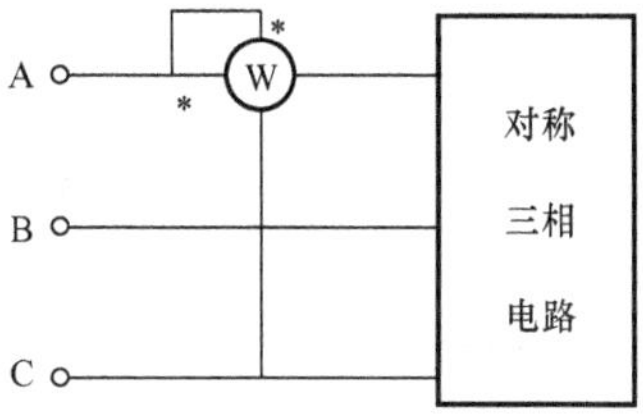


图11-33　题11-20图

11-21　如图11-34所示的对称三相电路中，电源的线电压为380V，负载阻抗 $Z=50+j50\sqrt{3}\,\Omega$。试分别求功率表PW1和功率表PW2的示数。

**综合题**

11-22　如图11-35所示电路中，对称三相电源的线电压为380V，对称负载阻抗 $Z=60+j80\Omega$，$R=190\Omega$。试分别求开关S闭合和断开时的线电流 $I_A$、$I_B$ 和 $I_C$。

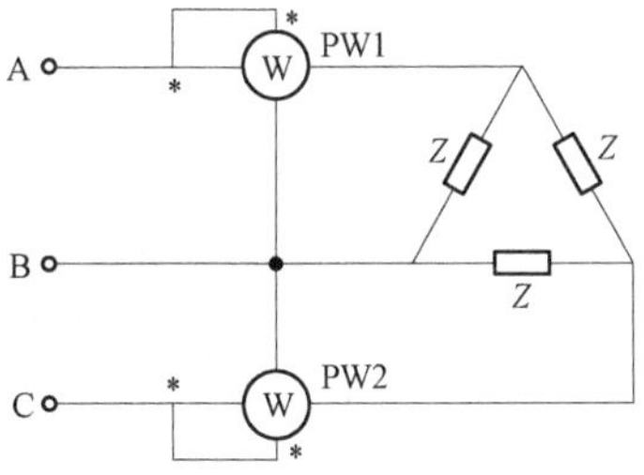


图11-34　题11-21图

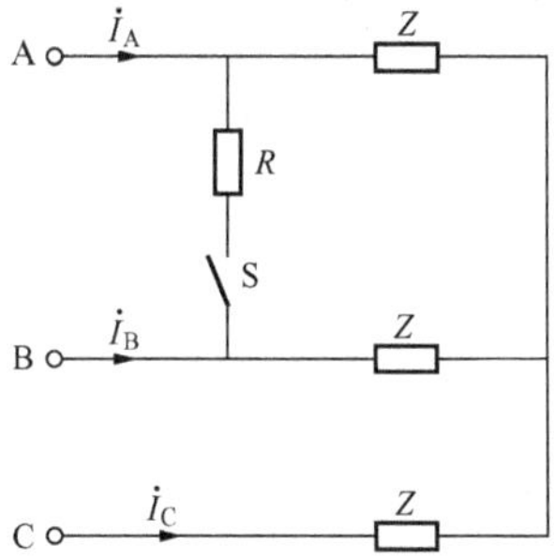


图11-35　题11-22图

11-23　如图11-36所示的电路为从单相电源获得对称三相电压的电路。外施工频正弦电压的有效值为 $U_s$，负载电阻 $R=20\Omega$。试求使负载上得到对称三相电流所需的 $L$ 和 $C$ 之值。

11-24　如图11-37所示对称三相电路中，电源线电压为380V，频率 $f=50$Hz，负载相阻抗 $Z=30+j40\Omega$，欲使功率因数提高到0.9（滞后），接入一组电容，试求每相电容的电容值。

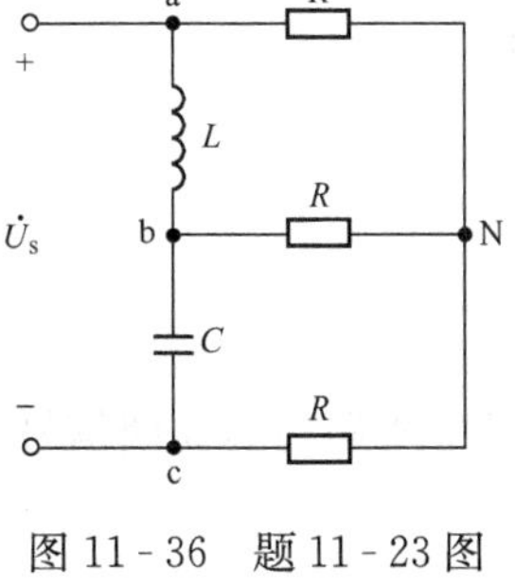


图11-36　题11-23图

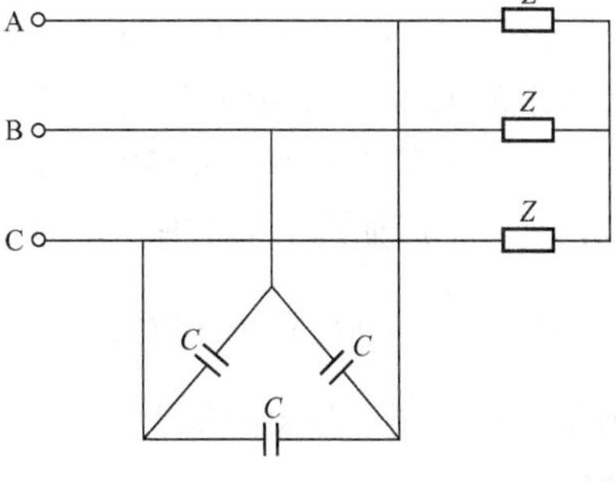


图11-37　题11-24图

# 第 12 章　非正弦周期信号线性电路的稳态分析

## 12.1　非正弦周期电流和电压

### 12.1.1　概述

本书前几章研究的交流电路和三相电路都是正弦稳态电路，即电路中的电压和电流都随时间作正弦规律变化。但在实际工程和科学研究中，经常遇到按非正弦周期规律变化的电压和电流。例如，在电信工程、现代电子技术、自动控制、计算机技术等方面，由于某种需要，电压和电流都是非正弦的。图 12 - 1 和图 12 - 2 给出的是电路中经常遇到的脉冲电流和方波电压的波形图，图 12 - 3 所示的锯齿波是实验室常用的示波器中的扫描电压所具有的波形。另外，实际发电机的定子和转子间的气隙中磁感应强度很难严格地做到按正弦分布，因此实际发电机发出的电压波形与正弦波形或多或少有些差别，或者说，在一定程度上是非正弦的波形。因此，从某种意义上说，研究非正弦周期信号电路更具有普遍意义。

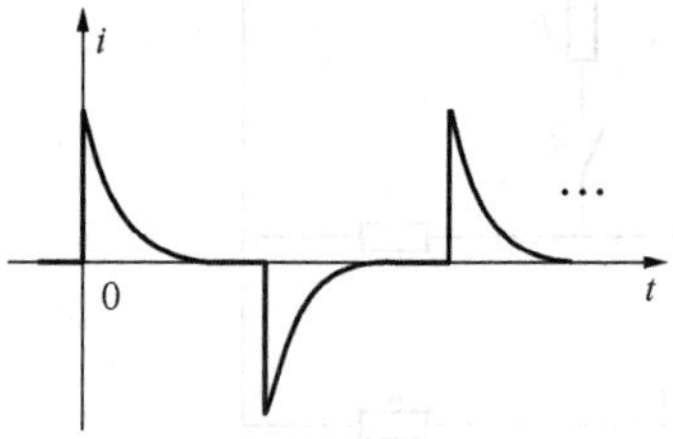

图 12 - 1　脉冲电流

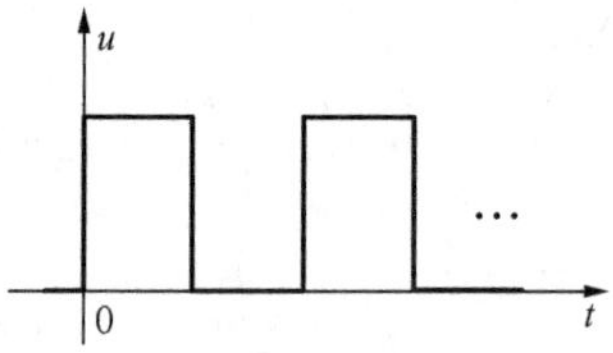

图 12 - 2　方波电压

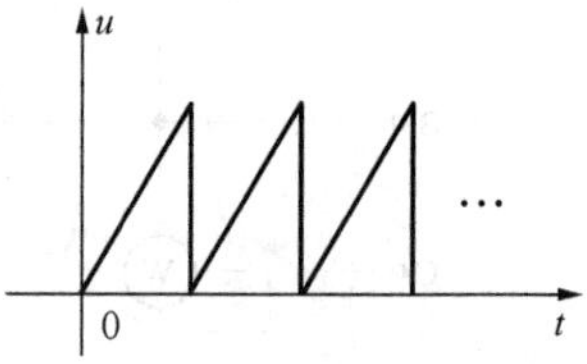

图 12 - 3　锯齿波电压

### 12.1.2　非正弦周期信号分解为傅里叶级数

由高等数学理论可知，一个非正弦周期函数只要满足狄里赫利条件，就可以将其分解为三角函数形式的傅里叶级数，即分解为无限多个不同频率的正弦波的叠加。本章将应用这个方法来分析非正弦周期信号电路。下面先简单复习一下傅里叶级数。

非正弦周期电压和电流都可用一个周期函数来表示，即

$$f(t)=f(t+kT)$$

式中：$T$ 为周期函数 $f(t)$ 的周期，且 $k=0$，$\pm 1$，$\pm 2$，$\pm 3$，…。

设给定的非正弦周期信号 $f(t)$ 满足下列狄里赫利条件：

(1) 在一个周期内连续或只有有限个第一类间断点。

(2) 在一个周期内只有有限个极大值和极小值。

(3) 积分 $\int_{-\frac{T}{2}}^{\frac{T}{2}}|f(t)|\mathrm{d}t$ 存在。

则非正弦周期信号就可展开成傅里叶级数。在电工技术中所遇到的周期信号，通常满足这一条件。

根据以上所述，非正弦周期信号 $f(t)$ 可展开为

$$
\begin{aligned}
f(t) &= a_0 + (a_1\cos\omega t + b_1\sin\omega t) + (a_2\cos 2\omega t + b_2\sin 2\omega t) + \cdots \\
&\quad + (a_k\cos k\omega t + b_k\sin k\omega t) + \cdots \\
&= a_0 + \sum_{k=1}^{\infty}(a_k\cos k\omega t + b_k\sin k\omega t)
\end{aligned}
\tag{12-1}
$$

其中，$\omega=\dfrac{2\pi}{T}$。$a_0$、$a_k$、$b_k$（$k=1, 2, 3, \cdots$）称为傅里叶展开系数，可按下列公式计算

$$
\left.
\begin{aligned}
a_0 &= \frac{1}{T}\int_0^T f(t)\mathrm{d}t = \frac{1}{T}\int_{-\frac{T}{2}}^{\frac{T}{2}} f(t)\mathrm{d}t \\
a_k &= \frac{2}{T}\int_0^T f(t)\cos k\omega t\mathrm{d}t = \frac{1}{\pi}\int_0^{2\pi} f(t)\cos k\omega t\mathrm{d}(\omega t) = \frac{1}{\pi}\int_{-\pi}^{\pi} f(t)\cos k\omega t\mathrm{d}(\omega t) \\
b_k &= \frac{2}{T}\int_0^T f(t)\sin k\omega t\mathrm{d}t = \frac{1}{\pi}\int_0^{2\pi} f(t)\sin k\omega t\mathrm{d}(\omega t) = \frac{1}{\pi}\int_{-\pi}^{\pi} f(t)\sin k\omega t\mathrm{d}(\omega t)
\end{aligned}
\right\}
\tag{12-2}
$$

将式（12 - 1）中频率相同的余弦项和正弦项合并，且表示为正弦函数，即

$$a_k\cos k\omega t + b_k\sin k\omega t = A_{km}\sin(k\omega t + \theta_k)$$

其中

$$
\left.
\begin{aligned}
A_{km} &= \sqrt{a_k^2 + b_k^2} \\
\theta_k &= \arctan\frac{a_k}{b_k}
\end{aligned}
\right\}
\tag{12-3}
$$

于是式（12 - 1）又可写为下列形式

$$f(t) = A_0 + \sum_{k=1}^{\infty} A_{km}\sin(k\omega t + \theta_k) \tag{12-4}$$

式（12 - 4）中常数项 $A_0$ 称为 $f(t)$ 的直流分量或恒定分量，它是 $f(t)$ 在一个周期内的平均值，有

$$A_0 = a_0 = \frac{1}{T}\int_0^T f(t)\mathrm{d}t$$

$A_{1m}\sin(\omega t + \theta_1)$ 称为 $f(t)$ 的基波或一次谐波，$A_{2m}\sin(2\omega t + \theta_2)$ 称为 $f(t)$ 的二次谐波等。二次和二次以上的谐波统称为高次谐波。通常还把 $k$ 为奇数的谐波称为奇次谐波；$k$ 为偶数的谐波称为偶次谐波。

傅里叶级数是一个收敛的无穷三角级数，由于这个级数的收敛性，周期函数中各谐波幅值随着谐波次数的增高，总趋势是逐渐减小的。因此，在实际工程计算中，只要取级数的前几项就能够近似表达原来的函数。应予考虑的谐波数目的多寡，视已知周期函数的傅里叶级数的收敛速度和具体要求而定。

一个周期函数包含哪些谐波以及这些谐波的幅值大小，取决于周期函数的波形。各谐波的初相不仅与周期函数的波形有关，还与坐标原点的位置有关。工程中常见的周期函数的波形往往具有某种对称性。利用这些对称性可以直观地判断哪些谐波存在，哪些谐波不存在。

下面分别讨论三种对称的周期函数的特点。

(1) 奇函数。奇函数 $f(t)$ 满足

$$f(t) = -f(-t)$$

它的波形对称于坐标原点，图 12 - 4 所示的波形是一个奇函数的例子。奇函数的傅里叶级数为

$$f(t)=\sum_{k=1}^{\infty} b_k \sin k\omega t$$

也就是说，奇函数只能包含奇函数类型的谐波，即 $a_0=0$，$a_k=0$ $(k=1, 2, 3, \cdots)$。

（2）偶函数。偶函数 $f(t)$ 满足

$$f(t)=f(-t)$$

它对称于坐标的纵轴，图 12 - 5 给出了偶函数波形的一个例子。偶函数只能含恒定分量和属于偶函数类型的谐波，即

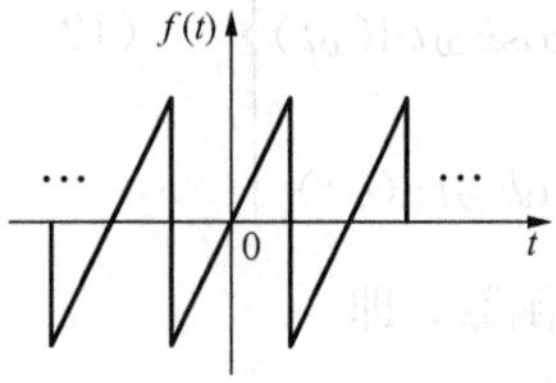


图 12 - 4　奇函数

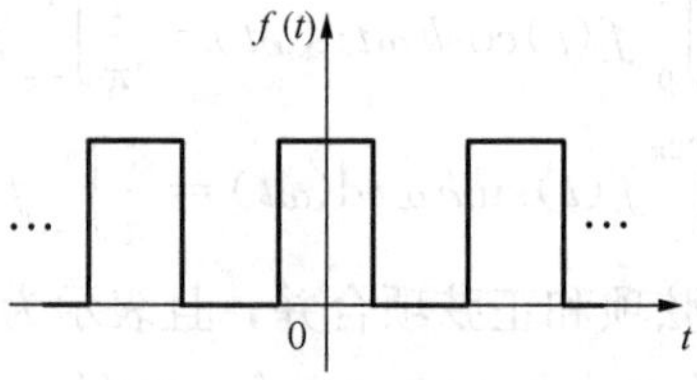


图 12 - 5　偶函数

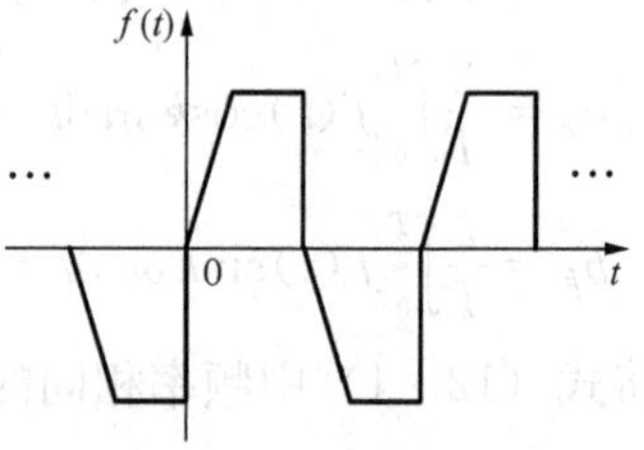


图 12 - 6　奇谐波函数

$$b_k=0(k=1, 2, 3, \cdots), \quad f(t)=a_0+\sum_{k=1}^{\infty} a_k \cos k\omega t$$

（3）奇谐波函数。奇谐波函数 $f(t)$ 满足

$$f(t)=-f\left(t \pm \frac{T}{2}\right)$$

即在任何相差半个周期的两个时刻的函数值大小相等，符号相反。图 12 - 6 所示的波形就是一种奇谐波函数。它在傅里叶级数展开式中只有奇次谐波，无直流分量和偶次谐波，即

$$a_0=A_0=0, \quad a_{2k}=b_{2k}=A_{2k\mathrm{m}}=0 \ (k=1, 2, 3, \cdots)$$

$$f(t)=\sum_{k=1}^{\infty} A_{(2k-1)\mathrm{m}} \sin[(2k-1)\omega t+\theta_{2k-1}]$$

### 12.1.3　非正弦周期信号的有效值

在本书 8.1 节中曾指出，周期电流和电压的有效值就是它们的方均根值。因此，非正弦周期电流 $i(t)$ 的有效值为

$$I=\sqrt{\frac{1}{T}\int_0^T i^2(t)\mathrm{d}t} \tag{12 - 5}$$

非正弦周期电压 $u(t)$ 的有效值为

$$U=\sqrt{\frac{1}{T}\int_0^T u^2(t)\mathrm{d}t} \tag{12 - 6}$$

下面以电流为例，说明如何计算非正弦周期量的有效值。

设非正弦周期电流 $i(t)$ 为

$$i(t)=I_0+\sum_{k=1}^{\infty} I_{k\mathrm{m}} \sin(k\omega t+\theta_k) \tag{12 - 7}$$

将式（12 - 7）代入式（12 - 5），得

$$I=\sqrt{\frac{1}{T}\int_0^T\left[I_0+\sum_{k=1}^{\infty} I_{k\mathrm{m}} \sin(k\omega t+\theta_k)\right]^2 \mathrm{d}t} \tag{12 - 8}$$

式（12 - 8）的根号内，非正弦周期电流平方后的积分可利用多项式平方的计算法则，先将被积函数展开，再分别积分求和。展开后有四种类型的项，其积分结果如下

$$\frac{1}{T}\int_0^T I_0^2 \mathrm{d}t = I_0^2$$

$$\frac{1}{T}\int_0^T I_0 I_{km}\sin(k\omega t+\theta_k)\mathrm{d}t = 0$$

$$\frac{1}{T}\int_0^T I_{km}^2\sin^2(k\omega t+\theta_k)\mathrm{d}t = I_k^2$$

$$\frac{1}{T}\int_0^T I_{km}\sin(k\omega t+\theta_k)\cdot I_{k'm}\sin(k'\omega t+\theta_{k'})\mathrm{d}t = 0 \quad (k\neq k')$$

因此，非正弦周期电流的有效值为

$$I=\sqrt{I_0^2+\sum_{k=1}^{\infty}I_k^2}=\sqrt{I_0^2+I_1^2+I_2^2+\cdots+I_k^2+\cdots} \tag{12 - 9}$$

由此可知，非正弦周期电流（或电压）的有效值，等于它的直流分量的平方及各次谐波分量有效值的平方之和的平方根。

**【例 12 - 1】**　已知一非正弦周期电压

$$u(t)=10+141.4\sin(\omega t+30^\circ)+70.7\sin(3\omega t-90^\circ)\mathrm{V}$$

试求此电压的有效值。

**解**　$U=\sqrt{U_0^2+U_1^2+U_3^2}=\sqrt{10^2+\left(\frac{141.4}{\sqrt{2}}\right)^2+\left(\frac{70.7}{\sqrt{2}}\right)^2}=\sqrt{10^2+100^2+50^2}=112.2\,(\mathrm{V})$

该非正弦电压的有效值为 112.2V。

把非正弦周期电压、电流绝对值的平均值定义为非正弦周期电压、电流的平均值，即

$$I_{\mathrm{av}}=\frac{1}{T}\int_0^T|i(t)|\mathrm{d}t,\quad U_{\mathrm{av}}=\frac{1}{T}\int_0^T|u(t)|\mathrm{d}t$$

对于同一个非正弦周期电流，当用不同类型的仪表进行测量时，就会得到不同的结果。例如，用磁电系仪表（直流仪表）测量，所得结果是非正弦周期电流的恒定分量，这是由于磁电系仪表的指针偏转角与流过仪表线圈的电流的直流分量成正比；用全波整流磁电系仪表测量时，所得结果将是电流的平均值，因为这种仪表的偏转角正比于电流的平均值；只有电磁系或电动系仪表的指针偏转角与流过仪表线圈的电流的有效值成正比，故用这两类仪表测量非正弦周期信号时得到的才是其有效值。

## 12.2　非正弦周期信号电路的平均功率

假定一端口的端口电压和电流分别为非正弦周期电压 $u(t)$ 和非正弦周期电流 $i(t)$，则此一端口吸收的瞬时功率为

$$p(t)=u(t)i(t)$$

其中，$u(t)$ 与 $i(t)$ 取关联参考方向。

根据定义，该一端口吸收的平均功率为

$$P=\frac{1}{T}\int_0^T p(t)\mathrm{d}t=\frac{1}{T}\int_0^T u(t)i(t)\mathrm{d}t \tag{12 - 10}$$

将 $u(t)$ 和 $i(t)$ 的傅里叶级数展开式代入式（12-10），得

$$P=\frac{1}{T}\int_{0}^{T}\Big[U_0+\sum_{k=1}^{\infty}U_{km}\sin(k\omega t+\theta_{uk})\Big]\Big[I_0+\sum_{k=1}^{\infty}I_{km}\sin(k\omega t+\theta_{ik})\Big]\mathrm{d}t$$

由于直流分量和各次谐波相乘在一个周期内的积分及不同次谐波的电压和电流相乘在一个周期内的积分均为零，因此，非正弦周期信号电路的平均功率（有功功率）为

$$P=U_0I_0+\sum_{k=1}^{\infty}U_kI_k\cos\theta_k=P_0+\sum_{k=1}^{\infty}P_k$$

式中：$P_0$ 为直流分量产生的功率，$P_0=U_0I_0$；$P_k$ 为 $k$ 次谐波电压和电流产生的功率，$P_k=U_kI_k\cos\theta_k$；$\theta_k$ 为 $k$ 次谐波电压和电流的相位差，$\theta_k=\theta_{uk}-\theta_{ik}$。

由此可见，非正弦周期信号电路的平均功率是各次谐波的平均功率及直流分量功率的总和。不同谐波的电压、电流只能构成瞬时功率，不能构成平均功率。

**【例 12-2】** 已知二端网络的电压、电流分别为 $u(t)=100+100\sin t+50\sin 2t+30\sin 3t\,\text{V}$，$i(t)=10\sin(t-60^\circ)+2\sin(3t-135^\circ)\,\text{A}$。试求其平均功率。

**解** $U_0=100\text{V}$，$I_0=0$，因此，$P_0=U_0I_0=0$。

基波电压与电流产生的平均功率为

$$P_1=\frac{1}{2}U_{1m}I_{1m}\cos(\theta_{u1}-\theta_{i1})=\frac{1}{2}\times 100\times 10\cos 60^\circ=250(\text{W})$$

因为 $U_{2m}=50\text{V}$，$I_{2m}=0$，因此，2 次谐波电压、电流产生的平均功率 $P_2=0$。

3 次谐波电压、电流产生的平均功率为

$$P_3=\frac{1}{2}U_{3m}I_{3m}\cos(\theta_{u3}-\theta_{i3})=\frac{1}{2}\times 30\times 2\cos 135^\circ=-21.2(\text{W})$$

因此，总的平均功率为

$$P=P_0+P_1+P_2+P_3=0+250+0-21.2=228.8(\text{W})$$

## 12.3 非正弦周期信号电路的稳态分析：谐波分析法

本节将阐述线性电路在非正弦周期信号激励下的稳态分析。其分析和计算的理论基础是傅里叶级数和叠加定理。先将激励进行傅里叶级数展开，然后根据叠加定理，将激励的直流分量和各次谐波分别作用于电路求出相应的响应，最后在时域把各个响应叠加起来，便得到电路在非正弦周期信号激励下的稳态响应。这种方法称为谐波分析法。下面举例说明。

**【例 12-3】** 设图 12-7（a）所示电路中的电压 $u_s(t)=10+141.4\sin\omega t+70.7\sin(3\omega t+30^\circ)\,\text{V}$，且已知 $\omega L=2\Omega$，$\frac{1}{\omega C}=15\Omega$，$R_1=5\Omega$，$R_2=10\Omega$。试求各支路电流及支路 1 吸收的平均功率。

微课 18

谐波分析法（典型例题讲解）

**解** 题中给出的非正弦周期电压为展开后的傅里叶级数，故可直接计算。

（1）直流分量 $U_0=10\text{V}$ 单独作用。电路如图 12-7（b）所示，由该电路得

$$I_{10}=\frac{U_{s0}}{R_1}=\frac{10}{5}=2\ (\text{A})$$

$$I_{20}=0\ (\text{A})$$

$$I_{30}=I_{10}=2\ (\text{A})$$

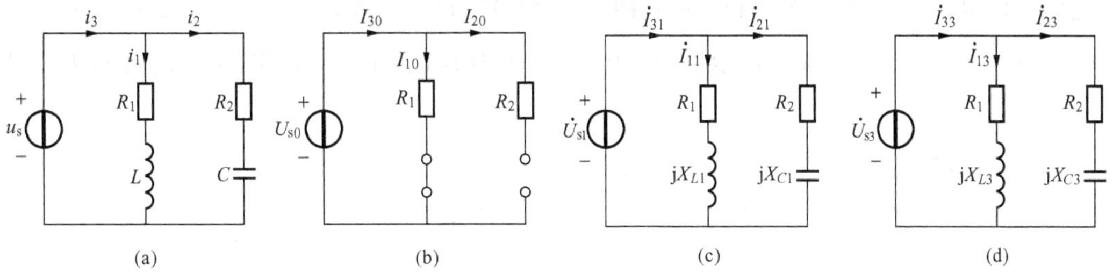


图 12 - 7　[例 12 - 3] 图

(2) 基波电压 $u_{s1}(t)=141.4\sin\omega t$ V 单独作用。相量模型如图 12 - 7 (c) 所示，其中

$$\dot U_{s1}=\frac{141.4\angle 0^\circ}{\sqrt2}=100\angle 0^\circ\ (\text{V})$$

用相量法计算各支路电流相量，得

$$\dot I_{11}=\frac{\dot U_{s1}}{R_1+jX_{L1}}=\frac{100\angle 0^\circ}{5+j2}=18.57\angle -21.80^\circ\ (\text{A})$$

$$\dot I_{21}=\frac{\dot U_{s1}}{R_2+jX_{C1}}=\frac{100\angle 0^\circ}{10-j15}=5.55\angle 56.31^\circ\ (\text{A})$$

$$\dot I_{31}=\dot I_{11}+\dot I_{21}=18.57\angle -21.80^\circ+5.55\angle 56.31^\circ=20.45\angle -6.40^\circ\ (\text{A})$$

(3) 3 次谐波 $u_3(t)=70.7\sin(3\omega t+30^\circ)$ V 单独作用。相量模型如图 12 - 7 (d) 所示。各分量为

$$\dot U_{s3}=\frac{70.7\angle 30^\circ}{\sqrt2}=50\angle 30^\circ\ (\text{V})$$

$$\dot I_{13}=\frac{\dot U_{s3}}{R_1+jX_{L3}}=\frac{50\angle 30^\circ}{5+j2\times 3}=6.40\angle -20.19^\circ\ (\text{A})$$

$$\dot I_{23}=\frac{\dot U_{s3}}{R_2+jX_{C3}}=\frac{50\angle 30^\circ}{10-j\dfrac{15}{3}}=4.47\angle 56.57^\circ\ (\text{A})$$

$$\dot I_{33}=\dot I_{13}+\dot I_{23}=6.40\angle -20.19^\circ+4.47\angle 56.57^\circ=8.60\angle 10.19^\circ\ (\text{A})$$

(4) 将各支路电流的各谐波分量瞬时值进行叠加，得

$$i_1(t)=2+18.57\sqrt2\sin(\omega t-21.80^\circ)+6.40\sqrt2\sin(3\omega t-20.19^\circ)\ (\text{A})$$

$$i_2(t)=5.55\sqrt2\sin(\omega t+56.31^\circ)+4.47\sqrt2\sin(3\omega t+56.57^\circ)\ (\text{A})$$

$$i_3(t)=2+20.45\sqrt2\sin(\omega t-6.40^\circ)+8.60\sqrt2\sin(3\omega t+10.19^\circ)\ (\text{A})$$

支路 1 吸收的功率

$$\begin{aligned}P_1&=U_{s0}I_{10}+U_{s1}I_{11}\cos\theta_1+U_{s3}I_{13}\cos\theta_3\\&=10\times 2+100\times 18.57\cos 21.8^\circ+50\times 6.40\cos(30^\circ+20.19^\circ)\\&=20+1724+205=1949(\text{W})\end{aligned}$$

或者

$$P_1 = R_1 I_1^2 = R_1(I_{10}^2 + I_{11}^2 + I_{13}^2) = 5 \times (2^2 + 18.57^2 + 6.4^2) = 5 \times 389.80 = 1949(\text{W})$$

**【例 12-4】** 图 12-8（a）所示稳态电路中，$U_s = 9\text{V}$，$u_s(t) = 5\sin(t + 90°)\ \text{V}$，$i_s(t) = 3\sqrt{2}\sin(3t + 30°)\ \text{A}$。试求：(1) 电流 $i(t)$ 及其有效值。(2) 3Ω 电阻消耗的功率 $P$。

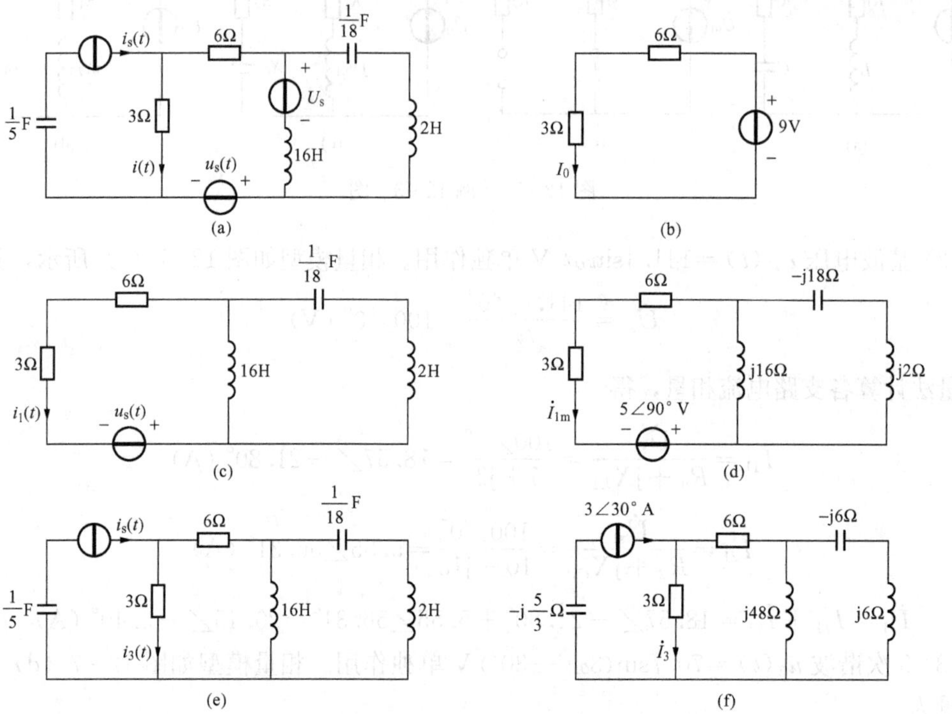


图 12-8 ［例 12-4］图

**解** (1) $U_s = 9\text{V}$ 的直流电压源单独作用。电路如图 12-8（b）所示。

$$I_0 = \frac{9}{3+6} = 1(\text{A}),\quad P_0 = 3I_0^2 = 3 \times 1^2 = 3(\text{W})$$

(2) $u_s(t) = 5\sin(t + 90°)\ \text{V}$ 的基波电压源单独作用。电路如图 12-8（c）所示，其相量模型如图 12-8（d）所示。因为该电路发生并联谐振，所以

$$\dot{I}_{1m} = 0,\quad P_1 = 0;\quad i_1(t) = 0$$

$i_s(t) = 3\sqrt{2}\sin(3t + 30°)\ \text{A}$ 的 3 次谐波电流源单独作用。电路如图 12-8（e）所示，其相量模型如图 12-8（f）所示。该电路中发生串联谐振，所以

$$\dot{I}_3 = \frac{6}{3+6} \times 3\angle 30° = 2\angle 30°(\text{A}),\quad P_3 = 3I_3^2 = 3 \times 2^2 = 12(\text{W})$$

$$i_3(t) = 2\sqrt{2}\sin(3t + 30°)(\text{A})$$

因此

$$i(t) = I_0 + i_1(t) + i_3(t) = 1 + 2\sqrt{2}\sin(3t + 30°)(\text{A})$$

$$I = \sqrt{I_0^2 + I_1^2 + I_3^2} = \sqrt{1 + 2^2} = 2.24(\text{A})$$

$$P = P_0 + P_1 + P_3 = 3 + 12 = 15(\text{W})$$

分析非正弦周期信号电路时应注意以下两点：

（1）不同频率的谐波分量相加时，不能采用相量相加，只能在时域中按瞬时值形式叠加。

（2）电感和电容的电抗随频率而变，因此它们的电抗对不同频次的谐波是不同的。对 $k$ 次谐波而言，感抗 $X_{Lk}=k\omega L$，是基波感抗的 $k$ 倍，而容抗 $X_{Ck}=-\dfrac{1}{k\omega C}$ 是基波容抗的 $\dfrac{1}{k}$ 倍。因而，电感对高次谐波电流有抑制作用，可以使较低次数的谐波电流顺利通过；而电容却对次数较低的谐波电流有抑制作用，可以使高次谐波电流顺利通过。

在电路分析中，如果不经过任何变换，所涉及的电量都是时间的函数，则这种分析方法称为时域分析法；如果为了便于分析计算，将时间电量变换为其他量，则称为变换域分析法。在变换域分析法中，若将时间变量变换为频域量，就称为频域分析法。因此，谐波分析法属于频域分析。由本节的讨论可知，频域分析法是将时域问题变成频域问题来分析计算的，对于非正弦周期信号电路的稳态分析，它的基本步骤归纳如下：

（1）将时域中给定的周期信号，按傅里叶级数展开成为一系列不同频率的谐波分量。如果激励源为电压源，则分解后各谐波电压源串联；若激励源是电流源，则分解后各谐波电流源并联。

（2）分别计算电路对直流分量和各次谐波激励的响应。

（3）将频域中各次谐波激励的响应写成时域形式（用正弦量表示），再根据叠加定理，在时域中将各响应进行叠加，即为电路的稳态响应。

在非正弦周期信号电路中，由于电路的阻抗是频率的函数，使得同一电路参数，对不同的谐波分量呈现的阻抗的大小不同，且性质也不同（可为感性、容性或电阻性）。结果使某些谐波分量通过电路后受到削弱，而另一些分量得到增强，造成输出波形与输入波形不同，即发生畸变。工程上常常利用电感和电容的电抗随频率而变的特点，组成各种网络，将这种网络连接在输入和输出之间，可以让某些所需要的频率分量顺利地通过而抑制某些不需要的分量。这种作用称为滤波，相应的网络称为滤波器。

谐波分析法是分析非正弦周期信号电路稳态响应的一种有效方法。但对于非周期信号电路的响应，需采用傅里叶变换等进行分析。

## 12.4　对称三相电路中的高次谐波

在本章 12.1 节中已提到，发电机发出的电压波形并不是理想的正弦波，而是周期性的非正弦波。但因发电机结构的对称性，电压波形总是对称于横轴（镜对称），因而它只含奇次谐波。所以，在对称的三相电路中，电压和电流都可能含有高次谐波分量。

在对称三相电路中，各相电压虽然是非正弦的，但曲线波形仍然相同，只是在时间上依次相差 $\dfrac{1}{3}$ 个周期。设 A 相电压为

$$u_{\mathrm{A}}(t)=f(t)$$

则 B、C 两相的电压分别为

$$u_{\mathrm{B}}(t)=f\left(t-\frac{T}{3}\right),\quad u_{\mathrm{C}}(t)=f\left(t-\frac{2T}{3}\right)$$

式中：$T$ 为 $f(t)$ 的周期。

将三相电压展开成傅里叶级数，得

$$u_A(t)=\sqrt{2}U_1\sin(\omega t+\theta_1)+\sqrt{2}U_3\sin(3\omega t+\theta_3)+\sqrt{2}U_5\sin(5\omega t+\theta_5)+\sqrt{2}U_7\sin(7\omega t+\theta_7)+\cdots$$

$$\begin{aligned}u_B(t)&=\sqrt{2}U_1\sin\left[\omega\left(t-\frac{T}{3}\right)+\theta_1\right]+\sqrt{2}U_3\sin\left[3\omega\left(t-\frac{T}{3}\right)+\theta_3\right]\\&\quad+\sqrt{2}U_5\sin\left[5\omega\left(t-\frac{T}{3}\right)+\theta_5\right]+\sqrt{2}U_7\sin\left[7\omega\left(t-\frac{T}{3}\right)+\theta_7\right]+\cdots\\&=\sqrt{2}U_1\sin(\omega t+\theta_1-120°)+\sqrt{2}U_3\sin(3\omega t+\theta_3)+\sqrt{2}U_5\sin(5\omega t+\theta_5+120°)\\&\quad+\sqrt{2}U_7\sin(7\omega t+\theta_7-120°)+\cdots\end{aligned}$$

$$\begin{aligned}u_C(t)&=\sqrt{2}U_1\sin\left[\omega\left(t-\frac{2T}{3}\right)+\theta_1\right]+\sqrt{2}U_3\sin\left[3\omega\left(t-\frac{2T}{3}\right)+\theta_3\right]\\&\quad+\sqrt{2}U_5\sin\left[5\omega\left(t-\frac{2T}{3}\right)+\theta_5\right]+\sqrt{2}U_7\sin\left[7\omega\left(t-\frac{2T}{3}\right)+\theta_7\right]+\cdots\\&=\sqrt{2}U_1\sin(\omega t+\theta_1+120°)+\sqrt{2}U_3\sin(3\omega t+\theta_3)+\sqrt{2}U_5\sin(5\omega t+\theta_5-120°)\\&\quad+\sqrt{2}U_7\sin(7\omega t+\theta_7+120°)+\cdots\end{aligned}$$

在上述运算中用到了 $k\omega T=2k\pi$。

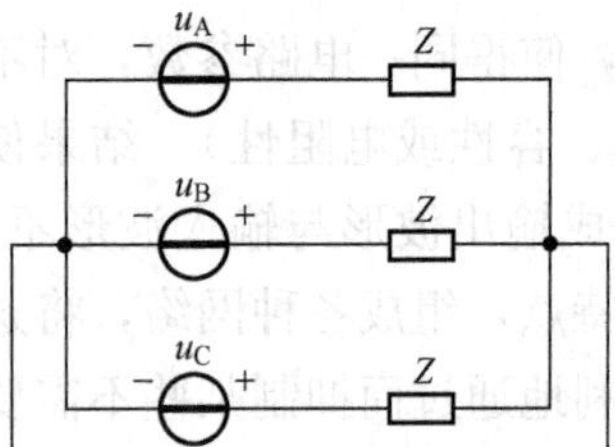

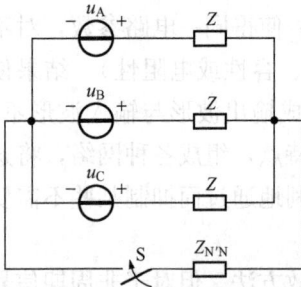

图 12-9　Y—Y连接的对称三相电路

由上述各式可以看出，基波、7 次谐波（13、19 次谐波等）分别都是对称的三相电压，其相序为 ABC，即为正序；5 次谐波（11、17 次谐波等）也是对称的三相电压，其相序为 ACB，即为负序（逆序）；而 3 次谐波（9、15 次谐波等）却分别同相，即为零序。于是，$6k+1$ $(k=0,1,2,\cdots)$ 次谐波构成一组正序对称组，$6k+5$ $(k=0,1,2,\cdots)$ 次谐波构成一组负序对称组，而 $6k+3$ $(k=0,1,2,\cdots)$ 次谐波则形成零序组。所以，对称的三相非正弦周期电压的谐波分量可看成是由以上三类对称组组成的。

现在先分析对称非正弦情况下星形连接系统中电源的线电压和相电压之间的关系。

星形连接的对称三相电路如图 12-9 所示。由 KVL 可得

$$u_{AB}(t)=u_A(t)-u_B(t),\ u_{BC}(t)=u_B(t)-u_C(t)$$
$$u_{CA}(t)=u_C(t)-u_A(t)$$

在电源方面，对于正序、负序的谐波分量来讲，三相电压仍为对称，因此某次谐波分量的线电压有效值是该次谐波分量的相电压有效值的 $\sqrt{3}$ 倍，即

$$U_{l1}=\sqrt{3}U_{ph1},\ U_{l5}=\sqrt{3}U_{ph5},\ U_{l7}=\sqrt{3}U_{ph7},\ U_{l11}=\sqrt{3}U_{ph11},\ \cdots$$

电源相电压的有效值为

$$U_{ph}=\sqrt{U_{ph1}^2+U_{ph3}^2+U_{ph5}^2+\cdots}$$

但对于零序谐波而言，三相电压的大小和相位相同，虽然相电压中有零序谐波分量，但线电压中却无零序谐波分量。所以，电源侧线电压的有效值为

$$U_l=\sqrt{U_{l1}^2+U_{l5}^2+U_{l7}^2+\cdots}=\sqrt{3}\sqrt{U_{ph1}^2+U_{ph5}^2+U_{ph7}^2+\cdots}$$

可见线电压并不是相电压的 $\sqrt{3}$ 倍，而是

$$U_l < \sqrt{3}U_{ph}$$

在负载方面，无中性线（图 12-9 中开关 S 断开）时，由于加在负载上的线电压中无零序谐波，因此，在负载相电压中只有正序、负序谐波而没有零序谐波。故对正序、负序谐波分量电压而言，仍可分别用相量法按照对称三相电路归结为一相的计算方法来处理。负载线电压的有效值仍为相电压有效值的 $\sqrt{3}$ 倍。

由于电源相电压中有零序谐波，而负载相电压中无零序谐波，这就使得电源中性点和负载中性点之间的电压不为零，而等于零序谐波分量，即

$$U_{N'N} = \sqrt{U_{ph3}^2 + U_{ph9}^2 + U_{ph15}^2 + \cdots}$$

而且线电流、相电流中无零序谐波分量。

当有中性线（图 12-9 中开关 S 闭合）时，正负序谐波的相电压在中线上不会产生电流。但电源相电压的零序谐波分量将传至各相负载，从而在负载中产生零序谐波分量电流，这些相电流都以中性线为返回路径，因此，中性线上的电流（零序分量）是各相电流零序谐波分量的三倍，即

$$I_{N'N3} = 3I_{ph3},\quad I_{N'N9} = 3I_{ph9},\quad \cdots$$

$$I_{N'N} = 3\sqrt{I_{ph3}^2 + I_{ph9}^2 + I_{ph15}^2 + \cdots}$$

零序谐波相电流在负载上产生零序谐波相电压，因负载相电压中的同次零序谐波大小相等且同相，故负载线电压中不含零序谐波分量。因此，不论电源侧还是负载侧，线电压中均无零序谐波分量，线电压有效值都小于相电压有效值的 $\sqrt{3}$ 倍。

当对称三相非正弦电源连成三角形时，回路中正、负序组对称电压之和为零，电源相电压的零序谐波沿电源回路之和将不等于零，而等于每个相电压中该谐波分量的 3 倍。回路中将有零序谐波的环行电流，考虑到实际电源的内阻抗其有效值为

$$I_3 = \frac{3U_{ph3}}{3Z_3} = \frac{U_{ph3}}{Z_3},\quad I_9 = \frac{U_{ph9}}{Z_9},\quad \cdots$$

式中：$Z_3, Z_9, \cdots$为各相电源内阻抗的零序谐波阻抗。

因为上述环流在内阻抗上的电压和相电压的零序谐波之和恰好为零，所以三角形端线电压只含正、负序对称成分，即

$$U_l = \sqrt{U_{ph1}^2 + U_{ph5}^2 + U_{ph7}^2 + \cdots}$$

**【例 12-5】**　在图 12-9 所示电路中，已知对称三相电源 $u_A$、$u_B$、$u_C$ 中仅含有基波及 3 次谐波，且测得相电压 $U_{ph} = 125V$，线电压 $U_l = 208V$，而且对基波而言，复阻抗 $Z_1 = 4 + j1\Omega$，中性线阻抗 $Z_{N'N1} = j1\Omega$，试求开关 S 打开及闭合时的 $U_{N'N}$。

**解**　(1) 开关 S 断开时，因线电压中不可能含 3 次谐波，故

$$U_l = U_{l1} = 208\ (V)$$

而 $U_{ph1} = \frac{U_{l1}}{\sqrt{3}} = \frac{208}{\sqrt{3}} = 120.09\ (V)$，又因为 $U_{ph} = \sqrt{U_{ph1}^2 + U_{ph3}^2}$，所以

$$U_{ph3} = \sqrt{U_{ph}^2 - U_{ph1}^2} = \sqrt{125^2 - 120.09^2} = 34.70(V)$$

故开关 S 打开时，中性线电压的有效值 $U_{N'N} = U_{ph3} = 34.70\ V$。

(2) 开关 S 闭合时，沿任意一相都有

$$\dot U_{ph3}=Z_3\dot I_{ph3}+Z_{N'N3}\dot I_{N'N}$$

其中，$Z_3$ 和 $Z_{N'N3}$ 是 3 次谐波时的负载阻抗和中性线阻抗。而 $\dot I_{N'N}=3\dot I_{ph3}$，故

$$\dot U_{ph3}=(Z_3+3Z_{N'N3})\dot I_{ph3}$$

即
$$\dot I_{ph3}=\frac{\dot U_{ph3}}{Z_3+3Z_{N'N3}}=\frac{34.70\angle 0^\circ}{4+j3+3\times j3}=\frac{34.70\angle 0^\circ}{12.65\angle 71.57^\circ}=2.74\angle -71.57^\circ\ (A)$$

因此开关闭合时中性线电流 $I_{N'N}$ 和 $U_{N'N}$ 分别为

$$I_{N'N}=3I_{ph3}=3\times 2.74=8.22\ (A),\quad U_{N'N}=|Z_{N'N3}|I_{N'N}=3\times 8.22=24.66\ (V)$$

## 习 题

**非正弦周期信号分解为傅里叶级数**

12-1 周期性矩形脉冲如图 12-10 所示，试求其傅里叶级数。

**非正弦周期信号的有效值、平均功率**

12-2 已知图 12-11 所示网络 N 的端口电压和电流分别为

$$u(t)=[2\sqrt{2}\cos(t-60^\circ)+\sqrt{2}\cos(2t+45^\circ)+\frac{\sqrt{2}}{2}\cos(3t-60^\circ)]V$$

$$i(t)=[10\sqrt{2}\cos t+5\sqrt{2}\cos(2t-45^\circ)]A$$

试完成：(1) 网络 N 对基波呈现什么性质？(2) 求二次谐波的输入阻抗 $Z_2$。(3) 求网络 N 端口电压的有效值 $U$ 及网络 N 吸收的有功功率 $P$。

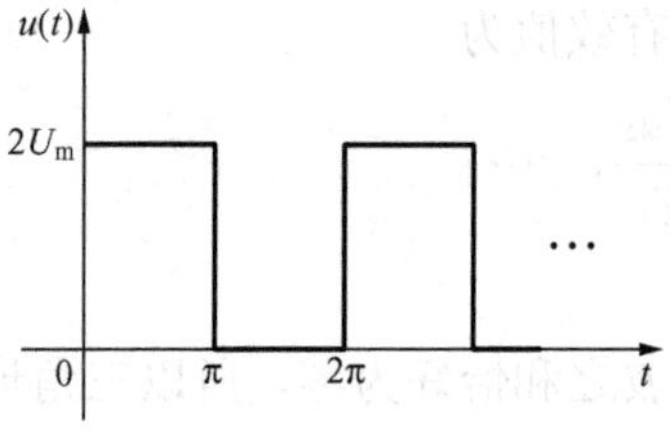


图 12-10 题 12-1 图

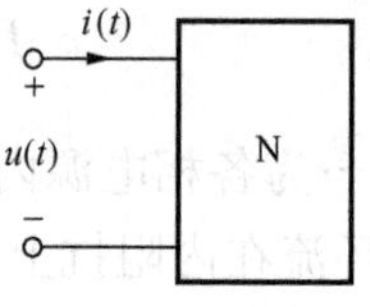


图 12-11 题 12-2 图

12-3 5Ω 电阻两端的电压 $u(t)=5+10\sqrt{2}\sin t+5\sqrt{2}\sin 3t$ (V)，试求电阻所消耗的功率 $P$。

**谐波分析法**

12-4 如图 12-12 所示稳态电路中，已知 $u(t)=10+100\sqrt{2}\cos(\omega t+10^\circ)+50\sqrt{2}\cos 3\omega t$ V，$R=6\Omega$，$\omega L=2\Omega$，$\frac{1}{\omega C}=18\Omega$。试求电流 $i(t)$ 及电压表、电流表的示数。

12-5 如图 12-13 所示稳态电路中，已知 $u_s(t)=100\sqrt{2}\sin\omega t+120\sqrt{2}\sin(3\omega t+60^\circ)$ V，$\omega L_1=20\Omega$，$\omega L_2=30\Omega$，$\frac{1}{\omega C_1}=180\Omega$，$\frac{1}{\omega C_2}=30\Omega$，$R=20\Omega$。试求电流 $i(t)$。

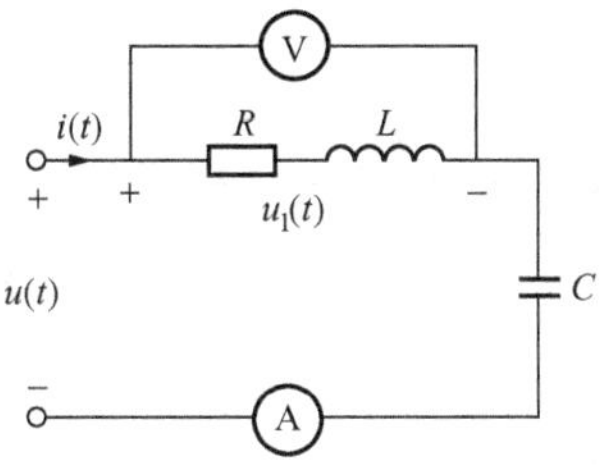


图 12 - 12　题 12 - 4 图

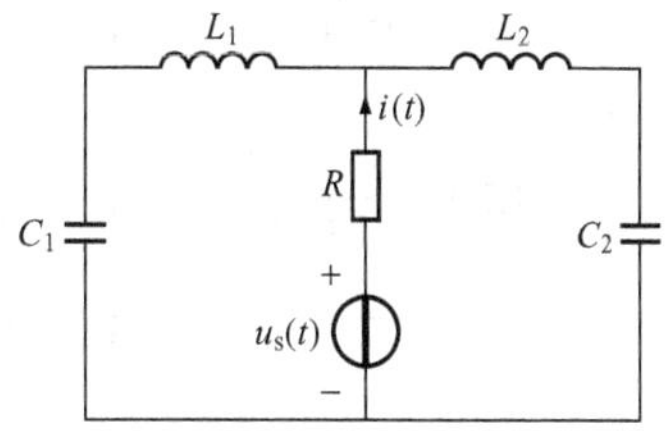


图 12 - 13　题 12 - 5 图

12 - 6　如图 12 - 14 所示稳态电路中，$u_s(t)=120+100\sqrt{2}\sin(\omega t+30^\circ)+150\sqrt{2}\sin 3\omega t$ V，$\omega L_1=5\Omega$，$\dfrac{1}{\omega C_1}=45\Omega$，$\omega L_2=15\Omega$，$\dfrac{1}{\omega C_2}=15\Omega$，$R_1=30\Omega$，$R_2=10\Omega$。试求电流 $i(t)$ 和电源提供的平均功率。

12 - 7　如图 12 - 15 所示稳态电路中，$i_s(t)=10+5\cos(2\omega_1 t+30^\circ)$ A，$\omega_1 L=50\Omega$，$\dfrac{1}{\omega_1 C}=200\Omega$。试求电压 $u_R(t)$ 和有效值 $U_R$。

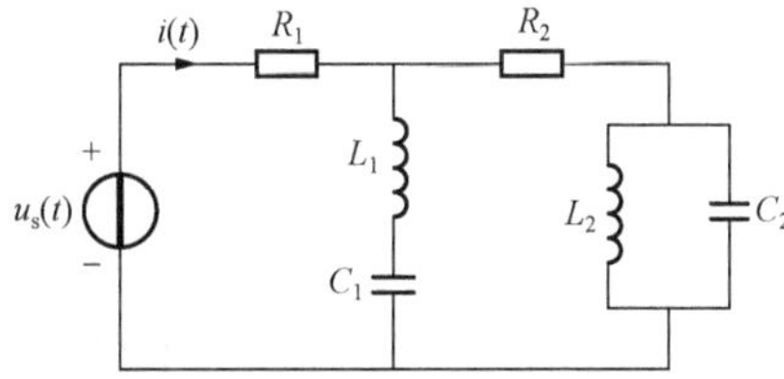


图 12 - 14　题 12 - 6 图

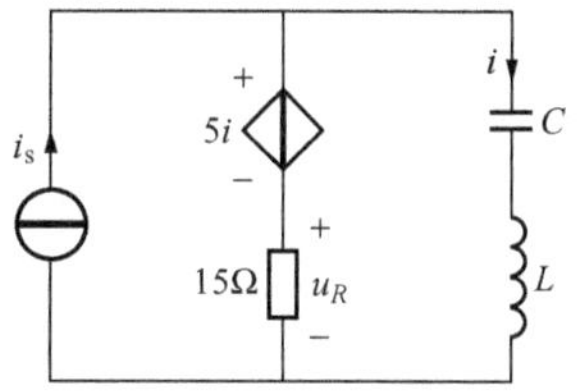


图 12 - 15　题 12 - 7 图

12 - 8　如图 12 - 16 所示稳态电路中，已知直流电流源 $I_s=4$A，正弦电压源 $u_s(t)=5\sqrt{2}\cos(t+30^\circ)$ V。试求：(1) 电流 $i(t)$ 及其有效值；(2) 电路消耗的平均功率 $P$。

12 - 9　如图 12 - 17 所示稳态电路中，已知 $u_s(t)=18+20\sin\omega t$ V，$i_s(t)=9\sin(3\omega t+60^\circ)$ A，$\omega L_1=2\Omega$，$\omega L_2=3\Omega$，$\dfrac{1}{\omega C_1}=18\Omega$，$R=9\Omega$。试求电流 $i_2(t)$。

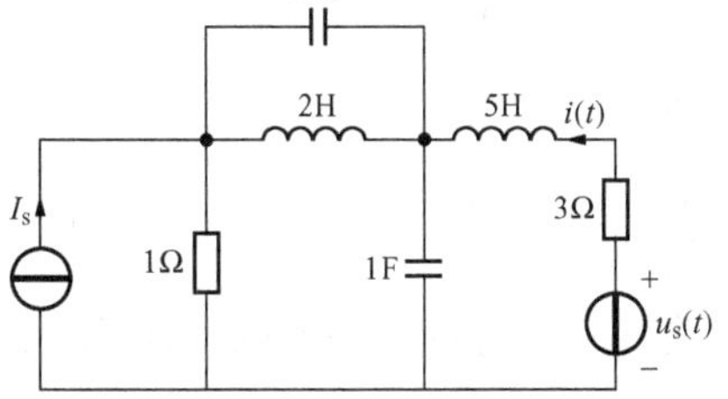


图 12 - 16　题 12 - 8 图

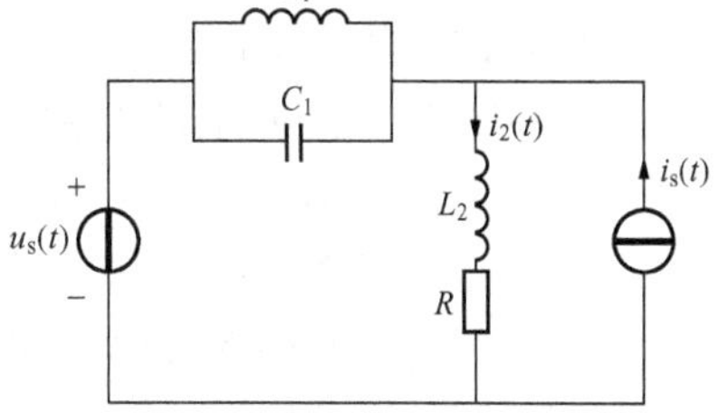


图 12 - 17　题 12 - 9 图

12 - 10　如图 12 - 18 所示稳态电路中，$i_s(t)=2+\cos 10^4 t$ A，$u_s(t)=2\cos(10^4 t+90^\circ)$V。试求电感电流 $i_L(t)$ 及两电源发出功率之和。

12 - 11　如图 12 - 19 所示稳态电路中，已知 $u(t)=6+8\sin 2t$V，$i_L(t)=1.5+2\sin(2t-90^\circ)$ A，试求参数 $R$、$L$ 和 $C$ 的值。

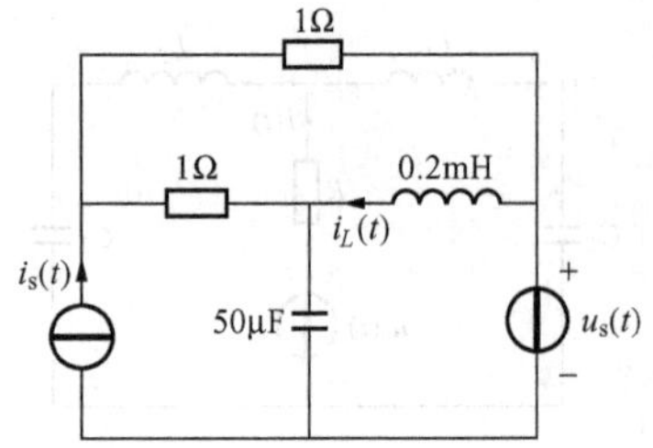


图 12-18 题 12-10 图

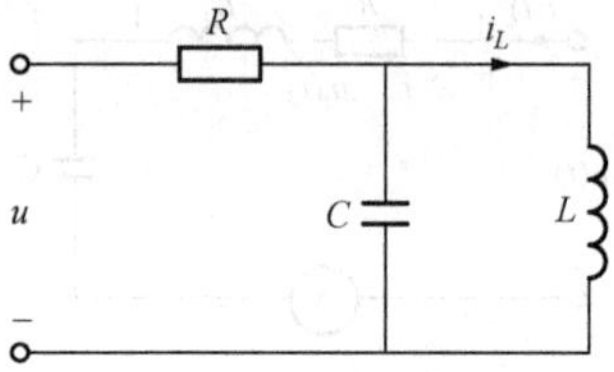


图 12-19 题 12-11 图

12-12 如图 12-20 所示稳态电路中，$C_1=100\mu F$，直流电流源 $I_s=1A$，电压源 $u_s(t)=10+10\sqrt{2}\cos(1000t+30°)+8\cos(2000t+45°)$ V，电流 $i(t)=\sqrt{2}\cos(1000t+30°)$A，电阻 $R$ 中流过的直流电流为 0.5A（方向如图所示）。试求 $R$、$L$、$C_2$ 和 $R_3$ 的值及 $R_3$ 上的电压 $u_{R3}(t)$。

**滤波**

12-13 如图 12-21 所示稳态电路为滤波电路，要求 $4\omega_1$ 的谐波电流全部传至负载，而基波电流无法到达负载。已知电容 $C=1\mu F$，$\omega_1=1000rad/s$。试求电感 $L_1$ 和 $L_2$。

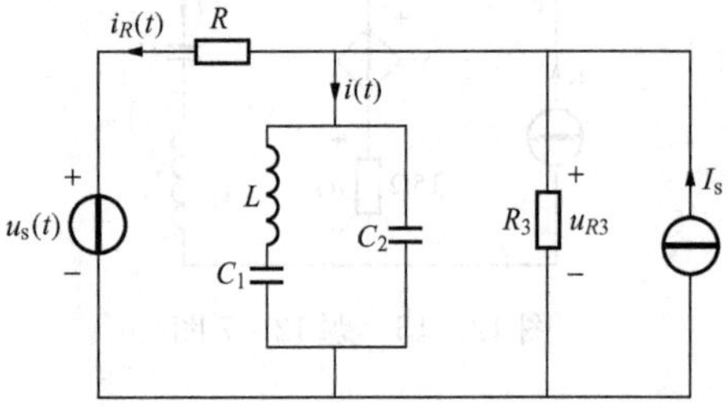


图 12-20 题 12-12 图

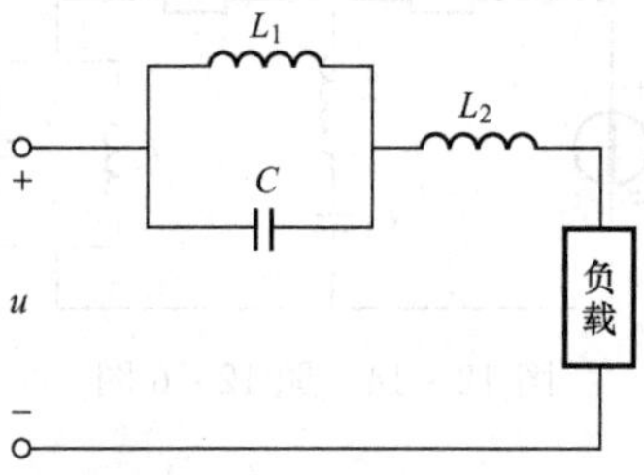


图 12-21 题 12-13 图

12-14 如图 12-22 所示稳态电路中，$u_s(t)$ 为非正弦波，其中含有 $3\omega_1$ 及 $7\omega_1$ 的谐波分量。若要求在输出电压 $u(t)$ 中不含这两个谐波分量，试问 $L$ 和 $C$ 应取何值？

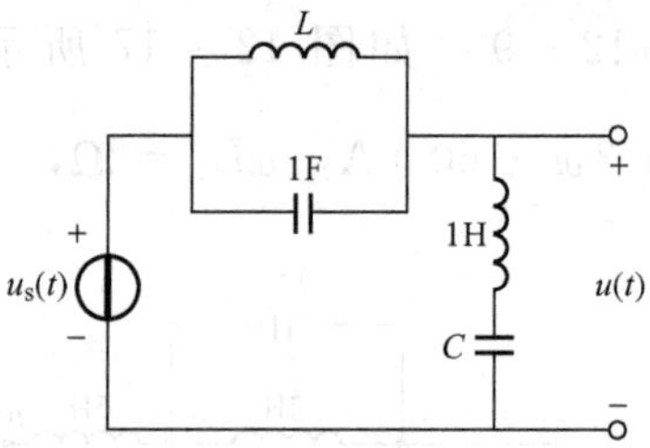


图 12-22 题 12-14 图

**对称三相电路中的高次谐波**

12-15 在图 12-23 所示的对称三相电路中，电源 $A$ 相电压 $u_A(t)=100\sin\omega t+40\sin 3\omega t$ V，负载的基波阻抗 $Z=R+j\omega L=6+j8\Omega$。试求：(1)开关 S 闭合时负载相电压、线电压、相电流及中性线电流的有效值；(2)开关 S 断开时负载相电压、线电压、相电流及两中性点间电压的有效值。

12-16 如图 12-24 所示电路中的电源为对称三相电源，$A$ 相电压源的电压为 $u_A(t)=48\sqrt{2}\sin\omega t+16\sqrt{2}\sin 3\omega t+12\sqrt{2}\sin 5\omega t$ V，且 $R=24\Omega$，$\omega L_1=\omega L_2=\omega L_3=2\Omega$，$\omega M=1\Omega$，$\frac{1}{\omega C}=25\Omega$。试求线电流的有效值和三相电源提供的总功率。

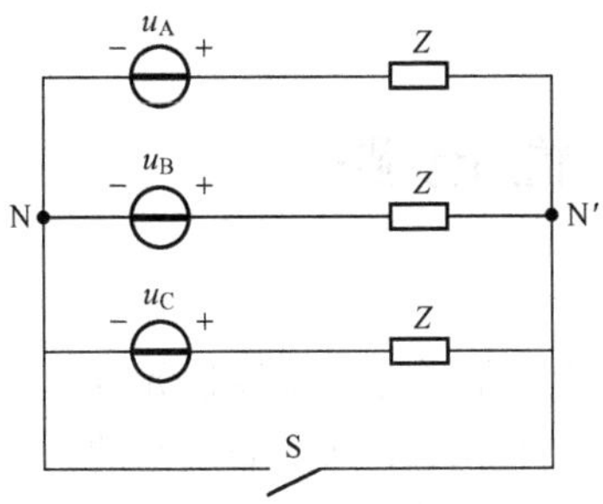


图 12 - 23　题 12 - 15 图

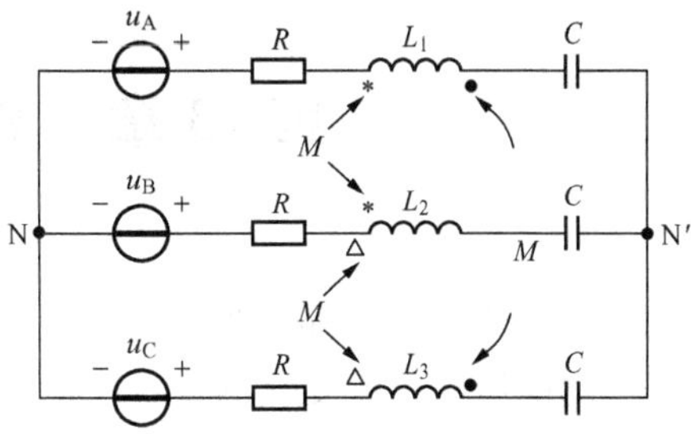


图 12 - 24　题 12 - 16 图

# 第13章　简单非线性电路

前面各章所讨论的都是线性电路，其中除独立源外的电路元件都是线性元件，它们的参数都是不随电压和电流变化的量。严格地说，任何实际器件本质上都是非线性的，只有那些非线性程度比较弱的元器件，才能在电压和电流的一定工作范围内被认为是线性的。许多非线性元件的非线性特征是比较强的，如果对它们仍然忽略其非线性，势必会造成计算结果与实际数值有显著的差异而失去意义，甚至会产生质的差异，无法解释电路中所发生的物理现象。这就使得我们有必要对非线性电路加以研究。

由非线性所引起的问题是非常复杂的，本章主要介绍简单非线性电路的图解分析法、小信号分析法和分段线性化法等，并将简要地介绍非线性电路中存在的一些特殊现象，如自激振荡、跳跃现象等。与前面讨论线性电路类似，本书只研究非线性时不变电路。

## 13.1　非线性元件

非线性元件也分为二端元件和多端元件，下面重点介绍非线性二端元件。

### 13.1.1　非线性电阻

线性电阻的伏安关系可用欧姆定律来表征。如果把它表示在 $u-i$ 平面上，便是一条通过原点的直线。非线性电阻的伏安特性不具有这种简单的性质。凡是不满足欧姆定律的电阻元件便是非线性电阻元件。非线性电阻元件的电路符号如图 13-1 所示。表示非线性电阻的电路符号除了用图 13-1 中的一般符号表示外，对于具体的非线性电阻，有时也采用不同的具体符号。在实际中，多数非线性电阻不能用简单的数学表达式描述，只能用曲线或实验数据来表示。

1. 单调电阻

半导体 PN 结二极管是最常见的一种非线性电阻，它的电路符号和伏安特性曲线如图 13-2 所示，其伏安关系可用下列的非线性函数表征

$$i=I_{s}(e^{u/U_T}-1) \tag{13-1}$$

式中：$I_s$ 为一常量，称为二极管的反向饱和电流，取值为 μA 数量级；$U_T=\dfrac{kT}{q}$，其中 $q=1.6\times10^{-19}$C，是电子的电荷量；$k$ 是玻尔茨曼常数，其值为 $1.38\times10^{-23}$J/K；$T$ 为绝对温度；在室温（$T=300$K）时，$U_T\approx0.026$V。

电路理论中所说的（PN 结）二极管是指满足式（13-1）的元件。由其伏安特性曲线或式（13-1）可以看出，流过二极管的电流随其端电压的增加而单调地增加，反之亦然。这种具有单调特性的电阻称为单调电阻。对于单调电阻，既可以把电流表示成电压的单值函数，即 $i=g(u)$，也可以把电压表示成电流的单值函数，即 $u=r(i)$。例如，二极管的伏安关系式（13-1）又可改写成

$$u=U_T\ln\left(\frac{i}{I_s}+1\right)$$

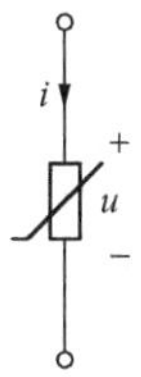


图 13-1　非线性电阻的一般符号

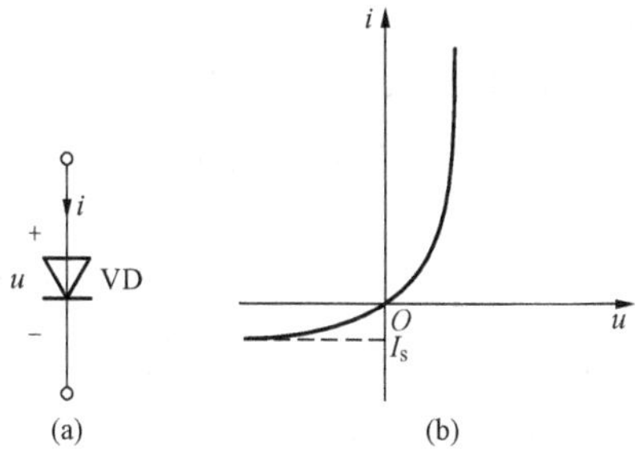


图 13-2　PN结二极管的电路符号及其特性曲线
(a) 电路符号；(b) 特性曲线

2. 压控电阻

图 13-3 给出的是一种非单调电阻的伏安特性曲线。由特性曲线可见，这种非线性电阻的电流 $i$ 可以表示成电压 $u$ 的单值函数，但由于有些电压对应多个电流值，电压 $u$ 不能表示成电流 $i$ 的单值函数。凡是电流能表示成电压单值函数的电阻称为〔电〕压控〔制〕电阻。压控电阻的伏安关系可用 $i=g(u)$ 的函数形式表示。显然，单调电阻是压控电阻的一种特殊类型。

有一类压控电阻，如果以电流为纵轴，电压为横轴，则其伏安特性曲线形状便呈“N”形，具有电流随电压增加而下降的曲线段。在这一曲线段上，各点的斜率均为负，因此，这类压控电阻又称为N形〔微分〕负阻。隧道二极管就是一种N形负阻器件。蔡氏二极管也是一种N形负阻器件，其特性曲线（原点对称）如图 13-4 所示。

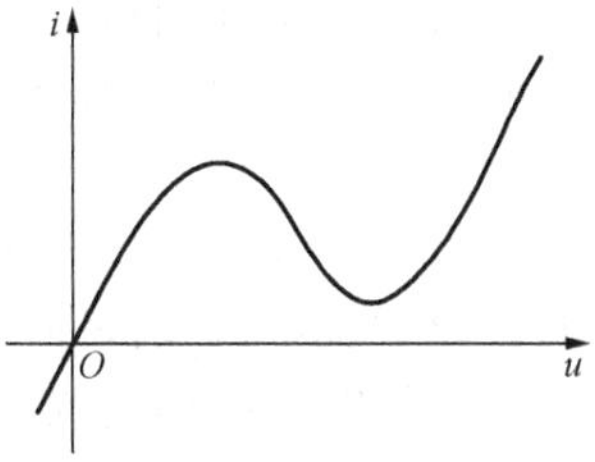


图 13-3　压控电阻的典型特性曲线

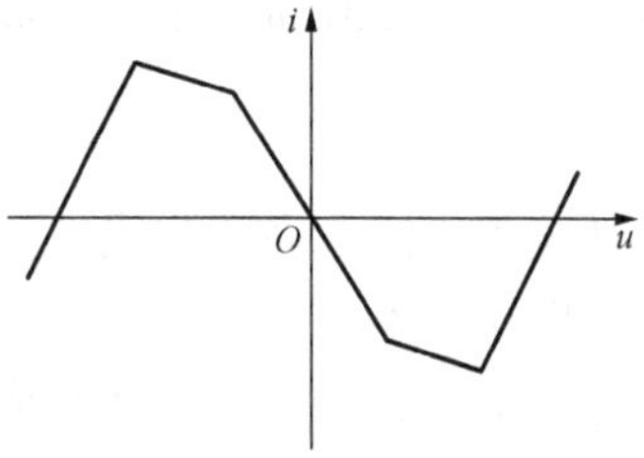


图 13-4　蔡氏二极管的特性曲线

对于N形负阻，只有加电压测量电流才能由实验测得其全部特性曲线。

3. 流控电阻

图 13-5 给出的是另一种非单调电阻的伏安特性曲线。由图 13-5 可知，元件的电压可以表示成电流的单值函数，但电流却不能表示成电压的单值函数。凡是电压能表示成电流的单值函数的电阻称为〔电〕流控〔制〕电阻。流控电阻的伏安关系可用 $u=r(i)$ 的函数形式表示。显然，单调电阻也属于流控电阻。

有一类流控电阻的伏安特性曲线呈“S”形，具有电压随电流增加而下降的曲线段。在这一曲线段上，各点斜率均为负，因此，这类电阻又称为S形〔微分〕负阻。这类电阻只有加电流测量电压才能由实验测得其全部特性曲线。

N 形负阻和 S 形负阻统称为〔微分〕负阻器件，它们可以用有源电子器件（如晶体管、运算放大器等）加线性电阻合成。由于负阻器件所具有的独特性质，已在实际电路中得到了广泛的应用。

应该强调指出，上面提到的 PN 结二极管等器件是针对低频应用而言的；在高频应用时，还需考虑它的寄生电感和寄生电容等的影响。

4. 多值电阻

理想二极管是一个既非压控又非流控的电阻，它的电路符号和伏安特性曲线如图 13-6 所示。理想二极管的伏安特性曲线由 $u-i$ 平面上的两条直线段组成，即电压负轴和电流正轴，其 VAR 的数学表达式为

$$\begin{cases} u=0 & (i>0) \quad (\text{导通}) \\ i=0 & (u<0) \quad (\text{截止}) \end{cases}$$

因此，理想二极管反向偏置（$u<0$）时，电流为零，处于截止状态，起着开路的作用；正向偏置（$i>0$）时，电压为零，处于导通状态，起着短路的作用。图中，$u=0$，$i=0$ 的点称为转折点。这种对于某些电流对应多个电压值，而对于某些电压也对应多个电流值的电阻元件，本书称之为多值电阻。

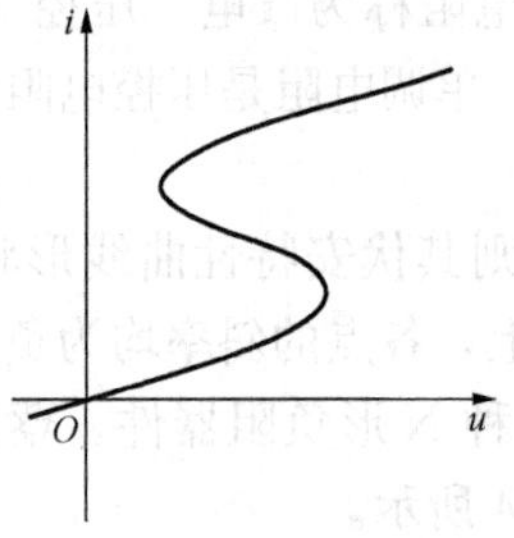


图 13-5 流控电阻的典型特性曲线

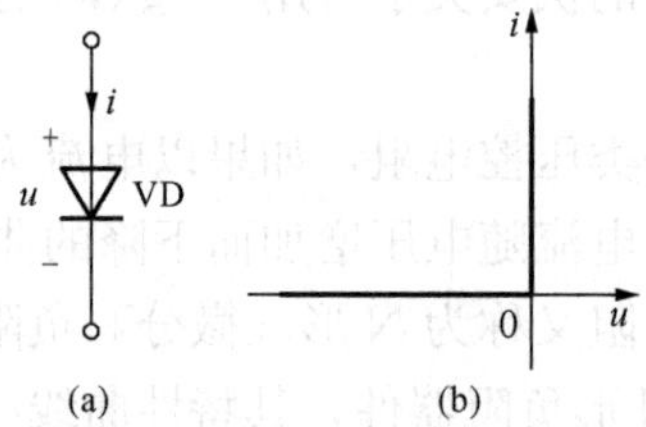


图 13-6 理想二极管

(a) 电路符号；(b) 伏安特性曲线

与线性电阻不同，多数非线性电阻的伏安特性曲线对原点是不对称的，这就导致了对于不同极性的电压或不同方向的电流，其伏安特性是不一样的。或者说，伏安特性与元件的端电压和流过的电流有关，这种性质称为单向性。在使用单向性元件时，必须明确地区分元件的端钮。

5. 静态电阻和动态电阻

对于非线性电阻，引入静态电阻 $R_s$ 和动态电阻 $R_d$ 来描述其特性。

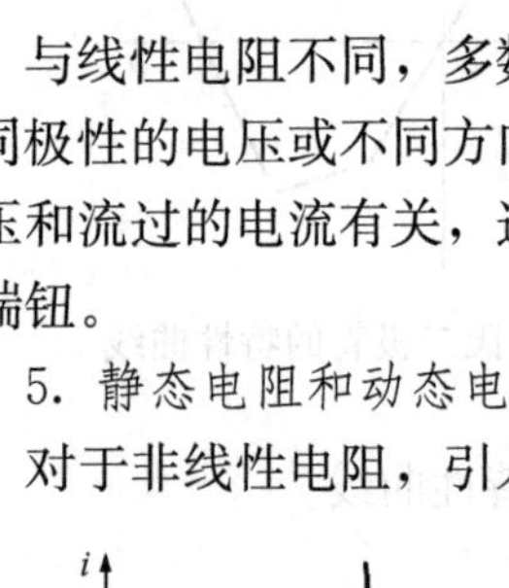


图 13-7 静态电阻和动态电阻

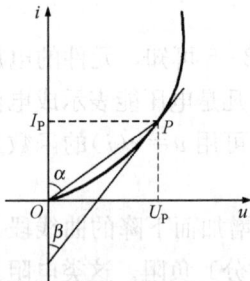

非线性电阻在某一工作状态（如图 13-7 所示中的 $P$ 点）下的静态电阻等于该点的电压 $U_P$ 与电流 $I_P$ 之比值，即

$$R_s=\left.\frac{U_P}{I_P}\right|_P$$

该静态电阻与 $\tan\alpha$ 成正比。

动态电阻是电压对电流的导数在该点的值，即

$$R_d=\left.\frac{du}{di}\right|_P$$

该动态电阻与 $\tan\beta$ 成正比。

显然，伏安特性曲线位于第Ⅰ和第Ⅲ象限时，静态电阻为正；位于第Ⅱ和第Ⅳ象限时，静态电阻为负。在伏安特性曲线的上升部分，动态电阻为正；在特性曲线的下降部分，动态电阻为负。动态电阻和静态电阻一般都是电压或电流的函数，工作状态不同，阻值也不同。平时用万用表测出的二极管的阻值就是静态电阻；动态电阻又称为增量电阻或者小信号电阻，它在小信号分析和数值迭代法中是一个非常重要的概念。

**【例 13-1】**　在图 13-8 所示电路中，$u_s(t)=311\sin 314t$V，VD 为理想二极管，试求输出电压 $u_0(t)$。

**解**　当电源电压 $u_s(t)$大于零时，理想二极管处于导通状态，相当于短路，输出电压为

$$u_0(t)=\frac{6}{4+6}u_s(t)=0.6u_s(t),\quad 2k\pi\leqslant 314t<(2k+1)\pi\quad (k=0,1,2,\cdots)$$

而当电源电压 $u_s(t)$小于零时，理想二极管处于截止状态，相当于开路，整个电源电压全部加在理想二极管上，输出电压为零，即

$$u_0(t)=0,\quad (2k+1)\pi\leqslant 314t<2(k+1)\pi\ (k=0,1,2,\cdots)$$

由于图 13-8 所示电路在输入正弦波的负半周，输出电压为零，故称之为半波整流电路。

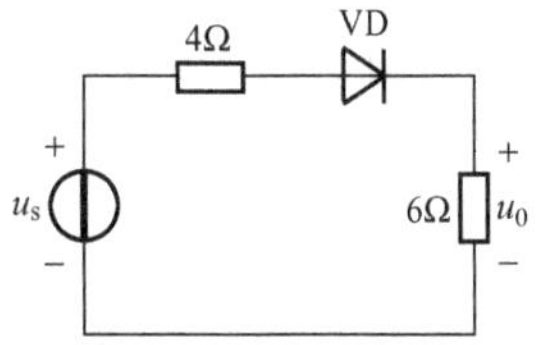


图 13-8 ［例 13-1］图

**【例 13-2】**　设有一个非线性电阻，其伏安特性为 $i=100u+0.5u^2$mA，试分别求 $u_1=10$V，$u_2=5\cos t$V 和 $u_3=10+5\cos t$V 时的对应电流 $i_1$、$i_2$ 和 $i_3$。

**解**　(1) 当 $u_1=10$V 时

$$i_1=100\times 10+0.5\times 10^2=1050\ (\text{mA})\ =1.05(\text{A})$$

(2) 当 $u_2=5\cos t$V 时

$$i_2=100\times 5\cos t+0.5\times(5\cos t)^2=6.25+500\cos t+6.25\cos 2t(\text{mA})$$

(3) 当 $u_3=10+5\cos t$V 时

$$\begin{aligned}i_3&=100\times(10+5\cos t)+0.5\times(10+5\cos t)^2=1050+550\cos t+12.5\cos^2 t\\&=1050+550\cos t+12.5\times\frac{1}{2}(1+\cos 2t)=1056.25+550\cos t+6.25\cos 2t(\text{mA})\end{aligned}$$

由［例 13-2］可以看出：① 非线性电阻可以产生频率不同于输入频率的输出信号；② 叠加定理不适用于非线性电阻（$i_3\neq i_1+i_2$）。

### 13.1.2　非线性电感

电感元件不是线性的，便称其为非线性的。非线性电感的韦安特性曲线在 $\Psi-i$ 平面上不是一条过原点的直线。非线性电感的电路符号如图 13-9 所示。

非线性电感也分为四种：单调电感、流控电感、链控电感和多值电感。图 13-10 所示为实际电感器的一条韦安特性曲线，在电流值较大时，磁通饱和；即当电流较大时，磁通的增加极其缓慢。由特性曲线可知，它属于单调电感。对于单调电感，既可以把磁链表示成电流的单值函数 $\Psi=f(i)$，也可以把电流表示成磁链的单值函数 $i=h(\Psi)$。

约瑟夫逊结是一种典型的链控电感，其韦安特性方程为

$$i=I_0\sin(K\Psi)$$

式中：$I_0$ 和 $K$ 为常数。

对于链控电感，其韦安特性可用形如 $i=h(\Psi)$的单值函数表示。显然，单调电感属于

链控电感。

流控电感是一种磁链能表示成电流的单值函数的非线性电感，其韦安特性可用 $\Psi = f(i)$ 的单值函数形式表示。显然，单调电感也属于流控电感。

多值电感既不能把磁链表示成电流的单值函数，也不能把电流表示成磁链的单值函数。典型的例子是铁心线圈，其韦安特性曲线如图 13-11 所示。该闭合曲线称为磁滞回线。

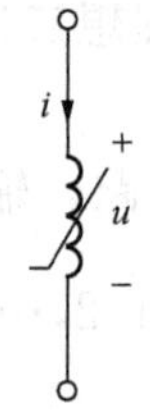


图 13-9　非线性电感的一般符号

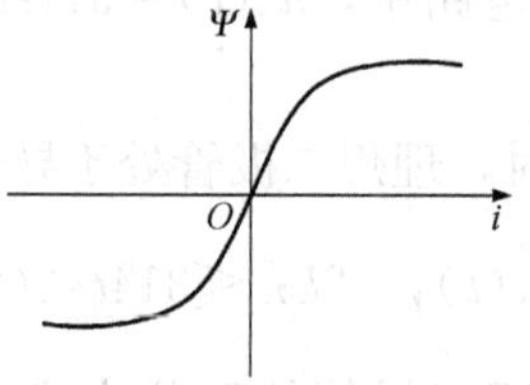


图 13-10　单调电感特性曲线

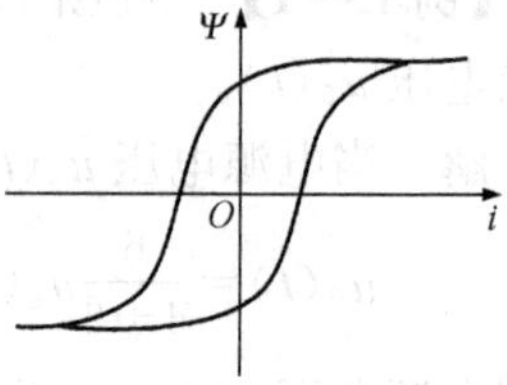


图 13-11　铁心线圈的韦安特性曲线

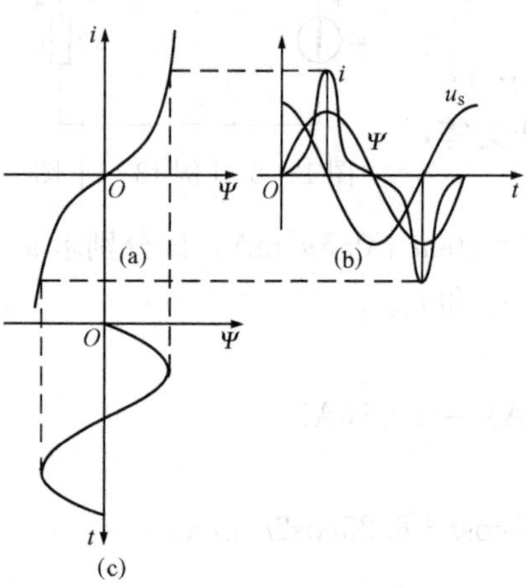


图 13-12 ［例 13-3］图

(a) 韦安特性曲线；(b) 磁链变化曲线；(c) 电流变化曲线

**【例 13-3】** 将电压源 $u_s(t) = U_m \cos\omega t$ V 加到一个图 13-12（a）所示特性曲线的非线性电感上，试求初始磁链为零时流过电感的电流。

**解** 由于

$$u_s = u_L = \frac{d\Psi}{dt} \tag{13-2}$$

将 $u_s(t) = U_m \cos\omega t$ V 代入式（13-2）取积分，并注意到 $\Psi(0) = 0$，可得

$$\Psi(t) = \frac{U_m}{\omega}\sin\omega t = \Psi_m \sin\omega t$$

可见，当外加电压为正弦波时，磁通也是正弦波，如图 13-12（c）所示。二者之间的有效值关系为

$$U = \frac{U_m}{\sqrt{2}} = \frac{\omega \Psi_m}{\sqrt{2}}$$

此非线性电感中的电流可由图 13-12 所示的图解方法求取。图 13-12（c）绘出了电流的变化波形。当电压足够大时，使磁通变化达到饱和部分，电流呈现尖顶波形。电压振幅越大，相应的磁链的振幅也越大，则非线性电感达到的饱和程度越深，电流波形也越尖。这种尖顶波形中含有显著的三次谐波。这一点是线性电感所不具有的。

**【例 13-4】** 图 13-13 所示电路中，非线性电感为约瑟夫逊结，试求电感电流 $i(t)$。

**解** 由约瑟夫逊结的韦安特性方程得

$$\begin{aligned} i(t) &= I_0 \sin(K\Psi) = I_0 \sin\left(K\int_0^t u\,d\tau\right) = I_0 \sin\left(K\int_0^t U_s\,d\tau\right) \\ &= I_0 \sin(KU_s t) = I_0 \sin(\omega_0 t) \end{aligned} \tag{13-3}$$

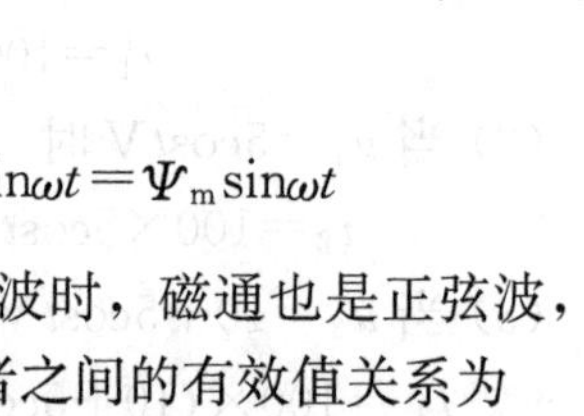


图 13-13 ［例 13-4］图

其中，$\omega_0 = KU_s$ 为常量。

式（13-3）的结果表明，约瑟夫逊结在直流电源激励下便会产生振荡。这一特点也是线性电感所不具有的。

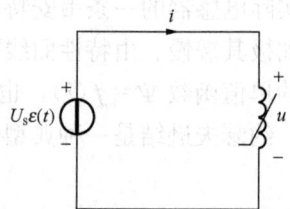

类似非线性电阻，也引入两种电感来说明非线性电感的特性，即静态电感 $L_s$ 和动态电感 $L_d$。

非线性电感在某一工作状态下的静态电感等于该点的磁链值 $\Psi_P$ 与电流值 $I_P$ 的比值，即

$$L_s=\frac{\Psi_P}{I_P}$$

动态电感等于磁链对电流的导数在该点的值，即

$$L_d=\left.\frac{\mathrm{d}\Psi}{\mathrm{d}i}\right|_P$$

静态电感和动态电感一般都是磁链或电流的函数，随工作状态的不同而不同。动态电感又称为增量电感或小信号电感。

### 13.1.3　非线性电容

库伏特性曲线不能用 $q-u$ 平面上过原点的直线表示的电容元件称为非线性电容，其电路符号如图 13-14 所示。

非线性电容可分为单调电容、压控电容、荷控电容和多值电容四种类型。单调电容的特性方程既可以用 $q=f(u)$ 的单值函数表示，也可以用 $u=h(q)$ 的单值函数表示，大多数实际电容器都属于这一类型。典型的单调电容特性曲线如图 13-15 所示。

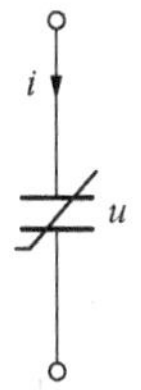


图 13-14　非线性电容的一般符号

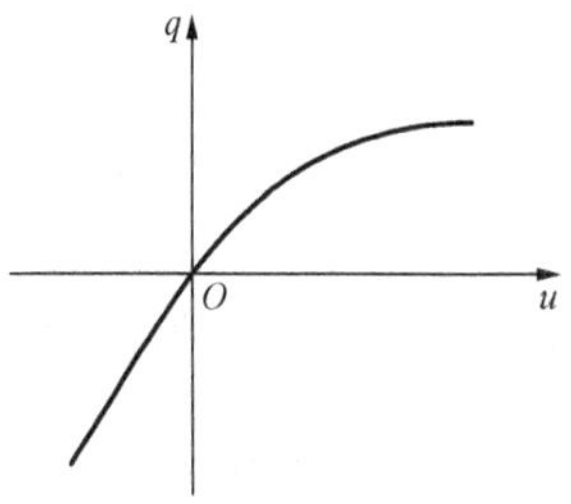


图 13-15　单调电容特性曲线

压控电容可用 $q=f(u)$ 的单值函数来表征；荷控电容要用 $u=h(q)$ 的单值函数来表征。以铁电物质（如钛酸钡）为介质的电容是多值电容的例子，这种电容呈现滞回现象。

对于非线性电容，也引入两种电容参数，即静态电容 $C_s$ 和动态电容 $C_d$，它们分别定义为

$$C_s=\frac{Q_P}{I_P},\quad C_d=\left.\frac{\mathrm{d}q}{\mathrm{d}i}\right|_P$$

静态电容和动态电容一般都是电荷或电压的函数，它们的数值随工作状态变化。动态电容又称为增量电容或小信号电容。

### *13.1.4　运算放大器

本书第 5 章讨论了运算放大器［电路符号如图 13-16（a）所示］的低频线性应用模型，在此研究它的大信号低频应用模型。由于运放的输入电阻很高，两个输入端的电流都近似为零；运放的输出电压 $u_o$ 与输入电压 $u_d$ 之间的转移特性曲线如图 13-16（b）所示，这一曲线几乎与输出电流无关，这表明运放的输出电阻很小，一般可以忽略不计。因此，运放的特性方程可表示为

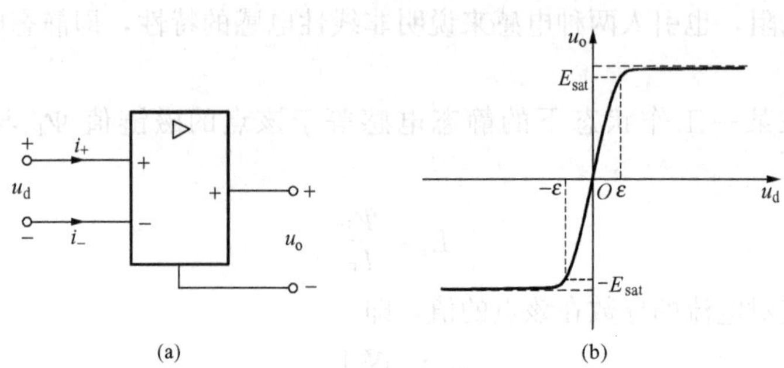


图 13-16 运放的符号及其 $u_o-u_d$ 特性曲线

（a）电路符号；（b）转移特性曲线

$$i_+=i_-=0$$

$$u_o=f(u_d)$$

在 $-\varepsilon<u_d<\varepsilon$ 的范围内，$u_o=f(u_d)\approx Au_d$；$A$ 称为运放的开环电压增益或开环放大倍数，它一般大于$10^5$；$\varepsilon$ 的典型值小于$10^{-4}$V。该图中 $E_{sat}$ 称为运放的饱和电压，它与运放的内部偏置电压有关。

综上所述，在低频应用时，运算放大器相当于一个非线性电压控制电压源，是一个非线性电阻双口元件。

## 13.2 非线性电阻电路的方程

本书第 3 章介绍的各种建立电路方程的方法可推广到非线性电阻电路。对于节点分析，要求电路中的非线性电阻是单调电阻或者压控电阻；而网孔分析和回路分析则要求电路中的非线性电阻是单调电阻或者流控电阻。由于电阻元件特性方程的非线性，所建立的方程是一组非线性代数方程。下面通过具体实例予以说明。

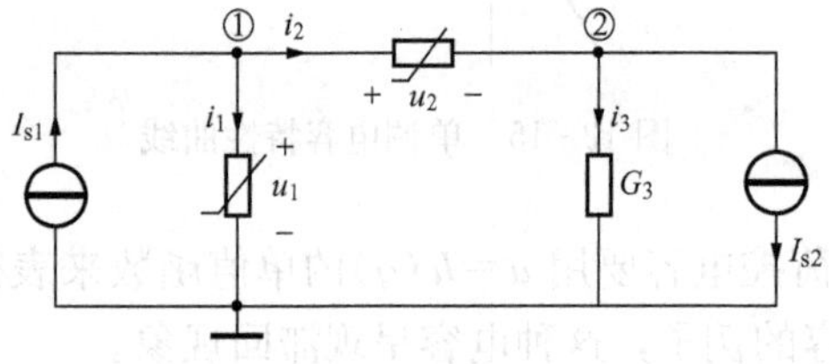


图 13-17 ［例 13-5］图

**【例 13-5】** 如图 13-17 所示的电路，两个非线性电阻的伏安关系分别为 $i_1=0.1u_1+2u_1^2$，$i_2=I_0(e^{u_2/U_T}-1)$，试列出电路的节点电压方程。

**解** 根据 KCL 和 KVL 得

$$i_1+i_2=I_{s1},\ i_2-i_3=I_{s2}$$

$$u_1=u_{n1},\ u_2=u_{n1}-u_{n2},\ u_3=u_{n2}$$

电阻元件的 VAR 为

$$i_1=0.1u_1+2u_1^2,\ i_2=I_0(e^{u_2/U_T}-1)$$

$$i_3=G_3u_3$$

将上述方程组中的非节点电压变量消去，可得电路的节点电压方程为

$$0.1u_{n1}+2u_{n1}^2+I_0[e^{(u_{n1}-u_{n2})/U_T}-1]=I_{s1}$$

$$I_0\left[e^{(u_{n1}-u_{n2})/U_T}-1\right]-G_3u_{n2}=I_{s2}$$

**【例 13-6】** 在图 13-18 所示的电路中，非线性电阻的特性方程分别为 $u_1=i_1^2$，$u_3=\sin i_3$，试列出电路的网孔电流方程。

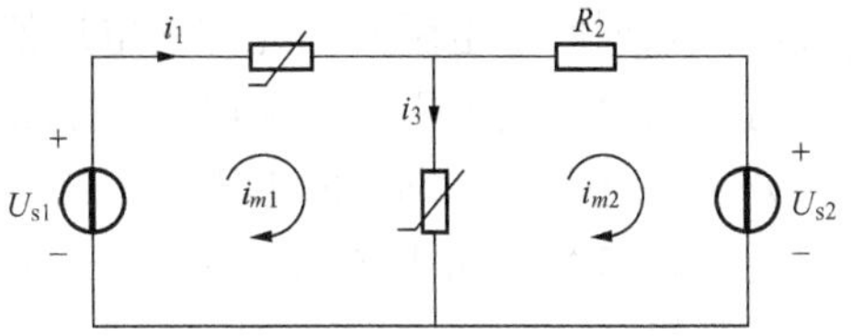


图 13-18 ［例 13-6］图

**解** 网孔电流的参考方向如图 13-18 所示，则

$$i_3=i_{m1}-i_{m2}$$

对各网孔列写 KVL 方程，并考虑各元件的 VAR，可得下列的网孔电流方程

$$i_{m1}^2+\sin(i_{m1}-i_{m2})=U_{s1}$$

$$-\sin(i_{m1}-i_{m2})+R_2i_{m2}=-U_{s2}$$

由上面的两个实例可知，非线性电阻电路的方程可写成下列一般形式

$$\begin{cases}f_1(x_1,x_2,\cdots,x_n)=0\\f_2(x_1,x_2,\cdots,x_n)=0\\\cdots\\f_n(x_1,x_2,\cdots,x_n)=0\end{cases}$$

显然，上述非线性代数方程一般难以求得解析解，只能依靠计算机应用数值法求解。

## 13.3 非线性电阻电路的图解法

本节主要介绍确定电阻混联二端网络伏安特性曲线和确定非线性电阻电路工作点的图解方法。

### 13.3.1 确定 DP 图的图解法

表征电阻二端网络端口伏安关系的特性曲线称为该二端网络的驱动点特性图，简称 DP 图。显然，二端非线性电阻的伏安特性曲线就是该电阻的 DP 图。

对于图 13-19（a）所示的两个非线性电阻串联的二端网络，两个电阻的伏安特性曲线分别如图 13-19（b）中曲线①和②所示。根据 KCL 和 KVL，可得

$$i=i_1=i_2,\quad u=u_1+u_2$$

由此可知，某一端口电流下的端口电压等于同一端口电流下两个电阻电压之和。从图解的角度看，这意味着把同一电流值下两条曲线上的电压相加。这样，通过取一系列两个电阻共同允许的电流值，可逐点求出 DP 图，如图 13-19（b）中曲线③所示。

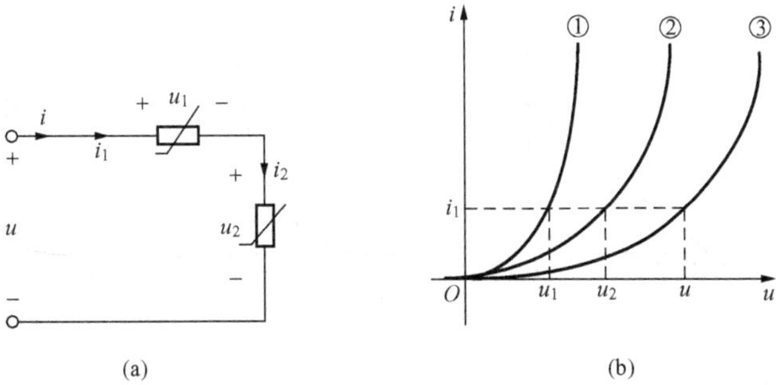


图 13-19 DP 图的图解法示例

（a）两个非线性电阻串联的二端网络；（b）伏安特性曲线

对于两个非线性电阻并联，根据对偶原理，可把在同一电压下两条曲线上的电流相加，通过取一系列两个电阻共同允许的电压值，逐点求出 DP 图。

对于只含二端电阻和直流电源的混联二端网络，只要重复应用上面介绍的电阻串联和并联的方法，就可得到网络的 DP 图。二端网络的 DP 图可以看成是等效非线性电阻的 DP 图。

**【例 13-7】** 试求图 13-20（a）所示二端网络的 DP 图。图中，$I_0>0$，$R>0$，VD 为理想二极管。

**解** 理想二极管和电流源的伏安特性曲线分别如图 13-20（b）折线①和直线②所示。两者并联，由图 13-20（b）可知二者共同允许的电压范围是电压不大于零。取对应电流相加，则可得二者并联的伏安特性曲线，如图 13-20（c）中的曲线①所示。再求串联线性电阻 $R$ 后的 $u-i$ 特性曲线。线性电阻的伏安特性曲线如图 13-20（c）中曲线②所示。前面求出的等效非线性电阻与线性电阻串联，由图 13-20（c）可知二者共同允许的电流范围是 $i\geqslant -I_0$。取对应电压相加，结果如图 13-20（d）所示。图 13-20（d）中的特性曲线即为所求的 DP 图。

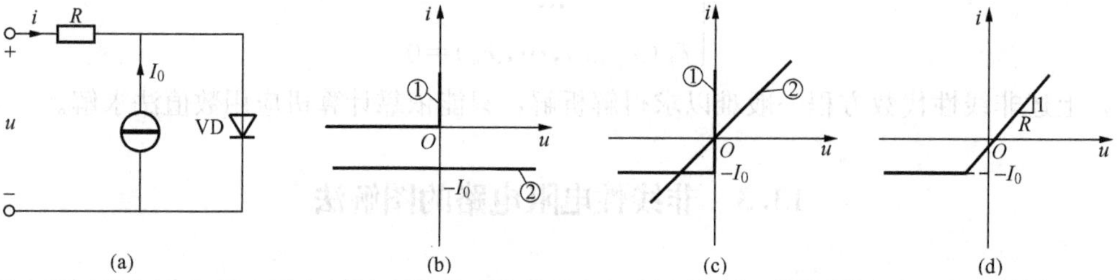


图 13-20 ［例 13-7］图

（a）二端网络；（b）理想二极管和电流源的伏安特性曲线；（c）并联部分和电阻的伏安特性曲线；（d）DP 图

### 13.3.2 确定直流工作点的图解法

直流电阻电路的解称为该电路的直流工作点或者静态工作点，简称工作点。确定直流工作点的过程称为直流分析，它是电路理论中一个非常重要的问题。简单非线性电阻电路的工作点可由图解法来确定。

对于图 13-21（a）所示结构的电阻电路，AB 左右两边两个二端网络的 DP 图分别如图 13-21（b）和图 13-21（c）所示。对于图 13-21（b）和图 13-21（c），其对应的方程分别为

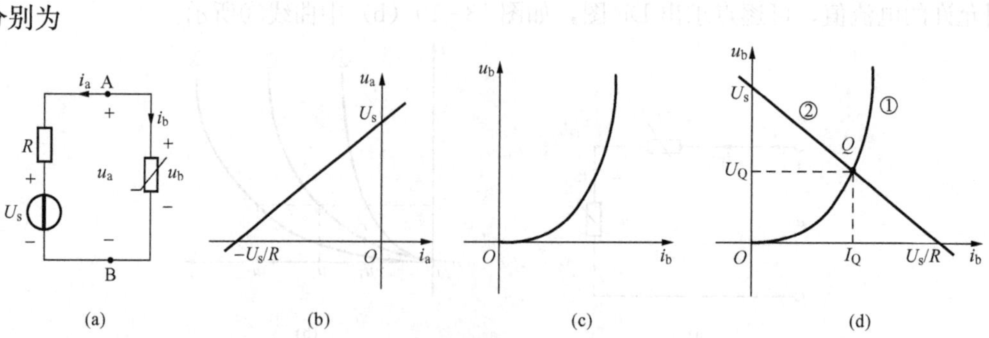


图 13-21 负载线法求工作点示例

（a）非线性电阻电路；（b）、（c）AB 左右两边两个二端网络的 DP 图；（d）静态工作点

$$u_a = Ri_a + U_s \tag{13-4}$$

$$f_b(u_b, i_b) = 0 \tag{13-5}$$

由图 13-21（a），根据 KCL 和 KVL 有

$$i_a = -i_b,\ u_a = u_b$$

利用这两个关系式可把式（13-4）改写为

$$u_b = -Ri_b + U_s \tag{13-6}$$

在 $u_b$—$i_b$ 平面上画出的 $u_b = -Ri_b + U_s$ 对应的曲线，如图 13-21（d）中的曲线②所示。

由于电压 $u_b$ 和电流 $i_b$ 既要满足方程（13-5），又要满足方程（13-6），即既要位于图 13-21（d）中的曲线①上，又要位于曲线②上，因此，在 $u_b$—$i_b$ 平面上两条曲线的交点 $Q$ 便是所要求的工作点。通常把 DP 图较简单的一个视为负载，相应的 DP 图称为负载线。例如，图 13-21（d）中的曲线②可看作负载线。因此，上述图解法又称为负载线法。

**【例 13-8】** 电路如图 13-22（a）所示，试求下列三种情况下该电路中非线性电阻的电压和电流：（1）非线性电阻的 DP 图如图 13-22（b）中曲线①所示；（2）非线性电阻为理想二极管；（3）非线性电阻的特性方程为 $u = 22.5i^2$。

**解** 对于单一非线性电阻电路，一般先将非线性电阻以外的线性二端网络用戴维南等效电路代替，求出非线性电阻的电压或电流，然后再进一步求其他量。

根据戴维南定理，图 13-22（a）中的电路可等效为图 13-22（c）所示电路。其中，开路电压 $U_{oc} = 250$V，戴维南等效电阻 $R_{eq} = 200\Omega$。

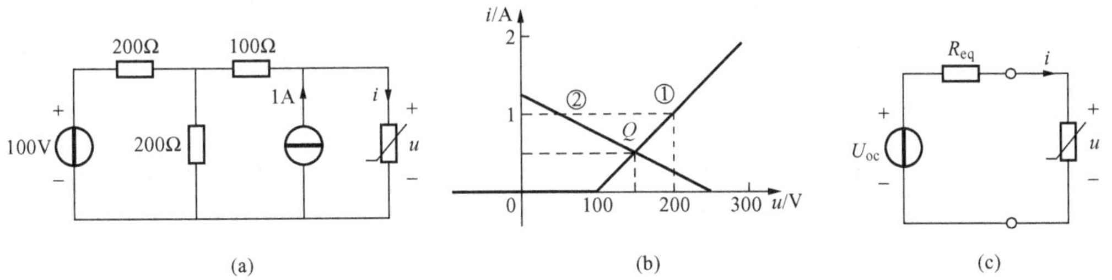


图 13-22 ［例 13-8］图

（a）电路图；（b）非线性电阻的 DP 图；（c）等效电路图

（1）图 13-22（c）中戴维南等效网络的端口方程为

$$u = 250 - 200i$$

这一方程对应于图 13-22（b）中直线②。该直线与非线性电阻曲线的交点 $Q$（150V，0.5A）就是非线性电阻的工作点，即

$$U_Q = 150\ \text{(V)},\ I_Q = 0.5\ \text{(A)}$$

该结果亦可由非线性电阻工作段的线性方程与戴维南等效网络的端口方程联立求得。

（2）当非线性电阻为理想二极管时，由图 13-22（c）可知，理想二极管处于导通状态，相当于短路，故

$$U_Q = 0\ \text{(V)},\ I_Q = \frac{U_{oc}}{R_{eq}} = \frac{250}{200} = 1.25\ \text{(A)}$$

（3）当非线性电阻的特性方程为 $u = 22.5i^2$ 时，电路方程为

$$22.5i^2 + 200i - 250 = 0$$

解得

$$i_1=-10\ (\mathrm{A}),\ i_2=\frac{10}{9}\ (\mathrm{A})$$

由非线性电阻的特性方程 $u=22.5i^2$ 得

$$u_1=2250\mathrm{V},\ u_2=\frac{250}{9}\ (\mathrm{V})$$

［例 13-8］说明，对于含有一个理想二极管的电路，可先确定理想二极管的工作状态。若处于导通状态，则用短路线代替；若处于截止状态，则用开路线代替；从而将非线性电路转化为线性电路进行分析。

对于具有唯一解的电路，应用替代定理，将非线性电阻用电压源或电流源替代，可以进一步求出电路中其他支路的电压和电流。

线性电路的解一般是唯一的，但对于非线性电路则不然，常常会出现多解和无解的情况。例如，图 13-23（a）所示的 PN 结二极管电路，当电路中电流源的电流 $I_0$ 小于二极管的反向饱和电流 $I_s$ 时，将违背 KCL，电路无解，如图 13-23（b）所示，两曲线无交点；而如图 13-24（a）所示中的电路，当 $U_{s1}\leqslant U_s\leqslant U_{s2}$ 时，电路具有多个解，如图 13-24（b）所示。

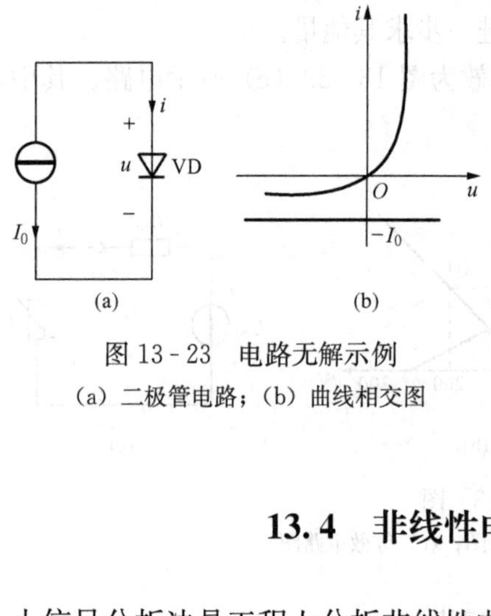


图 13-23　电路无解示例

（a）二极管电路；（b）曲线相交图

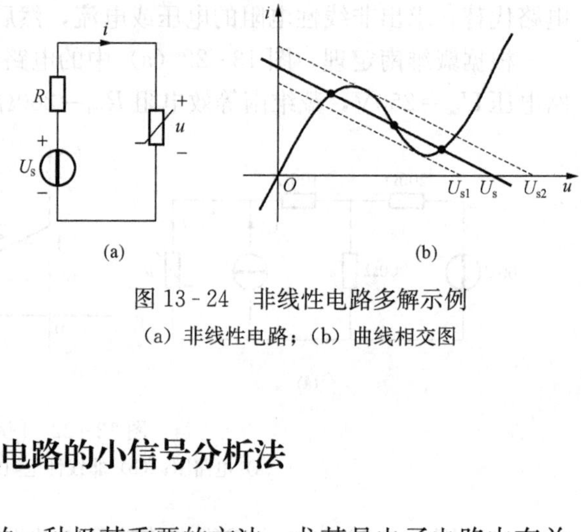


图 13-24　非线性电路多解示例

（a）非线性电路；（b）曲线相交图

## 13.4　非线性电阻电路的小信号分析法

小信号分析法是工程上分析非线性电路的一种极其重要的方法，尤其是电子电路中有关放大器的分析和设计，更是以小信号分析为基础的。本节通过具体实例阐述这种分析方法在非线性电阻电路中的应用。小信号分析方法在动态电路中的应用将在 13.6.3 中予以讨论。

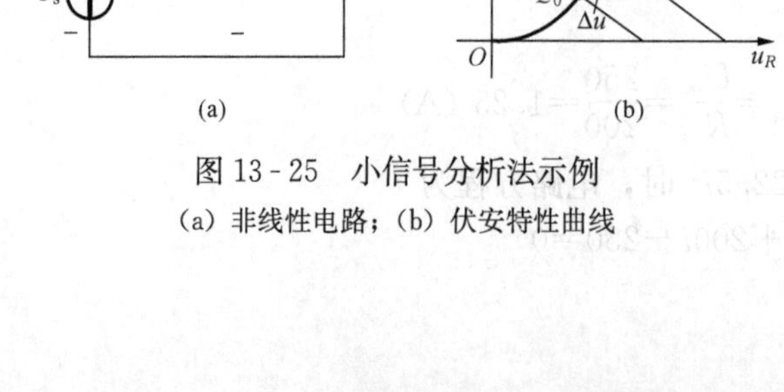

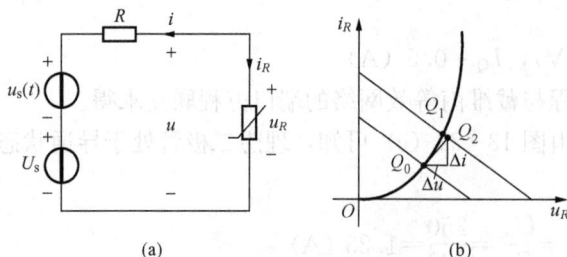

图 13-25　小信号分析法示例

（a）非线性电路；（b）伏安特性曲线

在图 13-25（a）所示的电路中，非线性电阻的伏安关系为 $u_R=r(i_R)$，$U_s$ 为直流电压源，$u_s(t)$ 为时变电压源。并且，在任何时刻都有 $|u_s(t)|\ll|U_s|$。这种时变电源被称为小信号。

由图 13-25（a）电路可得如下基本方程组

$$i+i_R=0 \qquad (13-7)$$

$$u-u_R=0 \qquad (13-8)$$

$$u=Ri+U_s+u_s(t) \tag{13-9}$$

$$u_R=r(i_R) \tag{13-10}$$

如果电路中只有直流电压源，即 $u_s(t)=0$，则方程（13-9）变为

$$u=Ri+U_s \tag{13-11}$$

利用图解法可求出电路的直流工作点：$U_Q$、$I_Q$、$U_{RQ}$和 $I_{RQ}$，且有

$$I_Q+I_{RQ}=0,\ U_Q-U_{RQ}=0,\ U_Q=RI_Q+U_s,\ U_{RQ}=r(I_{RQ}) \tag{13-12}$$

如果电路中既有直流电源，又有时变电源，即 $u_s(t)\neq 0$，则在 $|u_s(t)|\ll|U_s|$ 的情况下，各支路的电压和电流的变化范围在工作点附近，如图 13-25（b）所示。其中，$Q_0$ 是仅有直流电源作用时电路的工作点；$Q_1$ 是直流电源和小信号共同作用时在某一时刻 $t_1$ 电路的工作点。用直流工作点 $Q_0$ 处的切线代替 $Q_0Q_1$ 曲线段，切线交同一时刻 $t_1$ 的负载线于 $Q_2$。只要 $|u_s(t)|\ll|U_s|$，则 $Q_2$ 与 $Q_1$ 之间相差甚微，可用 $Q_2$ 点的电压和电流作为 $Q_1$ 点真解的近似。因而可把电路中各支路的电压和电流近似地表示为

$$\left.\begin{aligned}u(t)&=U_Q+\Delta u(t)\\ i(t)&=I_Q+\Delta i(t)\\ i_R(t)&=I_{RQ}+\Delta i_R(t)\\ u_R(t)&=U_{RQ}+\Delta u_R(t)\end{aligned}\right\} \tag{13-13}$$

式中：$\Delta u(t)$、$\Delta i(t)$、$\Delta i_R(t)$、$\Delta u_R(t)$为小信号所引起的扰动量，它们都是随时间变化的量。在任何时刻，这些扰动量相对于直流工作点处电压、电流的数值来说都是很小的量。

将式（13-13）中的各式分别代入式（13-7）～式（13-10）中得

$$I_Q+\Delta i(t)+I_{RQ}+\Delta i_R(t)=0 \tag{13-14}$$

$$U_Q+\Delta u(t)-U_{RQ}-\Delta u_R(t)=0 \tag{13-15}$$

$$U_Q+\Delta u(t)=R[I_Q+\Delta i(t)]+U_s+u_s(t) \tag{13-16}$$

$$U_{RQ}+\Delta u_R(t)=r[I_{RQ}+\Delta i_R(t)] \tag{13-17}$$

将式（13-17）等号右边的非线性函数在 $I_{RQ}$处用泰勒级数展开，由于 $\Delta i_R(t)$很小，可取级数的前两项作为近似，即

$$U_{RQ}+\Delta u_R(t)\approx r(I_{RQ})+R_{dQ}\Delta i_R(t) \tag{13-18}$$

其中，$R_{dQ}=\left.\dfrac{du_R}{di_R}\right|_{i_R=I_{RQ}}$ 即为 13.1 中定义的工作点 $Q_0$ 处的增量电阻，即动态电阻。

由式（13-12）和式（13-14）～式（13-16）及式（13-18）得

$$\left.\begin{aligned}\Delta i(t)+\Delta i_R(t)&=0\\ \Delta u(t)-\Delta u_R(t)&=0\\ \Delta u(t)&=R\Delta i(t)+u_s(t)\\ \Delta u_R(t)&=R_{dQ}\Delta i_R(t)\end{aligned}\right\}$$

由上述方程可求得各支路电压和电流的扰动量。而这组方程对应的电路如图 13-26 所示，这一电路称为原电路的小信号等效电路。由小信号等效电路可求出小信号作用下的扰动量，再把直流工作点和扰动量相加就可求得电路的解。

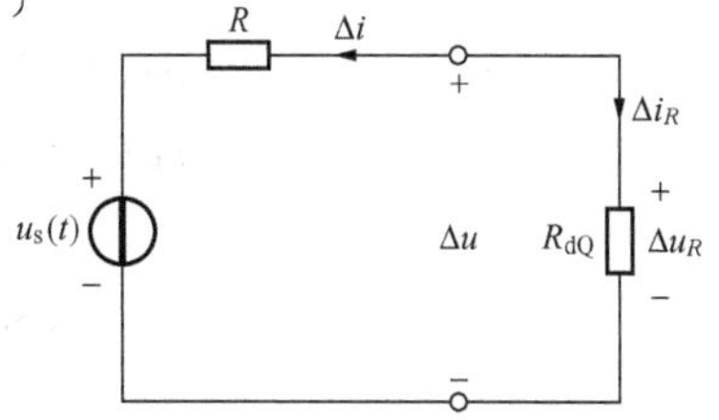


图 13-26 小信号等效电路

比较图 13-25（a）中的原电路和图 13-26 中的

小信号等效电路可以发现：小信号等效电路与原电路具有完全相同的电路结构，其差别仅在于把原电路的直流电源置零，非线性电阻用其直流工作点处的动态电阻代替。

**【例 13-9】** 设图 13-27（a）所示电路中的非线性电阻的 VAR 为

微课 19

小信号分析法
（典型例题讲解）

$$i=\begin{cases}u^2\ (u>0)\\ 0\ (u\leqslant 0)\end{cases}$$

$I_s=10\text{A}$，$i_s(t)=0.7\sin t\,\text{A}$，试求电路中的电压 $u(t)$和电流 $i_R(t)$。

**解** 因信号源电流的最大值为 0.7A，它远小于直流电流源的电流值 10A，所以可以用小信号分析法求解。

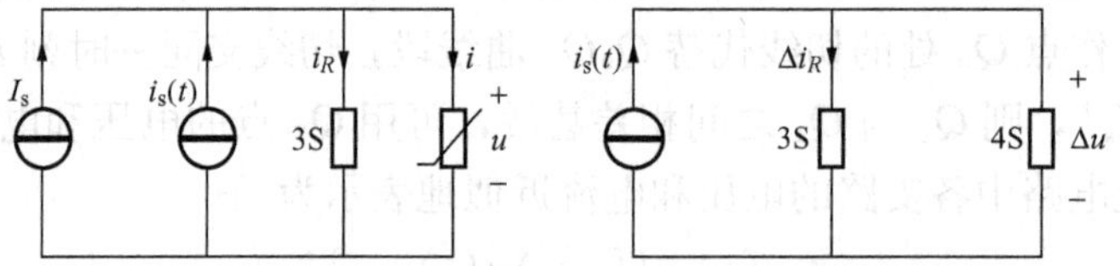


(a) (b)

图 13-27 ［例 13-9］图

（a）原电路图；（b）小信号等效电路

（1）求电路的直流工作点。令 $i_s(t)=0$，则电路的方程为

$$u^2+3u-10=0$$

解得

$$U_Q=2\ (\text{V})$$

所以

$$I_{RQ}=3U_Q=3\times 2=6\ (\text{A})$$

工作点的电压也可以用图解法求得。

（2）求动态电阻 $R_{dQ}$

$$R_{dQ}=\left.\frac{du}{di}\right|_Q=\frac{1}{\left.\dfrac{di}{du}\right|_Q}=\frac{1}{2u\,|_{U_Q=2}}=0.25\ (\Omega)$$

（3）作出小信号等效电路并求扰动量。小信号等效电路如图 13-27（b）所示，由该图得

$$\Delta u(t)=\frac{1}{3+4}i_s(t)=\frac{1}{7}\times 0.7\sin t=0.1\sin t\ (\text{V})$$

$$\Delta i_R(t)=3\Delta u(t)=3\times 0.1\sin t=0.3\sin t\ (\text{A})$$

（4）求 $u(t)$和 $i_R(t)$

$$u(t)=U_Q+\Delta u(t)=2+0.1\sin t\ (\text{V})$$

$$i_R(t)=I_{RQ}+\Delta i_R(t)=6+0.3\sin t\ (\text{A})$$

## 13.5 分段线性化法

小信号分析法是一种围绕直流工作点建立局部线性化模型的方法，所以只能适用于信号

变动幅度很小的场合。当输入信号在大范围内变动时，就必须考虑非线性元件的全局特性。这时可采用分段线性化法使分析和计算得到简化。分段线性化法是目前分析非线性电路的一种最基本的解析法，这种方法是先把电路中的每一个非线性元件的特性曲线用分段线性化特性曲线逼近，然后再把非线性电路转化成一系列电路结构和元件相同而参数不等的线性电路进行分析。

### 13.5.1　非线性特性的分段线性化表示法

绝大多数非线性器件的特性曲线很难找到理想而精确的解析表达式，而为了解析或数值化的研究包含这种器件的网络，需要给出这种器件的数学表达式。因此，工程和理论上常用近似表示法逼近。在此介绍常用的分段线性化法。

分段线性化法是将非线性特性曲线用一系列折线段进行近似逼近。对于分段线性化的特性曲线可逐段写出线性方程或用一个解析式子表示。至于一个元件的非线性特性曲线用多少折线段表示，由分析精度要求决定。自然，划分的段数越多，则分段线性化特性越接近于实际情况，但分析的工作量却随之而迅速增加。在实际中应根据精度要求采取折中的办法。

图 13-28（a）所示的二极管特性曲线，根据不同的分析精度要求，可分别采用如图 13-28（b）～（d）所示的分段线性化特性曲线表示。

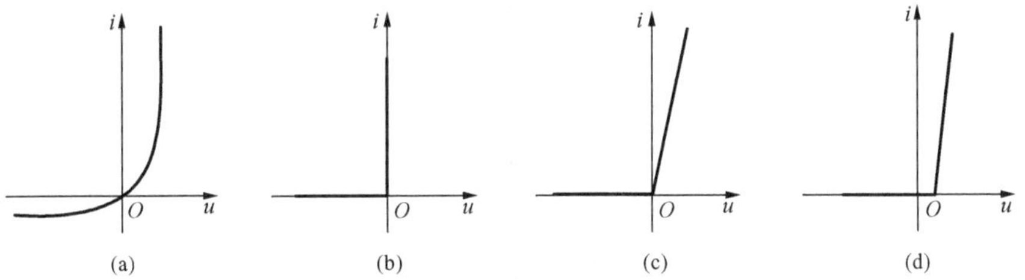


图 13-28　二极管特性曲线分段线性化示例

（a）特性曲线；（b）、（c）、（d）分段线性化特性曲线

采用分段线性化表示电阻的伏安特性曲线后，每段折线都可用戴维南等效电路或诺顿等效电路替代，如图 13-29 所示。

图 13-30（a）所示的非线性电感特性曲线（实线表示）可用该图中虚线所示的分段线性化特性近似。图 13-30（a）中第 $k$ 段折线可用图 13-30（b）所示的电路表示。

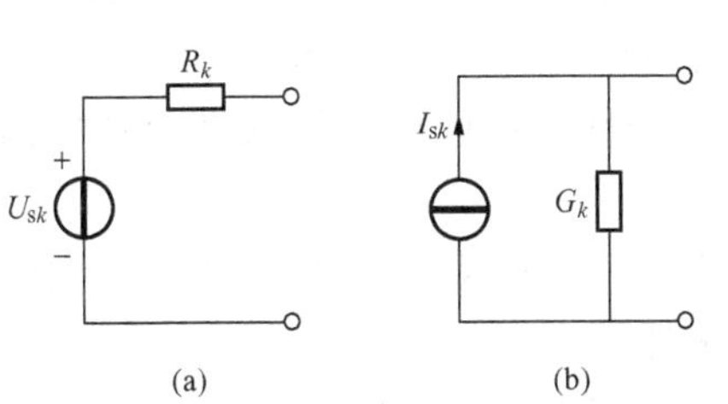


图 13-29　与第 $k$ 段折线对应的等效电路

（a）戴维南等效电路；（b）诺顿等效电路

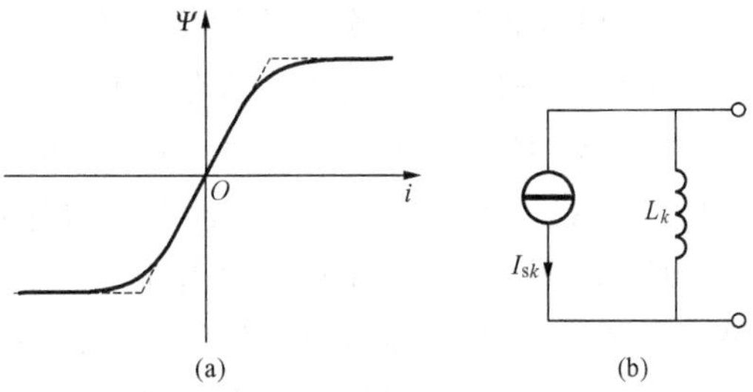


图 13-30　非线性电感特性曲线的分段线性化示例

（a）分段线性化特性曲线；（b）第 $k$ 段等效电路

图 13-31（a）给出了一个非线性电容特性曲线（实线）分段线性化的例子。该图中每段折线都可用图 13-31（b）所示的等效电路表示。

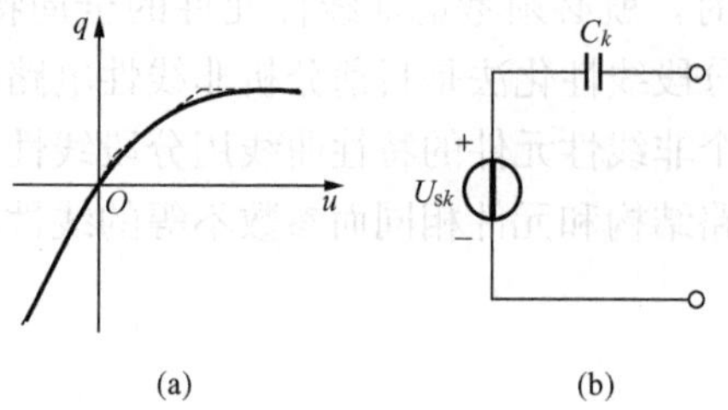


图 13-31 非线性电容特性曲线的分段线性化示例
(a) 非线性电容特性曲线；(b) 等效电路

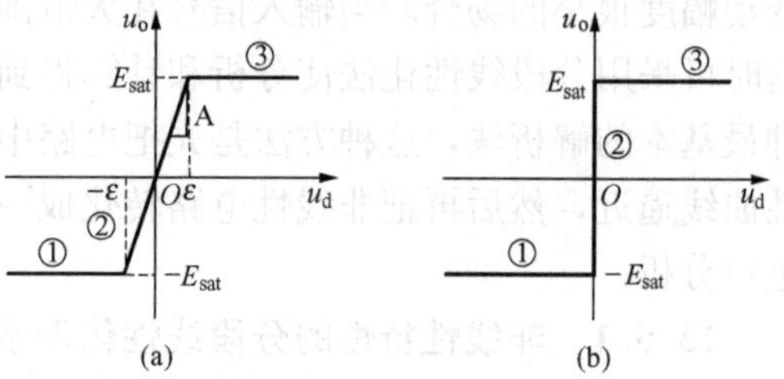


图 13-32 运放的两种常用分段线性化特性曲线
(a) 有限增益模型；(b) 理想模型

对于运算放大器，其 $u_0-u_d$ 之间的转移特性曲线常用图 13-32 (a) 或图 13-32 (b) 中的三段分段线性化特性曲线逼近。通常，将第①段称为负饱和区，第②段称为线性区，第③段称为正饱和区。

对于图 13-32 (a) 所示的特性曲线，运放工作在负饱和区时，可用图 13-33 (a) 所示的等效电路替代；工作在线性区时，可用如图 13-33 (b) 所示的等效电路替代；工作在正饱和区时，可用如图 13-33 (c) 所示的等效电路替代。

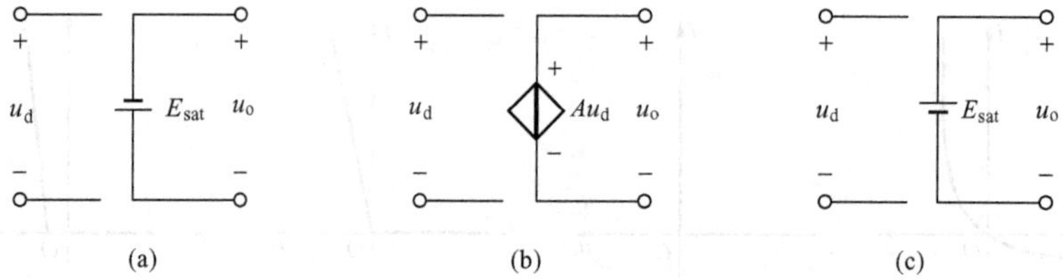


图 13-33 运放的有限增益分段线性化模型
(a) 负饱和区；(b) 线性区；(c) 正饱和区

对于图 13-32 (b) 所示的特性曲线，运放工作在正、负饱和区的等效电路与图 13-33 (a) 和图 13-33 (c) 所示相同。当运放工作在线性区时，开环放大倍数为无穷大，可用理想运放替代。通常把具有图 13-32 (a) 和图 13-32 (b) 所示特性曲线的运放分别称为运放的有限增益模型和理想模型。

### 13.5.2 非线性电阻电路的分段线性化分析法

非线性元件特性的分段线性化可按前面介绍的方法进行处理。因此，不失一般性，假定电路中各非线性元件都已经分段线性化。下面通过实例介绍分段线性化法。

**【例 13-10】** 在图 13-34 (a) 所示的电路中，非线性电阻的分段线性化特性曲线如图 13-34 (b) 所示，试求非线性电阻的直流工作点。

**解** 由图 13-34 (b) 可以看出，$i$ 轴可分为三个区：Ⅰ区，$i\leqslant 1A$；Ⅱ区，$1A<i\leqslant 2A$；Ⅲ区，$i>2A$。非线性电阻在各区的特性方程分别为

$$\text{Ⅰ区，} u=4i\text{；Ⅱ区，} u=-3i+7\text{；Ⅲ区，} u=2i-3$$

非线性电阻工作在三个区的等效电路分别如图 13-34 (c)、(d) 和 (e) 所示。求解这三个电路分别可得 $I_{Q1}=1.2A$，$U_{Q1}=4.8V$；$I_{Q2}=0.5A$，$U_{Q2}=5.5V$；$I_{Q3}=3A$，$U_{Q3}=3V$。在上述求解过程中，并没有考虑各区对非线性电阻的电压和电流取值的限制，因此，所得结果并不一定落在相应的区域。这种不落在相应区域的解，并不是电路的解，称之为虚解。为

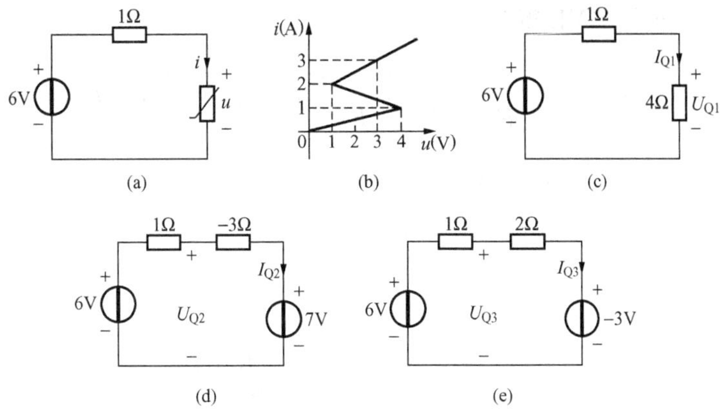


图 13-34 ［例 13-10］图

(a) 电路图；(b) 分段线性化特性曲线；(c) Ⅰ区电路；(d) Ⅱ区电路；(e) Ⅲ区电路

此，必须加以检验。对于本例，$I_{Q1}=1.2A$ 和 $U_{Q1}=4.8V$ 并不落在Ⅰ区（因为不满足Ⅰ区 $i\leqslant 1A$ 的限制），所以它不是电路的真实解；同样 $I_{Q2}=0.5A$ 和 $U_{Q2}=5.5V$ 也不是电路的真实解；$I_{Q3}=3A$ 和 $U_{Q3}=3V$ 落在非线性电阻的Ⅲ区，它是电路的真实解。由此可知，该电路只有一个工作点：$U_Q=3V$，$I_Q=3A$。这一点可用图解法很容易地证实。

由上例可知，对于分段线性化法，检验是一个非常重要而必不可少的步骤，只有通过检验才能去掉虚解，获得电路的真实解。

下面举例说明含运放电路的分段线性化法。运放一般采用非线性理想模型就可达到很高的精度要求。

**【例 13-11】** 在图 13-35 (a) 所示的二端网络中，$R_aR_d<R_bR_c$，试求该二端网络的 DP 图。

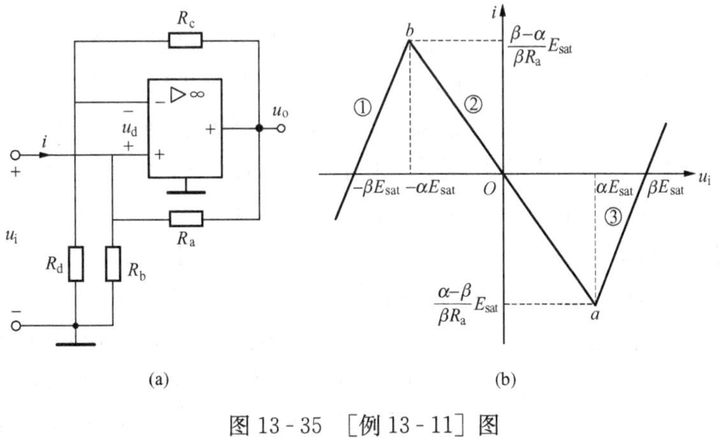


图 13-35 ［例 13-11］图

(a) 二端网络；(b) DP 图

**解** (1) 运放工作在线性区时，$u_d=0$，则

$$u_i=\frac{R_d}{R_c+R_d}u_o\triangleq\alpha u_o$$

其中，$\alpha=\dfrac{R_{\mathrm{d}}}{R_{\mathrm{c}}+R_{\mathrm{d}}}$。根据 KVL 得

$$u_{\mathrm{o}}=u_{\mathrm{i}}+R_{\mathrm{a}}\left(\frac{u_{\mathrm{i}}}{R_{\mathrm{b}}}-i\right)=\frac{R_{\mathrm{a}}+R_{\mathrm{b}}}{R_{\mathrm{b}}}u_{\mathrm{i}}-R_{\mathrm{a}}i\triangleq\frac{1}{\beta}u_{\mathrm{i}}-R_{\mathrm{a}}i \tag{13-19}$$

其中 $\beta=\dfrac{R_{\mathrm{b}}}{R_{\mathrm{a}}+R_{\mathrm{b}}}$。将 $u_{\mathrm{o}}=\dfrac{1}{\alpha}u_{\mathrm{i}}$ 代入式（13-19）中得

$$i=\frac{1}{R_{\mathrm{a}}}\left(\frac{1}{\beta}-\frac{1}{\alpha}\right)u_{\mathrm{i}} \tag{13-20}$$

由 $\alpha$ 和 $\beta$ 的定义及 $R_{\mathrm{a}}R_{\mathrm{d}}<R_{\mathrm{b}}R_{\mathrm{c}}$，有

$$\frac{1}{\beta}-\frac{1}{\alpha}=\frac{R_{\mathrm{a}}}{R_{\mathrm{b}}}-\frac{R_{\mathrm{c}}}{R_{\mathrm{d}}}=\frac{R_{\mathrm{a}}R_{\mathrm{d}}-R_{\mathrm{b}}R_{\mathrm{c}}}{R_{\mathrm{b}}R_{\mathrm{d}}}<0$$

在线性区，$|u_{\mathrm{o}}|<E_{\mathrm{sat}}$，由 $u_{\mathrm{i}}=\alpha u_{\mathrm{o}}$ 可知，式（13-20）使用的范围是 $|u_{\mathrm{i}}|<\alpha E_{\mathrm{sat}}$。因此，式（13-20）可用图 13-35（b）中的直线段②来表示。该线段的斜率为负，说明运放工作在线性区时，该二端网络的输入电阻为负。

（2）在正饱和区时，$u_{\mathrm{o}}=E_{\mathrm{sat}}$，由式（13-19）得

$$i=\frac{1}{\beta R_{\mathrm{a}}}u_{\mathrm{i}}-\frac{1}{R_{\mathrm{a}}}E_{\mathrm{sat}} \tag{13-21}$$

由于 $u_{\mathrm{d}}=u_{\mathrm{i}}-\alpha u_{\mathrm{o}}=u_{\mathrm{i}}-\alpha E_{\mathrm{sat}}$，且 $u_{\mathrm{d}}>0$，故知式（13-21）使用的范围是 $u_{\mathrm{i}}>\alpha E_{\mathrm{sat}}$。因此，该式可用图 13-35（b）中的直线段③来表示。该线段的斜率为正。

（3）在负饱和区时，$u_{\mathrm{o}}=-E_{\mathrm{sat}}$，由式（13-19）得

$$i=\frac{1}{\beta R_{\mathrm{a}}}u_{\mathrm{i}}+\frac{1}{R_{\mathrm{a}}}E_{\mathrm{sat}} \tag{13-22}$$

由于 $u_{\mathrm{d}}=u_{\mathrm{i}}-\alpha u_{\mathrm{o}}=u_{\mathrm{i}}+\alpha E_{\mathrm{sat}}$，并且 $u_{\mathrm{d}}<0$，故知式（13-22）使用的范围是 $u_{\mathrm{i}}<-\alpha E_{\mathrm{sat}}$。对应的 DP 图如图 13-35（b）所示中的直线段①，该线段的斜率也为正。所求二端网络的完整 DP 图如图 13-35（b）所示。

对于含有多个理想二极管的电路，常用的一种分析方法是假定状态法，这一方法本质上仍然属于分段线性化法。在这一方法中，先假设二极管是处于导通状态或截止状态，然后根据这一假设对电路进行分析，看所得结果是否与假定的情况一致。若发生矛盾则应另外假设，再重新分析。由于每个二极管有两种工作状态，因此一个具有 $n$ 个二极管的电路将有 $2^n$ 种可能的状态。通常有些状态很容易判断出是不合理的。

**【例 13-12】** 试求图 13-36 所示电路中的电压 $U$。该图中各二极管均为理想二极管。

**解** 图 13-36 中的三个二极管初看都可导通，因为各二极管的正（阳）极经过 6kΩ 电阻接+18V 电压源，这一电压比任一二极管的负（阴）极电压都高。因此，先假定三个二极管都处于导通状态。但是，如果真是这样，则由于各二极管均为短路，要求它们的负极等电位，这与实际情况（5、0、−5V）不符。因此，三个二极管绝不可能同时导通。同理，两个二极管也不能同时导通。这样，就可判断这三个二极管哪一个最容易导通。显然，正向电压最大的 VD3 最容易导

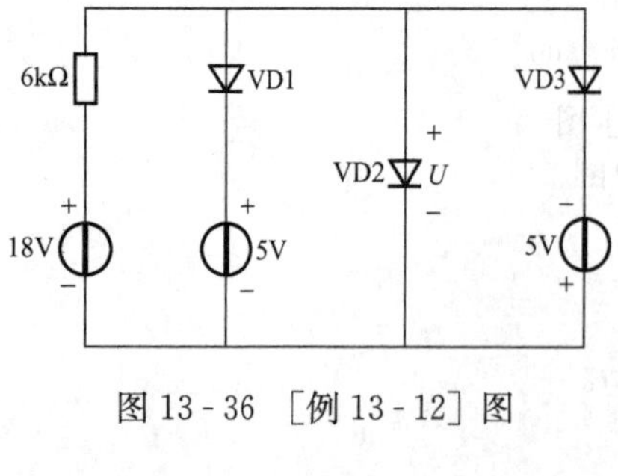


图 13-36 ［例 13-12］图

通。于是，假定VD3导通而VD1和VD2截止。此时，电压$U=-5\text{V}$，而VD1和VD2均处于反偏状态，说明假定的状态是合理的。如果假定VD2导通，VD1和VD3截止，则三个二极管的正极均为0V，这样VD1确实处于反偏，但VD3却是正偏，处于导通状态。因此，这一假设是不合理的。同样，VD1导通，VD2和VD3截止的假设也是不合理的。

综上可知，该电路的工作状态是VD3导通，VD1和VD2截止，因而$U=-5\text{V}$。

## *13.6　简单非线性动态电路的分析

非线性动态电路是指除独立电源外，还含有其他非线性元件的动态电路。这类电路具有许多区别于线性动态电路的特点，是电路中最丰富的研究领域。目前，人们对非线性动态电路的认识远不及对线性动态电路那么深入。作为入门，本节研究简单的非线性动态电路，所介绍的许多结论和方法对于一般非线性动态电路也适用。

### 13.6.1　输入—输出方程的建立

描述非线性动态电路的方程是非线性微分方程。用一阶非线性微分方程描述的电路称为一阶非线性电路，典型的一阶非线性电路是只含一个储能元件的非线性电路。同样用二阶非线性微分方程描述的电路称为二阶非线性电路，典型的二阶非线性电路是只含一个电感和一个电容的非线性电路。这里所说的储能元件可以是线性的，也可以是非线性的。

建立非线性动态电路输入—输出方程的基本依据仍然是两类约束，下面举例说明。

**【例13-13】**　在图13-37所示的电路中，非线性电阻的VAR为$u_R=-i_R+\frac{4}{3}i_R^3$，$L=1\text{H}$，$C=1\text{F}$，试列写该电路以$i_R$为输出的输入—输出方程。

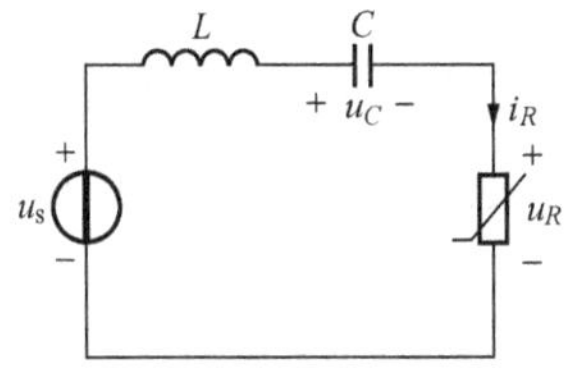


图13-37　[例13-13]图

**解**　根据KVL和电感的VAR有

$$L\frac{\mathrm{d}i_R}{\mathrm{d}t}+u_C+u_R=u_s \tag{13-23}$$

将非线性电阻的VAR代入式（13-23）中，得

$$\frac{\mathrm{d}i_R}{\mathrm{d}t}+u_C+\frac{4}{3}i_R^3-i_R=u_s \tag{13-24}$$

将式（13-24）两端对时间$t$取导数，并将电容的VAR代入，整理得电路的输入—输出方程为

$$\frac{\mathrm{d}^2 i_R}{\mathrm{d}t^2}+(4i_R^2-1)\frac{\mathrm{d}i_R}{\mathrm{d}t}+i_R=\frac{\mathrm{d}u_s}{\mathrm{d}t}$$

非线性动态电路的输入—输出方程为非线性微分方程。容易证明，$u_s=\frac{1}{3}\cos3t\text{V}$时，$i_R(t)=\cos\left(t+\frac{4}{3}k\pi\right)$ $(k=0,1,2)$是该电路的稳态解。由此可见，输出电流的频率为输入电压频率的$\frac{1}{3}$，可达到分频的目的。这种频率为电源频率的分数倍的信号称为子谐波。[例13-13]中稳态电流称为$\frac{1}{3}$子谐波。出现子谐波是非线性电路中的一种特有现象。

如果电路中的电源是直流电源，其他元件是时不变元件，则方程中不再显含时间变量 $t$。这种由直流电源和时不变元件组成的电路称为自治电路。显然，对于本例中的电路，电压源为直流电源时，即 $u_s=U_s$，电路为自治电路，否则是非自治电路。

像线性动态电路那样，要完整描述一个非线性动态电路，除了给出电路方程外，还应给出足够的初始条件。

应该强调指出，建立非线性动态电路的输入—输出方程是比较复杂的，有时甚至是不可能的。

### 13.6.2 一阶非线性电路的动态路径

在图 13-38（a）所示的一阶非线性电路中，电容 $C$ 是线性的，并假定该图中电阻性二端网络 N 的 DP 图可用分段线性化曲线表示，如图 13-38（b）所示。如果电容的初始状态已知，则可以用分段线性化法求出换路后电容电压变化的规律。

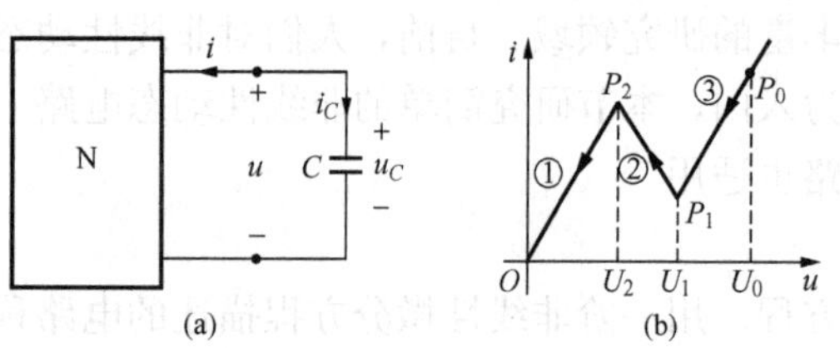


图 13-38 动态路径

（a）非线性网络；（b）分段特性化曲线

由 KCL 和 KVL 可知，$i=-i_C$，$u=u_C$，因此网络 N 的端口电压 $u$ 和端口电流 $i$ 在任一时刻，除了必须位于它的 DP 图上外，还应满足

$$\frac{du}{dt}=\frac{du_C}{dt}=\frac{i_C}{C}=-\frac{i}{C}$$

上述 $u$ 和 $i$ 在 DP 图上移动的路径（包括其方向）称为动态路径。

设图 13-38（a）中电容的初始状态为 $u_C$（$0_+$），对应于 DP 图上的 $P_0$ 点。由于在 $P_0$ 点，$i>0$，故有 $\frac{du}{dt}=-\frac{i}{C}<0$，这说明电压 $u$ 在 $P_0$ 点是减小的变化趋势。在 DP 图上只能沿折线段③向左移动，如图 13-38（b）中箭头所示。从 $P_0$ 点沿折线段③到达点 $P_1$，再沿折线段②到达 $P_2$ 点，最后沿折线段①到达原点。由于在原点，$i=0$，此时 $\frac{du}{dt}=-\frac{i}{C}=0$，电压 $u$ 不再变化，电路就工作在该点上，进入了稳态。

上述分析表明，在所给定的初始状态下，该电路的动态路径为 $P_0\to P_1\to P_2\to 0$。应该强调指出，动态路径与电路的初始状态有关。

确定了动态路径后，根据 DP 图分段线性化的特点，在动态路径的每一折线段上，电路就转化成了一个一阶线性电路，应用一阶线性电路的分析方法可求得解析解，从而获得电路的全局解。

在图 13-38 中，设 $u_C(0_+)=U_0$，则工作在折线段③上的等效电路如图 13-39（a）所示。该电路的解为

$$u_{C3}(t)=U_{s3}+(U_0-U_{s3})\mathrm{e}^{-\frac{t}{R_3C}} \tag{13-25}$$

到达 $P_1$ 点的时间 $t_1$（即离开折线段③，进入折线段②的时间）可由式（13-25）和 $P_1$ 点的电压 $u_{C3}(t_1)=U_1$ 求得

$$t_1=R_3C\ln\frac{U_0-U_{s3}}{U_1-U_{s3}}$$

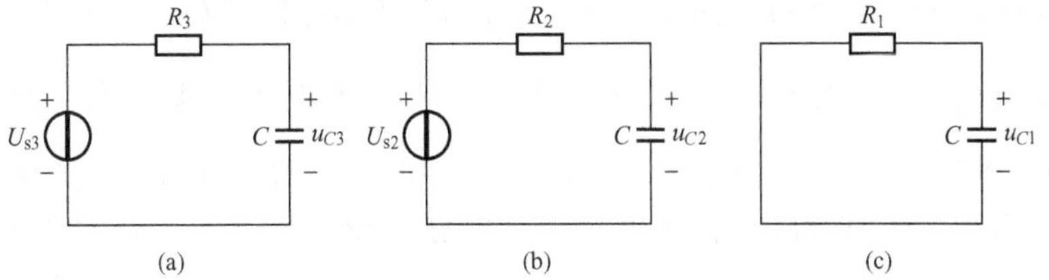


图 13 - 39　图 13 - 38 中非线性电路的分段等效电路

（a）工作在折线③上的等效电路；（b）工作在折线②上的等效电路；（c）工作在折线①上的等效电路

因此，式（13 - 25）只在 $0 \leqslant t < t_1$ 内才有效。

工作在折线段②的等效电路如图 13 - 39（b）所示。由该电路及 $u_{C3}(t_1)=U_1$ 得

$$u_{C2}(t)=U_{s2}+(U_1-U_{s2})\mathrm{e}^{-\frac{t-t_1}{R_2C}} \tag{13-26}$$

设到达 $P_2$ 点的时间为 $t_2$，且 $u_{C2}(t_2)=U_2$，则

$$t_2=t_1+R_2C\ln\frac{U_1-U_{s2}}{U_2-U_{s2}}$$

因此，式（13 - 26）只在 $t_1 \leqslant t < t_2$ 内才有效。

工作在折线段①上时，等效电路如图 13 - 39（c）所示。由该电路及 $u_{C2}(t_2)=U_2$ 得

$$u_{C2}(t)=U_2\mathrm{e}^{-\frac{t-t_2}{R_1C}} \tag{13-27}$$

式（13 - 27）适用范围为 $t \geqslant t_2$。

综上所述，分析分段线性化一阶电路的一般步骤如下：

（1）由所给定的初始状态在 DP 图上确定初始点。

（2）根据 DP 图和储能元件的 VAR 确定动态路径。

（3）画出动态路径各折线段所对应的等效电路，并应用一阶线性电路的分析方法进行求解。

一阶线性电路是不会产生振荡的，但是，一阶非线性电路却不然。现在让我们来研究图 13 - 40（a）所示电路的充放电过程。该图中非线性电阻的 DP 图如图 13 - 40（b）所示。

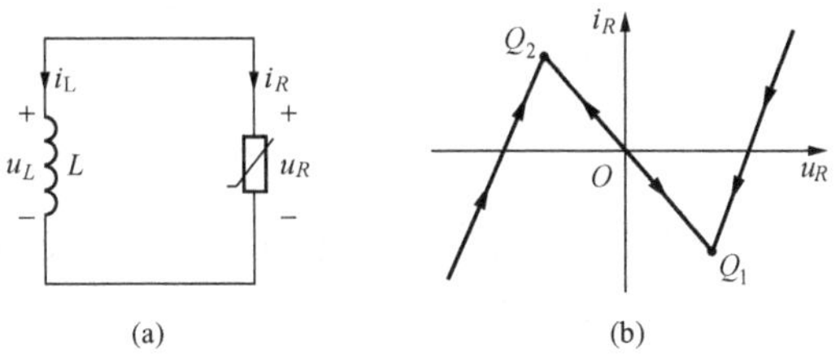


图 13 - 40　一阶非线性电路

（a）非线性电路；（b）非线性电阻的 DP 图

由图 13 - 40（a）可得

$$\frac{\mathrm{d}i_R}{\mathrm{d}t}=-\frac{\mathrm{d}i_L}{\mathrm{d}t}=-\frac{u_L}{L}=-\frac{u_R}{L}$$

由于 $L>0$，所以，在任何时刻，当 $u_R>0$ 时，$\frac{\mathrm{d}i_R}{\mathrm{d}t}<0$；当 $u_R<0$ 时，$\frac{\mathrm{d}i_R}{\mathrm{d}t}>0$。因此，当电路的初始状态位于 $u_R \sim i_R$ 平面的右半平面时，动态路径将从初始位置向下移动，即向 $Q_1$ 点移动；当初始状态位于左半平面时，动态路径将向上移动，即向 $Q_2$ 点移动，如图 13 - 40（b）所示。当到达 $Q_1$ 或 $Q_2$ 点时，由于$\frac{\mathrm{d}i_R}{\mathrm{d}t}\neq 0$，故 $Q_1$ 和 $Q_2$ 不对应电路的最终稳定工作状态，电流 $i_R$ 将继续变化；另外，从初始点到达 $Q_1$ 或 $Q_2$ 点的时间是一有限值，

这说明时间将继续变化，过渡过程尚未结束，工作状态不能停留在 $Q_1$ 或 $Q_2$ 点。但是，若动态路径仍沿 DP 图前进，将违背$\frac{\mathrm{d}i_R}{\mathrm{d}t}=-\frac{u_R}{L}$的约束。由于电感电流不能跃变，为了寻找新的出路，这样就迫使电路的工作状态从 $Q_1$（或 $Q_2$）点瞬时跳到 $Q_1'$（或 $Q_2'$）点（如图 13-41 所示），电感电压发生了瞬时跳跃，这种现象称为跳跃现象。假定初始状态位于 DP 图上的 S 点，则整个动态路径如图 13-41 所示。这个动态路径有一个闭合路径，这说明电路中的电压和电流从初始状态开始经过一段时间后，将进入周期性的振荡，振荡周期等于从 $Q_1'$ 到 $Q_2$ 和 $Q_2'$ 到 $Q_1$ 的时间之和。

由于这种电路能产生周期性的电压和电流，所以它具有振荡器的作用，不过它所产生的电压和电流波形与正弦波相差很大，故把这种振荡称为张弛振荡。电感储存能量的过程喻为“张”，释放能量的过程喻为“弛”。

一般将具有图 13-40（b）中点 $Q_1$ 和 $Q_2$ 那种特点的点称为死点，又称死胡同。这种死点的存在是由于造型不当而引起的，应该对模型加以修正。对于上面的 $RL$ 电路，需计及电路中存在的分布电容，如图 13-42（a）所示。在这种情况下，动态路径如图 13-42（b）所示，电压会在极短的时间内发生剧变。

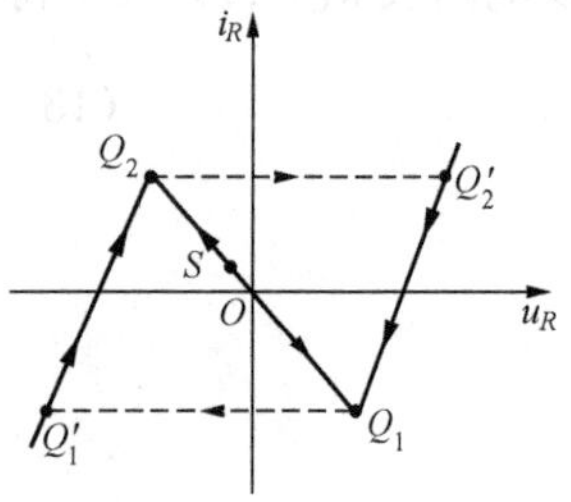


图 13-41　跳跃现象

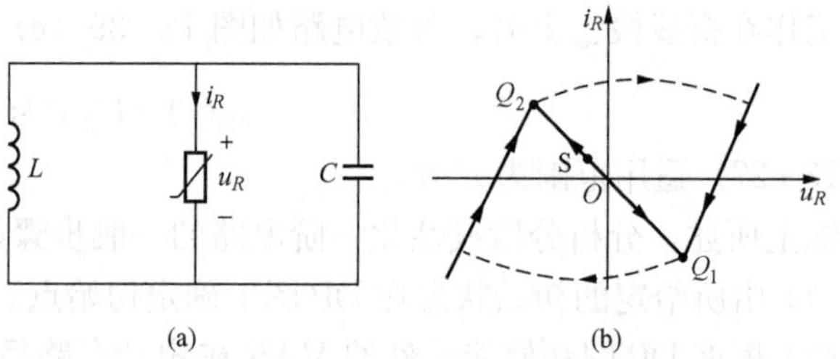


图 13-42　图 13-40 非线性电路的修正模型及其动态路径

（a）电路的修正模型；（b）动态路径

如果 DP 图不是分段线性化的，以上有关动态路径和跳跃现象的讨论仍然成立，只是整个动态过程的计算变得复杂。

### 13.6.3　非线性动态电路的小信号分析

1. 自治电路的平衡点

自治电路的稳态响应称为自治电路的平衡点，又称平衡状态。平衡点是一个非常重要的概念，它的位置及其附近的性质对动态电路的性质有着重要的影响。显然，平衡点是电路的一个解。如果电路的初始状态恰好选为平衡点，则电路无过渡过程，将一直处于平衡状态，或者说处于直流稳态。因此，在平衡状态下，电路中各支路的电压和电流都是直流量，电容相当于开路，电感相当于短路。这样，求自治电路平衡点的问题可转化为先把电路中的电容用开路代替，电感用短路代替，再求解由此而得到的电阻电路中的电压和电流的过程。由此可知，一个自治电路的平衡点恰好就是相应电阻电路的直流工作点。

2. 非线性动态电路的小信号分析

非线性动态电路的小信号分析与非线性电阻电路的小信号分析具有相同的原理，它是把分析非线性动态电路的问题转化为分析自治电路的平衡点和线性动态电路的问题。这里的线性动态电路就是非线性动态电路的小信号等效电路。

非线性动态电路的小信号分析步骤如下：

（1）令小信号为零，求电路的平衡点（直流工作点）。

（2）求平衡点 $Q$ 处的小信号动态参数。

$$R_{dQ}=\left.\frac{du}{di}\right|_Q,\ L_{dQ}=\left.\frac{d\Psi}{di}\right|_Q,\ C_{dQ}=\left.\frac{dq}{du}\right|_Q$$

（3）作出小信号等效电路并求扰动量。

小信号等效电路与原电路的结构完全相同，把原电路中的直流电源置零，非线性元件用其平衡点处的小信号动态参数代替就可得到相应的小信号等效电路。

（4）求所需的电压、电流。

将平衡点的值与扰动量相加即为所求。

下面通过具体电路说明这一方法。

**【例13-14】** 在如图13-43（a）所示的非线性电路中，非线性电感的韦安特性为 $\Psi=3i^2$，$R=1k\Omega$，输入电压 $u_s(t)=10+\varepsilon(t)V$，试求响应 $i(t)$。

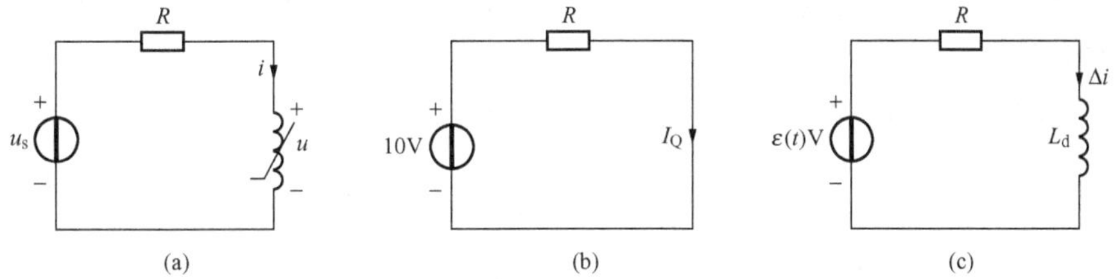


图13-43 ［例13-14］图

（a）电路；（b）平衡点电路；（c）小信号等效电路

**解** 电路的方程为

$$Ri+L(i)\frac{di}{dt}=u_s(t)$$

其中，$L(i)=\frac{d\Psi}{di}=6i$。由于输入电压在 $t=0$ 时的变化很小（由10V增到11V），电路可在平衡点附近作线性化处理，采用小信号分析。

（1）求平衡点（$t<0$），其电路如图13-43（b）所示。由该图可得

$$I_Q=\frac{10}{1000}=0.01\ (A)$$

（2）求动态电感 $L_d$

$$L_d=L(i)|_{I_Q}=6i|_{I_Q}=6I_Q=6\times0.01=0.06\ (H)$$

（3）作出小信号等效电路并求扰动量 $\Delta i(t)$。相应的小信号等效电路如图13-43（c）所示。这是一阶线性动态电路，并且为零状态，应用三要素公式可得

$$\Delta i(t)=1-e^{-\frac{t}{6\times10^{-5}}}\ (mA)$$

（4）求 $i(t)$

$$i(t)=I_Q+\Delta i(t)=10+1-e^{-\frac{t}{6\times10^{-5}}}=11-e^{-\frac{t}{6\times10^{-5}}}\ (mA)$$

应该特别强调指出，小信号分析法仅在自治网络受小信号作用时才能采用。

## 习 题

### 非线性元件

13 - 1 某电阻的伏安特性曲线如图 13 - 44 所示，试写出该元件的伏安关系式，并说明该元件是线性的还是非线性的。

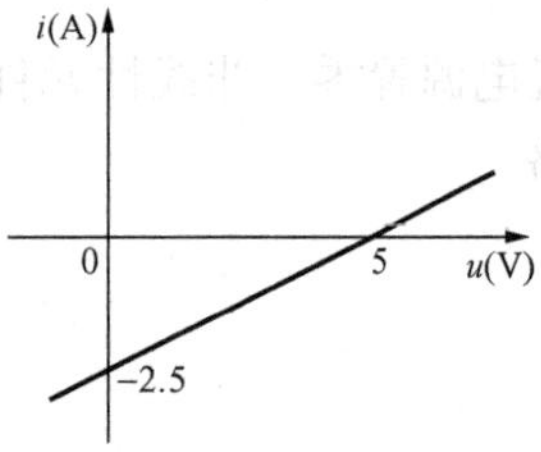


图 13 - 44 题 13 - 1 图

13 - 2 试求非线性电阻 $u=2i+\frac{1}{3}i^3$ 在 $i=1\text{A}$ 和 $i=3\text{A}$ 时的增量电阻以及非线性电阻 $i=u^5$ 在 $u=2\text{V}$ 和 $u=-1\text{V}$ 时的增量电导。

13 - 3 若通过非线性电阻的电流为 $i(t)=\cos\omega t\,\text{A}$，要求在非线性电阻两端得到倍频电压 $u(t)=\cos 2\omega t\,\text{V}$，试求此非线性电阻的伏安关系。

13 - 4 非线性电感的韦安关系为 $\Psi=i^3$。当有 2A 电流通过该电感时，试求此时的静态电感和动态电感。

13 - 5 用于电子调谐的变容二极管的库伏特性可表示为

$$q=-\frac{3}{2}C_0\Phi_0\left(1-\frac{u}{\Phi_0}\right)^{\frac{2}{3}}$$

其中，$C_0$ 和 $\Phi_0$ 为与器件有关的常数。试求增量电容的表达式。

### 非线性电阻电路方程

13 - 6 电路如图 13 - 45 所示，其中非线性电阻的伏安关系为 $u_3=20i_3^{\frac{1}{2}}$。试列出此电路的网孔电流方程。

13 - 7 如图 13 - 46 所示电路中，非线性电阻的伏安关系分别为 $i_3=5u_3^{\frac{1}{2}}$，$i_4=10u_4^{\frac{1}{2}}$，$i_5=15u_5^{\frac{2}{5}}$。试列出电路的节点电压方程。

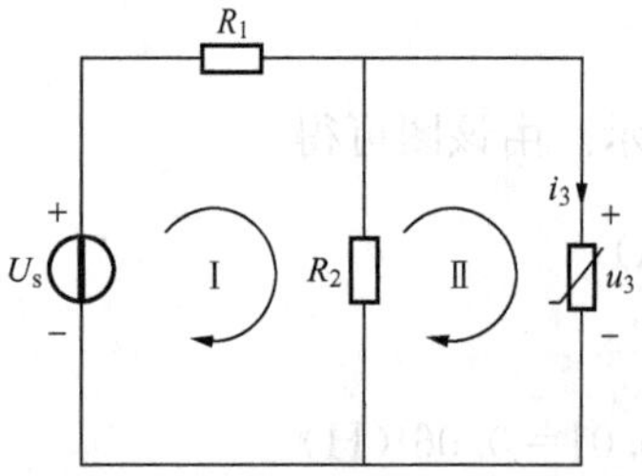


图 13 - 45 题 13 - 6 图

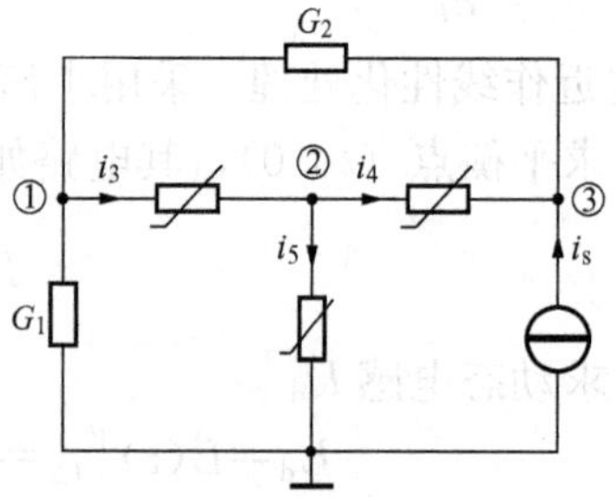


图 13 - 46 题 13 - 7 图

### 非线性二端网络的伏安特性曲线（DP 图）

13 - 8 如图 13 - 47 所示电路中，VD 为理想二极管，试完成：（1）分别画出电路的伏安特性曲线。（2）如果将理想二极管反接，则电路的伏安特性曲线如何变化？

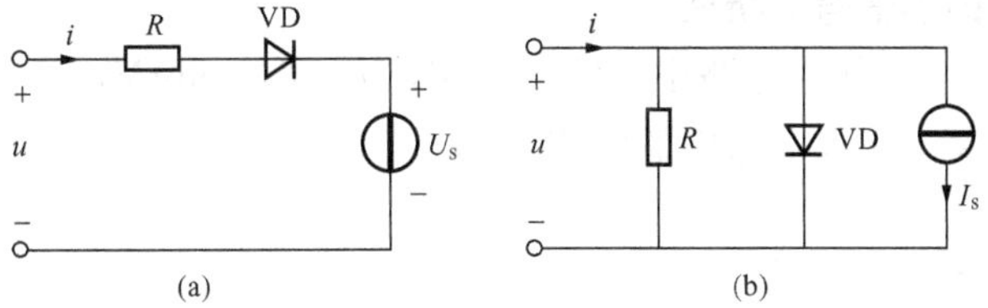


图 13-47　题 13-8 图

**直流工作点**

13-9　如图 13-48 所示电路中，VD 为理想二极管。试分别求 $I_s=6\text{mA}$ 和 $I_s=-6\text{mA}$ 时二极管中的电流 $I_d$。

13-10　如图 13-49 所示电路中，已知非线性电阻的特性方程为 $u=i^2\,(i>0)$，试求电压 $u$。

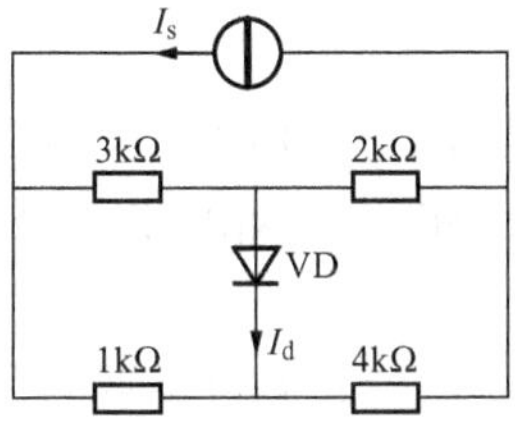


图 13-48　题 13-9 图

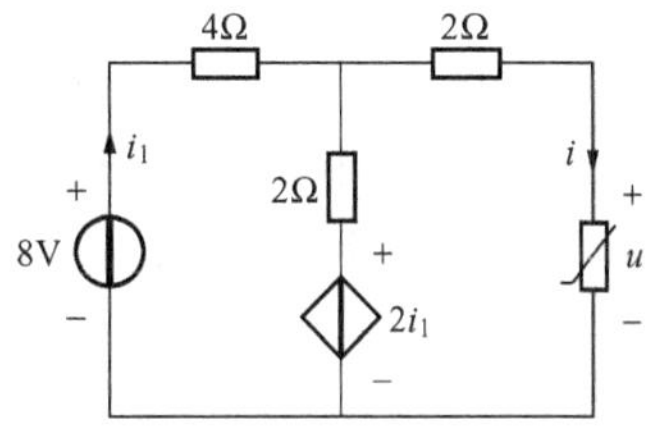


图 13-49　题 13-10 图

13-11　如图 13-50 所示电路中，非线性电阻的 VAR 为 $u=i^2\,(i>0)$，其中电压和电流的单位分别为 V 和 A。试求：(1) a、b 左侧网络的戴维南等效电路；(2) 电压 $u$ 和电流 $i$；(3) 电流 $i_0$。

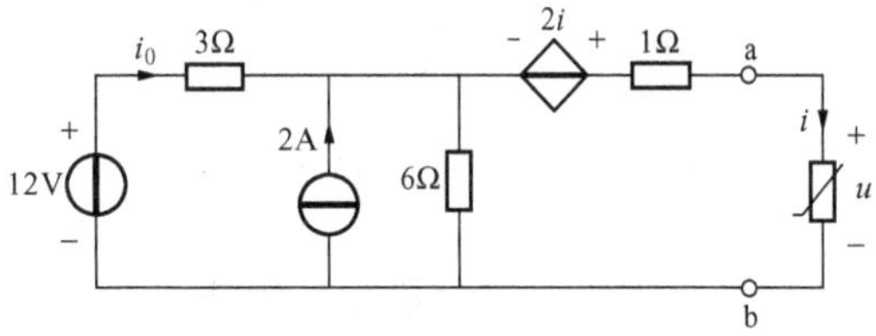


图 13-50　题 13-11 图

13-12　试求图 13-51 (a) 所示电路中非线性电阻消耗的功率。图中，非线性电阻的 VAR 特性曲线如图 13-51 (b) 所示。

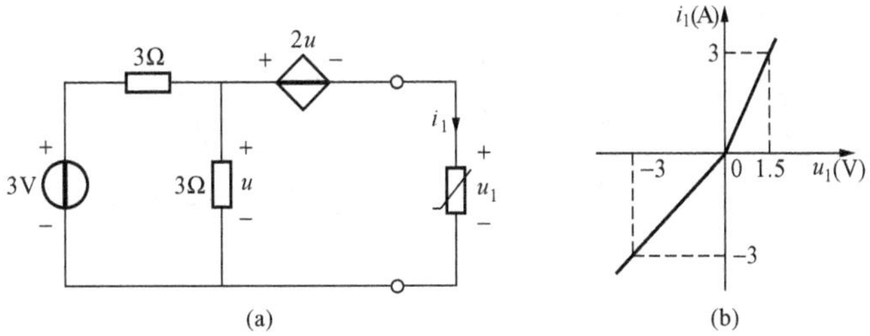


图 13-51　题 13-12 图

13-13　如图 13-52 所示电路中，已知非线性电阻的伏安关系为 $u=i^2$。试求 $u$、$i$ 和 $i_1$。

**非线性电阻电路的小信号分析法**

13-14 如图 13-53 所示电路中，$U_s=20V$，$u_s(t)=\sin t V$，$R=1\Omega$，非线性电阻的 VAR 为 $u=i^2(i>0)V$。试求电路中的电流 $i(t)$。

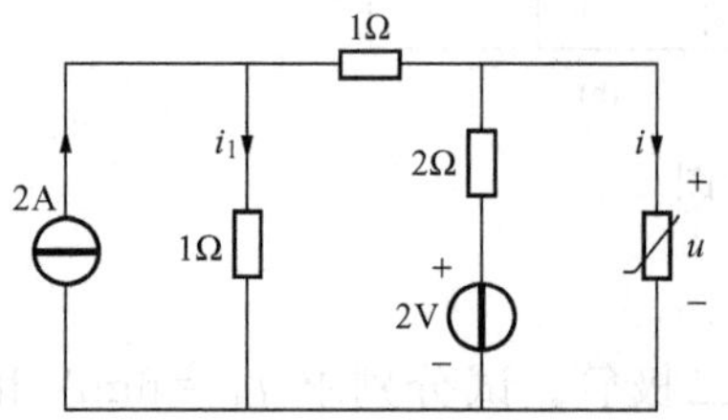

图 13-52 题 13-13 图

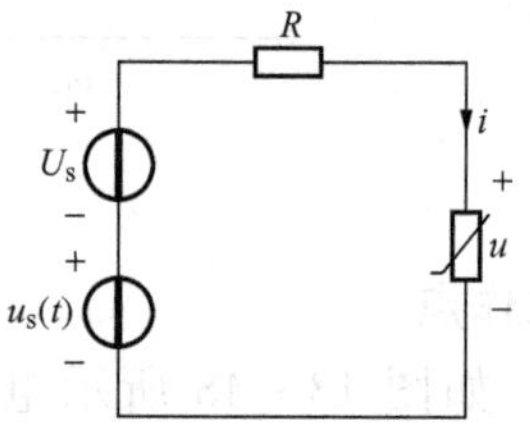

图 13-53 题 13-14 图

13-15 如图 13-54 所示电路中，非线性电阻的特性方程为 $i=g(u)=u^2(u>0)A$，信号源 $u_s(t)=(2\cos\omega t)mV$。试求电路中的电压 $u(t)$。

13-16 如图 13-55 所示电路中，非线性电阻的特性方程为 $u=i^2(i>0)$，其中电压和电流的单位分别为 V 和 A。试求：(1) a、b 左侧网络的戴维南等效电路；(2) $i_s(t)=0$ 时非线性电阻的电压 $u$ 和电流 $i$；(3) $i_s(t)=0.03\sin t A$ 时的电压 $u(t)$ 和电流 $i(t)$。

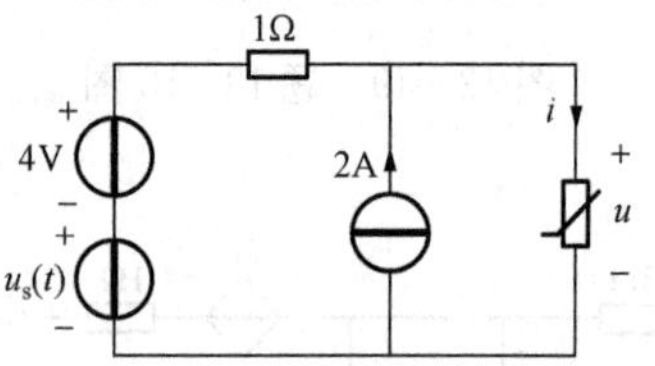

图 13-54 题 13-15 图

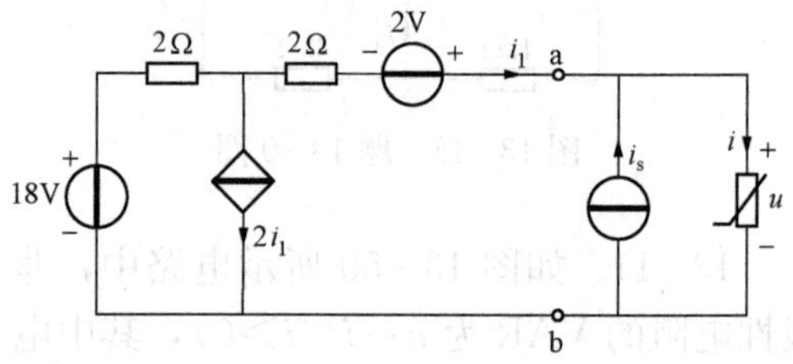

图 13-55 题 13-16 图

**非线性电阻电路的分段线性化法**

13-17 在图 13-56 (a) 所示的电路中，非线性电阻的分段线性化特性曲线如图 13-56 (b) 所示，试用分段线性化法求非线性电阻中的电流 $i$。

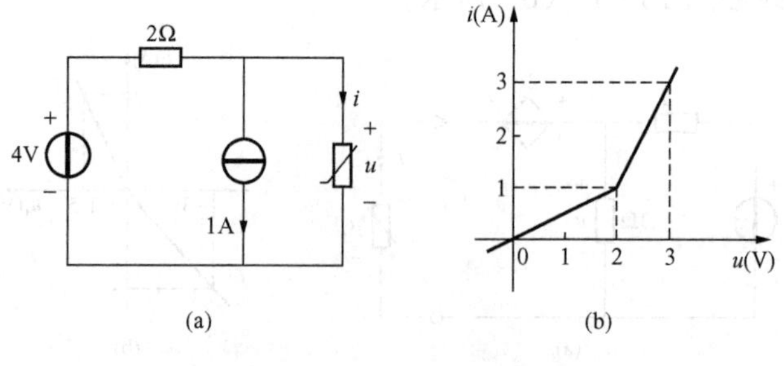

图 13-56 题 13-17 图

13-18 试求图 13-57 所示网络的 DP 图（运放采用理想模型）。

**非线性动态电路**

13-19 如图 13-58 所示动态电路中，非线性压控电阻的伏安关系为 $i_R=au_R+bu_R^2$。

试完成：(1) 列写以 $u_C$ 为输出的微分方程；(2) 若电容的起始电压 $u_C(0_-)=U_0$，求 $t\geqslant 0$ 时的电压 $u_C(t)$。

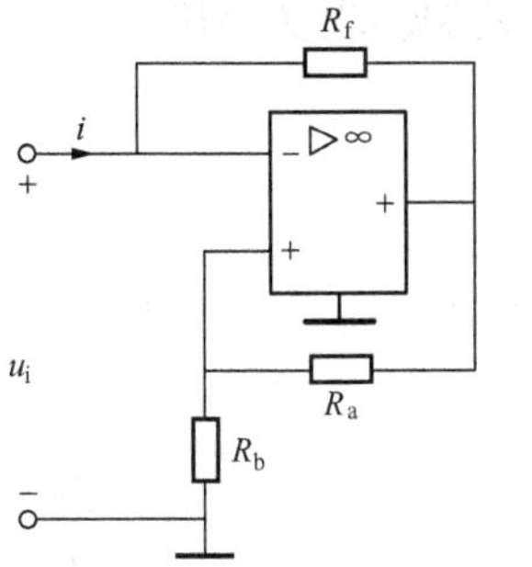


图 13-57 题 13-18 图

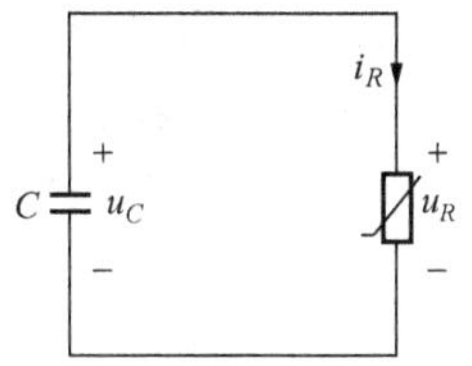


图 13-58 题 13-19 图

13-20 电路如图 13-59 (a) 所示，$u_C(0_-)=3\text{V}$，非线性电阻的特性曲线如图 13-59 (b) 所示。试求：$t>0$ 时的 $u(t)$ 和 $i(t)$。

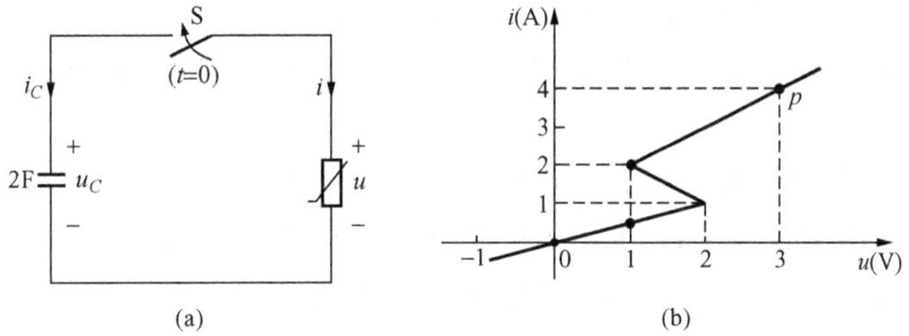


图 13-59 题 13-20 图

# 第 14 章　线性动态电路的复频域分析

从第 7 章的动态电路时域经典分析可知，求解动态电路要比求解稳态电路复杂，储能元件越多，方程阶数越高，初始条件的确定和微分方程的求解越复杂。究其根源，在于求解线性微分方程要比求解代数方程复杂。在分析正弦稳态电路时，为了克服时域分析的复杂性，发展了相量法，将求解微分方程正弦特解的过程变换成为求解相量代数方程的过程，进入了频域分析，从而简化了数学运算。可以设想，若能将动态电路的线性微分方程转化成代数方程，则求解也将会大为简化。

上述思路首先由英国海维赛德尔[1]于 19 世纪末成功地用于动态电路的分析中，但其未能从数学理论上予以解释。后来，人们在法国数学家拉普拉斯 1780 年的著作中为该运算法找到了理论依据。由于这种将时域函数变为复频域函数的数学变换来源于拉普拉斯，因而这种求解方法被称为拉普拉斯变换法，简称拉氏变换法。

应该指出，拉氏变换法和海维赛德尔的方法略有差异。目前通用的方法是拉氏变换法，本书也采用此法。

在频域分析中，两类约束以相量形式出现，为了便于掌握分析的规律，我们引入了阻抗和导纳的概念以及网络函数，统一了电阻电路和正弦稳态电路的分析方法。同样，在介绍拉氏变换法时，也将引入相类似的概念，使电路分析方法融为一体。

## 14.1　拉 普 拉 斯 变 换

拉普拉斯变换简称拉氏变换，是一种函数积分变换，在“积分变换”一类的工程数学课程中有详细介绍，因此，此处只对拉氏变换的定义、与电路有关的性质和部分分式展开定理作一复习。

### 14.1.1　拉普拉斯变换的定义

拉氏变换与傅里叶变换相似，同时又是傅里叶变换的推广。一个定义在$[0, \infty)$上的时间函数 $f(t)$的拉氏变换定义为

$$F(s)=\int_{0_-}^{\infty} f(t)\mathrm{e}^{-st}\,\mathrm{d}t \tag{14-1}$$

式中：$s$ 为复数，称为复频率，$s=\sigma+\mathrm{j}\omega$；$F(s)$为 $f(t)$的象函数或拉氏变换式；$f(t)$为 $F(s)$的原函数。

式（14 - 1）称为（单边）拉普拉斯正变换（简称拉氏正变换）。由于积分限 $0_-$ 和$\infty$是固定的，所以积分的结果与 $t$ 无关，只取决于参数 $s$，因此拉氏正变换是一种将时间函数变换为复频率函数的变换。该变换简记为

---

[1] 英国电气工程师海维赛德尔（Oliver Heaviside，1850—1925）提出的解决电路暂态计算的运算方法，行之有效但缺乏严格的证明。很多工程师和数学家致力于证明这一方法，终于在法国数学家拉普拉斯（Pierre Simon Laplace，1749—1827）的著作中为运算微积分找到了依据，形成了 20 世纪 30 年代中期出现的拉普拉斯变换法。

$$\mathscr{L}[f(t)]=F(s)$$

式（14-1）中，积分下限取为 $0_-$ 是为了使此积分能够计及 $f(t)$ 在 $t=0$ 时刻可能包含的冲激分量。这将给计算存在跃变的电路带来方便。

对于任意一个函数 $f(t)$，拉氏变换存在的充分条件为

$$|f(t)|\leqslant Me^{ct}$$

式中：$M$ 为正实数；$c$ 为有限的实数。工程上遇到的函数一般都满足这一条件。

如果 $F(s)$ 已知，则可用下列的拉氏反变换求出其对应的原函数 $f(t)$

$$f(t)=\frac{1}{2\pi j}\int_{\sigma-j\infty}^{\sigma+j\infty}F(s)e^{st}ds \qquad (14-2)$$

拉氏反变换通常简记为

$$f(t)=\mathscr{L}^{-1}[F(s)]$$

用拉氏变换分析动态电路时，激励和响应都是复频率 $s$ 的函数，因此常称其为复频域分析法或 $s$ 域分析法，又称为运算法。

通常用小写字母表示原函数，而用大写字母表示该原函数对应的象函数。例如，电压 $u(t)$ 和电流 $i(t)$ 的象函数分别记为 $U(s)$ 和 $I(s)$。

**【例 14-1】**　试求下列原函数的象函数。

(1) $f(t)=\varepsilon(t)$；(2) $f(t)=e^{-\alpha t}\varepsilon(t)$；(3) $f(t)=\delta(t)$；(4) $f(t)=\sin\omega t\varepsilon(t)$。

**解**　(1) $\mathscr{L}[\varepsilon(t)]=\int_{0_-}^{\infty}\varepsilon(t)e^{-st}dt=\int_{0_+}^{\infty}e^{-st}dt=-\frac{1}{s}e^{-st}\Big|_{0_+}^{\infty}=\frac{1}{s}$

(2) $\mathscr{L}[e^{-\alpha t}\varepsilon(t)]=\int_{0_-}^{\infty}e^{-\alpha t}\varepsilon(t)e^{-st}dt=\int_{0_+}^{\infty}e^{-(s+\alpha)t}dt=-\frac{1}{s+\alpha}e^{-(s+\alpha)t}\Big|_{0_+}^{\infty}=\frac{1}{s+\alpha}$

(3) $\mathscr{L}[\delta(t)]=\int_{0_-}^{\infty}\delta(t)e^{-st}dt=\int_{0_-}^{0_+}\delta(t)e^{-st}dt=\int_{0_-}^{0_+}\delta(t)dt=1$

(4) $\mathscr{L}[\sin\omega t\varepsilon(t)]=\int_{0_-}^{\infty}\sin\omega t\varepsilon(t)e^{-st}dt=\int_{0_+}^{\infty}\sin\omega t e^{-st}dt$

$$=-\frac{s\sin\omega t+\omega\cos\omega t}{s^2+\omega^2}e^{-st}\Big|_{0_+}^{\infty}=\frac{\omega}{s^2+\omega^2}$$

表 14-1 列出了一些常用时间函数的象函数，供读者查阅使用。当 $t<0$ 时，表中原函数都假定为零，即原函数都可认为被 $\varepsilon(t)$ 相乘。若无特殊说明，本章以后用到的时间函数均指此类函数，且省略掉 $\varepsilon(t)$。

**表 14-1**　**常用函数的象函数**

| 原函数 | 象函数 | 原函数 | 象函数 |
|---|---|---|---|
| $\delta(t)$ | 1 | | |
| $\varepsilon(t)$ | $\frac{1}{s}$ | $e^{-\alpha t}$ | $\frac{1}{s+\alpha}$ |
| $t$ | $\frac{1}{s^2}$ | $te^{-\alpha t}$ | $\frac{1}{(s+\alpha)^2}$ |
| $\frac{1}{n!}t^n$ | $\frac{1}{s^{n+1}}$ | $\frac{1}{n!}t^n e^{-\alpha t}$ | $\frac{1}{(s+\alpha)^{n+1}}$ |

续表

| 原函数 | 象函数 | 原函数 | 象函数 |
|---|---|---|---|
| $\sin\omega t$ | $\frac{\omega}{s^2+\omega^2}$ | $\sin\omega t\,e^{-\alpha t}$ | $\frac{\omega}{(s+\alpha)^2+\omega^2}$ |
| $\cos\omega t$ | $\frac{s}{s^2+\omega^2}$ | $\cos\omega t\,e^{-\alpha t}$ | $\frac{s+\alpha}{(s+\alpha)^2+\omega^2}$ |

### 14.1.2 拉普拉斯变换的基本性质

根据拉氏变换的定义，可以导出拉氏变换的运算性质。本子节的目的在于复习其中的一些性质，其证明从略。

1. 唯一性质

由式（14-1）所定义的象函数 $F(s)$ 与定义在 $[0,\infty)$ 区间上的时域函数 $f(t)$ 之间存在着一一对应的关系。

唯一性质是拉氏变换的一个非常重要的基本性质，它保证了用拉氏变换法所求出的解一定是原动态电路的解。

2. 线性性质

若 $F_1(s)=\mathscr{L}[f_1(t)]$，$F_2(s)=\mathscr{L}[f_2(t)]$，则对于任意实常数 $\alpha$ 和 $\beta$，有

$$\mathscr{L}[\alpha f_1(t)+\beta f_2(t)]=\alpha F_1(s)+\beta F_2(s)$$

显然，$\mathscr{L}[0]=0$。该性质说明拉氏正变换是一种线性变换。同样可以证明，拉氏反变换也是一种线性变换。因此，线性齐次代数方程在线性变换下形式不变。应用拉氏变换的线性性质，可使若干由原函数（或象函数）求象函数（或原函数）的计算简化，利用已知的象函数（或原函数）求出待求的象函数（或原函数），而无需从定义式开始。

**【例 14-2】** 试求原函数 $f(t)=\cos\omega t$ 的象函数。

**解** 因为 $\cos\omega t=\frac{e^{j\omega t}+e^{-j\omega t}}{2}$，所以

$$\mathscr{L}[\cos\omega t]=\mathscr{L}\left[\frac{1}{2}(e^{j\omega t}+e^{-j\omega t})\right]=\frac{1}{2}[\mathscr{L}(e^{j\omega t}+e^{-j\omega t})]$$

$$=\frac{1}{2}\{\mathscr{L}[e^{j\omega t}]+\mathscr{L}[e^{-j\omega t}]\}=\frac{1}{2}\left[\frac{1}{s-j\omega}+\frac{1}{s+j\omega}\right]=\frac{s}{s^2+\omega^2}$$

**【例 14-3】** 试求象函数 $F(s)=\sum_{k=1}^{n}\frac{A_k}{s+p_k}$ 的原函数。其中，$A_k$ 和 $p_k$ 均为常数，$p_k$ 彼此不等。

**解** $\mathscr{L}^{-1}[F(s)]=\mathscr{L}^{-1}\left[\sum_{k=1}^{n}\frac{A_k}{s+p_k}\right]=\sum_{k=1}^{n}\mathscr{L}^{-1}\left[\frac{A_k}{s+p_k}\right]=\sum_{k=1}^{n}A_k\mathscr{L}^{-1}\left[\frac{1}{s+p_k}\right]=\sum_{k=1}^{n}A_k e^{-p_k t}$

3. 时域微分性质

若 $\mathscr{L}[f(t)]=F(s)$，则

$$\mathscr{L}\left[\frac{df(t)}{dt}\right]=sF(s)-f(0_-)$$

式中：$f(0_-)$ 为原函数 $f(t)$ 在 $t=0_-$ 时刻的值。

重复应用微分性质可得

$$\mathscr{L}\left[\frac{d^2 f(t)}{dt^2}\right]=s^2F(s)-sf(0_-)-f'(0_-)$$

$$\vdots$$

$$\mathscr{L}\left[\frac{d^n f(t)}{dt^n}\right]=s^nF(s)-s^{n-1}f(0_-)-s^{n-2}f'(0_-)-\cdots-f^{(n-1)}(0_-)$$

**【例 14 - 4】** 应用微分性质求下列原函数的象函数：(1) $\delta(t)$；(2) $\delta'(t)$；(3) $\delta''(t)$。

**解** (1) $\mathscr{L}[\delta(t)]=\mathscr{L}\left[\frac{d\varepsilon(t)}{dt}\right]=s\cdot\frac{1}{s}-\varepsilon(0_-)=1$

(2) $\mathscr{L}[\delta'(t)]=\mathscr{L}\left[\frac{d\delta(t)}{dt}\right]=s\cdot 1-\delta(0_-)=s$

(3) $\mathscr{L}[\delta''(t)]=\mathscr{L}\left[\frac{d^2\delta(t)}{dt^2}\right]=s^2\cdot 1-s\delta(0_-)-\delta'(0_-)=s^2$

时域微分性质表明，拉氏变换可把时域的微分运算转化为象函数的代数运算。因此，将拉氏变换的线性性质和时域微分性质相结合，可将线性常系数微分方程转化为复频域代数方程。

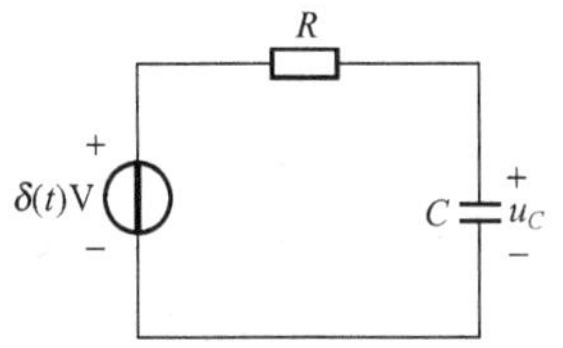


图 14 - 1 ［例 14 - 5］图

**【例 14 - 5】** 试求图 14 - 1 所示电路的冲激响应 $u_C(t)$。

**解** 该电路的输入—输出方程为

$$RC\frac{du_C}{dt}+u_C=\delta(t)$$

且有 $u_C(0_-)=0$。

对上述微分方程两边取拉氏变换，并令 $\mathscr{L}[u_C(t)]=U_C(s)$，则其复频域方程为

$$RC[sU_C(s)-u_C(0_-)]+U_C(s)=1$$

注意到 $u_C(0_-)=0$，则

$$U_C(s)=\frac{1}{RCs+1}=\frac{\frac{1}{RC}}{s+\frac{1}{RC}} \tag{14-3}$$

对式（14 - 3）取拉氏反变换，由表 14 - 1 和线性性质得

$$u_C(t)=\frac{1}{RC}e^{-\frac{t}{RC}}\varepsilon(t)$$

4. 时域积分性质

若 $\mathscr{L}[f(t)]=F(s)$，则

$$\mathscr{L}\left[\int_{0_-}^{t}f(\tau)d\tau\right]=\frac{F(s)}{s}$$

积分性质表明，通过拉氏变换可将对原函数的积分运算转化为对象函数的代数运算。

应用上述积分性质时，要注意原函数积分的上下限为 $t$ 和 $0_-$，它适用于因果函数［$t<0$ 时，$f(t)=0$］。但对于储能元件来说，换路前（$t\leqslant 0_-$）该元件可能已经在电路中工作，并储存有能量，在进行拉氏变换时，应予以分段考虑。下面以电容电压为例说明。

$$u_C(t)=\frac{1}{C}\int_{-\infty}^{t}i_C(\tau)d\tau=u_C(0_-)+\frac{1}{C}\int_{0_-}^{t}i_C(\tau)d\tau$$

取拉氏变换得

$$U_C(s)=\frac{u_C(0_-)}{s}+\frac{1}{sC}I_C(s)$$

即多了一项电容电压起始状态的象函数。

5. 时域位移性质

若 $\mathscr{L}[f(t)\varepsilon(t)]=F(s)$，则 $\mathscr{L}[f(t-t_0)\varepsilon(t-t_0)]=\mathrm{e}^{-st_0}F(s)$。

即时域位移后，象函数中多了一项因子 $\mathrm{e}^{-st_0}$。例如，$\mathscr{L}[\varepsilon(t-t_0)]=\frac{1}{s}\mathrm{e}^{-st_0}$。

**【例 14-6】** 试求矩形脉冲函数 $f(t)=E\varepsilon(t)-E\varepsilon(t-t_0)$的象函数。

**解** 利用拉氏变换的线性性质和位移性质，得

$$\begin{aligned}\mathscr{L}[f(t)]&=\mathscr{L}[E\varepsilon(t)-E\varepsilon(t-t_0)]=E\mathscr{L}[\varepsilon(t)]-E\mathscr{L}[\varepsilon(t-t_0)]\\&=\frac{E}{s}-\frac{E}{s}\mathrm{e}^{-st_0}=\frac{E}{s}(1-\mathrm{e}^{-st_0})\end{aligned}$$

6. 频域位移性质

若 $\mathscr{L}[f(t)]=F(s)$，则 $\mathscr{L}[f(t)\mathrm{e}^{-\alpha t}]=F(s+\alpha)$。

该性质表明，若原函数 $f(t)$的象函数为 $F(s)$，则函数 $f(t)\mathrm{e}^{-\alpha t}$的象函数是将$F(s)$中的 $s$ 换成$(s+\alpha)$，即 $F(s+\alpha)$。表 14-1 中，右边的拉氏变换对利用这一性质可由左边的拉氏变换对得到。

7. 卷积定理

设 $u_s(t)$和 $h(t)$的象函数分别为$U_s(s)$和 $H(s)$，则 $\mathscr{L}[u_s(t)*h(t)]=U_s(s)\cdot H(s)$。该性质表明，通过拉氏变换，可将时域的卷积运算转化为复频域的乘法运算。这一结论常概括为：时域卷积，频域相乘。

### 14.1.3 象函数的部分分式展开

分析线性时不变电路所得的响应象函数通常为有理分式，即两个实系数的 $s$ 的多项式之比

$$F(s)=\frac{N(s)}{D(s)}=\frac{b_m s^m+b_{m-1}s^{m-1}+\cdots+b_1 s+b_0}{s^n+a_{n-1}s^{n-1}+\cdots+a_1 s+a_0}$$

式中：$m$ 和$n$ 为正整数。

求出复频域解后，需要再进行拉氏反变换，将复频域解转化为时域解。由于拉氏反变换公式（14-2）的计算涉及复变函数积分，其理论及计算方面均比较复杂，故而很少使用。求拉氏反变换最简单的方法就是利用拉氏变换表，但线性电路响应的象函数并非都为表 14-1 中列出的基本形式，所以，只靠查表求原函数是不行的。对于上述有理分式的象函数利用部分分式展开（称为海维赛德尔分解定理）可将有理分式分解成许多简单项之和（极点—留数表示），而这些简单项都是拉氏变换表中给出的基本形式，再利用拉氏反变换的线性性质等，可求出对应的原函数。

如果 $m\geqslant n$，则有理分式为假分式，应先将有理分式化为一个多项式与真分式之和，即

$$F(s)=A_{m-n}s^{m-n}+A_{m-n-1}s^{m-n-1}+\cdots+A_1 s+A_0+\frac{N_0(s)}{D(s)}$$

其中，$\frac{N_0(s)}{D(s)}$为真分式，且 $N_0(s)$和 $D(s)$没有公因子。若二者有公因子，则约去公因子，

成为既约真分式。下面的讨论假设 $F(s)$ 为真分式。

将 $F(s)$ 进行部分分式展开，首先要求出 $D(s)=0$ 的根：$p_1$，$p_2$，…，$p_n$。由于 $s\to p_i$ 时，$|F(s)|\to\infty$，故这些根称为 $F(s)$ 的极点。下面根据根的不同情况分别讨论 $F(s)$ 的展开。

1. $D(s)=0$ 的根为不等实根

$$F(s)=\frac{N(s)}{(s-p_1)(s-p_2)\cdots(s-p_n)}=\frac{k_1}{s-p_1}+\frac{k_2}{s-p_2}+\cdots+\frac{k_n}{s-p_n}=\sum_{i=1}^{n}\frac{k_i}{s-p_i} \tag{14-4}$$

其中，待定系数 $k_i(i=1,2,\cdots,n)$ 称为留数，可由下述公式确定

$$k_i=(s-p_i)F(s)|_{s=p_i}(i=1,2,\cdots,n)$$

实根对应的留数一定是实数。

**证明**　用 $(s-p_i)$ 乘以式（14 - 4），得

$$(s-p_i)F(s)=\frac{k_1(s-p_i)}{s-p_1}+\frac{k_2(s-p_i)}{s-p_2}+\cdots+k_i+\cdots+\frac{k_n(s-p_i)}{s-p_n}$$

令 $s=p_i$，等号右边除了第 $i$ 项 $k_i$ 外，其他各项均为零，所以

$$k_i=(s-p_i)F(s)|_{s=p_i}$$

根据拉氏反变换的线性性质，对式（14 - 4）各部分分式进行拉氏反变换，即可求出已知象函数的原函数，参考［例 14 - 3］。

**【例 14 - 7】**　试求象函数 $F(s)=\dfrac{s^2+6s+3}{s^2+4s+3}$ 的原函数。

**解**　象函数 $F(s)$ 为假分式，应先将 $F(s)$ 化为多项式加真分式的形式。

$$F(s)=\frac{s^2+6s+3}{s^2+4s+3}=1+\frac{2s}{s^2+4s+3}$$

$D(s)=s^2+4s+3=(s+1)(s+3)=0$ 的根分别为 $p_1=-1$ 和 $p_2=-3$，则

$$F(s)=\frac{s^2+6s+3}{s^2+4s+3}=1+\frac{2s}{(s+1)(s+3)}=1+\frac{k_1}{s+1}+\frac{k_2}{s+3}$$

各留数分别为

$$k_1=(s+1)\frac{2s}{(s+1)(s+3)}\bigg|_{s=-1}=\frac{2s}{s+3}\bigg|_{s=-1}=-1$$

$$k_2=(s+3)\frac{2s}{(s+1)(s+3)}\bigg|_{s=-3}=\frac{2s}{s+1}\bigg|_{s=-3}=3$$

由此得

$$F(s)=\frac{s^2+6s+3}{s^2+4s+3}=1-\frac{1}{s+1}+\frac{3}{s+3}$$

所以

$$f(t)=\delta(t)+(3e^{-3t}-e^{-t})\varepsilon(t)$$

2. $D(s)=0$ 的根中有重根

设 $D(s)=0$ 的 $n$ 个根中，第一个根 $p_1$ 为 $l$ 阶重根，其余根均为单根，即

$$D(s)=(s-p_1)^l(s-p_{l+1})(s-p_{l+2})\cdots(s-p_n)$$

这时，$F(s)$ 可展开为如下形式的部分分式

$$F(s)=\frac{k_{11}}{(s-p_1)^l}+\frac{k_{12}}{(s-p_1)^{l-1}}+\cdots+\frac{k_{1j}}{(s-p_1)^{l-j+1}}+\cdots+\frac{k_{1l}}{s-p_1}+\sum_{i=l+1}^{n}\frac{k_i}{s-p_i} \tag{14-5}$$

确定各待定系数（留数）的公式为

$$k_{11}=(s-p_1)^lF(s)\big|_{s=p_1}$$

$$k_{12}=\frac{d}{ds}\left[(s-p_1)^lF(s)\right]\bigg|_{s=p_1}$$

$$\vdots$$

$$k_{1j}=\frac{1}{(j-1)!}\frac{d^{j-1}}{ds^{j-1}}\left[(s-p_1)^lF(s)\right]\bigg|_{s=p_1}\quad(j=1,2,\cdots,l)$$

$$k_i=(s-p_i)F(s)\big|_{s=p_i}\ (i=l+1,l+2,\cdots,n)$$

**证明** 单根对应的待定系数$k_i(i=l+1,l+2,\cdots,n)$的确定公式的证明如前述。下面证明重根对应的待定系数$k_{1j}(j=1,2,\cdots,l)$的确定公式。

将式（14-5）两边同乘以$(s-p_1)^l$，得

$$(s-p_1)^lF(s)=k_{11}+k_{12}(s-p_1)+k_{13}(s-p_1)^2+\cdots+k_{1j}(s-p_1)^{j-1}+\cdots$$
$$+k_{1l}(s-p_1)^{l-1}+(s-p_1)^l\sum_{i=l+1}^{n}\frac{k_i}{s-p_i} \tag{14-6}$$

令$s=p_1$，等号右边除了第一项$k_{11}$外，其他各项均为零，所以

$$k_{11}=(s-p_1)^lF(s)\big|_{s=p_1}$$

将式（14-6）两边对$s$求导，得

$$\frac{d}{ds}\left[(s-p_1)^lF(s)\right]=k_{12}+2k_{13}(s-p_1)+\cdots+(l-1)k_{1l}(s-p_1)^{l-2}$$
$$+\frac{d}{ds}\left[(s-p_1)^l\sum_{i=l+1}^{n}\frac{k_i}{s-p_i}\right]$$

令$s=p_1$，等号右边除了第一项$k_{12}$外，其他各项均为零，则

$$k_{12}=\frac{d}{ds}\left[(s-p_1)^lF(s)\right]\bigg|_{s=p_1}$$

依此类推，得

$$k_{1j}=\frac{1}{(j-1)!}\frac{d^{j-1}}{ds^{j-1}}\left[(s-p_1)^lF(s)\right]\bigg|_{s=p_1}\quad(j=1,2,\cdots,l)$$

对式（14-5）进行拉氏反变换，可求出已知象函数的原函数。

**【例 14-8】** 试求象函数$F(s)=\dfrac{7s+8}{s^4+5s^3+8s^2+4s}$的原函数。

**解** $F(s)=\dfrac{7s+8}{s^4+5s^3+8s^2+4s}=\dfrac{7s+8}{s(s+1)(s+2)^2}=\dfrac{k_1}{s}+\dfrac{k_2}{s+1}+\dfrac{k_{31}}{(s+2)^2}+\dfrac{k_{32}}{s+2}$

各待定系数分别为

$$k_1=sF(s)\big|_{s=0}=\frac{7s+8}{(s+1)(s+2)^2}\bigg|_{s=0}=2$$

$$k_2=(s+1)F(s)\big|_{s=-1}=\frac{7s+8}{s(s+2)^2}\bigg|_{s=-1}=-1$$

$$k_{31}=(s+2)^2F(s)\big|_{s=-2}=\left.\frac{7s+8}{s(s+1)}\right|_{s=-2}=-3$$

$$k_{32}=\left.\frac{\mathrm{d}}{\mathrm{d}s}[(s+2)^2F(s)]\right|_{s=-2}=\left.\frac{\mathrm{d}}{\mathrm{d}s}\left[\frac{7s+8}{s(s+1)}\right]\right|_{s=-2}=-1$$

确定出 $k_1$、$k_2$ 和 $k_{31}$后，亦可用下述方法计算 $k_{32}$。

$$F(s)=\frac{7s+8}{s(s+1)(s+2)^2}=\frac{2}{s}-\frac{1}{s+1}-\frac{3}{(s+2)^2}+\frac{k_{32}}{s+2} \tag{14-7}$$

不论 $s$ 取何值，式（14-7）都应该成立。利用这一特点，有时可简化待定系数的确定。例如，为了确定本例的 $k_{32}$，而避免求导数，可令 $s$ 取合适值，如 $s=-3$，代入式（14-7）中得

$$\frac{7\times(-3)+8}{-3(-3+1)(-3+2)^2}=-\frac{2}{3}-\frac{1}{-3+1}-\frac{3}{(-3+2)^2}+\frac{k_{32}}{-3+2}$$

所以，$k_{32}=-1$。

$$F(s)=\frac{2}{s}-\frac{1}{s+1}-\frac{3}{(s+2)^2}-\frac{1}{s+2}$$

因此

$$f(t)=2-\mathrm{e}^{-t}-(1+3t)\mathrm{e}^{-2t}\quad(t>0)$$

3. $D(s)=0$ 的根中有共轭复根

在此情况下仍可沿用式（14-4）或式（14-5）进行部分分式展开。由于 $F(s)$的系数均为实数，因而必有成对的共轭复根同时存在，其待定系数（即留数）亦必为共轭复数。

设 $D(s)=0$ 有一对共轭单根 $s_{1,2}=-\alpha\pm\mathrm{j}\omega$，则

$$F(s)=\cdots+\left(\frac{K}{s+\alpha-\mathrm{j}\omega}+\frac{K^*}{s+\alpha+\mathrm{j}\omega}\right)+\cdots=\cdots+\left(\frac{|K|\angle\theta}{s+\alpha-\mathrm{j}\omega}+\frac{|K|\angle(-\theta)}{s+\alpha+\mathrm{j}\omega}\right)+\cdots$$

式中：$K^*$为 $K$ 的共轭。

取拉氏反变换得

$$f(t)=\cdots+2|K|\mathrm{e}^{-\alpha t}\cos(\omega t+\theta)+\cdots\quad(t>0)$$

**【例 14-9】**　试求象函数 $F(s)=\dfrac{s+2}{s^2+6s+10}$的原函数。

**解**　$$F(s)=\frac{s+2}{s^2+6s+10}=\frac{s+2}{(s+3-\mathrm{j})(s+3+\mathrm{j})}=\frac{k_1}{s+3-\mathrm{j}}+\frac{k_2}{s+3+\mathrm{j}}$$

其中

$$k_1=(s+3-\mathrm{j})F(s)\big|_{s=-3+\mathrm{j}}=\left.\frac{s+2}{s+3+\mathrm{j}}\right|_{s=-3+\mathrm{j}}=\frac{-3+\mathrm{j}+2}{2\mathrm{j}}=0.5+\mathrm{j}0.5=0.5\sqrt{2}\angle45^\circ$$

$$k_2=(s+3+\mathrm{j})F(s)\big|_{s=-3-\mathrm{j}}=\left.\frac{s+2}{s+3-\mathrm{j}}\right|_{s=-3-\mathrm{j}}=\frac{-3-\mathrm{j}+2}{-2\mathrm{j}}=0.5-\mathrm{j}0.5=0.5\sqrt{2}\angle-45^\circ$$

显然，$k_1$ 与 $k_2$ 为共轭复数。因此，在实际计算中，只要算出一个系数，然后取它的共轭就可得到另一个系数，即

$$F(s)=\frac{0.5\sqrt{2}\angle45^\circ}{s+3-\mathrm{j}}+\frac{0.5\sqrt{2}\angle-45^\circ}{s+3+\mathrm{j}}$$

所以

$$f(t)=\sqrt{2}\mathrm{e}^{-3t}\cos(t+45^\circ)\quad(t>0)$$

当有共轭复根时，亦可把一对共轭复根作为一个整体考虑，按下述分解展开成部分分式。这种方法可避免复数运算。

$$F(s)=\cdots+\left(\frac{K}{s+\alpha-\mathrm{j}\omega}+\frac{K^*}{s+\alpha+\mathrm{j}\omega}\right)+\cdots=\cdots+\frac{A(s+\alpha)+B\omega}{(s+\alpha)^2+\omega^2}+\cdots$$

则

$$f(t)=\cdots+(A\mathrm{e}^{-\alpha t}\cos\omega t+B\mathrm{e}^{-\alpha t}\sin\omega t)+\cdots$$

**【例 14-10】** 避免复数运算重做［例 14-9］。

**解** 先将分母配成二项式的平方，得

$$F(s)=\frac{s+2}{s^2+6s+10}=\frac{s+2}{(s+3)^2+1^2}=\frac{s+3}{(s+3)^2+1^2}-\frac{1}{(s+3)^2+1^2}$$

因此

$$f(t)=\mathrm{e}^{-3t}\cos t-\mathrm{e}^{-3t}\sin t=\mathrm{e}^{-3t}(\cos t-\sin t)=\sqrt{2}\mathrm{e}^{-3t}\cos(t+45^\circ)\quad(t>0)$$

拉氏变换是求解线性常系数微积分方程的一种有用工具，它的主要优点是将微积分方程变换为代数方程，且起始状态自然包含在方程中，可一举求出方程的全解，求解步骤简明有规律。

**【例 14-11】** 某二阶电路的微分方程为

$$y''(t)+4y'(t)+4y(t)=f'(t)+3f(t)$$

且已知 $f(t)=\mathrm{e}^{-t}\varepsilon(t)$，$y(0_-)=1$，$y'(0_-)=3$。试求该电路的全响应 $y(t)$。

**解** 对微分方程的两边取拉氏变换，利用线性性质和微分性质得

$$s^2Y(s)-sy(0_-)-y'(0_-)+4sY(s)-4y(0_-)+4Y(s)=sF(s)-f(0_-)+3F(s)$$

代入已知数据整理得

$$(s^2+4s+4)Y(s)=\frac{s+3}{s+1}+s+7$$

则

$$Y(s)=\frac{s^2+9s+10}{(s+1)(s^2+4s+4)}=\frac{s^2+9s+10}{(s+1)(s+2)^2}=\frac{2}{s+1}+\frac{4}{(s+2)^2}-\frac{1}{s+2}$$

取拉氏反变换可得电路的全响应为

$$y(t)=2\mathrm{e}^{-t}+(4t-1)\mathrm{e}^{-2t}\quad(t>0)$$

上述方法可推广到任意阶线性常系数微分方程。线性时不变动态电路是用线性常系数微分方程描述的，因此该方法能用于分析此类电路。

## 14.2 运 算 电 路

由 14.1 节可知，通过拉氏变换，可以将线性常系数微分方程转化为代数方程，从而简化了动态电路的求解。但是这种方法仍然需要先列出电路的微分方程。事实上，像相量法那样，列写电路微分方程的步骤可省去，而按电路结构直接写出其复频域的代数方程，使分析方法更为简便。为此，需要将上节介绍的方法加以发展。本节的目的是介绍两类约束的复频域形式以及运算电路的概念。本节的引入过程与本书第 8 章的过程相似。

### 14.2.1　基尔霍夫定律的复频域形式

KCL 和 KVL 的时域形式分别为

$$\sum i(t)=0,\ \sum u(t)=0 \tag{14-8}$$

对式（14 - 8）取拉氏变换，并利用线性性质，得

$$\sum I(s)=0 \tag{14-9}$$

$$\sum U(s)=0 \tag{14-10}$$

式（14 - 9）和式（14 - 10）分别称为 KCL 和 KVL 的复频域形式，其列写规律与时域相同。显然，基尔霍夫定律的复频域形式和时域形式在形式上是相同的，差别仅在于一个用象函数为变量，另一个用时域函数为变量。这种形式上的代换，对于任何线性代数方程都成立。这是因为拉氏变换是一种线性变换，而线性代数方程在线性变换下形式不变。

### 14.2.2　线性元件伏安关系的复频域形式

建立电路方程的基本依据是 KCL、KVL 和元件伏安关系，因此，要根据电路直接写出复频域代数方程，不仅需要了解 KCL 和 KVL 的 $s$ 域形式，而且还需要研究独立电源和线性元件伏安关系的 $s$ 域形式。

1. 线性电阻

在关联参考方向下，电阻［见图 14 - 2（a）］的 VAR 为

$$u_R(t)=Ri_R(t)$$

对上式两边取拉氏变换，可得电阻 VAR 的复频域形式为

$$U_R(s)=RI_R(s) \tag{14-11}$$

其复频域模型如图 14 - 2（b）或（c）所示。

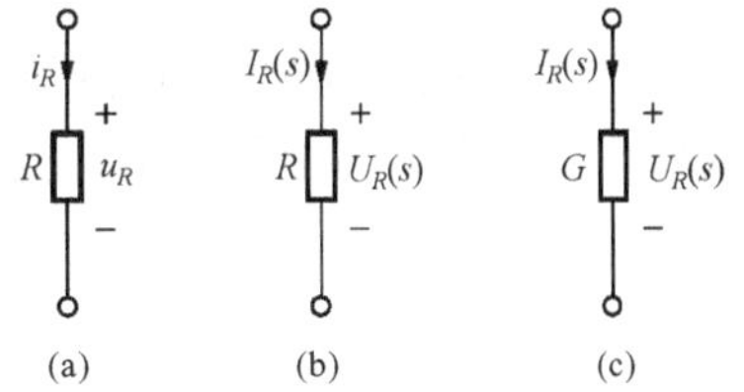


图 14 - 2　电阻的 $s$ 域模型

（a）时域模型；（b）（c）两种复频域模型

由于线性电阻的伏安关系为线性代数方程，因此，其 VAR 的复频域形式及复频域模型与时域在形式上相同，差别仅在于复频域形式和复频域模型用电压和电流的象函数取代了时域电压和电流。这一结论对受控源、理想运放、回转器等线性电阻元件均适用。

2. 线性电容

在关联参考方向下，电容［见图 14 - 3（a）］的 VAR 为

$$i_C(t)=C\frac{\mathrm{d}u_C(t)}{\mathrm{d}t}$$

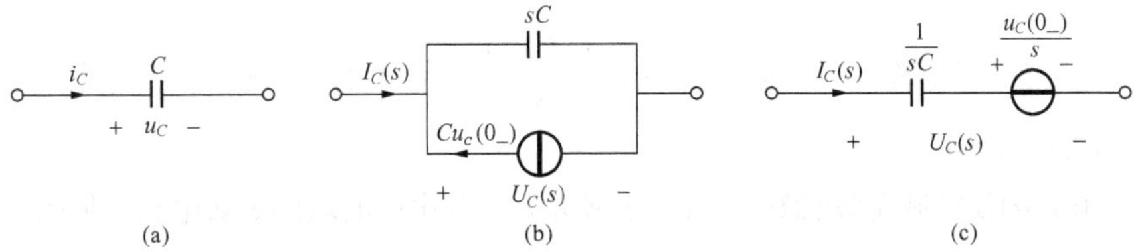


图 14 - 3　电容的 $s$ 域模型

（a）时域模型；（b）并联型复频域模型；（c）串联型复频域模型

利用拉氏变换微分性质可得电容 VAR 的复频域形式为

$$I_C(s)=sCU_C(s)-Cu_C(0_-) \tag{14-12}$$

式中：$sC$ 为电容的复频率导纳或运算导纳；$Cu_C(0_-)$为附加电流源的电流，它反映了电容电压起始状态在电路中的作用。电容的复频域模型如图 14-3（b）所示。

式（14-12）可改写为

$$U_C(s)=\frac{1}{sC}I_C(s)+\frac{u_C(0_-)}{s} \tag{14-13}$$

其复频域模型如图 14-3（c）所示。其中，$\frac{1}{sC}$称为电容的复频率阻抗或运算阻抗；$\frac{u_C(0_-)}{s}$为附加电压源的电压，它反映了电容电压起始状态在动态电路中的作用。图 14-3（c）中的 $s$ 域模型与电容时域的等效电路［见图 6-22（a）］相对应。

以上两种 $s$ 域模型是相互等效的，可以视采用的分析方法而选用。采用回路分析法时，选用图 14-3（c）较为方便，而采用节点分析法时选用图 14-3（b）较为方便。

3．线性电感

在关联参考方向下，电感［见图 14-4（a）］的 VAR 为

$$u_L(t)=L\,\frac{\mathrm{d}i_L(t)}{\mathrm{d}t}$$

对上式两边取拉氏变换可得电感 VAR 的复频域形式为

$$U_L(s)=sLI_L(s)-Li_L(0_-) \tag{14-14}$$

式中：$sL$ 为电感的复频率阻抗或运算阻抗；$Li_L(0_-)$为附加电压源的电压，它反映了电感电流起始状态在电路中的作用。电感的复频域模型如图 14-4（b）所示。

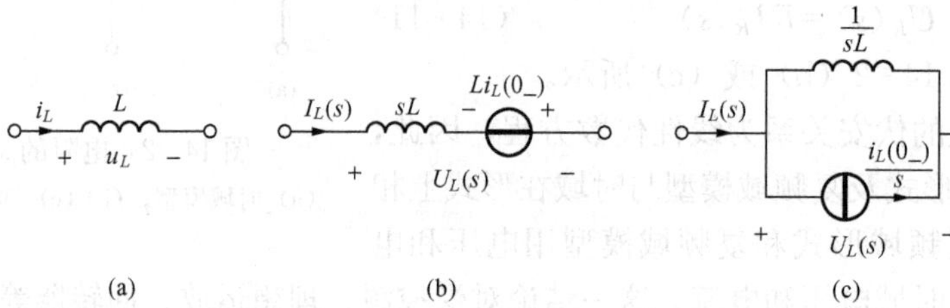


图 14-4 电感的 $s$ 域模型

（a）时域模型；（b）串联型复频域模型；（c）并联型复频域模型

式（14-14）可改写为

$$I_L(s)=\frac{1}{sL}U_L(s)+\frac{i_L(0_-)}{s} \tag{14-15}$$

式中：$\frac{1}{sL}$为电感的复频率导纳或运算导纳；$\frac{i_L(0_-)}{s}$为附加电流源的电流，反映了电感电流起始状态在电路中的作用。

式（14-15）的复频域模型如图 14-4（c）所示，它与电感时域的等效电路［见图 6-22（b）］相对应。

电感的两种复频域模型也是相互等效的，可以视选用的电路分析方法采用不同的模型。下面讨论耦合电感的复频域模型。

对于图 14-5（a）所示的耦合电感，其 VAR 为

$$\left.\begin{aligned} u_1(t)&=L_1\frac{\mathrm{d}i_1(t)}{\mathrm{d}t}+M\frac{\mathrm{d}i_2(t)}{\mathrm{d}t}\\ u_2(t)&=M\frac{\mathrm{d}i_1(t)}{\mathrm{d}t}+L_2\frac{\mathrm{d}i_2(t)}{\mathrm{d}t}\end{aligned}\right\} \tag{14-16}$$

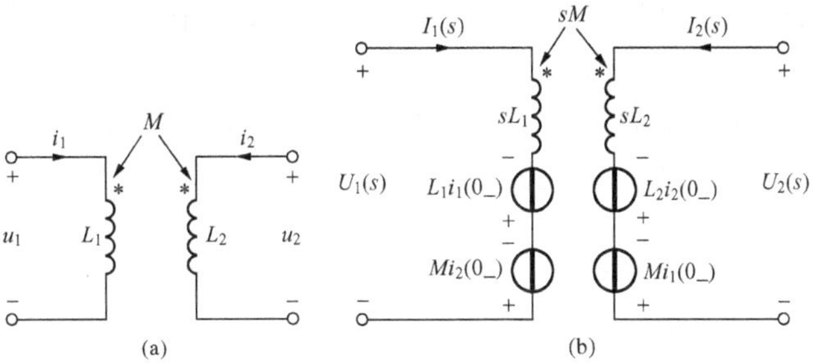


图 14-5　耦合电感的 $s$ 域模型

(a) 时域模型；(b) $s$ 域模型

对上式两边取拉氏变换得耦合电感 VAR 的复频域形式为

$$\left.\begin{aligned} U_1(s)&=sL_1I_1(s)-L_1i_1(0_-)+sMI_2(s)-Mi_2(0_-)\\ U_2(s)&=sMI_1(s)-Mi_1(0_-)+sL_2I_2(s)-L_2i_2(0_-)\end{aligned}\right\} \tag{14-17}$$

式中：$sL_1$ 和 $sL_2$ 为自感复频率阻抗或自感运算阻抗；$sM$ 为互感复频率阻抗或互感运算阻抗；$L_1i_1(0_-)$、$L_2i_2(0_-)$、$Mi_1(0_-)$和 $Mi_2(0_-)$都是附加电压源的电压。相应的复频域模型如图 14-5（b）所示。

由上可知，求两类约束的 $s$ 域形式，就是对时域两类约束方程取拉氏变换。

### 14.2.3　运算电路

1. 元件的运算阻抗和运算导纳

在 14.2.2 节，详细讨论了电阻、电容和电感三种基本元件伏安关系的 $s$ 域形式。在零状态下，它们分别是

$$U_R(s)=RI_R(s),\quad U_C(s)=\frac{1}{sC}I_C(s),\quad U_L(s)=sLI_L(s) \tag{14-18}$$

或者

$$I_R(s)=GU_R(s),\quad I_C(s)=sCU_C(s),\quad I_L(s)=\frac{1}{sL}U_L(s) \tag{14-19}$$

式（14-18）中的三种表达式可统一写成如下形式

$$U(s)=Z(s)I(s) \tag{14-20}$$

式中：$Z(s)$称为元件的运算阻抗，它定义为在零状态下，元件的电压象函数与电流象函数之比，它是电阻概念的推广。

式（14-19）中的三种表达式可统一写成如下形式

$$I(s)=Y(s)U(s) \tag{14-21}$$

式中：$Y(s)$称为元件的运算导纳，它定义为在零状态下，元件的电流象函数与电压象函数之比，它是电导概念的推广。

对于电阻，$Z_R(s)=R$，$Y_R(s)=G$；对于电容，$Z_C(s)=\frac{1}{sC}$，$Y_C(s)=sC$；对于电感，

$Z_L(s)=sL$，$Y_L(s)=\dfrac{1}{sL}$。

式（14－20）和式（14－21）称为欧姆定律的 $s$ 域形式。

2. 运算电路

运算电路又称为电路的复频域模型。与相量模型类似，它是一种运用象函数方便地对动态电路进行分析和计算的一种假想模型，与原电路具有相同的拓扑结构。从原电路可按下列方法画出相应的运算电路：① 将动态电路中的电压和电流用象函数表示，参考方向保持不变；② 电压源的电压和电流源的电流分别变换为象函数，而电路符号不变；③ 其他电路元件分别用 $s$ 域模型替换。

在运算电路中，各支路电压象函数和电流象函数既要服从基尔霍夫定律 $s$ 域形式的约束，又要满足元件伏安关系的 $s$ 域形式，而这两种约束正是时域模型中相应的两类约束在拉氏变换下的形式。因此，时域模型的电路方程在拉氏变换下的复频域代数方程可直接由运算电路依据两类约束的 $s$ 域形式写出，从而避免了列写电路的微分方程。

**【例 14－12】** 图 14－6（a）所示的电路原已达稳态，$U_s=80\text{V}$，$R_1=10\Omega$，$R_2=10\Omega$，$L=10\text{mH}$，$C=10\mu\text{F}$，$i_{cs}=0.05u_C$。$t=0$ 时将开关 S 断开。试画出该电路的运算电路。

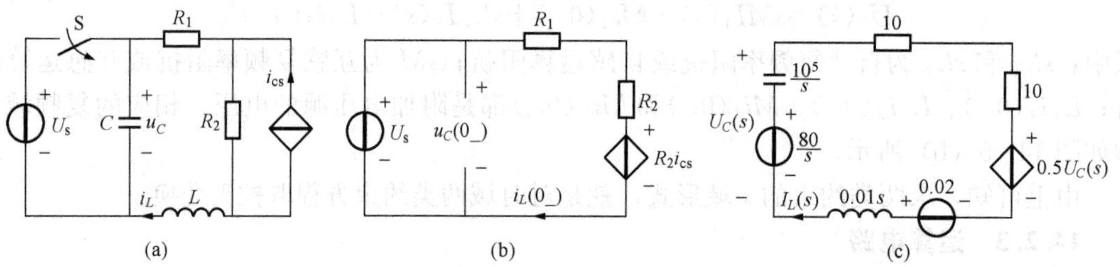


图 14－6 ［例 14－12］图

（a）时域电路；（b）0₋时刻电路；（c）运算电路

**解** 0₋时刻电路如图 14－6（b）所示，其中将电感视为短路，电容视为开路，并将受控源 VCCS 等效变换为 VCVS。由此可求出起始状态为

$$u_C(0_-)=U_s=80\text{V},\quad i_L(0_-)=\frac{U_s-R_2i_{cs}}{R_1+R_2}=\frac{80-10\times0.05u_C(0_-)}{10+10}=2\ (\text{A})$$

根据从时域模型画出运算电路的规则，可得运算电路如图 14－6（c）所示。

综上所述，在运算电路中，若把起始状态的作用看作独立电源，则各支路电压象函数和电流象函数服从基尔霍夫定律的 $s$ 域形式和欧姆定律的 $s$ 域形式。这些定律的形式与电阻电路中相应定律的形式完全相似，其差别仅在于 $s$ 域形式用的是象函数，而不是直接用时间函数；不用电阻和电导，而用阻抗和导纳。注意到这一对换关系，电阻电路的公式和分析方法即可直接推广到运算电路中来。显然，运算阻抗和运算导纳概念的引入对动态电路分析理论的发展起着重要作用。另外，在零状态下，拉氏变换的运算法则与相量法的运算法则完全相同，只是以 $s$ 取代了 $\text{j}\omega$ 而已。

## 14.3　线性动态电路的复频域分析法

仿照相量法，复频域分析法的一般步骤如下：

(1) 求 $t=0_-$ 时刻的电容电压和电感电流。

(2) 画出运算电路。

(3) 求响应的象函数。

(4) 将响应的象函数部分分式展开。

(5) 通过拉氏反变换求得响应的时域形式。

下面通过实例按上述步骤进行复频分析。

**【例 14-13】** 图 14-7 (a) 所示的电路，在开关 S 闭合前已处于稳态，试求 $t>0$ 时的电感电压 $u_L(t)$。

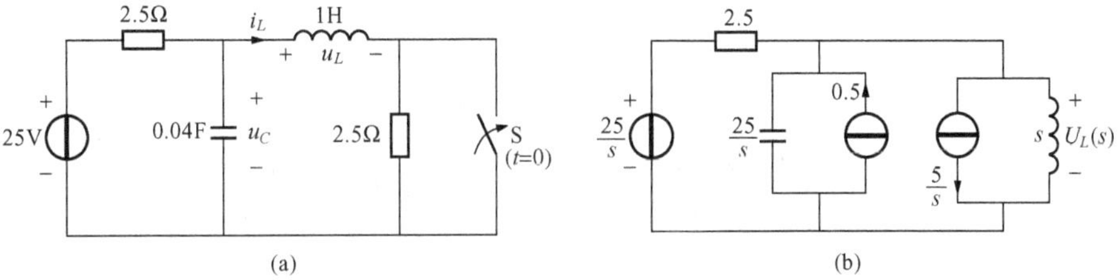


图 14-7 ［例 14-13］图

(a) 时域电路；(b) 运算电路

**解** (1) 求 $i_L(0_-)$ 和 $u_C(0_-)$。$t=0_-$ 时，电路处于直流稳态，电感短路，电容开路，所以

$$i_L(0_-)=\frac{25}{2.5+2.5}=5\ (\mathrm{A}),\ u_C(0_-)=2.5i_L(0_-)=12.5(\mathrm{V})$$

(2) 求 $U_L(s)$。运算电路如图 14-7 (b) 所示，由该图利用节点分析法得

$$\left(\frac{1}{2.5}+\frac{s}{25}+\frac{1}{s}\right)U_L(s)=\frac{\frac{25}{s}}{2.5}+0.5-\frac{5}{s}$$

整理得

$$(s^2+10s+25)U_L(s)=12.5s+125$$

所以

$$U_L(s)=\frac{12.5s+125}{(s+5)^2}=\frac{62.5}{(s+5)^2}+\frac{12.5}{s+5}$$

(3) 求 $u_L(t)$。对 $U_L(s)$ 取拉氏反变换得

$$u_L(t)=(62.5t+12.5)\mathrm{e}^{-5t}=12.5(5t+1)\mathrm{e}^{-5t}(\mathrm{V})\quad(t>0)$$

**【例 14-14】** 试求图 14-8 (a) 所示电路的零状态响应 $i_1(t)$ 及 $i_2(t)$。图中，$u_s(t)=3\delta(t)\mathrm{V}$，$L_1=2\mathrm{H}$，$L_2=1\mathrm{H}$，$R=20\Omega$。

**解** 分析：此题若用时域法求解，不论是求初始值，还是求稳态值都比较困难。因为 $t=0$ 时，电感电流发生跃变；$t=\infty$ 时，$L_1$、$L_2$ 均为短路状态，出现环流，需用磁链守恒

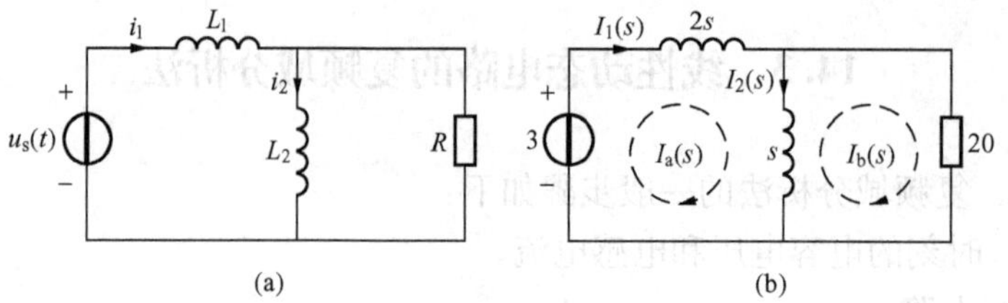


图 14-8 ［例 14-14］图

(a) 时域电路；(b) 运算电路

或其他方法来确定。而用复频域分析法，就不用考虑这些，它只考虑 $t=0_-$ 的值。

由于电路处于零状态，故

$$i_1(0_-)=i_2(0_-)=0$$

运算电路如图 14-8（b）所示。设网孔电流分别为 $I_a(s)$ 和 $I_b(s)$，则网孔电流方程为

$$(2s+s)I_a(s)-sI_b(s)=3$$
$$-sI_a(s)+(s+20)I_b(s)=0$$

解得

$$I_a(s)=\frac{1.5s+30}{s(s+30)}=\frac{1}{s}+\frac{0.5}{s+30},\quad I_b(s)=\frac{1.5}{s+30}$$

所以

$$i_a(t)=1+0.5e^{-30t}\text{A}\quad(t>0),\quad i_b(t)=1.5e^{-30t}\text{A}\quad(t>0)$$

则

$$i_1(t)=i_a(t)=1+0.5e^{-30t}\text{A}\quad(t>0),i_2(t)=i_a(t)-i_b(t)=1-e^{-30t}\text{A}\quad(t>0)$$

不论电路有无跃变，也不论电路是否存在稳态环流等，复频域分析法过程完全相同，无需特殊对待，这是复频域分析法的一大优点。故当电路存在跃变时，应尽量采用复频域分析法求解。

**【例 14-15】** 电路如图 14-9（a）所示，已知电源电压 $u_s(t)=20\cos 2t\text{V}$，$R_1=2\Omega$，$R_2=10\Omega$，$C=0.1\text{F}$，$L=5\text{H}$。开关 S 断开前电路已达稳态，$t=0$ 时将 S 断开，试求 $t\geqslant 0$ 时的 $i_L(t)$ 和 $u_C(t)$。

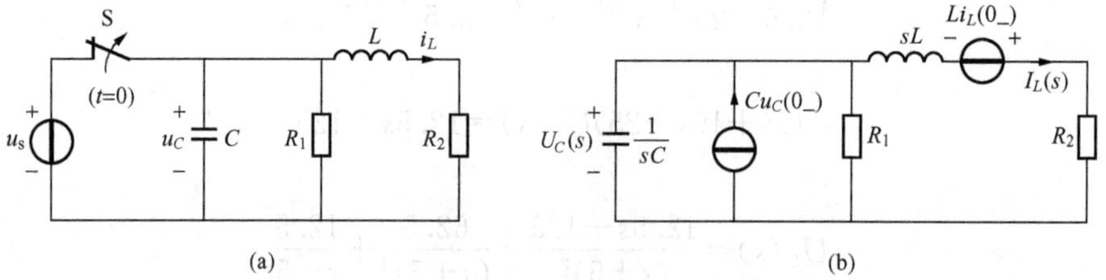


图 14-9 ［例 14-15］图

(a) 时域电路；(b) 运算电路

**解** (1) 确定电路的起始状态。

$$u_C(0_-)=u_s(0)=20\cos 0°=20\ (\text{V})$$

$t=0_-$ 时，电路处于正弦稳态，用相量法可得电感电流的振幅相量为

$$\dot{I}_{Lm}=\frac{\dot{U}_{sm}}{R_2+j\omega L}=\frac{20\angle 0^\circ}{10+j10}=\sqrt{2}\angle -45^\circ\ (A)$$

则

$$i_L(t)=\sqrt{2}\cos(2t-45^\circ)\ (A)$$

故有

$$i_L(0_-)=\sqrt{2}\cos(-45^\circ)=1\ (A)$$

（2）求响应的象函数。开关 S 断开后，电压源 $u_s(t)$ 不起作用，运算电路图如图 14 - 9（b）所示。由节点法得电容电压的象函数为

$$U_C(s)=\frac{Cu_C(0_-)-\dfrac{Li_L(0_-)}{R_2+sL}}{\dfrac{1}{R_1}+sC+\dfrac{1}{R_2+sL}}=\frac{20s+30}{s^2+7s+12}=\frac{20s+30}{(s+3)(s+4)}=-\frac{30}{s+3}+\frac{50}{s+4}$$

则电感电流的象函数为

$$I_L(s)=\frac{U_C(s)+Li_L(0_-)}{R_2+sL}=\frac{\dfrac{20s+30}{(s+3)(s+4)}+5}{10+5s}=\frac{(s+2)(s+9)}{(s+3)(s+4)(s+2)}=\frac{6}{s+3}-\frac{5}{s+4}$$

（3）求时域响应。取拉氏反变换得电容电压和电感电流的原函数分别为

$$u_C(t)=-30e^{-3t}+50e^{-4t}\ (V)\ (t\geqslant 0),\quad i_L(t)=6e^{-3t}-5e^{-4t}\ (A)\ (t\geqslant 0)$$

**【例 14 - 16】**　如图 14 - 10（a）所示电路，在开关 S 动作之前已进入稳态，$t=0$ 时开关 S 断开。试求 $t>0$ 时的电流 $i(t)$ 和开关两端电压 $u_k(t)$。

**解**　$0_-$ 时刻，耦合电感的两个线圈相当短路，故

$$i(0_-)=\frac{12}{2+1}=4\ (A)$$

$$i_1(0_-)=i_2(0_-)=\frac{1}{2}i(0_-)=2\ (A)$$

**解法一：** 运算电路如图 14 - 10（b）所示，则

$$(4+4s)I(s)=\frac{12}{s}+12$$

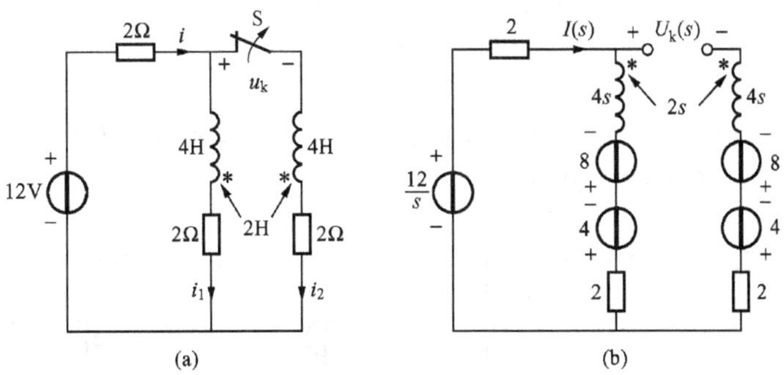


图 14 - 10　［例 14 - 16］图

（a）时域电路；（b）运算电路

所以

$$I(s)=\frac{\frac{12}{s}+12}{4+4s}=\frac{3(s+1)}{s(s+1)}=\frac{3}{s}$$

$$U_{\mathrm{k}}(s)=(2+4s)I(s)-12+12-2sI(s)=(2+2s)I(s)=2(s+1)\times\frac{3}{s}=6+\frac{6}{s}$$

取拉氏反变换，得

$$i(t)=3\varepsilon(t)\ (\mathrm{A}),\quad u_{\mathrm{k}}(t)=6\delta(t)+6\varepsilon(t)\ (\mathrm{V})$$

**解法二**：对于三端和二端耦合电感，可在时域先用互感消去法将其转化为去耦等效电路，然后再画运算电路。图 14 - 10（a）所示互感电路的去耦等效电路如图 14 - 11（a）所示，相应的运算电路如图 14 - 11（b）所示。由回路法得

$$I(s)=\frac{12/s+12}{4+4s}=\frac{3(s+1)}{s(s+1)}=\frac{3}{s}$$

则

$$U_{\mathrm{k}}(s)=(2+2s)\times I(s)=2(s+1)\times\frac{3}{s}=6+\frac{6}{s}$$

所以

$$i(t)=3\varepsilon(t)\ (\mathrm{A}),\quad u_{\mathrm{k}}(t)=6\delta(t)+6\varepsilon(t)\ (\mathrm{V})$$

注意：① 虽然在换路时刻，耦合电感电流发生跃变，但本题中耦合电感左端线圈的端电压中并不含冲激分量，这一点与二端电感有所不同；② 本题中开路支路虽然电流为零，但是，由于存在互感，其电压并不为零。

微课 20
运算法应用
（典型例题讲解）

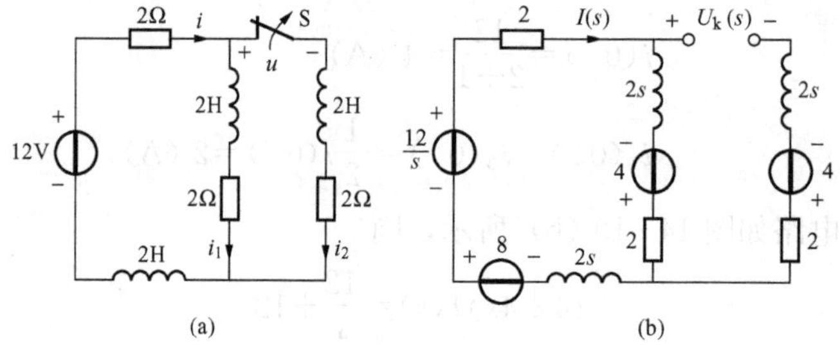


图 14 - 11 ［例 14 - 16］互感电路的去耦等效电路图

（a）去耦等效电路；（b）运算电路

**【例 14 - 17】** 电路如图 14 - 12（a）所示。已知 $u_s(t)=2[\varepsilon(t)-\varepsilon(t-1)]\mathrm{V}$，$u_C(0_-)=1\mathrm{V}$，$i_L(0_-)=2\mathrm{A}$。试求 $t\geqslant 0$ 时的电容电压 $u_C(t)$。

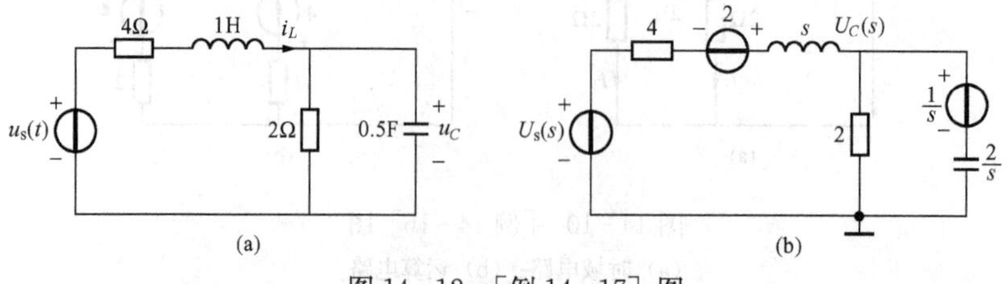


图 14 - 12 ［例 14 - 17］图

（a）时域电路；（b）运算电路

**解**　电源电压的象函数为

$$U_s(s)=\mathscr{L}[u_s(t)]=\frac{2}{s}-\frac{2}{s}e^{-s}$$

运算电路如图 14 - 12（b）所示。节点电压方程为

$$\left(\frac{1}{s+4}+\frac{1}{2}+\frac{s}{2}\right)U_C(s)=\frac{U_s(s)+2}{s+4}+\frac{1/s}{2/s}$$

所以

$$\begin{aligned}U_C(s)&=\frac{\frac{4}{s}-\frac{4}{s}e^{-s}+s+8}{(s+2)(s+3)}=\frac{s^2+8s+4}{s(s+2)(s+3)}-\frac{4}{s(s+2)(s+3)}e^{-s}\\&=\frac{2/3}{s}+\frac{4}{s+2}-\frac{11/3}{s+3}-\left[\frac{2/3}{s}-\frac{2}{s+2}+\frac{4/3}{s+3}\right]e^{-s}\end{aligned}$$

取拉氏反变换，得

$$u_C(t)=\left(\frac{2}{3}+4e^{-2t}-\frac{11}{3}e^{-3t}\right)\varepsilon(t)-\left[\frac{2}{3}-2e^{-2(t-1)}+\frac{4}{3}e^{-3(t-1)}\right]\varepsilon(t-1)\ (\mathrm{V})$$

## 14.4　网　络　函　数

在动态电路的时域分析中曾经指出（见本书第 7 章），线性电路的全响应等于零输入响应与零状态响应之和。根据拉氏变换的线性性质，其全响应的象函数也等于零输入响应的象函数与零状态响应的象函数之和。为了集中研究电路的零状态响应，本节将给网络函数的一般性定义，并将研究它的一些性质及其与相应的冲激响应之间的关系。

### 14.4.1　网络函数的定义

若线性时不变电路具有单一激励 $e(t)$[$e(t)$可以是任意波形]，与该激励相应的零状态响应为 $r(t)$，则联系该激励与零状态响应的网络函数 $H(s)$定义为电路的零状态响应 $r(t)$的象函数 $R(s)$与激励 $e(t)$的象函数 $E(s)$的比值，即

$$H(s)=\frac{\text{零状态响应的象函数}}{\text{激励的象函数}}=\frac{R(s)}{E(s)} \tag{14-22}$$

其中，网络函数 $H(s)$是复频率 $s$ 的函数。

正弦稳态下的网络函数定义：在单一激励的正弦稳态电路中，响应相量 $\dot{R}$ 与激励相量 $\dot{E}$ 之比。由于电路中电感、电容的阻抗和导纳都是频率的函数，所以网络函数在一般情况下是频率的函数，故记作 $H(\mathrm{j}\omega)$，即

$$H(\mathrm{j}\omega)=\frac{\dot{R}}{\dot{E}}$$

显然，网络函数 $H(s)$比正弦稳态下的网络函数 $H(\mathrm{j}\omega)$有着更为丰富的内容。这是因为 $H(s)$ 把任意激励与零状态响应的象函数联系起来了，而 $H(\mathrm{j}\omega)$只是等于输出响应与激励相量之比。

### 14.4.2　网络函数的分类

根据激励和响应是否位于同一端口，网络函数可分为两大类：驱动点函数和转移函数。

如果激励和响应位于同一端口，则网络函数又称为驱动点函数，否则称为转移函数。

驱动点函数分为驱动点阻抗函数 $Z(s)$ 和驱动点导纳函数 $Y(s)$ 两种。驱动点阻抗函数定义为同一端口电压象函数 $U(s)$ 与电流象函数 $I(s)$ 之比，即

$$Z(s)=\frac{U(s)}{I(s)}$$

驱动点导纳函数定义为同一端口电流象函数 $I(s)$ 与电压象函数 $U(s)$ 之比，即

$$Y(s)=\frac{I(s)}{U(s)}$$

显然，驱动点阻抗函数和导纳函数分别是输入阻抗和输入导纳，如图 14-13（a）和图 14-13（b）所示。

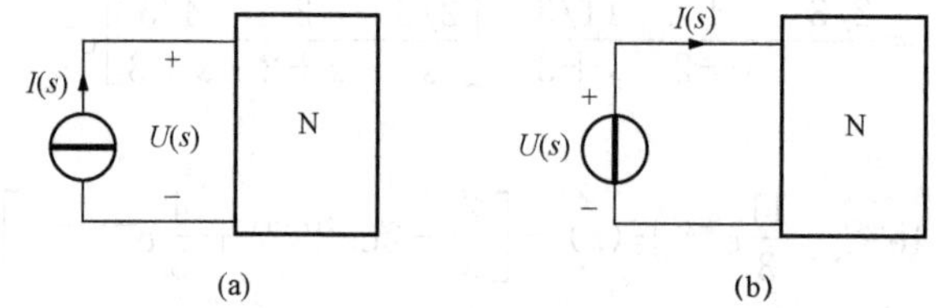


图 14-13　驱动点函数

（a）输入阻抗；（b）输入导纳

根据激励和响应是电压还是电流，转移函数可分为以下四种。

（1）如果激励是电压，响应也是电压，则称为电压转移函数、转移电压比、电压增益或电压放大倍数，记作 $A_u(s)$，即

$$A_u(s)=\frac{U_o(s)}{U_i(s)}$$

如图 14-14（a）所示。

（2）如果激励是电流，响应也是电流，则称为电流转移函数、转移电流比、电流增益或电流放大倍数，记作 $A_i(s)$，即

$$A_i(s)=\frac{I_o(s)}{I_i(s)}$$

如图 14-14（b）所示。

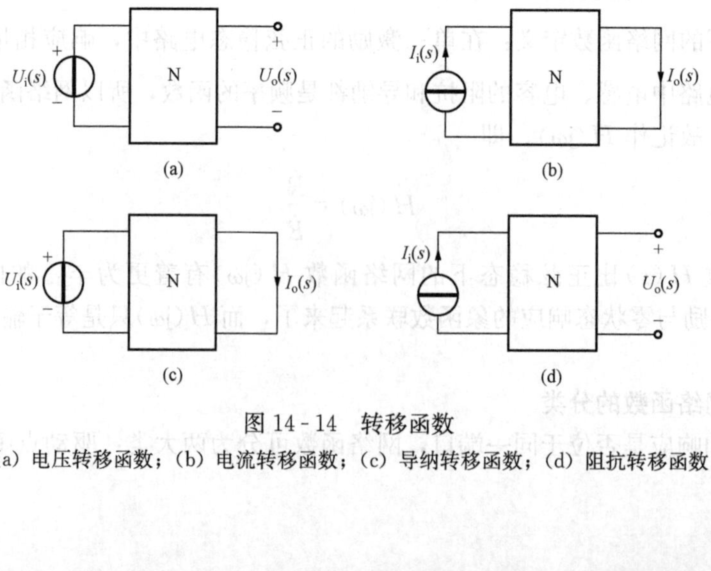


图 14-14　转移函数

（a）电压转移函数；（b）电流转移函数；（c）导纳转移函数；（d）阻抗转移函数

(3) 如果激励是电压，响应是电流，则称为导纳转移函数，记作 $Y_T(s)$，即

$$Y_T(s)=\frac{I_o(s)}{U_i(s)}$$

如图 14-14 (c) 所示，它具有导纳的单位。

(4) 如果激励是电流，响应是电压，则称为阻抗转移函数，记作 $Z_T(s)$，即

$$Z_T(s)=\frac{U_o(s)}{I_i(s)}$$

如图 14-14 (d) 所示，它具有阻抗的单位。

### 14.4.3　网络函数的性质

对于图 14-15 所示的电路，有

$$U_L(s)=\frac{sL}{R+sL}U_s(s)$$

则相应的网络函数，即电压转移函数为

$$H(s)=\frac{U_L(s)}{U_s(s)}=\frac{sL}{R+sL} \tag{14-23}$$

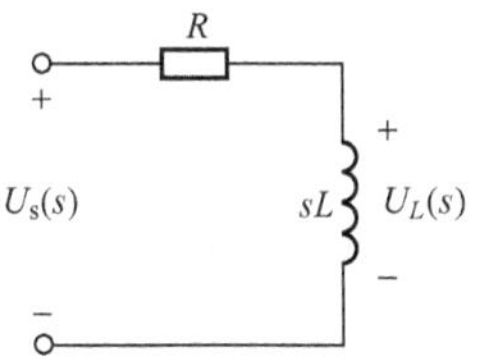

图 14-15　RL 电路

由式 (14-23) 可见，网络函数仅与电路的拓扑结构和元件参数有关，而与外加激励无关，即在任意波形的外加激励下，其零状态响应的象函数与激励象函数的比值是一定的。这是因为在时域中，零状态响应与激励之间满足线性关系，因此它们的象函数之间也满足线性关系，即网络函数不随激励大小的变化而发生变化，只与网络的拓扑结构和元件的参数有关。当电路的拓扑结构和元件参数确定以后，则相应的网络函数就确定了。所以，网络函数反映了电路的固有动态性能。因此，通过网络函数，在不求解电路的情况下，就可以定性地了解到该电路在过渡过程中的一些暂态特性。

由于线性时不变电路中元件的参数为定值，故所列出的复频域代数方程为 $s$ 的实系数代数方程，因此，集中参数电路的网络函数一定是 $s$ 的实系数有理函数，其分子、分母多项式的根为实数或共轭复数。

当 $E(s)=1$ 时，由式 (14-22) 可知 $H(s)=R(s)$。而 $E(s)=1$ 表示 $e(t)=\delta(t)$，所以，网络函数 $H(s)$为电路的冲激响应 $h(t)$的象函数，即

$$H(s)=\mathscr{L}[h(t)] \tag{14-24}$$

这表明，正如冲激响应 $h(t)$在时域中描述了网络的特性那样，网络函数 $H(s)$在 $s$ 域中也描述了网络的特性。

由式 (14-22) 可知，网络零状态响应的象函数等于网络函数与外加激励象函数之积，即

$$R(s)=H(s)\cdot E(s)$$

这正是时域卷积积分在 $s$ 域中的体现。通常 $H(s)$和 $E(s)$均为复频率 $s$ 的有理分式

$$H(s)=\frac{N(s)}{D(s)},\quad E(s)=\frac{P(s)}{Q(s)}$$

因而

$$R(s)=\frac{N(s)P(s)}{D(s)Q(s)}$$

设 $D(s)$ 和 $Q(s)$ 具有单根，则

$$R(s)=\frac{N(s)P(s)}{\prod_{i=1}^{n}(s-p_i)\prod_{j=1}^{m}(s-q_j)}$$

应用部分分式展开，得

$$R(s)=\sum_{i=1}^{n}\frac{A_i}{s-p_i}+\sum_{j=1}^{m}\frac{B_j}{s-q_j}$$

则 $R(s)$ 对应的原函数为

$$r(t)=\sum_{i=1}^{n}A_i e^{p_i t}+\sum_{j=1}^{m}B_j e^{q_j t} \tag{14-25}$$

式（14-25）表明，网络的零状态响应由两部分组成，第一部分与网络函数分母 $D(s)$ 的特征根有关，为响应中的自由分量；而第二部分则与网络激励有关，为响应中的强迫分量。所以，$D(s)=0$ 为电路方程对应的特征方程，$p_i(i=1,2,\cdots,n)$ 就是电路响应变量 $r(t)$ 的固有频率（或自然频率）。因此，$H(s)$ 分母多项式的根一般即为对应电路变量的固有频率。

由于网络函数是两个实系数的多项式之比，故利用代数的因式分解方法可将 $H(s)$ 改写为

$$H(s)=H_0\frac{\prod_{j=1}^{m}(s-z_j)}{\prod_{i=1}^{n}(s-p_i)}$$

式中：$H_0$ 为实数比例因子；$z_j(j=1,2,\cdots,m)$ 为网络函数的零点，因为 $s=z_j$ 时，$H(s)=0$；$p_i(i=1,2,\cdots,n)$ 为网络函数的极点，因为 $s\to p_i$ 时，$H(s)\to\infty$。

由前面的讨论可知，网络函数的零点和极点只能是实数或者共轭复数，而且 $H(s)$ 的极点即为相应电路变量的固有频率。

在电路理论中，把电路所有响应变量的固有频率的集合称为该电路的固有频率或自然频率。由上述分析可知，网络函数的极点一定是该电路的固有频率。由于电路的各个不同变量在有些情况下可能具有不同的固有频率，因此网络函数的极点在有些情况下只是该电路固有频率中的一部分。

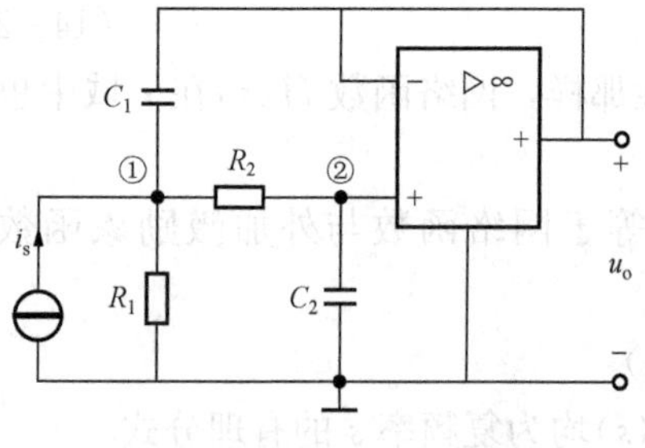

图 14-16 ［例 14-18］图

**【例 14-18】** 试求图 14-16 中理想运放电路的网络函数。

**解** 对节点①和②列写节点电压方程，并注意到 $U_2(s)=U_o(s)$，得

$$\left(\frac{1}{R_1}+\frac{1}{R_2}+sC_1\right)U_1(s)-\left(\frac{1}{R_2}+sC_1\right)U_o(s)$$
$$=I_s(s)-\frac{1}{R_2}U_1(s)+\left(\frac{1}{R_2}+sC_2\right)U_o(s)=0 \tag{14-26}$$

由式（14-26）得

$$U_1(s)=(1+sR_2C_2)U_o(s)$$

则

$$I_s(s)=\left(\frac{1}{R_1}+\frac{1}{R_2}+sC_1\right)(1+sR_2C_2)U_o(s)-\left(\frac{1}{R_2}+sC_1\right)U_o(s)$$

因此，所求电路的网络函数为

$$Z_T(s)=\frac{U_o(s)}{I_s(s)}=\frac{R_1}{1+s(R_1+R_2)C_2+s^2R_1R_2C_1C_2}$$

**【例 14-19】** 试求图 14-17 所示电路的转移阻抗函数 $Z_T(s)=\dfrac{U_o(s)}{I_s(s)}$。

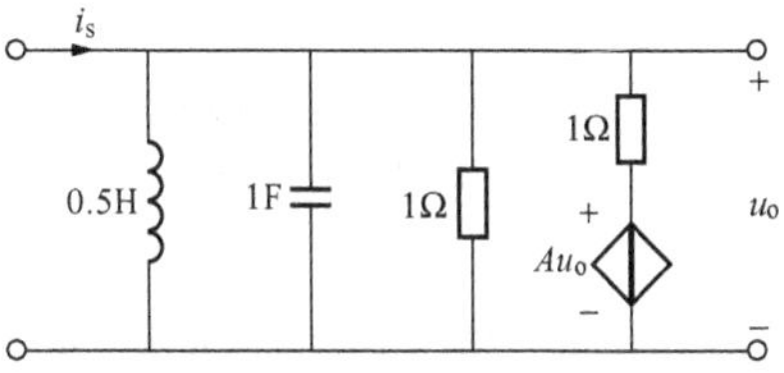


图 14-17 ［例 14-19］图

**解** 用节点法求解。节点电压方程为

$$\left(\frac{2}{s}+s+2\right)U_o(s)-AU_o(s)=I_s(s)$$

解得

$$Z_T(s)=\frac{U_o(s)}{I_s(s)}=\frac{s}{s^2+(2-A)s+2} \tag{14-27}$$

由式（14-27）可以看出，$Z_T(s)$分母的根与受控源的控制系数 $A$ 有关：当$|2-A|>\sqrt{8}$时，为两个不等实根；当 $A=2-\sqrt{8}$ 或 $A=2+\sqrt{8}$ 时，为两个相等实根；当$(2-\sqrt{8})<A<(2+\sqrt{8})$时，为共轭复根。这表明 $A$ 的大小将影响电路的过渡过程。

### 14.4.4 网络函数的零极点图

网络函数除了用前面的数学表达式描述之外，还常用图示法表示。

利用网络函数的零点和极点在 $s$ 平面（即复平面）上的分布情况，可以定性地了解电路的时域特性和正弦稳态特性。为了便于论述，习惯上把网络函数的极点和零点在 $s$ 平面上的位置分布图（零点用"○"表示，极点用"×"表 示，$r$ 阶极点用"$\times^{(r)}$"表示)，称为该网络函数的零极点图。

**【例 14-20】** 试绘出 $H(s)=\dfrac{2s(s-2)}{(s+1)(s+3)^2}$的零极点图。

**解** 分母$D(s)=(s+1)(s+3)^2$，分子$N(s)=2s(s-2)$，所以，$H(s)$有三个极点，分别为 $p_1=-1$，$p_2=p_3=-3$，两个零点分别为 $z_1=0$，$z_2=2$。$H(s)$的零极点图如图 14-18 所示。

**【例 14-21】** 如图 14-19（a）所示电路中，$R=1\Omega$，$C=0.5F$。试求：(1) 电路的电压传递函数$U_2(s)/U_1(s)$及其零极点分布图；(2) 电路的冲激响应和单位阶跃响应。

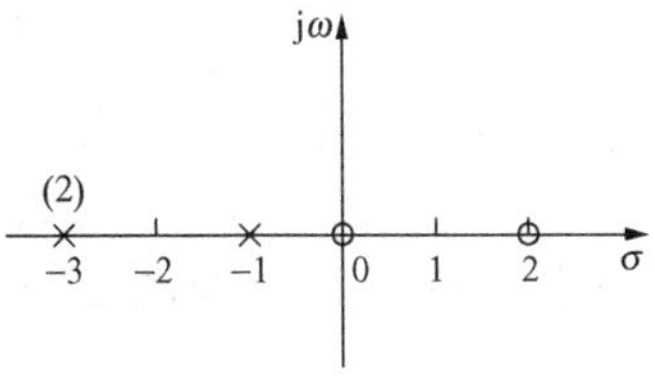


图 14-18 ［例 14-20］图

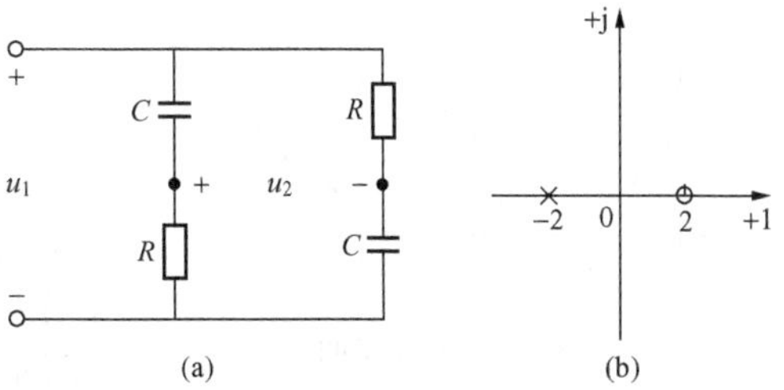


图 14-19 ［例 14-21］图

(a) 电路图；(b) 零极点分布图

**解** （1）根据分压公式和KVL得

$$U_2(s)=\frac{R}{R+(1/sC)}U_1(s)-\frac{1/sC}{R+(1/sC)}U_1(s)=\frac{R-1/sC}{R+(1/sC)}U_1(s)=\frac{RCs-1}{RCs+1}U_1(s)$$

电路的电压传递函数为

$$H(s)=\frac{U_2(s)}{U_1(s)}==\frac{RCs-1}{RCs+1}=\frac{s-2}{s+2}=1-\frac{4}{s+2}$$

$H(s)$的零点 $z=2$，极点 $p=-2$。零极点分布图如图 14-19（b）所示。

（2）电路的冲激响应为

$$h(t)=\mathscr{L}^{-1}[H(s)]=\delta(t)-4e^{-2t}\varepsilon(t)\ (\mathrm{V})$$

电路单位阶跃响应的象函数为

$$S(s)=H(s)\times\frac{1}{s}=\frac{s-2}{s(s+2)}=-\frac{1}{s}+\frac{2}{s+2}$$

单位阶跃响应为

$$s(t)=(-1+2e^{-2t})\varepsilon(t)\ (\mathrm{V})$$

下面研究网络函数的极点分布与冲激响应波形的对应关系。

如果把 $H(s)$按部分分式展开，则每个一阶极点将决定一项对应的时间函数，而每个 $r$ 阶极点将决定 $r$ 项对应的时间函数，即

$$h(t)=\mathscr{L}^{-1}[H(s)]=\mathscr{L}^{-1}\left[\sum_{i=1}^{n}H_i(s)\right]$$
$$=\sum_{i=1}^{n}\mathscr{L}^{-1}[H_i(s)]=\sum_{i=1}^{n}h_i(t)$$

1. 极点位于 $s$ 平面的左半开平面

对于 $H_i(s)=\frac{A_i}{s+\alpha}$，其中，系数 $A_i$ 与网络函数的比例因子、零点和极点有关；实数 $\alpha>0$，即极点位于 $s$ 平面的负实轴上，对应的原函数为 $h_i(t)=A_ie^{-\alpha t}$，是按指数衰减的。当 $t\to\infty$时，$h_i(t)$趋近于零，如图 14-20 中①所示。

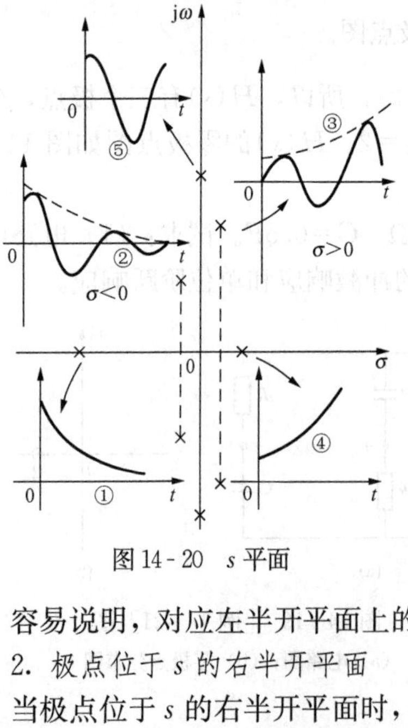


图 14-20　$s$ 平面

若 $H_i(s)=\frac{A_i}{(s+\alpha)^r}$，即负实轴上的一阶以上的极点，则其对应的原函数为 $h_i(t)=\frac{A_i}{(r-1)!}t^{r-1}e^{-\alpha t}$。同样，当 $t\to\infty$时，$h_i(t)$趋近于零。

若 $H_i(s)=\frac{A_i}{s+\alpha-j\omega}+\frac{A_i^*}{s+\alpha+j\omega}$，其中，$A_i$ 为复数，$\alpha>0$，即极点位于 $s$ 左半开平面内，其对应的原函数为 $h_i(t)=Ke^{-\alpha t}\sin(\omega t+\theta)$，是衰减振荡的。当 $t\to\infty$时，$h_i(t)$也趋近于零，如图 14－20 中②所示。

容易说明，对应左半开平面上的 $r$ 阶共轭极点的原函数亦有类似结论。

2. 极点位于 $s$ 的右半开平面

当极点位于 $s$ 的右半开平面时，$\mathrm{Re}[p_i]>0$，类似地可以说明，$t\to\infty$时，$h_i(t)$趋近于

$\infty$，如图 14-20 中③④所示。

3. 极点位于 $s$ 平面的虚轴上

若 $H_i(s)=\dfrac{A_i}{s}$，即一阶极点位于 $s$ 平面的原点，其对应的原函数是阶跃函数，即

$$h_i(t)=A_i\varepsilon(t)$$

若 $H_i(s)=\dfrac{A_i}{s-\mathrm{j}\omega}+\dfrac{A_i^*}{s+\mathrm{j}\omega}$，即一阶极点位于虚轴上，其对应的原函数是等幅振荡的，即 $h_i(t)=K\sin(\omega t+\theta)$，如图 14-20 中⑤所示。

容易说明，若极点是位于虚轴上的二阶及以上极点，则当 $t\to\infty$时，$h_i(t)$趋近于$\infty$。

综上所述，当极点分布在 $s$ 的左半开平面时，$h_i(t)$随着 $t\to\infty$而趋近于零；当极点分布在 $s$ 的右半开平面时，$h_i(t)$随着 $t\to\infty$亦将趋向无穷大；当极点是位于 $s$ 平面虚轴上的一阶极点时，$h_i(t)$是有界的；而当极点是位于 $s$ 平面虚轴上的二阶及以上极点时，$h_i(t)$随着 $t\to\infty$，将趋向无穷大。

在电路理论中，把极点全部位于 $s$ 左半开平面的电路称为稳定电路；把具有虚轴上的一阶极点，而其他极点全部位于 $s$ 左半开平面的电路称为临界（或条件）稳定电路；把具有虚轴上二阶及以上极点或有位于 $s$ 右半开平面极点的电路称为不稳定电路。对于稳定性的内容，本书不进行深入讨论，只指出一个重要结论：由无源元件构成的线性电路，它的固有频率一定具有非正的实部。

对于稳定电路，有 $H(\mathrm{j}\omega)=H(s)|_{s=\mathrm{j}\omega}$。

**【例 14-22】**　某线性电路的网络函数为 $H(s)=\dfrac{U_o(s)}{U_s(s)}=\dfrac{1}{(s+2)(s+3)}$，又知 $u_o(0_+)=1\mathrm{V}$，$\left.\dfrac{\mathrm{d}u_o}{\mathrm{d}t}\right|_{t=0+}=-1\mathrm{V/s}$。试求当激励 $u_s(t)=20\sqrt{2}\sin(t+45^\circ)\varepsilon(t)\mathrm{V}$ 时的全响应 $u_o(t)$。

**解**　(1) 求正弦稳态响应 $u_{op}(t)$。

$$\dot{U}_s=20\angle 45^\circ\mathrm{V},\quad H(\mathrm{j}1)=H(s)|_{s=\mathrm{j}1}=\frac{1}{5+\mathrm{j}5}$$

则

$$\dot{U}_{op}=H(\mathrm{j}1)\times\dot{U}_s=\frac{1}{5+\mathrm{j}5}\times 20\angle 45^\circ=2\sqrt{2}\angle 0^\circ(\mathrm{V})$$

所以

$$u_{op}(t)=4\sin t\ (\mathrm{V})$$

(2) 由网络函数的极点可知自由响应的形式为

$$u_{oh}(t)=A\mathrm{e}^{-2t}+B\mathrm{e}^{-3t}$$

所以全响应形式为

$$u_o(t)=u_{op}(t)+u_{oh}(t)=4\sin t+A\mathrm{e}^{-2t}+B\mathrm{e}^{-3t}$$

由初始条件得

$$\left.\begin{aligned}A+B&=1\\-2A-3B+4&=-1\end{aligned}\right\}$$

解得 $A=-2$，$B=3$。所以

$$u_o(t)=4\sin t-2e^{-2t}+3e^{-3t}\ (\text{V})\quad (t>0)$$

顺便指出，由于一般情况下 $h_i(t)$ 的特性就是时域响应中自由分量的特性，而强迫分量一般又只决定于激励的变化规律，所以，根据 $H(s)$ 的极点分布情况和激励的变化规律就可预见时域响应的特点。

### 14.4.5 频率特性

正弦稳态下的网络函数一般是复函数，因此又可写成下面的形式

$$H(j\omega)=H(\omega)\angle\theta(\omega)$$

其中，$H(\omega)=|H(j\omega)|$ 为网络函数的模值，它反映了响应与激励幅值之比与频率的关系，称为幅频特性，即

$$H(\omega)=\frac{|\dot{R}|}{|\dot{E}|}$$

可以证明，$H(\omega)$ 是频率 $\omega$ 的偶函数，即 $H(\omega)=H(-\omega)$，显然，$H(\omega)\geqslant 0$。

$\theta(\omega)$ 为网络函数的辐角，它表明了响应与激励之间的相位差与频率的关系，称为相频特性，即

$$\theta(\omega)=\varphi_r(\omega)-\varphi_e(\omega)$$

可以证明，$\theta(\omega)$ 是频率 $\omega$ 的奇函数，即 $\theta(\omega)=-\theta(-\omega)$。

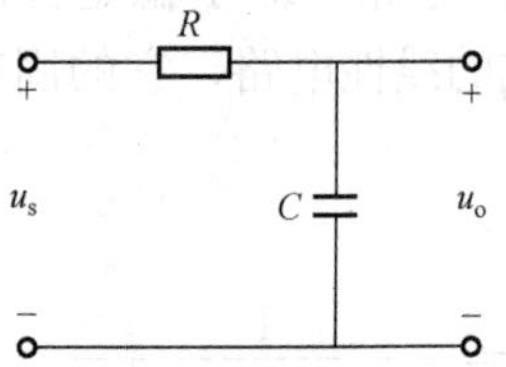

图 14-21 ［例 14-23］电路图

幅频特性和相频特性统称为频率特性，它是表示网络函数的三种常用方法之一。幅频特性和相频特性的曲线表示分别称为幅频特性曲线和相频特性曲线，二者统称为频率特性曲线。

**【例 14-23】** 试求图 14-21 所示电路的频率特性，并定性画出它们的曲线。

**解** 根据分压公式，得

$$\dot{U}_o=\frac{\dfrac{1}{j\omega C}}{R+\dfrac{1}{j\omega C}}\dot{U}_s=\frac{1}{1+j\omega RC}\dot{U}_s$$

$$A_u(j\omega)=\frac{\dot{U}_o}{\dot{U}_s}=\frac{1}{1+j\omega RC}=\frac{1}{\sqrt{1+\omega^2R^2C^2}\angle\arctan(\omega RC)}$$

$$=\frac{1}{\sqrt{1+\omega^2R^2C^2}}\angle-\arctan(\omega RC)$$

由此可得幅频特性和相频特性分别为

$$A_u(\omega)=\frac{1}{\sqrt{1+\omega^2R^2C^2}}$$

$$\theta(\omega)=-\arctan(\omega RC)$$

据此可得图 14-22 所示的频率特性曲线。图中，$\omega_0=\dfrac{1}{RC}$。

由幅频特性曲线可见：对于同样大小的输入电压，频率越低，输出电压越大，在直流（$\omega=0$）时，输出电压最大，恰好等于输入电压，因此，低频信号要比高频信号更容易通过这一电路。这种允许低频信号通过、阻止高频信号通过的电路称为低通电路。图 14-21 中

的电路又称为 RC 低通电路。由相频特性曲线可知，其输出电压总是滞后于输入电压，滞后的角度介于 0°与 90°之间，具体数值取决于 $\omega$ 的值。从这一角度来看，这一 RC 电路又可称为滞后网络。

实际信号都占有一定的频率宽度，为了避免引起严重的失真，总是希望幅频特性的顶部能平坦一些。幅频特性的幅值下降到最大值的 $\frac{1}{\sqrt{2}}$ 时所对应的频率称为截止频率或者转折频率，记为 $\omega_c$。由于功率与电压或电流的平方成正比，截止频率处的功率比最大功率将降低一半。因此，截止频率又称为半功率点频率。对于［例 14 - 23］中的电路，由其幅频特性易求得截止频率 $\omega_c=\frac{1}{RC}$；通频带 $BW=\omega_c-0=\omega_c$。

**【例 14 - 24】**　试分析图 14 - 23 所示选频电路的频率特性。

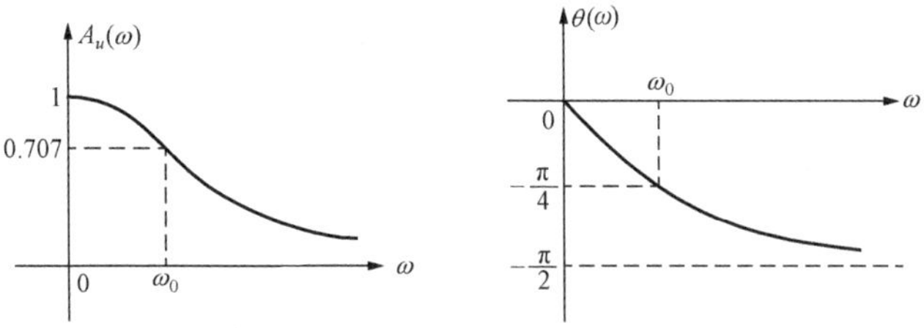


(a)　(b)

图 14 - 22　［例 14 - 23］频率特性曲线

(a) 幅频特性曲线；(b) 相频特性曲线

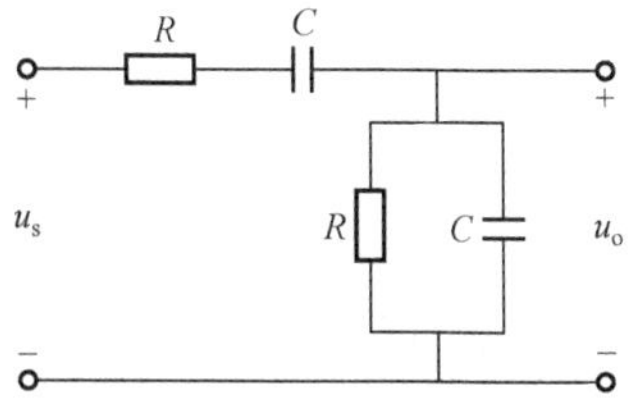


图 14 - 23　［例 14 - 24］图

**解**　电路的网络函数为

$$A_u(j\omega)=\frac{\dot{U}_o}{\dot{U}_s}=\frac{\frac{R}{1+j\omega RC}}{R+\frac{1}{j\omega C}+\frac{R}{1+j\omega RC}}$$

$$=\frac{1}{3+j\omega RC+\frac{1}{j\omega RC}}$$

令 $\omega_0=\frac{1}{RC}$，则

$$A_u(j\omega)=\frac{1}{3+j\left(\frac{\omega}{\omega_0}-\frac{\omega_0}{\omega}\right)}=\frac{1}{\sqrt{9+\left(\frac{\omega}{\omega_0}-\frac{\omega_0}{\omega}\right)^2}}\angle-\arctan\frac{1}{3}\left(\frac{\omega}{\omega_0}-\frac{\omega_0}{\omega}\right)$$

由此可得电路的幅频特性和相频特性分别为

$$A_u(\omega)=\frac{1}{\sqrt{9+\left(\frac{\omega}{\omega_0}-\frac{\omega_0}{\omega}\right)^2}},\quad \theta(\omega)=\angle-\arctan\frac{1}{3}\left(\frac{\omega}{\omega_0}-\frac{\omega_0}{\omega}\right)$$

当 $\omega=\omega_0$ 时，$A_u(\omega_0)=\frac{1}{3}$，且为最大值，$\theta(\omega_0)=0$；当 $\omega=0$ 时，$A_u(0)=0$，$\theta(0)=\frac{\pi}{2}$；当 $\omega\rightarrow\infty$时，$A_u(\infty)=0$，$\theta(\infty)=-\frac{\pi}{2}$。

令 $A_u(\omega)=\dfrac{1}{3\sqrt{2}}$得

$$9+\left(\frac{\omega}{\omega_0}-\frac{\omega_0}{\omega}\right)^2=18$$

解之得电路的截止频率为

$$\omega_{c1}=\frac{-3+\sqrt{13}}{2}\omega_0\approx 0.3\omega_0\text{，}\omega_{c2}=\frac{3+\sqrt{13}}{2}\omega_0\approx 3.3\omega_0$$

因此，电路的通频带 $BW=\omega_{c2}-\omega_{c1}=3\omega_0=\dfrac{3}{RC}$。由于这种电路处于 $\omega_{c1}\leqslant\omega\leqslant\omega_{c2}$ 频率范围的信号容易通过，所以称之为带通电路。

顺便指出，有时也将电路中电压或电流的幅值与频率之间的关系称为幅频特性，初相与频率之间的关系称为相频特性。

## 习　题

**拉氏变换**

14-1　试求下列各函数的象函数。

(1) $f(t)=1-e^{-2t}$；　(2) $f(t)=3\sin t+2\cos t$；

(3) $f(t)=\cos(2t+45°)$；　(4) $f(t)=e^{-2t}\cos t+e^{-2t}$；

(5) $f(t)=e^{-t}\varepsilon(t)+e^{-(t-1)}\varepsilon(t-1)+\delta(t-2)$

14-2　试求下列各象函数的原函数。

(1) $F(s)=\dfrac{2s+1}{s^2+5s+6}$；　(2) $F(s)=\dfrac{s^3+5s^2+9s+7}{(s+1)(s+2)}$；

(3) $F(s)=\dfrac{1}{(s+1)(s+2)^2}$；　(4) $F(s)=\dfrac{s^2+6s+5}{s(s^2+4s+5)}$；

(5) $F(s)=\dfrac{1+e^{-s}+e^{-2s}}{s^2+3s+2}$

**画运算电路**

14-3　电路如图 14-24 所示，已知 $R_1=2\Omega$，$R_2=1\Omega$，$L=1\text{H}$，$C=2\text{F}$，$U_s=4\text{V}$，$I_s=2\text{A}$。开关 S 闭合前，电路已达稳态，$t=0$ 时开关 S 闭合。试画出相应的运算电路。

14-4　如图 14-25 所示电路中，$u_C(0_-)=0$，$i_L(0_-)=1\text{A}$，$u_s(t)=\varepsilon(t)\text{V}$。试画出相应的运算电路。

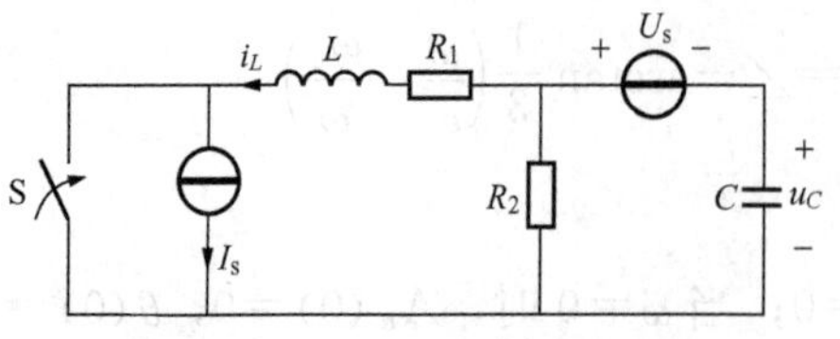

图 14-24　题 14-3 图

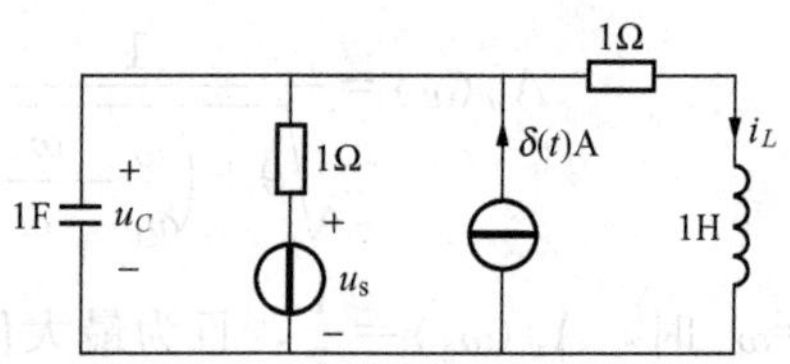

图 14-25　题 14-4 图

**复频域分析**

14 - 5　如图 14 - 26 所示电路中，开关 S 动作前处于稳态，$t=0$ 时开关 S 断开。试用运算法求 $t>0$ 时电流 $i_L(t)$。

14 - 6　图 14 - 27 所示电路原已稳定，$t=0$ 时开关 S 断开，试用复频域分析法求 $t\geqslant 0$ 时的电容电压 $u_C(t)$。

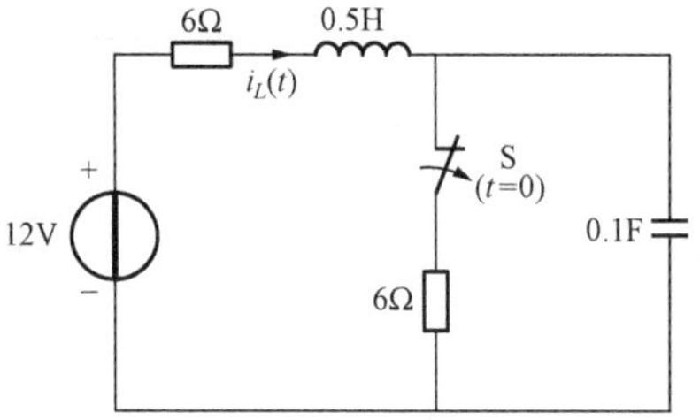


图 14 - 26　题 14 - 5 图

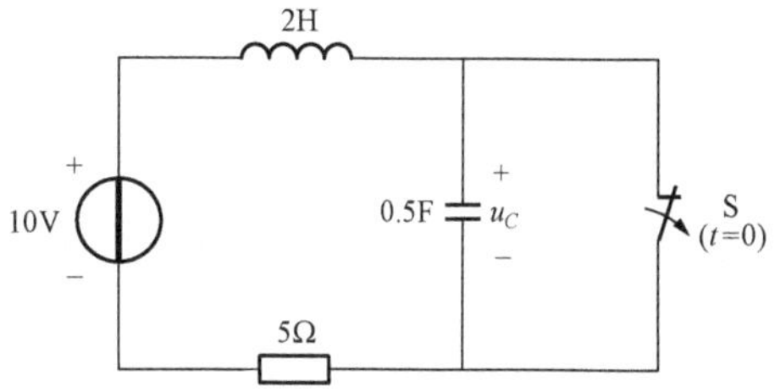


图 14 - 27　题 14 - 6 图

14 - 7　如图 14 - 28 所示电路，在开关 S 闭合前电路已处于稳态。$t=0$ 时开关 S 闭合。试用运算电路法求 $t>0$ 时的电压 $u(t)$。

14 - 8　如图 14 - 29 所示电路中，开关 S 在 $t=0$ 时闭合，开关 S 闭合前电路处于稳态。试求 $t\geqslant 0$ 时的电流 $i(t)$。

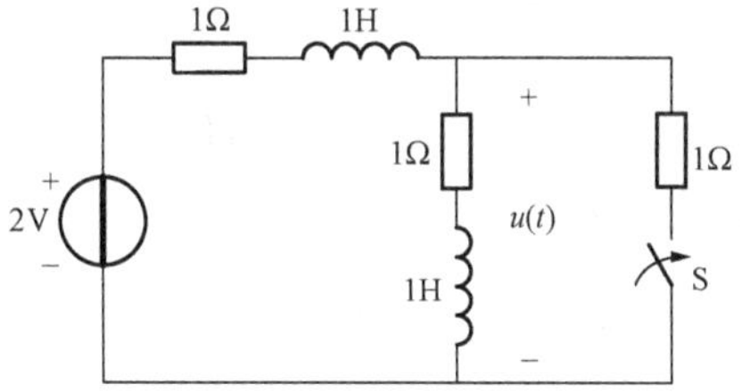


图 14 - 28　题 14 - 7 图

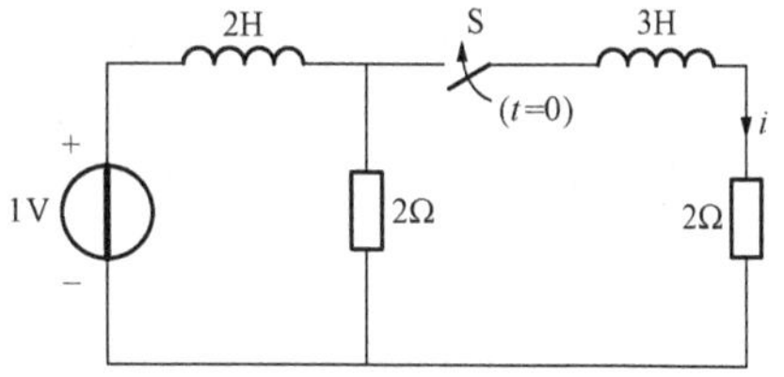


图 14 - 29　题 14 - 8 图

14 - 9　如图 14 - 30 所示电路中，已知 $R_1=3\Omega$，$R_2=2\Omega$，$L=1\text{H}$，$C=1\text{F}$，$u_s(t)=[30\varepsilon(-t)+15\varepsilon(t)]\text{V}$，试求 $t\geqslant 0$ 时的电流 $i(t)$。

14 - 10　如图 14 - 31 所示电路原已稳态，开关 S 在 $t=0$ 时闭合。试求 $t>0$ 时的电流 $i_2(t)$。

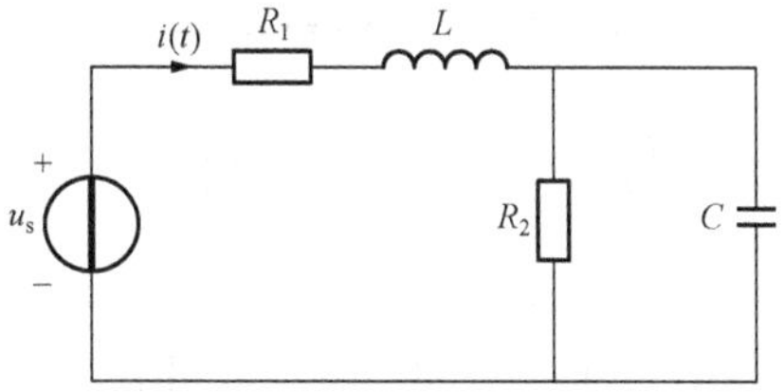


图 14 - 30　题 14 - 9 图

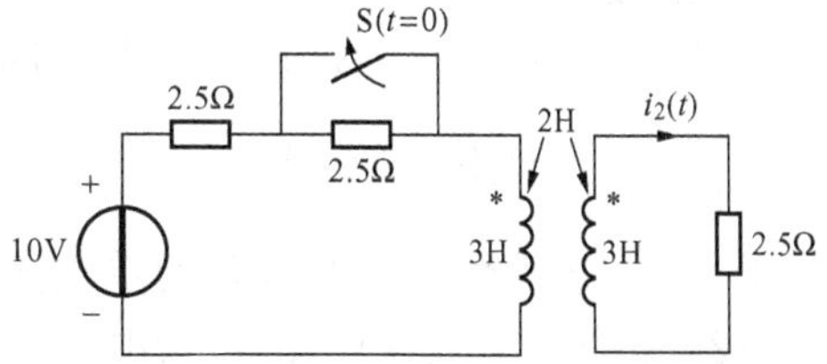


图 14 - 31　题 14 - 10 图

14 - 11　如图 14 - 32 所示电路中，$i_s(t)=1.4\delta(t)\text{A}$，$u_s(t)=3+3\varepsilon(t)\text{V}$，$t<0$ 时电路处于稳态。试求 $t>0$ 时的电容电压 $u_C(t)$。

14 - 12　如图 14 - 33 所示电路中，$u_s(t)=e^{-5t}\varepsilon(t)\text{V}$，试求电流 $i(t)$ 的零状态响应。

14-13　如图 14-34 所示电路已达稳态，$t=0$ 时开关 S 断开。试求 $t>0$ 时的电容电压 $u_C(t)$。

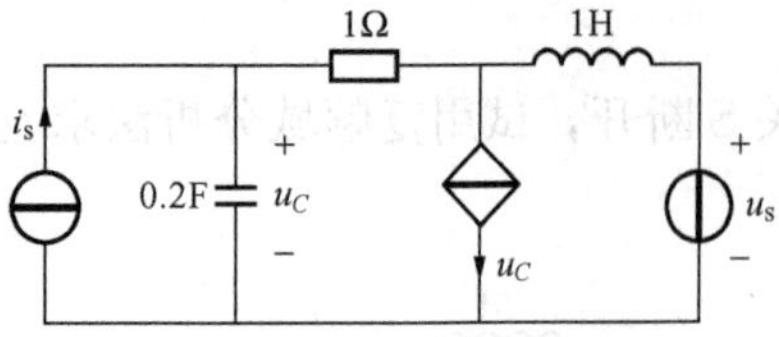


图 14-32　题 14-11 图

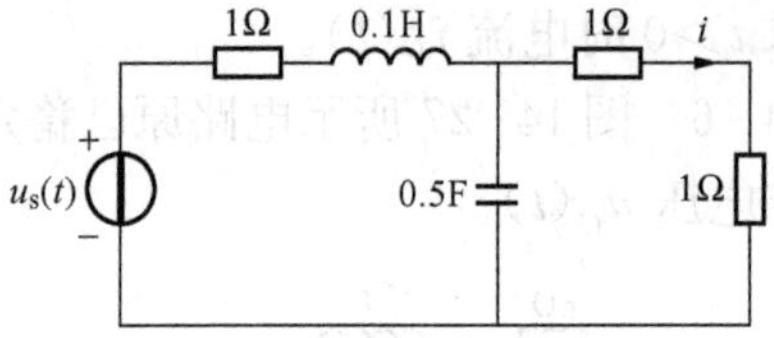


图 14-33　题 14-12 图

14-14　如图 14-35 所示电路中，$u_C(0_-)=1\text{V}$，$i_L(0_-)=1\text{A}$。试求 $t>0$ 时的电流 $i_R(t)$。

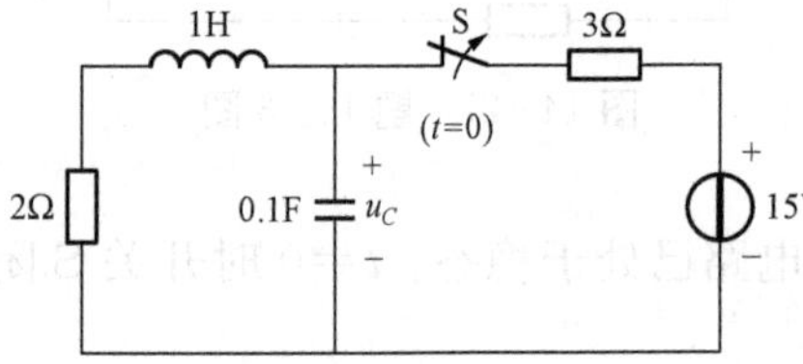


图 14-34　题 14-13 图

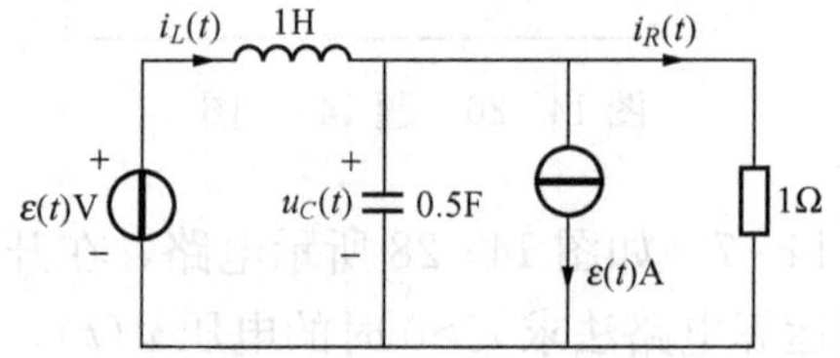


图 14-35　题 14-14 图

14-15　如图 14-36 所示电路在开关 S 动作前已进入稳态，$t=0$ 时开关 S 断开，试求 $t>0$ 时的电流 $i(t)$和开关两端的电压 $u_k(t)$。

14-16　如图 14-37（a）所示电路中，已知 $R_1=6\Omega$，$R_2=3\Omega$，$L=1\text{H}$，$\mu=1$。试求当 $u_s(t)$为图 14-37（b）所示的波形时电路的零状态响应 $i_L(t)$。

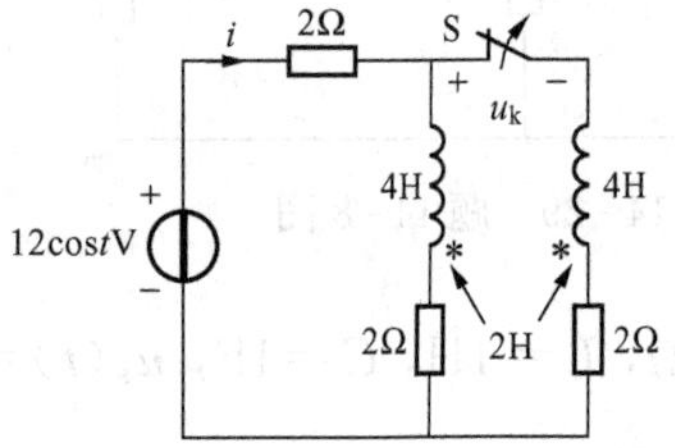


图 14-36　题 14-15 图

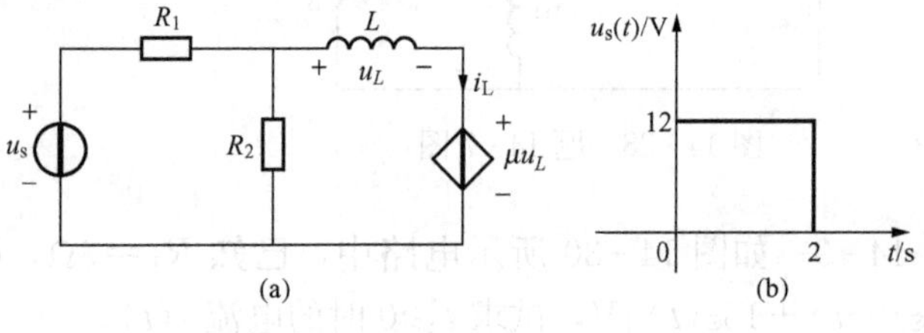


图 14-37　题 14-16 图

**网络函数**

14-17　试求图 14-38 所示电路的网络函数 $H(s)=\dfrac{U_o(s)}{U_s(s)}$，并绘出零极点图。

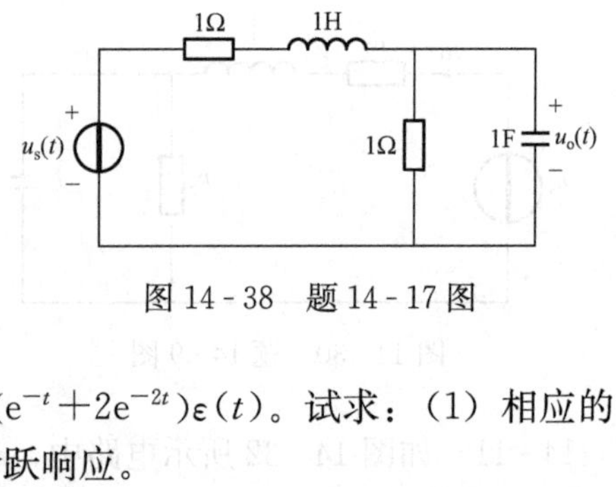


图 14-38　题 14-17 图

14-18　某线性时不变电路的单位阶跃响应 $s(t)=(2-e^{-t}-e^{-2t})\varepsilon(t)$。试求该电路的网络函数 $H(s)$，并绘出零极点图。

14-19　某线性时不变电路的冲激响应 $h(t)=(e^{-t}+2e^{-2t})\varepsilon(t)$。试求：（1）相应的网络函数 $H(s)$，并绘出零极点图；（2）电路的单位阶跃响应。

14-20　某线性时不变电路的单位阶跃响应 $s(t)=(1-e^{-2t})\varepsilon(t)$。试求：当输入 $f(t)=0.5e^{-3t}\varepsilon(t)$时，电路的零状态响应 $y_{zs}(t)$。

14-21　图 14-39 所示电路中的 N 为 RC 线性网络，零输入响应 $u_{zi}(t)=-e^{-10t}\varepsilon(t)$V；当激励 $u_s(t)=12\varepsilon(t)$V 时，全响应 $u_o(t)=(6-3e^{-10t})\varepsilon(t)$V。现将激励改为 $u_s(t)=6e^{-5t}\varepsilon(t)$（原初始状态不变），再求其全响应 $u_o(t)$。

14-22　如图 14-40 所示电路中，已知当 $L=2$H，$i_s(t)=\delta(t)$A 时，零状态响应 $u(t)=2e^{-t}\varepsilon(t)$V。试求当 $L=4$H，$i_s(t)=3e^{-2t}\varepsilon(t)$A 时的零状态响应 $u(t)$。

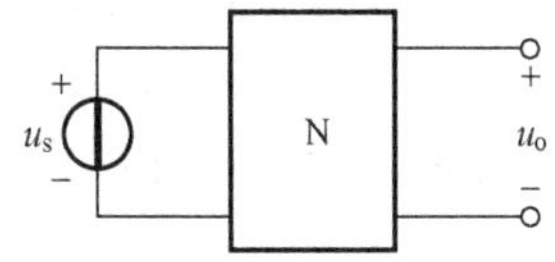

图 14-39　题 14-21 图

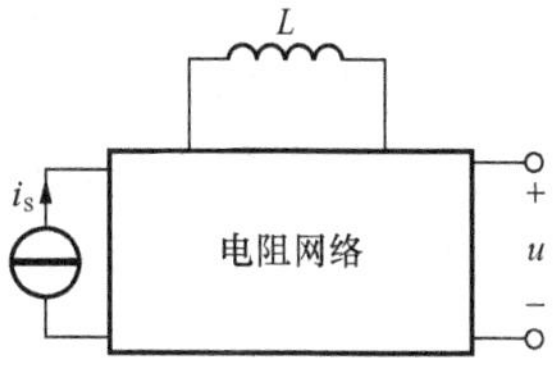

图 14-40　题 14-22 图

14-23　如图 14-41 所示电路中，已知当 $R=2\Omega$，$C=0.5$F，$u_s(t)=e^{-3t}\varepsilon(t)$V 时，零状态响应 $u(t)=(0.6e^{-3t}-0.1e^{-0.5t})\varepsilon(t)$V。现将 $R$ 换成 1Ω 电阻，$C$ 换成 0.5H 电感，$u_s(t)$换成单位冲激电压源，即 $u_s(t)=\delta(t)$V，试求零状态响应 $u(t)$。

14-24　电路如图 14-42 所示。试求网络函数 $H(s)=U(s)/U_s(s)$ 以及当 $u_s(t)=100\sqrt{2}\cos 10t$V 时的正弦稳态电压 $u(t)$。

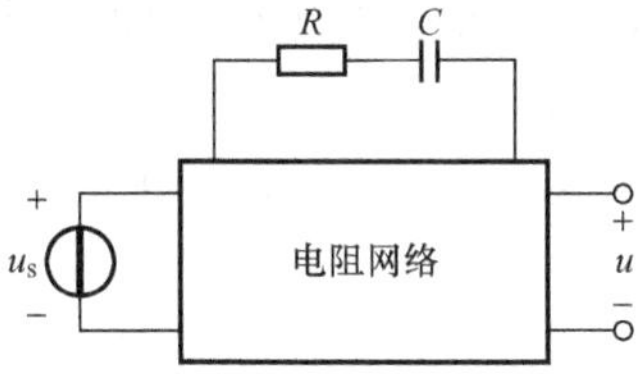

图 14-41　题 14-23 图

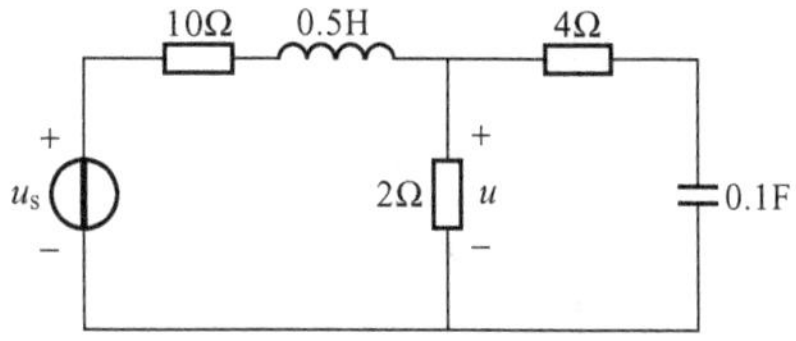

图 14-42　题 14-24 图

14-25　电路如图 14-43 所示，网络 $N_0$ 为非含源线性网络。

(1) 已知当 $u_1(t)=\delta(t)$V，零状态响应 $u_o(t)=\delta(t)+(e^{-t}-4e^{-2t})\varepsilon(t)$V。试求当 $u_1(t)=3\sqrt{2}\cos(\sqrt{2}t)$V 时的正弦稳态响应电压 $u_o(t)$。

(2) 若已知 $H(j\omega)=\dfrac{\dot{U}_o}{\dot{U}_1}=\dfrac{j\omega}{-\omega^2+j5\omega+6}$，试求单位冲激响应 $h(t)$。

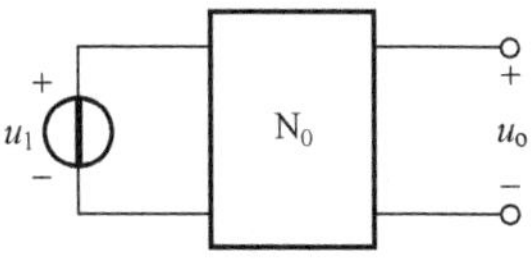

图 14-43　题 14-25 图

# 第 15 章　电路代数方程的矩阵形式

随着实际电网络的日趋复杂，传统的电路直观列写法显得越来越不适应。因此，需要采用一套能系统编写方程的方法。本章将讨论以网络图论和矩阵代数为工具的系统列写法。系统列写法列写的电路方程为矩阵形式，为了推导出这种方程，需要用到基尔霍夫定律方程的矩阵形式和支路方程的矩阵形式。为此，下面首先研究两类约束方程的矩阵形式。

## *15.1　有向图的矩阵表示和基尔霍夫定律的矩阵形式

有向图的拓扑性质可以用关联矩阵、回路矩阵和割集矩阵来描述。本节介绍这三个矩阵以及用它们表示的基尔霍夫定律方程的矩阵形式。

### 15.1.1　关联矩阵及其表示的基尔霍夫定律的矩阵形式

支路和节点的关联性质，即支路和节点的连接方式可以用所谓的支路对节点的关联矩阵来描述。

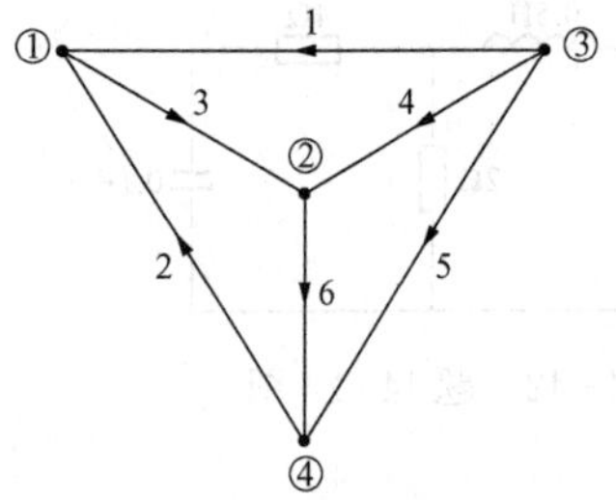


图 15-1　有向图的支路与节点的关联性质

对于图 15-1 所示有向图的每个节点列写 KCL 方程，得

$$-i_1-i_2+i_3=0,\quad -i_3-i_4+i_6=0$$

$$i_1+i_4+i_5=0,\quad i_2-i_5-i_6=0$$

上述方程写成矩阵形式为

$$\begin{bmatrix} -1 & -1 & 1 & 0 & 0 & 0 \\ 0 & 0 & -1 & -1 & 0 & 1 \\ 1 & 0 & 0 & 1 & 1 & 0 \\ 0 & 1 & 0 & 0 & -1 & -1 \end{bmatrix} \begin{bmatrix} i_1 \\ i_2 \\ i_3 \\ i_4 \\ i_5 \\ i_6 \end{bmatrix} = \begin{bmatrix} 0 \\ 0 \\ 0 \\ 0 \end{bmatrix}$$

或者简记为

$$\boldsymbol{A}_a \boldsymbol{i}_b = \boldsymbol{0}$$

式中

$$\boldsymbol{i}_b = [\, i_1 \quad i_2 \quad i_3 \quad i_4 \quad i_5 \quad i_6 \,]^{\mathrm{T}}$$

$$\boldsymbol{A}_a = \begin{bmatrix} -1 & -1 & 1 & 0 & 0 & 0 \\ 0 & 0 & -1 & -1 & 0 & 1 \\ 1 & 0 & 0 & 1 & 1 & 0 \\ 0 & 1 & 0 & 0 & -1 & -1 \end{bmatrix}$$

式中：$\boldsymbol{i}_b$ 为支路电流列向量；$\boldsymbol{A}_a$ 为增广关联矩阵。

仔细分析增广关联矩阵，可得如下结论：

设有向图具有 $n$ 个节点、$b$ 条支路，且所有的节点和支路都加以编号，则该有向图的增广关联矩阵 $\boldsymbol{A}_a$ 为一个 $n\times b$ 阶的矩阵。它的行对应于节点，列对应于支路，其任一元素 $a_{ij}$

定义如下：

$$a_{ij}=\begin{cases}+1 & \text{表示支路 } j \text{ 和节点 } i \text{ 关联，且它的方向为离开节点（正向关联）}\\ -1 & \text{表示支路 } j \text{ 和节点 } i \text{ 关联，且它的方向为指向节点（反向关联）}\\ 0 & \text{表示支路 } j \text{ 和节点 } i \text{ 非关联}\end{cases}$$

由于每条支路与且仅与两个节点相关联，并且与一个节点正向关联，与另一个节点反向关联，所以，在 $\boldsymbol{A}_a$ 的每一列中，有且仅有两个非零元素：+1 和−1。这导致 $\boldsymbol{A}_a$ 的所有行相加为零行，即所有元素均为零的一行。由此可见，$\boldsymbol{A}_a$ 的各行不是彼此独立的，即 $\boldsymbol{A}_a$ 中的任一行是其余各行的线性组合，必能从其他 $(n-1)$ 行导出。

若把 $\boldsymbol{A}_a$ 中的任一行划去（相当于将其对应的节点选作参考点），剩下的 $(n-1)\times b$ 阶矩阵仍具有同样的信息，足以表征有向图中支路与节点的关联关系。这种 $(n-1)\times b$ 阶矩阵称为降阶关联矩阵，简称关联矩阵，用 **A** 表示。在关联矩阵 **A** 中，有些列（对应于接在两个非参考节点上的支路）具有两个非零元素：+1 和−1；有些列（对应于一端接在参考点上的支路）只有一个非零元素：+1 或−1。仍以图 15-1 为例，若划去第 4 行，相当于选取节点④为参考点，则

$$\boldsymbol{A}=\begin{bmatrix}-1 & -1 & 1 & 0 & 0 & 0\\ 0 & 0 & -1 & -1 & 0 & 1\\ 1 & 0 & 0 & 1 & 1 & 0\end{bmatrix}$$

同样有

$$\boldsymbol{A}\boldsymbol{i}_b=\boldsymbol{0} \tag{15-1}$$

式（15-1）就是用关联矩阵 **A** 表示的 KCL 方程的矩阵形式。虽然这一表达式是由图 15-1 所示的有向图得出的，但对任何有向图均成立。这时 $\boldsymbol{i}_b=[i_1\quad i_2\quad \cdots\quad i_b]^{\mathrm{T}}$。

设支路电压列向量 $\boldsymbol{u}_b=[u_1\quad u_2\quad \cdots\quad u_b]^{\mathrm{T}}$，节点电压列向量 $\boldsymbol{u}_n=[u_{n1}\quad u_{n2}\quad \cdots\quad u_{nn-1}]^{\mathrm{T}}$。由于关联矩阵 **A** 的每一列，也就是 $\boldsymbol{A}^{\mathrm{T}}$ 的每一行，表示对应支路与节点的关联关系，所以有

$$\boldsymbol{u}_b=\boldsymbol{A}^{\mathrm{T}}\boldsymbol{u}_n \tag{15-2}$$

式（15-2）就是用关联矩阵 **A** 表示的 KVL 方程的矩阵形式。例如，对于图 15-1（节点④选为参考点）有

$$\begin{bmatrix}u_1\\ u_2\\ u_3\\ u_4\\ u_5\\ u_6\end{bmatrix}=\begin{bmatrix}u_{n3}-u_{n1}\\ -u_{n1}\\ u_{n1}-u_{n2}\\ u_{n3}-u_{n2}\\ u_{n3}\\ u_{n2}\end{bmatrix}=\begin{bmatrix}-1 & 0 & 1\\ -1 & 0 & 0\\ 1 & -1 & 0\\ 0 & -1 & 1\\ 0 & 0 & 1\\ 0 & 1 & 0\end{bmatrix}\begin{bmatrix}u_{n1}\\ u_{n2}\\ u_{n3}\end{bmatrix}$$

### 15.1.2　基本回路矩阵及其表示的基尔霍夫定律的矩阵形式

设一个回路由某些支路组成，则称这些支路与该回路关联。下面介绍表示支路与基本回路关联性质的基本回路矩阵，一般回路矩阵可按类似方式处理。基本回路矩阵用 $\boldsymbol{B}_f$ 表示。

设有向图具有 $b$ 条支路、$l$ 个基本回路，且所有基本回路和支路均加以编号，则该有向图的基本回路矩阵 $\boldsymbol{B}_f$ 是一个 $l\times b$ 阶的矩阵。$\boldsymbol{B}_f$ 的行对应于基本回路，列对应于支路，它的任一元素 $b_{ij}$ 定义如下：

$$b_{ij}=\begin{cases}+1 & 表示支路 j 属于回路 i，且二者方向一致(正向关联)\\ -1 & 表示支路 j 属于回路 i，且二者方向相反(反向关联)\\ 0 & 表示支路 j 不属于回路 i\end{cases}$$

习惯上规定，基本回路的方向与其关联的连支的方向一致。

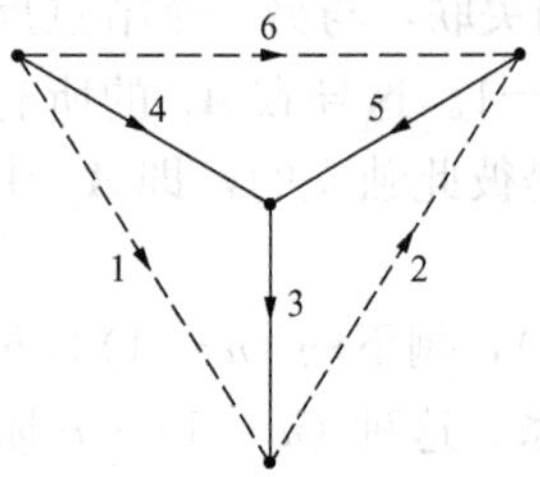

图 15-2　基本回路组

对于图 15-2 所示的有向图，实线代表树支，虚线代表连支，则对应的基本回路矩阵 $\boldsymbol{B}_f$ 为

$$\boldsymbol{B}_f=\begin{bmatrix}1 & 0 & -1 & -1 & 0 & 0\\ 0 & 1 & 1 & 0 & 1 & 0\\ 0 & 0 & 0 & -1 & 1 & 1\end{bmatrix}$$

电路的独立 KVL 方程可以用基本回路矩阵 $\boldsymbol{B}_f$ 表示为矩阵形式。仍以图 15-2 的有向图为例，根据选定的基本回路，可得如下独立的 KVL 方程

$$u_1-u_3-u_4=0,\quad u_2+u_3+u_5=0,\quad -u_4+u_5+u_6=0$$

写成矩阵形式为

$$\begin{bmatrix}1 & 0 & -1 & -1 & 0 & 0\\ 0 & 1 & 1 & 0 & 1 & 0\\ 0 & 0 & 0 & -1 & 1 & 1\end{bmatrix}\begin{bmatrix}u_1\\ u_2\\ u_3\\ u_4\\ u_5\\ u_6\end{bmatrix}=\begin{bmatrix}0\\ 0\\ 0\end{bmatrix}$$

即

$$\boldsymbol{B}_f\boldsymbol{u}_b=\boldsymbol{0} \tag{15-3}$$

式（15-3）是用基本回路矩阵 $\boldsymbol{B}_f$ 表示的 KVL 方程的矩阵形式，对任何电路都成立。

设基本回路电流列向量，即连支电流列向量 $\boldsymbol{i}_l=[i_{l1}\quad i_{l2}\quad \cdots \quad i_{ll}]^{\mathrm{T}}$，则由于 $\boldsymbol{B}_f$ 的每一列，即 $\boldsymbol{B}_f^{\mathrm{T}}$ 的每一行，表示对应支路与回路的关联情况，故知

$$\boldsymbol{i}_b=\boldsymbol{B}_f^{\mathrm{T}}\boldsymbol{i}_l \tag{15-4}$$

式（15-4）是用基本回路矩阵 $\boldsymbol{B}_f$ 表示的 KCL 方程的矩阵形式。例如，对于图 15-2 来说，$i_{l1}=i_1$，$i_{l2}=i_2$，$i_{l3}=i_6$，则

$$\begin{bmatrix}i_1\\ i_2\\ i_3\\ i_4\\ i_5\\ i_6\end{bmatrix}=\begin{bmatrix}i_{l1}\\ i_{l2}\\ i_{l2}-i_{l1}\\ -i_{l1}-i_{l3}\\ i_{l2}+i_{l3}\\ i_{l3}\end{bmatrix}=\begin{bmatrix}1 & 0 & 0\\ 0 & 1 & 0\\ -1 & 1 & 0\\ -1 & 0 & -1\\ 0 & 1 & 1\\ 0 & 0 & 1\end{bmatrix}\begin{bmatrix}i_{l1}\\ i_{l2}\\ i_{l3}\end{bmatrix}$$

若把 $l$ 条连支依次排列在 $\boldsymbol{B}_f$ 的第 1 列至第 $l$ 列，然后再排树支，并按连支编号从小到大的顺序给对应的基本回路编号，则 $\boldsymbol{B}_f$ 中将出现一个 $l$ 阶单位子矩阵 $\boldsymbol{1}_l$，即有

$$\boldsymbol{B}_f=[\boldsymbol{1}_l\quad \boldsymbol{B}_t]$$

式中下标 $l$ 和 $t$ 分别表示与连支和树支对应的部分。

例如，对于图 15-2 有

$$\boldsymbol{B}_f=\begin{bmatrix}1&0&0&-1&-1&0\\0&1&0&1&0&1\\0&0&1&0&-1&1\end{bmatrix}$$

### 15.1.3　基本割集矩阵及其表示的基尔霍夫定律的矩阵形式

设一个割集由某些支路组成，则称这些支路与该割集关联。下面仅介绍表示支路与基本割集关联性质的基本割集矩阵，记作 $\boldsymbol{Q}_f$。一般割集矩阵可按照类似方式处理。

设有向图具有 $n$ 个节点、$b$ 条支路，则该图的基本割集数目为 $(n-1)$。将所有支路和基本割集加以编号，则该有向图的基本割集矩阵 $\boldsymbol{Q}_f$ 是一个 $(n-1)\times b$ 阶的矩阵。$\boldsymbol{Q}_f$ 的行对应于基本割集，列对应于支路。它的任一元素 $q_{ij}$ 定义如下：

$$q_{ij}=\begin{cases}+1 & \text{表示支路 } j \text{ 属于割集 } i\text{，且二者方向一致(正向关联)}\\-1 & \text{表示支路 } j \text{ 属于割集 } i\text{，且二者方向相反(反向关联)}\\0 & \text{表示支路 } j \text{ 不属于割集 } i\end{cases}$$

习惯上规定，基本割集的方向与其关联的树支方向相同。

对于图 15-3 所示的有向图，实线代表树支，虚线代表连支，则相应的基本割集矩阵 $\boldsymbol{Q}_f$ 为

$$\boldsymbol{Q}_f=\begin{bmatrix}1&-1&1&0&0&0\\1&0&0&1&0&1\\0&1&0&0&1&1\end{bmatrix}$$

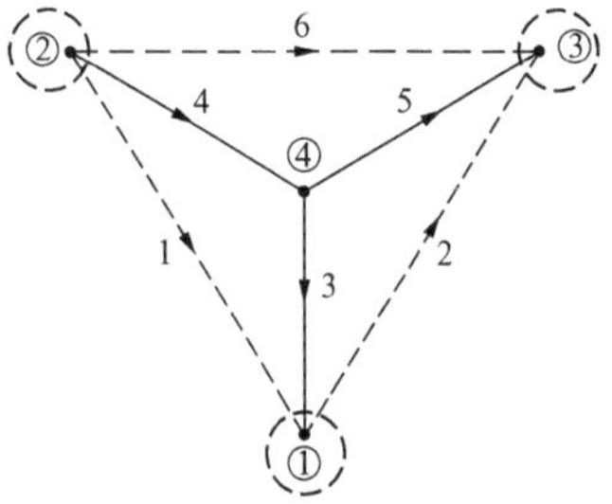

图 15-3　基本割集组

对选定的基本割集列写独立的 KCL 方程，并写成矩阵形式可得

$$\boldsymbol{Q}_f\boldsymbol{i}_b=\boldsymbol{0} \tag{15-5}$$

式(15-5) 是用基本割集矩阵 $\boldsymbol{Q}_f$ 表示的 KCL 方程的矩阵形式。

由基本回路可得支路电压与割集电压(即树支电压) 的关系为

$$\boldsymbol{u}_b=\boldsymbol{Q}_f^{\mathrm{T}}\boldsymbol{u}_t \tag{15-6}$$

式 (15-6) 是用基本割集矩阵 $\boldsymbol{Q}_f$ 表示的 KVL 方程的矩阵形式。其中，$\boldsymbol{u}_t=[u_{t1}\quad u_{t2}\quad\cdots\quad u_{tn-1}]^{\mathrm{T}}$ 为树支电压列向量。

如果把 $(n-1)$ 条树支依次排列在 $\boldsymbol{Q}_f$ 的最后 $(n-1)$ 列，并按树支编号从小到大顺序给对应的基本割集编号，则 $\boldsymbol{Q}_f$ 中将出现一个 $(n-1)$ 阶单位子矩阵 $\mathbf{1}_t$，即有

$$\boldsymbol{Q}_f=[\boldsymbol{Q}_l\quad \mathbf{1}_t]$$

例如，对于图 15-3，有

$$\boldsymbol{Q}_f=\begin{bmatrix}1&-1&0&1&0&0\\1&0&1&0&1&0\\0&1&1&0&0&1\end{bmatrix}$$

### 15.1.4　矩阵 A、$\boldsymbol{B}_f$ 和 $\boldsymbol{Q}_f$ 之间的关系

对于任一连通图，在支路排列顺序相同的情况下，矩阵 $\boldsymbol{A}$、$\boldsymbol{B}_f$ 和 $\boldsymbol{Q}_f$ 分别满足下列关系

$$\boldsymbol{A}\boldsymbol{B}_f^{\mathrm{T}}=\boldsymbol{0}\quad\text{或者}\quad\boldsymbol{B}_f\boldsymbol{A}^{\mathrm{T}}=\boldsymbol{0} \tag{15-7}$$

$$\boldsymbol{Q}_f\boldsymbol{B}_f^{\mathrm{T}}=\boldsymbol{0}\quad\text{或者}\quad\boldsymbol{B}_f\boldsymbol{Q}_f^{\mathrm{T}}=\boldsymbol{0} \tag{15-8}$$

下面先证明式 (15-7)。

将 $\boldsymbol{u}_b=\boldsymbol{A}^{\mathrm{T}}\boldsymbol{u}_n$ 代入 $\boldsymbol{B}_f\boldsymbol{u}_b=\boldsymbol{0}$，得

$$\boldsymbol{B}_f\boldsymbol{u}_b=\boldsymbol{B}_f\boldsymbol{A}^{\mathrm{T}}\boldsymbol{u}_n=\boldsymbol{0}$$

由于 $\boldsymbol{u}_n$ 是任意的，所以

$$\boldsymbol{B}_f\boldsymbol{A}^{\mathrm{T}}=\boldsymbol{0}$$

两边取转置，则有

$$\boldsymbol{A}\boldsymbol{B}_f^{\mathrm{T}}=\boldsymbol{0}$$

用类似的方法可以证明式（15-8）。

如果对于选定的树，按先连支、后树支的顺序对支路编号，则

$$\boldsymbol{A}=[\boldsymbol{A}_l\quad \boldsymbol{A}_t],\ \boldsymbol{B}_f=[\boldsymbol{1}_l\quad \boldsymbol{B}_t],\ \boldsymbol{Q}_f=[\boldsymbol{Q}_l\quad \boldsymbol{1}_t]$$

代入式（15-7）中，得

$$\boldsymbol{A}\boldsymbol{B}_f^{\mathrm{T}}=[\boldsymbol{A}_l\quad \boldsymbol{A}_t]\begin{bmatrix}\boldsymbol{1}_l\\ \boldsymbol{B}_t^{\mathrm{T}}\end{bmatrix}=\boldsymbol{A}_l+\boldsymbol{A}_t\boldsymbol{B}_t^{\mathrm{T}}=\boldsymbol{0}$$

即

$$\boldsymbol{B}_t^{\mathrm{T}}=-\boldsymbol{A}_t^{-1}\boldsymbol{A}_l$$

同理可得

$$\boldsymbol{B}_t^{\mathrm{T}}+\boldsymbol{Q}_l=\boldsymbol{0}$$

即

$$\boldsymbol{Q}_l=-\boldsymbol{B}_t^{\mathrm{T}}=\boldsymbol{A}_t^{-1}\boldsymbol{A}_l$$

## 15.2 支路方程的矩阵形式

分析电路的基本依据是电路的两类约束。15.1 节讨论了基尔霍夫定律的矩阵形式，为了完整地描述电路，还必须掌握支路方程的矩阵形式。为此，本节推导支路伏安关系的矩阵形式。

目前，选取支路的主要方式有两种：一种是复合支路，又称为一般支路或标准支路；另一种是把元件的每个端口选作一条支路，这种支路本书称为元件级支路。元件级支路方程的矩阵形式由元件 VAR 按支路顺序直接罗列起来构成，列写方式较为简单。在此重点讨论复合支路方程的矩阵形式，并以相量模型为例进行说明。

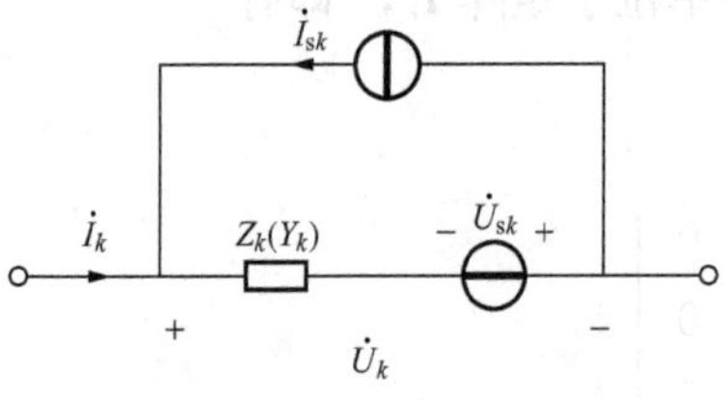


图 15-4　复合支路

在电路理论中，目前对复合支路还没有统一的规定。一般而言，一条复合支路包含几种电路元件，并按规定的方式相互连接。在电路不含受控源的情况下，本书采用图 15-4 所示的结构和内容表示一般的复合支路。图中，下标 $k$ 表示第 $k$ 条支路，$\dot{U}_{sk}$ 和 $\dot{I}_{sk}$ 分别表示独立电压源的电压相量和独立电流源的电流相量；$Z_k$（或 $Y_k$）表示支路阻抗（或导纳），且为了列写方便，规定它只可能是单一的电阻、电感或电容，而不能是它们的组合，即

$$Z_k=\begin{cases}R_k\\ \mathrm{j}\omega L_k\\ -\mathrm{j}\dfrac{1}{\omega C_k}\end{cases}\quad \text{或者}\quad Y_k=\begin{cases}G_k\\ -\mathrm{j}\dfrac{1}{\omega L_k}\\ \mathrm{j}\omega C_k\end{cases}$$

规定支路电压与支路电流采用关联参考方向，但独立电源的方向均与支路电流方向相反。

复合支路规定了一条支路最多可包含的元件及其连接方式，但根据选用的分析方法，可以允许一条支路缺少其中某些元件。因此，电压源与阻抗的串联及电流源与阻抗的并联是复合支路的两种特殊情况。如果支路中没有独立电源，则令电压源电压和电流源电流为零即可。但应该注意，选择的分析方法不同，可以允许缺少的元件是有所区别的。

另外，若采用运算电路，则电压和电流需要转换成象函数形式，阻抗（或导纳）改用运算阻抗（或运算导纳），独立电源包含了起始状态的等效电源。

对于图 15 - 4 中的复合支路，当 $Z_k$ 为二端元件时

$$\dot{I}_k=Y_k(\dot{U}_k+\dot{U}_{sk})-\dot{I}_{sk}=Y_k\dot{U}_k+Y_k\dot{U}_{sk}-\dot{I}_{sk} \tag{15 - 9}$$

式（15 - 9）称为第 $k$ 条支路的压控型方程。

将电路中所有支路的压控型方程写成矩阵形式，便得整个电路的压控型支路方程的矩阵形式，即

$$\begin{bmatrix}\dot{I}_1\\ \dot{I}_2\\ \vdots\\ \dot{I}_b\end{bmatrix}=\begin{bmatrix}Y_1 & 0 & \cdots & 0\\ 0 & Y_2 & \cdots & 0\\ \vdots & \vdots & \ddots & \vdots\\ 0 & 0 & \cdots & Y_b\end{bmatrix}\begin{bmatrix}\dot{U}_1\\ \dot{U}_2\\ \vdots\\ \dot{U}_b\end{bmatrix}+\begin{bmatrix}Y_1 & 0 & \cdots & 0\\ 0 & Y_2 & \cdots & 0\\ \vdots & \vdots & \ddots & \vdots\\ 0 & 0 & \cdots & Y_b\end{bmatrix}\begin{bmatrix}\dot{U}_{s1}\\ \dot{U}_{s2}\\ \vdots\\ \dot{U}_{sb}\end{bmatrix}-\begin{bmatrix}\dot{I}_{s1}\\ \dot{I}_{s2}\\ \vdots\\ \dot{I}_{sb}\end{bmatrix} \tag{15 - 10}$$

定义

$\dot{\boldsymbol{I}}_b=[\dot{I}_1\quad \dot{I}_2\quad \cdots\quad \dot{I}_b]^{\mathrm{T}}$，为支路电流列向量；

$\dot{\boldsymbol{I}}_s=[\dot{I}_{s1}\quad \dot{I}_{s2}\quad \cdots\quad \dot{I}_{sb}]^{\mathrm{T}}$，为支路电流源电流列向量；

$\dot{\boldsymbol{U}}_b=[\dot{U}_1\quad \dot{U}_2\quad \cdots\quad \dot{U}_b]^{\mathrm{T}}$，为支路电压列向量；

$\dot{\boldsymbol{U}}_s=[\dot{U}_{s1}\quad \dot{U}_{s2}\quad \cdots\quad \dot{U}_{sb}]^{\mathrm{T}}$，为支路电压源电压列向量。

则式（15 - 10）可简记为

$$\dot{\boldsymbol{I}}_b=\boldsymbol{Y}_b\dot{\boldsymbol{U}}_b+\boldsymbol{Y}_b\dot{\boldsymbol{U}}_s-\dot{\boldsymbol{I}}_s \tag{15 - 11}$$

式中：$\boldsymbol{Y}_b$ 称为支路导纳矩阵。对于仅由二端元件组成的电路，$\boldsymbol{Y}_b$ 为一对角矩阵，即

$$\boldsymbol{Y}_b=\begin{bmatrix}Y_1 & 0 & \cdots & 0\\ 0 & Y_2 & \cdots & 0\\ \vdots & \vdots & \ddots & \vdots\\ 0 & 0 & \cdots & Y_b\end{bmatrix}=\mathrm{diag}[Y_1\quad Y_2\quad \cdots\quad Y_b]$$

要使电路的压控型支路方程存在，就要求每条支路的压控型方程必须存在。而无串联阻抗的电压源是不存在压控型方程的，这就要求电路中的每一个电压源都必须与一阻抗串联。

这一点可应用电压源位移实现。

同样，第 $k$ 条支路的方程也可以写成如下流控型表达式

$$\dot{U}_k = Z_k(\dot{I}_k + \dot{I}_{sk}) - \dot{U}_{sk} = Z_k\dot{I}_k + Z_k\dot{I}_{sk} - \dot{U}_{sk}$$

将电路中所有支路的流控型方程写成矩阵形式有

$$\begin{bmatrix} \dot{U}_1 \\ \dot{U}_2 \\ \vdots \\ \dot{U}_b \end{bmatrix} = \begin{bmatrix} Z_1 & 0 & \cdots & 0 \\ 0 & Z_2 & \cdots & 0 \\ \vdots & \vdots & \ddots & \vdots \\ 0 & 0 & \cdots & Z_b \end{bmatrix} \begin{bmatrix} \dot{I}_1 \\ \dot{I}_2 \\ \vdots \\ \dot{I}_b \end{bmatrix} + \begin{bmatrix} Z_1 & 0 & \cdots & 0 \\ 0 & Z_2 & \cdots & 0 \\ \vdots & \vdots & \ddots & \vdots \\ 0 & 0 & \cdots & Z_b \end{bmatrix} \begin{bmatrix} \dot{I}_{s1} \\ \dot{I}_{s2} \\ \vdots \\ \dot{I}_{sb} \end{bmatrix} - \begin{bmatrix} \dot{U}_{s1} \\ \dot{U}_{s2} \\ \vdots \\ \dot{U}_{sb} \end{bmatrix}$$

简记为

$$\dot{\boldsymbol{U}}_b = \boldsymbol{Z}_b\dot{\boldsymbol{I}}_b + \boldsymbol{Z}_b\dot{\boldsymbol{I}}_s - \dot{\boldsymbol{U}}_s \tag{15-12}$$

式中：$\boldsymbol{Z}_b$ 称为支路阻抗矩阵。对于仅由二端元件组成的电路，$\boldsymbol{Z}_b$ 也是一个对角阵，即

$$\boldsymbol{Z}_b = \text{diag}[Z_1 \quad Z_2 \quad \cdots \quad Z_b]$$

要使电路的流控型支路方程存在，每条支路的流控型方程必须存在。而无并联阻抗的电流源是不存在流控型方程的，这就要求电路中的每一个电流源都必须与一个阻抗并联。这可以通过电流源位移来实现。

当电路中含有耦合电感时，相应的元件电压不仅与本支路的电流有关，而且还与其他一些支路的电流有关，因此，此时的支路阻抗矩阵 $\boldsymbol{Z}_b$ 不再是对角阵，但由于耦合电感的阻抗矩阵是对称的，所以，$\boldsymbol{Z}_b$ 是一对称阵，即 $\boldsymbol{Z}_b = \boldsymbol{Z}_b^{\mathrm{T}}$。

对于同一电路，若 $\boldsymbol{Z}_b$ 和 $\boldsymbol{Y}_b$ 同时存在，则

$$\boldsymbol{Y}_b = \boldsymbol{Z}_b^{-1} \tag{15-13}$$

所以，$\boldsymbol{Y}_b$ 也不再是对角阵，而是一个对称阵，即 $\boldsymbol{Y}_b = \boldsymbol{Y}_b^{\mathrm{T}}$。

**【例 15-1】** 电路如图 15-5（a）所示，图中元件的下标代表支路的编号，取支路 2、4 和 5 为树支。试分别写出下列两种情况下的关联矩阵、基本回路矩阵、基本割集矩阵、支路阻抗矩阵、支路导纳矩阵、支路电压源列向量和支路电流源列向量：① $M_{45}=0$；② $M_{45}\neq 0$。

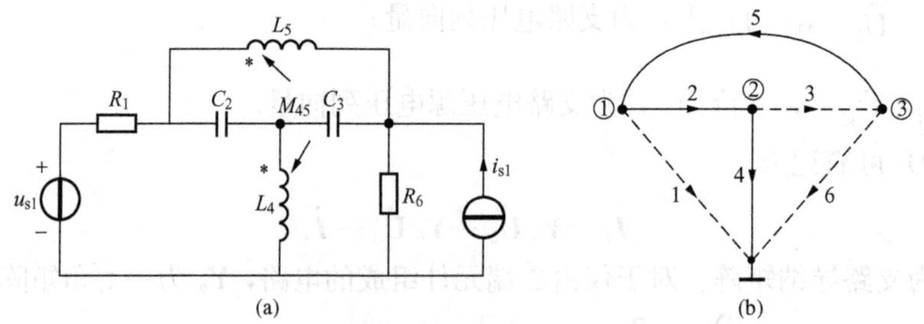


图 15-5 ［例 15-1］图

（a）原电路；（b）电路的有向图

**解** 电路的有向图如图 15-5（b）所示，其中实线为树支，虚线为连支，则关联矩阵为

$$A=\begin{bmatrix}1&1&0&0&-1&0\\0&-1&1&1&0&0\\0&0&-1&0&1&1\end{bmatrix}$$

基本回路矩阵和基本割集矩阵分别为

$$B_f=\begin{bmatrix}1&-1&0&-1&0&0\\0&1&1&0&1&0\\0&-1&0&-1&-1&1\end{bmatrix},\quad Q_f=\begin{bmatrix}1&1&-1&0&0&1\\1&0&0&1&0&1\\0&0&-1&0&1&1\end{bmatrix}$$

支路电压源列向量和支路电流源列向量分别为

$$\dot{U}_s=\begin{bmatrix}-\dot{U}_{s1}&0&0&0&0&0\end{bmatrix}^T,\quad \dot{I}_s=\begin{bmatrix}0&0&0&0&0&\dot{I}_{s1}\end{bmatrix}^T$$

（1）$M_{45}=0$ 时，支路阻抗矩阵为

$$Z_b=\mathrm{diag}\begin{bmatrix}R_1&\frac{1}{j\omega C_2}&\frac{1}{j\omega C_3}&j\omega L_4&j\omega L_5&R_6\end{bmatrix}$$

支路导纳矩阵为

$$Y_b=\mathrm{diag}\begin{bmatrix}\frac{1}{R_1}&j\omega C_2&j\omega C_3&\frac{1}{j\omega L_4}&\frac{1}{j\omega L_5}&\frac{1}{R_6}\end{bmatrix}$$

（2）$M_{45}\neq 0$ 时，支路阻抗矩阵为

$$Z_b=\begin{bmatrix}R_1&0&0&0&0&0\\0&\frac{1}{j\omega C_2}&0&0&0&0\\0&0&\frac{1}{j\omega C_3}&0&0&0\\0&0&0&j\omega L_4&-j\omega M_{45}&0\\0&0&0&-j\omega M_{45}&j\omega L_5&0\\0&0&0&0&0&R_6\end{bmatrix}$$

当电路中电感之间存在耦合时，应把各耦合电感的支路连续编号，则在支路阻抗矩阵 $Z_b$ 中与这些支路有关的元素将集中在某一子矩阵中，可以通过对这些子矩阵的求逆运算和其他对角线元素取倒数求得支路导纳矩阵 $Y_b$。对于本例，$Z_b$ 中相应的子矩阵为

$$\begin{bmatrix}j\omega L_4&-j\omega M_{45}\\-j\omega M_{45}&j\omega L_5\end{bmatrix}$$

则在 $Y_b(=Z_b^{-1})$ 中将有对应的子矩阵

$$\begin{bmatrix}j\omega L_4&-j\omega M_{45}\\-j\omega M_{45}&j\omega L_5\end{bmatrix}^{-1}=\begin{bmatrix}\frac{L_5}{\Delta}&\frac{M_{45}}{\Delta}\\\frac{M_{45}}{\Delta}&\frac{L_4}{\Delta}\end{bmatrix}$$

其中，$\Delta=j\omega(L_4L_5-M_{45}^2)$。显然，对于全耦合情况，$Y_b$ 不存在。

电路的支路导纳矩阵为

$$
\boldsymbol{Y}_b=\begin{bmatrix}
\frac{1}{R_1} & 0 & 0 & 0 & 0 & 0\\
0 & j\omega C_2 & 0 & 0 & 0 & 0\\
0 & 0 & j\omega C_3 & 0 & 0 & 0\\
0 & 0 & 0 & \frac{L_5}{\Delta} & \frac{M_{45}}{\Delta} & 0\\
0 & 0 & 0 & \frac{M_{45}}{\Delta} & \frac{L_4}{\Delta} & 0\\
0 & 0 & 0 & 0 & 0 & \frac{1}{R_6}
\end{bmatrix}
$$

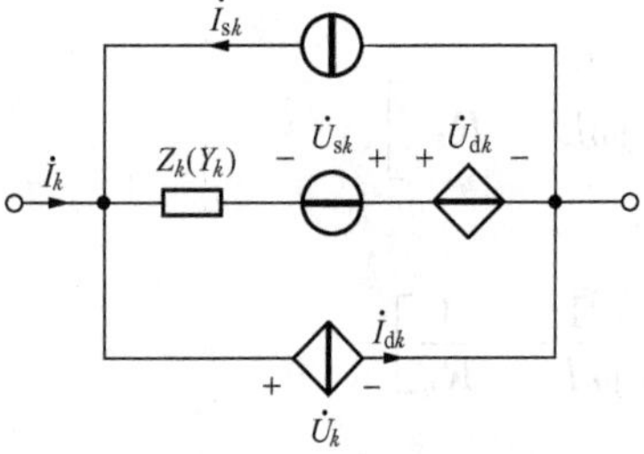


图 15-6　含受控源的复合支路

当电路中含有受控源时，复合支路的一般形式如图 15-6 所示。显然，当受控源的输出量均为零时，即转化成了如图 15-4 所示的复合支路。图 15-6 中，受控源的方向与支路方向相同；$\dot{U}_{dk}$ 和 $\dot{I}_{dk}$ 分别表示受控电压源和受控电流源，它们的控制量是支路电压或支路电流。

不论有无受控源，支路方程的矩阵形式是相同的，只是支路导纳矩阵 $\boldsymbol{Y}_b$（或支路阻抗矩阵 $\boldsymbol{Z}_b$）的内容不同而已。一般而言，当电路含有受控源时，$\boldsymbol{Y}_b$ 和 $\boldsymbol{Z}_b$ 不再是对称阵，但式（15－13）仍然成立。

列写支路阻抗矩阵 $\boldsymbol{Z}_b$ 和支路导纳矩阵 $\boldsymbol{Y}_b$ 有多种方法，在此只介绍直观列写法。下面通过实例具体说明。

**【例 15-2】**　电路及其有向图分别如图 15-7（a）和 15-7（b）所示，试分别写出该电路的支路电压源列向量 $\boldsymbol{U}_s$、支路电流源列向量 $\boldsymbol{I}_s$、支路阻抗矩阵 $\boldsymbol{Z}_b$ 和支路导纳矩阵 $\boldsymbol{Y}_b$。

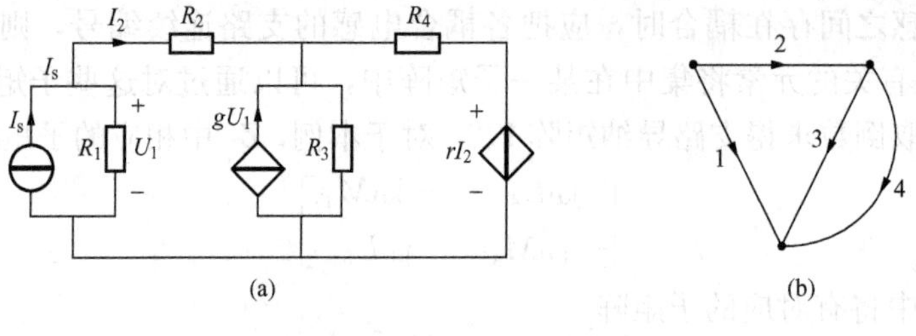


图 15-7　［例 15-2］图

(a) 原电路；(b) 电路的有向图

**解**　因电路中没有独立电压源，故支路电压源列向量为

$$\boldsymbol{U}_s=[0\quad 0\quad 0\quad 0]^{T}$$

支路电流源列向量为

$$\boldsymbol{I}_s=[I_s\quad 0\quad 0\quad 0]^{T}$$

由于 $\boldsymbol{Z}_b$ 和 $\boldsymbol{Y}_b$ 与电路中的独立电源无关，因此可先把独立电源置于零值，即独立电压源用短路线代替，独立电流源用开路线代替，然后再写出各支路的方程，最后写成如下矩阵

形式

$$\dot{\boldsymbol{U}}_b=\boldsymbol{Z}_b\dot{\boldsymbol{I}}_b \text{ 或者 } \dot{\boldsymbol{I}}_b=\boldsymbol{Y}_b\dot{\boldsymbol{U}}_b$$

为了写出支路阻抗矩阵，把各支路的方程写成流控型表达式

$$U_1=R_1I_1$$
$$U_2=R_2I_2$$
$$U_3=R_3(I_3+gU_1)=gR_3U_1+R_3I_3=gR_1R_3I_1+R_3I_3$$
$$U_4=rI_2+R_4I_4$$

将上述方程写成矩阵形式

$$\begin{bmatrix}U_1\\U_2\\U_3\\U_4\end{bmatrix}=\begin{bmatrix}R_1&0&0&0\\0&R_2&0&0\\gR_1R_3&0&R_3&0\\0&r&0&R_4\end{bmatrix}\begin{bmatrix}I_1\\I_2\\I_3\\I_4\end{bmatrix}$$

则所求的支路阻抗矩阵为

$$\boldsymbol{Z}_b=\begin{bmatrix}R_1&0&0&0\\0&R_2&0&0\\gR_1R_3&0&R_3&0\\0&r&0&R_4\end{bmatrix}$$

为了写出支路导纳矩阵，把各支路的方程写成压控型表达式

$$I_1=G_1U_1$$
$$I_2=G_2U_2$$
$$I_3=-gU_1+G_3U_3$$
$$I_4=G_4(U_4-rI_2)=-G_4rI_2+G_4U_4=-G_2G_4rU_2+G_4U_4$$

其中，$G_k=\dfrac{1}{R_k}(k=1,2,3,4)$。

将上述方程写成矩阵形式

$$\begin{bmatrix}I_1\\I_2\\I_3\\I_4\end{bmatrix}=\begin{bmatrix}G_1&0&0&0\\0&G_2&0&0\\-g&0&G_3&0\\0&-G_2G_4r&0&G_4\end{bmatrix}\begin{bmatrix}U_1\\U_2\\U_3\\U_4\end{bmatrix}$$

则所求的支路导纳矩阵为

$$\boldsymbol{Y}_b=\begin{bmatrix}G_1&0&0&0\\0&G_2&0&0\\-g&0&G_3&0\\0&-G_2G_4r&0&G_4\end{bmatrix}$$

对于元件级支路，其支路方程的矩阵形式具有如下一般形式

$$\boldsymbol{M}\dot{\boldsymbol{I}}_b+\boldsymbol{N}\dot{\boldsymbol{U}}_b=\dot{\boldsymbol{U}}_s+\dot{\boldsymbol{I}}_s$$

详见 15.4 节。

## 15.3 电路代数方程的矩阵形式

两类约束方程的矩阵形式完整地描述了电路中所有支路电流和支路电压所应遵从的约束关系。由这些约束关系可推导出节点电压方程、回路电流方程和割集电压方程等的矩阵形式。

### 15.3.1 节点电压方程的矩阵形式

节点电压方程的矩阵形式可由压控型支路方程的矩阵形式 $\dot{\boldsymbol{I}}_b=\boldsymbol{Y}_b\dot{\boldsymbol{U}}_b+\boldsymbol{Y}_b\dot{\boldsymbol{U}}_s-\dot{\boldsymbol{I}}_s$ 与关联矩阵表示的 KCL 和 KVL 方程的矩阵形式 $\boldsymbol{A}\dot{\boldsymbol{I}}_b=\boldsymbol{0}$，$\dot{\boldsymbol{U}}_b=\boldsymbol{A}^{\mathrm{T}}\dot{\boldsymbol{U}}_n$ 导出。

为了消去支路电流列向量 $\dot{\boldsymbol{I}}_b$ 和支路电压列向量 $\dot{\boldsymbol{U}}_b$，将压控型支路方程的矩阵形式左乘以 $\boldsymbol{A}$，用 $\boldsymbol{A}^{\mathrm{T}}\dot{\boldsymbol{U}}_n$ 代替 $\dot{\boldsymbol{U}}_b$，并由 $\boldsymbol{A}\dot{\boldsymbol{I}}_b=\boldsymbol{0}$，可得

$$\boldsymbol{A}\boldsymbol{Y}_b\boldsymbol{A}^{\mathrm{T}}\dot{\boldsymbol{U}}_n+\boldsymbol{A}\boldsymbol{Y}_b\dot{\boldsymbol{U}}_s-\boldsymbol{A}\dot{\boldsymbol{I}}_s=\boldsymbol{0}$$

或者

$$\boldsymbol{A}\boldsymbol{Y}_b\boldsymbol{A}^{\mathrm{T}}\dot{\boldsymbol{U}}_n=\boldsymbol{A}\dot{\boldsymbol{I}}_s-\boldsymbol{A}\boldsymbol{Y}_b\dot{\boldsymbol{U}}_s \tag{15-14}$$

其中，$\boldsymbol{A}\boldsymbol{Y}_b\boldsymbol{A}^{\mathrm{T}}$ 为一个 $(n-1)$ 阶方阵；$\boldsymbol{A}\dot{\boldsymbol{I}}_s$ 和 $\boldsymbol{A}\boldsymbol{Y}_b\dot{\boldsymbol{U}}_s$ 为 $(n-1)$ 维列向量，并且这两个列向量前的正负号与复合支路中独立电源方向的规定有关。式（15-14）中所取的正负号对应于本书复合支路中独立电源的方向。式（15-14）即为节点电压方程的矩阵形式。

令

$$\boldsymbol{Y}_n=\boldsymbol{A}\boldsymbol{Y}_b\boldsymbol{A}^{\mathrm{T}} \tag{15-15}$$

$$\dot{\boldsymbol{J}}_n=\boldsymbol{A}\dot{\boldsymbol{I}}_s-\boldsymbol{A}\boldsymbol{Y}_b\dot{\boldsymbol{U}}_s \tag{15-16}$$

则式（15-14）可写成

$$\boldsymbol{Y}_n\dot{\boldsymbol{U}}_n=\dot{\boldsymbol{J}}_n \tag{15-17}$$

式中，$\boldsymbol{Y}_n$ 称为节点导纳矩阵，它的元素相当于本书第 3 章中节点电压方程等号左边的系数；$\dot{\boldsymbol{J}}_n$ 为节点电流源列向量，它的元素相当于本书第 3 章中节点电压方程等号右边的常数项。$\boldsymbol{Y}_n$ 和 $\dot{\boldsymbol{J}}_n$ 分别由式（15-15）和式（15-16）确定。由式（15-15）和式（15-16）可以看出，只要写出 $\boldsymbol{A}$、$\boldsymbol{Y}_b$、$\dot{\boldsymbol{I}}_s$ 和 $\dot{\boldsymbol{U}}_s$ 四个矩阵，就可确定 $\boldsymbol{Y}_n$ 和 $\dot{\boldsymbol{J}}_n$。

**【例 15-3】** 在图 15-8（a）所示电路中，$u_3(0_-)=2\mathrm{V}$，$u_4(0_-)=0$，$i_5(0_-)=3\mathrm{A}$，$i_6(0_-)=-5\mathrm{A}$。试写出该电路对应的运算电路的节点电压方程的矩阵形式。其中，$R_1=1\Omega$，$R_2=0.25\Omega$，$C_3=2\mathrm{F}$，$C_4=1\mathrm{F}$，$L_5=4\mathrm{H}$，$L_6=3\mathrm{H}$，$i_s(t)=5\varepsilon(t)\mathrm{A}$。

**解** 电路的有向图和运算电路分别如图 15-8（b）和 15-8（c）所示。关联矩阵为

$$\boldsymbol{A}=\begin{bmatrix}1 & 0 & 0 & 1 & 1 & 0\\ 0 & 0 & 1 & 0 & -1 & 1\\ 0 & 1 & 0 & -1 & 0 & -1\end{bmatrix}$$

由图 15-8（c）可得支路电压源列向量为

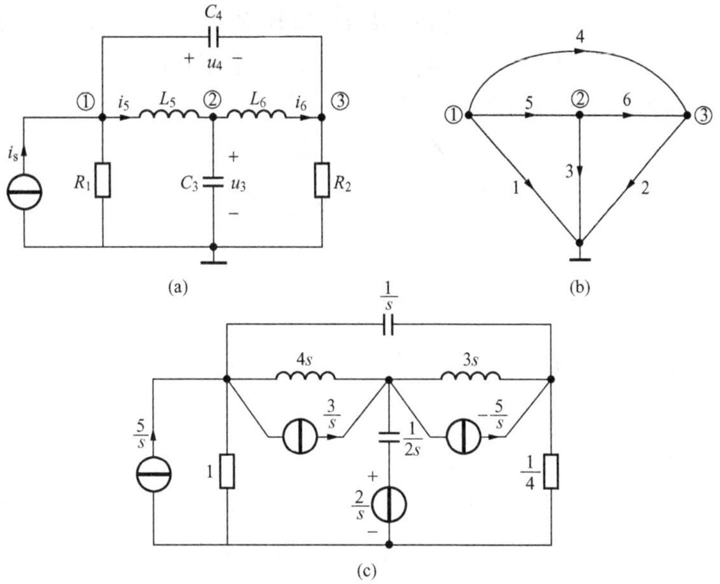


图 15-8　［例 15-3］图

（a）原电路；（b）电路有向图；（c）运算电路

$$\boldsymbol{U}_{s}(s)=\begin{bmatrix}0 & 0 & -\dfrac{2}{s} & 0 & 0 & 0\end{bmatrix}^{T}$$

支路电流源列向量为

$$\boldsymbol{I}_{s}(s)=\begin{bmatrix}\dfrac{5}{s} & 0 & 0 & 0 & -\dfrac{3}{s} & \dfrac{5}{s}\end{bmatrix}^{T}$$

支路导纳矩阵为

$$\boldsymbol{Y}_{b}(s)=\text{diag}\begin{bmatrix}1 & 4 & 2s & s & \dfrac{1}{4s} & \dfrac{1}{3s}\end{bmatrix}$$

把以上各矩阵代入 $\boldsymbol{A}\boldsymbol{Y}_b(s)\boldsymbol{A}^{T}\boldsymbol{U}_n(s)=\boldsymbol{A}\boldsymbol{I}_s(s)-\boldsymbol{A}\boldsymbol{Y}_b(s)\boldsymbol{U}_s(s)$，即得 $s$ 域节点电压方程的矩阵形式为

$$\begin{bmatrix}1+s+\dfrac{1}{4s} & -\dfrac{1}{4s} & -s\\ -\dfrac{1}{4s} & 2s+\dfrac{7}{12s} & -\dfrac{1}{3s}\\ -s & -\dfrac{1}{3s} & 4+s+\dfrac{1}{3s}\end{bmatrix}\begin{bmatrix}U_{n1}(s)\\ U_{n2}(s)\\ U_{n3}(s)\end{bmatrix}=\begin{bmatrix}\dfrac{2}{s}\\ 4+\dfrac{8}{s}\\ -\dfrac{5}{s}\end{bmatrix}$$

### 15.3.2　回路电流方程的矩阵形式

将流控型支路方程的矩阵形式 $\dot{\boldsymbol{U}}_b=\boldsymbol{Z}_b\dot{\boldsymbol{I}}_b+\boldsymbol{Z}_b\dot{\boldsymbol{I}}_s-\dot{\boldsymbol{U}}_s$ 左乘基本回路矩阵 $\boldsymbol{B}_f$，并利用 KCL 的矩阵形式 $\dot{\boldsymbol{I}}_b=\boldsymbol{B}_f^{T}\dot{\boldsymbol{I}}_l$ 消去 $\dot{\boldsymbol{I}}_b$，再由 KVL 的矩阵形式 $\boldsymbol{B}_f\dot{\boldsymbol{U}}_b=\boldsymbol{0}$ 得

$$\boldsymbol{B}_f\boldsymbol{Z}_b\boldsymbol{B}_f^{T}\dot{\boldsymbol{I}}_l+\boldsymbol{B}_f\boldsymbol{Z}_b\dot{\boldsymbol{I}}_s-\boldsymbol{B}_f\dot{\boldsymbol{U}}_s=\boldsymbol{0}$$

或者

$$\boldsymbol{B}_f\boldsymbol{Z}_b\boldsymbol{B}_f^{T}\dot{\boldsymbol{I}}_l=\boldsymbol{B}_f\dot{\boldsymbol{U}}_s-\boldsymbol{B}_f\boldsymbol{Z}_b\dot{\boldsymbol{I}}_s \tag{15-18}$$

其中，$\boldsymbol{B}_f\boldsymbol{Z}_b\boldsymbol{B}_f^{\mathrm{T}}$ 为一个 $(b-n+1)$ 阶方阵；$\boldsymbol{B}_f\dot{\boldsymbol{U}}_{\mathrm{s}}$ 和 $\boldsymbol{B}_f\boldsymbol{Z}_b\dot{\boldsymbol{I}}_{\mathrm{s}}$ 为 $(b-n+1)$ 维列向量，并且这两个列向量前的正负号与复合支路中独立电源方向规定相对应。

式（15-18）称为回路电流方程的矩阵形式。设

$$\boldsymbol{Z}_l=\boldsymbol{B}_f\boldsymbol{Z}_b\boldsymbol{B}_f^{\mathrm{T}} \tag{15-19}$$

$$\dot{\boldsymbol{U}}_l=\boldsymbol{B}_f\dot{\boldsymbol{U}}_{\mathrm{s}}-\boldsymbol{B}_f\boldsymbol{Z}_b\dot{\boldsymbol{I}}_{\mathrm{s}} \tag{15-20}$$

则式（15-18）可写成

$$\boldsymbol{Z}_l\dot{\boldsymbol{I}}_l=\dot{\boldsymbol{U}}_l \tag{15-21}$$

式中：$\boldsymbol{Z}_l$ 称为回路阻抗矩阵；$\dot{\boldsymbol{U}}_l$ 为回路电压源列向量。由式（15-19）和式（15-20）可知，只要写出 $\boldsymbol{B}_f$、$\boldsymbol{Z}_b$、$\dot{\boldsymbol{U}}_{\mathrm{s}}$ 和 $\dot{\boldsymbol{I}}_{\mathrm{s}}$ 四个矩阵，就可确定 $\boldsymbol{Z}_l$ 和 $\dot{\boldsymbol{U}}_l$。

### 15.3.3 割集电压方程的矩阵形式

类似节点电压方程，利用压控型支路方程的矩阵形式及基本割集矩阵 $\boldsymbol{Q}_f$ 表示的 KCL 和 KVL 方程的矩阵形式，可导出下列割集电压方程的矩阵形式

$$\boldsymbol{Q}_f\boldsymbol{Y}_b\boldsymbol{Q}_f^{\mathrm{T}}\dot{\boldsymbol{U}}_t=\boldsymbol{Q}_f\dot{\boldsymbol{I}}_{\mathrm{s}}-\boldsymbol{Q}_f\boldsymbol{Y}_b\dot{\boldsymbol{U}}_{\mathrm{s}} \tag{15-22}$$

设

$$\boldsymbol{Y}_t=\boldsymbol{Q}_f\boldsymbol{Y}_b\boldsymbol{Q}_f^{\mathrm{T}} \tag{15-23}$$

$$\dot{\boldsymbol{J}}_t=\boldsymbol{Q}_f\dot{\boldsymbol{I}}_{\mathrm{s}}-\boldsymbol{Q}_f\boldsymbol{Y}_b\dot{\boldsymbol{U}}_{\mathrm{s}} \tag{15-24}$$

则式（15-22）可写成

$$\boldsymbol{Y}_t\dot{\boldsymbol{U}}_t=\dot{\boldsymbol{J}}_t \tag{15-25}$$

式中：$\boldsymbol{Y}_t$ 称为割集导纳矩阵，它是一个 $(n-1)$ 阶方阵；$\dot{\boldsymbol{J}}_t$ 为割集电流源列向量，它是一个 $(n-1)$ 维列向量。只要写出 $\boldsymbol{Q}_f$、$\boldsymbol{Y}_b$、$\dot{\boldsymbol{U}}_{\mathrm{s}}$ 和 $\dot{\boldsymbol{I}}_{\mathrm{s}}$，就能确定 $\boldsymbol{Y}_t$ 和 $\dot{\boldsymbol{J}}_t$。同样，式中 $\boldsymbol{Q}_f\dot{\boldsymbol{I}}_{\mathrm{s}}$ 和 $\boldsymbol{Q}_f\boldsymbol{Y}_b\dot{\boldsymbol{U}}_{\mathrm{s}}$ 前的正负号与独立电源规定的方向相对应。

## *15.4 稀疏表格法

求解电路问题时，对手工计算来说，应该使未知量数目尽可能的少，以便建立较少的方程便于求解。但是，使用计算机进行电路分析时，如何建立电路方程是很关键的，具有通用性的分析方法对我们来说更具有吸引力。节点法、网孔法、回路法和割集法都对电路中的元件具有一定的要求，例如，节点法要求支路是压控型的，在处理含无伴电压源时会遇到困难等，通用性差。为了克服这类问题，人们提出了稀疏表格法和改进节点法。这两种方法目前已成为计算机辅助分析网络中通用的方法。改进节点法已在本书 3.7 节中作过讨论，本节将介绍稀疏表格法。

由于计算机的内存不断增大和稀疏矩阵（矩阵中的大部分元素为零）技术的出现，方程数目（即方程变量）的多少不再是求解电路问题的关键因素，从而使得用稀疏表格法建立电路方程进行分析成为可能。

稀疏表格法是一种把电路的 KCL 方程、KVL 方程和支路方程全部罗列出来的方法。这

一方法有多种不同的形式，但由于关联矩阵最容易由计算机形成，故常用的是以关联矩阵为基础的稀疏表格法。该方法将全部支路电流、支路电压和节点电压作为未知量来建立电路方程。现以图 15-9（a）所示的电路为例进行说明。

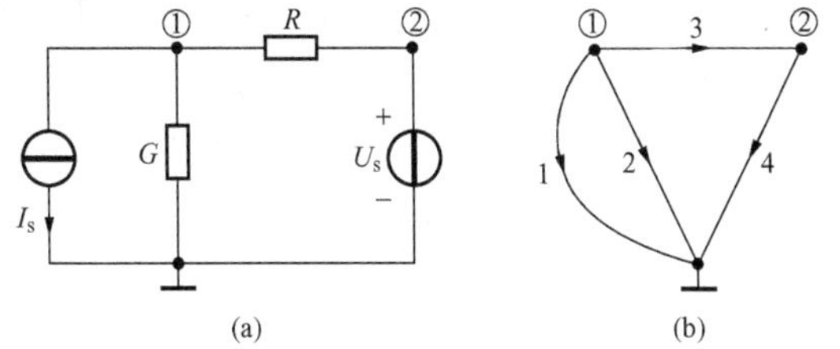


图 15-9　稀疏表格法

（a）电路图；（b）有向图

电路中的每一个元件作为一条支路（亦可采用复合支路的形式），相应的有向图如图 15-9（b）所示。

由图 15-9（b）可得电路的 KCL 方程的矩阵形式为

$$\boldsymbol{A}\boldsymbol{I}_b=\boldsymbol{0}$$

即

$$\begin{bmatrix}1 & 1 & 1 & 0\\ 0 & 0 & -1 & 1\end{bmatrix}\begin{bmatrix}I_1\\ I_2\\ I_3\\ I_4\end{bmatrix}=\begin{bmatrix}0\\ 0\end{bmatrix} \tag{15-26}$$

KVL 方程的矩阵形式为

$$\boldsymbol{U}_b-\boldsymbol{A}^{\mathrm{T}}\boldsymbol{U}_n=\boldsymbol{0}$$

即

$$\begin{bmatrix}U_1\\ U_2\\ U_3\\ U_4\end{bmatrix}-\begin{bmatrix}1 & 0\\ 1 & 0\\ 1 & -1\\ 0 & 1\end{bmatrix}\begin{bmatrix}U_{n1}\\ \\ \\ U_{n2}\end{bmatrix}=\begin{bmatrix}0\\ 0\\ 0\\ 0\end{bmatrix} \tag{15-27}$$

根据图 15-9（a）可得电路的支路方程分别为

$$I_1=I_s，GU_2-I_2=0，U_3-RI_3=0，U_4=U_s$$

写成矩阵形式为

$$\begin{bmatrix}1 & 0 & 0 & 0\\ 0 & -1 & 0 & 0\\ 0 & 0 & -R & 0\\ 0 & 0 & 0 & 0\end{bmatrix}\begin{bmatrix}I_1\\ I_2\\ I_3\\ I_4\end{bmatrix}+\begin{bmatrix}0 & 0 & 0 & 0\\ 0 & G & 0 & 0\\ 0 & 0 & 1 & 0\\ 0 & 0 & 0 & 1\end{bmatrix}\begin{bmatrix}U_1\\ U_2\\ U_3\\ U_4\end{bmatrix}=\begin{bmatrix}I_s\\ 0\\ 0\\ U_s\end{bmatrix} \tag{15-28}$$

简记为

$$\boldsymbol{M}\boldsymbol{I}_b+\boldsymbol{N}\boldsymbol{U}_b=\boldsymbol{U}_s+\boldsymbol{I}_s$$

最后，把方程（15-26）、（15-27）和（15-28）合写成一个总的矩阵方程，得

$$\begin{bmatrix} 1 & 1 & 1 & 0 & 0 & 0 & 0 & 0 & 0 & 0 \\ 0 & 0 & -1 & 1 & 0 & 0 & 0 & 0 & 0 & 0 \\ 0 & 0 & 0 & 0 & 1 & 0 & 0 & 0 & -1 & 0 \\ 0 & 0 & 0 & 0 & 0 & 1 & 0 & 0 & -1 & 0 \\ 0 & 0 & 0 & 0 & 0 & 0 & 1 & 0 & -1 & 1 \\ 0 & 0 & 0 & 0 & 0 & 0 & 0 & 1 & 0 & -1 \\ 1 & 0 & 0 & 0 & 0 & 0 & 0 & 0 & 0 & 0 \\ 0 & -1 & 0 & 0 & 0 & G & 0 & 0 & 0 & 0 \\ 0 & 0 & -R & 0 & 0 & 0 & 1 & 0 & 0 & 0 \\ 0 & 0 & 0 & 0 & 0 & 0 & 0 & 1 & 0 & 0 \end{bmatrix} \begin{bmatrix} I_1 \\ I_2 \\ I_3 \\ I_4 \\ U_1 \\ U_2 \\ U_3 \\ U_4 \\ U_{n1} \\ U_{n2} \end{bmatrix} = \begin{bmatrix} 0 \\ 0 \\ 0 \\ 0 \\ 0 \\ 0 \\ I_s \\ 0 \\ 0 \\ U_s \end{bmatrix} \tag{15-29}$$

式（15-29）称为图15-9（a）所示电路的稀疏表格方程。显然，其系数矩阵是极其稀疏的。

上面的讨论可推广到任一具有 $n$ 个独立节点、$b$ 条支路的电路，其稀疏表格方程为

$$\begin{bmatrix} \boldsymbol{A} & \boldsymbol{0} & \boldsymbol{0} \\ \boldsymbol{0} & \boldsymbol{1} & -\boldsymbol{A}^{\mathrm{T}} \\ \boldsymbol{M} & \boldsymbol{N} & \boldsymbol{0} \end{bmatrix} \begin{bmatrix} \dot{\boldsymbol{I}}_b \\ \dot{\boldsymbol{U}}_b \\ \dot{\boldsymbol{U}}_n \end{bmatrix} = \begin{bmatrix} \boldsymbol{0} \\ \boldsymbol{0} \\ \dot{\boldsymbol{F}}_s \end{bmatrix}$$

其中，**1** 为 $b$ 阶单位矩阵。稀疏表格方程由 $(2b+n)$ 个方程组成，其系数矩阵的建立十分有规律，如同填写一份表格。

综上所述，用稀疏表格法建立电路方程的步骤如下：

（1）画出电路的有向图，选定参考点，写出（降阶）关联矩阵 **A**。

（2）写出用 **A** 表示的 KCL 方程和 KVL 方程的矩阵形式，即

KCL　　$$\boldsymbol{A}\dot{\boldsymbol{I}}_b = \boldsymbol{0}$$

KVL　　$$\dot{\boldsymbol{U}}_b - \boldsymbol{A}^{\mathrm{T}}\dot{\boldsymbol{U}}_n = \boldsymbol{0}$$

（3）写出支路方程的矩阵形式，即

$$\boldsymbol{M}\dot{\boldsymbol{I}}_b + \boldsymbol{N}\dot{\boldsymbol{U}}_b = \dot{\boldsymbol{U}}_s + \dot{\boldsymbol{I}}_s = \dot{\boldsymbol{F}}_s$$

（4）合并上述诸方程形成稀疏表格方程。

稀疏表格法也适用于动态电路和非线性电路，差别仅在于支路方程的形式不同。

## 习　题

**有向图的矩阵表示**

15-1　（1）试分别写出图15-10所示各拓扑图的关联矩阵 **A**。

（2）若已知一有向图的关联矩阵为

$$\boldsymbol{A} = \begin{bmatrix} 1 & 0 & 0 & 1 & 0 & 0 & 1 \\ 0 & -1 & 0 & -1 & -1 & 0 & 0 \\ -1 & 0 & 0 & 0 & 1 & 1 & 0 \\ 0 & 0 & 1 & 0 & 0 & -1 & 0 \end{bmatrix}$$

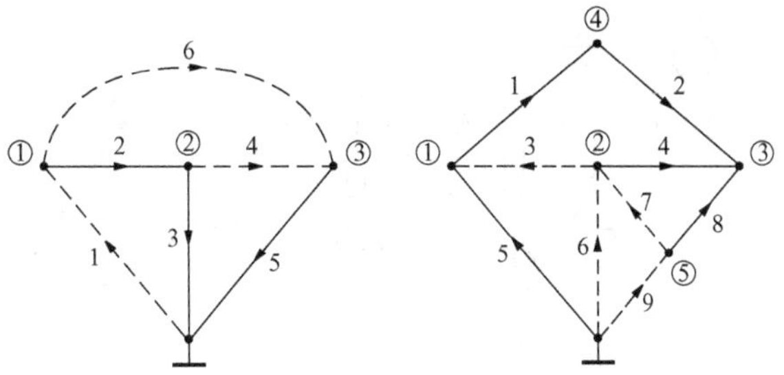


(a)　(b)

图 15 - 10　题 15 - 1 图

试画出此有向图。

15 - 2　在图 15 - 10 所示各有向图中，实线为树。试分别写出它们的基本回路矩阵 $\boldsymbol{B}_f$ 和基本割集矩阵 $\boldsymbol{Q}_f$。

15 - 3　电路及其有向图分别如图 15 - 11（a）和（b）所示，试写出该电路的支路导纳矩阵 $\boldsymbol{Y}_b$、支路阻抗矩阵 $\boldsymbol{Z}_b$、支路电压源列向量 $\dot{\boldsymbol{U}}_s$ 和支路电流源列向量 $\dot{\boldsymbol{I}}_s$。

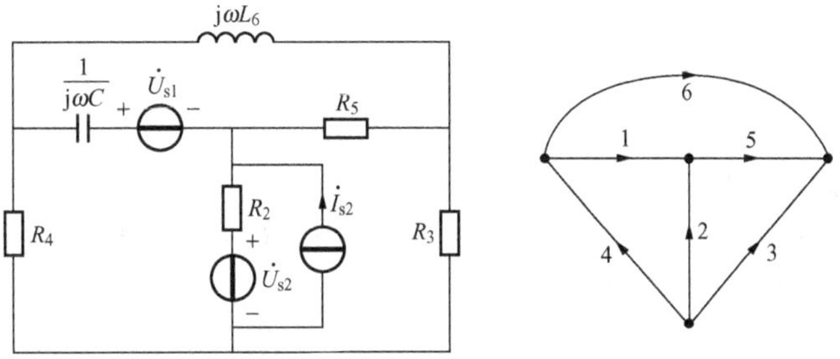


(a)　(b)

图 15 - 11　题 15 - 3 图

15 - 4　图 15 - 12（a）所示的电路在 $t<0$ 时已处于稳态，其有向图如图 15 - 12（b）所示。试写出该电路对应的运算电路的关联矩阵、支路阻抗矩阵、支路导纳矩阵及支路电压源列向量和支路电流源列向量。

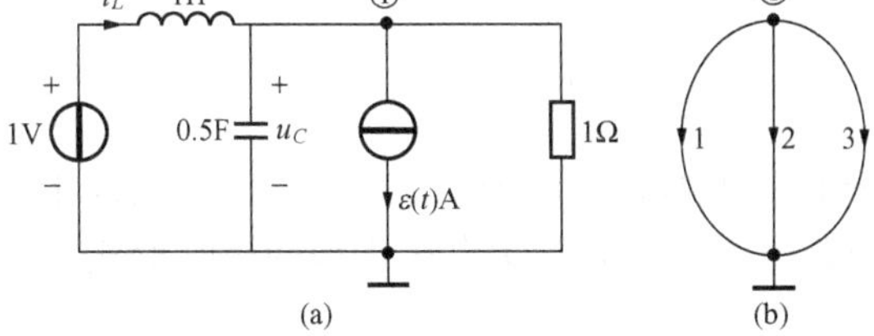


(a)　(b)

图 15 - 12　题 15 - 4 图

15 - 5　图 15 - 13（a）所示电路的有向图如图 15 - 13（b）所示，实线为树支，虚线为连支。试写出其关联矩阵 $\boldsymbol{A}$、基本回路矩阵 $\boldsymbol{B}_f$、基本割集矩阵 $\boldsymbol{Q}_f$、支路电阻矩阵 $\boldsymbol{R}_b$、支路电导矩阵 $\boldsymbol{G}_b$ 以及支路电压源列向量 $\boldsymbol{U}_s$ 和支路电流源列向量 $\boldsymbol{I}_s$。

15 - 6　正弦稳态电路及其有向图分别如图 15 - 14（a）和（b）所示。试写出该电路的支路阻抗矩阵 $\boldsymbol{Z}_b$ 、支路导纳矩阵 $\boldsymbol{Y}_b$ 、支路电压源列向量 $\dot{\boldsymbol{U}}_s$ 和支路电流源列向量 $\dot{\boldsymbol{I}}_s$。

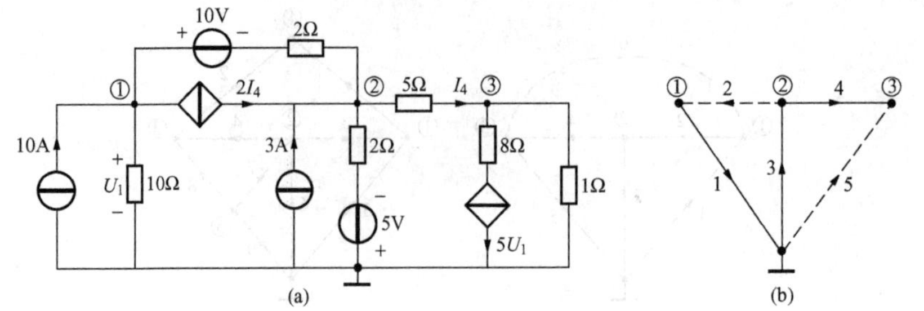


图 15 - 13　题 15 - 5 图

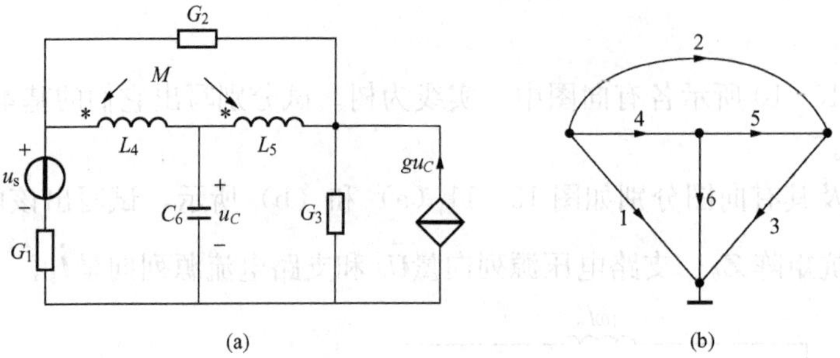


图 15 - 14　题 15 - 6 图

**电路代数方程的矩阵形式**

15 - 7　正弦稳态电路及其有向图分别如图 15 - 15（a）和（b）所示，试写出该电路相量形式的节点电压方程的矩阵形式。

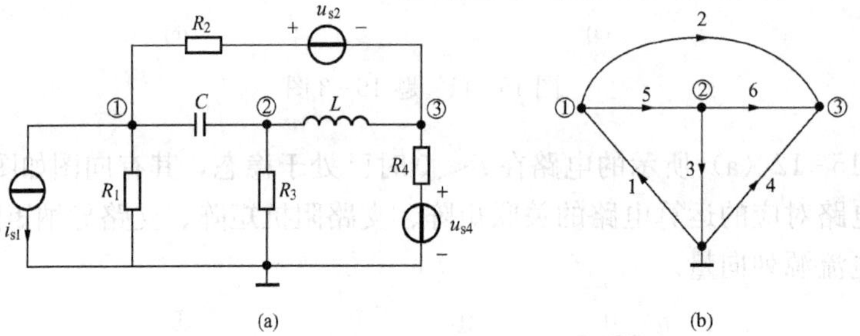


图 15 - 15　题 15 - 7 图

15 - 8　电路及其有向图分别如图 15 - 16（a）和（b）所示，图 15 - 16（b）中实线为树支。试分别写出该电路回路电流方程和割集电压方程的矩阵形式。

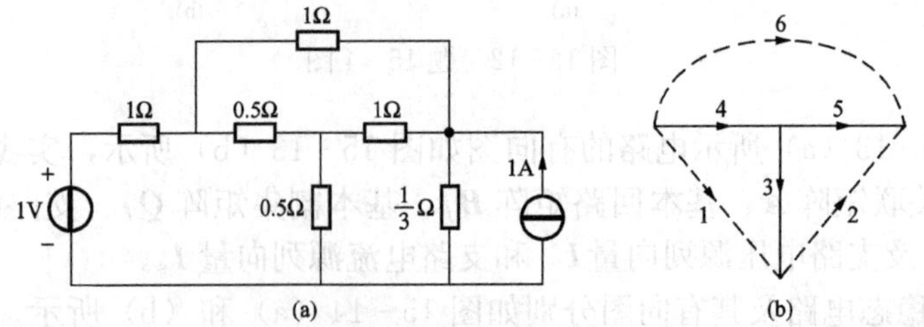


图 15 - 16　题 15 - 8 图

# 第16章　分布参数电路

在本书第1章中曾经指出，实际电路的参数都具有分布性，只有在实际电路的尺寸远小于电路工作频率所对应的波长$\lambda$时，才能用集中参数电路作为实际电路的模型。而当实际电路的尺寸可与电路工作的波长相比拟时，电磁信号从电路的一端传播到另一端的时间不容忽略，这时就必须将实际电路作为分布参数电路考虑。例如，电力系统的工作频率为50Hz，对应的波长$\lambda=\frac{c}{f}=\frac{3\times10^{8}}{50}=6000\text{km}$，当远距离高压输电线很长（如半波长交流输电线路）时，就不能将其作为集中参数电路处理；研究雷电过电压时，由于雷电冲击波的波头很短、频率较高，输电线路一般应按分布参数考虑。此外，在通信工程、计算机和各种控制设备中使用的传输线以及高速电路中的互连线，虽然其实际尺寸不大，但当工作频率很高时，也必须作为分布参数电路来考虑。

本章研究典型分布参数电路——二线均匀传输线在正弦电压激励下的稳态性能，并介绍无损耗线的波过程。

## 16.1　均匀传输线及其方程

传输线是用来传送电能或信号的，因传输线的相对长度较长，而电磁波的传播速度有限（接近于光速），所以当电压接到传输线的输入端时，电压不能立即传遍全线。这就是说，传输线上的电流和来回两线之间的电压不仅是时间$t$的函数，而且也是距离$x$的函数，即

$$u=u(t,x),\ i=i(t,x)$$

传输线通过电流会发热，这表示传输线本身是有电阻的，而且电阻分布在全线上。电流通过传输线，在导线周围产生磁场，因此传输线有电感效应，而电感也是分布在全线上的，这将导致导线间的电压是沿线连续改变的。两线间有电压就有电场，于是两线间有分布电容的效应，存在位移电流。如果两线间电压较高，则漏电流也不容忽略，这表明两线间存在电导，分布在全线上。这样，在沿线不同的地方，导线中的电流也不同。总之，为了计及沿线电压和电流的变化，必须认为导线的每一长度单元都具有电阻和电感，而导线间则具有电容和电导。如果传输线的电阻和电感以及传输线间的电容和电导是沿线均匀分布的，这种传输线就称为均匀传输线。均匀传输线的参数是以单位长度的参数来表示的，即来回两导线单位长度的电阻$R_0$（$\Omega$/m）、电感$L_0$（H/m）、电容$C_0$（F/m）和电导$G_0$（S/m）。

为了研究均匀传输线上各处电压、电流的变化和指定时刻电压、电流的沿线分布规律，需要建立在任意工作状态下均匀传输线上电压和电流应满足的方程。下面推导一般情况下的均匀传输线方程。

均匀传输线与电源相连的一端称为始端；与负载连接的一端称为终端。在距传输线始端$x$处取一微分段$\mathrm{d}x$来研究，如图16-1所示。由于这一微分段极短，可以忽略该段上电路参数的分布性，而用图16-2所示的集中参数电路作为其模型，这样整个均匀传输线就相当

于由无数多个这种微分段级联而成。

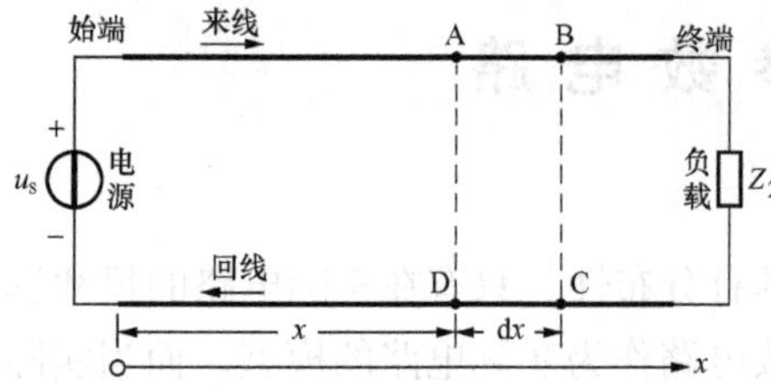


图 16-1 均匀传输线

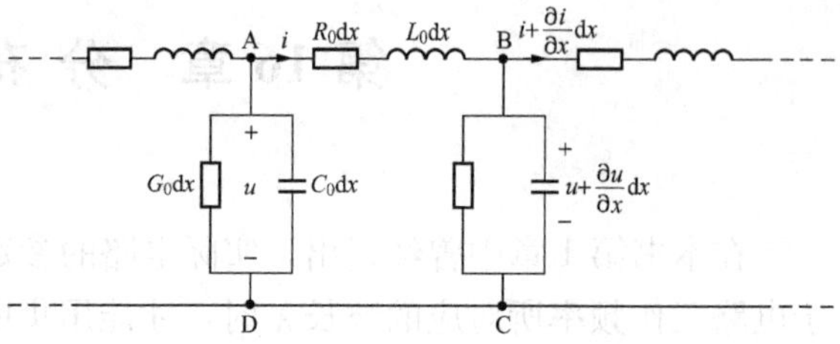


图 16-2 均匀传输线的电路模型

对任一时刻 $t$，设沿 $x$ 正方向电压和电流的增加率分别为$\frac{\partial u}{\partial x}$和$\frac{\partial i}{\partial x}$，图 16-2 中，A 点的电压和分流分别为 $u$ 和 $i$，则 B 点的电压和电流分别为 $u+\frac{\partial u}{\partial x}\mathrm{d}x$ 和 $i+\frac{\partial i}{\partial x}\mathrm{d}x$。对 B 点，应用 KCL，得

$$i-\left(i+\frac{\partial i}{\partial x}\mathrm{d}x\right)=G_0\left(u+\frac{\partial u}{\partial x}\mathrm{d}x\right)\mathrm{d}x+C_0\frac{\partial}{\partial t}\left(u+\frac{\partial u}{\partial x}\mathrm{d}x\right)\mathrm{d}x$$

对回路 ABCDA，应用 KVL，有

$$u-\left(u+\frac{\partial u}{\partial x}\mathrm{d}x\right)=R_0 i\,\mathrm{d}x+L_0\frac{\partial i}{\partial t}\mathrm{d}x$$

略去式中含有二阶无穷小量$(\mathrm{d}x)^2$的各项，得

$$\left.\begin{aligned}-\frac{\partial u}{\partial x}&=R_0 i+L_0\frac{\partial i}{\partial t}\\-\frac{\partial i}{\partial x}&=G_0 u+C_0\frac{\partial u}{\partial t}\end{aligned}\right\}\qquad(16-1)$$

这就是均匀传输线的方程，它是一组对偶的常系数线性偏微分方程。因为这组方程最早是为了解决有线电报的传输问题而提出来的，所以习惯上称之为电报方程。方程中的“－”号表明左端项可视为减小率。

式（16-1）中的第一个方程表明，均匀传输线上连续分布的电阻和电感分别引起相应的电压降，致使线间电压沿线变化；第二个方程表明，均匀传输线导线间连续分布的电导和电容分别在线间引起相应的泄漏电流和位移电流，致使电流沿线变化。这一点与先前的分析完全一致。

式（16-1）是研究均匀传输线工作状态的基本依据。根据初始条件（起始时刻的条件）和边界条件（始端和终端的情况），可以唯一地确定电压 $u$ 和电流 $i$。

## 16.2 均匀传输线的正弦稳态解

设均匀传输线的电源是角频率为 $\omega$ 的正弦电压源，当电路处于稳态时，传输线上各处的电压和电流都是与电源同频率的正弦函数。于是，可用相量法分析沿线的电压和电流。设

$$u(t,x)=\mathrm{Im}\left[\sqrt{2}\dot{U}(x)\mathrm{e}^{\mathrm{j}\omega t}\right],\quad i(t,x)=\mathrm{Im}\left[\sqrt{2}\dot{I}(x)\mathrm{e}^{\mathrm{j}\omega t}\right]$$

式中：$\dot{U}(x)$ 和 $\dot{I}(x)$ 为 $x$ 的复函数，简写为 $\dot{U}$ 和 $\dot{I}$。

式（16-1）转化成频域形式为

$$\left.\begin{aligned}-\frac{\mathrm{d}\dot{U}}{\mathrm{d}x}&=(R_0+\mathrm{j}\omega L_0)\dot{I}=Z_0\dot{I}\\-\frac{\mathrm{d}\dot{I}}{\mathrm{d}x}&=(G_0+\mathrm{j}\omega C_0)\dot{U}=Y_0\dot{U}\end{aligned}\right\}\tag{16-2}$$

式中：$Z_0$、$Y_0$ 分别为单位长度的串联阻抗和并联导纳，$Z_0=R_0+\mathrm{j}\omega L_0$，$Y_0=G_0+\mathrm{j}\omega C_0$。

相量方程（16-2）已变为复常系数线性常微分方程。

将式（16-2）对 $x$ 求导，得

$$-\frac{\mathrm{d}^2\dot{U}}{\mathrm{d}x^2}=Z_0\frac{\mathrm{d}\dot{I}}{\mathrm{d}x},\quad -\frac{\mathrm{d}^2\dot{I}}{\mathrm{d}x^2}=Y_0\frac{\mathrm{d}\dot{U}}{\mathrm{d}x}\tag{16-3}$$

将式（16-2）代入式（16-3）可得下列方程

$$\left.\begin{aligned}\frac{\mathrm{d}^2\dot{U}}{\mathrm{d}x^2}&=Z_0Y_0\dot{U}\\\frac{\mathrm{d}^2\dot{I}}{\mathrm{d}x^2}&=Y_0Z_0\dot{I}\end{aligned}\right\}\tag{16-4}$$

式（16-4）可改写为

$$\left.\begin{aligned}\frac{\mathrm{d}^2\dot{U}}{\mathrm{d}x^2}-\gamma^2\dot{U}&=0\\\frac{\mathrm{d}^2\dot{I}}{\mathrm{d}x^2}-\gamma^2\dot{I}&=0\end{aligned}\right\}\tag{16-5}$$

式中：$\gamma$ 为传播常数，$\gamma=\alpha+\mathrm{j}\beta=\sqrt{Z_0Y_0}=\sqrt{(R_0+\mathrm{j}\omega L_0)(G_0+\mathrm{j}\omega C_0)}$，单位为 $\mathrm{m}^{-1}$；$\alpha$ 为衰减常数，$\beta$ 为相位常数。

式（16-5）是常系数二阶线性齐次微分方程，其通解具有下列形式

$$\left.\begin{aligned}\dot{U}&=A_1\mathrm{e}^{-\gamma x}+B_1\mathrm{e}^{\gamma x}\\\dot{I}&=A_2\mathrm{e}^{-\gamma x}+B_2\mathrm{e}^{\gamma x}\end{aligned}\right\}\tag{16-6}$$

式中：$A_1$、$A_2$、$B_1$、$B_2$ 为积分常数。

由式（16-2）和式（16-6）中的第一式得

$$\dot{I}=-\frac{1}{Z_0}\frac{\mathrm{d}\dot{U}}{\mathrm{d}x}=-\frac{1}{Z_0}(-\gamma A_1\mathrm{e}^{-\gamma x}+\gamma B_1\mathrm{e}^{\gamma x})=\frac{\gamma}{Z_0}(A_1\mathrm{e}^{-\gamma x}-B_1\mathrm{e}^{\gamma x})=\frac{A_1}{Z_\mathrm{c}}\mathrm{e}^{-\gamma x}-\frac{B_1}{Z_\mathrm{c}}\mathrm{e}^{\gamma x}\tag{16-7}$$

式中：$Z_\mathrm{c}$ 为传输线的特性阻抗，也是一个与均匀传输线的原参数及电源频率有关的参数，$Z_\mathrm{c}=\frac{Z_0}{\gamma}=\sqrt{\frac{Z_0}{Y_0}}=\sqrt{\frac{R_0+\mathrm{j}\omega L_0}{G_0+\mathrm{j}\omega C_0}}$。通常，$\gamma$ 和 $Z_\mathrm{c}$ 称为传输线的副参数，而把决定副参数的 $R_0$、$L_0$、$C_0$ 和 $G_0$ 称为传输线的原参数。

将式（16-7）与式（16-6）中的第二式比较得

$$A_2=\frac{A_1}{Z_c}, \quad B_2=-\frac{B_1}{Z_c}$$

综上所述，式（16-2）的通解为

$$\left.\begin{aligned}\dot{U}&=A_1\mathrm{e}^{-\gamma x}+B_1\mathrm{e}^{\gamma x}\\ \dot{I}&=\frac{A_1}{Z_c}\mathrm{e}^{-\gamma x}-\frac{B_1}{Z_c}\mathrm{e}^{\gamma x}\end{aligned}\right\} \tag{16-8}$$

式（16-8）中两个积分常数 $A_1$ 和 $B_1$ 由边界条件确定。

1. 已知均匀传输线始端电压$\dot{U}_1$ 和电流$\dot{I}_1$

在始端处 $x=0$，则由式（16-8）得

$$\begin{aligned}\dot{U}_1&=A_1+B_1\\ \dot{I}_1&=\frac{A_1}{Z_c}-\frac{B_1}{Z_c}\end{aligned}$$

解得

$$A_1=\frac{1}{2}(\dot{U}_1+Z_c\dot{I}_1), \quad B_1=\frac{1}{2}(\dot{U}_1-Z_c\dot{I}_1)$$

将 $A_1$ 和 $B_1$ 代入式（16-8）中可得传输线上离始端距离为 $x$ 处的电压相量$\dot{U}$及电流相量$\dot{I}$ 分别为

$$\left.\begin{aligned}\dot{U}&=\frac{1}{2}(\dot{U}_1+Z_c\dot{I}_1)\mathrm{e}^{-\gamma x}+\frac{1}{2}(\dot{U}_1-Z_c\dot{I}_1)\mathrm{e}^{\gamma x}\\ \dot{I}&=\frac{1}{2Z_c}(\dot{U}_1+Z_c\dot{I}_1)\mathrm{e}^{-\gamma x}-\frac{1}{2Z_c}(\dot{U}_1-Z_c\dot{I}_1)\mathrm{e}^{\gamma x}\end{aligned}\right\} \tag{16-9}$$

利用双曲函数

$$\sinh\gamma x=\frac{1}{2}(\mathrm{e}^{\gamma x}-\mathrm{e}^{-\gamma x}), \quad \cosh\gamma x=\frac{1}{2}(\mathrm{e}^{\gamma x}+\mathrm{e}^{-\gamma x})$$

式（16-9）可改写为

$$\left.\begin{aligned}\dot{U}&=\dot{U}_1\cosh\gamma x-Z_c\dot{I}_1\sinh\gamma x\\ \dot{I}&=\dot{I}_1\cosh\gamma x-\frac{\dot{U}_1}{Z_c}\sinh\gamma x\end{aligned}\right\} \tag{16-10}$$

式（16-9）和式（16-10）就是均匀传输线在给定始端边界条件下的正弦稳态解。

2. 已知均匀传输线终端电压$\dot{U}_2$ 和电流$\dot{I}_2$

设均匀传输线长度为 $l$，则在终端处 $x=l$。类似前面的推导可得传输线上距始端 $x$ 处的电压相量$\dot{U}$和电流相量$\dot{I}$ 分别为

$$\left.\begin{aligned}\dot{U}&=\frac{1}{2}(\dot{U}_2+Z_c\dot{I}_2)\mathrm{e}^{\gamma(l-x)}+\frac{1}{2}(\dot{U}_2-Z_c\dot{I}_2)\mathrm{e}^{-\gamma(l-x)}\\ \dot{I}&=\frac{1}{2Z_c}(\dot{U}_2+Z_c\dot{I}_2)\mathrm{e}^{\gamma(l-x)}-\frac{1}{2Z_c}(\dot{U}_2-Z_c\dot{I}_2)\mathrm{e}^{-\gamma(l-x)}\end{aligned}\right\} \tag{16-11}$$

如果把计算距离的起点改为终端，则线上距始端为 $x$ 的点到终端的距离为 $x'=l-x$，其正方向由终端指向始端，如图16-3所示，则式（16-11）可改写为

$$\left.\begin{aligned}\dot{U}&=\frac{1}{2}(\dot{U}_2+Z_c\dot{I}_2)\mathrm{e}^{\gamma x'}+\frac{1}{2}(\dot{U}_2-Z_c\dot{I}_2)\mathrm{e}^{-\gamma x'}\\\dot{I}&=\frac{1}{2Z_c}(\dot{U}_2+Z_c\dot{I}_2)\mathrm{e}^{\gamma x'}-\frac{1}{2Z_c}(\dot{U}_2-Z_c\dot{I}_2)\mathrm{e}^{-\gamma x'}\end{aligned}\right\}\tag{16-12}$$

利用双曲函数，式（16-12）又可写成

$$\left.\begin{aligned}\dot{U}&=\dot{U}_2\cosh\gamma x'+Z_c\dot{I}_2\sinh\gamma x'\\\dot{I}&=\dot{I}_2\cosh\gamma x'+\frac{\dot{U}_2}{Z_c}\sinh\gamma x'\end{aligned}\right\}\tag{16-13}$$

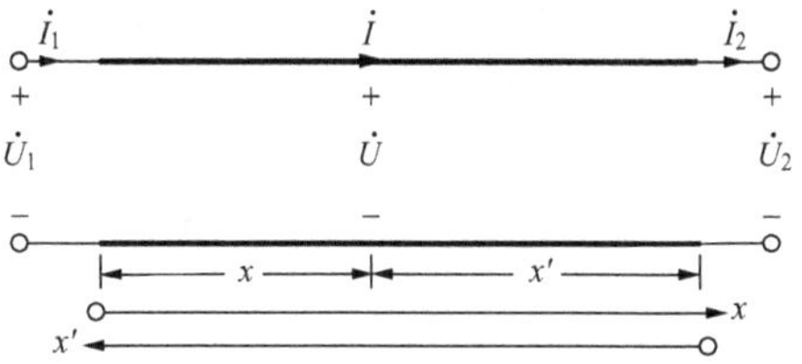

图16-3 $x'$轴与 $x$ 轴的关系图

式（16-12）和式（16-13）就是均匀传输线在给定终端边界条件下的正弦稳态解。

由式（16-13）可得始端电压、电流与终端电压、电流之间的关系为

$$\dot{U}_1=\dot{U}_2\cosh\gamma l+Z_c\dot{I}_2\sinh\gamma l$$

$$\dot{I}_1=\dot{I}_2\cosh\gamma l+\frac{\dot{U}_2}{Z_c}\sinh\gamma l$$

若将传输线视作双口网络，则其传输参数矩阵为

$$\boldsymbol{T}=\begin{bmatrix}\cosh\gamma l & Z_c\sinh\gamma l\\\frac{1}{Z_c}\sinh\gamma l & \cosh\gamma l\end{bmatrix}$$

显然，均匀传输线为对称双口网络。

**【例16-1】** 某传输线的参数为：线路电阻 $R_0=0.075\Omega/\mathrm{km}$，线路感抗 $X_0=\omega L_0=0.401\Omega/\mathrm{km}$，线间容纳 $B_0=2.75\times10^{-6}\mathrm{S/km}$，线间漏电导 $G_0$ 忽略不计，传输线长300km。若要线路终端保持在127kV的电压下输出功率50MW，功率因数为0.98（感性），试计算线路始端的电压、电流。

**解** （1）计算单位长度阻抗 $Z_0$ 和导纳 $Y_0$。

$$Z_0=R_0+\mathrm{j}\omega L_0=0.075+\mathrm{j}0.401=0.408\angle79.41^\circ\ (\Omega/\mathrm{km})$$

$$Y_0=G_0+\mathrm{j}\omega C_0=\mathrm{j}2.75\times10^{-6}=2.75\times10^{-6}\angle90^\circ\ (\mathrm{S/km})$$

（2）求传播常数 $\gamma$ 和特性阻抗 $Z_c$。

$$\gamma=\sqrt{Z_0Y_0}=\sqrt{0.408\angle79.41^\circ\times2.75\times10^{-6}\angle90^\circ}=1.06\times10^{-3}\angle84.71^\circ\ (\mathrm{km})^{-1}$$

$$Z_c=\sqrt{Z_0/Y_0}=385.18\angle-5.30^\circ\ (\Omega)$$

（3）求终端电流 $\dot{I}_2$。令 $\dot{U}_2=127\angle0^\circ\mathrm{kV}$，由功率关系，得

$$I_2=\frac{P}{U_2\cos\varphi}=\frac{50\times10^6}{127\times10^3\times0.98}=401.74\ (\mathrm{A})$$

由于 $\cos\varphi=0.98$，故 $\varphi=11.48^\circ$（感性），所以，$\dot{I}_2=401.74\angle-11.48^\circ$（A）。

（4）求始端电压$\dot{U}_1$和电流$\dot{I}_1$。

$$\gamma l=1.06\times10^{-3}\angle84.71°\times300=0.029+\mathrm{j}0.317$$

$$\mathrm{e}^{\gamma l}=\mathrm{e}^{0.029}\mathrm{e}^{\mathrm{j}0.317}=1.03\mathrm{e}^{\mathrm{j}18.16°}=0.98+\mathrm{j}0.32,\ \mathrm{e}^{-\gamma l}=0.92-\mathrm{j}0.30$$

$$\cosh\gamma l=\frac{\mathrm{e}^{\gamma l}+\mathrm{e}^{-\gamma l}}{2}=0.95\angle0.60°,\ \sinh\gamma l=\frac{\mathrm{e}^{\gamma l}-\mathrm{e}^{-\gamma l}}{2}=0.31\angle84.47°$$

将已知数据代入传输线正弦稳态解公式得

$$\begin{aligned}\dot{U}_1&=\dot{U}_2\cosh\gamma l+Z_\mathrm{c}\dot{I}_2\sinh\gamma l\\&=127\angle0°\times0.95\angle0.60°+385.18\angle-5.30°\times401.74\times10^{-3}\angle-11.48°\times\\&\quad 0.31\angle84.47°\\&=146.18\angle18.20°\ (\mathrm{kV})\end{aligned}$$

$$\begin{aligned}\dot{I}_1&=\dot{I}_2\cosh\gamma l+\frac{\dot{U}_2}{Z_\mathrm{c}}\sinh\gamma l\\&=401.74\times10^{-3}\angle-11.48°\times0.95\angle0.60°+\frac{127\angle0°}{385.18\angle-5.30°}\times0.31\angle84.47°\\&=0.38\angle4.60°\ (\mathrm{kA})\end{aligned}$$

## 16.3 行波和波的反射

### 16.3.1 行波

均匀传输线方程正弦稳态解的一般形式（16-8）都包含有两项，因此传输线上任一处的电压相量$\dot{U}$和电流相量$\dot{I}$都可以看成是由两个分量组成的，即

$$\left.\begin{aligned}\dot{U}&=\dot{U}^{+}+\dot{U}^{-}\\\dot{I}&=\dot{I}^{+}-\dot{I}^{-}\end{aligned}\right\}\qquad(16-14)$$

其中

$$\dot{U}^{+}=A_1\mathrm{e}^{-\gamma x}=a_1\mathrm{e}^{\mathrm{j}\varphi_+}\mathrm{e}^{-\gamma x},\ \dot{U}^{-}=B_1\mathrm{e}^{\gamma x}=b_1\mathrm{e}^{\mathrm{j}\varphi_-}\mathrm{e}^{\gamma x},\ \dot{I}^{+}=\frac{\dot{U}^{+}}{Z_\mathrm{c}},\ \dot{I}^{-}=\frac{\dot{U}^{-}}{Z_\mathrm{c}}$$

并且$\dot{U}^{+}$、$\dot{U}^{-}$和$\dot{I}^{+}$的参考方向分别与$\dot{U}$和$\dot{I}$相同，但$\dot{I}^{-}$的参考方向与$\dot{I}$相反。

由于$\gamma=\alpha+\mathrm{j}\beta$，所以

$$\dot{U}=a_1\mathrm{e}^{-\alpha x}\mathrm{e}^{\mathrm{j}(\varphi_+-\beta x)}+b_1\mathrm{e}^{\alpha x}\mathrm{e}^{\mathrm{j}(\varphi_-+\beta x)}\qquad(16-15)$$

则由式（16-15）可写出电压的时间函数形式为

$$\begin{aligned}u&=u^{+}+u^{-}=\mathrm{Im}\left[\sqrt{2}\dot{U}\mathrm{e}^{\mathrm{j}\omega t}\right]\\&=\sqrt{2}a_1\mathrm{e}^{-\alpha x}\sin(\omega t-\beta x+\varphi_+)+\sqrt{2}b_1\mathrm{e}^{\alpha x}\sin(\omega t+\beta x+\varphi_-)\end{aligned}\qquad(16-16)$$

下面分别研究电压的两个分量$u^{+}$和$u^{-}$随时间和空间距离变化的规律。

电压的第一个分量为

$$u^{+}=\sqrt{2}a_1\mathrm{e}^{-\alpha x}\sin(\omega t-\beta x+\varphi_+)$$

它既是时间 $t$ 的函数，又是空间距离 $x$ 的函数。在线上任一指定点（$x$ 为定值）来观察 $u^+$，它随时间按正弦规律变化；而在任一指定时刻（$t$ 为固定）来观察，$u^+$ 沿线按减幅正弦规律分布，如图 16 - 4 所示。从图 16 - 4 中可以看出，$u^+$ 的曲线随着时间的推移向 $x$ 增加的方向移动（即从线的始端向终端的方向运动）。这种沿线向某一方向不断移动的波称为行波。由于 $u^+$ 是从始端向终端方向行进，故称之为正向行波，也称为入射波。

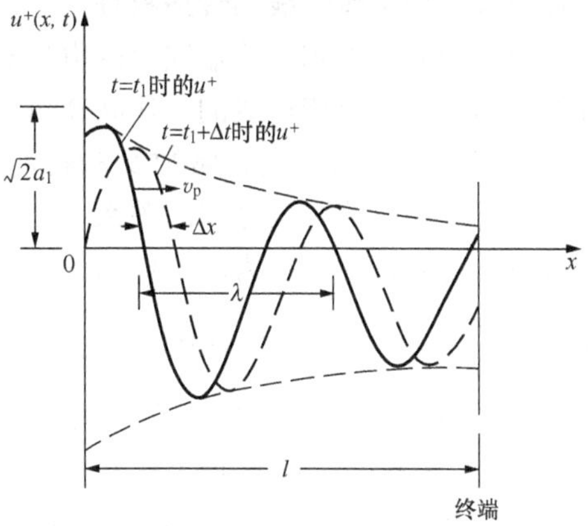


图 16 - 4　入射波沿线的传播

现在确定 $u^+$ 的传播速度。首先分析 $u^+$ 任一具有固定相位的点的移动速度。由于相位 $(\omega t-\beta x+\varphi_+)$ 既与时间 $t$ 有关，又与距离 $x$ 有关，随着时间 $t$ 的增加，要保持相位不变，距离 $x$ 也必须相应地增加。注意到这一点，将这一固定相位对时间 $t$ 取导数，得

$$\omega-\beta\frac{\mathrm{d}x}{\mathrm{d}t}=0$$

则等相位点的移动速度，简称相速为

$$v_{\mathrm{p}}=\frac{\mathrm{d}x}{\mathrm{d}t}=\frac{\omega}{\beta} \tag{16 - 17}$$

这就是入射波 $u^+$ 的传播速度。

在行波传播方向上，相位相差 $2\pi$ 的相邻两点之间的距离称为波长，以 $\lambda$ 表示。于是

$$\omega t-\beta(x+\lambda)+\varphi_+=\omega t-\beta x+\varphi_+-2\pi$$

从而有

$$\lambda=\frac{2\pi}{\beta} \tag{16 - 18}$$

又因 $v_{\mathrm{p}}=\dfrac{\omega}{\beta}$，所以有

$$\lambda=\frac{2\pi}{\beta}=\frac{2\pi}{\omega/v_{\mathrm{p}}}=\frac{v_{\mathrm{p}}}{f}=v_{\mathrm{p}}T \tag{16 - 19}$$

式（16 - 19）表明，在一个周期的时间内，行波传播的距离等于一个波长。

对于电压的第二个分量

$$u^-=\sqrt{2}\,b_1\mathrm{e}^{\alpha x}\sin(\omega t+\beta x+\varphi_-)$$

用与正向行波相同的分析方法可知，$u^-$ 也是一个行波，其相速和波长均与正向行波相同，但由于 $u^-$ 相位中所含与 $x$ 有关项是 $+\beta x$，所以，这个行波的行进方向与 $u^+$ 相反，是沿 $x$ 减少的方向，即由终端到始端，故称之为反向行波或反射波。反向行波沿着其行进方向（即 $x$ 减小的方向）幅值也是逐渐衰减的。

由上可知，传输线上各处的电压均可认为是由两个相反方向行进的电压波——正向行波和反向行波叠加而成的。

同样，传输线上各处的电流也可以看作是正向电流行波与反向电流行波叠加的结果，即 $i=i^+-i^-$，它们的相速和波长与电压行波相同。

### 16.3.2 均匀传输线的传播特性

由前面的分析可知，传输线上的电压和电流均可看成是由两个相反方向行进的行波叠加而成的。因此，研究传输线的工作状态可以归结为研究这些行波的性质及它们之间的关系。而由式（16-9）可知，传播常数$\gamma$和特性阻抗$Z_c$将分别决定行波的性质以及沿同一方向传播的电压行波和电流行波之间的关系。

行波的传播特性归结为波的传播速度和波在传播过程中波幅衰减的程度。传播速度，即相速$v_p=\dfrac{\omega}{\beta}$，由电源频率和相位常数$\beta$决定，而行波的幅值在单位长度上的衰减由衰减常数$\alpha$确定。因此，$\gamma=\alpha+j\beta$能反映波的传播特性，这也是它被称为传播常数的原因。其中，$\alpha$和$\beta$由原参数和电源频率决定。

为了计算均匀传输线的$\alpha$和$\beta$，设原参数$R_0$、$L_0$、$C_0$和$G_0$为已知，则根据

$$\gamma=\alpha+j\beta=\sqrt{(R_0+j\omega L_0)(G_0+j\omega C_0)}$$

有

$$|\gamma|^2=\alpha^2+\beta^2=\sqrt{(R_0^2+\omega^2L_0^2)(G_0^2+\omega^2C_0^2)} \tag{16-20}$$

$$\gamma^2=\alpha^2-\beta^2+j2\alpha\beta=R_0G_0-\omega^2L_0C_0+j\omega(G_0L_0+R_0C_0)$$

所以

$$\alpha^2-\beta^2=R_0G_0-\omega^2L_0C_0 \tag{16-21}$$

联立解方程式（16-20）和式（16-21）得

$$\alpha=\sqrt{\frac{1}{2}\left[R_0G_0-\omega^2L_0C_0+\sqrt{(R_0^2+\omega^2L_0^2)(G_0^2+\omega^2C_0^2)}\right]}$$

$$\beta=\sqrt{\frac{1}{2}\left[\omega^2L_0C_0-R_0G_0+\sqrt{(R_0^2+\omega^2L_0^2)(G_0^2+\omega^2C_0^2)}\right]}$$

显然，相位常数随频率的升高而单调地增加。

对于直流传输线，$\omega=0$，则

$$\alpha=\sqrt{R_0G_0},\quad \beta=0$$

由式（16-14）可见，特性阻抗$Z_c$等于入射波（或反射波）电压、电流相量之比。它与原参数的关系为

$$Z_c=\sqrt{\frac{R_0+j\omega L_0}{G_0+j\omega C_0}}=|z_c|\angle\theta \tag{16-22}$$

其中，特性阻抗的模为

$$|Z_c|=\sqrt[4]{\frac{R_0^2+\omega^2L_0^2}{G_0^2+\omega^2C_0^2}} \tag{16-23}$$

特性阻抗的辐角为

$$\theta=\frac{1}{2}\left(\arctan\frac{\omega L_0}{R_0}-\arctan\frac{\omega C_0}{G_0}\right)=\frac{1}{2}\arctan\frac{\omega(G_0L_0-R_0C_0)}{R_0G_0+\omega^2L_0C_0} \tag{16-24}$$

对于直流传输线，则有

$$|Z_c|=\sqrt{\frac{R_0}{G_0}},\quad \theta=0$$

对于RC传输线（$G_0=0$，$L_0=0$）

$$|Z_c| = \sqrt{\frac{R_0}{\omega C_0}}, \quad \theta = -\frac{\pi}{4}$$

在工作频率较高时，由于 $R_0 \ll \omega L_0$ 和 $G_0 \ll \omega C_0$，所以

$$|Z_c| = \sqrt{\frac{R_0 + j\omega L_0}{G_0 + j\omega C_0}} = \sqrt{\frac{j\omega L_0\left(1 + \frac{R_0}{j\omega L_0}\right)}{j\omega C_0\left(1 + \frac{G_0}{j\omega C_0}\right)}} \approx \sqrt{\frac{L_0}{C_0}}$$

一般架空线的特性阻抗 $Z_c$ 约为 400～600Ω，而电力电缆的 $Z_c$ 约为 50Ω，通信中使用的同轴电缆的 $Z_c$ 一般为 40～200Ω，常用的有 75Ω 和 50Ω 两种。

线路的副参数 $\gamma$ 和 $Z_c$ 以及原参数 $R_0$、$L_0$、$C_0$ 和 $G_0$ 可用开路和短路的实验方法确定。下面介绍这一方法。

传输线上任一点的电压与电流的相量比值称为该点向终端看进去二端网络的输入阻抗，记作 $Z$，则利用式（16-13）得

$$Z = \frac{\dot{U}}{\dot{I}} = \frac{\dot{U}_2\cosh\gamma x' + Z_c\dot{I}_2\sinh\gamma x'}{\dot{I}_2\cosh\gamma x' + \frac{\dot{U}_2}{Z_c}\sinh\gamma x'} = Z_c\frac{\frac{\dot{U}_2}{\dot{I}_2} + Z_c\tanh\gamma x'}{Z_c + \frac{\dot{U}_2}{\dot{I}_2}\tanh\gamma x'}$$

注意到 $\dot{U}_2 = Z_2\dot{I}_2$，得

$$Z = Z_c\frac{Z_2 + Z_c\tanh\gamma x'}{Z_c + Z_2\tanh\gamma x'} = Z_c\frac{Z_2 + Z_c\tanh\gamma(l-x)}{Z_c + Z_2\tanh\gamma(l-x)} \tag{16-25}$$

则始端的输入阻抗为

$$Z_1 = Z_c\frac{Z_2 + Z_c\tanh\gamma l}{Z_c + Z_2\tanh\gamma l}$$

由式（16-25）可知，如果终端负载阻抗等于特性阻抗，或者是无限长线（$\tanh\gamma l = 1$），那么，从沿线任一处向终端看进去的输入阻抗恒等于特性阻抗，即 $Z = Z_c$。

当终端开路时，$Z_2 = \infty$，则

$$Z_{1oc} = \frac{\dot{U}_{1oc}}{\dot{I}_{1oc}} = \frac{Z_c}{\tanh\gamma l} \tag{16-26}$$

而当终端短路时，$Z_2 = 0$，则

$$Z_{1sc} = \frac{\dot{U}_{1sc}}{\dot{I}_{1sc}} = Z_c\tanh\gamma l \tag{16-27}$$

根据式（16-26）和式（16-27）得

$$Z_c = \sqrt{Z_{1oc}Z_{1sc}} \tag{16-28}$$

$$\gamma l = \tanh^{-1}\sqrt{\frac{Z_{1sc}}{Z_{1oc}}} = \frac{1}{2}\ln\left(\frac{1 + \sqrt{Z_{1sc}/Z_{1oc}}}{1 - \sqrt{Z_{1sc}/Z_{1oc}}}\right)$$

于是有

$$\gamma=\frac{1}{2l}\ln\left(\frac{1+\sqrt{Z_{1sc}/Z_{1oc}}}{1-\sqrt{Z_{1sc}/Z_{1oc}}}\right) \tag{16-29}$$

利用副参数和原参数的关系式可得

$$R_0+j\omega L_0=\gamma Z_c \tag{16-30}$$

$$G_0+j\omega C_0=\frac{\gamma}{Z_c} \tag{16-31}$$

由式（16-28）～式（16-31）可确定原参数和副参数。

### 16.3.3 波的反射

前面讨论了行波的概念，并研究了同方向传播的电压波和电流波之间的关系，现在来进一步研究两个电压波之间的关系和两个电流波之间的关系。

传输线上任一点的反射波与入射波电压相量（或电流相量）的比值称为该点的反射系数，用 $N$ 表示，即

$$N=\frac{\dot{U}^-}{\dot{U}^+}=\frac{\dot{I}^-}{\dot{I}^+} \tag{16-32}$$

将 $\dot{U}^-$ 和 $\dot{U}^+$ 的表达式

$$\dot{U}^+=\frac{1}{2}(\dot{U}_2+Z_c\dot{I}_2)e^{\gamma x'},\ \dot{U}^-=\frac{1}{2}(\dot{U}_2-Z_c\dot{I}_2)e^{-\gamma x'}$$

代入式（16-32）中得

$$N=\frac{(\dot{U}_2-Z_c\dot{I}_2)e^{-\gamma x'}}{(\dot{U}_2+Z_c\dot{I}_2)e^{\gamma x'}}=\frac{Z_2-Z_c}{Z_2+Z_c}e^{-2\gamma x'}$$

而终端（$x'=0$）的反射系数

$$N_2=\frac{Z_2-Z_c}{Z_2+Z_c} \tag{16-33}$$

所以

$$N=N_2e^{-2\gamma x'} \tag{16-34}$$

由上可知，反射系数与特性阻抗和终端负载有关，它一般是复数。

（1）当 $Z_2=Z_c$ 时，$N_2=0$，故 $N=0$，线上任何地方都不存在反射波。工作在这种特殊情况下的线路称为无反射线，$Z_2=Z_c$ 的工作情况称为阻抗匹配。

（2）终端开路时（$Z_2=\infty$），$N_2=1$，发生全反射，且无符号变化。$u$ 和 $i$ 是由振幅相同的入射波和反射波叠加而成的。

（3）终端短路（$Z_2=0$）时，$N_2=-1$，发生全反射，且带有符号变化。$u$ 和 $i$ 也是由振幅相同的入射波和反射波叠加而成的。

（4）其他情形，设 $Z_c=R_c+jX_c$，$Z_2=R_2+jX_2$，则由式（16-33）得

$$|N_2|=\sqrt{\frac{R_c^2+R_2^2+X_c^2+X_2^2-2(R_cR_2+X_cX_2)}{R_c^2+R_2^2+X_c^2+X_2^2+2(R_cR_2+X_cX_2)}}$$

当 $R_cR_2+X_cX_2>0$ 时，$0<|N_2|<1$，这说明存在部分反射；而当 $R_cR_2+X_cX_2<0$ 时，$|N_2|>1$。

在无反射线上，只存在入射波，$\dot{U}=Z_c\dot{I}$，则由 $\dot{U}_2=Z_c\dot{I}_2$ 和式（16-12）可得，线上

任一处的电压和电流分别为

$$\dot{U}=\dot{U}_2 e^{\gamma x'}=\dot{U}_2 e^{\alpha x'} e^{j\beta x'},\quad \dot{I}=\dot{I}_2 e^{\gamma x'}=\dot{I}_2 e^{\alpha x'} e^{j\beta x'}$$

则电压和电流的有效值分别为

$$\left.\begin{aligned} U&=U_2 e^{\alpha x'}=U_2 e^{\alpha(l-x)}=U_1 e^{-\alpha x}\\ I&=I_2 e^{\alpha x'}=I_2 e^{\alpha(l-x)}=I_1 e^{-\alpha x}\end{aligned}\right\}\tag{16-35}$$

这说明无反射线上电压和电流的有效值是按指数规律从始端向终端衰减的。

当反射波不存在时，由入射波传送到终端的功率全部被负载吸收；当存在反射波时，入射波的一部分功率将被反射波带回给电源，使负载吸收的功率减小。

传输线在匹配情况下传输到终端的有功功率称为传输线的自然功率，且有

$$P_n=P_2=U_2 I_2\cos\theta=\frac{U_2^2}{|Z_c|}\cos\theta$$

利用式（16-35）得

$$P_n=U_1 I_1 e^{-2\alpha l}\cos\theta$$

而始端的输入功率

$$P_1=U_1 I_1\cos\theta$$

所以，传输线在匹配状态下工作时的传输效率为

$$\eta=\frac{P_n}{P_1}=e^{-2\alpha l}$$

下面说明输入阻抗 $Z$ 与反射系数 $N$ 之间的关系。由于

$$Z=\frac{\dot{U}}{\dot{I}}=\frac{\dot{U}^+ + \dot{U}^-}{\dot{I}^+ - \dot{I}^-}=\frac{\dot{U}^+\ (1+\dot{U}^-/\dot{U}^+)}{\dot{I}^+\ (1-\dot{I}^-/\dot{I}^+)}=Z_c\frac{1+N}{1-N}$$

解得

$$N=\frac{Z-Z_c}{Z+Z_c}$$

这表明反射只发生在不均匀处，或者说反射是由不均匀引起的。对于无限长均匀传输线，由于 $Z=Z_c$，所以 $N=0$，即无限长线与终端匹配的传输线工作状态相同。

**【例 16-2】**　一条 5km 长同轴电缆始端接一信号源，其电压 $u_s(t)=6\sqrt{2}\sin 10^5 t\,\text{V}$，内电阻 $R_s=60\Omega$，同轴电缆的终端负载等于电缆的特性阻抗 $Z_c$，试求 $u_2$ 和 $i_2$ 以及 $P_2$ 和传输效率 $\eta$。已知，在 $\omega=10^5\,\text{rad/s}$ 时，同轴电缆的副参数 $\gamma=0.111+j0.498\ (\text{km})^{-1}$，$Z_c=65\angle-18°\Omega$。

**解**　由于 $Z_2=Z_c$，所以传输线为无反射线，则始端的电流相量为

$$\dot{I}_1=\frac{\dot{U}_s}{R_s+Z_c}=\frac{6\angle 0°}{60+65\angle-18°}=0.049\angle 9.4°(\text{A})$$

$$\alpha l=0.111\times 5=0.555,\quad \beta l=0.498\times 5=2.49$$

$$\dot{I}_2=\dot{I}_1 e^{-\gamma l}=0.049\angle 9.4° e^{-(0.555+j2.49)}=0.028\angle-133.3°(\text{A})$$

$$\dot{U}_2=Z_c\dot{I}_2=65\angle-18°\times 0.028\angle-133.3°=1.82\angle-151.3°(\text{V})$$

则

$$u_2(t)=1.82\sqrt{2}\sin(10^5t-151.3°)(\text{V})$$

$$i_2(t)=0.028\sqrt{2}\sin(10^5t-133.3°)(\text{A})$$

负载吸收的功率为

$$P_2=U_2I_2\cos\theta=1.82\times0.028\cos18°=48.5(\text{mW})$$

传输效率为

$$\eta=\frac{P_2}{P_1}=\mathrm{e}^{-2\alpha l}=\mathrm{e}^{-2\times0.555}=0.33=33\%$$

## 16.4 无 畸 变 线

对于一般的有损耗均匀传输线，其衰减常数 $\alpha$ 和相位常数 $\beta$ 都是频率的函数。在通信线路中，电压和电流是时间的非正弦函数。这样，既使线路和负载匹配，其各次谐波由于 $\alpha$ 和 $\beta$ 都各不相同，将受到不同的衰减和具有不同的传播速度，这使得终端的电压和电流的各次谐波分量间对比关系发生变化，将产生振幅畸变。同时，各次谐波的相对位置发生变化，产生相位畸变，使输出信号的波形与输入信号的波形不同。这种现象称为信号的畸变或失真。

如果能使线路的原参数满足下列条件

$$\frac{L_0}{R_0}=\frac{C_0}{G_0} \tag{16-36}$$

则传播常数为

$$\gamma=\sqrt{(R_0+\mathrm{j}\omega L_0)(G_0+\mathrm{j}\omega C_0)}=\sqrt{R_0G_0}\sqrt{\left(1+\mathrm{j}\omega\frac{L_0}{R_0}\right)\left(1+\mathrm{j}\omega\frac{C_0}{G_0}\right)}$$

$$=\sqrt{R_0G_0}\left(1+\mathrm{j}\omega\frac{L_0}{R_0}\right)=\sqrt{R_0G_0}+\mathrm{j}\omega\sqrt{L_0C_0}$$

衰减常数、相位常数和相速分别为

$$\alpha=\sqrt{R_0G_0}\text{，}\beta=\omega\sqrt{L_0C_0}\text{，}v_\mathrm{p}=\frac{\omega}{\beta}=\frac{1}{\sqrt{L_0C_0}}$$

由此可见，满足式（16-36）条件的均匀传输线其衰减常数 $\alpha$ 和相速 $v_\mathrm{p}$ 与频率无关。这样，当信号沿线传输时，各次谐波按相同比例衰减，按相同速度行进，因而波形不会产生失真或畸变，实现了信号的无畸变传输。所以，式（16-36）称为无畸变条件。满足无畸变条件的均匀传输线称为无畸变线或无失真线。

无畸变线的特性阻抗为

$$Z_\mathrm{c}=\sqrt{\frac{R_0+\mathrm{j}\omega L_0}{G_0+\mathrm{j}\omega C_0}}=\sqrt{\frac{L_0}{C_0}}\sqrt{\frac{\frac{R_0}{L_0}+\mathrm{j}\omega}{\frac{G_0}{C_0}+\mathrm{j}\omega}}=\sqrt{\frac{L_0}{C_0}}$$

$Z_\mathrm{c}$ 是一个与频率无关的纯电阻。这表明线上任一处沿同一方向行进的电压、电流波是同相的。这也为传输线匹配提供了有利条件。

对于通信线路一般应尽可能实现无畸变传输。但实际的传输线常因 $G_0$ 很小，都有 $\frac{R_0}{G_0}>$

$\frac{L_0}{C_0}$，而不能满足无畸变条件，故需采用人为的方法提高 $L_0$ 的值。例如，在传输线上每隔一定距离加入一个电感线圈，等等。

## 16.5 无损耗线及其工作状态

如果均匀传输线的原参数 $R_0=0$ 和 $G_0=0$，则这种线就称为无损耗线。在通信工程中，由于频率较高，$\omega L_0 \gg R_0$，$\omega C_0 \gg G_0$，可以略去 $R_0$ 和 $G_0$，即令 $R_0=0$ 和 $G_0=0$，传输线就可近似地看成无损耗线。

对于无损耗线 $\gamma=\sqrt{Z_0Y_0}=\mathrm{j}\omega\sqrt{L_0C_0}$，所以，$\alpha=0$，$\beta=\omega\sqrt{L_0C_0}$。特性阻抗 $Z_c=\sqrt{\frac{Z_0}{Y_0}}=\sqrt{\frac{L_0}{C_0}}$，它是一个与频率无关的纯电阻。波的传播速度为

$$v_p=\frac{\omega}{\beta}=\frac{1}{\sqrt{L_0C_0}}$$

可见，无损耗线就是无衰减的无畸变线。

无损耗线沿线的电压和电流分别为

$$\left.\begin{aligned}\dot{U}&=\dot{U}_2\cosh\gamma x'+Z_c\dot{I}_2\sinh\gamma x'=\dot{U}_2\cos\beta x'+\mathrm{j}Z_c\dot{I}_2\sin\beta x'\\ \dot{I}&=\dot{I}_2\cosh\gamma x'+\frac{\dot{U}_2}{Z_c}\sinh\gamma x'=\dot{I}_2\cos\beta x'+\mathrm{j}\frac{\dot{U}_2}{Z_c}\sin\beta x'\end{aligned}\right\}\tag{16-37}$$

传输线上任一处的输入阻抗为

$$Z=Z_c\frac{Z_2+Z_c\tanh\gamma x'}{Z_c+Z_2\tanh\gamma x'}=Z_c\frac{Z_2+\mathrm{j}Z_c\tan\beta x'}{Z_c+\mathrm{j}Z_2\tan\beta x'}\tag{16-38}$$

若将无损耗线视作双口网络，则其传输参数矩阵为

$$\boldsymbol{T}=\begin{bmatrix}\cos\beta l & \mathrm{j}Z_c\sin\beta l\\ \mathrm{j}\frac{1}{Z_c}\sin\beta l & \cos\beta l\end{bmatrix}$$

当线长为半个波长，即 $l=\lambda/2$ 时，有

$$\boldsymbol{T}=\begin{bmatrix}-1 & 0\\ 0 & -1\end{bmatrix}$$

在此种情况下，$\dot{U}_2=-\dot{U}_1$，$\dot{I}_2=-\dot{I}_1$。这表明，半波长线的首末端电压比和电流比均为−1。

### 16.5.1 无损耗线上的驻波

下面讨论终端开路和短路情况下无损耗线的工作状态。

（1）当终端开路时，$\dot{I}_2=0$。由式（16-37）得

$$\left.\begin{aligned}\dot{U}_{oc}&=\dot{U}_2\cos\beta x'\\ \dot{I}_{oc}&=\mathrm{j}\frac{\dot{U}_2}{Z_c}\sin\beta x'\end{aligned}\right\}$$

取 $\dot{U}_2=U_2\angle 0°$，相应的时域表达式为下列的驻波表达式

$$\left.\begin{aligned}u_{oc}&=\sqrt{2}U_2\cos\beta x'\sin\omega t=\sqrt{2}U_2\cos\left(\frac{2\pi}{\lambda}x'\right)\sin\omega t\\ i_{oc}&=\sqrt{2}\,\frac{U_2}{Z_c}\sin\beta x'\cos\omega t=\sqrt{2}\,\frac{U_2}{Z_c}\sin\left(\frac{2\pi}{\lambda}x'\right)\cos\omega t\end{aligned}\right\}$$

在 $x'=0$，$\frac{\lambda}{2}$，$\lambda$，$\frac{3}{2}\lambda$，… 处，$\cos\beta x'$ 为 $\pm 1$，而 $\sin\beta x'$ 为零，因此，此处 $u_{oc}=\pm\sqrt{2}U_2\sin\omega t$，$i_{oc}=0$；在 $x'=\frac{\lambda}{4}$，$\frac{3}{4}\lambda$，$\frac{5}{4}\lambda$，… 处，$\cos\beta x'=0$，$\sin\beta x'=\pm 1$，因此，此处 $u_{oc}=0$，$i_{oc}=\pm\sqrt{2}\frac{U_2}{Z_c}\cos\omega t$。图 16-5（a）所示为两个不同时刻电压 $u_{oc}$ 与电流 $i_{oc}$ 沿线分布的情况（实线代表电压，虚线代表电流）。由图 16-5（a）看出，离开终端距离为 $x'=n\frac{\lambda}{2}$（$n=0$，1，2，…）的各点，电压的幅值最大，而电流恒为零；离开终端距离为 $x'=(2n+1)\frac{\lambda}{4}$（$n=0$，1，2，…）的各点，电压恒为零，而电流的幅值最大。总出现幅值最大的点被称为波腹，而总出现幅值为零的点被称为波节。因此，离开终端距离为 $x'=n\frac{\lambda}{2}$ 的各点，总出现电压的波腹和电流的波节，而 $x'=(2n+1)\frac{\lambda}{4}$ 的各点，总出现电压的波节和电流的波腹。并且，电压和电流的波腹和波节的位置是固定的，电压的波腹和电流的波节一致，电压的波节和电流的波腹一致。电压和电流在空间的这种分布，如同一个振幅随时间作正弦变化而驻立不动的波，因此称为驻波。

终端开路的无损耗线上驻波的形成是由于不衰减的入射波在终端受到全反射，致使反射波成为一个与入射波幅值相等、传播方向相反的不衰减的行波的缘故。

由式（16-38）可求得终端开路的无损耗线上任一处的输入阻抗为

$$Z_{oc}=-\mathrm{j}Z_c\cot(\beta x')=-\mathrm{j}Z_c\cot\left(\frac{2\pi}{\lambda}x'\right)=\mathrm{j}X_{oc}$$

它只有电抗分量。而且 $n\frac{\lambda}{2}<x'<(2n+1)\frac{\lambda}{4}$（$n=0$，1，2，…）时，$X_{oc}<0$，是一容抗；$(2n+1)\frac{\lambda}{4}<x'<(n+1)\frac{\lambda}{2}(n=0,1,2,\cdots)$时，$X_{oc}>0$，是一感抗。每隔$\frac{\lambda}{4}$，电抗性质就改变一次。当 $x'=n\frac{\lambda}{2}(n=0,1,2,\cdots)$时，$X_{oc}\to\infty$，无损耗线相当于开路，可以用 LC 并联谐振回路表示；而当 $x'=(2n+1)\frac{\lambda}{4}(n=0,1,2,\cdots)$时，$X_{oc}=0$，无损耗线相当于短路，可以用 LC 串联谐振回路表示，如图 16-5（b）所示。

（2）当终端短路时，$\dot{U}_2=0$。式（16-37）变为

$$\left.\begin{aligned}\dot{U}_{sc}&=\mathrm{j}Z_c\,\dot{I}_2\sin\beta x'\\ \dot{I}_{sc}&=\dot{I}_2\cos\beta x'\end{aligned}\right\}$$

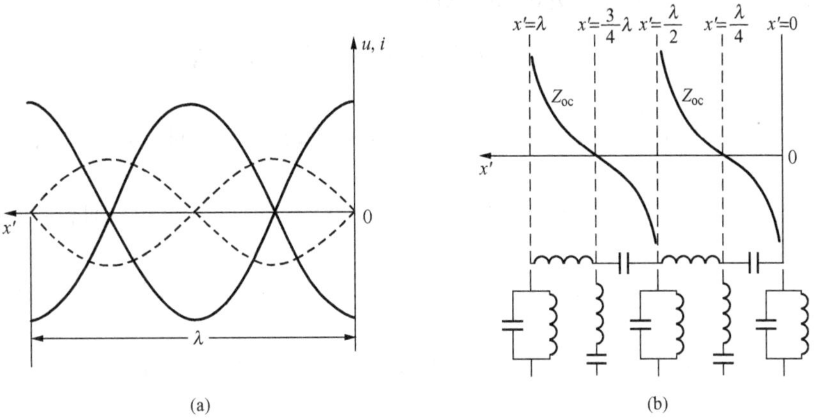


图 16-5　终端开路的无损耗线

(a) 不同时刻电流、电压沿线分布；(b) 电抗曲线

设$\dot{I}_2=I_2\angle 0°$，则

$$\left.\begin{aligned} u_{sc}&=\sqrt{2}Z_cI_2\sin\beta x'\cos\omega t=\sqrt{2}Z_cI_2\sin\left(\frac{2\pi}{\lambda}x'\right)\cos\omega t \\ i_{sc}&=\sqrt{2}I_2\cos\beta x'\sin\omega t=\sqrt{2}I_2\cos\left(\frac{2\pi}{\lambda}x'\right)\sin\omega t \end{aligned}\right\}$$

此时，电压和电流也是由不衰减且振幅相同的入射波和反射波叠加而成的，所以它们也是驻波。但波腹和波节的位置与终端开路时不同。此时，电压的波腹和电流的波节出现在$x'=(2n+1)\frac{\lambda}{4}$（$n=0,1,2,\cdots$）处，而电压的波节和电流的波腹出现在$x'=n\frac{\lambda}{2}$（$n=0,1,2,\cdots$）处。$u_{sc}$和$i_{sc}$沿传输线的分布正好与空载时的分布相差$\frac{\lambda}{4}$，如图 16-6（a）所示（实线代表电压，虚线代表电流）。

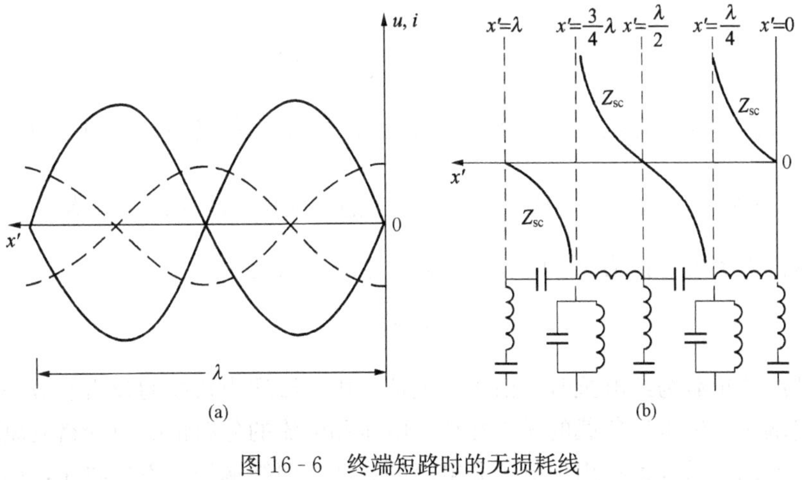


图 16-6　终端短路时的无损耗线

(a) 不同时刻电流、电压沿线分布；(b) 电抗曲线

终端短路的无损耗线上任一处的输入阻抗为

$$Z_{sc}=\mathrm{j}Z_c\tan(\beta x')=\mathrm{j}Z_c\tan\left(\frac{2\pi}{\lambda}x'\right)=\mathrm{j}X_{sc}$$

它也只有电抗分量。当 $n\frac{\lambda}{2}<x'<(2n+1)\frac{\lambda}{4}$ $(n=0,1,2,\cdots)$ 时，$X_{sc}>0$ 是一感抗；而当 $(2n+1)\frac{\lambda}{4}<x'<(n+1)\frac{\lambda}{2}$ $(n=0,1,2,\cdots)$ 时，$X_{sc}<0$ 是一容抗。每隔 $\frac{\lambda}{4}$，电抗性质改变一次。当 $x'=n\frac{\lambda}{2}(n=0,1,2,\cdots)$ 时，无损耗线相当于短路，可用LC串联谐振回路表示；而当 $x'=(2n+1)\frac{\lambda}{4}(n=0,1,2,\cdots)$ 时，无损耗线相当于开路，可用LC并联谐振回路表示，如图16-6（b）所示。

### 16.5.2 有限长无损耗线的应用

1. 作为储能元件

终端开路和短路的无损耗线虽然不能用来传输能量和信息，但由于其阻抗所具有的一些特点，在高频技术中得到了应用。

长度为 $l$ 的无损耗短路线的输入阻抗为

$$Z_{sc}=\mathrm{j}Z_c\tan\left(\frac{2\pi}{\lambda}l\right)=\mathrm{j}X_{sc}$$

当 $l<\frac{\lambda}{4}$ 时，$X_{sc}$为感抗，因此可用长度小于 $\frac{\lambda}{4}$ 的无损耗短路线作为电感；当 $\frac{\lambda}{4}<l<\frac{\lambda}{2}$ 时，$X_{sc}$为纯容抗，故可用一段 $\frac{\lambda}{4}<l<\frac{\lambda}{2}$ 的无损耗短路线作为电容。

当所要求的电感的感抗为 $X_L$ 时，无损耗短路线的长度为

$$l=\frac{\lambda}{2\pi}\arctan\left(\frac{X_L}{Z_c}\right)$$

长度为 $l$ 的无损耗开路线的输入阻抗为

$$Z_{oc}=-\mathrm{j}Z_c\cot\left(\frac{2\pi}{\lambda}l\right)=\mathrm{j}X_{oc}$$

当 $l<\frac{\lambda}{4}$ 时，$X_{oc}$为容抗，因此可用长度小于 $\frac{\lambda}{4}$ 的无损耗开路线作为电容；当 $\frac{\lambda}{4}<l<\frac{\lambda}{2}$ 时，$X_{oc}$为感抗，故可用一段 $\frac{\lambda}{4}<l<\frac{\lambda}{2}$ 的无损耗开路线作为电感。

当所要求的电容的容抗为 $X_C$ 时，无损耗开路线的长度为

$$l=\frac{\lambda}{2\pi}\operatorname{arccot}\left(-\frac{X_C}{Z_c}\right)$$

当无损耗线的负载为纯电抗时，由于纯电抗可用一段适当长度的开路或短路无损耗线代替，因此，终端接有纯电抗负载的无损耗线上电压和电流的分布情况与开路或短路无损耗线没有本质上的差别，沿线也将出现电压和电流的驻波，但终端处既不是波腹，也不是波节。

顺便指出，$\frac{\lambda}{4}$ 的无损耗短路线由于其输入阻抗为无限大而可作为支撑传输线的绝缘子。

2. 作为阻抗变换器

$\dfrac{\lambda}{4}$无损耗线还可用于阻抗匹配和阻抗变换，下面介绍其工作原理。

$\dfrac{\lambda}{4}$无损耗线的输入阻抗为

$$Z_{in}=Z_c\frac{Z_2+jZ_c\tan\left(\dfrac{2\pi}{\lambda}\dfrac{\lambda}{4}\right)}{Z_c+jZ_2\tan\left(\dfrac{2\pi}{\lambda}\dfrac{\lambda}{4}\right)}=\frac{Z_c^2}{Z_2}$$

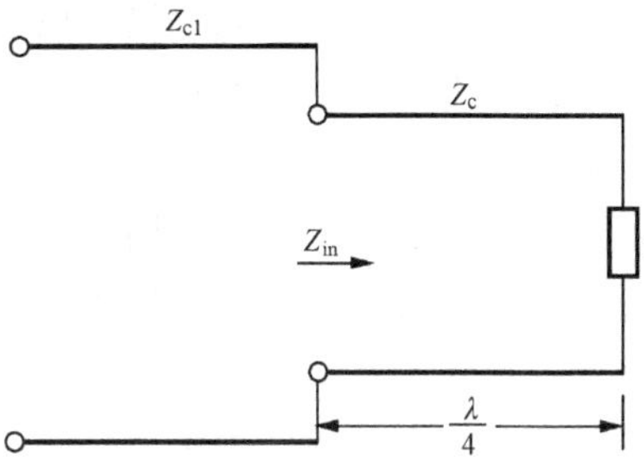


图 16-7　$\dfrac{\lambda}{4}$无损耗线作为阻抗变换器

在实现阻抗匹配时，可将$\dfrac{\lambda}{4}$无损耗线插入传输线终端与负载之间（见图 16-7），达到匹配时，应使 $Z_{in}=Z_{c1}$，故知$\dfrac{\lambda}{4}$无损耗线的特性阻抗为

$$Z_c=\sqrt{Z_{c1}Z_2}$$

**【例 16-3】**　已知空气中的无损耗均匀线的长度为 1.5m，特性阻抗 $Z_{c1}=100\Omega$，相速 $v_p=3\times10^8$m/s，终端负载阻抗 $Z_L=10\Omega$，在距终端 0.75m 处接有另一特性阻抗 $Z_{c2}=100\Omega$，长为 0.75m 的无损耗均匀线（终端短路），如图 16-8 所示。始端所接正弦电压源电压 $u_s(t)=10\cos 2\times10^8\pi t$V。试求稳态工作时的始端电流 $i_1$。

**解**　因为 $u_s(t)=10\sqrt{2}\cos 2\times10^8\pi t$V，所以电源频率 $f=10^8$Hz，波长为

$$\lambda=\frac{v_p}{f}=3\times10^8\times10^{-8}=3\ (\text{m})$$

则 0.75m 的长度正好是 $\lambda/4$。由于 $\lambda/4$ 长度的无损耗均匀线具有阻抗变换器的作用，从 ab 两端向终端看去的输入阻抗为

$$Z_{i1}=\frac{Z_{c1}^2}{Z_L}=\frac{100^2}{10}=1000\ (\Omega)$$

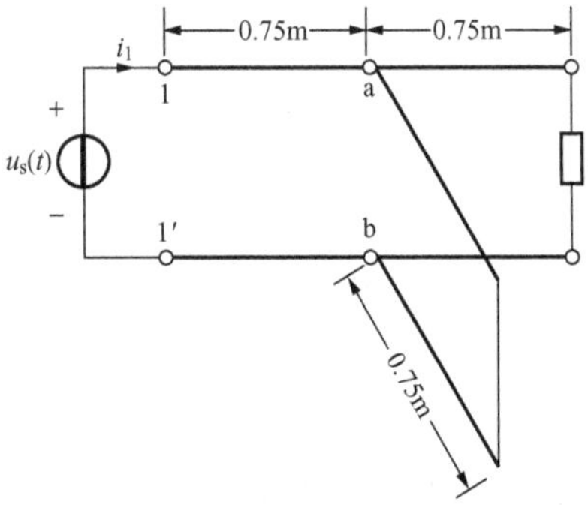


图 16-8　［例 16-3］图

又由于图 16-8 中终端短路的 $\lambda/4$ 无损耗线相当于开路，所以 ab 两端的等效阻抗为

$$Z_{ab}=Z_{i1}=1000\ (\Omega)$$

从 ab 端口到电源也是 $\lambda/4$ 的无损耗线，因此，从 11′端口向终端看去的输入阻抗为

$$Z_{11'}=\frac{Z_{c1}^2}{Z_{ab}}=\frac{100^2}{1000}=10\ (\Omega)$$

11′端口的电流为

$$\dot{I}_1=\frac{\dot{U}_s}{Z_{11'}}=\frac{1}{10}\times10\angle0^\circ=1\angle0^\circ\ (\text{A})$$

则所求的始端电流为

$$i_1(t)=\sqrt{2}\cos 2\times10^8\pi t\,(\text{A})$$

## 16.6 波 过 程

本章前五节研究了均匀传输线的正弦稳态性能。本节将介绍均匀传输线的时域分析，并简要地讨论其中发生的暂态过程。与集中参数电路一样，当传输线发生换路或架空线遭受雷击时，就会出现暂态现象。在暂态过程中，可能产生高电压或大电流，因此对有关系统及设备必须采取相应的保护措施以防止事故发生。

分析传输线过渡过程的出发点仍然是它的电报方程。为了分析简便而又能揭示其本质，应研究无损耗线的暂态过程。

实际上，架空线的对地电导 $G_0$ 一般很小，可以略去，在分析短线路（如几百米以下线路）时，电阻对波引起的衰减与变形的影响也可以略去，因而可以近似地将其当作无损耗线处理。对于高频传输线通常满足条件 $\omega L_0 \gg R_0$ 和 $\omega C_0 \gg G_0$，可以忽略其损耗而把它当作无损耗线来考虑。

### 16.6.1 无损耗线方程的通解

将 $R_0=0$ 和 $G_0=0$ 代入式（16-1）可得无损耗线的基本方程为

$$\left.\begin{aligned}-\frac{\partial u}{\partial x}&=L_0\frac{\partial i}{\partial t}\\-\frac{\partial i}{\partial x}&=C_0\frac{\partial u}{\partial t}\end{aligned}\right\}\tag{16-39}$$

消去 $i$ 或 $u$ 可得下列波动方程

$$\frac{\partial^2 u}{\partial x^2}=\frac{1}{v^2}\frac{\partial^2 u}{\partial t^2}$$

或者

$$\frac{\partial^2 i}{\partial x^2}=\frac{1}{v^2}\frac{\partial^2 i}{\partial t^2}$$

式中：$v$ 称为波的速度，简称波速，$v=\dfrac{1}{\sqrt{L_0C_0}}$。

上述波动方程具有如下形式的通解

$$\left.\begin{aligned}u(t,x)&=u^+\left(t-\frac{x}{v}\right)+u^-\left(t+\frac{x}{v}\right)\\i(t,x)&=\frac{1}{\sqrt{L_0/C_0}}\left[u^+\left(t-\frac{x}{v}\right)-u^-\left(t+\frac{x}{v}\right)\right]\end{aligned}\right\}\tag{16-40}$$

其中，$u^+\left(t-\dfrac{x}{v}\right)$ 和 $u^-\left(t+\dfrac{x}{v}\right)$ 的具体函数形式由边界条件和初始条件确定。

类似 16.3 节的讨论，电压和电流的第一个分量

$$u^+(t,x)=u^+\left(t-\frac{x}{v}\right),\quad i^+(t,x)=\frac{1}{\sqrt{L_0/C_0}}u^+\left(t-\frac{x}{v}\right)$$

分别是以波速 $v$ 从始端向终端前进的正向行波或称入射波。

同样，电压和电流的第二个分量

$$u^{-}(t,x)=u^{-}\left(t+\frac{x}{v}\right),\quad i^{-}(t,x)=\frac{1}{\sqrt{L_0/C_0}}u^{-}\left(t+\frac{x}{v}\right)$$

分别是以波速 $v$ 从终端向始端前进的反向行波或称反射波。

由上述分析可知，在任一瞬间，沿线的电压和电流都可以看作是入射波和反射波的叠加，即

$$\left.\begin{aligned}u(t,x)&=u^{+}(t,x)+u^{-}(t,x)\\ i(t,x)&=i^{+}(t,x)-i^{-}(t,x)\end{aligned}\right\}\tag{16-41}$$

其中，电流反射波 $i^{-}$ 与电流 $i$ 的参考方向相反；电流入射波 $i^{+}$ 与电流 $i$ 的参考方向相同；电压入射波 $u^{+}$ 和反射波 $u^{-}$ 与电压 $u$ 的参考方向相同。且有

微课 21

无损线的波过程

$$\frac{u^{+}}{i^{+}}=\frac{u^{-}}{i^{-}}=z_{\mathrm{c}}$$

式中：$z_{\mathrm{c}}$ 称为传输线的暂态波阻抗，简称波阻抗，$z_{\mathrm{c}}=\sqrt{\dfrac{L_0}{C_0}}$。

**【例 16-4】** 设有一条无初始储能的半无限长无损耗线，在 $t=0$ 时，将电压为 $U_{\mathrm{s}}$ 的直流电压源接到该线的始端，试求线上任一点电压和电流以及传输线在充电过程中吸收的功率。

**解** 由题意得如下初始条件和边界条件

$$u(0_-,x)=0,\quad i(0_-,x)=0;\quad u(t,0)=U_{\mathrm{s}}\varepsilon(t),\quad u(t,\infty)=0$$

边界条件的 $s$ 域形式为

$$U(s,0)=\frac{U_{\mathrm{s}}}{s},\quad U(s,\infty)=0\tag{16-42}$$

对式（16-39）以 $t$ 为自变量，$x$ 为参变量进行拉普拉斯变换，并注意到 $t=0_-$ 时传输线处于零状态，得

$$\left.\begin{aligned}-\frac{\mathrm{d}U(s,x)}{\mathrm{d}x}&=sL_0I(s,x)\\ -\frac{\mathrm{d}I(s,x)}{\mathrm{d}x}&=sC_0U(s,x)\end{aligned}\right\}❶\tag{16-43}$$

式（16-43）和式（16-2）具有相同的形式。因此，方程（16-43）的通解为

$$\left.\begin{aligned}U(s,x)&=A_1(s)\mathrm{e}^{-\gamma(s)x}+A_2(s)\mathrm{e}^{\gamma(s)x}\\ I(s,x)&=\frac{A_1(s)}{Z_c(s)}\mathrm{e}^{-\gamma(s)x}-\frac{A_2(s)}{Z_c(s)}\mathrm{e}^{\gamma(s)x}\end{aligned}\right\}\tag{16-44}$$

其中

$$\gamma(s)=\sqrt{sL_0\cdot sC_0}=s\sqrt{L_0C_0}=\frac{s}{v},\quad Z_{\mathrm{c}}(s)=\sqrt{\frac{sL_0}{sC_0}}=\sqrt{\frac{L_0}{C_0}}=z_{\mathrm{c}}$$

将边界条件（16-42）代入式（16-44）中第一式，得

$$U(s,\ 0)=A_1(s)+A_2(s)=\frac{U_{\mathrm{s}}}{s}$$

$$U(s,\ \infty)=A_2(s)\mathrm{e}^{\gamma(s)\infty}=0$$

❶ $U(s,x)=\int_0^{\infty}u(t,x)\mathrm{e}^{-st}\mathrm{d}t,I(s,x)=\int_0^{\infty}i(t,x)\mathrm{e}^{-st}\mathrm{d}t$

所以

$$A_1(s)=\frac{U_s}{s},\ A_2(s)=0$$

将 $A_1(s)$ 和 $A_2(s)$ 的值代入式（16-44），得

$$U(s,\ x)=\frac{U_s}{s}e^{-\frac{x}{v}s},\quad I(s,\ x)=\frac{U_s}{z_c s}e^{-\frac{x}{v}s}$$

则线上任一处的电压和电流分别为

$$u(t,x)=U_s\varepsilon\left(t-\frac{x}{v}\right),\quad i(t,x)=\frac{U_s}{z_c}\varepsilon\left(t-\frac{x}{v}\right)=I_0\varepsilon\left(t-\frac{x}{v}\right)$$

其中，$I_0=\dfrac{U_s}{z_c}=\dfrac{U_s}{\sqrt{L_0/C_0}}$。电压和电流相应的波形如图 16-9 所示，在线上形成一个波速为 $v$ 的矩形波。由此可知，反射波的产生是由于入射波在终端招致反射的结果。因此，在入射波抵达终端之前，线上只有入射波而无反射波存在。

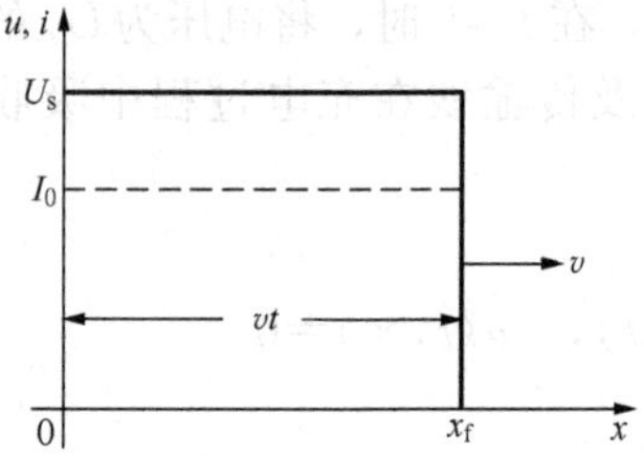

图 16-9 矩形发出波

波的前进过程，就是在传输线周围储存电磁能量的过程。在 $dt$ 时间内，波前进的距离 $dx=vdt$，$dx$ 段中储存的电能为

$$dW_e=\frac{1}{2}C_0U_s^2dx$$

$dx$ 段中储存的磁能为

$$dW_m=\frac{1}{2}L_0I_0^2dx=\frac{1}{2}L_0U_s^2dx/z_c^2=\frac{1}{2}C_0U_s^2dx$$

则在 $dx$ 段中储存的总能量为

$$dW=dW_e+dW_m=C_0U_s^2dx$$

所以传输线在充电过程中吸收的功率为

$$p=\frac{dW}{dt}=C_0U_s^2\frac{dx}{dt}=C_0U_s^2v=\frac{U_s^2}{z_c}=U_sI_0$$

此功率恰好是始端电源所供给的功率。

顺便指出，当始端的激励电压为 $u_s(t)\varepsilon(t)$ 时，$u(t,x)=u_s\left(t-\dfrac{x}{v}\right)\varepsilon\left(t-\dfrac{x}{v}\right)$。

### 16.6.2 波的反射和折射

1. 波的反射

无损耗线在始端接通电源后，入射波由始端向终端推进，在入射波到达不均匀处（如线路的负载端、线路的分支处、接有集中参数元件处、具有不同波阻抗的传输线接头处等）前，反射波还未产生，此时波的传播过程与半无限长无损耗线完全相同。当波传播到这些不均匀处时，就会产生波的反射。产生反射之处即线路均匀性被破坏之处称为反射点。当入射波投射在反射点时，就会产生反射波。反射波从反射点沿入射波相反的方向推进。下面讨论反射波的计算方法。

计算反射波的方法很多，这里介绍一种称为柏德生法则（Peterson's Rule）的简便方法。

设入射波沿无损耗线投射于某一负载（一般为反射点）上，如图 16-10（a）所示，传

输线的波阻抗为 $z_c$。在负载处产生反射波，根据式（16-41），负载上的电压 $u_2$ 和电流 $i_2$ 分别为

$$u_2=u_2^+ + u_2^-$$

$$i_2=i_2^+ - i_2^- =\frac{u_2^+}{z_c}-\frac{u_2^-}{z_c}$$

解之得

$$2u_2^+ = u_2 + z_c i_2 \tag{16-45}$$

或者

$$2i_2^+ = \frac{u_2}{z_c} + i_2 \tag{16-46}$$

式（16-45）和式（16-46）分别是联系负载电压 $u_2$ 和电流 $i_2$ 的方程，是从传输线方面建立起来的 $u_2$ 和 $i_2$ 之间的关系式。要完全确定 $u_2$ 和 $i_2$，还需要补充负载所决定的 $u_2$ 和 $i_2$ 之间的关系式。

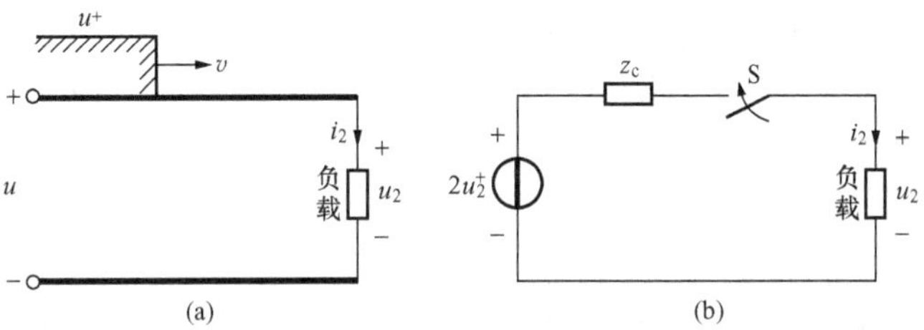


图 16-10 入射波投射到负载和计算负载反射波的集中参数等效电路

（a）原电路；（b）等效电路

方程（16-45）所确定的 $u_2$ 和 $i_2$ 之间的关系可用如图 16-10（b）所示的集中参数戴维南等效电路表示；而方程（16-46）则可用诺顿等效电路表示。图 16-10（b）中开关 S 在入射波到达负载的瞬间闭合。这种用集中参数电路中分析暂态过程的方法计算传输线上反射点处的电压和电流的方法称为柏德生法则，即当入射波沿波阻抗为 $z_c$ 的无损耗线投射到反射点时，对该反射点而言，传送入射波的无损耗线可等效成为一个集中参数戴维南等效电路，其中电压源的电压等于反射点入射波的两倍，等效电阻等于无损耗线的波阻抗 $z_c$。

根据上述柏德生法则可确定反射点的电压和电流，而反射波可由已知的反射点电压和电流以及入射波求得。下面举例说明。

**【例 16-5】** 一波阻抗为 $z_c$ 的无损耗线，终端接有电阻负载 $R_L$，始端与直流电压源 $U_0$ 接通，如图 16-11（a）所示。试计算波到达终端时负载的反射波电压和反射波电流。

**解** 根据柏德生法则可得如图 16-11（b）所示的等效电路，由此求得负载 $R_L$ 上的电压和电流分别为

$$u_2=\frac{R_L}{z_c+R_L}2u_2^+=\frac{2R_LU_0}{z_c+R_L},\quad i_2=\frac{2u_2^+}{z_c+R_L}=\frac{2U_0}{z_c+R_L}$$

这是入射波到达负载经过反射后在负载 $R_L$ 上产生的电压和流过它的电流，则负载处的反射波为

$$u_2^-=u_2-u_2^+=\frac{2R_LU_0}{z_c+R_L}-U_0=\frac{R_L-z_c}{z_c+R_L}U_0,\quad i_2^-=i_2^+-i_2=\frac{U_0}{z_c}-\frac{2U_0}{z_c+R_L}=\frac{R_L-z_c}{z_c+R_L}\frac{U_0}{z_c}$$

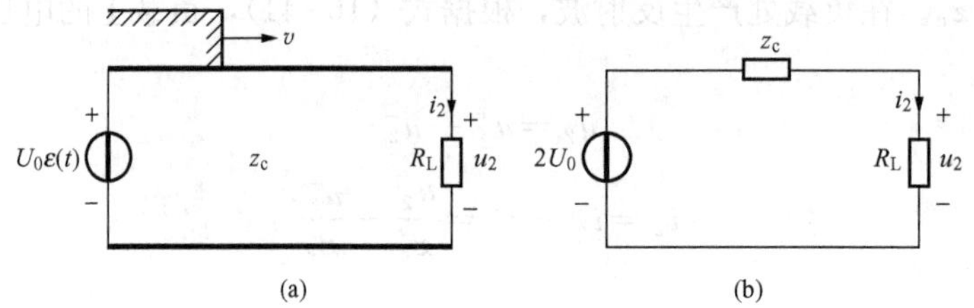


图 16-11 ［例 16-5］图

(a) 原电路；(b) 等效电路

任何时刻终端的反射波电压与入射波电压之比均等于该处的反射波电流与入射波电流之比，其值为

$$N_2=\frac{u_2^-}{u_2^+}=\frac{i_2^-}{i_2^+}=\frac{R_L-z_c}{R_L+z_c} \tag{16-47}$$

式中：$N_2$ 称为终端的反射系数。

下面就几种不同的电阻负载展开讨论。

(1) 终端开路，即 $R_L=\infty$。此时 $N_2=1$，终端发生全反射，且不改变符号，即

$$u_2^-=u_2^+,\ i_2^-=i_2^+$$

则

$$u_2=u_2^++u_2^-=2u_2^+=2U_0,\ i_2=i_2^+-i_2^-=0$$

即反射的结果是终端电压加倍，而电流降至零。终端电压加倍是由于电荷堆积的结果，因为入射波虽然已从终端反射，但它对终端的影响还没有结束，而终端又是断开的，所以由电源持续送来的电荷将被阻止而在终端堆积起来。由于这种电荷的堆积现象，又随着反射波的前进而向前推进，因而，凡是反射波所到之处，电压就升高一倍，如图 16-12 (c) 所示。

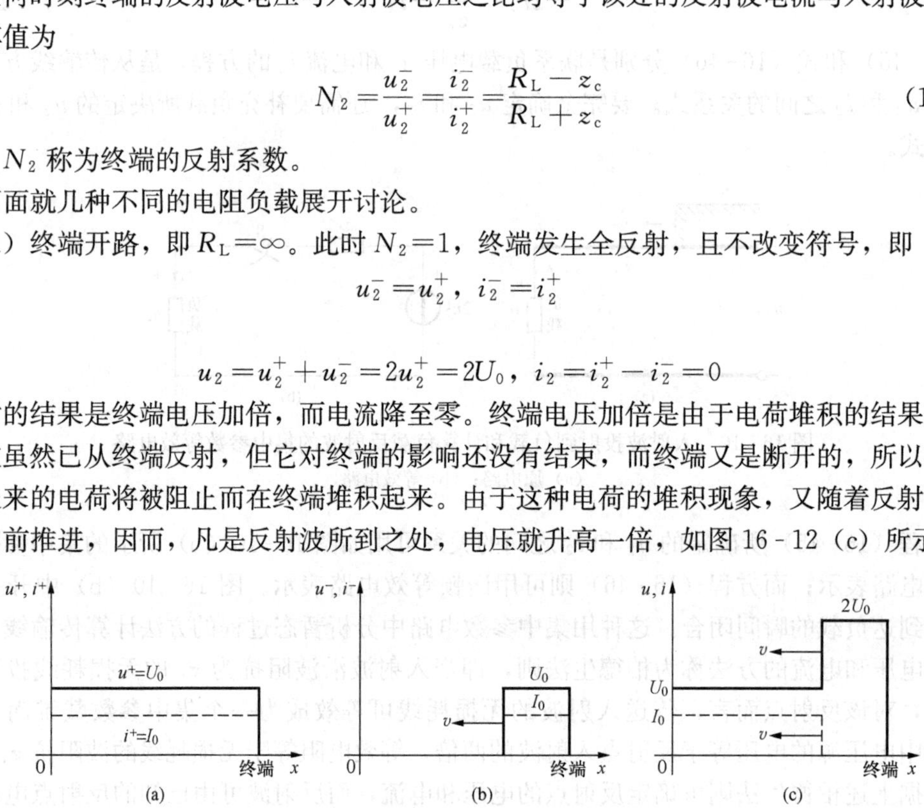


图 16-12 无损耗线终端开路时行波的分布

(a) 入射波；(b) 反射波；(c) 合成波

(2) $z_c<R_L<\infty$。此时 $0<N_2<1$，反射波不改变符号，入射波投射到终端时遇到大于波阻抗的电阻，在同一瞬间流过 $R_L$ 的电荷少于入射波携带至终端的电荷，因而在终端产生电荷的堆积，使终端电压升高，则

$$u_2=u_2^++u_2^-=u_2^++N_2u_2^+=(1+N_2)\,u_2^+=(1+N_2)\,U_0<2U_0$$

而电流 $i_2=i_2^+-i_2^-=(1-N_2)\,i_2^+<i_2^+$，如图 16-13 所示。

(3) $R_L=z_c$，即负载与传输线相匹配。此时 $N_2=0$，无反射波发生，入射波一到达终端就立即建立起稳态。

(4) $0<R_L<z_c$。此时 $-1<N_2<0$，反射波改变符号，入射波投射到终端时遇到小于波

阻抗的电阻，在同一瞬间流过 $R_L$ 的电荷多于入射波携带至终端的电荷，这就需要从已充电的导线上获得补偿，因而使线路电压降低，$u_2=(1+N_2)u_2^+=(1+N_2)U_0<U_0$，使电流增加，$i_2=(1-N_2)i_2^+<2i_2^+$，如图 16 - 14 所示。

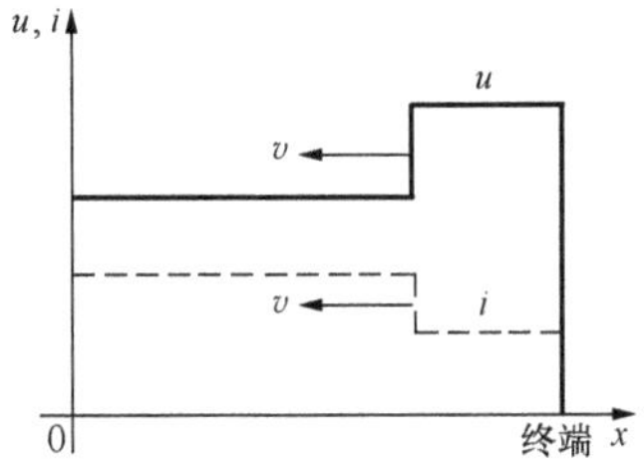


图 16 - 13　负载大于波阻抗时无损耗线上的电压和电流分布

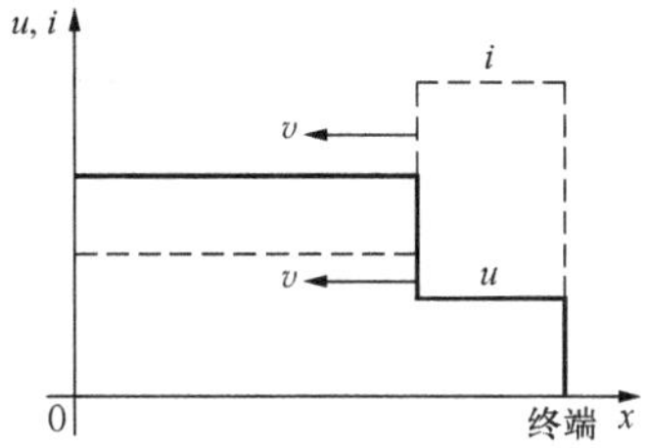


图 16 - 14　负载小于波阻抗时无损线上的电压和电流分布

（5）终端短路，即 $R_L=0$。此时 $N_2=-1$，终端发生全反射，且带符号变化。

$$u_2^-=-u_2^+,\quad i_2^-=-i_2^+$$

则

$$u_2=u_2^++u_2^-=0,\quad i_2=i_2^+-i_2^-=2i_2^+$$

即终端电流加倍，而电压降至零，如图 16 - 15 所示。

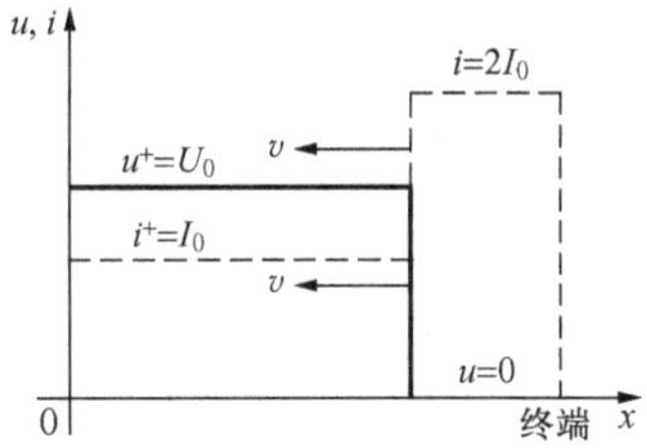


图 16 - 15　无损耗线终端短路时的电压和电流分布

根据以上讨论可知，设线长为 $l$，沿线的电压和电流分别为

$$u(t,\ x)=u^+(t,\ x)+u^-(t,\ x)=U_0\varepsilon\left(t-\frac{x}{v}\right)+N_2U_0\varepsilon\left(t-\frac{2l-x}{v}\right)$$

$$i(t,\ x)=i^+(t,\ x)-i^-(t,\ x)=\frac{U_0}{z_c}\varepsilon\left(t-\frac{x}{v}\right)-N_2\frac{U_0}{z_c}\varepsilon\left(t-\frac{2l-x}{v}\right)$$

其中，$t<\dfrac{2l}{v}$。

**【例 16 - 6】**　设有一波阻抗为 $z_c$ 的无损耗线终端接有 RL 串联负载，且无损耗线与负载均无初始储能，始端与直流电压源 $U_s$ 接通，如图 16 - 16（a）所示。试计算波到达终端后负载的反射波。

**解**　根据柏德生法则可得图 16 - 16（b）所示的等效电路。

当入射波尚未到达负载端时，电感中没有电流，则 $i_2\left(\dfrac{l}{v}\right)=0$。由图 16 - 16（b）所示电路可得 $i_2$ 的稳态值和电路的时间常数分别为

$$i_2(\infty)=\frac{2U_s}{z_c+R},\quad \tau=\frac{L}{z_c+R}$$

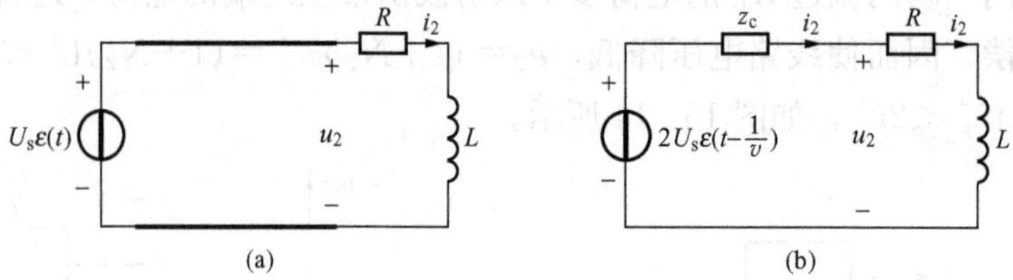


图 16-16 ［例 16-6］图

（a）原电路；（b）等效电路

代入三要素公式 $i_2(t)=\left\{i_2(\infty)+\left[i_2\left(\frac{l}{v}\right)-i_2(\infty)\right]\mathrm{e}^{-\frac{t-\frac{l}{v}}{\tau}}\right\}\varepsilon\left(t-\frac{l}{v}\right)$，得

$$i_2(t)=\frac{2U_s}{z_c+R}\left[1-\mathrm{e}^{-\frac{z_c+R}{L}\left(t-\frac{l}{v}\right)}\right]\varepsilon\left(t-\frac{l}{v}\right)$$

而

$$i_2^+(t)=\frac{U_s}{z_c}\varepsilon\left(t-\frac{l}{v}\right)$$

则反射波电流为

$$\begin{aligned}i_2^-(t)=i_2^+(t)-i_2(t)&=\left\{\frac{U_s}{z_c}-\frac{2U_s}{z_c+R}\left[1-\mathrm{e}^{-\frac{z_c+R}{L}\left(t-\frac{l}{v}\right)}\right]\right\}\varepsilon\left(t-\frac{l}{v}\right)\\&=\left[\frac{R-z_c}{z_c+R}\frac{U_s}{z_c}+\frac{2U_s}{z_c+R}\mathrm{e}^{-\frac{z_c+R}{L}\left(t-\frac{l}{v}\right)}\right]\varepsilon\left(t-\frac{l}{v}\right)\end{aligned}$$

反射波电压为

$$u_2^-(t)=z_c i_2^-(t)=\left[\frac{R-z_c}{z_c+R}U_s+\frac{2z_cU_s}{z_c+R}\mathrm{e}^{-\frac{z_c+R}{L}\left(t-\frac{l}{v}\right)}\right]\varepsilon\left(t-\frac{l}{v}\right)$$

注意，上述表达式中 $t<\frac{2l}{v}$。

顺便指出，本题亦可采用复频域分析方法计算，将负载用运算阻抗 $Z(s)$ 表示，式（16-47）变为

$$N_2(s)=\frac{U_2^-(s)}{U_2^+(s)}=\frac{I_2^-(s)}{I_2^+(s)}=\frac{Z(s)-z_c}{Z(s)+z_c}$$

具体分析请读者自行完成。

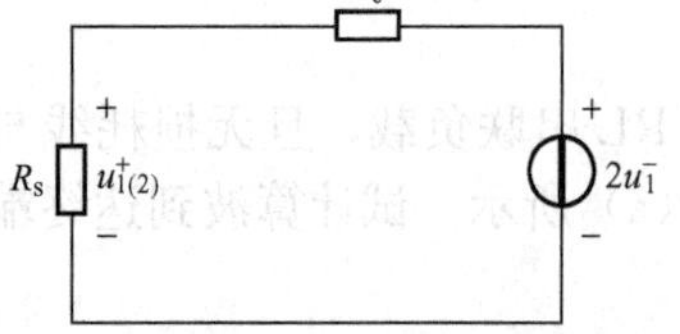


图 16-17 计算始端反射波的电路

前面的讨论限定反射波尚未行进到传输线的始端，即 $t<\frac{2l}{v}$。事实上，当反射波抵达始端时，对始端来说又成了入射波。如果始端电源内阻 $R_s$ 与波阻抗不相等，则在始端也会产生反射波，它为传输线的第二次入射波。根据柏德生法则可得到计算第二次入射波的等效电路，如图 16-17 所示。始端的反射系数为

$$N_1=\frac{R_s-z_c}{R_s+z_c}$$

它是在始端产生的入射波与反射波之比。

第二次入射波再次向终端推进，到达终端后又一次产生反射，这样重复下去，就形成了多次反射。多次反射现象可重复应用前面介绍的方法进行分析。

2. 波的折射

入射波行进到波阻抗不同的传输线连接处时，不仅会产生反射波沿原线返回，而且将有电压和电流行波进入到连接处以后的传输线，如图 16-18 所示。这种进入另一条传输线的波称为折射波或透射波。

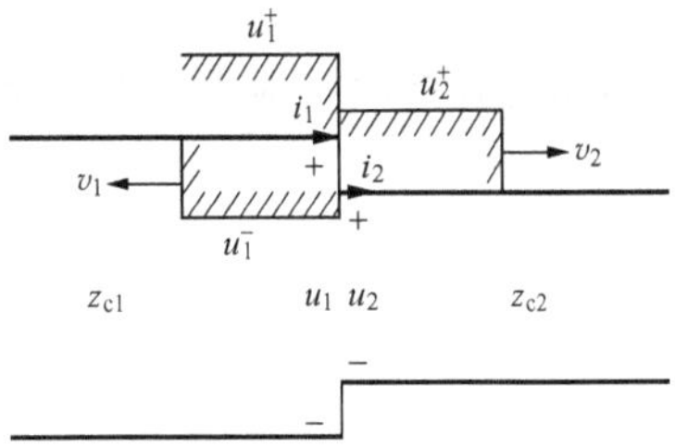


图 16-18　行波的反射和折射

连接处的边界条件为

$$u_1 = u_2,\quad i_1 = i_2$$

当进入第二条无损耗线的折射波还没有从它的终端反射回来时，有

$$u_2 = u_2^+,\quad i_2 = i_2^+$$

且

$$u_2^+ = z_{c2} i_2^+$$

所以

$$u_1^+ + u_1^- = u_2^+,\quad i_1^+ - i_1^- = i_2^+$$

再利用 $u_1^+ = z_{c1} i_1^+$，$u_1^- = z_{c1} i_1^-$ 可得

$$\left.\begin{aligned} u_1^- &= \frac{z_{c2} - z_{c1}}{z_{c2} + z_{c1}} u_1^+,\quad i_1^- = \frac{z_{c2} - z_{c1}}{z_{c2} + z_{c1}} i_1^+ \\ u_2^+ &= \frac{2z_{c2}}{z_{c2} + z_{c1}} u_1^+,\quad i_2^+ = \frac{2z_{c1}}{z_{c2} + z_{c1}} i_1^+ \end{aligned}\right\} \tag{16-48}$$

事实上，在第二条无损耗线中没有反射波或反射波尚未达到连接处（此为应用柏德生法则的先决条件）时，对第一条无损耗线来说，第二条无损耗线相当于一个接在第一条无损耗线终端的纯电阻负载 $z_{c2}$ 。因此，连接处的反射系数为

$$N = \frac{z_{c2} - z_{c1}}{z_{c2} + z_{c1}}$$

我们把电压折射波与电压入射波之比称为电压折射系数，电流折射波与电流入射波之比称为电流折射系数，分别用 $\rho_u$ 和 $\rho_i$ 表示，则

$$\rho_u = \frac{u_2^+}{u_1^+} = \frac{2z_{c2}}{z_{c2} + z_{c1}},\quad \rho_i = \frac{i_2^+}{i_1^+} = \frac{2z_{c1}}{z_{c2} + z_{c1}}$$

利用连接处的反射系数和折射系数，式（16-48）可改写为

$$\left.\begin{aligned} u_1^- &= N u_1^+,\quad i_1^- = N i_1^+ \\ u_2^+ &= \rho_u u_1^+,\quad i_2^+ = \rho_i i_1^+ \end{aligned}\right\} \tag{16-49}$$

注意到 $u_2^+ = u_1$ 和 $i_2^+ = i_1$，并利用式（16-48）可得计算 $u_1$、$i_1$、$u_2^+$ 和 $i_2^+$ 的等效电路，如图 16-19 所示。

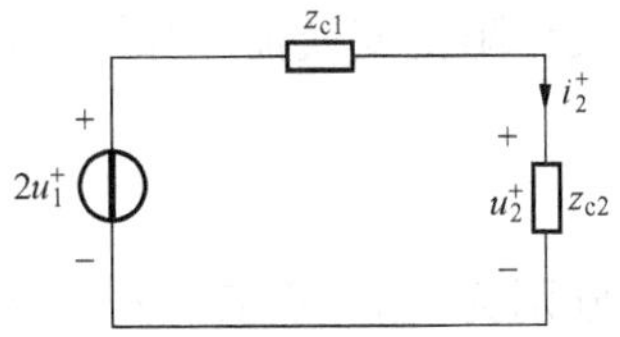


图 16-19　计算折射波的等效电路

根据式（16-48）可知，当 $z_{c2} > z_{c1}$ 时，$u_2^+ > u_1^+$，$i_2^+ < i_1^+$，这表示在连接点处磁场能量转化为电场能量。由于架空线的波阻抗比电缆波阻抗大，而大型变压器绕组的波阻抗又比架空线高得多，所以，当波由电缆进入架空线

或从架空线进入大型变压器绕组时，都会发生接头处电压升高的现象。而反射波又有可能使电压进一步升高，因此，在设计电器设备的绝缘水平时，必须考虑这种过电压现象，以免遭受破坏。

波也存在多次折射现象，它是由波的多次反射现象引起的，相关内容本书不再讨论。

## 习　题

### 有损耗传输线的正弦稳态分析

16-1　某长度为150km的均匀传输线，始端与200V直流电压源相连，终端短路。已知传输线每单位长度的参数为$R_0=1\Omega/\text{km}$，$G_0=5\times10^{-5}\text{S/km}$，试求终端的稳态电流$I_2$。

16-2　某架空线的原参数为$R_0=0.027\Omega/\text{km}$，$L_0=9.5\times10^{-6}\text{H/km}$，$G_0=0.0216\mu\text{S/km}$，$C_0=19.9\text{pF/km}$，试求工作频率为50Hz时的传播常数$\gamma$、特性阻抗$Z_c$、相速$v_p$和波长$\lambda$。

16-3　某电缆的传播常数$\gamma=0.0637e^{j46.25°}(\text{km})^{-1}$，特性阻抗$Z_c=35.7e^{-j11.8°}\Omega$。电缆始端电压源电压$u_s(t)=\sin5000t\text{V}$，终端负载阻$C$抗$Z_2=Z_c$。试求沿线电压、电流分布函数$u(x, t)$和$i(x, t)$。若电缆长为100km，求信号由始端到终端的时间延迟。

16-4　某220kV三相输电线从发电厂经240km送电到某枢纽变电站。线路参数为$R_0=0.08\Omega/\text{km}$，$\omega L_0=0.4\Omega/\text{km}$，$\omega C_0=2.8\times10^{-6}\text{S/km}$，$G_0$忽略不计。如果输送到终端的复功率为160+j16MVA，终端电压为195kV，试计算始端电压、电流、复功率和传输效率。

16-5　如图16-20所示电路中，两段均匀传输线长度均为$l$，在正弦稳态下，其特性阻抗为$Z_c$，传播常数为$\gamma$，已知$Z_2=Z_3=Z_c$，求11′端口的输入阻抗$Z_1$。

16-6　如图16-21所示均匀传输线正弦稳态电路中，电源两边的两段传输线完全相同，线长为$l$、特性阻抗为$Z_c$、传播常数为$\gamma$。试求线上的电压和电流相量。

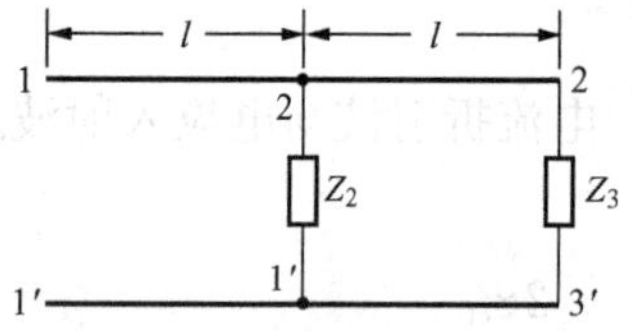


图16-20　题16-5图

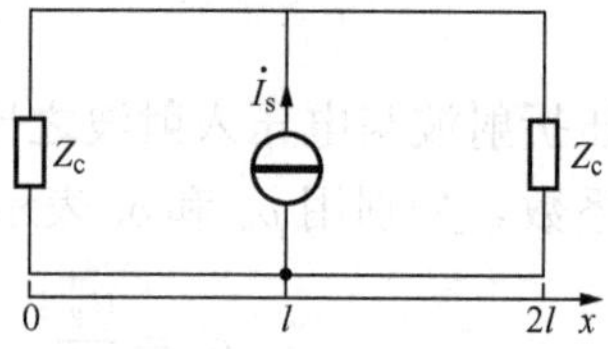


图16-21　题16-6图

### 无损耗传输线的稳态分析

16-7　线长为$l_1$的无损耗均匀传输线的特性阻抗$Z_{c1}=100\Omega$，负载阻抗$Z_2=400\Omega$。为了使$l_1$无损耗线上无反射波，在其终端接上线长为$\dfrac{\lambda}{4}$的无损耗线作阻抗变换器，如图16-22所示。试求线长为$\dfrac{\lambda}{4}$的无损耗线的特性阻抗$Z_{c2}$。

16-8　两段无损耗线连接如图16-23所示，其特性阻抗分别为$Z_{c1}=60\Omega$，$Z_{c2}=80\Omega$，终端负载电阻$R_L=80\Omega$。为使整个无损线上不存在反射波，求在22′之间应接入多大的电阻$R$。

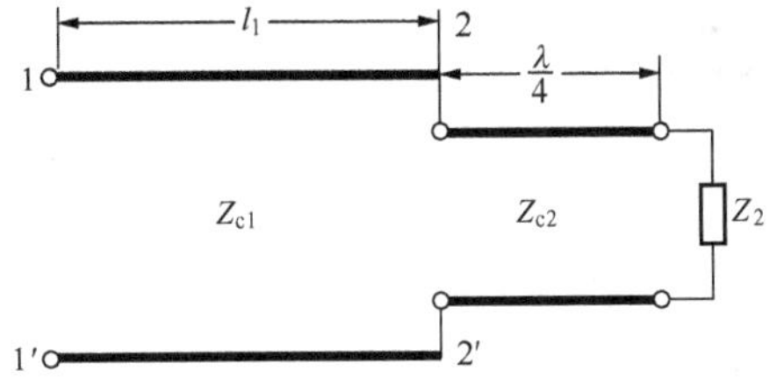


图 16-22　题 16-7 图

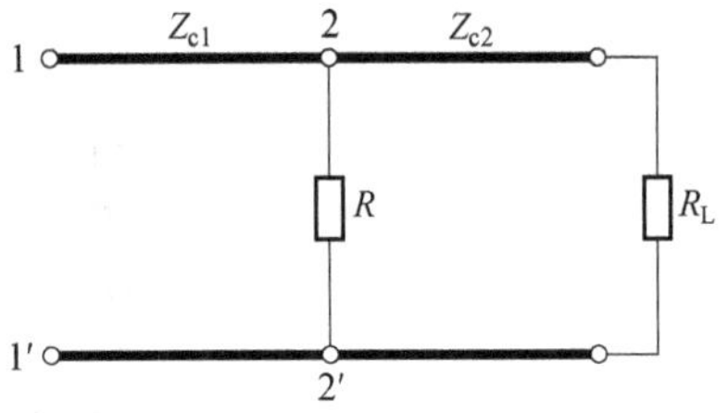


图 16-23　题 16-8 图

16-9　某无损耗线的特性阻抗 $Z_{c1}=100\Omega$，其终端负载 $Z_2=25\Omega$。为使负载与传输线匹配，可在传输线与负载之间连接一段无损耗线，求所加无损耗线的最短长度及其特性阻抗。

16-10　已知三段无损耗均匀传输线 $l_1$、$l_2$、$l_3$，接线如图 16-24 所示；传输线的长度分别为 $l_1=\frac{\lambda}{4}$，$l_2=\frac{\lambda}{2}$，$l_3=\frac{\lambda}{8}$；其特性阻抗分别为 $Z_{c1}=200\Omega$，$Z_{c2}=400\Omega$，$Z_{c3}=400\Omega$，电源电压 $u_s(t)=200\sqrt{2}\sin\omega t\,\text{V}$。试求传输线 $l_1$ 首端电流 $i_1$。

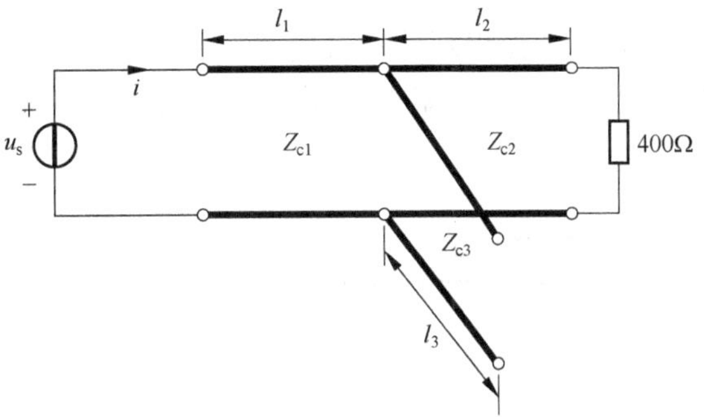


图 16-24　题 16-10 图

16-11　两段无损耗均匀传输线连接如图 16-25 所示。$l_1=0.75\text{m}$，$l_2=1.5\text{m}$，特性阻抗分别为 $Z_{c1}=100\Omega$，$Z_{c2}=400\Omega$，电源电压 $u_s(t)=100\sqrt{2}\sin 2\times10^8\pi t\,\text{V}$，相速 $v_p=3\times10^8\text{m/s}$，$R_s=50\Omega$，$R_{L1}=R_{L2}=400\Omega$。求两个负载各自消耗的功率。

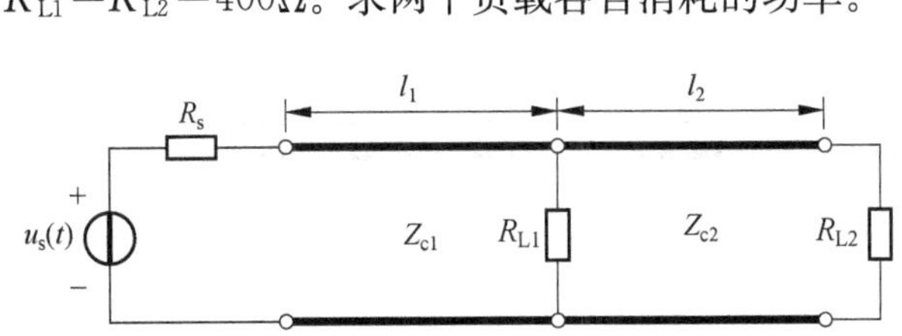


图 16-25　题 16-11 图

16-12　图 16-26 所示稳态电路中，无损耗均匀传输线的长度为 $l=75\text{m}$，特性阻抗 $Z_c=200\Omega$，$R_2=400\Omega$，电源内阻 $R_s=100\Omega$，电压源为 $u_s(t)=200\sqrt{2}\sin 6\times10^6\pi t\,\text{V}$，波速为光速，试求距始端 25m 处电压和电流。

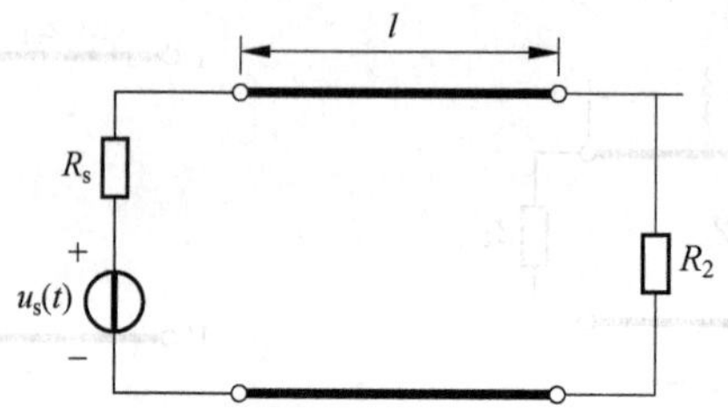


图 16-26　题 16-12 图

16-13　某同轴电缆的特性阻抗 $Z_c=50\Omega$，终端短路，工作波长为 3m，工作频率为 100MHz，问此电缆最短长度应为多少才能使其输入阻抗相当于一个 $0.25\mu H$ 的电感。

16-14　终端开路的无损耗架空线的特性阻抗为 $Z_c=400\Omega$，电源频率为 100MHz，若要使输入端相当于 100pF 的电容，问线长 $l$ 最短应为多少？

16-15　某长度为 200m 的无损耗架空线，其原参数为 $L_0=2\mu H/m$，$C_0=5.55pF/m$，波长 $\lambda=60m$，波速为光速。求终端接一个 $L=10\mu H$ 的电感时，电压波和电流波距终端最近的波腹的位置。

**无损耗传输线的暂态分析**

16-16　图 16-27 所示均匀无损耗线，其特性阻抗 $Z_c=300\Omega$，终端接有负载，$R=200\Omega$，$C=1\mu F$。一幅值为 $U_0=6kV$ 的矩形电压入射波从始端传来，求入射波到达终端后产生的电压、电流的反射波。

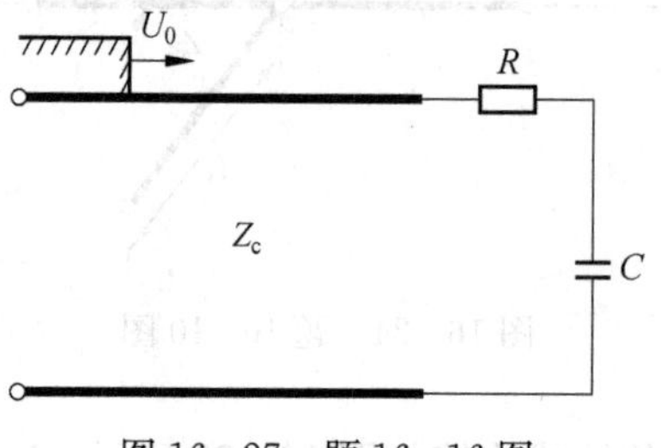


图 16-27　题 16-16 图

16-17　求图 16-28（a）和（b）所示的两个双口网络的等效条件。图中传输线为无损耗传输线。

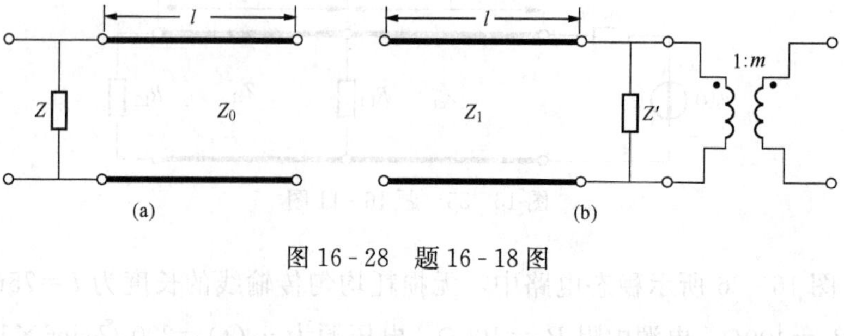


图 16-28　题 16-18 图

# 参 考 文 献

[1] 梁贵书．电路基础．北京：中国电力出版社，1999.
[2] 邱关源，罗先觉．电路．5 版．北京：高等教育出版社，2006.
[3] 林争辉．电路理论．1 卷．北京：高等教育出版社，1988.
[4] 李瀚荪．电路分析基础．3 版．北京：高等教育出版社，1993.
[5] C A 狄苏尔，葛守仁．电路基本理论．林争辉，主译．北京：高等教育出版社，1979.
[6] L O Chua，C A Desoer，E S Kuh. Linear and Nonlinear Circuits. New York：McGraw-Hill Inc.，1987.
[7] 蔡少棠．非线性网络引论．虞厥邦，译．北京：人民教育出版社，1982.
[8] J W Nilsson，S A Riedel. 电路．7 版．周玉坤，等译．北京：电子工业出版社，2005.
[9] J David Irwin. Basic Engineering Circuit Analysis（Seventh Edition）. 北京：清华大学出版社，2006.